U0901270

中 国 国 家 标 准 汇 编

2010 年修订-15

中国标准出版社　编

中国质检出版社
中国标准出版社
北　京

图书在版编目（CIP）数据

中国国家标准汇编：2010年修订. 15/中国标准出版社编. —北京：中国标准出版社，2012
ISBN 978-7-5066-6508-7

Ⅰ. ①中… Ⅱ. ①中… Ⅲ. ①国家标准-汇编-中国-2010 Ⅳ. ①T-652.1

中国版本图书馆CIP数据核字(2011)第187947号

中国质检出版社
中国标准出版社 出版发行
北京市朝阳区和平里西街甲2号(100013)
北京市西城区三里河北街16号(100045)
网址:www.spc.net.cn
总编室:(010)64275323 发行中心:(010)51780235
读者服务部:(010)68523946
中国标准出版社秦皇岛印刷厂印刷
各地新华书店经销
*
开本 880×1230 1/16 印张 37.75 字数 1 035 千字
2012年1月第一版 2012年1月第一次印刷
*
定价 220.00 元

出 版 说 明

1.《中国国家标准汇编》是一部大型综合性国家标准全集。自1983年起，按国家标准顺序号以精装本、平装本两种装帧形式陆续分册汇编出版。它在一定程度上反映了我国建国以来标准化事业发展的基本情况和主要成就，是各级标准化管理机构，工矿企事业单位，农林牧副渔系统，科研、设计、教学等部门必不可少的工具书。

2.《中国国家标准汇编》收入我国每年正式发布的全部国家标准，分为“制定”卷和“修订”卷两种编辑版本。

“制定”卷收入上一年度我国发布的、新制定的国家标准，顺延前年度标准编号分成若干分册，封面和书脊上注明“20××年制定”字样及分册号，分册号一直连续。各分册中的标准是按照标准编号顺序连续排列的，如有标准顺序号缺号的，除特殊情况注明外，暂为空号。

“修订”卷收入上一年度我国发布的、修订的国家标准，视篇幅分设若干分册，但与“制定”卷分册号无关联，仅在封面和书脊上注明“20××年修订-1，-2，-3，……”字样。“修订”卷各分册中的标准，仍按标准编号顺序排列(但不连续)；如有遗漏的，均在当年最后一分册中补齐。需提请读者注意的是，个别非顺延前年度标准编号的新制定的国家标准没有收入在“制定”卷中，而是收入在“修订”卷中。

读者配套购买《中国国家标准汇编》“制定”卷和“修订”卷则可收齐上一年度我国制定和修订的全部国家标准。

3.由于读者需求的变化，自1996年起，《中国国家标准汇编》仅出版精装本。

4.2010年我国制修订国家标准共2846项。本分册为“2010年修订-15”，收入新制修订的国家标准29项。

中国标准出版社

2011年8月

出版说明

目　　录

目 录

ICS 23.080
J 71

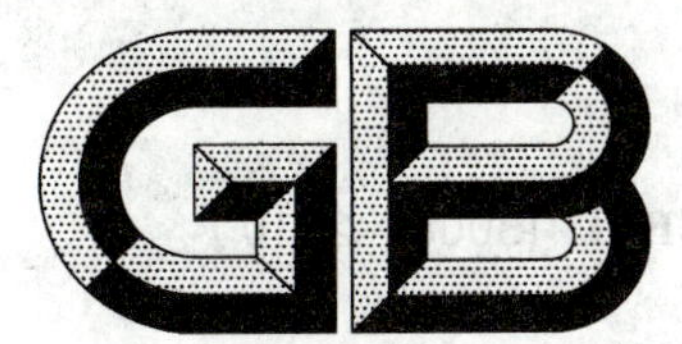

中华人民共和国国家标准

GB/T 13008—2010
代替 GB/T 13008—1991

混流泵、轴流泵 技术条件

Technical specification for mixed and axial flow pumps

2010-09-26 发布 2011-02-01 实施

中华人民共和国国家质量监督检验检疫总局
中国国家标准化管理委员会 发布

前　言

本标准是对 GB/T 13008—1991《混流泵、轴流泵　技术条件》的修订。

本标准与 GB/T 13008—1991 相比主要变化如下：

——本标准按 GB/T 1.1—2000 标准规定的格式编辑；

——增加了目次、前言；

——修改了标准的范围(见第1章)；

——更新了标准的规范性引用文件并按 GB/T 1.1—2000 标准规定增加了引导语(见第2章)；

——完善了术语“半调节”和“全调节”的定义(见第3章)；

——增加了订货条件(见第4章)；

——增加了确定原动机的额定性能时应考虑的几个因素(见 5.3.1.1)；

——明确了叶轮部件做静平衡，并增加了可调式叶轮的静平衡试验的叶片角度的规定(见 5.3.3)；

——增加了对受压力部件连接螺栓的要求(见 5.3.4.3)；

——增加了采用轴向密封型式时密封环间的间隙值的规定(见 5.3.7.1)；

——修改了开式和半开式叶轮外圆与叶轮外壳的间隙值的规定(见 5.3.7.2)；

——增加了轴承计算、轴承润滑方式、轴承温度控制等方面的要求(见 5.3.9.1)；

——增加了对卧式和斜式导叶泵的导轴承的要求(见 5.3.9.4.2)；

——增加了计算作用在法兰(进口和出口)上的外力和外力矩的要求(见 5.3.12)；

——增加了轴防护措施的要求(见 5.3.14)；

——修改了对主要零件材料的要求(见 5.4)；

——完善了泵的振动测量的要求(见 6.3.3.4)；

——增加了检查和最终检查的要求(见 6.3.4,6.3.5)；

——修改了 5.2.1～5.2.4,5.3.2～5.3.11,5.3.13,5.5,6.1,6.2,6.3.1～6.3.3,第7章等条款中的部分内容。

本标准的附录A为资料性附录。

本标准代替 GB/T 13008—1991。

本标准由中国机械工业联合会提出。

本标准由全国泵标准化技术委员会(SAC/TC 211)归口。

本标准起草单位：上海凯士比泵有限公司、上海东方泵业(集团)有限公司、上海凯泉泵业(集团)有限公司、上海连成(集团)有限公司、武汉水泵厂有限公司、荏原博泵泵业有限公司、浙江水泵总厂有限公司、杭州碱泵有限公司、沈阳水泵研究所。

本标准主要起草人：潘再兵、刘卫伟、肖功槐、禹泽龙、魏华堂、张学森、余伟平、单俊、周文朝、赵纪昌、黄根、韩忠宝、于百芳、赵宝奎、陈玉华。

本标准所代替标准的历次版本发布情况为：

——GB/T 13008—1991。

混流泵、轴流泵　技术条件

1　范围

本标准规定了混流泵、轴流泵(以下简称泵)的订货条件、技术要求、工厂检验和试验要求及性能试验规则等。

本标准适用于输送清水或物理化学性质类似于清水的液体的泵及输送海水的泵。输送液体的温度不高于 50 ℃。

当多个文件之间含有相抵触的技术要求时,应按以下顺序决定各文件的适用性:

a)　订货单;

b)　数据表(参见附录 A);

c)　本标准;

d)　订货单提到的其他标准。

2　规范性引用文件

下列文件中的条款通过本标准的引用而成为本标准的条款。凡是注日期的引用文件,其随后所有的修改单(不包括勘误的内容)或修订版均不适用于本标准,然而,鼓励根据本标准达成协议的各方研究是否可使用这些文件的最新版本。凡是不注日期的引用文件,其最新版本适用于本标准。

GB/T 699　优质碳素结构钢

GB/T 700　碳素结构钢

GB/T 1184　形状和位置公差未注公差值

GB/T 1220　不锈钢棒

GB/T 2100　一般用途耐蚀钢铸件(GB/T 2100—2002,eqv ISO 11972:1998)

GB/T 3216　回转动力泵　水力性能验收试验 1 级和 2 级(GB/T 3216—2005,ISO 9906:1999,MOD)

GB/T 4237　不锈钢热轧钢板和钢带

GB/T 7021　离心泵　名词术语

GB/T 9112　钢制管法兰类型与参数

GB/T 9239.1　机械振动　恒态(刚性)转子平衡品质要求　第 1 部分:规范与平衡允差的检验(GB/T 9239.1—2006,ISO 1940-1:2003,IDT)

GB/T 9439　灰铸铁件

GB/T 11352　一般工程用铸造碳钢件

GB/T 13384　机电产品包装通用技术条件

JB/T 4297　泵产品涂漆技术条件

JB/T 6397　大型碳素结构钢锻件　技术条件

JB/T 8097　泵的振动测量与评价方法

JB/T 8098　泵的噪声测量与评价方法

3　术语和定义

GB/T 7021 规定的以及下列术语和定义适用于本标准。

3.1

混流泵　mixed flow pump

叶轮中的液体沿着与主轴同心的锥面内排出的泵。

3.2

轴流泵　axial flow pump

叶轮中的液体沿着与主轴同心的圆筒内排出的泵。

3.3

半调节　semi-adjustment of blades

泵停止运转后，将叶片取下重新安装成需要的安装角度，达到改变工况目的的调节方法。

3.4

全调节　complete adjustment of blades

泵在运转中或停止运转后，通过液压或机械机构调整叶片的安装角度，达到改变工况目的的调节方法。其中，泵在停止运转后通过机械机构调整叶片的安装角度的调节方法称为静叶调节。泵在运转中通过液压或机械机构调整叶片的安装角度的调节方法称为动叶调节。

4　订货条件

4.1　采购商与制造商/供货商在订货时应明确下列信息：

a）泵运行工况参数（流量、扬程、转速、效率和汽蚀余量等）；

b）泵输送介质性质（温度、密度、腐蚀性、悬浮物种类及其含量等）；

c）泵布置及安装条件；

d）泵运行环境条件。

4.2　如采购商对产品有不同于本标准的要求时，应在订货单或数据表（参见附录A）中予以规定。

4.3　采购商可根据需要订购下列成套供应范围的全部或部分，并在订货单中写明：

a）泵；

b）原动机；

c）传动装置；

d）联轴器及防护罩；

e）出水拍门或出口阀门；

f）底座和地脚螺栓；

g）润滑冷却水或润滑油装置；

h）仪器、仪表；

i）备品备件和专用工具；

j）其他辅助设备或附件；

k）订货之后应提供的文件和/或服务。

5　技术要求

5.1　总则

泵应符合本标准的规定，并按经规定程序批准的图样和技术文件制造。

5.2　性能

5.2.1　泵的性能参数应符合订货单或相应标准的规定。水力性能验收试验应符合6.3.3.2的规定。

5.2.2　制造商/供货商应确定泵的允许工作范围，并绘出性能曲线（扬程、效率、轴功率、汽蚀余量与流量的关系曲线）。

对可调式叶轮的泵应给出叶片各安装角度的性能曲线（扬程、效率、轴功率与流量的关系曲线）。

对立式泵应给出泵叶轮中心线的最低淹没深度和提供进水流道的尺寸。

5.2.3 泵在允许工作范围内运转时，其振动烈度应符合 JB/T 8097 的规定。泵试验的振动测量与评价应符合 6.3.3.4 的规定。

5.2.4 泵在允许工作范围内运转时，其噪声应符合 JB/T 8098 的规定。泵试验的噪声测量与评价应符合 6.3.3.3 的规定。

5.3 设计

5.3.1 原动机

5.3.1.1 确定原动机的额定性能时应考虑下列因素：

a) 泵的用途和工作方式；

b) 泵特性曲线上工作点的位置；

c) 泵输送介质的密度；

d) 传动装置的功率损失和滑差损失；

e) 泵现场的大气条件。

5.3.1.2 原动机的额定输出功率宜按图 1 选取。

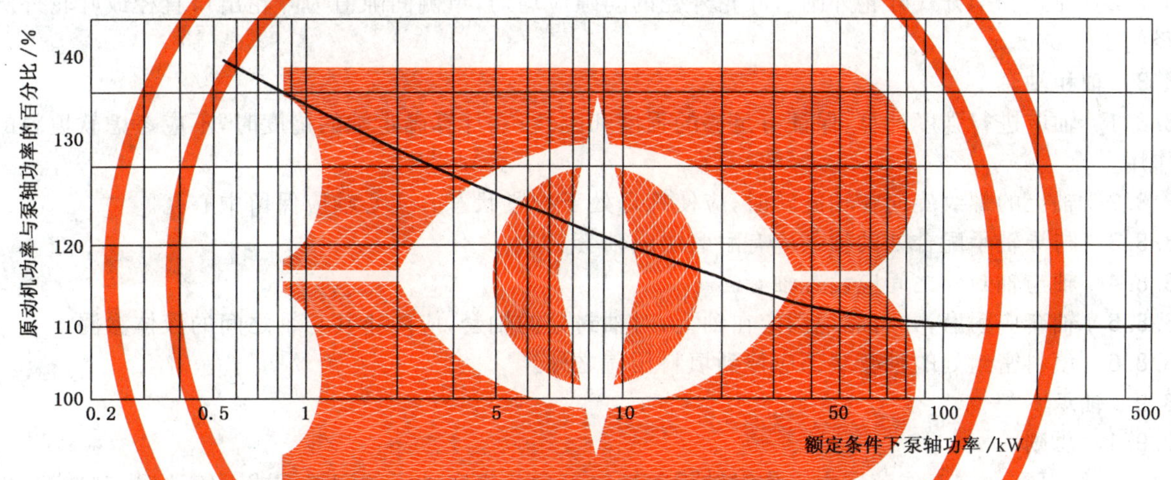

图 1 以额定条件下泵轴功率百分比表示的原动机额定输出功率

5.3.2 临界转速

卧式泵的第一临界转速至少应高出最大允许连续运行转速 10%；立式泵的第一临界转速至少应高出最大允许连续运行转速 40%。

5.3.3 平衡

叶轮部件应做静平衡。平衡试验应符合 6.3.2 的规定。

可调式叶轮部件的静平衡应在额定工况所在的叶片角度下进行。

5.3.4 承受压力的零件

5.3.4.1 受内压的壳体，设计时应作强度计算和设置加强筋以保证足够的强度和刚性，使之能承受泵允许工作范围内的最大工作压力和规定的水压试验压力，并能限制变形。水压试验应符合 6.3.1.1 的规定。

5.3.4.2 泵的连接法兰应能承受允许的最大工作压力，泵的进出口法兰尺寸应符合 GB/T 9112 的规定。

5.3.4.3 承受压力的零件的连接紧固件性能等级应适合于泵允许的最大工作压力和常规的拧紧方式。制造商应规定螺栓连接扭矩。

5.3.5 叶轮

5.3.5.1 叶轮采用闭式、半开式或开式等型式，其叶片可以设计成固定式、半调节或全调节式。

5.3.5.2 叶轮应可靠地固定在轴上，防止产生轴向和周向移动。

5.3.5.3 全调节叶轮内腔应能承受规定的油压试验压力，油压试验应符合 6.3.1.2 的规定。

5.3.6 进水流道

立式泵的进水流道为泵整体设计的一部分，应合理确定进水流道的尺寸。

5.3.7 运转间隙

5.3.7.1 对于采用闭式叶轮的泵，密封环应可靠地固定在泵体或叶轮上。当采用径向密封型式时，密封环间或密封环与叶轮之间直径方向最大间隙按表 1 的规定；当采用轴向密封型式时，密封环间的间隙值为 0.25 mm～1 mm。

表 1 密封环间隙

单位为毫米

密封环直径	≤75	>75～110	>110～140	>140～180
间隙	0.25	0.30	0.35	0.40
密封环直径	>180～220	>220～280	>280～340	>340～400
间隙	0.45	0.50	0.55	0.60

5.3.7.2 开式和半开式叶轮外圆与叶轮外壳的间隙应均匀，单侧间隙值为叶轮出口直径或叶轮外圆球直径的 1/1 000。

5.3.8 轴和轴套

5.3.8.1 轴应进行强度计算，保证有足够的强度和刚性；在计算确定轴的挠度时，不应考虑软填料的支承作用。

5.3.8.2 轴上的螺纹旋向在轴旋转时，应使螺母处于拧紧状态。实心轴应保留中心孔。

5.3.8.3 与导轴承配合处的轴颈应有耐磨层或轴套。

5.3.8.4 轴与轴封件之间应设置轴套。

5.3.8.5 轴套应耐磨，并可靠地固定在轴上；对轴封处的轴套，应防止其与轴之间的液体渗漏。

5.3.8.6 填料密封处的轴套端部应伸到填料压盖之外。

5.3.9 轴承

5.3.9.1 总则

应计算泵在允许工作范围内工作时轴承的额定寿命并规定轴承的润滑方式。需要时，制造商/供货商应提供轴承的最高温度限值及报警温度和停机温度。为使轴承温度保持在规定的极限温度内，制造商应采取必要的冷却措施。

5.3.9.2 推力轴承

泵的轴向力（包括转子重量）可由泵推力轴承或泵传动机构承受；立式泵轴向力也可由原动机或传动装置承受。

泵推力轴承或泵传动机构通常采用滚动轴承或巴氏合金滑动轴承，并采用稀油润滑。

轴承体与外部相通的缝隙应能防止污物浸入和润滑油漏失。轴承体上部应设置放气塞，下部应设置放油管堵。

5.3.9.3 径向轴承

蜗壳混流泵径向轴承一般采用滚动轴承，并采用油脂或稀油润滑。

5.3.9.4 导轴承

5.3.9.4.1 立式导叶泵的导轴承可采用橡胶或增强树脂塑料水润滑滑动轴承，制造商也可根据自己的技术和经验选用其他轴承（如高分子材料轴承和陶瓷轴承等）。陶瓷轴承为输送液体自润滑，其他导轴承应采用清洁水润滑。

5.3.9.4.2 卧式和斜式导叶泵的导轴承通常采用油脂润滑的巴氏合金滑动轴承。应设置向轴承重新加油脂的装置以及废油脂溢出的装置。

5.3.10 轴封

5.3.10.1 泵的轴封一般采用软填料密封。

5.3.10.2 立式导叶泵填料函上应设置导轴承润滑水的进水孔。

5.3.10.3 采用填料密封时，填料函外应有足够的空间，以便更换填料。

5.3.11 联轴器

5.3.11.1 由泵推力轴承或泵传动机构承受轴向推力的泵采用弹性联轴器与原动机或传动装置连接；由原动机或传动装置承受轴向推力的泵则采用刚性联轴器与原动机或传动装置连接。

5.3.11.2 联轴器应能传递原动机的最大扭矩，其许用的转速应与原动机或传动装置的转速相适应。

5.3.12 作用在法兰(进口和出口)上的外力和外力矩

制造商/供货商应计算并提供泵允许承受的由管路传递给泵的力和力矩；采购商也应计算出管路系统作用在泵上的力和力矩，并保证使负荷低于允许值。

5.3.13 底座

5.3.13.1 底座应设计成能承受5.3.12给出的允许作用在泵进出口法兰上的外力和外力矩，且不致使泵和原动机的两半联轴器同轴度超过规定值。

5.3.13.2 需要灌浆的底座的设计应能保证有良好的灌浆(例如应防止空气被截留)。如果必须有灌浆孔，底座上应有足够数量的、直径不小于100 mm或面积与此相当的灌浆孔。

5.3.13.3 卧式泵和原动机采用公共底座时，如原动机不由泵制造商/供货商安装，底座应经机械加工，但不加工与原动机连接的螺栓孔。

5.3.13.4 底座通常采用铸铁件或焊接钢结构件。需灌浆的底座，在安装现场应除去防锈油漆。

5.3.14 轴防护措施

立式导叶泵输送含有泥沙等固体磨料的液体或输送海水时，应采取设置轴护套管或其他保护措施。

5.4 主要零件材料

5.4.1 通常泵主要零件材料列在订货单或数据表(参见附录A)中。如果材料是由采购商选定的但泵制造商认为另外的材料更为合适，制造商应在投标书或数据表(参见附录A)中把这些材料作为替代材料提出。

5.4.2 泵主要零件的材料通常按表2的规定。

5.4.3 材料的化学成分、机械性能、热处理和焊接过程等应符合有关标准。

5.5 制造

5.5.1 铸件

5.5.1.1 铸件不应有影响力学性能的铸造缺陷。

5.5.1.2 铸件表面可用喷砂、喷丸或其他方法清理干净，分型面的飞边或浇、冒口的残余均应切除，使铸件表面齐平。

5.5.1.3 当铸造缺陷允许用焊接或其他工艺方法进行修补时，应符合有关标准的规定。禁止用塞堵、锤击、涂漆或浸渍等办法来修补承压铸件的渗漏处和缺陷。

表2 泵主要零件材料

<table>
<tr><th>泵类别</th><th>零件名称</th><th>材料类别</th><th>标准代号</th><th>应 用</th></tr>
<tr><td rowspan="7">蜗壳泵</td><td>泵体</td><td rowspan="4">灰铸铁</td><td rowspan="4">GB/T 9439</td><td rowspan="4">清水</td></tr>
<tr><td>泵盖</td></tr>
<tr><td>密封环</td></tr>
<tr><td>叶轮</td></tr>
<tr><td rowspan="2">轴</td><td rowspan="2">碳素结构钢</td><td>GB/T 699</td><td>清水，小轴径(钢棒)</td></tr>
<tr><td>JB/T 6397</td><td>清水，大轴径(锻件)</td></tr>
<tr><td>轴套</td><td>不锈钢</td><td>GB/T 1220</td><td>清水</td></tr>
</table>

表 2（续）

泵类别	零件名称	材料类别	标准代号	应　用
导叶泵	出水弯管、外接管、导叶体	灰铸铁	GB/T 9439	清水
		碳素结构钢	GB/T 700	
		不锈钢	GB/T 4237	海水
		低镍铸铁	—	
	叶轮、叶轮外壳、叶片、叶轮毂	灰铸铁	GB/T 9439	清水
		铸造碳钢	GB/T 11352	
		耐蚀铸钢	GB/T 2100	清水、海水
	轴	碳素结构钢	GB/T 699	清水，小轴径（钢棒）
			JB/T 6397	清水，大轴径（锻件）
		合金结构钢	—	海水，泵设护轴套管
		不锈钢	GB/T 1220	海水
	轴套	不锈钢	GB/T 1220	海水

5.5.1.4　铸件过流部位的尺寸偏差应符合下列规定：

a)　混流泵开式叶片表面应修整光洁，需用组合样板检查其工作面几何形状及尺寸时，检查部位见图 2，其允许偏差应符合表 3 的规定。

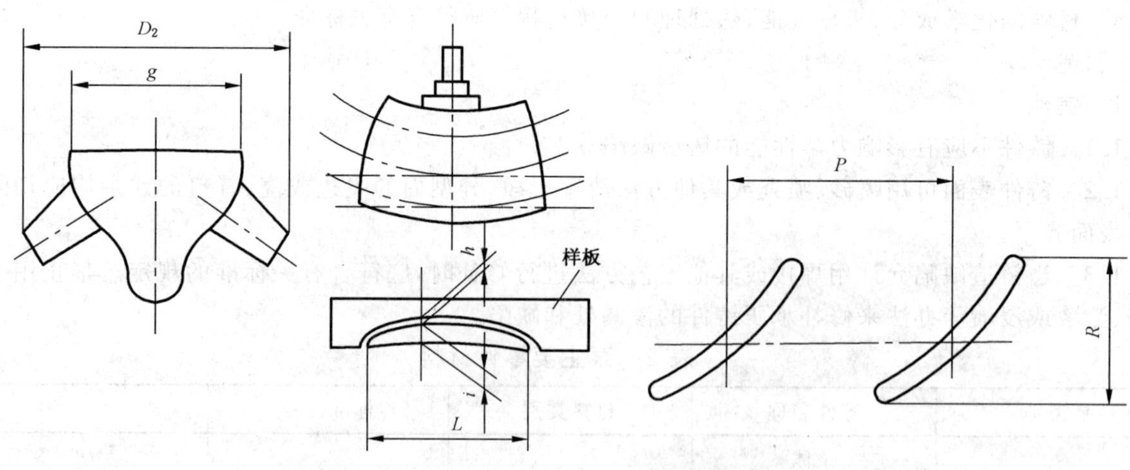

图 2　混流泵开式叶片样板检查部位

b)　轴流泵叶片表面应修整光洁，需用组合样板检查其工作面几何形状及尺寸时，检查部位见图 3，其允许偏差应符合表 3 的规定。

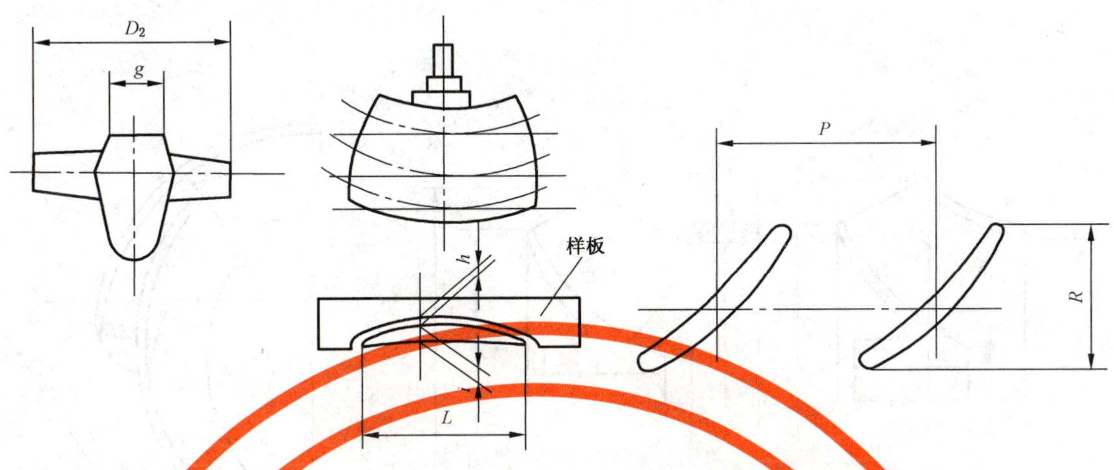

图 3 轴流泵叶片样板检查部位

c) 导叶的尺寸检查部位见图 4,其允许偏差应符合表 3 的规定。

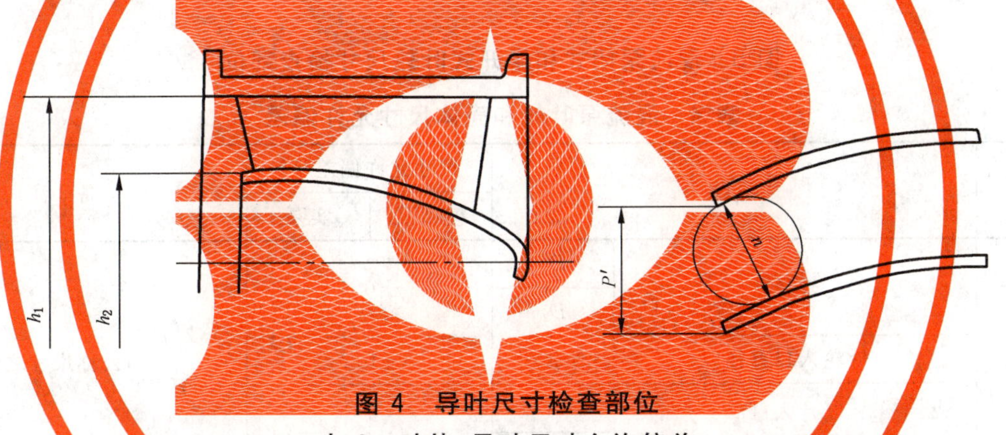

图 4 导叶尺寸检查部位

表 3 叶片、导叶尺寸允许偏差

零件名称	项目	尺寸允许偏差/%		备 注
		模型泵	实泵	
叶片	节距 P	±2	±2	与公称尺寸之比
叶片	安装高度 R	±2	±1	与公称尺寸之比
叶片	厚度 i	±5	±8	与各断面最大公称厚度之比
叶片	外径 D_2	±0.1	±0.1	与公称外径尺寸之比
叶片	断面形状 h	±0.1	±0.2	与公称尺寸之比
叶片	弦长 L	±1	±1	与公称尺寸之比
导片	入口 h_1	±1	±2	与公称尺寸之比
导片	入口 h_2	±1	±2	与公称尺寸之比
导片	导叶入口节距 P'	±2	±3	与公称尺寸之比
导片	导叶入口开度 n	±5	±5	与公称尺寸之比

d) 混流泵闭式和半开式叶轮尺寸检查部位见图 5,其允许偏差应符合表 4 的规定。

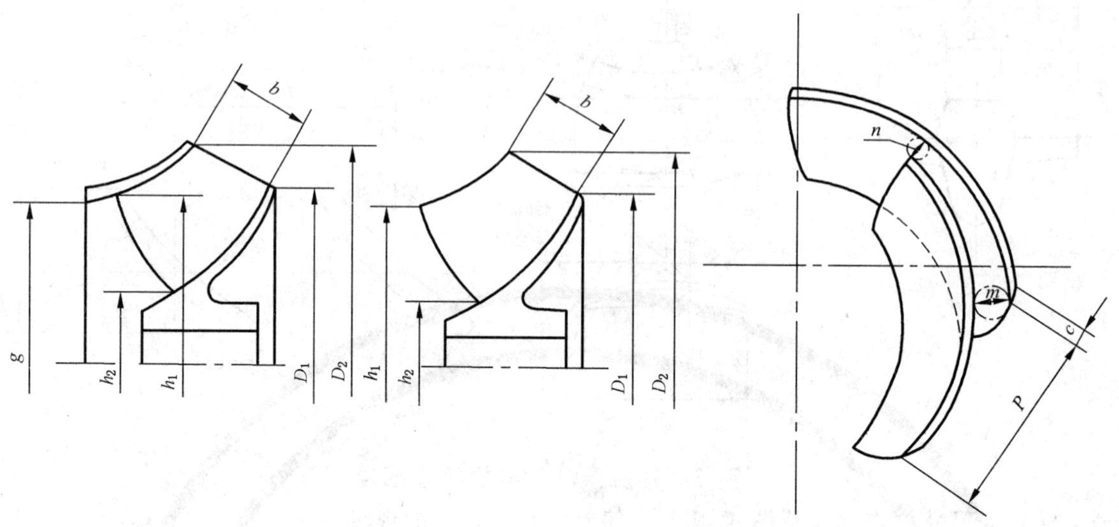

图 5　混流泵闭式和半开式叶轮尺寸检查部位

表 4　混流泵叶轮和壳体尺寸允许偏差

<table>
<tr><th rowspan="2">零件名称</th><th rowspan="2" colspan="2">项目</th><th colspan="2">尺寸允许偏差/%</th><th rowspan="2">备　注</th></tr>
<tr><th>模型泵</th><th>实泵</th></tr>
<tr><td rowspan="9">叶轮</td><td rowspan="2">外径</td><td>D_1</td><td rowspan="2" colspan="2">±0.5</td><td rowspan="5">与公称尺寸之比</td></tr>
<tr><td>D_2</td></tr>
<tr><td>叶轮入口直径</td><td>g</td><td colspan="2">±0.2</td></tr>
<tr><td rowspan="2">叶片入口
边直径</td><td>h_1</td><td rowspan="3">±1</td><td rowspan="2">—</td></tr>
<tr><td>h_2</td></tr>
<tr><td>出口宽度</td><td>b</td><td>±2</td><td>与任意断面公称宽度之比</td></tr>
<tr><td>叶片节距</td><td>P</td><td>±2</td><td>±3</td><td rowspan="4">与公称尺寸之比</td></tr>
<tr><td>入口开度</td><td>n</td><td rowspan="2">±5</td><td rowspan="2">—</td></tr>
<tr><td>出口开度</td><td>m</td></tr>
<tr><td>出口圆周方向的厚度</td><td>c</td><td colspan="2">±3</td></tr>
<tr><td rowspan="5">壳体</td><td>吸入口内径</td><td>a_1</td><td rowspan="5">±3</td><td rowspan="4">±2</td><td rowspan="5">与公称尺寸之比</td></tr>
<tr><td>排出口内径</td><td>a_1</td></tr>
<tr><td>排出口法兰至中心的距离</td><td>a_2</td></tr>
<tr><td>排出口中心至中心的距离</td><td>a_3</td></tr>
<tr><td>蜗室断面尺寸</td><td>a_4</td><td>—</td></tr>
</table>

e）　混流泵壳体尺寸检查部位见图 6，其允许偏差应符合表 4 的规定。

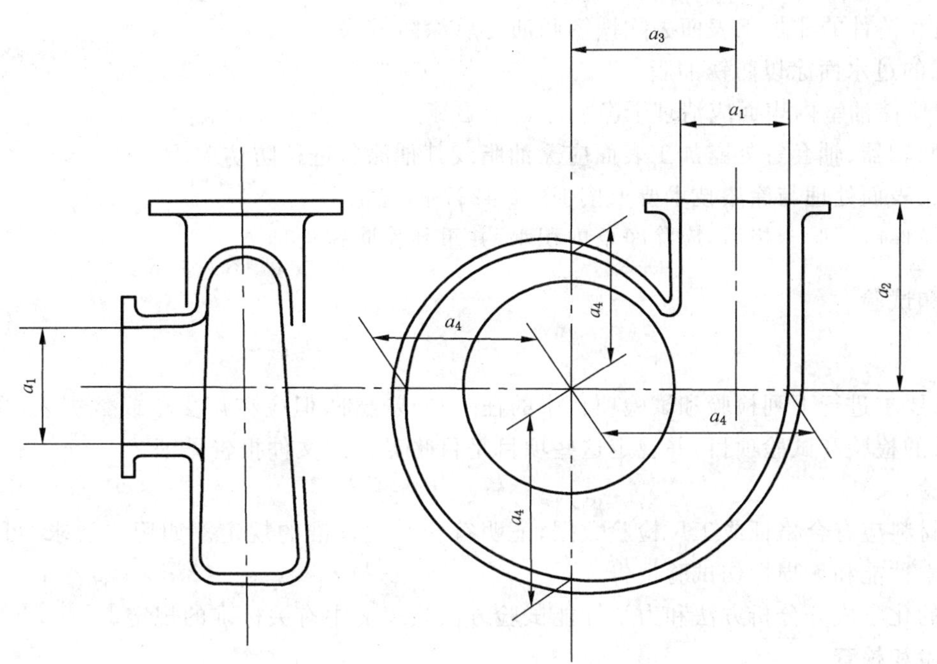

图6 混流泵壳体尺寸检查部位

5.5.1.5 可调式叶轮每组叶片各叶片之间质量差:叶轮直径小于1 000 mm时,为单叶片公称质量的±2%;叶轮直径大于或等于1 000 mm时,为单叶片公称质量的±4%。单叶片质量允许偏差为叶片公称质量的±6%。

5.5.2 机械加工

5.5.2.1 叶轮毂各叶片间安装孔的节距允许偏差:叶轮直径小于或等于2 000 mm时,偏差为公称节距的±0.3%;叶轮直径大于2 000 mm时,其偏差减半。

5.5.2.2 叶片安装孔的轴线在同一面上的允许偏差:叶轮直径小于或等于2 000 mm时,偏差为叶轮公称半径的±0.1%;叶轮直径大于2 000 mm时,其偏差减半。

5.5.2.3 叶片的零度线和叶轮毂上的角度线应有明显的标记。

5.5.2.4 叶片装于叶轮毂上时,安装角度偏差应为±15′,并检查叶轮外圆的圆跳动,其精度按GB/T 1184的9级规定。

5.5.3 装配

5.5.3.1 泵的零件应在检查合格和清洗干净后,方可装配。

5.5.3.2 卧式混流泵转子部件应检查径向跳动,其公差应符合表5的规定。

表5 卧式混流泵转子部件允许径向跳动

单位为毫米

基本尺寸	≤50	>50～120	>120～260	>260～500	>500～800
叶轮与密封环配合处	0.05	0.07	0.08	0.09	0.13
轴套外圆	0.04	0.06	0.07	0.08	0.11

5.5.3.3 零、部件的配合部位应能保证互换,泵的安装尺寸应与图样一致。

5.5.3.4 出口直径小于500 mm的泵,应整台出厂。凡因受起重、运输等条件不能整台出厂的泵,应在厂内预装。预装后各相关零、部件应作出标记。

5.5.3.5 泵装配完后,转动转子应灵活。

5.5.4 防锈和涂漆

5.5.4.1 泵在装配前和装配过程中应作如下防锈处理:

a） 流道和铸件的非加工表面去除铁锈和油污后涂防锈漆；

b） 加工的过水面涂以防锈油脂；

c） 轴承体储油室内表面应清理干净后涂耐油磁漆；

d） 轴、联轴器、轴套等外露加工表面应涂油脂或其他涂料进行防锈。

5.5.4.2 涂漆表面处理与涂漆技术要求按 JB/T 4297 的规定。

5.5.4.3 泵经性能试验合格后，应除净泵内积水，并重新作防锈处理。

6 工厂检验和试验

6.1 总则

采购商可要求进行下列检验和试验项目中的任一项或全部，但应在订货单或数据表（参见附录 A）中规定所要求的检验和试验项目，并规定这些项目是目睹见证或文件报告见证。

6.2 材料试验

6.2.1 泵用材料应有合格证或工厂检验数据，证明符合有关标准的规定。如用户要求，可提供材料的化学成分、力学性能和无损探伤试验报告。

6.2.2 材料的化学成分分析方法和力学性能试验方法按表 2 中有关标准的规定。

6.3 泵的试验和检查

6.3.1 静压强度试验

6.3.1.1 受内压的壳体应作水压试验，水压试验压力为工作压力的 1.5 倍，但最低水压试验压力应不低于 0.1 MPa，试验介质为常温清水，保压时间应不少于 5 min，保压时间内不得有渗漏。

6.3.1.2 全调节叶轮毂内腔应作油压试验，油压试验压力为 0.36 MPa，保压时间应不少于 5 min，保压时间内不得有渗漏。

6.3.2 平衡试验

叶轮部件应按 GB/T 9239.1 作静平衡试验，其平衡品质等级为 G6.3 级。

6.3.3 性能试验

6.3.3.1 泵应按第 7 章规定的规则实施性能试验。

6.3.3.2 泵的水力性能验收试验方法按 GB/T 3216 的规定，验收级别为 2 级。

6.3.3.3 泵的噪声测量方法按 JB/T 8098 的规定，其噪声应符合 JB/T 8098 中 C 级的规定。

6.3.3.4 泵的振动测量方法按 JB/T 8097 的规定，其振动烈度应符合 JB/T 8097 中 C 级的规定。当泵的中心高大于 550 mm 且转速小于或等于 600 r/min 时，按 JB/T 8097 中泵分类的第二类判定泵的振动级别。

在测量泵转速小于 600 r/min 的振动时，所选用的测量仪器（包括传感器）频率响应范围的下限应不大于 2 Hz。

泵在试验室作性能试验时属于临时安装，当安装质量不如它在工作现场时，允许以工作现场测得的振动烈度为准。

6.3.4 检查

宜进行如下检查项目：

a） 装配前零部件的检查；

b） 经试验运转后有关零件运转间隙处的内部检查；

c） 安装尺寸；

d） 辅助管路和其他附件；

e） 铭牌信息。

6.3.5 最终检查

最终检查是根据订货单核实所供给的设备是否完整正确，包括对零部件标识、涂漆和防腐以及文件资料的检查。

7 性能试验规则

7.1 总则

泵的试验分为型式试验和合同试验。型式试验适用于验证泵的性能与设计要求的符合性;而合同试验旨在验证泵的性能是否满足制造商/供货商的保证值。

7.2 型式试验

7.2.1 下列情况之一需做型式试验:

a) 新产品或老产品转厂生产的试制定型鉴定;

b) 正式生产后,如结构、材料、工艺有较大的改变,可能影响产品性能时;

c) 批量生产的产品,周期性的检验时;

d) 产品长期停产后,恢复生产时;

e) 出厂检验结果与上次型式试验有较大差异时。

7.2.2 型式试验项目的内容包括:运转试验、性能试验、汽蚀试验以及必要时进行的噪声和振动试验。

7.3 合同试验

采购商与制造商/供货商应按 GB/T 3216 的规定对合同试验的项目(如保证的范围、需要试验的泵的数量以及附加检查等)进行商定,并在合同中明确。合同试验按采购商与制造商/供货商商定的合同条款和/或 GB/T 3216 的规定实施。

7.4 模型或现场试验

7.4.1 制造商由于设备条件限制不能进行型式和出厂试验时,可采用模型或现场试验。若采用模型检验时,模型泵的叶轮直径不小于 300 mm。

7.4.2 进水流道尺寸的试验可根据采购商和制造商/供货商的协议进行。

8 保证期

在用户选用产品恰当和遵守保管及使用规则的条件下,从制造商/供货商发货之日起 18 个月内,连续运转不超过 12 个月,产品因制造质量不良而发生损坏或不能正常工作时,制造商/供货商应免费为用户修理、更换零件或产品(但不包括易损件)。

9 标志、包装、运输和贮存

9.1 标志

9.1.1 铭牌

铭牌应采用适合于环境条件的耐腐蚀材料制成并应牢固地固定在泵的明显位置上。铭牌内容应包括:

a) 制造商名称;

b) 泵的名称和型号;

c) 泵的主要参数:流量(m^3/h)、扬程(m)、转速(r/min)、配用功率(kW)、必需汽蚀余量或最低淹没深度(m)、泵的质量(kg);

d) 泵的出厂编号和出厂日期。

9.1.2 转向标识

泵的旋转方向应在明显位置用红色箭头表示。

9.2 包装和运输

9.2.1 泵的包装按 GB/T 13384 的规定。

9.2.2 应采取措施以防在运输过程中由于振动和碰撞造成的轴承的损坏。

9.2.3 每台泵出厂时应随带下列文件，并封存在防水的袋内：

a) 产品合格证；

b) 装箱单；

c) 安装使用说明书；

d) 合同规定应提供的其他文件。

9.3 贮存

泵在存放中应能防止锈蚀和损坏，泵的防锈处理有效期为12个月，到期应进行检查，重新进行防锈处理。

附　录　A
（资料性附录）
混流泵、轴流泵数据表

表 A.1 给出了混流泵、轴流泵的数据。

表 A.1　混流泵、轴流泵数据表

1		装置：					泵的用途：				
2		泵制造商：					技术条件：				
		需要台数	泵的型式和尺寸：卧式	斜式	立式	泵制造商出厂编号	原动机：种类		规格		机座号
3	运转										
4	备用										
5		用户：	询价单号：	日期：			供货单位：		建议书号：		
6			定货单号：	日期：			合同号：		日期：		
7		现场条件									
	工作条件										
8		介质			流量	额定值	m^3/s		汽蚀性能	淹没深度	m
9		工作温度	℃		流量	叶片角度			汽蚀性能	最低水位	m
10		工作温度时密度	kg/dm^3		扬程	额定值	m		泵额定转速		r/min
11		介质含沙量	%		扬程	需要值	m		泵轴功率	额定值	kW
12									泵轴功率	正常值	kW
13									最大值轴功率	额定叶轮直径时	kW
14									最大值轴功率	额定叶轮直径时	kW
15									最大值轴功率	最大叶轮直径时	kW
16									最大值轴功率	最大叶轮直径时	kW
17									原动机额定功率		kW
	结构特点										
18		泵承受额定压力	MPa		安装高度 L		mm		径向轴承	型式尺寸	
19	叶片	轴流式			进水流道型式				推力轴承	型式尺寸	
20	叶片	混流式			出水法兰口径		mm		润滑方法/润滑工具		
21	叶片	调节方式							调节机构		
22	从联轴器端看的旋转方向	泵	顺时针/逆时针								
23	从联轴器端看的旋转方向	原动机	顺时针/逆时针								
24		试验压力	MPa								

表 A.1（续）

	辅助设备									
25		联轴器	制造商			接管	要/否		原动机	供应单位	
26			型式尺寸			拍门	要/否			合装单位	
27			联轴器种类	弹性/刚性/膜片						底座	
28			供应单位							地脚螺栓	
29									辅助管路供应单位		
	材料									
30		叶片			叶片表面加工精度			联轴器	弹性联轴器	
31		导叶体			A	B	C		刚性联轴器	
32		叶轮外壳							膜片联轴器	
33		泵轴								
34		传动轴								
	试验									
35		试验	水静压	水力性能	汽蚀性能	检查	最终检查			
36		目睹	要/否	要/否	要/否					
37		标准								
	电动机									
38		制造商			相数：			电动机	立式/空心/实心	
39		型式			周波：	s^{-1}				
40		功率	kW		电压：	V				
41		转速	r/min		满载电流：	A				
	汽轮机									
42		制造商			功率：			转速：	r/min	
43		型式			蒸汽消耗量					

ICS 47.020.60
U 60

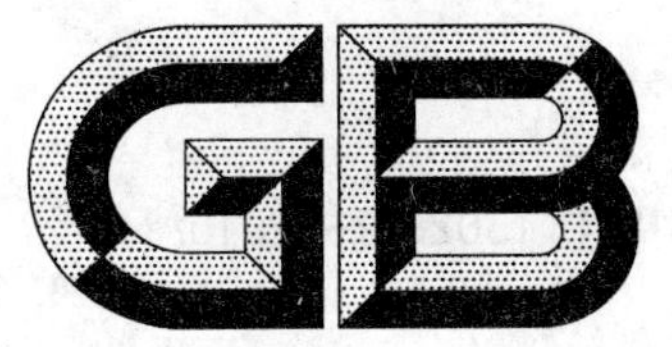

中华人民共和国国家标准

GB/T 13029.2—2010
代替 GB/T 13029.2—1991

船用电缆　同轴软电缆的选择和敷设

Marine cable—Choice and installation of coaxial cables

2010-09-02 发布　　2011-02-01 实施

中华人民共和国国家质量监督检验检疫总局
中国国家标准化管理委员会　发布

前　言

GB/T 13029《船用电缆》分为三个部分：

——第 1 部分：低压电力系统用电缆的选择和安装；

——第 2 部分：同轴软电缆的选择和敷设；

——第 3 部分：通信电缆和射频电缆的选择和敷设。

本部分为 GB/T 13029 的第 2 部分。

本部分代替 GB/T 13029.2—1991《船用同轴软电缆的选择和敷设》。

本部分与 GB/T 13029.2—1991 相比，主要有以下变化：

a)　将原标准中的第 4 章列为附录 A；

b)　将原标准中的表 2 的名称由“试验要求表”改为“性能试验”；

c)　将原标准中护套的Ⅰ、Ⅲ型分别改为“－40 ℃低沾污型聚氯乙烯”、“－40 ℃普通聚氯乙烯”。

本部分的附录 A 为资料性附录。

本部分由中国船舶重工集团公司提出。

本部分由全国海洋船标准技术委员会(SAC/TC 12)归口。

本部分起草单位：中国船舶重工集团公司第七〇四研究所。

本部分主要起草人：郑芳霖、乐懿、夏泳楠、朱凯。

本部分于 1991 年首次发布。

船用电缆　同轴软电缆的选择和敷设

1　范围

本部分规定了船用同轴软电缆(以下简称电缆)的选择和敷设等要求。

本部分适用于船舶高频信号设备(该设备传输信号频率大于10^5 Hz且对地不对称)、通信及雷达系统设备之间的连接线的选择和敷设。

2　规范性引用文件

下列文件中的条款通过GB/T 13029的本部分的引用而成为本部分的条款。凡是注日期的引用文件,其随后所有的修改单(不包括勘误的内容)或修订版均不适用于本部分,然而,鼓励根据本部分达成协议的各方研究是否可使用这些文件的最新版本。凡是不注日期的引用文件,其最新版本适用于本部分。

GB/T 2951.11　电缆和光缆绝缘和护套材料通用试验方法　第11部分:通用试验方法　厚度和外形尺寸测量　机械性能试验

GB/T 2951.12　电缆和光缆绝缘和护套材料通用试验方法　第12部分:通用试验方法　热老化试验方法

GB/T 2951.13　电缆和光缆绝缘和护套材料通用试验方法　第13部分:通用试验方法　密度测定方法　吸水试验　收缩试验

GB/T 2951.14　电缆和光缆绝缘和护套材料通用试验方法　第14部分:通用试验方法　低温试验

GB/T 2951.21　电缆和光缆绝缘和护套材料通用试验方法　第21部分:弹性体混合料专用试验方法　耐臭氧试验-热延伸试验-浸矿物油试验

GB/T 2951.31　电缆和光缆绝缘和护套材料通用试验方法　第31部分:聚氯乙烯混合料专用试验方法　高温压力试验-抗开裂试验

GB/T 2951.32　电缆和光缆绝缘和护套材料通用试验方法　第32部分:聚氯乙烯混合料专用试验方法　失重试验　热稳定性试验

GB/T 2951.41　电缆和光缆绝缘和护套材料通用试验方法　第41部分:聚乙烯和聚丙烯混合料专用试验方法　耐环境应力开裂试验　熔体指数测量方法　直接燃烧法测量聚乙烯中碳黑和(或)矿物质填料含量　热重分析法(TGA)测量碳黑含量　显微镜法评估聚乙烯中碳黑分散度

GB/T 2951.42　电缆和光缆绝缘和护套材料通用试验方法　第42部分:聚乙烯和聚丙烯混合料专用试验方法　高温处理后抗张强度和断裂伸长率试验　高温处理后卷绕试验　空气热老化后的卷绕试验　测定质量的增加　长期热稳定性试验　铜催化氧化降解试验方法

GB/T 2951.51　电缆和光缆绝缘和护套材料通用试验方法　第51部分:填充膏专用试验方法　滴点油分离　低温脆性　总酸值　腐蚀性　23 ℃时的介电常数　23 ℃和100 ℃时的直流电阻率

GB/T 3048.5　电线电缆电性能试验方法　第5部分:绝缘电阻试验

GB/T 3048.8　电线电缆电性能试验方法　第8部分:交流电压试验

GB/T 3048.9　电线电缆电性能试验方法　第9部分:绝缘线芯火花试验

GB/T 10250—2007　船舶电气与电子设备的电磁兼容性

GB/T 13029.1—2003　船舶电气装置　低压电力系统用电缆的选择和安装

GB/T 17737.1—2000　射频电缆　第1部分:总规范　导则、定义、要求和试验方法

3 要求

3.1 电缆选择

3.1.1 应根据所用频率的特性阻抗、衰减、额定电压值等主要性能指标、环境温度、配套接插件等因素选用电缆。

3.1.2 电缆的内导体应选用如铜或铜包钢之类的有较好的电气特性和一定的机械强度及柔软性的材料。当电缆的绝缘层外径不大于12 mm时，电缆的内导体应由七根线绞合而成；而当电缆的绝缘层外径大于12 mm时，电缆的内导体应由单根线组成。

3.1.3 电缆的外导体应选用柔软性的材料，并由铜丝编织。

3.1.4 选用电缆的绝缘材料时，应符合下列要求：

a) 其额定工作温度应至少高出该电缆敷设场所可能存在或产生的最高环境温度10 ℃以上；

b) 其机械强度应足以使该电缆的内、外导体保持同心；

c) 在严酷环境条件（相比常温、常压）下其应为氟塑料。

3.1.5 选用电缆的护套时，应优先考虑该电缆在敷设和使用时可能受到的机械作用和气候环境的影响。

3.1.6 其他要求应符合GB/T 13029.1—2003中第2～10章的相关规定。

3.1.7 所选用的电缆应按GB/T 2951.11～GB/T 2951.14、GB/T 2951.21、GB/T 2951.31、GB/T 2951.32、GB/T 2951.41、GB/T 2951.42、GB/T 2951.51、GB/T 3048.5、GB/T 3048.8、GB/T 3048.9及GB/T 17737.1—2000规定的方法进行检验。

3.2 电缆敷设

3.2.1 敷设时，应使被敷设电缆不受机械损伤、热损伤和其他腐蚀损伤。

3.2.2 敷设时，电缆应可靠接地，尽可能避免电磁干扰的影响。应防止被敷设电缆对电子设备、其他电缆或射频传输线产生物理或电磁干扰，且应符合GB/T 10250—2007中有关电缆敷设的规定。

3.2.3 敷设时，应使被敷设电缆预留松弛部分，以便当舱壁变形或由该电缆连接的伸缩接头产生移动时，该电缆不致承受破坏性拉力和剪力。电缆弯曲敷设时应满足规定的弯曲半径要求（见A.3）。

3.2.4 敷设时，应防止水蒸气和脏物进入敷设部位。

3.2.5 敷设在桅杆上，用于工作频率为200 MHz～400 MHz频段设备的电缆，应按下列优先顺序确定敷设部位：

a) 桅杆里；

b) 固定的电缆导管内；

c) 沿着（该波段雷达桅杆的背面）两侧。

3.2.6 其他要求应符合GB/T 13029.1—2003中的第15章～第26章相关规定。

4 电缆推荐型号

电缆推荐型号参见附录A。

附　录　A
（资料性附录）
电缆推荐型号的规格、结构、性能试验及特性

A.1　电缆推荐型号的规格、结构见表 A.1。

表 A.1　电缆推荐型号的规格、结构

序号	推荐型号规格	内导体 根数/标称直径 mm	内导体 材料	绝缘 材料	绝缘 最小厚度 mm	绝缘 外径 mm
1	50-7-2	7/0.75	裸软铜绞线	实心聚乙烯	2.00	7.25±0.25
2	50-7-6				2.25	7.25±0.15
3	50-7-8	7/0.82	裸软镀银铜绞线(或者银包铜绞线)	实心聚四氟乙烯	2.00	
4	50-12-1	7/1.15	裸软铜绞线	实心聚乙烯	3.50	11.50±0.30
5	50-17-2	1/5.00	裸软铜单线		5.00	17.30±0.40
6	50-17-3					
7	75-4-1	7/0.21	裸软铜绞线		1.25	3.70±0.13
8	75-4-2				1.40	3.70±0.10
9	75-7-2	7/0.40			2.40	7.25±0.25
10	75-7-3				2.72	7.25±0.15
11	75-7-11	7/0.45	镀银铜包钢绞线	实心聚四氟乙烯	1.96	
12	75-17-2	1/2.70	裸软铜单线	实心聚乙烯	6.60	17.30±0.4

序号	推荐型号规格	外导体 材料	外导体 编织线直径 mm	外导体 型式	护套 材料[a]	护套 最小厚度/标称厚度 mm	护套 外径 mm
1	50-7-2	裸软铜线	0.18～0.20	单层	Ⅲ	0.85/1.05	10.3±0.30
2	50-7-6	内层镀银铜线 外层裸软铜线	0.16～0.18	双层	Ⅰ	0.90/1.10	11.0±0.30
3	50-7-8	镀银软铜线			Ⅵ	0.70/1.00	10.80±0.50
4	50-12-1	裸软铜线	0.18～0.20	单层	Ⅰ	1.00/1.30	15.0±0.40
5	50-17-2		0.24～0.26		Ⅲ	1.50/1.80	22.0±0.50
6	50-17-3		0.18～0.20	双层	Ⅰ	1.55/1.85	22.7±0.50
7	75-4-1		0.13～0.15	单层	Ⅲ	0.60/0.80	6.0±0.20
8	75-4-2			双层	Ⅰ	0.65/0.85	6.7±0.20
9	75-7-2		0.18～0.20	单层	Ⅲ	0.85/1.05	10.3±0.30
10	75-7-3		0.16～0.18	双层	Ⅰ	0.90/1.10	11.0±0.30
11	75-7-11	镀银软铜线	0.18～0.22	单层	Ⅵ	—	—
12	75-17-2	裸软铜线	0.24～0.26		Ⅲ	1.50/1.80	22.0±0.50

[a] Ⅰ：－40 ℃低沾污型聚氯乙烯；
Ⅲ：－40 ℃普通聚氯乙烯；
Ⅵ：聚四氟乙烯防潮密封层硅有机浸渍玻璃丝编织护套。

A.2 推荐型号的性能试验见表 A.2。

表 A.2 性能试验

序号	推荐型号规格	电气性能							
		绝缘线芯试验电压	绝缘电阻	护套试验电压		灭晕电压	特性阻抗	衰减	
		kV 1 min	MΩ·km	kV		kV	Ω 200 MHz	dB/m	
				浸水试验	火花试验			200 MHz	3 000 MHz
1	50-7-2	10	≥5 000	5.0	8.0	≥5.0	50±2	≤0.11	—
2	50-7-6						50±1	—	≤0.62
3	50-7-8			—		≥4.0	50±2	—	—
4	50-12-1	15		5.0	8.0	≥7.5		≤0.08	
5	50-17-2	22				≥11.0		≤0.056	
6	50-17-3							≤0.06	
7	75-4-1	4.2		2.0	3.0	≥2.0	75±3	≤0.22	
8	75-4-2	4.0		3.0	5.0		75±1.5	—	≤0.95
9	75-7-2	8.0		5.0	8.0	≥4.0	75±3	≤0.12	—
10	75-7-3						75±1.5	—	≤0.6
11	75-7-11	8.5		—		≥3.4	75±3	≤0.105	—
12	75-17-2	18		5.0	8.0	≥9.0		≤0.056	

序号	推荐型号规格	气候和机械性能				
		高温试验		高低温试验[a]	低温试验	流动性试验
		卷绕试验	衰减增值	卷绕试验	卷绕试验	位移量
		质量要求	dB/m	质量要求	质量要求	%
1	50-7-2	绝缘及护套应无机械损伤	≤0.75	—	绝缘及护套应无机械损伤	≤15
2	50-7-6		≤0.2	绝缘及护套应无机械损伤		
3	50-7-8		—			—
4	50-12-1		≤0.2			≤15
5	50-17-2		≤0.4	—		—
6	50-17-3		≤0.15	绝缘及护套应无机械损伤		
7	75-4-1		—	—		≤15
8	75-4-2		≤0.3	绝缘及护套应无机械损伤		
9	75-7-2		≤0.75	—		
10	75-7-3		≤0.2	绝缘及护套应无机械损伤		
11	75-7-11		—			—
12	75-17-2		≤0.4	—		

[a] 电缆在高温(除 50-7-8 及 75-7-11 为 250 ℃±5 ℃外,其余均为 $100_{-4}^{\ 0}$ ℃)下暴露 7 d,然后在自然条件下冷却 1 h,在进行低温(除 50-7-8 及 75-7-11 为 −55 ℃外,其余均为 −35 ℃)下暴露 20 h,然后在十倍于电缆外径的轴上进行卷绕。

A.3 电缆推荐型号的特性见表 A.3。

表 A.3 电缆推荐型号的特性

<table>
<tr><th rowspan="2">序号</th><th rowspan="2">推荐型号规格</th><th rowspan="2">额定电容
PF/m</th><th rowspan="2">额定速比</th><th rowspan="2">额定特性阻抗
Ω</th><th rowspan="2">连续使用的最大交流电压
kV
（峰值）</th><th rowspan="2">单向脉冲工作的最大电压
kV
（峰值）</th><th rowspan="2">近似重量
g/m</th><th colspan="2">最小弯曲半径</th><th rowspan="2">成盘或成圈的最小直径
cm</th><th rowspan="2">最低弯曲温度
℃</th></tr>
<tr><th>室内安装
cm</th><th>室外安装
cm</th></tr>
<tr><td>1</td><td>50-7-2</td><td rowspan="2">100</td><td rowspan="2">0.66</td><td rowspan="6">50</td><td rowspan="3">6.5</td><td rowspan="3">13</td><td>160</td><td>5</td><td>10</td><td>20</td><td rowspan="2">−40</td></tr>
<tr><td>2</td><td>50-7-6</td><td>210</td><td>6</td><td>12</td><td>24</td></tr>
<tr><td>3</td><td>50-7-8</td><td>94</td><td>0.70</td><td>—</td><td>5</td><td>10</td><td>20</td><td>−55</td></tr>
<tr><td>4</td><td>50-12-1</td><td rowspan="3">100</td><td rowspan="7">0.66</td><td>9.5</td><td>19</td><td>280</td><td>7</td><td>14</td><td>28</td><td rowspan="7">−40</td></tr>
<tr><td>5</td><td>50-17-2</td><td rowspan="2">15</td><td rowspan="2">30</td><td>690</td><td>11</td><td>22</td><td>44</td></tr>
<tr><td>6</td><td>50-17-3</td><td>750</td><td>12</td><td>24</td><td>48</td></tr>
<tr><td>7</td><td>75-4-1</td><td rowspan="4">67</td><td rowspan="6">75</td><td rowspan="2">2.6</td><td rowspan="2">5.2</td><td>60</td><td>3</td><td>6</td><td>12</td></tr>
<tr><td>8</td><td>75-4-2</td><td>75</td><td>4</td><td>8</td><td>16</td></tr>
<tr><td>9</td><td>75-7-2</td><td rowspan="2">5</td><td rowspan="2">10</td><td>150</td><td>5</td><td>10</td><td>20</td></tr>
<tr><td>10</td><td>75-7-3</td><td>200</td><td>6</td><td>12</td><td>24</td></tr>
<tr><td>11</td><td>75-7-11</td><td>63</td><td>0.70</td><td>5.5</td><td>11</td><td>—</td><td>5</td><td>10</td><td>20</td><td>−55</td></tr>
<tr><td>12</td><td>75-17-2</td><td>67</td><td>0.66</td><td>12.5</td><td>25</td><td>580</td><td>11</td><td>22</td><td>44</td><td>−40</td></tr>
</table>

ICS 47.020.60
U 60

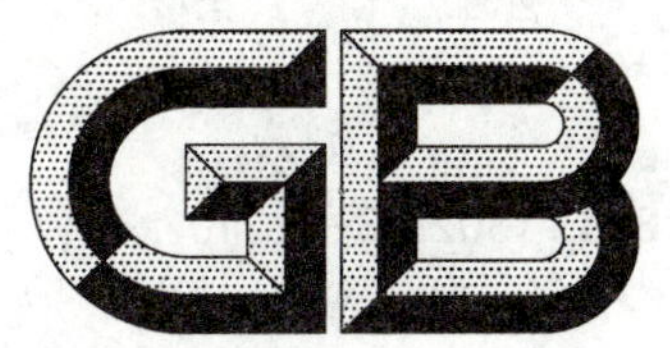

中华人民共和国国家标准

GB/T 13029.3—2010
代替 GB/T 13029.3—1991

船用电缆 通信电缆和射频电缆的选择和敷设

Marine cable—Choice and installation of telecommunication cables and radio-frequency cables

2010-09-02 发布 2011-02-01 实施

中华人民共和国国家质量监督检验检疫总局
中国国家标准化管理委员会 发布

前　言

GB/T 13029《船用电缆》分为三个部分：

——第1部分：低压电力系统用电缆的选择和安装；

——第2部分：同轴软电缆的选择和敷设；

——第3部分：通信电缆和射频电缆的选择和敷设。

本部分为GB/T 13029的第3部分。

本部分代替GB/T 13029.3—1991《船用通信电缆和射频电缆的选择和敷设》。

本部分与GB/T 13029.3—1991相比，主要有以下变化：

a) 对原标准中的内容重复部分进行了整合；

b) 删除了原标准中的3.1；

c) 将船用通信电缆的导体标称截面积参数系中的0.30 mm^2 改为0.35 mm^2；并且增加2.50 mm^2 一挡参数；

d) 删除了原标准中的列表。

本部分由中国船舶重工集团公司提出。

本部分由全国海洋船标准化技术委员会(SAC/TC 12)归口。

本部分起草单位：中国船舶重工集团公司第七〇四研究所。

本部分主要起草人：郑芳霖、乐懿、夏泳楠、朱凯。

本部分于1991年首次发布。

船用电缆 通信电缆和射频电缆的选择和敷设

1 范围

GB/T 13029 的本部分规定了船用通信电缆和射频电缆(以下简称电缆,单独使用时,分别简称通信电缆、射频电缆)的选择和敷设要求。

本部分适用于船用低频(频率不大于 100 kHz)、射频(频率大于 100 kHz)信号设备之间的连接线的选择和敷设。

2 规范性引用文件

下列文件中的条款通过 GB/T 13029 的本部分的引用而成为本部分的条款。凡是注日期的引用文件,其随后所有的修改单(不包括勘误的内容)或修订版均不适用于本部分,然而,鼓励根据本部分达成协议的各方研究是否可使用这些文件的最新版本。凡是不注日期的引用文件,其最新版本适用于本部分。

GB 9331—2008 船舶电气装置 额定电压 1 kV 和 3 kV 挤包绝缘非径向场单芯和多芯电力电缆

GB/T 9333 船舶电气设备 船用通信电缆和射频电缆 一般仪表、控制和通信电缆

GB/T 9334 船舶电气设备 船用通信电缆和射频电缆 船用同轴软电缆

GB/T 13029.2—2010 船用电缆 同轴软电缆的选择和敷设

3 要求

3.1 通信电缆的选择

3.1.1 根据通信信号设备或系统的不同要求,可选用对称式通信电缆或线芯屏蔽式多芯通信电缆(对于传输信号有高抗干扰性能要求时应选用线对屏蔽式通信电缆)。其中对称式通信电缆适用于对称回路,而线芯屏蔽式多芯通信电缆适用于对地不对称回路。

3.1.2 有传输数字信号、模拟信号要求时,应选用专用的数字信号、模拟信号通信电缆。

3.1.3 对于通信电缆有阻燃要求时,则该电缆应选用单根或成束阻燃型。

3.1.4 采用挤包热固性绝缘的通信电缆的导体与绝缘层之间若无隔离层,应采用镀金属铜导体,除非经型式试验证明,热固性绝缘对铜导体无不良影响,可采用不镀金属铜导体。采用挤包热塑性绝缘的导体可不镀覆金属。

3.1.5 通信电缆的导体的标称截面积应分别为 0.35 mm^2、0.50 mm^2、0.75 mm^2、1.00 mm^2、1.50 mm^2和 2.50 mm^2 六种。该标称截面积选择时应考虑下列因素:

a) 传输信号功率大小;

b) 线路的长短;

c) 可能受到的机械外力作用;

d) 可靠性要求;

e) 接插件配套要求。

3.1.6 除另有规定外,对称式通信电缆的线对绞合节距应不大于 120 mm,且同一层中相邻的线对应采用不同节距以减小串音。

3.1.7 通信电缆中绝缘线芯和绞合元件应有明显的识别标志,根据不同要求可选择数字识别或颜色

识别。

3.1.8 通信电缆应有良好的连续的铜丝编织屏蔽层，该屏蔽层的填充系数应不小于0.6。

3.1.9 还应符合GB 9331、GB/T 9333及GB/T 13029.2—2010中3.1.4～3.1.7的规定。

3.2 射频电缆的选择

3.2.1 根据通信信号设备或系统的不同要求，可选用同轴射频电缆或对称射频电缆。其中同轴射频电缆适用于不对称回路，而对称射频电缆适用于对称回路。

3.2.2 必要时(如不符合3.3.2、3.3.3的要求时)射频电缆应采用双层屏蔽。

3.2.3 射频电缆的内导体可采用铜或镀银铜单线、铜或镀银铜绞线、银包铜绞线、镀银铜包钢绞线等；射频电缆的绝缘层可采用聚乙烯、发泡聚乙烯及氟塑料；射频电缆的外导体可采用铜或镀银铜线的单层或双层编织。但属于下列情况时，射频电缆应选用镀银铜内、外导体，氟塑料为绝缘层和聚四氟乙烯防潮密封层硅有机漆浸渍玻璃丝编织为护套的射频电缆：

a) 高温场所(相比常温)；

b) 需传输较大功率，且尺寸要求严格；

c) 接插件配套要求较高；

d) 可靠性要求高。

3.2.4 还应符合GB/T 13029.2—2010中3.1及GB/T 9334的相关规定。

3.3 敷设

3.3.1 除另有规定外，电缆敷设应尽量远离厨房、洗衣间、机器处所及其舱棚等失火危险性高的处所。

3.3.2 除另有规定外，电缆应与电力电缆分束敷设。

3.3.3 除另有规定外，传输模拟信号与传输数字信号的电缆应分开并避免平行敷设。

3.3.4 电缆敷设时，所有钢质电缆管和电缆金属罩壳应可靠接地。电缆管应保持电气特性的连续性。

3.3.5 电缆敷设时，该电缆的金属屏蔽层应接地。其中，当电缆传输低频电平信号时，其金属屏蔽层应单点接地(若电缆连接的一端为需要接地的传感器，则应在该传感器端接地)，以免形成感应回路；而当电缆长度超过干扰信号波长的1/8时，则其金属屏蔽层应两端接地。

3.3.6 发射机的天线馈线应采用金属屏蔽，其贯穿甲板或舱壁时应采用有良好接地效果的电缆填料函，以降低对邻近射频敏感设备的干扰。

3.3.7 雷达、水声设备等用于传输脉冲的电缆应与其他设备用的电缆分开敷设，且该电缆采用双层屏蔽。

3.3.8 除符合上述要求外，还应符合GB/T 13029.2—2010中3.2的规定。

ICS 47.020.60
U 61

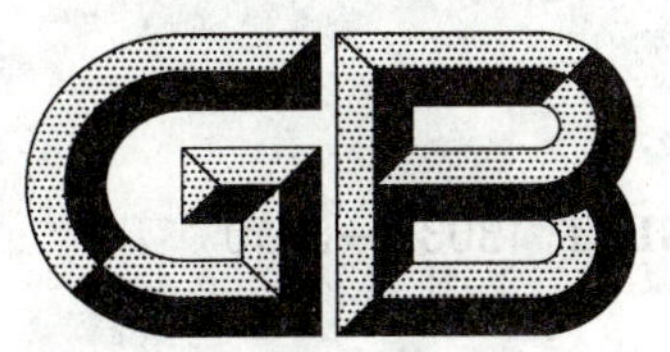

中华人民共和国国家标准

GB/T 13032—2010
代替 GB/T 13032—1991

船用柴油发电机组

Marine diesel generator set

2010-08-09 发布　　　　2010-12-01 实施

中华人民共和国国家质量监督检验检疫总局
中国国家标准化管理委员会　发布

前　言

本标准代替 GB/T 13032—1991《船用柴油发电机组》。

本标准与 GB/T 13032—1991 相比，主要技术内容有如下变化：

a) 对船用柴油发电机组的电压等级和功率进行了扩展；

b) 起动方式中增加“手动起动”方式；

c) 环境条件中增加纵摇的相应规定；

d) 稳态电压调整率中增加“在功率因数为 0.8(滞后)时”的前提条件；

e) 增加了瞬态调速率关于分级加载的内容；

f) 充实了船用柴油发电机组减振降噪部分的内容；

g) 充实了相关的试验内容。

本标准由中国船舶重工集团公司提出。

本标准由中国船用机械标准化技术委员会柴油机分技术委员会归口。

本标准起草单位：中国船舶重工集团第七〇四研究所。

本标准主要起草人：贺彦波、钟如森、谢建平。

本标准所代替标准的历次版本发布情况为：

——GB/T 13032—1991。

船用柴油发电机组

1 范围

本标准规定了船用柴油发电机组(以下简称“机组”)的术语、产品分类、要求、试验方法、检验规则、供应范围等内容。

本标准适用于船舶主电源和应急电源用机组,不适用于轴带发电机、中频、工频单相交流以及双频输出的机组。

2 规范性引用文件

下列文件中的条款通过本标准的引用而成为本标准的条款。凡是注日期的引用文件,其随后所有的修改单(不包括勘误的内容)或修订版均不适用于本标准,然而,鼓励根据本标准达成协议的各方研究是否可使用这些文件的最新版本。凡是不注日期的引用文件,其最新版本适用于本标准。

GB/T 191 包装储运图示标志(GB/T 191—2008,ISO 780:1997,MOD)

GB/T 1859 往复式内燃机 辐射的空气噪声测量 工程法及简易法(GB/T 1859—2000,idt ISO 6798:1995)

GB/T 3785 声级计的电声性能及测试方法

GB/T 4772.2 旋转电机尺寸和输出功率等级 第2部分:机座号355～1000和凸缘号1180～2360(GB/T 4772.2—1999,idt IEC 60072-2:1990)

GB/T 7060 船用旋转电机基本技术要求

3 术语和定义

下列术语和定义适用于本标准。

3.1

柴油发电机组 diesel generator set

由柴油机、发电机及其调速、励磁调压系统组成的整体。柴油机通过弹性或刚性联轴节与发电机联接并安装在同一公共底座上,以柴油机驱动的发电机组。

3.2

机组稳态调速特性曲线 steady governing characteristic curve

机组在额定负载、额定转速功况下,固定调速器的转速调节机构在空载到满载范围内单向来回变化负载时,转速功率特性曲线回线的算术平均值连成的曲线。

3.3

机组稳态调速率 steady speed regulation

机组整定在额定负载、额定转速功况下,负载自空载到额定负载或自额定负载到空载均匀变化时,稳定的空载转速 n_i 与额定转速 n_N 之差对额定转速 n_N 的百分比,按公式(1)计算。

$$\delta_{st}=\frac{n_i-n_N}{n_N}\times 100 \qquad (1)$$

式中:

δ_{st}——机组稳态调速率,%;

n_i——稳定的空载转速,单位为转每分(r/min);

n_N——额定转速,单位为转每分(r/min)。

3.4

机组瞬态调速率及稳定时间　transient speed regulation and recovery time

机组瞬态调速率是指机组整定于稳定调速率后,在额定负载、额定转速下,先突卸,后突加规定对称负载时,最低瞬时转速 n_{min}或最高瞬时转速 n_{max}与负载变化前的转速 n_i或与额定转速 n_N之差,对额定转速 n_N的百分比。

机组在最高瞬时转速下的瞬态调速率 δ_d^+ 按公式(2)计算。

$$\delta_d^+ = \frac{n_{max} - n_N}{n_N} \times 100 \quad \cdots\cdots(2)$$

式中:

δ_d^+——瞬态调速率,%;

n_{max}——最高瞬时转速,单位为转每分(r/min);

n_N——额定转速,单位为转每分(r/min)。

机组在最低瞬时转速下的瞬态调速率 δ_d^- 按公式(3)计算。

$$\delta_d^- = \frac{n_{min} - n_i}{n_N} \times 100 \quad \cdots\cdots(3)$$

式中:

δ_d^-——瞬态调速率,%;

n_{min}——最低瞬时转速,单位为转每分(r/min);

n_i——空载转速,单位为转每分(r/min)。

稳定时间是指从转速变化时起,至转速恢复到与相应负载下的稳定转速的偏差在转速波动率范围内为止的时间,见图1。

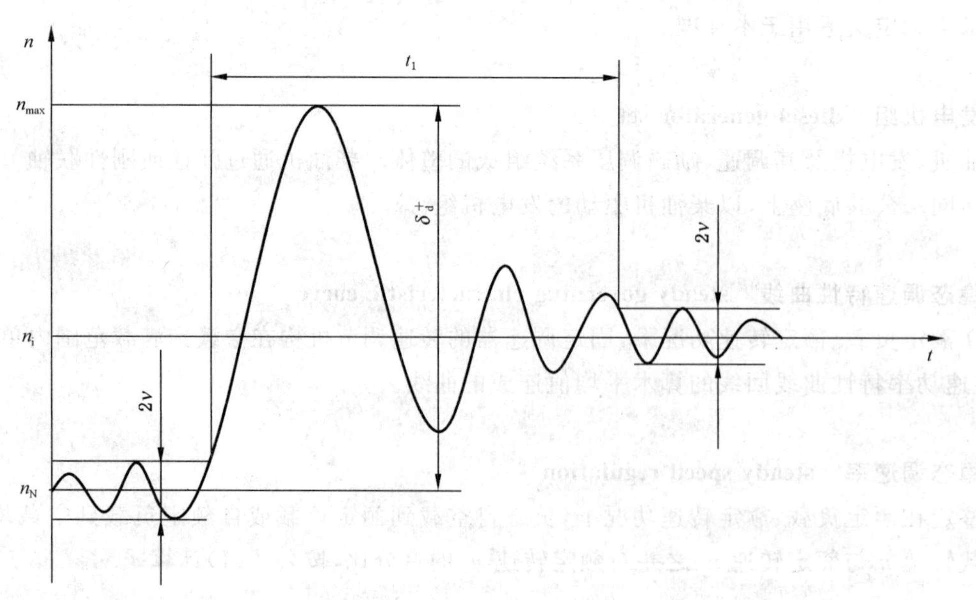

图1　转速瞬变过程图

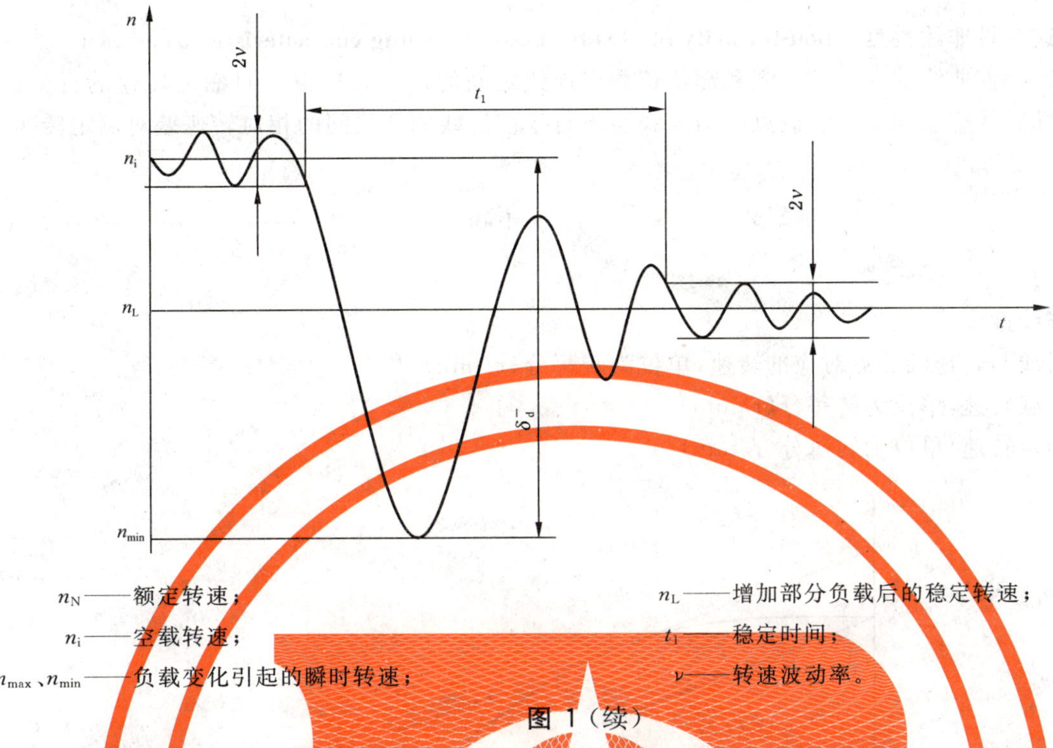

n_N——额定转速；

n_i——空载转速；

n_{max}、n_{min}——负载变化引起的瞬时转速；

n_L——增加部分负载后的稳定转速；

t_1——稳定时间；

ν——转速波动率。

图 1（续）

3.5

机组调速系统不灵敏度　non-sensitivity of speed governing system

机组整定于稳态调速率后，在额定负载、额定转速下，使负载在空载到额定负载范围内单向来回变化时，转速功率特性回线之间最大转速差 Δn 与额定转速 n_N 的百分比，按公式(4)计算，见图 2。

$$\varepsilon=\left|\frac{\Delta n}{n_N}\right|\times 100 \qquad \cdots\cdots(4)$$

式中：

ε——不灵敏度，%；

Δn——最大转速差，单位为转每分(r/min)；

n_N——额定转速，单位为转每分(r/min)。

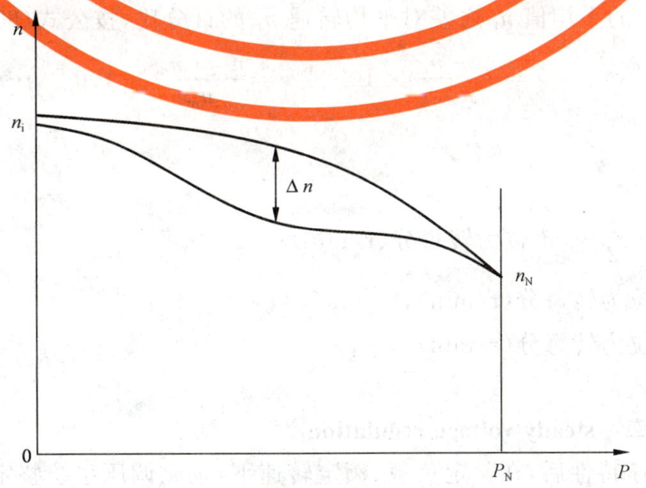

图 2　调速系统的不灵敏度

3.6

稳态调速特性非线性度　non-linearity of steady speed governing characteristic

稳态调速特性曲线与对应的空载和额定负载点连线之间的最大转速偏差对额定转速的百分比，即稳态调速特性曲线空载与额定负载点间的连线与平行于该连线的切线间的相对转速差对额定转速的百分比，见图3，按公式(5)计算。

$$\gamma=\frac{n'-n_i}{n_N}\times 100 \qquad \cdots\cdots(5)$$

式中：

γ——非线性度，%；

n'——切线与转速轴交点对应的转速，单位为转每分(r/min)；

n_i——空载转速，单位为转每分(r/min)；

n_N——额定转速，单位为转每分(r/min)。

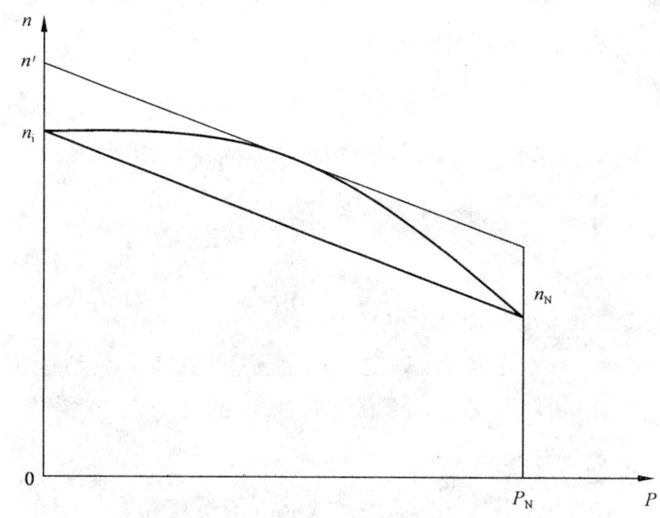

图3　调速特性的非线性度

3.7

转速波动率　speed stability bandwidth

机组在空载到额定负载范围内任一负载下稳定运行时，于一定时间间隔(1 min)内测得的最高转速 n_1 或最低转速 n_2 与它们的平均值 n_m 之差对平均转速 n_m 的百分比，按公式(6)计算。

$$\nu=\frac{n_1-n_m}{n_m}\times 100 \text{ 或 } \nu=\frac{n_2-n_m}{n_m}\times 100 \qquad \cdots\cdots(6)$$

式中：

ν——转速波动率，%；

n_m——平均转速，即$\frac{n_1+n_2}{2}$，单位为转每分(r/min)；

n_1——最高转速，单位为转每分(r/min)；

n_2——最低转速，单位为转每分(r/min)。

3.8

机组稳态电压调整率　steady voltage regulation

机组整定于稳态调速特性后，在额定负载、额定转速下，励磁调压系统整定不变，使负载功率因数保持额定值，在空载到额定负载范围内单向来回变化回线中最高或最低电压 u 与额定电压 u_N 之差对额定电压 u_N 的百分比，按公式(7)计算。

$$\delta_u = \frac{u - u_N}{u_N} \times 100 \quad \cdots\cdots (7)$$

式中：

δ_u——稳态电压调整率，%；

u——最高或最低电压，单位为伏特(V)；

u_N——额定电压，单位为伏特(V)。

3.9

机组瞬态电压变化率及稳定时间　transient voltage variation and recovery time

机组在整定的稳态调速率、电压调整率下，空载突加后再突卸功率因数0.4(滞后)及以下的规定对称负载时，最低或最高瞬时电压u'与负载变化前的电压u_0之差对额定电压u_N的百分比，按公式(8)计算。

$$\Delta u = \frac{u' - u_0}{u_N} \times 100 \quad \cdots\cdots (8)$$

式中：

Δu——瞬态电压调整率，%；

u'——最低或最高瞬时电压，单位为伏特(V)；

u_0——负载变化前的电压，单位为伏特(V)；

u_N——额定电压，单位为伏特(V)。

稳定时间是指从电压变化时起至电压恢复到与额定值的偏差在±3%额定电压以内的时间。

3.10

电压波动率　fluctuation of voltage

机组整定于稳态调速特性后，在空载到额定负载范围内任一负载下稳定运行时，于一定时间间隔(1 min)内测得的最高电压u_1和最低电压u_2与它们的平均电压u_m之差，对平均电压u_m的百分比。按公式(9)计算。

$$\theta = \frac{u_1 - u_m}{u_m} \times 100 \text{ 或 } \theta = \frac{u_2 - u_m}{u_m} \times 100 \quad \cdots\cdots (9)$$

式中：

θ——电压波动率，%；

u_m——平均电压，即$\frac{u_1 + u_2}{2}$，单位为伏特(V)；

u_1——最高电压，单位为伏特(V)；

u_2——最低电压，单位为伏特(V)。

3.11

负载分配差度　difference load sharing

并联运行中第i台发电机组的实际负载率与总平均负载率之差。有功负载分配差度见公式(10)，无功负载分配差度见公式(11)。

$$\Delta P_i = \left| \frac{P_i}{P_{iN}} - \frac{\sum P_i}{\sum P_{iN}} \right| \times 100 \quad \cdots\cdots (10)$$

$$\Delta Q_i = \left| \frac{Q_i}{Q_{iN}} - \frac{\sum Q_i}{\sum Q_{iN}} \right| \times 100 \quad \cdots\cdots (11)$$

式中：

ΔP_i——有功负载分配差度，%；

ΔQ_i——无功负载分配差度，%；

P_i——第i台机组实际有功功率，单位为千瓦(kW)；

Q_i——第 i 台机组实际无功功率,单位为千乏(kvar);

$\sum P_i$——并联运行机组总实际有功功率,单位为千瓦(kW);

$\sum Q_i$——并联运行机组总实际无功功率,单位为千乏(kvar);

P_{iN}——第 i 台机组的额定有功功率,单位为千瓦(kW);

Q_{iN}——第 i 台机组的额定无功功率,单位为千乏(kvar);

$\sum P_{iN}$——并联运行机组总额定有功功率,单位为千瓦(kW);

$\sum Q_{iN}$——并联运行机组总额定无功功率,单位为千乏(kvar)。

4 机组分类

4.1 机组品种、型式、规格

4.1.1 电流种类:交流、直流。

4.1.2 额定电压,见表1。

表1 额定电压

单位为伏

电流种类		额定电压
直流		115、230、460、800
交流	50 Hz	390、400、600、690、3 150、6 300、11 000
	60 Hz	450、600、690、3 150、6 300、11 000
注1:直流800 V额定电压和50 Hz交流600 V额定电压仅供石油平台用; 注2:60 Hz机组仅供出口产品用。		

4.1.3 额定频率:50 Hz、60 Hz。

注:60 Hz机组仅供出口产品用。

4.1.4 额定功率因数:0.8(滞后)。

4.1.5 额定功率(单位为千瓦):

功率值按GB/T 7060和GB/T 4772.2规定的在50 ℃环境条件下的发电机额定功率值,柴油机在规定环境条件下与发电机匹配以后的功率,在一般情况下均达到以下述所规定的数值。

12,20,24,30,40,50,64,75,90,120,150,200,250,280,315,(350),400,(450),500,(560),630,(710),800,(900),1 000,(1 120),1 250,(1 400),1 600,(1 800),2 000,(2 240),2 500,(2 800),3 150,(3 600),4 000,(4 500),5 000。

注:括号内的数值不推荐。

4.1.6 额定转速,见表2。

表2 额定转速

单位为转每分

电流种类		额定转速					
直流					750	1 000	1 500
交流	50 Hz	428	500	600	750	1 000	1 500
	60 Hz		600	720	900	1 200	1 800

4.1.7 工作制:连续。

4.1.8 机组起动方式:电起动或空气起动,对于小功率的机组还可以采用手动起动。

4.2 机组类型

机组类型分为基本型、自动型和应急型。

自动型机组除应符合基本型机组的一般要求外,还应符合自动化电站对机组提出的有关规定。

应急型机组除应符合基本型机组的一般要求外,还应符合应急电站对机组提出的有关规定。

4.3 机组代号表示方法

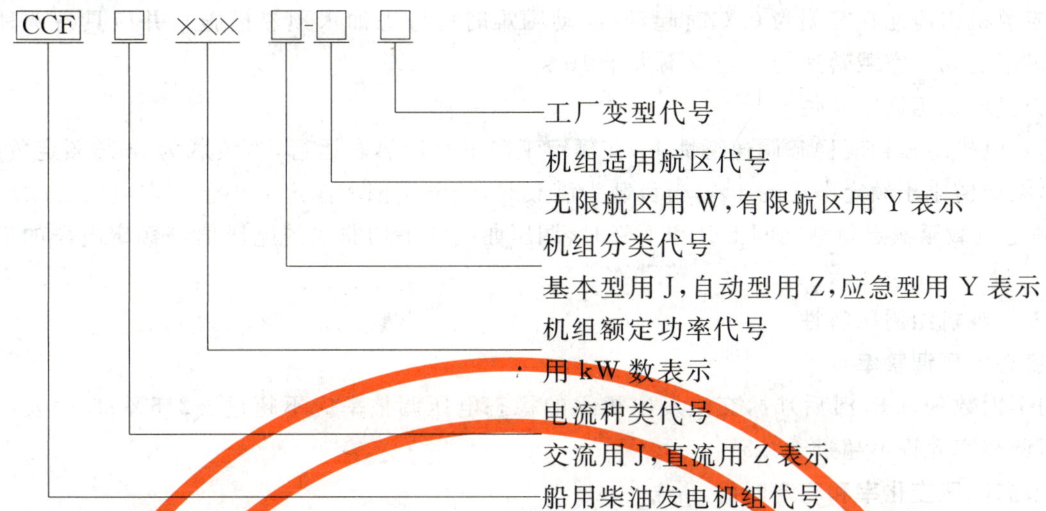

4.4 机组代号示例

功率 250 kW,适用于无限航区的船用自动型交流柴油发电机组,代号表示为:

柴油发电机组　GB/T 13032—2010　CCFJ250Z-W□

5 要求

5.1 工作条件

5.1.1 机组在下列条件下应能正常工作。

环境温度　45 ℃;

舷外水温　32 ℃(有限航区及其相应条件的机组舷外水温为 25 ℃);

横　　倾　15°;

　　　　　22°30′(应急机组、内河船舶);

纵　　倾　7°30′;

　　　　　10°(应急机组、内河船舶);

横　　摇　22°30′;

纵　　摇　10°;

潮湿空气、有盐雾(内河船舶除外)、油雾和霉菌,正常营运所产生的振动和冲击。

5.1.2 机组在下列工作条件下应能持续输出额定功率:

a) 无限航区的机组:环境温度 45 ℃,一次冷却水温度 32 ℃,相对湿度 60%;

b) 有限航区及其相应条件的机组:环境温度 40 ℃,一次冷却水温度 25 ℃,相对湿度 60%。

5.2 外观

5.2.1 应检查机组各部件安装质量,机组轴系安装的对中性,调速器机构应在规定的位置上,停车机构灵活;确认滑油、燃油液位正常;燃油系统中无空气;附件、管路、电气线路连接可靠;管路无漏油、漏水和漏气现象;起动系统正常;各阀件处在正常状态。

5.2.2 按柴油机使用保养说明书规定的程序起动柴油机时,柴油机应无异常声响,热工参数在规定的范围内,无漏油、漏水现象,发电机电压能够起励建压。

5.3 振动烈度

机组的安装、固定应采用减振器并应有良好的隔振效果,机组台架试验时的振动烈度有隔振时应不大于 45 mm/s,无隔振时应不大于 28 mm/s。

5.4 起动性能

5.4.1 机组应能在室温不低于 5 ℃无预热的条件下顺利起动(发电机采用强迫润滑的滑动轴承时,润滑系统允许采用预热和预润滑措施)。

5.4.2 应急机组应能在室温为 0 ℃时起动(起动困难时可考虑油水预热措施),并应具备两种起动方式,应急机组起动到空载转速的时间应不大于 10 s。

5.5 直流发电机组调压特性

复励发电机组在相应稳态调速特性下,在额定工况下稳定热态运行,当负载为 20%额定负载时,使电压偏离额定值小于额定电压的 1%,当负载为满载时,使电压偏离额定值小于额定电压的 2.5%,负载在 20%额定负载至额定负载之间上升和下降时,调压曲线的平均曲线的电压值与额定电压的偏差应不大于 4%。

5.6 交流发电机组调压特性

5.6.1 稳态电压调整率

在功率因数为 0.8(滞后)时,交流发电机组的稳态电压调整率应不超过±2.5%;应急发电机组的稳态电压调整率允许不超过±3.5%。

5.6.2 瞬态电压变化率和稳定时间

交流发电机组在空载工况下,突加、突卸 60%额定电流、功率因数为 0.4(滞后)及以下的对称负载时,瞬态电压的变化率最低不超过－15%,最高不超过＋20%;稳定时间不超过 1.5 s。

5.6.3 空载电压整定范围

机组空载电压的整定范围为额定电压的 95%～105%。

5.6.4 电压波动率

机组在 0～100%额定负载内任意对称负载下,电压波动率不超过±1%。

5.7 承载能力

5.7.1 负载

机组在整定的调速率和功率因数 0.8(滞后)情况下,机组空载运转 5 min,在 25%、50%、75%额定负载分别运转 10 min 后,将负载加到额定功率,转速调到额定值连续运转不少于 4 h。各主要性能参数应满足产品技术条件的相关规定。

5.7.2 过载

机组应具有能承受 110%额定功率(对交流机组其功率因数为 0.8)连续运转 1 h 的能力,温升不作考核。

5.8 三相突然短路和稳定短路

机组在自励情况下,应能承受三相突然短路,持续时间不少于 2 s 而不发生损坏及有害变形。

在稳定短路状态下,发电机及其励磁系统至少应能维持三倍额定电流的稳态短路电流。

5.9 机组调速特性

5.9.1 瞬态调速率

机组在突卸负载和空载下突加 50%额定负载,稳定后再加上余下的 50%,其瞬态调速率的绝对值应不超过 10%,稳定时间应不大于 5 s。对应急机组应能突卸、突加 100%额定负载,其瞬态调速率及稳定时间要求同上。对于废气涡轮增压机组,柴油机在标定功率时的平均有效压力值不小于 1 610 kPa 时,允许多级突加负载,突卸仍按一次突卸 100%额定负载进行,其瞬态调速率及稳定时间要求不变。

5.9.2 稳态调速率

机组的稳态调速率应不大于 5%。

5.9.3 转速波动率

机组在整定调速特性后,在空载及各种稳定负载下的转速波动率的绝对值应不超过 0.5%。

5.9.4 不灵敏度

机组调速系统的不灵敏应不大于 0.5%。

5.9.5 非线性度

并联运行机组的调速特性曲线的弯向应一致，特性曲线的非线性度应不超过 $0.2\delta_{st}$。

注：δ_{st}为稳态调速率的实际整定值。

5.9.6 调速器的可调机构

机组原动机所采用的调速器应具有稳态调速率 δ_{st} 连续可调机构，其调节范围宜不小于 0～5%，机械调速器至少应有 2%的额定转速的可调范围，以便并联运行时将机组的稳态调速率调到基本一致。

5.10 并联运行

5.10.1 直流机组的并联运行

并联运行的直流机组，在空载到额定负载的所有负载下均应能稳定运行，当负载在总额定功率的 20%～100%范围内变化时，其功率分配差度应不大于最大发电机额定功率的 12%和最小发电机额定功率的 25%。

5.10.2 交流发电机组的并联运行

相同容量的交流发电机组并联运行时，有功功率分配差度应不大于发电机额定有功功率的 15%，无功功率分配差度应不大于发电机额定无功功率的 10%。

不同容量的交流发电机组并联运行时，当负载按额定功率因数在总额定功率的 20%～100%范围内变化时应能稳定运行，其有功功率分配差度应不大于最大发电机额定功率的 15%和最小发电机额定功率的 25%，无功功率分配差度应不大于最大发电机额定无功功率的 10%和最小发电机的额定无功功率的 25%。

5.11 超速保护装置

柴油机功率大于 220 kW 的机组应装有独立的超速保护装置，以防止柴油机转速大于额定转速的 115%。

5.12 转速遥控机构

为适应遥控、自控时调节频率和转移负载，机组宜设有遥控转速的机构，其转速的调节范围宜不小于额定转速的 80%～110%，调节转速的变化率应在每秒 0.5%～1.5%额定转速范围内。

5.13 机组的扭转振动

5.13.1 柴油机功率大于 110 kW 的机组，应进行扭转振动计算和测量，若二者不相同时，则以实测为准。

5.13.2 机组的曲轴和转动轴的扭振许用应力应不超过按公式(12)和公式(13)计算所得的数值。

当机组在 95%～110%额定转速范围内持续运转时：

$$[\tau_c]=\pm(21.59-0.0132d) \qquad \cdots\cdots(12)$$

当机组在 0～95%额定转速范围内瞬时运转时：

$$[\tau_t]=\pm5.5[\tau_c] \qquad \cdots\cdots(13)$$

式中：

$[\tau_c]$——持续运转扭振许用应力，单位为兆帕(MPa)；

$[\tau_t]$——瞬时运转扭振许用应力，单位为兆帕(MPa)；

d——轴的基本直径，单位为毫米(mm)。

5.13.3 上述扭振许用应力值适用于最低抗拉强度为 430 MPa 的钢质曲轴。当所选抗拉强度高于 430 MPa 时，则许用应力 τ'可用公式(14)计算：

$$\tau'=\frac{\sigma_b+184}{614}\tau \qquad \cdots\cdots(14)$$

式中：

σ_b——轴的最低抗拉强度，单位为兆帕(MPa)；

τ——扭振许用应力，单位为兆帕(MPa)。

注：当 σ_b 大于 600 MPa 时，取 σ_b 为 600 MPa。

5.13.4　施加在发电机转子处的振动惯性扭矩，当转速在95％～110％额定转速范围内时，应不超过±$2M_m$（M_m——额定转速的平均扭矩），当转速在低于95％额定转速时，应不超过±$6M_m$。

5.13.5　在额定工况下，交流发电机转子处的合成振幅应不大于±2.5°电角度。

5.13.6　当机组采用弹性联轴节时，联轴节的弹性元件在持续运行时的振动扭矩，应不超过其许用交变扭矩值，在瞬时运行时，应不超过其瞬时运转的许用交变扭矩值。

5.13.7　机组转速为90％～105％额定转速时，一般应不产生$Z/2$和Z次（Z为柴油机气缸数）简谐的临界转速和共振区。在90％～105％额定转速范围内，不宜采用减少振幅的方法来消除转速禁区。

5.14　空气噪声

当机组不带隔声罩，额定转速低于或等于1 000 r/min时，空气噪声A计权声压级应不大于105 dB；高于1 000 r/min时，空气噪声A计权声压级应不大于110 dB。

当机组带隔声罩时，A计权声压级空气噪声应比不带隔声罩时的限值低20 dB～25 dB。

5.15　发电机绕组的绝缘电阻

发电机绕组的冷态绝缘电阻应不低于5 MΩ，热态绝缘电阻应不低于2 MΩ。

5.16　机组燃油消耗率

机组燃油消耗率应在产品技术条件中规定。

5.17　机组结构要求

5.17.1　机组的总成设计应当合理，零部件和附件的布置应便于维护和检修。

5.17.2　机组在运行时可能被触及的运动部件应加防护装置。

5.17.3　操作人员可能触及到的机组温度容易灼伤人的表面，应加防护措施。

5.17.4　机组的结构应具有防止燃油和机油溅落到排气管和电气装置上以及落入进气系统内的措施。

5.18　机组可靠性

5.18.1　机组到大修期的使用期限应在相应产品技术文件中明确。

5.18.2　机组低负荷运行的允许值及累计运行时间应在产品使用说明书中规定。

5.18.3　机组的可靠工作时间应不少于600 h。

6　试验方法

6.1　试验设备

6.1.1　电流表、电压表、功率表、频率表等电气仪表的精度应不低于0.5级，功率因数表的精度应不低于1.0级。

6.1.2　温度表、压力表等热工参数测量仪表的精度应不低于2.5级。机组出厂试验时允许用机旁仪表板仪表。

6.1.3　仪用互感器的精度应不低于0.5级。

6.1.4　负载设备应满足下列要求：

a)　用水电阻作有功负载时，其三相电流的不平衡度应小于发电机额定电流的3％。

b)　无功负载可以采用堵转的异步电动机或水电阻加线性电抗器，也可采用感应调压器作为无功负载，此时调压器应工作在非饱和区。

c)　在进行机组负载试验时，允许采用电能反馈电网的形式。在进行机组的调速与调压特性时不能采用此种形式。

6.1.5　试验中所用的仪器仪表、示波器等均应计量合格且在有效的合格期内。

6.1.6　测量仪表的量程，应使测试数据可能的最大变化范围在测试仪表量程的20％～90％范围内。

6.2　机组外观检查

试验前应对机组的公共底座、联轴器连接螺钉、各部件安装质量进行检查，检查机组轴系安装的对中性，检查调速器机构是否在规定的位置上，停车机构是否灵活；检查滑油、燃油液位是否正常；消除燃油系统中的空气；检查附件、管路、电气线路连接是否可靠；管路有无漏油、漏水和漏气现象；起动系统是否正常（起动空气瓶的气压是否在规定的范围内或蓄电池容量是否正常等）；各阀件是否在起动准备状态；机组是否采取了相关的防护措施。结果应符合 5.2.1、5.17 的要求。

6.3 发电机绝缘电阻检查

在机组开机前和停机后检查发电机绕组的绝缘电阻是否在规定的范围内。所用绝缘测试仪电压等级按表 3 规定。结果应符合 5.15 的要求。

表 3 绝缘测试仪电压等级

单位为伏

发电机额定电压	绝缘测试仪的电压等级
<500	500
500～1 000	1 000
3 000～11 000	2 500

6.4 机组试运转检查

当机组经过外观检查、绝缘电阻检查之后，认为机组状态正常时，可按柴油机使用保养说明书规定的程序起动柴油机，逐渐加速到额定转速，观察柴油机有无异常声响，热工参数是否在规定的范围内，有无漏油、漏水，发电机电压能否起励建压，初步观察一下电压可调范围。结果应符合 5.2.2 的要求。

6.5 机组的倾斜试验

机组宜做纵倾试验，试验时将机组安装在有固定倾斜角 10°的台架上，分前倾和后倾两种情况进行，在额定工况下，各运行 1 h。运转应平稳无不正常振动、轴承无连续的撞击和摩擦声、无润滑油泄漏等现象发生。

6.6 机组起动性能试验

机组在环境温度不低于 5 ℃，冷却水、润滑油不预热的条件下，应急机组在环境温度为 0 ℃条件下（起动有困难时允许采用预热措施）应能顺利起动，连续起动六次，以六次起动中成功五次及以上者为合格。每次起动的时间间隔不超过 2 min。在型式试验时，测量起动时间用示波器等仪器记录，出厂试验时允许用秒表记录，起动时间为每次起动时间的算术平均值。结果应符合 5.4 的要求。

6.7 转速遥控机构检查

当机组设有遥控转速的机构时，应进行遥控频率调节试验，检查其转速的调节范围及调节转速的变化率。结果应符合 5.12 的要求。

6.8 机组稳态调速率可调范围检查

将调速器上的稳态调速率置于最小位置。机组带额定负载，并使机组为额定转速。减去全部负载，记录此时机组的空载转速或频率。将调速器上的稳态调速率置于最大位置。重复上述试验，分别求出机组稳态调速率的最小值与最大值。结果应符合 5.9.6 的要求。

6.9 机组稳态调速特性测定

机组稳态调速率一般调整在 3%～5%范围内，使机组带额定有功负载，转速为额定转速，固定调速手柄，机组从额定有功负载的 100%→0；再由 0→100%额定有功负载，单方向缓慢改变负载（不允许在一种负荷工况下来回调整负载，加载或减载方向上的测点应不少于五点），测定负载改变后的稳定转速或频率及相应的机组功率，试验应连续进行三次（出厂试验时允许只测一次），在各次特性基本稳定的情况下，取其中一个循环的平均特性曲线，求出调速系统的不灵敏度 ε、调速特性的非线性度 γ 和稳态调速率 δ_{st}。结果应符合 5.9.2、5.9.4、5.9.5 的要求。

6.10 机组转速波动率测定

机组在额定转速下，在 100%、75%、50%、20%额定负载及空载时分别记录机组转速变化，每一工况稳定 1 min～2 min。出厂试验时允许用频率表测量。结果应符合 5.9.3 的要求。

6.11 机组瞬态调速率和稳定时间测定

机组在额定有功负载工况下运转 5 min～10 min，突卸全部负载，然后按 5.9.1 规定突加相应的负载，用示波器(配瞬时转速测量仪)或其他有效测试方法，记录转速的变化和稳定时间。

本项试验应连续(一种状态稳定后再进行另一次突变负荷试验)重复三次，取三次的平均值作为试验的结果。

用测量仪表记录机组突加、突卸负载前后的稳定转速(频率)。

测定结果应符合 5.9.1 的要求。

6.12 直流发电机组调压特性测定

复励发电机组在相应稳态调速特性下，在额定工况下稳定热态运行，当负载为 20%额定负载时，使电压偏离额定值小于额定电压的 1%，当负载为满载时，使电压偏离额定值小于额定电压的 2.5%，以 20%额定负载为始点，负载在 20%额定负载至额定负载之间上升和下降时，测得调压曲线的平均曲线的电压值与额定电压的偏差。结果应符合 5.5 的要求。

6.13 机组空载电压整定范围检查

机组升到空载转速，发电机应能起励建压，调整电压整定电位器，观察电压是否在 95%～105%额定电压范围内变化。结果应符合 5.6.3 的要求。

6.14 机组稳态调压率测定

机组在额定功率、额定转速运行至热态，卸载后，使机组负载从空载到 100%额定负载，再从 100%额定负载到空载，保持功率因数 0.8(滞后)，单方向缓慢变化，每一方向测量不少于五点，并包括 20%额定负载，记录各点负载、电流、电压、频率值。结果应符合 5.6.1 的要求。

6.15 机组电压波动率测定

机组在额定功率因数的条件下，对 20%、50%、75%、100%额定负载用示波器或其他有效仪器记录电压波动情况，出厂试验时允许用电压表测量。结果应符合 5.6.4 的要求。

6.16 机组瞬态电压变化率及恢复时间测定

待机组的稳态调压率测定后，卸去负载，机组空载先突加后突卸对称的 60%额定电流，功率因数低于 0.4(滞后)。结果应符合 5.6.2 的要求。

6.17 机组空气噪声测定

机组在整定于额定转速、额定负载后，测定 100%额定负载下的噪声，可结合负载试验进行。

测量应在符合 GB/T 1859 规定的试验室内进行，用 A 计权网络进行。

背景噪声应比所测机组的噪声低 10 dB 以上，且不应被偶然的其他声源所干扰。

测量点的高度与气缸头齐平，距离机组本体为 1 m，特别是柴油机增压器和发电机排风口等处。

每个测点应重复测量三次，每次测量结果之差应不大于 2 dB。若测量仪器使用 GB/T 3785 中规定的Ⅱ型或Ⅱ型以上的声级计或准确度相当的其他声级计时，用慢档测量(或积分时间 $t>8$ s，至少平均 3 次)，传声器与声源之间不应有障碍物，同时记录环境温度、湿度、大气压力、日期、各测点 A 计权噪声级、背景 A 计权噪声级。

当机组带隔声罩时，机组隔声罩隔声效果评价宜采用插入损失方法，在隔声罩外不小于 1 m 处的同一位置和同一声场下，依次测量隔声罩开/关门时的机组空气噪声，并分别加以计算得到机组隔声罩隔声效果。

结果应符合 5.14 的要求。

6.18 机组扭振测量

机组在空载工况下，在最低稳定转速至 110%额定转速范围内测量机组的扭振振幅并计算扭振应力(或扭矩、角度)。机组在额定负载下，在 95%～100%额定转速范围内测量机组的扭振振幅并计算扭振应力(或扭矩、角度)。结果应符合 5.13 的要求。

6.19 机组负载试验

机组在整定的调速率和功率因数 0.8(滞后)情况下,机组空载运转 5 min,在 25%、50%、75%额定负载分别运转 10 min 后,将负载加到额定功率,转速调到额定值连续运转不少于 4 h。每 30 min 记录一次机组的功率、频率、电压和油耗等参数。结果应符合 5.7.1 的要求。

6.20 机组燃油消耗率测定

在环境温度为 45 ℃,相对湿度为 60%,海水温度为 32 ℃,大气压力为 101.3 kPa 的条件下,测出额定功率时的每千瓦小时油耗,不是此条件时应进行修正。

给定燃油的重量按机组生产单位习惯和设备条件进行测定,燃油消耗时间允许用秒表(精度等级 0.1 s)计时。结果应符合 5.16 的要求。

6.21 机组过载试验

在机组负载试验后,随即进行 110%额定负载过载试验,试验时间为 1 h。每 30 min 记录一次机组的功率、频率、电压等参数。结果应符合 5.7.2 的要求。

6.22 机组超速保护装置试验

机组在空载条件下调节超速保护装置的转速整定值(允许模拟方式进行),使柴油机转速达到 113%~115%额定转速时,超速保护装置应迅速动作,使柴油机停车,试验三次均应成功。结果应符合 5.11 的要求。

6.23 机组三相突然短路试验和稳态短路电流的测定

试验前,应仔细检查机组的安装质量,发电机励磁控制回路是否良好。同时还须检查短路开关触头合闸的同时性,要求三相触头应能同时合闸,其最大误差应不超过 15°电角度,操作开关瞬时跳闸电流必须大于最大短路电流,所有连接必须可靠,发电机至开关的连接线采用三芯电缆,其长度应不超过 6 m,其截面积在额定电流下的电流密度应不高于本身的许用值。

试验时机组温度应接近热态温度,机组转速为额定转速,发电机自额定工况卸载到空载状态,进行三相突然短路试验,历时 2 s。

测量短路电流应采用无感分流器,用示波器拍摄定子电压、三相电流及励磁电流波形,由示波图中量得三相稳态短路电流。

试验后,应立即消除短路状态,检查机组的各部分有无损坏及有害变形,消除短路后,机组仍可以启励建压并能正常工作。

结果应符合 5.8 的要求。

6.24 并联运行试验

此项试验应在单台机组试验合格后进行,并联运行机组的稳态调速率应调得尽量一致。

试验时,使运行机组加载到 40%额定负载,功率因数为 0.8(滞后),调节待并机组的电压,频率略高于运行机组,使之投入并联运行,以 20%额定负载作为基调点,调节并联机组的频率和电压,使有功和无功功率的分配基本一致,均功后不允许进行第二次调节,然后单向改变总负载:20%→50%→75%→100%→75%→50%→20%,保持总负载功率因数为 0.8(滞后),求出有功功率分配差度 ΔP 和无功功率分配差度 ΔQ,并在总功率为 90%时运行 1 h,观察并联的稳定性。

并联运行机组在 25%~50%负载工况下,直接起动并联运行中小机组容量的 25%左右的异步电动机,观察并联运行的稳定性。

结果应符合 5.10 的要求。

6.25 机组机械振动测定

机组应在起动转速到额定转速范围内检查最大振动点,并在额定转速和额定负载整定后,分别在带 50%、100%、110%额定负载时,测定机组运行部分各点三个方向上振动速度的有效值,测点分布如图 4 所示。结果应符合 5.3 的要求。

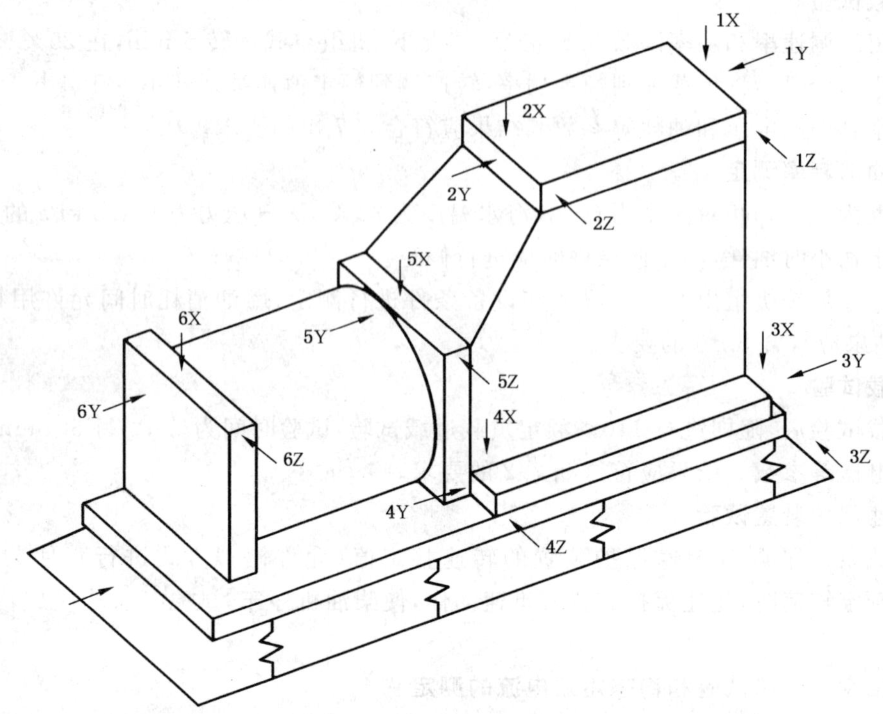

图 4 测点分布图

6.26 机组可靠工作时间考核

本试验应在其他项目试验合格后进行，试验中各项参数应在规定范围内。

机组负载可在 25%～100%额定值范围内变化，每小时记录一次发电机的电压、电流、功率，柴油机转速、油水温度、压力和大气压力、温度、湿度、停电时间、故障原因等。

因更换零部件或检修引起的停机时间，每次应不超过半小时，在整个试验过程中停机次数应不超过三次，允许以用户提供的使用报告统计数据为依据进行考核。

结果应符合 5.18 的要求。

7 检验规则

7.1 检验分类

机组的成套检验分型式检验和出厂检验两种。

7.2 机组型式检验

7.2.1 检验时机

机组凡属下列情况之一者，应进行型式检验。

a) 新产品或老产品转厂生产的试制定型鉴定；

b) 机组定型后，在出厂试验运行中机组的关键部件连续发生重大质量问题时；

c) 正常生产时定期或积累一定产量后应周期性进行一次；

d) 机组中的主要配套件(柴油机、发电机、调速器、励磁系统)转厂生产或设计工艺、使用材料有重大变化，足以引起性能变化时；

e) 出厂检验结果与上次检验有较大差别时；

f) 国家质量监督机构提出进行型式检验的要求时。

7.2.2 受检样品数

每型机组型式检验受检样品为一台套。

7.2.3　**合格判据**

当所有检验项目均符合要求时，则判定机组检验为合格。若受检样品检验项目不符合要求时，允许返修后复验，复验仍不符合要求时，则判定机组型式试验为不合格。在发生 7.2.1 中 b)、d)、e)项情况时，允许只作有关项目的型式检验。

7.2.4　**检验项目**

符合检验时机的机组均应进行型式检验，检验项目见表 4。

表 4　检验项目

序号	检 验 项 目	型式检验	出厂检验	要求章条号	试验方法章条号
1	外观检查	●	●	5.2.1;5.17	6.2
2	绝缘电阻检查	●	●	5.15	6.3
3	运转检查	●	●	5.2.2	6.4
4	机组倾斜试验	○	—	5.1.1	6.5
5	机组起动性能试验	●	●	5.4	6.6
6	转速遥控机构检查	○	—	5.12	6.7
7	机组稳态调速率可调范围检查	●	●	5.9.6	6.8
8	机组稳态调速特性测定	●	●	5.9.2;5.9.4;5.9.5	6.9
9	机组转速波动率测定	●	●	5.9.3	6.10
10	机组瞬态调速率及稳定时间测定	●	●	5.9.1	6.11
11	直流发电机组调压特性测定	●	●	5.5	6.12
12	机组空载电压整定范围检查	●	●	5.6.3	6.13
13	机组稳态电压调整率测定	●	●	5.6.1	6.14
14	机组电压波动率测定	●	●	5.6.4	6.15
15	机组瞬态电压变化率和稳定时间测定	●	—	5.6.2	6.16
16	机组空气噪声测定	●	—	5.14	6.17
17	机组扭振测量	●	—	5.13	6.18
18	机组负载试验	●	●	5.7.1	6.19
19	机组燃油消耗率测定	●	—	5.16	6.20
20	机组过载试验	●	●	5.7.2	6.21
21	机组超速保护装置试验	●	●	5.11	6.22
22	机组三相突然短路试验和稳态短路电流的测定	●	—	5.8	6.23
23	机组并联运行试验	●	●	5.10	6.24
24	机组机械振动当量烈度测定	●	—	5.3	6.25
25	机组可靠工作时间考核	●	—	5.18	6.26

注 1：直流发电机组调压特性测定只对直流机组进行考核。

注 2：机组并联运行试验只对需要进行并联运行的机组考核。

注 3：机组可靠工作时间考核允许以用户提供的使用报告统计数据为依据。

注 4：表中“●”表示必检项目；“—”表示不检项目；“○”表示协商检验项目。

7.3 机组出厂检验

7.3.1 检验项目

每台柴油发电机组必须做出厂检验,试验项目见表4,其检验项目也可由制造单位、用户代表和验船部门商定。

7.3.2 合格判据

当所有检验项目均符合要求时,则判定机组检验为合格。若受检机组检验项目不符合要求时,允许返修后复验,复验仍不符合要求时,则判定机组出厂检验为不合格。

8 交货范围

机组交货范围一般要求如下:

a) 船检合格证书;

b) 包括公共底座在内的整套发电机组;

c) 各配套件制造厂转交的有关附件和工具;

d) 机组备件(参照钢质海船入级规范(2006)规定由供需双方在订货协议中明确);

e) 机组产品合格证书　　1份

f) 机组使用维护说明书　　1份

g) 柴油机使用维护说明书　　1份

h) 发电机使用说明书　　1份

i) 增压器使用维护说明书　　1份

j) 机组外形及安装尺寸图　　1份

k) 柴油机外形及安装尺寸图　　1份

l) 发电机外形及安装尺寸图　　1份

m) 发电机励磁系统电路图　　1份

n) 机组履历簿　　1份

o) 机组随机工具清单　　1份

p) 装箱清单　　1份

q) 备件清单　　1份

注:若i)、j)、k)、l)在f)中已涉及者可不另提供。

9 标志、包装、运输、贮存

9.1 标志

9.1.1 机组上应装有耐久材料制成的铭牌,铭牌应留有船检标记的位置,在铭牌上宜标明下列内容:

a) 机组名称;

b) 代号;

c) 额定功率;

d) 额定转速;

e) 额定电压;

f) 净质量;

g) 外形尺寸;

h) 出厂编号;

i) 成套厂名;

j) 出厂日期。

9.1.2 安全警示标志和紧急处理说明应明显地置于有关部位。

9.2 包装、运输

机组的包装应有防潮等措施，并且牢固可靠，保证在长途运输中不致损坏，包装的包装储运标志应符合 GB/T 191 的规定，其内容宜包括：

a) 机组名称；

b) 出厂编号；

c) 包装箱尺寸；

d) 毛重；

e) 包装日期及油封有效期；

f) 成套厂名；

g) 发货地点；

h) 收货单位；

i) “不得倒置”、“向上”、“小心轻放”、“防潮”及挂钩和索具位置字样和标志。

9.3 贮存

机组应储存于通风干燥、无腐蚀的仓库内，并定期查看油封情况。油封到期后，用户应按要求重新进行油封。

参 考 文 献

［1］ 中国船级社.钢质海船入级规范(2006)

ICS 73.020
D 14

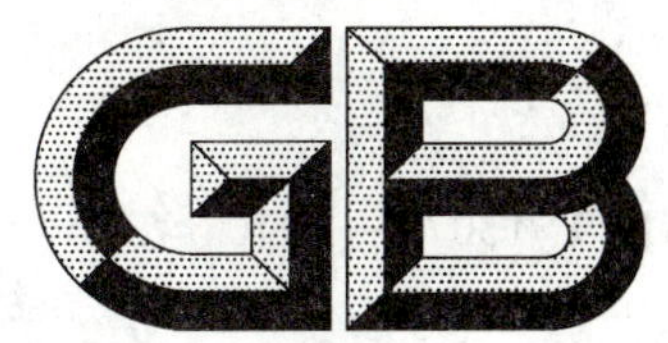

中华人民共和国国家标准

GB/T 13071—2010
代替 GB/T 13071—1991

地质水样 $^{234}U/^{238}U$、$^{230}Th/^{232}Th$ 放射性活度比值的测定 萃淋树脂萃取色层分离 α 能谱法

Geological waters samples—Determination of radioactive ratios $^{234}U/^{238}U$ and $^{230}Th/^{232}Th$—Extraction chromatograph and alpha spectrometry measure

2010-11-10 发布　　2011-02-01 实施

中华人民共和国国家质量监督检验检疫总局
中国国家标准化管理委员会　发布

前 言

本标准代替 GB/T 13071—1991《地质水样中$^{234}U/^{238}U$、$^{230}Th/^{232}Th$放射性比值的测定方法》。

本标准与 GB/T 13071—1991 相比，主要变化如下：

——规范了标准的标题；

——增加了警示、警告内容；

——增加了废弃物的处理条款；

——删除了目次；

——简化了测量仪器；

——更正了部分错误。

本标准由中华人民共和国国土资源部提出。

本标准由全国国土资源标准化技术委员会归口。

本标准负责起草单位：国家地质实验测试中心。

本标准起草单位：核工业北京地质研究院。

本标准主要起草人：武朝辉、刘立坤。

本标准所代替标准的历次版本发布情况为：

——GB/T 13071—1991。

地质水样 $^{234}U/^{238}U$、$^{230}Th/^{232}Th$ 放射性活度比值的测定 萃淋树脂萃取色层分离 α 能谱法

警示——使用本标准的人员应有正规实验室工作的实践经验。本标准并未指出所有可能的安全问题。使用者有责任采取适当的安全和健康措施,并保证符合国家有关法规规定的条件。

1 范围

本标准规定了 P_{350} 萃淋树脂萃取色层分离 α 能谱法和 CL-TBP 萃淋树脂萃取色层分离 α 能谱法测定 5 L 地质水样中 $^{234}U/^{238}U$, $^{230}Th/^{232}Th$ 放射性活度比值的方法。

本标准适用于 5 L 地质水样中 $^{234}U/^{238}U$, $^{230}Th/^{232}Th$ 放射性活度比值的测定。对于 5 L 环境水样中 $^{234}U/^{238}U$, $^{230}Th/^{232}Th$ 放射性活度比值的测定可参照使用。

测定范围:

铀:大于 1.23×10^{-3} Bq/L;

钍:大于 1.23×10^{-3} Bq/L;

$^{230}Th/^{232}Th$:不大于 15。

2 规范性引用文件

下列文件中的条款通过本标准引用而成为本标准的条款。凡是注日期的引用文件,其随后所有的修改版(不包括勘误的内容)或修订版均不适用于本标准,然而,鼓励根据本标准达成协议的各方研究是否可使用这些文件的最新版本。凡是不注日期的引用文件,其最新版本适用于本标准。

GB/T 6379(所有部分) 测量方法与结果的准确度(正确度与精密度)

GB 9133 放射性废物的分类

GB 14500 放射性废物管理规定

3 P_{350} 萃淋树脂萃取色层分离 α 能谱法

3.1 原理

取水样一定体积,加入硝酸酸化后。加载体三氯化铁与氯化铵,用氨水调 pH 值,使铀、钍富集以氢氧化物形式沉淀。沉淀用浓硝酸溶解,制备成上柱溶液,通过 P_{350} 萃取色层柱后,与其他干扰元素分离,使铀钍纯化。用盐酸洗脱钍,再用氟化钠洗脱铀。用电沉积方法制备钍和铀的 α 源。分别在 α 能谱仪上测量铀、钍同位素的 α 能谱曲线,并求得其比值。

3.2 试剂

本部分除非另有说明,在分析中均使用符合国家标准的分析纯试剂和蒸馏水或同等纯度水。

3.2.1 草酸铵。

3.2.2 氯化铵。

3.2.3 硝酸铝 $[Al(NO_3)_3\cdot9H_2O]$。

3.2.4 酒石酸。

3.2.5 氨水(ρ0.91 g/mL)。

3.2.6 硝酸(ρ1.42 g/mL)。

3.2.7 氢氟酸。

3.2.8 盐酸(ρ1.19 g/mL)。

3.2.9 高氯酸(ρ1.73 g/mL)。**警告——易爆品,小心操作!**

3.2.10 无水乙醇(ρ0.78 g/mL)。

3.2.11 200号溶剂油。

3.2.12 P_{350}(甲基磷酸二甲庚酯)。

3.2.13 Fe^{3+}盐溶液(20 g/L):15 g三氯化铁($FeCl_3 \cdot 6H_2O$分析纯)溶于10 mL盐酸(3.2.8)中,用水稀释至100 mL。

3.2.14 盐酸c(HCl)3 mol/L。

3.2.15 王水(3+1):盐酸(3.2.8)3份+硝酸(3.2.6)1份。

3.2.16 氟化钠溶液(2 g/L):2 g氟化钠溶于水,稀释到1 000 mL。

3.2.17 上柱液15 g硝酸铝(3.2.3):溶于15 mL硝酸(3.2.6)中用水稀释到100 mL。

3.2.18 洗涤液:2 g酒石酸(3.2.4)溶于15 mL硝酸(3.2.6)中用水稀释到100 mL。

3.2.19 P_{350}煤油溶液:取60 mL P_{350}(3.2.12)用煤油(3.2.11)稀释至100 mL。

3.2.20 铀电沉积液:称取2 g氯化铵(3.2.2)和5 g草酸铵(3.2.1),溶解于100 mL水中,用盐酸(3.2.14)调pH值为6。

3.2.21 钍电沉积液:称取2 g氯化铵(3.2.2)和5 g草酸铵(3.2.1),溶解于100 mL水中,用盐酸(3.2.8)调pH值为2。

3.2.22 平衡铀标准溶液:取标准平衡原生铀矿,用王水(3.2.15)加热溶解,蒸至近干,加硝酸(3.2.6)用水溶解,并稀释至刻度,摇匀。

3.2.23 平衡钍标准溶液:取硝酸钍(已达放射性平衡),用硝酸(3.2.6)加热溶解,用水稀释至刻度,摇匀。

3.2.24 X-5树脂:聚二乙烯苯,粒径175 μm～246 μm(即60目～80目)。

3.2.25 色层柱的制备:

a) X-5树脂的处理——将树脂装入一支底部垫有玻璃纤维的大交换柱(视处理量而定体积)内,用无水乙醇(3.2.10)洗涤,以除去残存的制孔剂,一直洗至在承接的几滴流出液中加入一滴水后无浑浊出现为止,抽滤,取出后,放在红外灯下或烘箱内,控制温度在80 ℃左右,烘至无乙醇气味为止,装入磨口瓶内备用;

b) 制备色层柱——称取10 g干树脂(3.2.24)放入150 mL烧杯中,加入25 mL P_{350}煤油溶液(3.2.19)充分搅拌,在水浴上蒸至无煤油味后,将拌好的色层粉用上柱液(3.2.17)浸泡4 h以上,换用蒸馏水,以半浆糊状装入色层柱(3.3.9)中,柱底垫以玻璃纤维,色层粉上部压以玻璃纤维,色层柱自滴流量为0.8 mL/min～1.0 mL/min。新装的色层柱用15 mL上柱液(3.2.17),15 mL盐酸(3.2.14),8 mL氟化钠(3.2.16),20 mL水淋洗,依次反复淋洗2次～3次,在使用之前用15 mL上柱液(3.2.17)平衡备用。

3.3 仪器及装置

3.3.1 多道α能谱。

3.3.2 真空泵:真空度小于13 Pa。

3.3.3 ^{241}Am,铀或钍α标准源。

3.3.4 直流稳定电源。

3.3.5 铂电极。

3.3.6 不锈钢圆片。

3.3.7 电沉积槽:体积20 cm^3左右。

3.3.8 恒温水浴箱。

3.3.9 色层柱 ϕ7 mm×70 mm。

3.4 取样

取水样时，要使其尽量清澈，若有浑浊，应先过滤，然后立即加入硝酸(3.2.6)酸化至 pH 值为1～2。

3.5 分析步骤

3.5.1 水样预处理

量取 5 L 酸化后的水样，倒入 5 L 烧杯中加热煮沸，加三氯化铁溶液(3.2.13)3 mL 及氯化铵(3.2.2)15 g，充分搅拌，然后缓缓地加入氨水(3.2.5)，边加边搅拌，调节 pH 值至 8～9，此时有沉淀析出，放置 2 h 以上，用虹吸管吸去上层清液。

3.5.2 铀、钍的分离

将上述沉淀用 20 mL～30 mL 硝酸(3.2.6)溶解于 400 mL 的烧杯中，蒸至 5 mL 左右，加硝酸(3.2.6)5 mL，氢氟酸(3.2.7)1 mL，蒸干冒尽白烟后，用 15 mL 上柱液(3.2.17)溶解盐类，加热煮沸后，使其通过已用上柱液(3.2.17)平衡好的色层柱待流干后，用 20 mL 上柱液(3.2.17)洗烧杯 2 次～3 次，用 20 mL 洗涤液(3.2.18)洗色层柱 2 次～3 次，使其铀钍纯化。然后用 20 mL 盐酸(3.2.14)洗脱钍；用 10 mL 氟化钠(3.2.16)洗脱铀，铀钍溶液分别承接于 50 mL 烧杯中。

3.5.3 电沉积制备 α 源

3.5.3.1 制备铀 α 源

在分离纯化后的溶液中加入硝酸(3.2.6)1 mL，高氯酸(3.2.9) 0.5 mL 放在电炉上蒸至白烟冒尽，取下烧杯，稍冷却，加入盐酸(3.2.8)1 mL，低温蒸干，取下烧杯，稍冷却，用 10 mL 铀电沉积液(3.2.20)溶解盐类，倒入电沉积槽(3.3.7)内，将电沉积槽移入水温约为 70 ℃的恒温水浴箱(3.3.8)中，接通电源(3.3.4)，将电流调至 1.2 A，此时，电沉积液的 pH 值为 6，当通电 30 min 左右，pH 值由 6 升到 8，再由 8 降到 2，此时加入三滴氨水(3.2.5)，再延续 3 min～5 min 后，切断电源，取出阴极片，用水冲洗后凉干，编好号，待测。

3.5.3.2 制备钍 α 源

在分离纯化后的钍溶液中加入硝酸(3.2.6)1 mL，高氯酸(3.2.9)0.5 mL，放在电炉上蒸至白烟冒尽，取下烧杯，稍冷却，加入盐酸(3.2.8)1 mL，低温蒸干，取下烧杯，稍冷却，用 10 mL 钍电沉积液(3.2.21)溶解盐类，倒入电沉积槽(3.3.7)内，将电沉积槽移入水温约为 70 ℃的恒温水浴箱(3.3.8)中，接通电源(3.3.4)将电流调至 1.4 A，此时，电沉积液的 pH 值为 2，当通电 40 min 左右，pH 值由 2 升到 8，再由 8 降到 2，此时，加入三滴氨水(3.2.5)再延续 3 min～5 min 后，切断电源，取出阴极片，用水冲洗后凉干，编好号，待测。

3.5.4 测量

3.5.4.1 工作条件的选择

3.5.4.1.1 测量能量分辨率：将 ^{241}Am 或铀或钍 α 源(3.3.3)放入多道 α 能谱仪探测真空室内，抽真空、测量。按式(1)计算能量分辨率(R 以百分比表示)。

$$R(\%)=\frac{\Delta E}{E}\times 100 \qquad \cdots\cdots(1)$$

式中：

E——能量最大或然值；

ΔE——最大分布值之一半相应的能量宽度。

能量分辨率应小于 2%。

3.5.4.1.2 确定探测器的工作电压：改变多道 α 能谱偏压，测出相应的能量分辨率。最佳能量分辨率所对应的偏压为多道 α 能谱的工作电压。

3.5.4.2 刻度仪器

将一个放射性强度约为 1 Bq 的铀，钍 α 源或其他已知能量的 α 源，放在多道 α 能谱探测真空室内，抽真空，记录测量谱图，按表 1 各已知标准源的能量在能谱仪屏幕上出现的位置，即可标定出未知样品的能量及相应的核素。

表 1 铀、钍同位素的α射线能谱

核素	α粒子能量/ keV	强度/ %
^{238}U	4 195 4 147	77 23
^{234}U	4 773 4 722	72 28
^{232}Th	4 012 3 953	77 23
^{230}Th	4 684 4 618	76 23

3.5.4.3 测量效率

将已知放射性强度的铀α源放在多道α能谱探测真空室内，抽真空，测量^{238}U，^{234}U 的α能谱，求出实测计数与标准源理论计数的百分比，即为探测效率（以百分比表示），按式(2)计算。

$$\text{探测效率}(\%)=\frac{\text{实测计数}}{\text{标准源理论计数}}\times 100 \qquad (2)$$

3.5.4.4 测量全流程本底

按(3.5.1,3.5.2,3.5.3)规定的方法，制备不少于 5 个空白铀、钍α源，放在多道α能谱探测真空室内，抽真空后，测量全流程本底。测量时间应大于 15 h，取各样品计数的平均值作为全流程本底值。当更换试剂或探测器时，应重新测量全流程本底。

3.5.4.5 测量样品

首先，根据所要求的相对误差ε和样品计数率 N，按式(3)计算出测量时间 t。

$$t=\frac{1}{N\varepsilon^2} \qquad (3)$$

然后，将待测样品的铀(或钍)α源放在多道α能谱探测真空室内，抽真空，按所确定的测量时间 t，测量α能谱曲线，读取^{234}U、^{238}U，^{230}Th、^{232}Th 的峰面积。

3.6 结果计算

将读取的峰面积扣除本底计数后，铀、钍同位素比值按式(4)和式(5)计算。

$$RU={}^{234}U/{}^{238}U=x/y(1\pm\sigma) \qquad (4)$$

$$RTh={}^{230}Th/{}^{232}Th=x/y(1\pm\sigma) \qquad (5)$$

式中：

^{234}U、^{238}U，^{230}Th、^{232}Th——该同位素的峰面积；

x——^{234}U 或^{230}Th 的峰面积；

y——^{238}U 或^{232}Th 的峰面积；

σ——相对标准偏差。

$$\sigma=\sqrt{\left(\frac{\delta x}{x}\right)^2+\left(\frac{\delta y}{y}\right)^2} \qquad (6)$$

式中：

δx——$\sqrt{x}$；

δy——$\sqrt{y}$。

3.7 精密度

本方法精密度的试验按 GB/T 6379 的规定进行。铀、钍的水平数均为 3。各实验室的重复数为 6，试验结果见表 2。

表 2 精密度

标准方法	实验室数	水平	n	m	r	R
P_{350} $^{234}U/^{238}U$	6	1	36	1.024	0.166	0.166
	6	2	36	1.006	0.105	0.112
	6	3	36	1.005	0.102	0.102
P_{350} $^{230}Th/^{232}Th$	5	1	30	1.938	0.327	0.399
	5	2	30	9.95	1.188	2.564
	5	3	30	31.52	3.671	7.270
注：n——测定次数； m——n 次测定结果的平均值； r——重复性； R——再现性。						

4 CL-TBP 萃淋树脂萃取色层分离 α 能谱法

4.1 原理

用氢氧化铁吸附水中铀和钍，用 5 mol/L 硝酸溶解过滤，用 CL-TBP 萃淋树脂分离铀和钍，把铀和钍分别电沉积在不锈钢片上，用多道 α 能谱仪测量。

4.2 试剂

本部分除非另有说明，在分析中均使用符合国家标准的分析纯试剂和蒸馏水或同等纯度水。

4.2.1 草酸铵。

4.2.2 氯化铵。

4.2.3 浓硝酸（ρ1.42 g/mL）。

4.2.4 氨水（ρ0.91 g/mL）。

4.2.5 高氯酸（ρ1.73 g/mL）。**警告——易爆品，小心操作！**

4.2.6 盐酸 c(HCl)6 mol/L。

4.2.7 盐酸 c(HCl)2 mol/L。

4.2.8 硝酸 c(HNO_3)5 mol/L。

4.2.9 Fe^{3+} 盐溶液（20 g/L）：15 g 三氯化铁（$FeCl_3 \cdot 6H_2O$ 分析纯）溶于 10 mL 盐酸（4.2.6）中，用水稀释至 100 mL。

4.2.10 碳酸钠溶液 50 g/L。

4.2.11 氯化铵溶液 1 g/L。

4.2.12 铀电沉积液：称取 2 g 氯化铵（4.2.2）和 5 g 草酸铵（4.2.1），溶解于 100 mL 水中，用盐酸（4.2.7）调 pH 值为 6。

4.2.13 钍电沉积液：称取 2 g 氯化铵（4.2.2）和 5 g 草酸铵（4.2.1），溶解于 100 mL 水中，用盐酸（4.2.6）调 pH 值为 2。

4.2.14 CL-TBP 萃淋树脂：粒度 140 μm～246 μm（60 目～120 目）。

4.2.15 精密 pH 值试纸。

4.2.16 色层柱的制备：称取一定量的 CL-TBP 萃淋树脂，在碳酸钠溶液（4.2.10）中浸泡 1 h，湿法上柱，用蒸馏水洗至中性，用硝酸（4.2.8）平衡后使用。

4.3 仪器及装置

4.3.1 多道 α 能谱。

4.3.2　真空泵：真空度小于 13 Pa。

4.3.3　标准 α 源，^{241}Am、铀或钍。

4.3.4　直流稳定电源。

4.3.5　铂电极。

4.3.6　不锈钢圆片。

4.3.7　电沉积槽：体积 20 cm^3 左右。

4.3.8　恒温水浴箱。

4.3.9　色层柱，ϕ7 mm×70 mm。

4.4　取样

取水样时，要使其尽量清澈。若有浑浊，应先过滤，然后立即加入硝酸(4.2.3)酸化至 pH 值为 1～2。

4.5　分析步骤

4.5.1　水样预处理

将酸化后的 5 L 水样加三氯化铁溶液(4.2.9)10 mL 和氯化铵(4.2.4)10 g，加热至沸，取下，用氨水(14.4)调 pH 值 9～10，沉淀放置 1 h 以上。用虹吸管吸去上层清液，剩余部分用滤纸过滤，用氯化铵溶液(4.2.11)洗烧杯一次，洗沉淀两次，将上述沉淀用滤纸包好，送室内进一步处理。

4.5.2　铀、钍分离

用硝酸(4.2.8)溶解沉淀，再过滤，弃去残渣，溶液分两次上柱(4.3.9)，等试液全部流完后，用 30 mL硝酸(4.2.8)分四次淋洗杂质，然后用 12 mL 盐酸(4.2.6)洗脱钍，收集在 50 mL 小烧杯中，再用 12 mL 水洗脱铀于另一 50 mL 的烧杯中。

4.5.3　电沉积制备铀、钍 α 源

4.5.3.1　制备铀 α 源

在分离纯化后的溶液中加入硝酸(4.2.3)1 mL，高氯酸(4.2.5) 0.5 mL 放在电炉上蒸至白烟冒尽，取下烧杯，稍冷却，加入盐酸(4.2.6)1 mL，低温蒸干，取下烧杯，稍冷却，用 10 mL 铀电沉积液(4.2.12)溶解盐类，倒入电沉积槽(4.3.7)内，将电沉积槽移入水温约为 70 ℃的恒温水浴箱(4.3.8)中，接通电源(4.3.4)，将电流调至 1.2 A，此时，电沉积液的 pH 值为 6，当通电 30 min 左右，pH 值由 6 升到 8，再由 8 降到 2，此时加入三滴氨水(4.2.4)，再延续 3 min～5 min 后，切断电源，取出阴极片，用水冲洗后凉干，编好号，待测。

4.5.3.2　制备钍 α 源

在分离纯化后的钍溶液中加入硝酸(4.2.3)1 mL，高氯酸(4.2.5)0.5 mL，放在电炉上蒸至白烟冒尽，取下烧杯，稍冷却，加入盐酸(4.2.6)1 mL，低温蒸干，取下烧杯，稍冷却，用 10 mL 钍电沉积液溶解盐类，倒入电沉积槽(4.3.7)内，将电沉积槽移入水温约为 70 ℃的恒温水浴箱(4.3.8)中，接通电源(4.3.4)将电流调至 1.4 A，此时，电沉积液的 pH 值为 2，当通电 40 min 左右，pH 值由 2 升到 8，再由 8 降到 2，此时，加入三滴氨水(4.2.4)再延续 3 min～5 min 后，切断电源，取出阴极片，用水冲洗后凉干，编好号，待测。

4.5.4　测量

4.5.4.1　工作条件的选择

4.5.4.1.1　测量能量分辨率：将^{241}Am 或铀，t 钍 α 源(4.3.3)放在多道 α 能谱探测真空室内，抽真空、测量。按式(7)计算能量分辨率(R 以百分比表示)。

$$R(\%)=\frac{\Delta E}{E}\times 100 \qquad (7)$$

式中：

E——能量最大或然值；

ΔE——最大分布值之一半相应的能量宽度。

能量分辨率应小于2%。

4.5.4.1.2 确定探测器的工作电压:改变多道α能谱偏压电源的电压,测出相应的能量分辨率。最佳能量分辨率所对应的偏压为多道α能谱的工作电压。

4.5.4.2 **刻度仪器**

将一个放射性强度约为1 Bq的铀,钍α源或其他已知能量的α源。放在多道α能谱探测真空室内,抽真空,测量α能谱,按表3各已知标准源的能量在能谱仪屏幕上出现的位置,即可标定出未知样品的能量及相应的核素。

表3 铀,钍同位素的α射线能谱

核素	α粒子能量/keV	强度/%
^{238}U	4 195 4 147	77 23
^{234}U	4 773 4 722	72 28
^{232}Th	4 012 3 953	77 23
^{230}Th	4 684 4 618	76 23

4.5.4.3 **测量效率**

将已知放射性强度的铀α源放在多道α能谱探测真空室内,抽真空,测量^{238}U,^{234}U的α能谱,求出实测计数与标准源理论计数的百分比,即为探测效率(以百分比表示),按式(8)计算。

$$探测效率(\%)=\frac{实测计数}{标准源理论计数}\times 100 \quad \cdots\cdots(8)$$

4.5.4.4 **测量全流程本底**

按(4.5.1 ,4.5.2,4.5.3)规定的方法,制备不少于5个空白铀、钍α源,放在多道α能谱探测真空室内,抽真空后,测量全流程本底。测量时间应大于15 h,取各样品计数的平均值作为全流程本底值。当更换试剂或探测器时,应重新测量全流程本底。

4.5.4.5 **测量样品**

首先,根据所要求的相对误差ε和样品计数率N,按式(9)计算出测量时间t。

$$t=\frac{1}{N\varepsilon^{2}} \quad \cdots\cdots(9)$$

然后,将待测样品的铀(或钍)α源放在α探测真空室内,抽真空,按所确定的测量时间t,测量α能谱曲线,读取^{234}U、^{238}U,^{230}Th、^{232}Th的峰面积。

4.6 **结果计算**

将读取的峰面积扣除本底计数后,铀、钍同位素比值按式(10)和式(11)计算。

$$RU={}^{234}U/{}^{238}U=x/y(1\pm\sigma) \quad \cdots\cdots(10)$$

$$RTh={}^{230}Th/{}^{232}Th=x/y(1\pm\sigma) \quad \cdots\cdots(11)$$

式中:

^{234}U、^{238}U,^{230}Th、^{232}Th——该同位素的峰面积;

x——^{234}U或^{230}Th的峰面积;

y——^{238}U或^{232}Th的峰面积;

σ——相对标准偏差。

$$\sigma=\sqrt{\left(\frac{\delta x}{x}\right)^2+\left(\frac{\delta y}{y}\right)^2} \quad \cdots\cdots(12)$$

式中：

δx——$\sqrt{x}$；

δy——$\sqrt{y}$。

4.7 精密度

本方法精密度的试验按 GB/T 6379 的规定进行，铀、钍的水平数均为 3。各实验室的重复数为 6，试验结果见表 4。

表 4 精密度

标准方法	实验室数	水平	n	m	r	R
TBP^{234}U/^{238}U	6	1	36	1.031	0.174	0.234
	6	2	36	1.023	0.138	0.177
	6	3	36	1.009	0.132	0.144
TBP^{230}Th/^{232}Th	5	1	36	1.921	0.393	0.419
	5	2	36	9.790	2.270	2.327
	5	3	30	31.649	2.218	7.395
注：n——测定次数； m——n 次测定结果的平均值； r——重复性； R——再现性。						

5 废弃物的处理

严格依据 GB 9133 和 GB 14500 对实验过程的样品和残液、渣进行处理。

ICS 73.020
D 14

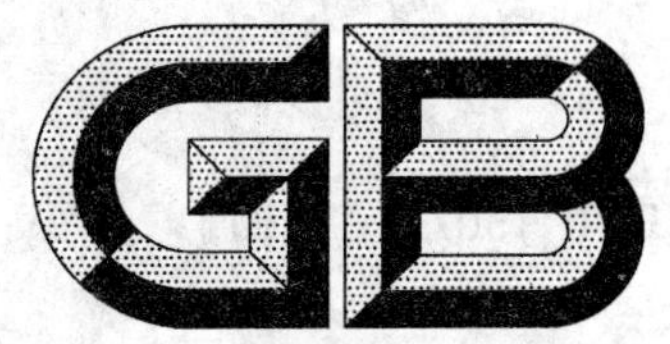

中华人民共和国国家标准

GB/T 13072—2010
代替 GB/T 13072—1991

地质水样 ^{226}Ra/^{228}Ra 放射性活度比值测定 射气法-β法

Geological water samples—Determination of radioactive ratio ^{226}Ra/^{228}Ra—Emanation-β counting techniques

2010-11-10 发布 2011-02-01 实施

中华人民共和国国家质量监督检验检疫总局
中国国家标准化管理委员会 发布

前 言

本标准代替 GB/T 13072—1991《地质水样中$^{226}Ra/^{228}Ra$的活度比值分析方法》。

本标准与 GB/T 13072—1991 相比，主要变化如下：

——规范了标准的标题；

——增加了警示、警告内容；

——增加了废弃物的处理条款；

——删除了目次；

——简化了测量仪器；

——更正了部分错误。

本标准由中华人民共和国国土资源部提出。

本标准由全国国土资源标准化技术委员会归口。

本标准负责起草单位：国家地质实验测试中心。

本标准起草单位：核工业北京地质研究院。

本标准主要起草人：武朝辉、刘立坤。

本标准所代替标准的历次版本发布情况为：

——GB/T 13072—1991。

地质水样 $^{226}Ra/^{228}Ra$ 放射性活度比值测定 射气法-β法

警示——使用本标准的人员应有正规实验室工作的实践经验。本标准并未指出所有可能的安全问题。使用者有责任采取适当的安全和健康措施,并保证符合国家有关法规规定的条件。

1 范围

本标准规定了地质水样中$^{226}Ra/^{228}Ra$放射性活度比值的分析方法,其中,^{226}Ra用射气法测量,^{228}Ra通过其子体^{228}Ac在低本底β装置上测量。

本标准适用于地表水、地下水、铀矿坑水和铀工厂废水中$^{226}Ra/^{228}Ra$放射性活度比值的分析,环境污水、海水及固体样品经过相应处理后也可参照使用。

测定范围:^{226}Ra比活度>3.6×10^{-3} Bq/L和^{228}Ra比活度>3.5×10^{-3} Bq/L以上的各种比值。

2 规范性引用文件

下列文件中的条款通过本标准引用而成为本标准的条款。凡是注日期的引用文件,其随后所有的修改版(不包括勘误的内容)或修订版均不适用于本标准,然而,鼓励根据本标准达成协议的各方研究是否可使用这些文件的最新版本。凡是不注日期的引用文件,其最新版本适用于本标准。

GB/T 6379(所有部分) 测量方法与结果的准确度(正确度与精密度)

GB 9133 放射性废物的分类

GB 14500 放射性废物管理规定

3 原理

5 L酸化过的水样中用硫酸铅、钡共沉淀富集镭,用乙二胺四乙酸二钠(EDTA二钠)溶解,过滤去不溶杂物后重新用硫酸盐沉淀,待子体^{228}Ac生长后用二乙三胺五乙酸(DTPA,$C_{14}H_{23}N_3O_{10}$)溶解,再作硫酸盐沉淀,使^{228}Ac与母体^{226}Ra分离,溶液用磷酸二(2-乙基己基)酯(P_{204},$C_{16}H_{35}O_4P$)萃取,硝酸反萃取,草酸铈沉淀制源,在低本底β装置上测量^{228}Ac,和标准溶液比较,得到^{228}Ac的括度,再换算成^{228}Ra的活度。硫酸盐沉淀用乙二胺四乙酸二钠溶解,装入扩散器。封闭数天后用射气法测量^{226}Ra和标准镭溶液比较得到^{226}Ra的活度,最后计算^{226}Ra和^{228}Ra的放射性活度比。

4 试剂

本部分除非另有说明,在分析中均使用符合国家标准的分析纯试剂和蒸馏水或同等纯度水。

4.1 甘露醇。

4.2 无水乙醇(ρ 0.78 g/mL)。

4.3 盐酸(ρ 1.19 g/mL)。

4.4 盐酸溶液(1+2)。

4.5 硝酸溶液(1+14)。

4.6 硫酸溶液(1+1)。

4.7 氢氧化钠溶液(100 g/L):100 g氢氧化钠溶于水,稀释到1 000 mL。

4.8 氨水溶液(1+2)。

4.9 氯化钡溶液(12 mg Ba/mL):称取氯化钡($BaCl·2H_2O$ 其中^{226}Ra 比活度低于 2.0×10^{-2} Bq/g,^{228}Ra比活度低于 1.0×10^{-2} Bq/g)21.35 g 溶于水,稀释到 1 000 mL。

4.10 硝酸铅溶液(80 mgPb/mL):称取硝酸铅($Pb(NO_3)_2$)127.9 g 溶于水,过滤后稀释到 1 000 mL。

4.11 乙二胺四乙酸二钠溶液:称取 150 g 乙二胺四乙酸二钠和 45 g 氢氧化钠,溶于水,过滤后稀释到 1 000 mL。

4.12 二乙三胺五乙酸溶液:称取 134 g 二乙三胺五乙酸和 64 g 氢氧化钠溶于水,过滤后稀释到 1 000 mL。

4.13 硫酸钠溶液(200 g/L):称取 200 g 无水硫酸钠溶于水,过滤后稀释到 1 000 mL。

4.14 乙酸溶液(1+2)。

4.15 一氯乙酸溶液(2 mol/L):称取 184 g 一氯乙酸溶于水,稀释到 1 000 mL。

4.16 磷酸二(2-乙基己基)酯萃取液:150 mL 磷酸二(2-乙基己基)酯和 850 mL 正庚烷混和,用 1+1(体积分数)的 2 mol/L 柠檬酸二铵和 25%~28%(质量分数)的氢氧化铵混合液洗二次,每次 200 mL,再用 4 mol/L 硝酸洗二次,每次 200 mL,最后用 200 mL 水洗一次。

4.17 洗锕液:100 g 一氯乙酸和 10 g 二乙三胺五乙酸,33 g 氢氧化钠溶于水,稀释到 1 000 mL,用氢氧化钠溶液(4.7)和高氯酸在 pH 计上或用精密 pH 试纸调到 pH=3.0。

4.18 乙酸钠溶液(300 g/L):称取 300 g 无水乙酸钠溶于水,过滤后稀释到 1 000 mL。

4.19 草酸铵溶液(0.2 mol/L):称取 28.4 g 草酸铵($(NH_4)_2C_2O_4·H_2O$)溶于水,过滤后稀释到 1 000 mL。

4.20 铈溶液(5 mg Ce/mL):称取 6.14 g 光谱纯的 CeO_2,用 65%~68%(质量分数)的硝酸和 30%(质量分数)的 H_2O_2 溶解成 $Ce(NO_3)_3$,稀释到 1 000 mL。也可用硝酸铈[$Ce(NO_3)_3·6H_2O$]配制。

4.21 标准镭溶液:分取^{226}Ra 活度为 4 Bq~40 Bq 的标准溶液 3 份~6 份,装入扩散器。

4.22 ^{228}Ra 标准溶液:在电子天平或微量天平上称取约 12 mg(精确到 0.01 mg) 50 年前生产的^{228}Ra-^{232}Th已平衡的硝酸钍(纯度不低于分析纯,注意结晶水数字),用二次蒸馏水或蒸馏过的去离子水溶解,加 5 mL 盐酸(4.3)和 7.3 mL 氯化钡溶液(4.9),配成约 100 g 溶液。此标准溶液中^{228}Ra 的比活度约 0.2 Bq/g,Ba 载体浓度约 1 mg/g。使用时用带毛细管的小塑料瓶分取溶液,在分析天平上称重法分取。也可用校正过的容量瓶和移液管配制并用容量法分取溶液。

4.23 无水氯化钙。

5 仪器

5.1 离心机,附 50 mL 离心管。

5.2 振荡器。

5.3 红外灯。

5.4 低本底 β 测量装置、仪器的本底低于每小时六个计数。

5.5 测氡仪(由闪烁室、探测器、定标器或计算机组成的装置)。

5.6 真空泵,压力计。

5.7 扩散器,容积约 100 mL(见图 1)。

5.8 干燥管,球的容积约 8 mL,内装无水氯化钙(4.23)粉末,两端管长约 1.5 cm,用脱脂棉固定球内氯化钙粉末(见图 1)。保存在装有无水氯化钙(4.23)的干燥器中。

6 取样

现场取水样时,要尽量选取悬浮物少和清沏的水样,必要时用脱脂棉或玻璃纤维过滤,放入塑料容器中,立刻用盐酸(4.3)酸化到最终 pH 值小于 3。

7 分析步骤

7.1 镭的富集和纯化

7.1.1 分取5.0 L已酸化的水样在大烧杯中，如果水样有悬浮物或较混浊，要用快速定性滤纸过滤。

7.1.2 先加1 mL氯化钡溶液(4.9)和5 mL硝酸铅溶液(4.10)、搅拌均匀，再加15 mL硫酸溶液(4.6)，搅拌1 min，以后每隔半小时以上，搅拌1 min，共搅拌3次～4次，放置5 h以上。

7.1.3 用虹吸管吸出并弃去上层清液，把余下的200 mL～300 mL底液和沉淀转入600 mL烧杯A中，用套有橡皮头的玻璃棒擦洗大烧杯壁，并用水洗入烧杯A中，加水使体积约500 mL，放置2 h以上，使沉淀全部沉降。

7.1.4 用虹吸管吸出并弃去上层清液，留下约50 mL底液转入离心管离心分离，用15 mL水洗一次，沉淀转回烧杯A中。

7.1.5 向有沉淀的烧杯A中加8 mL乙二胺四乙酸二钠溶液(4.11)立即加水到200 mL，盖上表面皿，在电热板上加热溶解，趁热用定性滤纸滤去不溶性残渣。

7.1.6 向滤液中滴加硫酸溶液(4.6)，使pH达3～3.4[用氨水溶液(4.8)控制]，使硫酸钡沉淀，记下沉淀时间T_1，加热到近沸，冷却4 h以上或过夜。

7.1.7 用虹吸法吸去部分上层清液后，下层溶液和沉淀转入离心管用离心法分离，沉淀A用15 mL水洗一次。

7.2 ^{228}Ra活度的测量

7.2.1 洗过的沉淀A留在离心管中，加10 mL二乙三胺五乙酸溶液(4.12)和20 mL水，放置2 d，使^{228}Ac生长。

7.2.2 2 d后在水浴中加热使沉淀全部溶解，加1 mL硫酸钠溶液(4.13)，滴加2.2 mL乙酸溶液(4.14)，使硫酸钡沉淀，记下沉淀时间T_2。沉淀在沸水浴中保温5 min，移入冷水浴中冷却后离心分离，用10 mL水洗沉淀，把上层清液和洗涤水转入第一个分液漏斗中，沉淀B留作^{228}Ra用。

7.2.3 在二个100 mL分液漏斗中分别加入10 mL和5 mL磷酸二(2-乙基己基)酯萃取液(4.16)和10 mL，5 mL洗铜液(4.17)，振荡2 min后分离弃去洗铜液，把7.2.2中分离出的含^{228}Ac的清液放入有10 mL萃取液的第一个分液漏斗中，加5 mL一氯乙酸溶液(4.15)，振荡2 min，分层后把水相排入放有5 mL萃取液的第二个分液漏斗中，也振荡2 min，分层后弃去水相，把有机相并入第一个分液漏斗中。

7.2.4 用10 mL洗铜液(4.17)洗涤第二个分液漏斗后转入第一个分液漏斗中，和有机相一起振荡2 min，洗涤液弃去，先后用10 mL和5 mL硝酸溶液(4.5)连续反萃取有机相，硝酸溶液合并在50 mL小烧杯中。

7.2.5 硝酸溶液中加6 mL乙酸钠溶液(4.18)和5 mL草酸铵溶液(4.19)，在低温电炉上加热到近沸，滴加1 mL铈溶液(4.20)，生成草酸铈沉淀载带^{228}Ac，充分搅拌后再保温1 min～2 min，使沉淀老化。

7.2.6 将沉淀立即放入冷水浴中冷却。用可拆卸的抽滤漏斗均匀地抽滤在定量滤纸上，用无水酒精(4.2)洗涤，抽干后取下在红外灯下烘干。

7.2.7 烘干的样品放在测量盘中，盖一层4 mg/cm^{2}厚的塑料膜，用不锈钢环固定，立刻送入低本底β装置中测量^{228}Ac的β活度。记下计数过程的时间，并算得中间点T_3，控制T_2到T_3在2 h～5 h之内。

7.3 ^{226}Ra活度测量前的准备

7.3.1 检查仪器是否正常，探头和闪烁室之间是否漏光。

7.3.2 检查闪烁室是否漏气，抽气系统是否漏气。

闪烁室慢性漏气的检查方法是送入氡气后分别在1 h和3 h测量计数率，后者一般比前者高10%左右，如果差值很小，甚至出现负值，即该闪烁室漏气。

7.3.3 选择仪器工作条件

将平衡后计数率约 20 cps(每秒钟的计数)的氡气送入闪烁室,3 h 后计数。测量各个阈值点相应的高压——计数率关系曲线,从中选择具有"坪长"大于 60 V,"坪斜"每 100 V 小于 15%的曲线的阈值为探测器的甄别阈。

在选定的甄别阈下,测量坪区高压——本底计数率关系曲线,选取本底计数率低(<0.05 cps)的电压为探测器的工作电压。

如果使用计算机控制的测氡仪,上述参数已在计算机中设置。

在选定电压下连续获取 15 个读数,计算平均计数率 $\bar{n}$ 和标准差 σ,用 σ 和 $\sqrt{\bar{n}}$ 比较,若 $\sigma<1.5\sqrt{\bar{n}}$,则认为稳定性合格,工作条件的选择完成,否则在同一坪区改变电压,重新选择工作点。

7.3.4 封样

向 7.2.2 中的硫酸钡沉淀 B 中加 6 mL 乙二胺四乙酸二钠溶液(4.11)、0.3 g 甘露醇(4.1)和 20 mL 水。在沸水浴中溶解,用小漏斗将其装入扩散器中,控制洗涤后的溶液总体积约为扩散器容积的三分之一。

装入扩散器的样品用空气洗带法抽走积累的氡气(控制速度以免溶液溢出),15 min～25 min 后用止水夹(图 1 中"1")和玻璃活塞(图 1 中"3")将扩散器两端封闭。记下封闭时间 T_4,作为氡气积累的开始。积累时间按^{226}Ra 活度而定,^{226}Ra 活度大于 20 Bq,积累 1 d～2 d;活度在 1 Bq～20 Bq,积累 3 d～8 d;活度小于 1 Bq 积累 10 d～15 d。

7.4 ^{226}Ra 活度的测量

7.4.1 将已知本底的闪烁室的一个出口用止水夹夹紧,另一个出口和真空泵相接,用压力计为指示抽真空,(低于百分之一大气压即可)立刻用螺旋夹封闭。

7.4.2 抽真空的闪烁室通过干燥管和待测的扩散器相接,连接方法见图。

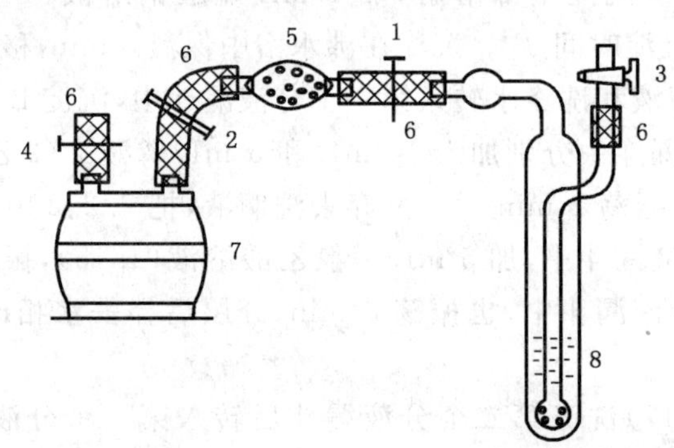

1、4——止水夹;
2——螺旋夹;
3——玻璃活塞;
5——干燥管;
6——不同型号的胶皮管;
7——闪烁室;
8——装有样品的扩散器。

图 1 送气系统连接图

接好后打开"1",使胶皮管松开,再拧松"2",此时扩散器内有大量气泡通过溶液,大部分积累的氡气此时进入闪烁室。当气泡消失后再小心打开"3",控制有缓慢连续的气泡,10 min 后调节"3",使气泡适当加快,并控制使送气在 15 min 结束。送气后要立刻封闭"2",取下闪烁室和干燥管,并封闭"1"和"3"。记下送气结束的时间 T_5,T_5 是氡气积累的结束时间,也是下次测量重新积累的开始。用过的干燥管立刻放入无水氯化钙(4.23)的干燥器中。

7.4.3 送完气的闪烁室放置 50 min 以上,在测氡仪(5.5)上测量,计数前要避光 1 min 以上,按^{226}Ra

活度选择每次的计数时间，连续计数5次，取平均值 $\overline{N}$。若有 $|N_i-\overline{N}|>2\sqrt{\overline{N}}$ 时，弃去此 N_i 值后重新取平均值。

注：从 T_5 到计数开始的时间间隔以及计数延续的时间要和系数测量时的条件相同。

7.4.4 测过的闪烁室要用真空泵反复排气清洗20 min。用过高计数率(≥3 cps)样品的闪烁室，第二天要再清洗一次，并隔5 d～10 d后再使用。

8 结果计算

8.1 ^{228}Ra 活度的计算

8.1.1 本底计数率

本底计数率由二部分组成，一部分是由试剂空白中^{228}Ac产生的计数率，它按半衰期6.13 h衰减，另一部分是“固定”的，它是仪器固有本底和试剂中非^{228}Ac来的长寿命声粒子的计数率之和 n_c。

用水代替水样作全流程分析，得到总计数率 n_a，2 d后再测量得到计数率 n_c，则 $n_b=n_a-n_c$。

用式(1)计算试剂空白中^{228}Ra的活度。

$$B_8=\frac{n_b}{(1-e^{-\lambda_8 t_1})e^{-\lambda_8 t_2}} \quad \cdots\cdots(1)$$

式中：

B_8——试剂空白中^{228}Ra的计数率，单位为个每秒(cps)；

n_b——试剂空白中测得的^{228}Ac计数率，单位为个每秒(cps)；

e——自然对数的底；

λ_8——^{228}Ac的衰变常数，取0.113 h^{-1}；

t_1——等于 T_2-T_1，是^{228}Ac的生长时间，单位为小时(h)；

t_2——等于 T_3-T_2，是^{228}Ac的衰变时间，单位为小时(h)；

T_1、T_2、T_3——分别见7.1.6、7.2.2和7.2.7。

当 $t_1\geqslant48$ h时，式(1)可简化为：

$$B_8=\frac{n_b}{e^{-\lambda_8 t_2}} \quad \cdots\cdots(2)$$

作10份～12份的空白试验可测得“固定”本底的平均值 $\overline{n}_c$ 和^{228}Ra的平均本底 $\overline{B}_8$。

8.1.2 装置系数

在50 mL离心管中，加1 mL盐酸(4.3)和1 mL氯化钡溶液(4.9)，用称重法或容量法加0.2 Bq～0.6 Bq的标准^{228}Ra溶液(4.22)，加水到总体积为30 mL，放入沸水浴中，用1 mL硫酸溶液(4.6)沉淀硫酸钡，放置过夜后离心法分离弃去清液，沉淀用10 mL水洗一次。加6 mL乙二胺四乙酸二钠溶液(4.11)和25 mL水在热水浴上溶解沉淀，趁热滴加硫酸溶液(4.6)到pH3～3.5[用氨水溶液(4.8)控制]，使钡再次沉淀，冷却后离心分离去清液，用10 mL水洗一次，留下的沉淀按7.2方法进行，最后测量装置系数 K_7。

用式(3)计算低本底β装置的系数 k_8。

$$k_8=\frac{A_8}{\dfrac{N_8-\overline{n}_c}{(1-e^{-\lambda_8 t_1})e^{-\lambda_8 t_2}}-\overline{B}_8} \quad \cdots\cdots(3)$$

式中：

k_8——装置系数，Bq/cps；

A_8——标准^{228}Ra溶液中^{228}Ra的活度，单位为贝克(Bq)；

N_8——标准^{228}Ra溶液的计数率，单位为个每秒(cps)；

$\overline{n}_c$——“固定”本底平均计数率，单位为个每秒(cps)；

$\overline{B}_8$——空白试剂中[228]Ra 的平均计数率，单位为个每秒(cps)；

λ_8、e、t_1、t_2——同式(1)。

当 $t_1 \geqslant 48$ h 时，式(3)可简化为：

$$k_8 = \frac{A_8}{\dfrac{N_8 - \overline{n}_c}{e^{-\lambda_8 t_2}} - \overline{B}_8} \quad \cdots\cdots(4)$$

用 12 份标准[228]Ra 溶液，可测得平均装置系数 $\overline{k}_8$。

8.1.3 **样品中[228]Ra 活度的计算**

按式(5)计算。

$$^{228}\mathrm{Ra} = \overline{k}_8 \left(\frac{N_s - \overline{n}_c}{(1 - e^{-\lambda_8 t_1}) e^{-\lambda_8 t_2}} - \overline{B}_8 \right) \quad \cdots\cdots(5)$$

式中：

[228]Ra——样品中[228]Ra 的活度，单位为贝克(Bq)；

N_s——样品的计数率，单位为个每秒(cps)；

$\overline{k}_8$——装置系数平均值，单位为贝克秒每个(Bq/cps)；

λ_8、e、t_1、t_2——同式(1)；

$\overline{n}_c$、$\overline{B}_8$——同式(3)。

当 $t_1 \geqslant 48$ h 时，式(3)可简化为：

$$^{228}\mathrm{Ra} = \overline{k}_8 \left(\frac{N_s - \overline{n}_c}{e^{-\lambda_8 t_2}} - \overline{B}_8 \right) \quad \cdots\cdots(6)$$

8.2 **[226]Ra 活度的计算**

8.2.1 闪烁室本底：将每个闪烁室在选定的高压，阈值下多次测量本底计数率，取平均值。在样品计数率高于本底计数率 3 倍时，取各闪烁室的平均本底值$\overline{DS}$为这批闪烁室的本底。在样品计数率不足本底计数率的 3 倍时，要增加本底的测量时间，选取本底低的闪烁室，并单独计算本底。

8.2.2 装置系数按式(7)计算装置系 k_6。

$$k_6 = \frac{A_6 (1 - e^{-\lambda_6 t_3})}{N_6 - \overline{DS}} \quad \cdots\cdots(7)$$

式中：

k_6——装置系数，单位为贝克秒每个(Bq/cps)；

A_6——标准镭溶液的[226]Ra 活度，单位为贝克(Bq)；

e——自然对数的底；

λ_6——[222]Rn 的衰变常数，取 0.181 3 d^{-1}；

t_3——氡气积累时间，为 $T_5 - T_4$，单位为天(d)；

N_6——标准镭溶液的计数率，单位为个每秒(cps)；

$\overline{DS}$——闪烁室的平均本底计数率，单位为个每秒(cps)；

T_5，T_4——分别见 7.4.2 和 7.3.4.2。

将 3 份～6 份[226]Ra 标准溶液按 7.3.4 封闭数天后，用 7.4 的方法任意取常用的闪烁室共测量 20 次以上，按式(7)计算系数，并求其平均值 $\overline{k}_6$。大于 2 倍标准差的系数弃去。

注：对新的或长期未使用的闪烁室需首先进行漏气检查，然后用 2 个～3 个[226]Ra 标准共测量 3 次～5 次，其平均系数在 $\overline{k}_6$ 的允许范围内才能使用。

8.2.3 [226]Ra 的回收率：在 50 mL 离心管中加入 25 mL 水和已知活度的[226]Ra 标准溶液，1 mL 氯化钡溶液(4.9)和 1.5 mL 盐酸溶液(4.4)，沸水浴中用 1 mL 硫酸溶液(4.6)沉淀硫酸钡，放置 4 h 或过夜后离心分离去清液，沉淀用 10 mL 水洗一次，在沸水浴上加 6 mL 乙二胺四乙酸二钠溶液(4.11)溶解沉淀，趁热加硫酸溶液(4.6)到 pH3～3.5[用氨水溶液(4.8)控制]，使钡再次沉淀，冷却后离心分离清液，用 10 mL 水洗一次，沉淀按 7.2.1 和 7.2.2 进行，从这步得到的沉淀，按 7.3.4 和 7.4 测量，和直接加入扩散器的 ^{226}Ra 标准溶液比较，可得到 ^{226}Ra 的回收率。作六次以上取平均回收率 Y。

8.2.4 样品中 ^{226}Ra 活度的计算按式(8)。

$$^{226}Ra=\frac{k_6(\overline{N}_s-\overline{DS})}{Y(1-e^{-\lambda_6 t_3})}-\overline{B}_6 \qquad (8)$$

式中：

^{226}Ra——样品中 ^{226}Ra 的活度，单位为贝克(Bq)；

$\overline{k}_6$——装置系数的平均值，单位为贝克秒每个(Bq/cps)；

$\overline{N}_s$——样品平均计数率，单位为个每秒(cps)；

$\overline{B}_6$——与样品分析流程相同的试剂空白平均值，单位为贝克(Bq)；

Y——^{226}Ra 的回收率；

$\overline{DS}$、e、λ_6、t_3——同式(7)。

8.3 ^{226}Ra 和 ^{228}Ra 活度比的计算

用同一份水样按式(6)和式(8)测得的 ^{226}Ra 和 ^{228}Ra 活度相除，可得到 $^{226}Ra/^{228}Ra$ 的活度比。

9 精密度

方法精密度按 GB/T 6379 规定，试验的结果见表 1。

表 1 方法精密度表

水平($^{226}Ra/^{228}Ra$)	1.18	2.19	5.81
平均值/m	1.19	2.26	5.66
重复性标准差 S_r	0.18	0.23	0.50
重复性临界差 r	0.50	0.64	1.40
再现性标准差 S_R	0.18	0.23	0.57
再现性临界差 R	0.50	0.64	1.60

10 废弃物的处理

严格依据 GB 9133 和 GB 14500 对实验过程的样品和残液、渣进行处理。

ICS 73.020
D 14

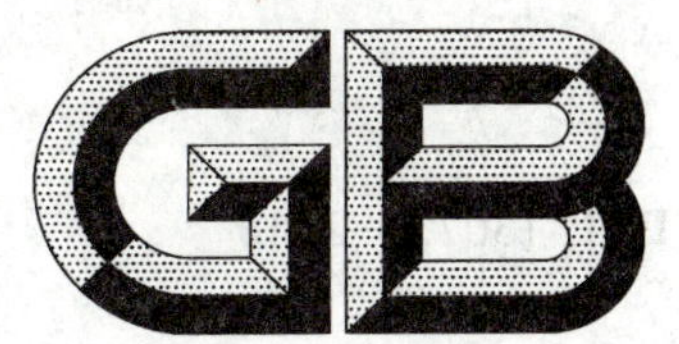

中华人民共和国国家标准

GB/T 13073—2010
代替 GB/T 13073—1991

岩石样品 ^{226}Ra 的测定 射气法

Rock samples—Determination of radium-226—Emanation technique

2010-11-10 发布 2011-02-01 实施

中华人民共和国国家质量监督检验检疫总局
中国国家标准化管理委员会 发布

前 言

本标准代替 GB/T 13073—1991《岩石样品中^{226}Ra 的分析方法　射气法》。

本标准与 GB/T 13073—1991 相比，主要变化如下：

——规范了标准的标题；

——增加了警示、警告内容；

——增加了废弃物的处理条款；

——删除了目次；

——简化了测量仪器；

——更正了部分错误。

本标准由中华人民共和国国土资源部提出。

本标准由全国国土资源标准化技术委员会归口。

本标准负责起草单位：国家地质实验测试中心。

本标准起草单位：核工业北京地质研究院。

本标准主要起草人：武朝辉、刘立坤。

本标准所代替标准的历次版本发布情况为：

——GB/T 13073—1991。

岩石样品 ^{226}Ra的测定 射气法

警示:使用本标准的人员应有正规实验室工作的实践经验。本标准并未指出所有可能的安全问题。使用者有责任采取适当的安全和健康措施,并保证符合国家有关法规规定的条件。

1 范围

本标准规定了岩石样品中^{226}Ra的射气法测量方法。

本标准适用于岩石样品、土壤样品中^{226}Ra的测量。生物样品及其他固体样品经过适当分解和镭的富集后,也可参照使用。

测定范围:硫酸钡-乙二胺四乙酸二钠(EDTA二钠)法为$\geqslant 9.0\times10^{-9}$ Bq/g,碳酸钡-盐酸法为$\geqslant 1.8\times10^{-2}$ Bq/g。

2 规范性引用文件

下列文件中的条款通过本标准引用而成为本标准的条款。凡是注日期的引用文件,其随后所有的修改单(不包括勘误的内容)或修订版均不适用于本标准,然而,鼓励根据本标准达成协议的各方研究是否可使用这些文件的最新版本。凡是不注日期的引用文件,其最新版本适用于本标准。

GB/T 6379(所有部分) 测量方法与结果的准确度(正确度与精密度)

GB 9133 放射性废物的分类

GB 14500 放射性废物管理规定

3 原理

3.1 方法提要

通过测量^{222}Rn来得到^{226}Ra的含量。其中岩石样品的分解和^{226}Ra溶液的制备包括:碱熔-硫酸钡共沉淀-乙二胺四乙酸二钠溶解法和碱熔-碳酸钡共沉淀-盐酸溶解法。两种方法可任意选择使用。^{222}Rn的测定采用闪烁射气法。

3.2 硫酸钡-乙二胺四乙酸二钠法

样品经氢氧化钠、过氧化钠混合试剂在650 ℃熔融后,用水提取,盐酸酸化。硫酸钡共沉淀富集镭,再用二乙胺四乙酸二钠溶解,得到小体积透明溶液,装入扩散器,封闭数天积累氡气,用空气洗带使氡气从溶液中转入闪烁室50 min后在室内测氡仪上测量,与标准镭溶液比较,计算样品镭含量。

3.3 碳酸钡-盐酸法

样品经氢氧化钠、过氧化钠、无水碳酸钠和氯化钡混合试剂在650 ℃熔融后,用水提取,滤纸过滤.用热盐酸将沉淀溶解于原烧杯,装入扩散器,封闭数天积累氡气,以下同3.2中的相同方法测量和计算。

4 试剂

本部分除非另有说明,在分析中均使用符合国家标准的分析纯试剂和蒸馏水或同等纯度水。

4.1 氢氧化钠。

4.2 过氧化钠。

4.3 无水碳酸钠。

4.4 氯化钡($BaCl_2\cdot 2H_2O$,^{226}Ra比活度低于2.0×10^{-2} Bq/g)。

4.5 甘露醇。

4.6 盐酸(ρ1.19 g/mL)。

4.7 氢氧化钠溶液,(100 g/L):100 g 氢氧化钠溶于水,稀释到 1 000 mL。

4.8 氯化钡溶液(20 mg Ba/mL):称取氯化钡(4.4)34.58 g 溶于水,稀释到 1 000 mL。

4.9 碳酸铵洗液(5 g/L):5 g 碳酸铵溶于水,稀释到 1 000 mL。

4.10 盐酸溶液(1+1)。

4.11 硫酸溶液(1+1)。**警告:小心操作!**

4.12 二乙胺四乙酸二钠溶液:称取 150 g 乙二胺四乙酸二钠和 45 g 氢氧化钠(4.1),溶于水,稀释到 1 000 mL。

4.13 标准镭溶液:^{226}Ra 活度为 4 Bq～40 Bq 的标准溶液(3～6)份,装入扩散器中。

4.14 麝香草酚酞指示剂(1 g/L):称取 0.1 g 麝香草酚酞用无水酒精溶解并稀释到 100 mL。

4.15 无水氯化钙。

5 仪器及装置

5.1 测氡仪(由闪烁室、探测器、定标器或计算机组成的装置)。

5.2 真空泵、压力计。

5.3 扩散器:容积约 100 mL(见送气系统连接图)。

5.4 干燥管:玻璃球的容积约 8 mL,内装无水氯化钙粉末(4.15)玻璃管两端长约 1.5 cm,用脱脂棉固定球内氯化钙粉末(见图 1),保存在装有无水氯化钙的干燥器中。

5.5 铁坩埚:30 mL 和 50 mL。

5.6 分析天平:三级,感量 0.1 mg。

6 试样

6.1 岩石样品应粉碎到化学样粒度(粒径<74 μm)。

6.2 样品装入玻璃瓶或用纸质样品袋包装,使用前要在 110 ℃±5 ℃下烘干,放入干燥器中或装入磨口玻璃瓶中备用。

7 分析步骤

7.1 硫酸钡共沉淀富集镭

7.1.1 熔融

按表 1 中的比例称取试样于铁坩埚中,先加入应加过氧化钠(4.2)量的三分之二,用玻璃棒搅拌均匀,然后加入所需的氢氧化钠(4.1),最后把余下的三分之一过氧化钠均匀撒盖在表面。将坩埚立刻放入已升温到 650 ℃的马弗炉内熔融,当熔融物呈流体状时取出,稍冷却。

表 1 制备镭溶液的样品称重、熔剂用量和盐酸用量

^{226}Ra 比活度/(Bq/g)	样品称重/g	Na_2O_2 用量/g	NaOH 用量/g	HCl 用量/mL
>37	0.1～0.5	5	1.5	40
37～3.7	1	8	2	50
<3.7	2	12	3	70

注 1:分解含有机物的样品时,需要把样品称在铁坩埚中,直接放入 650 ℃马弗炉中烧 10 min～20 min,把有机物烧去,待冷却后再加试剂熔融。

注 2:从熔剂加入到放入马弗炉之间的时间要尽量缩短,以减少熔剂吸水。

7.1.2 提取

将稍冷却的铁坩埚外壁在在自来水中浸洗一下,使其外部铁皮脱落,再放入 600 mL 烧杯中,用 200 mL 热水提取,待剧烈反应停止后,再用水和 1 mL 盐酸溶液(4.10)洗出坩埚。

用过的坩埚在专用的盐酸池中浸泡约 15 min,取出用自来水冲洗后擦干,在电热板上烘干,冷却后立刻放入干燥器中待用。

7.1.3 酸化

在不断搅拌下,向热的浸取液中迅速倒入按表 1 中所需的盐酸(4.6),使其呈黄色透明液体,澄清后将上层清液转入另一个 600 mL 烧杯中,残液用的确良布和玻璃纤维过滤到主液中。

7.1.4 富集

加水使体积到 500 mL,加入 2 mL 氯化钡溶液(4.8),在电热板上加热到近沸,不断搅拌下滴加硫酸溶液(4.11)3 mL,放置 5min～10 min,再搅拌半分钟,洗出玻璃棒,盖上表面皿,放置 4 h 以上或过夜。

7.1.5 洗涤

用虹吸管吸出上层清液,留下约 60 mL 残液,再加水到 500 mL,静止 4 h 以上,待沉淀完全沉降后再虹吸去上层清液,加水到 500 mL,放置 4 h 以上或过夜。

洗涤沉淀的方法,也可改用离心法,则第一次虹吸后的残液转入离心管,离心分离,用 10 mL～15 mL 水洗一次,洗过的沉淀转回原烧杯,再按 7.1.6 溶解。

7.1.6 溶解

虹吸上层清液,向残液和沉淀中加三滴指示剂(4.14)、0.3 g 甘露醇(4.5)和 8 mL 乙二胺四乙酸二钠溶液(4.12)(此时溶液为蓝色,否则滴加氢氧化钠溶液(4.7)直到呈蓝色)。加水到 200 mL,盖上表面皿,在电热板上加热溶解。沉淀完全溶解后取下表面皿,低温使体积浓缩到约 20 mL。用小漏斗装入扩散器中,用水洗净烧杯,控制溶液体积为扩散器容积的 1/3。

7.2 碳酸钡共沉淀富集镭

7.2.1 熔融

按表 1 中的比例称取试样(精确到 0.000 2 g)于铁坩埚中,加入 0.1 g～0.2 g 氯化钡(4.4)、1.5 g 无水碳酸钠(4.3)和过氧化钠(4.2)应加量的三分之二,用玻璃棒搅拌均匀后再加入所需的氢氧化钠(4.1),最后把余下的三分之一过氧化钠均匀地撒盖在表面。将坩埚立刻放入已升温到 650 ℃的马弗炉内熔融,当熔融物呈流体状时取出,稍冷。

注:同表 1 的注 1 和注 2。

7.2.2 提取

将稍冷的铁坩埚外壁在自来水中浸洗一下,使其外部铁皮脱落,再放入 250 mL 烧杯中,用 100 mL 热水提取,待剧烈反应停止后,用水和几滴盐酸溶液(4.10)洗出坩埚。用过的坩埚同 7.1.2 中方法处理。

7.2.3 老化

向提取物中加水到 200 mL,加热近沸,稍冷。

7.2.4 过滤

用定性滤纸过滤,用热的碳酸铵洗液(4.9)洗三次,再用少量温水洗三次。

7.2.5 溶解

用热的盐酸溶液(4.10)15 mL～20 mL 分 3 次～5 次把洗净的沉淀溶于原烧杯中,用热水少量多次洗净滤纸到无黄色,控制总体积在 35 mL 以内。用小漏斗装入扩散器中。

7.3 样品测量前的准备

7.3.1 总体检查

检查仪器是否正常,探头和闪烁室之间是否漏光。

7.3.2 漏气检查

检查闪烁室是否漏气,抽气系统是否漏气。

闪烁室的慢性漏气,在抽真空和送气时见不到异常。检查方法是送入氡气后分别在 1 h 和 3 h 测量计数率,后者一般比前者高 10%左右,如果差值低得多,甚至出现负值,则该闪烁室漏气。

7.3.3 选择仪器工作条件

将平衡后计数率约 20 cps(个/秒)的氡气送入闪烁室中,3 h 后计数。测量不同阈值时相应的高压一计数率关系曲线,从中选择具有"坪长"大于 60 V,"坪斜"每 100 V 小于 15%的曲线的阈值为探测器的甄别阈。

在选定的甄别阈下,测量坪区高压一本底计数率关系曲线,选取本底计数率足够低的电压为探测器的工作电压。

如果使用计算机控制的测氡仪,上述参数已在计算机中设置。

在选定电压下连续获取 15 个读数,计算平均计数率 $\overline{n}$ 和标准差 σ,用 σ 和 $\sqrt{\overline{n}}$ 比较,若 $\sigma<1.5\sqrt{\overline{n}}$,则认为稳定性合格,工作条件的选择完成,否则在同一坪区改变电压,重新选择工作点。

7.3.4 封样

将 7.1.6 和 7.2.5 中装入扩散器的样品,用空气洗带法抽走积累的氡气(不要太快,以免溶液溢出),15 min~25 min 后用止水夹和玻璃活塞将扩散器两端封闭(见图中 1,3)。记下封闭时间 t_1,作为氡气积累开始的时间,积累时间按 ^{226}Ra 活度而定,^{226}Ra 活度大于 20 Bq,积累 1 d~2 d;活度在 1 Bq~20 Bq,积累 3 d~8 d;活度小于 1 Bq,积累 10 d~15 d。

7.3.5 闪烁室本底

将每个闪烁室在选定的高压、阈值下多次测量本底计数率,取平均值。在样品计数率高于本底计数率 3 倍时,取各闪烁室的平均本底 $\overline{DS}$ 为这批闪烁室的本底。在样品计数率不足本底计数率 3 倍时,要增加本底值的测量时间,选用本底计数率低的闪烁室,并单独计算本底。

7.3.6 装置系统

装置系数是指在确定的测量条件下,在该套装置上,单位时间内的计数相当于被测样品的 ^{226}Ra 活度值。

将 3 份~6 份 ^{226}Ra 标准溶液按 7.3.4 封闭 1 d~3 d 后,用 7.4 的方法共测定 20 次以上,按 8.1 计算系数,并求其平均系数 $\overline{k}$。计算时弃去大于 2 倍标准差的系数。

对新的或长期未使用的闪烁室要经漏气检查后用 2 个~3 个 ^{226}Ra 标准测量 3 次~5 次,其平均系数在 $\overline{k}$ 的允许范围内才能使用。

7.4 活度的测量

7.4.1 将已知本底的闪烁室的一个出口用止水夹夹紧,另一出口和真空泵相接,以压力计为指示,抽成真空(低于百分之一大气压即可),立刻用螺旋夹封闭。

7.4.2 抽真空的闪烁室通过干燥管和待测样品的扩散器相接。连接方法见图 1。

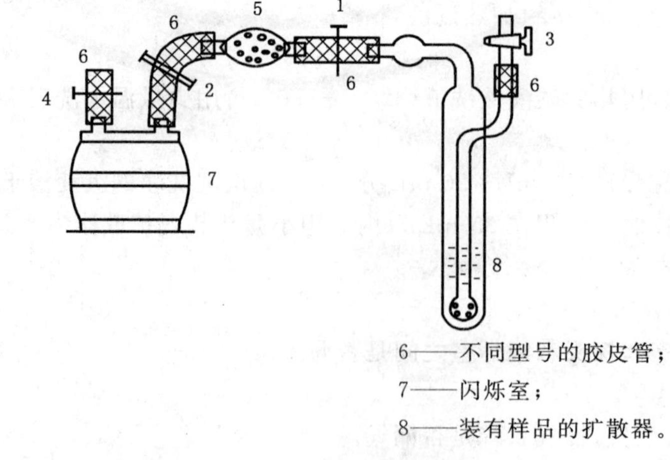

1、4——止水夹;
2——螺旋夹;
3——玻璃活塞;
5——干燥管;
6——不同型号的胶皮管;
7——闪烁室;
8——装有样品的扩散器。

图 1 送气系统连接图

接好后打开“1”，使胶皮管松开，再拧松“2”，此时扩散器内有大量气泡通过溶液，大部分积累的氡气此时进入闪烁室。当气泡消失后再小心打开“3”，控制有缓慢连续的气泡，10 min 后调节“3”，使气泡适当加快，并控制使送气在 15 min 结束。送气后要立刻封闭“2”，取下闪烁室和干燥管并封闭“1”和“3”。记下送气结束的时间 t_2，t_2 是氡气积累的结束时间，也是下次测量重新积累的开始。用过的干燥管立刻放入装有无水氯化钙(4.15)的干燥器中。

7.4.3　送完气的闪烁室放置 50 min 以上，在测氡仪(5.1)上测量，计数前要避光 1 min 以上，按 ^{226}Ra 活度选择每次的计数时间，连续计数 5 次，取平均值 $\overline{N}$。若有 $|N_i-\overline{N}|>2\sqrt{\overline{N}}$ 时，弃去此 N_i 值后重新取平均值。

注：从 t_2 到计数开始的时间间隔以及计数延续的时间要和系数测量的条件相同。

7.4.4　测过的闪烁室要用真空泵反复排气清洗 20 min。对计数率>3 cps 的闪烁室，第二天要再清洗一次，并隔 5 d～10 d 后再使用。

8　结果计算

8.1　装置系数

按式(1)计算装置系数 k。

$$k=\frac{A_{rs}(1-e^{-\lambda t})}{\overline{N}-\overline{DS}} \qquad \cdots\cdots(1)$$

式中：

k——装置系数，Bq/cps；

A_{rs}——标准镭溶液的 ^{226}Ra 活度，单位为贝可(Bq)；

e——自然对数的底；

λ——^{222}Rn 的衰变常数，取 0.181 3 d^{-1}；

t——氡气积累时间，为 t_2-t_1，单位为天(d)；

$\overline{N}$——标准镭溶液的计数率，单位为个每秒(cps)；

$\overline{DS}$——闪烁室的平均本底计数率，单位为个每秒(cps)；

t_2，t_1——分别见上文 7.4.2 和 7.3.4。

8.2　分析结果

样品中 ^{226}Ra 比活度的计算按式(2)进行。

$$A_r=\frac{1}{P}\left[\frac{\bar{k}(\overline{N}_s-\overline{DS})}{1-e^{-\lambda t}}-\overline{B}\right] \qquad \cdots\cdots(2)$$

式中：

A_r——样品中 ^{226}Ra 的比活度，单位为贝可每克(Bq/g)；

P——样品的重量值，单位为克(g)；

$\bar{k}$——装置系数 k 的平均值，Bq/cps；

$\overline{N}_s$——样品的平均计数率，单位为个每秒(cps)；

$\overline{B}$——与样品分析流程相同方法测得的试剂空白的平均值，单位为贝可(Bq)；

$\overline{DS}$、t_2，t_1——同式(1)。

9　精密度

两种方法的精密度按 GB/T 6379 的规定，测试结果分别见表 2 和表 3。

表 2 硫酸钡-乙二胺四乙酸二钠法精密度

样品(水平)	ZBu4	标样 04115	标样 04110	CH-1
平均值 m	53.34	13.70	3.30	0.042
重复性标准差 S_r	1.24	0.34	0.07	0.002
重复性临界差 r	3.49	0.94	0.20	0.006
再现性标准差 S_R	1.25	0.36	0.08	0.003
再现性临界差 R	3.49	1.00	0.23	0.008

表 3 碳酸钡-盐酸法精密度

样品(水平)	ZBu4	标样 04115	标样 04110
平均值 m	52.80	13.71	3.31
重复性标准差 S_r	0.95	0.27	0.09
重复性临界差 r	2.65	0.76	0.24
再现性标准差 S_R	1.38	0.28	0.09
再现性临界差 R	3.86	0.79	0.23

10 废弃物的处理

严格依据 GB 9133 和 GB 14500 对实验过程的样品和残液、渣进行处理。

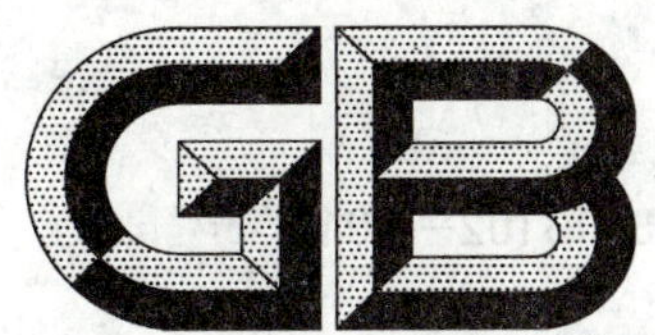

中华人民共和国国家标准

GB 13102—2010

食品安全国家标准
炼乳

National food safety standard
Evaporated milk, sweetened condensed milk and formulated condensed milk

2010-03-26 发布　　2010-12-01 实施

中华人民共和国卫生部　发布

前　言

本标准对应于国际食品法典委员会(CAC)的标准 Codex Stan 281—1971(Revision 1999)Codex Standard for Evaporated Milks 和 Codex Stan 282—1971(Revision 1999)Codex Standard for Sweetened Condensed Milks，本标准与 Codex Stan 281—1971(Revision 1999)和 Codex Stan 282—1971(Revision 1999)的一致性程度为非等效。

本标准代替 GB 13102—2005《炼乳卫生标准》以及 GB/T 5417—2008《炼乳》中的部分指标，GB/T 5417—2008《炼乳》中涉及到本标准的指标以本标准为准。

本标准与 GB 13102—2005 相比，主要变化如下：

——标准名称改为《炼乳》；

——修改了“范围”的描述；

——明确了“术语和定义”；

——修改了“感官要求”；

——删除了杂质度指标；

——增加了水分指标；

——“污染物限量”直接引用 GB 2762 的规定；

——“真菌毒素限量”直接引用 GB 2761 的规定；

——修改了“微生物指标”的表示方法；

——删除了志贺氏菌指标；

——增加了对营养强化剂的要求。

本标准所代替标准的历次版本发布情况为：

——GB/T 13102—1991、GB 13102—2005。

食品安全国家标准
炼　　　乳

1　范围

本标准适用于淡炼乳、加糖炼乳和调制炼乳。

2　规范性引用文件

本标准中引用的文件对于本标准的应用是必不可少的。凡是注日期的引用文件，仅所注日期的版本适用于本标准。凡是不注日期的引用文件，其最新版本(包括所有的修改单)适用于本标准。

3　术语和定义

3.1　淡炼乳　evaporated milk

以生乳和(或)乳制品为原料，添加或不添加食品添加剂和营养强化剂，经加工制成的黏稠状产品。

3.2　加糖炼乳　sweetened condensed milk

以生乳和(或)乳制品、食糖为原料，添加或不添加食品添加剂和营养强化剂，经加工制成的黏稠状产品。

3.3　调制炼乳　formulated condensed milk

以生乳和(或)乳制品为主料，添加或不添加食糖、食品添加剂和营养强化剂，添加辅料，经加工制成的黏稠状产品。

4　技术要求

4.1　原料要求

4.1.1　生乳：应符合 GB 19301 的要求。

4.1.2　其他原料：应符合相应的安全标准和/或有关规定。

4.2　感官要求：应符合表 1 的规定。

表 1　感官要求

<table>
<tr><th rowspan="2">项　目</th><th colspan="3">要　求</th><th rowspan="2">检验方法</th></tr>
<tr><th>淡炼乳</th><th>加糖炼乳</th><th>调制炼乳</th></tr>
<tr><td>色泽</td><td colspan="2">呈均匀一致的乳白色或乳黄色，有光泽</td><td>具有辅料应有的色泽。</td><td rowspan="3">取适量试样置于 50 mL 烧杯中，在自然光下观察色泽和组织状态。闻其气味，用温开水漱口，品尝滋味。</td></tr>
<tr><td>滋味、气味</td><td>具有乳的滋味和气味。</td><td>具有乳的香味，甜味纯正。</td><td>具有乳和辅料应有的滋味和气味。</td></tr>
<tr><td>组织状态</td><td colspan="3">组织细腻，质地均匀，黏度适中。</td></tr>
</table>

4.3　理化指标：应符合表 2 的规定。

表 2 理化指标

项 目	指 标				检验方法
	淡炼乳	加糖炼乳	调制炼乳		
			调制淡炼乳	调制加糖炼乳	
蛋白质/(g/100 g) ≥	非脂乳固体[a] 的 34%		4.1	4.6	GB 5009.5
脂肪(X)/(g/100 g)	$7.5 \leqslant X < 15.0$		$X \geqslant 7.5$	$X \geqslant 8.0$	GB 5413.3
乳固体[b]/(g/100 g) ≥	25.0	28.0	—	—	—
蔗糖/(g/100 g) ≤	—	45.0	—	48.0	GB 5413.5
水分/(%) ≤	—	27.0	—	28.0	GB 5009.3
酸度/(°T) ≤	48.0				GB 5413.34

[a] 非脂乳固体(%)=100%－脂肪(%)－水分(%)－蔗糖(%)。
[b] 乳固体(%)=100%－水分(%)－蔗糖(%)。

4.4 **污染物限量**:应符合 GB 2762 的规定。

4.5 **真菌毒素限量**:应符合 GB 2761 的规定。

4.6 **微生物要求**

4.6.1 淡炼乳、调制淡炼乳应符合商业无菌的要求,按 GB/T 4789.26 规定的方法检验。

4.6.2 加糖炼乳、调制加糖炼乳应符合表 3 的规定。

表 3 微生物限量

项 目	采样方案[a] 及限量(若非指定,均以 CFU/g 或 CFU/mL 表示)				检验方法
	n	c	m	M	
菌落总数	5	2	30 000	100 000	GB 4789.2
大肠菌群	5	1	10	100	GB 4789.3 平板计数法
金黄色葡萄球菌	5	0	0 /25 g(mL)	—	GB 4789.10 定性检验
沙门氏菌	5	0	0/25 g(mL)	—	GB 4789.4

[a] 样品的分析及处理按 GB 4789.1 和 GB 4789.18 执行。

4.7 **食品添加剂和营养强化剂**

4.7.1 食品添加剂和营养强化剂质量应符合相应的安全标准和有关规定。

4.7.2 食品添加剂和营养强化剂的使用应符合 GB 2760 和 GB 14880 的规定。

5 其他

5.1 产品应标示“本产品不能作为婴幼儿的母乳代用品”或类似警语。

ICS 25.160.30
J 64

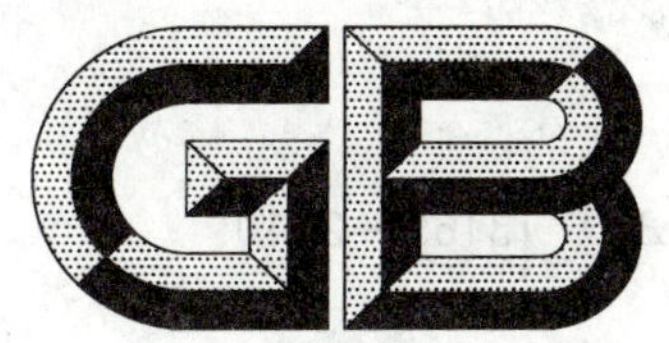

中华人民共和国国家标准

GB/T 13165—2010
代替 GB/T 13165—1991

电弧焊机噪声测定方法

Methods of measurement on noise emitted by arc welding machine

2010-11-10 发布　　2011-05-01 实施

中华人民共和国国家质量监督检验检疫总局
中国国家标准化管理委员会　发布

前　言

本标准修订并代替GB/T 13165—1991《电弧焊机噪声测定方法》。

本标准与GB/T 13165—1991相比主要变化如下：

——对增加并对引用标准做了修改。

——做编辑性修改。

本标准的附录A为规范性附录。

本标准由中国电器工业协会提出。

本标准由全国电焊机标准化技术委员会(SAC/TC 70)归口。

本标准起草单位：深圳市瑞凌实业股份有限公司、浙江肯得机电股份有限公司、深圳市佳士科技发展有限公司、成都三方电气有限公司、凯尔达集团有限公司。

本标准主要起草人：邱光、朱宣辉、潘磊、王仕凯、谢冈、萧波、王巍。

本标准所代替标准的历次版本发布情况为：

——GB/T 13165—1991。

电弧焊机噪声测定方法

1 范围

本标准规定了测定声源 A[计权]声功率级的简易法，即在规定的测点上测量声源的 A[计权]声级，然后经过计算得出 A[计权]声功率级。本方法尤其适用于现场测量，不必非将被测声源移入特殊声学环境内。

本标准适用于各类通用的电弧焊机(以下统称声源)所辐射的宽带、窄带、离散频率等稳态噪声。除重复率小于每秒 5 个的猝发声外，也适用于非稳态噪声源。对被测声源的体积不加限制，对于特大尺寸的声源应选取主要噪声源的那一部分进行测量。

对于其他类型的电焊设备的噪声测量，可参照执行本标准。

2 规范性引用文件

下列文件中的条款通过本标准的引用而成为本标准的条款。凡是注日期的引用文件，其随后所有的修改单(不包括勘误的内容)或修订版均不适用于本标准，然而，鼓励根据本标准达成协议的各方研究是否可使用这些文件的最新版本。凡是不注日期的引用文件，其最新版本适用于本标准。

GB/T 2900.22 电工名词术语 电焊机

GB 3102.7 声学的量和单位

GB/T 3785 声级计的电、声性能及测试方法

GB/T 3947 声学名词术语

JJG 176 声校准器检定规程

JJG 188 声级计检定规程

JJG 277 标准声源检定规范

3 术语和定义

GB/T 2900.22 和 GB/T 3947 确立的术语和定义适用于本标准。

4 量和单位

本标准使用的量和单位符合 GB 3102.7 的规定。

5 测量误差

用本标准规定的方法测量声源 A[计权]声功率级的误差为：

a) 对于辐射频谱密度均匀的噪声源，其标准偏差不大于 4 dB；

b) 对于辐射离散频率的噪声源，其标准偏差不大于 5 dB；

c) 在相同测试环境中对同类型同尺寸的噪声源进行比较时，其标准偏差不大于 3 dB。

注：此处测量误差系指由各种因素所造成的累积的标准偏差。

6 声学测试环境

6.1 测试环境的要求

一个理想的测试环境应是除一个反射面(地面)外无其他反射物体，即声源直接向反射面上的自由场中辐射。适合这样要求的测试环境有：

a） 一个反射平面上方为自由场的试验室，如半消声室；

b） 宽广的户外场地；

c） 满足要求的普通房间。

评定测试环境是否符合本标准的条件为：

$$A/S \geqslant 1 \quad \text{或环境修正值}\ K_2 \leqslant 7$$

其中：

A——房间的吸声量；

S——测量表面的面积。

测试环境的鉴定应按本标准的附录A规定的方法进行。

6.2 背景噪声的要求

在测点上，声源工作时测得的A[计权]声级与背景噪声的A[计权]声级之差至少应大于3 dB。

6.3 风速

室外测量时，风速应小于6 m/s（相当于四级风），并应对传声器加装标准的防风罩。

7 测试仪器

7.1 仪器要求

测试仪器应使用GB/T 3785中规定的2型或2型以上的声级计，以及准确度相当的其他测试仪器。声级计或其他测试仪器与传声器之间最好使用延伸电缆。

7.2 校准

每次测量前后，需用准确度不低于0.5 dB的声级校准器对整个测试系统（包括电缆）进行校准。声级校准器应按JJG 176、声级计及其他测试仪器应按JJG 188进行定期检定，以保证测试仪器的准确度。

8 声源的安装和工作状况

8.1 声源的安装

被测声源应按正常使用那样安装在反射平面上。安装场地的其他反射体应远离被测声源，并且在测量表面之外。

8.2 声源的工作状况

在进行噪声测量时，应使声源工作在额定条件下，其中：

a） 焊接电源应以功率因数不小于0.99的电阻作为负载，在额定负载电压、额定负载持续率下，将焊接电流调节到额定值；

b） 焊接、送丝等传动装置应调节到额定速度。

对于某些大型焊接设备，所配焊接电源的辐射噪声是否与整机一起考核，应在该产品标准中作出明确规定。

9 A[计权]声级的测量

9.1 测量表面

为了确定测量表面和传声器的位置，需要使用一个恰好包络声源并终止于反射面上的最小矩形六面体作为基准体。在确定基准体大小时，声源的凸出部件只要不是声源的主要辐射体，可不予考虑。

被测声源的位置一经确定，其测量表面和测点位置可用坐标系统限定。水平的X轴和Y轴在反射平面上平行于基准体的长和宽，垂直的Z轴通过基准体的几何中心。特性距离d_0是从坐标系统原点到基准体上面四个顶角之任一角的距离。

$$d_0 = [(0.5l_1)^2 + (0.5l_2)^2 + {l_3}^2]^{1/2}$$

式中：

l_1、l_2、l_3——基准体的长、宽、高，单位为米(m)。

测量表面一般使用以下两种形状的一种：

a) 半径为 r 的半球测量表面(图 1)；

b) 与基准体各对应面平行，垂直距离均为 d 的矩形六面体测量表面(图 2)。

一般情况下，基准体的线性尺度不超过 1 m 的，应选用半球测量表面，否则应使用矩形六面体测量表面。

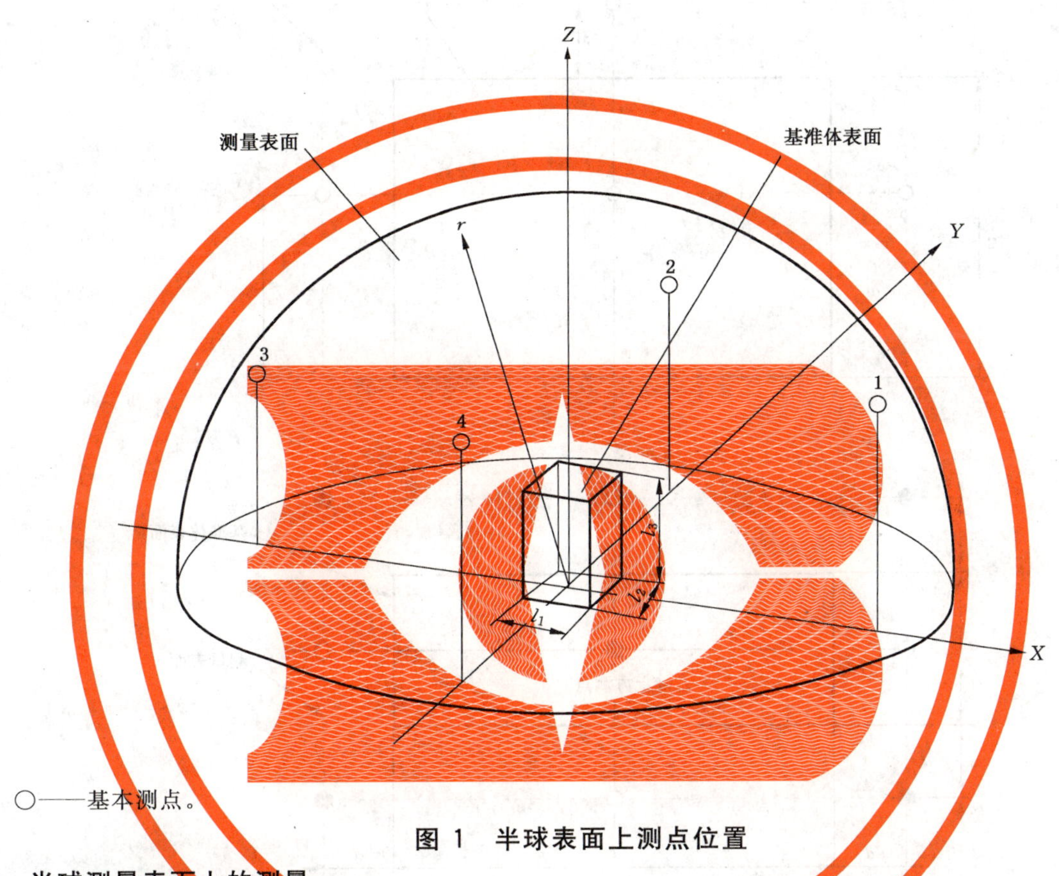

○——基本测点。

图 1 半球表面上测点位置

9.2 半球测量表面上的测量

9.2.1 测点位置

将传声器置于半径为 r、面积为 $S=2\pi r^2$ 的假想半球表面上，传声器在半球面上的位置如图 1 所示。其测点坐标列于表 1。半球中心为基准体几何中心在反射面上的投影，半球的半径 r 必须大于 $2d_0$，一般不小于 1 m，推荐选用 1 m、2 m、3 m。

除需要的反射地面外，传声器距其他反射体应不小于 0.5 m。

表 1 沿坐标轴(**X**、**Y**、**Z**)以离开半球中心距离表示的测点坐标

测点	X/r	Y/r	Z/r
1	0.8	0.0	0.6
2	0.0	0.8	0.6
3	−0.8	0.0	0.6
4	0.0	−0.8	0.6

9.2.2 测试

对于半球测量表面，需通过测试来确定测点位置，即用声级计在高度为 0.6r 处沿着距 Z 轴为 0.8r

的圆形路径对着声源找出 A[计权]声级最高的一点，使该点与 4 个测点位置之一重合。

注：测试时，图 1 基准体的 l_1 和 l_2 不一定与 X 轴和 Y 轴平行。

9.2.3 测量

在图 1 所示的 4 个测点上测量声源的 A[计权]声级，经过对背景修正后(见 9.4)，按第 10 章计算表面平均声压级和 A[计权]声功率级。

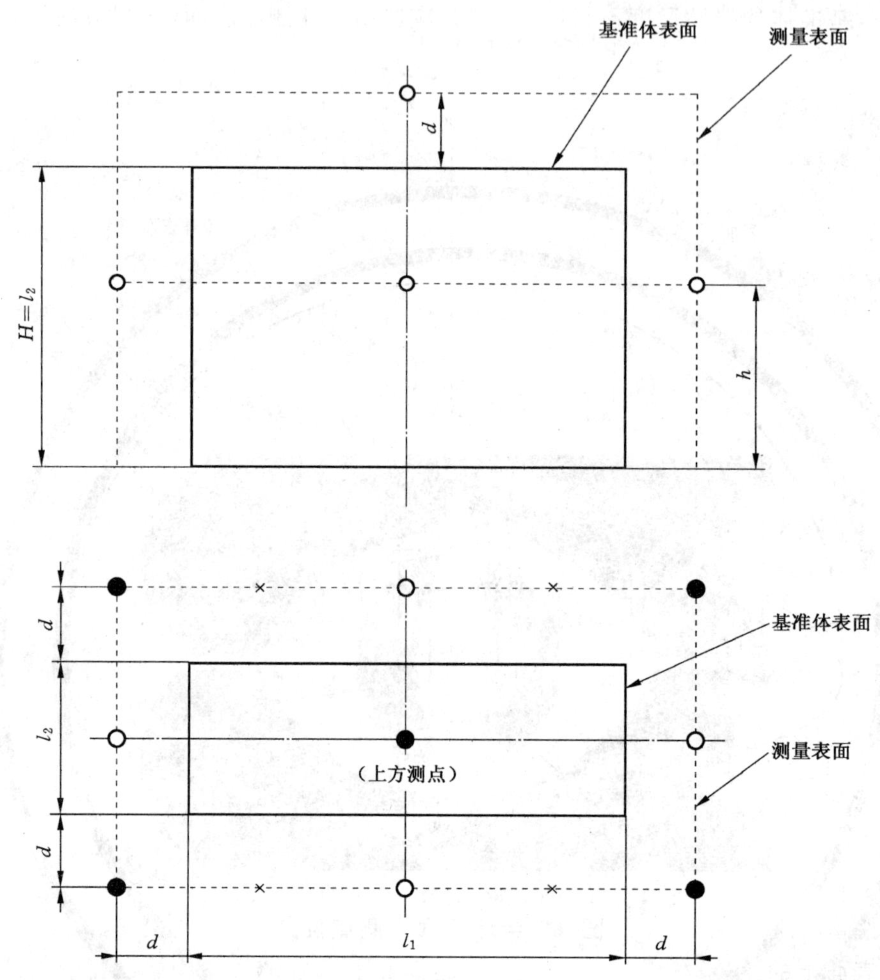

图 2 矩形六面体测量表面上的测点位置

9.3 矩形六面体测量表面上的测量

9.3.1 测点位置

传声器位于包络声源与基准体各表面垂直距离为 d 的假想矩形六面体测量表面上。其主要测点如图 2 所示。距离 d 一般为 1 m，测点距反射面的高度 h 为$(H+d)/2$。其中 H 为基准体高度，当基准体高度 H 大于 2.5 m 时，测点依次布置在$(H+d)/2$ 和$(H+d)$两个高度上，这时除每个高度上的四个测点外，另外两个测点是：

a) 距基准体顶面中心垂直距离为 d 处；

b) 图 2 中虚线所示的水平路径上 A[计权]声级最高的一点。

9.3.2 测试

对矩形六面体测量表面，测点位置相对于被测声源的方向是固定的。通过测试以确定 9.3.3 中所说的 6 点，即用声级计沿虚线所示的水平矩形路线移动，找出 A[计权]声级最高的一点。

注：声源上方的测点可以不取，但必须在测试中证实这样做将不影响声功率级测量的准确度。

9.3.3 测点数目

测点数目按被测声源的线性尺度而区分为三种情况：

a) 对于一般的声源，为 6 个测点，即 5 个基本测点（其中包括水平面上 A[计权]声级最高的一点）和声源上方一点。

b) 对于水平尺度超过 1 m 的声源，仍按图 2 所示矩形路径测量 5 个基本测点。如所测的 A[计权]声级最高与最低之差超过 5 dB 时（声源上方一点除外），需要附加如下测点：

水平尺度超过 1 m 的声源，需要增加图 2 所示的水平路径上四个角上的 4 个附加测点，总共 10 点。

水平尺度超过 5 m 的声源，除了增加四个角上的 4 个测点外，还要增加图 2 所示的附加的 4 个中间测点，总共 14 点。

c) 对于高度超过 2.5 m 的声源，需要在 $h_1=(H+d)/2$ 和 $h_2=H+d$ 两个高度上进行测量，每个高度上均沿着矩形路径测量 5 点。当高度为 h_1 时，要测图 2 中 5 个基本测点；当高度为 h_2 时，要测量四角上的 4 个测点和 A[计权]声级最高的一点。总计为 11 点，即两个高度上的 10 点和声源上方一点。

9.3.4 测量

在规定的测点上测量声源的 A[计权]声级，经对背景噪声修正后（见 9.4），按第 10 章计算表面平均声压级和 A[计权]声功率级。

9.4 背景噪声的修正

当在每个测点上测量 A[计权]声级时，若与背景噪声 A[计权]声级之差小于 10 dB 时，则应按表 2 对所测结果进行修正；如差值小于 3 dB，测量无效。

表 2 背景噪声的修正

声源工作时测得的 A[计权]声级与背景噪声 A[计权]声级之差	3	4	5	6	7	8	9	10	>10
应减去的修正值 K_1	3	2	2	1	1	1	0.5	0.5	0

10 测量表面平均声压级和 A[计权]声功率级的计算

10.1 测量表面平均声压级 $\overline{L_{pA}}$ 的计算

测量表面平均声压级 $\overline{L_{pA}}$ 由下式计算：

$$\overline{L_{pA}}=10\ \lg\left[\frac{1}{N}\sum_{i=1}^{N}10^{0.1(L_{pAi}-K_{1i})}\right]$$

式中：

$\overline{L_{pA}}$——测量表面平均 A[计权]声级，单位为分贝(dB)（基准值为 20 μPa）；

L_{pAi}——第 i 点测量的 A[计权]声级，单位为分贝(dB)（基准值为 20 μPa）；

K_{1i}——第 i 点的背景噪声修正值，单位为分贝(dB)；

N——测点总数。

注：当 $L_{pAi}-K_{1i}$ 的值变动范围不超过 5.0 dB，可用算术平均代替能量平均，其计算误差不大于 0.7 dB。

10.2 A[计权]声功率级的计算

A[计权]声功率级 L_{WA} 可由下式计算：

$$L_{WA}=(\overline{L_{pA}}-K_2)+10\ \lg\frac{S}{S_0}$$

式中：

L_{WA}——A[计权]声功率级，单位为分贝(dB)（基准值为 1 pW）；

S——测量表面的面积，单位为平方米(m^2)；

S_0——基准面积为 1 m^2；

K_2——环境修正值，单位为分贝(dB)，按附录 A 计算。

对于半球测量表面，式中 $S=2\pi r^2$(r 为半球半径)。

对于矩形六面体测量表面，$S=4(ab+bc+ca)$

式中：

$a=(l_1/2)+d$；

$b=(l_2/2)+d$；

$c=l_3+d$；

l_1、l_2、l_3——分别是基准体的长、宽、高，单位为米(m)；

d——测量距离。

11 测试报告

声源噪声的测试报告至少应包括以下内容：

a) 被测声源的名称、规格、型号、制造厂家及出厂日期；

b) 被测声源的安装条件和工作状况；

c) 测试环境的说明；

d) 测点布置图；

e) 测试仪器的名称、型号、生产厂家及出厂日期；

f) 测试数据及计算结果；

g) 测试人员及测试日期、地点；

h) 应该说明的其他问题。

附 录 A
(规范性附录)
测试环境的鉴定

A.1 概述

为使测量符合本标准,应在具有一反射面上方近似为自由场的环境中进行。只要能满足本附录所规定的要求,也可以在户外或室内进行测量。

测试环境中应除一反射平面外,尽量使其他反射体远离被测声源。测试场地应足够大,使假想的测量表面能位于:

a) 不受附近物体和墙壁干扰的声场内;

b) 被测声源近场以外的空间。

对于户外测量应满足 A.2 中规定的条件,对于室内测量应用 A.3 中规定的鉴定方法之一对测试环境进行鉴定。

A.2 测试环境的要求

A.2.1 反射面特性

户外测量时,反射面可以是土地面,混凝土或沥青地面。室内测量时,反射面通常为房间内地平面,允许用木板或砖地板,但应保证反射面不能由于振动而辐射显著的声能。

A.2.1.1 形状和大小

反射面应大于测量表面在其上的投影。

A.2.1.2 吸声系数

反射面的吸声系数在所研究的频率范围内应小于 0.1。混凝土、沥青、沙石地面可以满足这个要求。较大吸声系数的反射面,例如草地或雪地,测距不应大于 1 m。

A.2.2 反射物体

除被测声源外,其他反射面不应放在测量表面之内。

A.2.3 室外测试注意事项

注意不利的气候条件(例如温度、湿度、风雨等)对测量的影响。

A.2.4 室内测量注意事项

测试室的吸声量 A 与测量表面的面积 S 之比应大于或等于 1。这时,环境修正值 K_2 小于或等于 7 dB,如果不能满足此要求,则需选取新的测量表面。新测量表面的整个面积要小,但仍需要位于近场之外(见 A.1)。另一种加大 A/S 值的方法是将附加的吸声材料装入测试室内,然后在新的条件下测定 A/S 值。如果仍不能满足要求时,则此声学环境不能用本标准规定的方法测定声源的声功率级。

A.3 测试环境的鉴定方法

测试环境的鉴定主要是测定环境修正值 K_2,以确定此测试环境是否符合本标准的要求。测定 K_2 值的方法有两种:一是测定测试室吸声量 A 和测量表面面积 S,通过公式

$$K_2 = 10\ \lg\left(1 + \frac{4}{A/S}\right)$$

计算得到或由图得到;另一种是用标准声源直接测定。

A.3.1 吸声量 A 的确定

测试室吸声量 A 可由以下两种方法确定。

A.3.1.1　估算法

应用表 A.1 估算测试室的表面平均吸声系数 a，然后由下式算出吸声量 A。

$$A = a \cdot S_V$$

式中：

A——测试室的吸声量，单位为平方米（m^2）；

a——平均吸声系数（见表）；

S_V——测试室的总表面面积（墙、天花板、地板），单位为平方米（m^2）。

表 A.1　房间平均吸声系数的近似值

平均吸声系数 a	房　间　描　述
0.05	由混凝土、砖、灰泥、火砖制成的光硬墙壁的空房间
0.10	光墙壁的部分空房间
0.15	有家具的房间；矩形的机械间，矩形的工业房间
0.20	有家具的非规则房间，非矩形的机械间或工业房间
0.25	有家具、机械或铺设少量声学材料的房间（如部分吸声天花板或墙壁）
0.35	天花板和墙壁均铺有吸声材料
0.50	天花板和墙壁铺有大量吸声材料

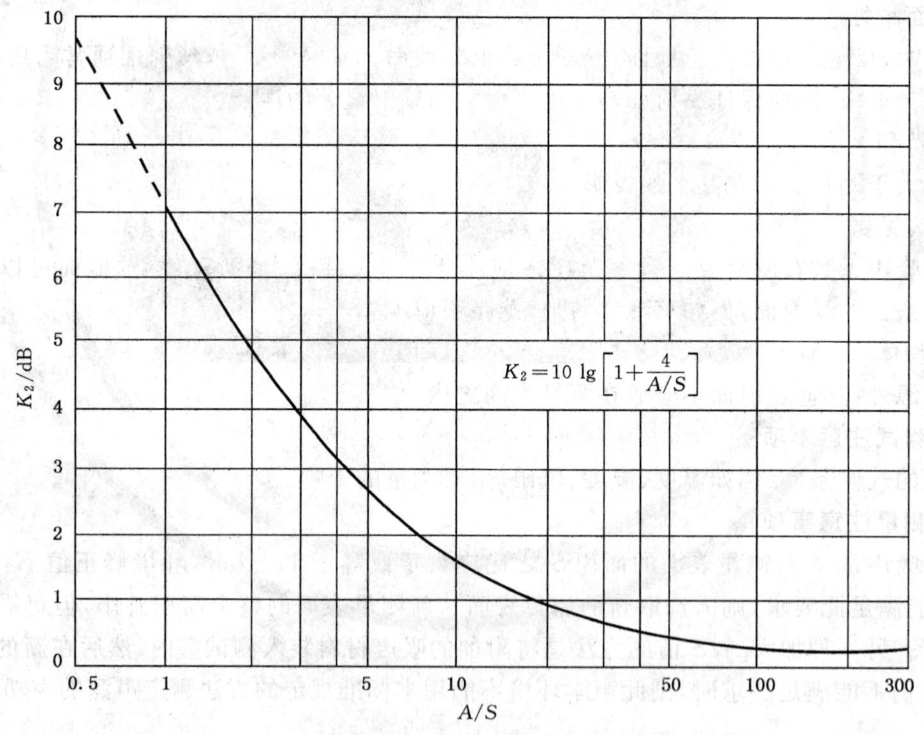

图 A.1　环境修正值 K_2/dB

A.3.1.2　测定法

测定吸声量 A，即测定测试室的混响时间，测定混响时间用宽带噪声或脉冲声激发，用 A 计权接收。吸声量 A 由下式给出：

$$A = 0.16(V/t)$$

式中：

V——测试室体积，单位为立方米（m^3）；

t——测试室混响时间，单位为秒（s）。

A.3.2 用标准声源法求 K_2 值

按 JJG 277 检定合格的标准噪声源应放置在被测声源相同位置的测试环境中，并使用与被测声源相同的测量方法。标准噪声源的声功率级按本标准规定的方法测量和计算(需要环境修正项)。对在多个位置上放置标准噪声源的情况，标准噪声源声功率级的取得应先计算出标准噪声源放置在所有位置上的表面平均声压级的平均值。环境修正值 K_2 可由下式求得：

$$K_2 = L_W - L_{W_r}$$

式中：

L_W——在现场测量到的标准噪声源声功率级，单位为分贝(dB)(基准值为：1 pW)；

L_{W_r}——标准噪声源标定的声功率级，单位为分贝(dB)(基准值为：1 pW)。

标准噪声源的放置可分替代法与并列法二种。当被测声源能从测试场地移开时，使用替代法，把标准噪声源放置在与被测声源相同位置的反射平面上。对于较小的声源，或较大但其长度与宽度之比小于 2 的声源，只需放一个位置。对长度与宽度之比大于 2 的大声源，标准噪声源应放置在四个位置上，这四个位置分别为基准体在反射平面上投影的四条矩形边的中点上。当被测声源不能从测试场地移开时，使用并列法，可把标准噪声源放置在被测声源上表面或被测声源四个侧面的多个位置上进行测量。被测声源表面应是完全的声反射面，如被测声源表面吸声系数较大，则并列法不适用，可使用本标准附录中其他方法。

ICS 77.120.99
H 65

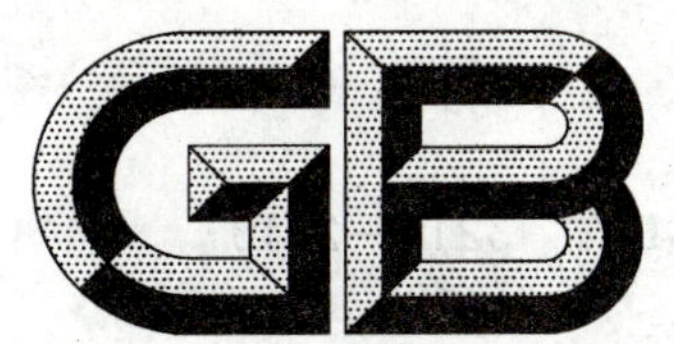

中华人民共和国国家标准

GB/T 13219—2010
代替 GB/T 13219—1991

氧化钪

Scandium oxide

2011-01-14 发布　　2011-11-01 实施

中华人民共和国国家质量监督检验检疫总局
中国国家标准化管理委员会　发布

前　　言

本标准代替 GB/T 13219—1991《氧化钪》。

本标准与 GB/T 13219—1991《氧化钪》相比，主要变化如下：

——按 GB/T 17803—1999《稀土产品牌号表示方法》的规定采用数字牌号；

——随着萃取工艺进步，将 161025、161020、161030 产品牌号合并为 161030 产品牌号，并从目前铝钪合金对氧化钪的产品需求出发，重新确定了 161055、161050、161040、161035、161030 产品牌号的考核指标；

——对原标准的试验方法部分进行了调整。

本标准由全国稀土标准化技术委员会(SAC/TC 229)归口。

本标准由湖南稀土金属材料研究院负责起草。

本标准由有研稀土新材料股份有限公司参加起草。

本标准主要起草人：翁国庆、刘荣丽、黄蓉、庞思明、张耀静。

本标准所代替标准的历次版本发布情况为：

——GB/T 13219—1991。

氧 化 钪

1 范围

本标准规定了氧化钪的要求、试验方法、检验规则与标志、包装、运输、贮存。

本标准适用于以钛白粉生产过程中水解母液、钨渣、钛生产排放的氯化烟尘等为原料,用萃取法、离子交换法或萃取色层法等制得的,供激光、电光源、原子能、电子、冶金等领域用的氧化钪。

2 规范性引用文件

下列文件对于本文件的应用是必不可少的。凡是注日期的引用文件,仅注日期的版本适用于本文件。凡是不注日期的引用文件,其最新版本(包括所有的修改单)适用于本文件。

GB/T 8170 数值修约规则与极限数值的表示与判定

GB/T 12690.2 稀土金属及其氧化物中非稀土杂质化学分析方法 重量法测定稀土氧化物中灼减量

3 要求

3.1 化学成分

氧化钪的化学成分应符合表1规定。需方如有特殊要求,供需双方可另行协议。

表 1

<table>
<tr><td colspan="4">产品牌号</td><td>161055</td><td>161050</td><td>161040</td><td>161035</td><td>161030</td></tr>
<tr><td rowspan="16">化学成分(质量分数)/%</td><td colspan="3">REO,不小于</td><td>99</td><td>99</td><td>99</td><td>99</td><td>99</td></tr>
<tr><td colspan="3">Sc_2O_3/REO,不小于</td><td>99.999 5</td><td>99.999</td><td>99.99</td><td>99.95</td><td>99.9</td></tr>
<tr><td rowspan="13">杂质含量,不大于</td><td>稀土杂质</td><td>$(La+Ce+Pr+Nd+Sm+Eu+Gd+Tb+Dy+Ho+Er+Tm+Yb+Lu+Y)_xO_y$/REO</td><td>0.000 5</td><td>0.001</td><td>0.01</td><td>0.05</td><td>0.15</td></tr>
<tr><td rowspan="12">非稀土杂质</td><td>SiO_2</td><td>0.001 0</td><td>0.001 5</td><td>0.002 0</td><td>0.010</td><td>0.020</td></tr>
<tr><td>Fe_2O_3</td><td>0.0005 0</td><td>0.000 5</td><td>0.001 0</td><td>0.005 0</td><td>0.020</td></tr>
<tr><td>CaO</td><td>0.001 0</td><td>0.001 5</td><td>0.003</td><td>0.015</td><td>0.030</td></tr>
<tr><td>ZrO_2</td><td>0.000 50</td><td>0.001 5</td><td>0.003 0</td><td>0.030</td><td>0.10</td></tr>
<tr><td>Al_2O_3</td><td>0.000 50</td><td>0.000 50</td><td>0.001 0</td><td>0.003 0</td><td>0.050</td></tr>
<tr><td>TiO_2</td><td>0.001 0</td><td>0.003 0</td><td>0.005 0</td><td>0.010</td><td>0.050</td></tr>
<tr><td>CuO</td><td>0.000 50</td><td>0.002 0</td><td>0.005 0</td><td>0.020</td><td>—</td></tr>
<tr><td>V_2O_5</td><td>0.000 50</td><td>0.000 50</td><td>0.000 50</td><td>0.002 0</td><td>—</td></tr>
<tr><td>MgO</td><td>0.000 50</td><td>0.000 50</td><td>0.000 50</td><td>—</td><td>—</td></tr>
<tr><td>Na_2O</td><td>0.000 50</td><td>0.000 50</td><td>0.001 0</td><td>—</td><td>—</td></tr>
<tr><td>NiO</td><td>0.000 50</td><td>0.000 50</td><td>0.000 50</td><td>—</td><td>—</td></tr>
<tr><td colspan="3">灼减,不大于</td><td>1.0</td><td>1.0</td><td>1.0</td><td>1.0</td><td>1.0</td></tr>
</table>

3.2 外观

3.2.1 产品为白色粉末状,产品纯度越高颜色越白。

3.2.2 产品必须洁净,无肉眼可见夹杂物。

4 试验方法

4.1 稀土总量(REO)的分析方法参照附录A的规定进行。

4.2 稀土杂质含量的分析方法参照附录B的规定进行。

4.3 非稀土杂质含量分析方法参照附录C的规定进行。

4.4 灼减量的分析方法按GB/T 12690.2的规定进行。

4.5 数值修约按GB/T 8170的规定进行。

4.6 产品外观用目视检查。

5 检验规则

5.1 检查与验收

5.1.1 产品由供方质量检验部门进行检验,保证产品符合本标准的规定,并填写产品质量证明书。

5.1.2 需方应对收到的产品进行检验,如检验结果与本标准规定不符,应在收到产品之日起2个月内向供方提出,由供需双方协商解决。如需仲裁,可委托双方认可的单位进行,并在需方共同取样。

5.2 组批

产品应成批提交检验,每批应由同一牌号的产品组成。

5.3 检验项目

每批产品应进行化学成分和外观的检验。

5.4 取样与制样

化学成分的仲裁取样按表2规定进行。每件(袋)数取样量不少于10 g,将试样充分混匀后,以四分法迅速缩分至试样所需量,装入试样袋密封。

表2

件(袋)数	1～5	6～49	50～100	>100
取样件(袋)数	件(袋)数的100%	5	件(袋)数的10%,取整数	件(袋)数的平方根,取正整数

5.5 检验结果判断

化学成分仲裁分析结果与本标准规定不符时,则从该批产品中取双倍试样对不合格项目进行重复试验,如仍有一项结果不合格,则判定该批产品不合格。

外观检验结果与本标准规定不符时,则直接判定该批产品不合格。

6 标志、包装、运输、贮存及质量证明书

6.1 标志、包装

6.1.1 每桶(箱、袋)外注明:供方名称、产品名称、牌号、批号、净重、毛重、出厂日期及“防潮”标志或字样。

6.1.2 产品分装于双层塑料袋或塑料瓶中,每袋(瓶)净重 0.1 kg、0.25 kg、0.5 kg、1 kg。再将袋(瓶)置于铁桶(木箱、纸箱或塑料箱)内,每铁桶(木箱、纸箱或塑料箱)净重 0.5 kg、1 kg、5 kg、10 kg。

6.2 运输、贮存

产品运输时严防淋雨吸潮,需存放于干燥处,不得露天堆放。

6.3 质量证明书

每批产品应附上质量证明书,注明:

a) 供方名称;
b) 产品名称和牌号;
c) 批号;
d) 净重和件数;
e) 各项分析检验结果及检验部门印记;
f) 本标准编号;
g) 出厂日期。

附　录　A
（规范性附录）
氧化钪化学分析方法
稀土总量的测定
重量法

A.1　范围

本方法规定了氧化钪中稀土总量的测定方法。
本方法适用于氧化钪中稀土总量的测定。测定范围：90.0%～99.5%。

A.2　方法原理

试料经盐酸溶解，用氨水沉淀稀土以分离钙、镁。沉淀用盐酸溶解，草酸沉淀稀土。沉淀灼烧后重量法测定氧化稀土总量。

A.3　试剂

A.3.1　盐酸（ρ1.19 g/mL）。
A.3.2　盐酸（1+1）。
A.3.3　氨水（1+1）。
A.3.4　草酸溶液（50 g/L）。
A.3.5　草酸溶液（20 g/L）。
A.3.6　氨-氯化铵溶液（20 g/L），用氨水（A.3.3）调至 pH9～10。
A.3.7　甲酚红指示剂（1 g/L），用乙醇配制。

A.4　设备

高温炉，温度>950 ℃。

A.5　试样

氧化物试样于 950 ℃灼烧 1 h，置于干燥器中，冷却至室温，立即称量。

A.6　分析步骤

A.6.1　试料

称取 0.300 0 g 试样（A.5），精确至 0.000 1 g。

A.6.2　测定

A.6.2.1　测定次数

称取二份试料，进行平行测定，取其平均值。

A.6.2.2 空白实验

随同试料做空白实验。

A.6.2.3 将试料(A.6.1)置于 300 mL 烧杯中,加 20 mL 水,10 mL 盐酸(A.3.2),低温加热至溶解完全,蒸发至 1 mL 左右。冷却至室温,加 100 mL 水,加热煮沸使盐类溶解。滴加氨水(A.3.3)至沉淀出现,并过量 20 mL。继续加热煮沸,取下稍冷。

A.6.2.4 趁热用中速定量滤纸过滤。用氨-氯化铵溶液(A.3.6)洗涤烧杯 2～3 次,洗沉淀 5～6 次。弃去滤液。

A.6.2.5 将沉淀连同滤纸放入原烧杯中。加 3 mL 盐酸(A.3.1),捣碎滤纸,加 100 mL 沸水,在不断地搅拌下,缓慢加近沸的 100 mL 草酸溶液(A.3.4),加 2～3 滴甲酚红指标剂(A.3.7),用氨水(A.3.3)调至溶液恰呈黄色。煮沸或于 80 ℃～90 ℃保温 40 min,冷却至室温,静置 4 h。

A.6.2.6 将溶液(A.6.2.5)用慢速定量滤纸过滤。用带有橡皮头的玻璃棒擦洗杯壁。用草酸溶液(A.3.5)洗烧杯 3 次,洗沉淀 8～10 次。弃去滤液。

A.6.2.7 将沉淀(A.6.2.6)连同滤纸放入已恒重的铂坩埚中。低温灰化后,于 950 ℃高温炉中灼烧 60 min,取出后放入干燥器中冷至室温,称其质量。反复灼烧至恒重。

A.7 分析结果的表述

按式(A.1)计算稀土氧化物总量的质量分数(%):

$$\omega(\mathrm{RE}_x\mathrm{O}_y)=\frac{(m_3-m_2-m_1)\times10^{-6}}{m_0}\times100 \quad\cdots\cdots\cdots\cdots(\mathrm{A}.1)$$

式中:

m_3——稀土氧化物总量与铂坩埚的质量,单位为克(g);

m_2——铂坩埚的质量,单位为克(g);

m_1——空白的质量,单位为克(g);

m_0——试料的质量,单位为克(g)。

A.8 允许差

实验室之间分析结果的差值应不大于表 A.1 所列允许差。

表 A.1

稀土氧化物总量(质量分数)/%	允许差/%
90.0～95.0	0.4
>95.0～99.5	0.5

A.9 质量保证与控制

每周用自制的控制标样(如有国家级或行业级标样时,应首先使用)校核一次本标准分析方法的有效性。当过程失控时,应找出原因,纠正错误,重新进行校核。

附 录 B
（规范性附录）
金属钪及其氧化物化学分析方法
镧、铈、镨、钕、钐、铕、钆、铽、镝、
钬、铒、铥、镱、镥和钇量的测定

方法1:电感耦合等离子体光谱法

B.1 范围

本方法规定了氧化钪中氧化镧、氧化铈、氧化镨、氧化钕、氧化钐、氧化铕、氧化钆、氧化铽、氧化镝、氧化钬、氧化铒、氧化铥、氧化镱、氧化镥和氧化钇量的测定方法。

本方法适用于氧化钪中氧化镧、氧化铈、氧化镨、氧化钕、氧化钐、氧化铕、氧化钆、氧化铽、氧化镝、氧化钬、氧化铒、氧化铥、氧化镱、氧化镥和氧化钇量的测定。测定范围见表B.1。

本方法也适用于金属钪中镧、铈、镨、钕、钐、铕、钆、铽、镝、钬、铒、铥、镱、镥和钇量的测定。

表 B.1

氧化物	质量分数/%	氧化物	质量分数/%
氧化镧	0.001 0～0.10	氧化镝	0.001 0～0.10
氧化铈	0.001 0～0.10	氧化钬	0.001 0～0.10
氧化镨	0.001 0～0.10	氧化铒	0.001 0～0.10
氧化钕	0.001 0～0.10	氧化铥	0.001 0～0.10
氧化铕	0.001 0～0.10	氧化镱	0.001 0～0.10
氧化钐	0.001 0～0.10	氧化镥	0.001 0～0.10
氧化钆	0.001 0～0.10	氧化钇	0.001 0～0.10
氧化铽	0.001 0～0.10		

B.2 方法原理

试样以盐酸溶解，在稀盐酸介质中，直接以氩等离子体光源激发，进行光谱测定，以基体匹配法校正基体对测定的影响。

B.3 试剂

B.3.1 过氧化氢(30%)。

B.3.2 盐酸(1+1)。

B.3.3 盐酸(1+19)。

B.3.4 硝酸(1+1)。

B.3.5 氩气(>99.99%)。

B.3.6 氧化钪基体溶液：称取5.000 0 g经900 ℃灼烧1 h的氧化钪(>99.999 5%)，置于200 mL烧

杯中，加 20 mL 盐酸(B. 3. 2)，低温加热至溶解完全，冷却至室温，移入 50 mL 容量瓶中，用水稀释至刻度，混匀。此溶液 1 mL 含 100 mg 氧化钪。

B. 3. 7 氧化镧、氧化镨、氧化钕、氧化钐、氧化铕、氧化钆、氧化镝、氧化钬、氧化铒、氧化铥、氧化镱、氧化镥、氧化钇等各标准贮存溶液：称取 0. 100 0 g 经 900 ℃灼烧 1 h 的相应氧化稀土(REO＞99. 5%，RE_xO_y/REO＞99. 999%)，分别置于 100 mL 烧杯中，各加 10 mL 盐酸(B. 3. 2)，低温加热至溶解完全，冷却至室温，分别移入 100 mL 容量瓶中，用水稀释至刻度，混匀。此溶液 1 mL 含 1 mg 的相应氧化稀土。再分别将此溶液用盐酸(B. 3. 3)稀释成 1 mL 含 100 μg 和 1 mL 含 10 μg 的相应氧化稀土的标准溶液。

B. 3. 8 氧化铈标准贮存溶液：称取 0. 100 0 g 经 900 ℃灼烧 1 h 的氧化铈(REO＞99. 5%，CeO_2/REO＞99. 999%)，置于 100 mL 烧杯中，加 10 mL 硝酸(B. 3. 4)，低温加热，并滴加过氧化氢(B. 3. 1)至溶解完全，冷却至室温，移入 100 mL 容量瓶中，用水稀释至刻度，混匀。此溶液 1 mL 含 1 mg 氧化铈。再将此溶液用盐酸(B. 3. 3)稀释成 1 mL 含 100 μg 和 1 mL 含 10 μg 氧化铈的标准溶液。

B. 3. 9 氧化铽标准贮存溶液：称取 0. 100 0 g 经 900 ℃灼烧 1 h 的氧化铽(REO＞99. 5%，Tb_4O_7/REO＞99. 999%)，置于 100 mL 烧杯中，加 10 mL 硝酸(B. 3. 4)，低温加热至溶解完全，冷却至室温，移入 100 mL 容量瓶中，用水稀释至刻度，混匀。此溶液 1 mL 含 1 mg 氧化铽。再将此溶液用盐酸(B. 3. 3)稀释成 1 mL 含 100 μg 和 1 mL 含 10 μg 氧化铽的标准溶液。

B. 4 仪器

B. 4. 1 电感耦合等离子体光谱仪，分辨率＜0. 006 nm(200 nm 处)。

B. 4. 2 氩等离子体光源。

B. 5 试样

B. 5. 1 氧化物试样于 900 ℃灼烧 1 h，置于干燥器中，冷却至室温，立即称量。

B. 5. 2 金属试样应去掉表面氧化层，取样后立即称量。

B. 6 分析步骤

B. 6. 1 试料

B. 6. 1. 1 氧化物试料

称取 1. 000 g 试样(B. 5. 1)，精确至 0. 000 1 g。

B. 6. 1. 2 金属试料

称取 0. 862 g 试样(B. 5. 2)，精确至 0. 000 1 g。

B. 6. 2 测定次数

称取二份试料，进行平行测定，取其平均值。

B. 6. 3 空白实验

随同试料做空白实验

B.6.4 分析试液的配制

将试料(B.6.1)置于100 mL烧杯中,加入10 mL水,加10 mL盐酸(B.3.2),低温加热至溶解完全,冷却至室温,移入100 mL容量瓶中用水稀释至刻度,混匀。待用。

B.6.5 标准系列溶液的配制

将氧化钪基体溶液(B.3.6)和各氧化稀土标准溶液(B.3.7~B.3.9)按表B.2分别移入7个50 mL容量瓶中,加入5 mL盐酸(B.3.2),以水稀释至刻度,混匀,制得标准系列溶液,标准溶液分段使用。

表 B.2

标液标号	各稀土(以氧化物计)质量浓度/(μg/mL)							
	氧化钪	氧化镧	氧化铈	氧化镨	氧化钕	氧化钐	氧化铕	氧化钆
1	10 000	0	0	0	0	0	0	0
2	10 000	0.05	0.05	0.05	0.05	0.05	0.05	0.05
3	10 000	0.10	0.10	0.10	0.10	0.10	0.10	0.10
4	10 000	1.00	1.00	1.00	1.00	1.00	1.00	1.00
5	10 000	2.00	2.00	2.00	2.00	2.00	2.00	2.00
6	10 000	5.00	5.00	5.00	5.00	5.00	5.00	5.00
7	10 000	10.00	10.00	10.00	10.00	10.00	10.00	10.00
标液标号	各稀土(以氧化物计)质量浓度/(μg/mL)							
	氧化铽	氧化镝	氧化钬	氧化铒	氧化铥	氧化镱	氧化镥	氧化钇
1	0	0	0	0	0	0	0	0
2	0.05	0.05	0.05	0.05	0.05	0.05	0.05	0.05
3	0.10	0.10	0.10	0.10	0.10	0.10	0.10	0.10
4	1.00	1.00	1.00	1.00	1.00	1.00	1.00	1.00
5	2.00	2.00	2.00	2.00	2.00	2.00	2.00	2.00
6	5.00	5.00	5.00	5.00	5.00	5.00	5.00	5.00
7	10.00	10.00	10.00	10.00	10.00	10.00	10.00	10.00

B.6.6 测定

B.6.6.1 推荐分析线见表B.3。

表 B.3

元素	分析线/nm	元素	分析线/nm
La	399.575,408.671	Dy	353.170
Ce	413.380	Ho	345.600,339.898
Pr	422.535	Er	337.271
Nd	401.225	Tm	313.126
Sm	428.079	Yb	369.419
Eu	412.970	Lu	261.542
Gd	342.247	Y	371.030
Tb	350.917		

B.6.6.2 将分析试液(B.6.4)与标准系列溶液(B.6.5)同时进行氩等离子体光谱测定。

B.7 分析结果的表述

将标准系列溶液(B.6.5)的含量直接输入计算机,根据标准系列溶液(B.6.5)、分析试液(B.6.4)及空白溶液(B.6.3)的强度值,由计算机计算、校正并输出分析试液(B.6.4)及空白溶液(B.6.3)中待测稀土元素的质量浓度。

按式(B.1)计算待测稀土元素的质量分数(%):

$$\omega(X)=\frac{k\cdot(\rho-\rho_0)\cdot V_0\times10^{-6}}{m_0}\times100 \quad\cdots\cdots(\text{B.1})$$

式中:

k ——各元素单质与其氧化物的换算系数,见表B.4。计算氧化物含量时,$k=1$;

ρ ——自工作曲线上查得分析试液(B.6.4)中待测氧化稀土的质量浓度,单位为微克每毫升(μg/mL);

ρ_0 ——自工作曲线上查得空白溶液(B.6.3)中待测氧化稀土的质量浓度,单位为微克每毫升(μg/mL);

V_0——试液总体积,单位为毫升(mL);

m_0——试料的质量,单位为克(g)。

表 B.4

元素	k	元素	k
La	0.852 6	Dy	0.871 3
Ce	0.814 0	Ho	0.873 0
Pr	0.827 7	Er	0.874 5
Nd	0.857 3	Tm	0.875 6
Sm	0.862 4	Yb	0.878 2
Eu	0.863 6	Lu	0.879 4
Gd	0.867 6	Y	0.787 4
Tb	0.850 2		

B.8 允许差

实验室之间分析结果的差值应不大于表B.5所列允许差。

表 B.5

氧化物	质量分数/%	允许差/%
氧化镧、氧化铈、氧化镨、氧化钕、氧化钐、氧化铕、氧化钆、氧化铽、氧化镝、氧化钬、氧化铒、氧化铥、氧化镱、氧化镥、氧化钇	0.001 0~0.003 0	0.000 4
	>0.003 0~0.005 0	0.001 0
	>0.005 0~0.010	0.001 5
	>0.010~0.030	0.002
	>0.030~0.050	0.005
	>0.050~0.10	0.006

B.9 质量保证与控制

每周用自制的控制标样(如有国家级或行业级标样时,应首先使用)校核一次本标准分析方法的有效性。当过程失控时,应找出原因,纠正错误,重新进行校核。

方法 2:电感耦合等离子体质谱法

B.10 范围

本方法规定了氧化钪中氧化镧、氧化铈、氧化镨、氧化钕、氧化钐、氧化铕、氧化钆、氧化铽、氧化镝、氧化钬、氧化铒、氧化铥、氧化镱、氧化镥和氧化钇量的测定方法。

本方法适用于氧化钪中氧化镧、氧化铈、氧化镨、氧化钕、氧化钐、氧化铕、氧化钆、氧化铽、氧化镝、氧化钬、氧化铒、氧化铥、氧化镱、氧化镥和氧化钇量的测定。测定范围见表 B.6。

本方法也适用于金属钪中镧、铈、镨、钕、钐、铕、钆、铽、镝、钬、铒、铥、镱、镥和钇量的测定。

表 B.6

氧化物	质量分数/%	氧化物	质量分数/%
氧化镧	0.000 03~0.010	氧化镝	0.000 03~0.010
氧化铈	0.000 03~0.010	氧化钬	0.000 03~0.010
氧化镨	0.000 03~0.010	氧化铒	0.000 03~0.010
氧化钕	0.000 03~0.010	氧化铥	0.000 03~0.010
氧化铕	0.000 03~0.010	氧化镱	0.000 03~0.010
氧化钐	0.000 03~0.010	氧化镥	0.000 03~0.010
氧化钆	0.000 03~0.010	氧化钇	0.000 03~0.010
氧化铽	0.000 03~0.010		

B.11 方法原理

试样以硝酸溶解,在稀硝酸介质中,以氩等离子体为离子化源,直接进行质谱测定,测定时以内标法进行校正。

B.12 试剂

B.12.1 过氧化氢(30%)。

B.12.2 硝酸(ρ1.42 g/mL)。

B.12.3 硝酸(1+1)。

B.12.4 硝酸(1+19)。

B.12.5 铯内标溶液:称取 0.127 0 g 氯化铯(优级纯),加 10 mL 水,溶解完全,加 10 mL 硝酸(B.12.3),移入 100 mL 容量瓶中,用水稀释至刻度,混匀。此溶液 1 mL 含 1 mg 铯。再将此溶液用硝酸(B.12.4)逐步稀释成 1 mL 含 1 μg 铯的内标溶液。

B.12.6 氧化镧、氧化镨、氧化钕、氧化钐、氧化铕、氧化钆、氧化铽、氧化镝、氧化钬、氧化铒、氧化铥、氧化镱、氧化镥、氧化钇等各标准贮存溶液:称取 0.100 0 g 经 900 ℃灼烧 1 h 的相应氧化稀土(REO>

99.5%，RE_xO_y/REO>99.999%)，分别置于 100 mL 烧杯中，加 10 mL 硝酸(B.12.3)，低温加热至溶解完全，冷却至室温，分别移入 100 mL 容量瓶中，用水稀释至刻度，混匀。此溶液 1 mL 含 1 000 μg 相应氧化稀土。

B.12.7 氧化铈标准贮存溶液：称取 0.100 0 g 经 900 ℃灼烧 1 h 的氧化铈(REO>99.5%，CeO_2/REO>99.999%)，置于 100 mL 烧杯中，加 10 mL 硝酸(B.12.3)，2 mL 过氧化氢(B.12.1)低温加热至溶解完全，冷却至室温，移入 100 mL 容量瓶中，用水稀释至刻度，混匀。此溶液 1 mL 含 1 000 μg 氧化铈。

B.12.8 混合稀土标准溶液：分别移取 2.00 mL 各氧化稀土标准贮存溶液(B.12.6～B.12.7)置于 100 mL 容量瓶中，加 10 mL 硝酸(B.12.3)，用水稀释至刻度，混匀。此溶液 1 mL 含各单一氧化稀土分别为 20.0 μg。再将此溶液用硝酸(B.12.4)稀释成 1 mL 含各单一氧化稀土分别为 1.00 μg 的标准溶液。

B.12.9 氩气(>99.99%)。

B.13 仪器

电感耦合等离子体质谱仪，质量分辨率优于(0.8±0.1)amu。

B.14 试样

B.14.1 氧化物试样于 900 ℃灼烧 1 h，置于干燥器中，冷却至室温，立即称量。

B.14.2 金属试样应去掉表面氧化层，取样后立即称量。

B.15 分析步骤

B.15.1 试料

按表 B.7 称取试样(B.14)，精确至 0.000 1 g。

表 B.7

稀土杂质(质量分数)/%	试样量/g
0.000 03～0.005 0	0.300
>0.005 0～0.010	0.200

B.15.2 测定次数

称取二份试料，进行平行测定，取其平均值。

B.15.3 空白试验

随同试料作空白试验

B.15.4 分析试液的配制

将试料(B.15.1)置于 50 mL 烧杯中，加入 5 mL 水，加 5 mL 硝酸(B.12.3)，低温加热至溶解完全，蒸至近干，冷却后，用硝酸(B.12.4)将其移入 100 mL 容量瓶中用水稀释至刻度，混匀。从中分取 5.00 mL 溶液于 50 mL 容量瓶中，加入 0.50 mL 铯内标溶液(B.12.5)，用水稀释至刻度，混匀。

B.15.5 标准系列溶液的配制

准确移取 0 mL、0.20 mL、1.00 mL、3.00 mL 混合稀土标准溶液(B.12.8)于 4 个 100 mL 容量瓶中,加入 1.00 mL 铯内标溶液(B.12.5),加入 2 mL 硝酸(B.12.3),以水稀释至刻度,混匀,待测此标准系列溶液 1 mL 含各单一稀土氧化物分别为 0 ng、2.0 ng、10.0 ng、30.0 ng。

B.15.6 测定

B.15.6.1 测量元素同位素质量数见表 B.8。

表 B.8

元素	测量同位素的质量数	元素	测量同位素的质量数
La	139	Dy	161、163、164
Ce	140、142	Ho	165
Pr	141	Er	166、167
Nd	142、146	Tm	169
Sm	147、152	Yb	171、172、174
Eu	151、153	Lu	175
Gd	157、158	Y	89
Tb	159	Cs	133

B.15.6.2 将空白试验(B.15.3)溶液、分析试液(B.15.4)与标准系列溶液(B.15.5)同时进行氩等离子体质谱测定。

B.16 分析结果的表述

将标准系列溶液(B.15.5)的质量浓度直接输入计算机,用内标校正法校正,由计算机计算并输出空白试验(B.15.3)溶液、分析试液(B.15.4)中待测稀土元素的质量浓度。

按式(B.2)计算待测稀土元素的质量分数(%):

$$\omega(X)=\frac{k\cdot(\rho-\rho_0)\cdot V_2\cdot V_0\times 10^{-9}}{m\cdot V_1}\times 100 \qquad \text{(B.2)}$$

式中:

k ——各金属元素与其氧化物的换算系数,见表 B.4。计算氧化物含量时,$k=1$;

ρ ——计算机并输出的分析试液(B.15.4)中待测稀土元素的质量浓度,单位为纳克每毫升(ng/mL);

ρ_0 ——计算机并输出的空白试液(B.15.3)溶液中待测稀土元素的质量浓度,单位为纳克每毫升(ng/mL);

V_2——试液的测定体积(B.15.4),单位为毫升(mL);

V_0——试液总体积,单位为毫升(mL);

m ——试料的质量,单位为克(g);

V_1——分取试液的体积,单位为毫升(mL)。

B.17 允许差

实验室之间分析结果的差值应不大于表 B.9 所列允许差。

表 B.9

氧化物	质量分数/%	允许差/%
氧化镧、氧化铈、氧化镨、氧化钕、氧化钐、氧化铕、氧化钆、氧化铽、氧化镝、氧化钬、氧化铒、氧化铥、氧化镱、氧化镥、氧化钇	0.000 03～0.000 1	0.000 03
	>0.000 1～0.000 5	0.000 1
	>0.000 5～0.001 0	0.000 2
	>0.001 0～0.003 0	0.000 4
	>0.003 0～0.008 0	0.001 0
	>0.008 0～0.010	0.002 0

B.18 质量保证与控制

每周用自制的控制标样(如有国家级或行业级标样时,应首先使用)校核一次本标准分析方法的有效性。当过程失控时,应找出原因,纠正错误,重新进行校核。

附 录 C
（规范性附录）
金属钪及氧化钪化学分析方法 硅、铁、钙、锆、铝、钛、铜、钒、镁、钽、钍、钠和镍量的测定 电感耦合等离子体发射光谱法

C.1 范围

本方法规定了氧化钪中硅、铁、钙、锆、铝、钛、铜、钒、镁、钽、钍、钠和镍量含量的测定方法。

本方法适用于氧化钪中硅、铁、钙、锆、铝、钛、铜、钒、镁、钽、钍、钠和镍量含量的测定。测定范围见表C.1。

本方法也适用于金属钪中硅、铁、钙、锆、铝、钛、铜、钒、镁、钽、钍、钠和镍量含量的测定。

表 C.1

测定元素	质量分数/%	测定元素	质量分数/%
硅	0.000 5～0.10	铜	0.000 5～0.10
铁	0.000 5～0.10	钒	0.000 5～0.10
钙	0.000 5～0.10	镁	0.000 3～0.10
锆	0.000 5～0.10	钠	0.000 5～0.10
铝	0.000 5～0.10	镍	0.000 3～0.10
钛	0.000 5～0.10	钽	0.000 5～0.10
—	—	钍	0.000 5～0.10

C.2 方法原理

试样以盐酸溶解，在稀盐酸介质中，直接以氩等离子体光源激发，进行光谱测定，以基体匹配法校正基体对测定的影响。

C.3 试剂

C.3.1 过氧化氢(30%)。

C.3.2 盐酸(1+1)。

C.3.3 盐酸(1+19)。

C.3.4 硝酸(1+1)。

C.3.5 氢氟酸(优级纯)。

C.3.6 氩气(>99.99%)。

C.3.7 氧化钪基体溶液：称取5.000 0 g经900 ℃灼烧1 h的氧化钪(>99.999%)，置于200 mL烧杯

中，加 20 mL 盐酸(C.3.2)，低温加热至溶解完全，冷却至室温，移入 50 mL 容量瓶中，用水稀释至刻度，混匀。此溶液 1 mL 含 100 mg 氧化钪。

C.3.8 硅标准贮存溶液：称取 0.213 9 g 预先经 950 ℃灼烧 2 h 并置于干燥器中冷却至室温的光谱纯二氧化硅于铂坩埚中，加 5 g 无水碳酸钠(优级纯)，于 1 000 ℃熔融至透明。冷却后用热水浸出，加热溶清，冷却至室温，移入 1 000 mL 容量瓶中，以水稀释至刻度，混匀。贮于塑料瓶中，此溶液 1 mL 含 100 μg 硅。将此溶液用盐酸(5+95)稀释成 1 mL 分别含 10 μg 和 1 μg 的硅标准溶液。

C.3.9 铁标准贮存溶液：移取 1.429 8 g 经 110 ℃烘 1 h 的三氧化二铁(光谱纯)于 200 mL 烧杯中，加 50 mL 盐酸(C.3.2)加热溶解，冷却至室温，移入 1 000 mL 容量瓶中，用水稀释至刻度，混匀。此溶液 1 mL 含 1 mg 铁。将此溶液用盐酸(5+95)稀释成 1 mL 分别含 100 μg、10 μg 和 1 μg 的铁标准溶液。

C.3.10 钙标准贮存溶液：移取 2.495 1 g 经 110 ℃烘 1 h 的碳酸钙(光谱纯)于 200 mL 烧杯中，加 50 mL 盐酸(C.3.2)加热溶解，冷却至室温，移入 1 000 mL 容量瓶中，用水稀释至刻度，混匀。此溶液 1 mL 含 1 mg 钙。将此溶液用盐酸(5+95)稀释成 1 mL 分别含 100 μg、10 μg 和 1 μg 的钙标准溶液。

C.3.11 锆标准贮存溶液：称取 3.532 8 g 氧氯化锆($ZrOCL_2 \cdot 8H_2O$)(光谱纯)于 200 mL 烧杯中，加水并加热溶解后，移入 1 000 mL 容量瓶中，用水稀释至刻度，混匀。此溶液 1 mL 含 1 mg 锆。将此溶液用盐酸(5+95)稀释成 1 mL 分别含 100 μg、10 μg 和 1 μg 的锆标准溶液。

C.3.12 铝标准贮存溶液：称取 1.000 0 g 已擦净表面氧化物的金属铝片(光谱纯)于 200 mL 烧杯中，加 50 mL 盐酸(C.3.2)于低温处溶至清亮，冷却至室温，移入 1 000 mL 容量瓶中，用水稀释至刻度，混匀。此溶液 1 mL 含 1 mg 铝。将此溶液用盐酸(5+95)稀释成 1 mL 分别含 100 μg、10 μg 和 1 μg 的铝标准溶液。

C.3.13 钛标准贮存溶液：称取 0.166 8 g 经 800 ℃灼烧 1 h 的二氧化钛(光谱纯)于铂坩埚中，加 5 g 焦硫酸钾，在 650 ℃左右融熔至清亮，冷却，用 5% 硫酸浸取，加热溶解，冷却至室温，移入 1 000 mL 容量瓶中，用 5% 硫酸稀释至刻度，混匀。此溶液 1 mL 含 100 μg 钛。将此溶液用盐酸(5+95)稀释成 1 mL 分别含 10 μg 和 1 μg 的钛标准溶液。

C.3.14 铜标准贮存溶液：移取 1.251 8 g 经 110 ℃烘 1 h 的氧化铜(光谱纯)于 200 mL 烧杯中，加 50 mL 硝酸(C.3.3)加热溶解，冷却至室温，移入 1 000 mL 容量瓶中，用水稀释至刻度，混匀。此溶液 1 mL 含 1 mg 铜，将此溶液用盐酸(5+95)稀释成 1 mL 分别含 100 μg、10 μg 和 1 μg 的铜标准溶液。

C.3.15 钒标准贮存溶液：称取 2.610 4 g 经 120 ℃烘干 1 h 的钒酸铵(光谱纯)于 200 mL 烧杯中，加水并加热溶解后，移入 1 000 mL 容量瓶中，用水稀释至刻度，混匀。此溶液 1 mL 含 1 mg 钒。将此溶液用盐酸(5+95)稀释成 1 mL 分别含 100 μg、10 μg 和 1 μg 的钒标准溶液。

C.3.16 镁标准贮存溶液：移取 1.658 3 g 经 110 ℃烘 1 h 的氧化镁(光谱纯)于 200 mL 烧杯中，加 50 mL 盐酸(C.3.2)溶解，冷却至室温，移入 1 000 mL 容量瓶中，用水稀释至刻度，混匀。此溶液 1 mL 含 1 mg 镁。将此溶液用盐酸(5+95)稀释成 1 mL 分别含 100 μg、10 μg 和 1 μg 的镁标准溶液。

C.3.17 钠标准贮存溶液：移取 2.542 1 g 经 400 ℃～450 ℃灼烧到无暴裂声的氯化钠(光谱纯)于 500 mL 烧杯中，加 200 mL 水溶解，移入 1 000 mL 容量瓶中，用水稀释至刻度，混匀。此溶液 1 mL 含 1 mg 钠。将此溶液用盐酸(5+95)稀释成 1 mL 分别含 100 μg、10 μg 和 1 μg 的钠标准溶液。

C.3.18 镍标准贮存溶液：称取 1.273 0 g 经 110 ℃烘 1 h 的氧化镍(光谱纯)于 200 mL 烧杯中，加 50 mL 盐酸(C.3.2)溶解，冷却至室温，移入 1 000 mL 容量瓶中，用水稀释至刻度，混匀。此溶液 1 mL 含 1 mg 镍。将此溶液用盐酸(5+95)稀释成 1 mL 分别含 100 μg、10 μg 和 1 μg 的镍标准溶液。

C.3.19 钍标准贮存溶液：称取 2.380 0 g 硝酸钍($Th(NO_3)_4 \cdot 4H_2O$)(光谱纯)于 200 mL 烧杯中，加 100 mL 盐酸(C.3.2)溶解，冷却至室温，移入 1 000 mL 容量瓶中，用水稀释至刻度，混匀。此溶液1 mL

含 1 mg 钍。一般用草酸盐重量法进行标定。将此溶液用盐酸(5+95)稀释成 1 mL 分别含 100 μg、10 μg 和 1 μg 的钍标准溶液。

C.3.20　钽标准贮存溶液:称取 1.000 0 g 金属钽(光谱纯)于铂坩埚中,加入 6 mL～8 mL 氢氟酸(C.3.5),低温溶解蒸发至近干,用(100 g/L)酒石酸浸取,微热溶解,冷却至室温,移入 1 000 mL 容量瓶中,用水稀释至刻度,混匀。此溶液 1 mL 含 1 mg 钽。将此溶液用盐酸(5+95)稀释成 1 mL 分别含 100 μg、10 μg 和 1 μg 的钽标准溶液。

C.4　仪器

C.4.1　电感耦合等离子体光谱仪,分辨率<0.006 nm。

C.4.2　氩等离子体光源。

C.5　试样

C.5.1　氧化物试样于 900 ℃灼烧 1 h,置于干燥器中,冷却至室温,立即称量。

C.5.2　金属试样应去掉表面氧化层,取样后立即称量。

C.6　分析步骤

C.6.1　试料

C.6.1.1　氧化物试料

称取 1.000 g 试样(C.5.1),精确至 0.000 1 g。

C.6.1.2　金属试料

称取 0.862 g 试样(C.5.2),精确至 0.000 1 g。

C.6.2　测定次数

称取二份试料,进行平行测定,取其平均值。

C.6.3　空白试验

随同试料作空白试验。

C.6.4　分析试液的制备

将试料(C.6.1)置于 100 mL 烧杯中,加入 10 mL 水,加 10 mL 盐酸(C.3.2),低温加热至溶解完全,冷却至室温,将溶液移入 100 mL 容量瓶中用水稀释至刻度,混匀。待用。

C.6.5　标准系列溶液的配制

将氧化钪基体溶液(C.3.7)和各非稀土氧化物标准溶液(C.3.8～C.3.20)按表 C.2、表 C.3 和表 C.4 分别移入 50 mL 容量瓶中,加入 4 mL 盐酸(C.3.2),以水稀释至刻度,混匀,制得标准系列溶液,标准溶液分段使用。

表 C.2

标液标号	各元素(以金属计)质量浓度/(μg/mL)											
	氧化钪	铁	钙	锆	铝	钛	铜	钒	镁	镍	钼	钍
1	10 000	0	0	0	0	0	0	0	0	0	0	0
2	10 000	—	—	—	—	—	—	—	0.02	0.02	—	—
3	10 000	0.05	0.05	0.05	0.05	0.05	0.05	0.05	0.05	0.05	0.05	0.05
4	10 000	0.10	0.10	0.10	0.10	0.10	0.10	0.10	0.10	0.10	0.10	0.10
5	10 000	0.20	0.20	0.20	0.20	0.20	0.20	0.20	0.20	0.20	0.20	0.20
6	10 000	0.50	0.50	0.50	0.50	0.50	0.50	0.50	0.50	0.50	0.50	0.50
7	10 000	1.00	1.00	1.00	1.00	1.00	1.00	1.00	1.00	1.00	1.00	1.00
8	10 000	10.0	10.00	10.0	10.0	10.0	10.0	10.0	10.0	10.00	10.0	10.00

表 C.3

标液标号	S1	S2	S3	S4	S5	S6	S7
氧化钪质量浓度/(μg/mL)	10 000	10 000	10 000	10 000	10 000	10 000	10 000
硅质量浓度/(μg/mL)	0	0.05	0.10	0.20	0.50	1.00	10.00

表 C.4

标液标号	N1	N2	N3	N4	N5	N6	N7
氧化钪质量浓度/(μg/mL)	10 000	10 000	10 000	10 000	10 000	10 000	10 000
钠质量浓度/(μg/mL)	0	0.05	0.10	0.20	0.50	1.00	10.00

C.6.6 测定

C.6.6.1 推荐分析线见表 C.5。

表 C.5

元素	分析线/nm	元素	分析线/nm
硅	288.158	铜	324.754
铁	259.940	钒	292.402
钙	393.366	镁	280.270
锆	343.823	钠	588.995
铝	257.500 396.152	镍	232.003
钛	323.452 337.280	钼	267.590 269.452
—	—	钍	401.913

C.6.6.2 将空白实验(C.6.3)溶液及分析试液(C.6.4)与标准系列溶液(C.6.5)同时进行氩等离子体光谱测定。

C.7 分析结果的计算与表述

将标准系列溶液(C.6.5)的含量直接输入计算机，根据标准系列溶液(C.6.5)和分析试液(C.6.4)及空白实验(C.6.3)溶液的强度值，由计算机计算、校正并输出分析试液(C.6.4)及空白实验(C.6.3)溶液中待测元素的质量浓度。

按式(C.1)计算待测元素的质量分数(%)：

$$\omega(X)=\frac{k\cdot(\rho-\rho_0)\cdot V_0\times10^{-6}}{m_0}\times100 \quad \cdots\cdots(C.1)$$

式中：

k ——各元素氧化物与其单质的换算系数(计算金属含量时，$k=1$)，见表C.6；

ρ ——计算机输出分析试液(C.6.4)中待测元素的质量浓度，单位为微克每毫升(μg/mL)；

ρ_0 ——计算机输出空白实验(C.6.3)溶液中待测元素的质量浓度，单位为微克每毫升(μg/mL)；

V_0 ——试液总体积，单位为毫升(mL)；

m_0 ——试料的质量，单位为克(g)。

表 C.6

元素	k	元素	k
Si(SiO_2)	2.139	V(V_2O_5)	1.785
Fe(Fe_2O_3)	1.430	Mg(MgO)	1.658
Ca(CaO)	1.399	Na(Na_2O)	1.348
Zr(ZrO_2)	1.351	Ni(NiO)	1.272
Al(Al_2O_3)	1.889	Th(ThO_2)	1.189
Ti(TiO_2)	1.668	Ta(Ta_2O_5)	1.221
Cu(CuO)	1.25	—	—

C.8 允许差

实验室之间分析结果的差值应不大于表C.7所列允许差。

表 C.7

元素名称	质量分数/%	允许差/%	元素名称	质量分数/%	允许差/%
硅、钙、铁、铝、钛、铜、镁、镍、钠、钽、钍	0.000 5～0.001 0	0.000 2	镁、镍、锆、钒	>0.000 3～0.001 0	0.000 2
	>0.001 0～0.005 0	0.000 5		>0.001 0～0.005 0	0.000 4
	>0.005 0～0.010	0.001 5		>0.005 0～0.010	0.001 5
	>0.010～0.030	0.002		>0.010～0.030	0.002
	>0.030～0.10	0.004		>0.030～0.10	0.004

C.9　质量保证与控制

每周用自制的控制标样（如有国家级或行业级标样时，应首先使用）校核一次本标准分析方法的有效性。当过程失控时，应找出原因，纠正错误，重新进行校核。

ICS 03.220.30
S 90

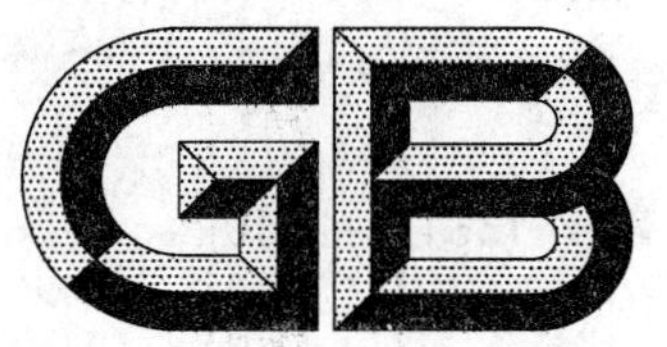

中华人民共和国国家标准

GB/T 13317—2010
代替 GB/T 13317—1991

铁路旅客运输词汇

Vocabulary for railway passenger transport

2010-11-10 发布　　2011-03-01 实施

中华人民共和国国家质量监督检验检疫总局
中国国家标准化管理委员会　发布

前言

本标准代替 GB/T 13317—1991《铁路旅客运输组织术语》。

本标准与 GB/T 13317—1991 相比主要变化如下：

——新增客运基础部分。将旅客运输票价及运送条件、旅客运输计划与组织、铁路旅客运输技术设备(客运设备)(1991 版)三个部分中的部分词条合并到客运基础部分(本版)。

——修改客运设备部分。删除客车整备所等相关词条，增加无障碍设施、导向系统等相关词条。

——新增客运服务部分。将旅客票价及运送条件、列车乘务工作组织(1991 版)两个部分相关词条合并到客运服务部分(本版)，并增加票务、旅客运输服务质量等相关词条。

——修改旅客运输组织部分。增加票额分配、剩余票额调整等相关词条。

——增加市场营销部分。增加有关市场营销词条。

——修改客运技术指标部分。增删了部分词条。

——修改行包运输部分。增删了部分词条。

——修改国际联运部分。

——将事故处理部分词条分别并入客运服务和行包运输部分中。

本标准由中华人民共和国铁道部提出。

本标准由铁道部标准计量研究所归口。

本标准起草单位：北京交通大学交通运输学院、铁道部运输局。

本标准主要起草人：杨浩、陈滋顶、张红亮、游雪松。

本标准所代替标准的历次版本发布情况为：

——GB/T 13317—1991。

铁路旅客运输词汇

1 范围

本标准规定了铁路旅客运输的常用术语和定义。

本标准适用于铁路旅客运输的生产、管理、设计、科研、教学、文献资料出版等。

2 客运基础

2.1

旅客 passenger

持有铁路有效乘车凭证的人和同行的免费乘车儿童。

2.1.1

重点旅客 passenger who needs care

老、幼、病、残、孕旅客。

2.1.2

团体旅客 group passengers

规定数量以上乘车日期、车次、到站、座别相同并集体乘车的旅客。

2.2

车票 ticket

旅客与承运人之间建立铁路旅客运输合同关系并用以乘车的基本凭证。

2.2.1

减价票 reduced fare ticket

儿童、学生、残疾军人、伤残警察等按规定可以享受减价优待的人乘车时使用的车票。

2.2.1.1

儿童票 child ticket

身高在一定范围内的儿童乘车时使用的减价车票。

2.2.1.2

学生票 student ticket

符合铁路减价优待条件的学生乘车时使用的减价车票。

2.2.1.3

伤残票 ticket for disabled

符合铁路减价优待条件的残疾军人或伤残警察乘车时使用的减价车票。

2.2.2

折扣票 discount ticket

低于公布票价出售的车票。

2.2.3

团体票 group ticket

团体旅客乘车使用的车票。

2.2.4

异地票 ticket for different place departure

向旅客发售车票的发站为非同城车站的车票。

2.2.5

通票 coupon ticket

票面标明的发站和到站间必须经过中转才能到达的车票。

2.2.6

直达车票 through ticket

票面标明的发站和到站均为票面表示车次经停站的车票。

2.2.7

铁路乘车证 railway duty pass

铁路职工及符合规定的人员使用的免费乘车凭证。

2.2.8

特种乘车证 special service pass

铁路部门向特定使用人出售或填发的铁路有效乘车凭证。

2.2.9

代用票 blank ticket

站车填写式多用途的票据。

2.2.10

区段票 district ticket

印有固定区段里程、票价、票种的填写式票据。

2.2.11

磁介质票 magnetic ticket

配合自动检票机使用，利用磁介质存储乘车日期、车次等信息的一种车票。

2.2.12

定期票 periodic ticket

在一定时期、区段内使用的车票。

2.2.13

定额车票 quota ticket

金额固定的车票。

2.2.14

补价票 supplement ticket

补收旅客车票票价差额时出具的票据。

2.2.15

车票有效期 ticket valid period

按规定车票可以使用的期限。

2.3

站台票 platform ticket

车站出售的仅限于进出站使用的凭证。

2.4

旅客列车 passenger train

运送旅客及行包、邮件的列车。

2.4.1

直通旅客列车 through passenger train

跨铁路局运行的旅客列车。

2.4.2

管内旅客列车　local passenger train

在一个铁路局管辖范围内运行的旅客列车。

2.4.3

动车组　Multiple Unit

由自带动力装置的动车和不带动力装置的拖车编成的机车车辆一体化列车。

2.4.4

临时旅客列车　temporary train

适应客流增长或特殊客流需要临时加开的旅客列车。

2.4.5

旅游列车　tourist train

为满足旅游旅客需要专门开行的旅客列车。

2.5

铁路旅客车站　railway station

办理旅客运输业务，设有旅客候车和安全乘降设施，并由车站广场、站房、站场客运建筑三者组成的铁路车站。

2.5.1

乘降所　stop point

仅供旅客乘降的列车停车地点。

3　客运设备

3.1

站房　station building

旅客办理各种旅行手续、行李包裹业务和候车的服务用房及运营管理所需各种业务和行政办公用房的总称。

3.1.1

集散厅　concourse

站房内疏导旅客，并设有安全检查、问讯等服务设施的大厅。

[TB 10083—2005，定义 2.0.7]

3.1.2

行包房　luggage and parcel office

办理行李包裹托运和提取业务的场所。

3.1.3

售票厅　ticket hall

为旅客办理购票、退票、签证等相关票务业务的场所。

3.1.4

候车室(厅)　waiting room

车站提供旅客等候乘车的固定场所。

3.1.4.1

贵宾候车室　VIP lounge

贵宾等候乘车的候车室。

3.1.4.2

软席候车室　cushioned seat lounge

持软席车票的旅客等候乘车的候车室。

3.1.4.3

军人候车室 waiting room for servicemen

军人旅客等候乘车的候车室。

3.1.4.4

母婴候车室 waiting room for mothers with children

带婴幼儿的旅客等候乘车的候车室。

3.1.4.5

动车组候车室 CRH waiting room

持动车组列车车票的旅客等候乘车的候车室。

3.1.4.6

收费休息室 pay lounge

按规定收费的候车室。

3.1.5

检票口 ticket check gate

旅客乘车检票的地点。

3.1.5.1

自动检票机 automatic ticket check machine

自动检验旅客车票的设备。

3.1.6

出站口 exit

旅客出站验票的地点。

3.2

客运站场 station yard

旅客列车到发、通过及旅客乘降和行包装卸的场地,设有站线、站台、上水、跨线设备等设施。

3.2.1

站台 platform

旅客乘降和行包、邮件装卸的设施,一般分为基本站台和中间站台。

3.2.1.1

基本站台 basic platform

紧临车站主站房一侧的站台。

3.2.1.2

中间站台 middle platform

基本站台以外的站台,两侧均邻线路。

3.2.1.3

观光站台 tourist platform

不办理客运业务的车站专门设置供旅客观光的站台。

3.2.2

站名牌 station name tablet

在站台上标示车站站名的标志牌。

3.2.3

安全标线 safety mark

在站台地面画出的距站台边缘一定距离的标志线,限制旅客候车时超越。

3.2.4

行包邮品(件)通道　baggage and mail passage

行包和邮政包裹等车辆出入车站、穿越线路的通道。

3.2.5

跨线设施　track crossing equipment

站房与站台之间、站台与站台之间往来的与线路立体交叉的设备设施的统称,如地道、天桥等。

3.2.5.1

地道　underpass

旅客及车辆通行的地下通道。

3.2.5.2

平过道　level crossing

站内设置的与线路平面交叉,并穿越线路的通道。

3.2.5.3

天桥　overpass

连接站房与站台或站台与站台之间的高架通道。

3.3

站房平台　platform for station building

站房外墙向城市方向延伸一定宽度,连接站房各个部位及进出站口的平台。

[TB 10083—2005,定义 2.0.10]

3.4

站前广场　station square

旅客、行包及各种车辆的集散地点,设有各种车辆的行驶路线、停车场地、旅客活动地带、行人通道以及必要的旅客服务设施。

3.5

客运车辆　passenger car

直接运送旅客及为运送旅客服务的铁路车辆。

3.5.1

硬座车　carriage with semi-cushioned seats

设置硬席座椅的客运车辆。

3.5.2

硬卧车　carriage with semi-cushioned berths

设置硬席卧铺的客运车辆。

3.5.3

软座车　carriage with cushioned seats

设置软席座椅的客运车辆。

3.5.4

软卧车　carriage with cushioned berths

设置软席卧铺的客运车辆。

3.5.5

餐车　dining car

供旅客就餐的客运车辆。

3.5.6

宿营车　lodging car

供列车乘务人员休息的客运车辆。

3.5.7

行李车 baggage car

装运行李、包裹的客运车辆。

3.5.8

双层客车 double-decker car

设有上下两层客室的客运车辆。

3.5.9

邮政车 mail car

装运邮件的客运车辆。

3.5.10

发电车 generator car

提供电能的客运车辆。

3.6

无障碍设施 accessible facilities

为方便行动不便人群设计的使之能参与正常活动的设施。

注：改写 TB 10083—2005，定义 2.0.2。

3.6.1

无障碍入口 accessible entrance

不设台阶的建筑入口。

[TB 10083—2005，定义 2.0.16]

3.6.2

无障碍电梯 accessible lift

供行动不便者或担架床进入和使用的电梯。

[TB 10083—2005，定义 2.0.19]

3.6.3

无障碍厕所 accessible lavatory

供行动不便者使用的无障碍设施齐全的厕所。

[TB 10083—2005，定义 2.0.21]

3.6.4

无障碍厕位 accessible toilet cubicle

公共厕所内设置的、乘轮椅者可进入和使用的带坐便器及安全抓杆的隔间厕位。

[TB 10083—2005，定义 2.0.20]

3.6.5

无障碍电话 accessible telephone

为行动不便旅客设置的低位带有语音提示和设有盲文的电话。

[TB 10083—2005，定义 2.0.28]

3.6.6

无障碍标志 accessible signs

以残疾人轮椅为标志，指引残疾人行进方向和进入建筑物及可使用的服务设施。

注：改写 TB 10083—2005，定义 2.0.32。

3.6.7

轮椅坡道 ramp for wheelchair

在坡度和宽度上以及地面、扶手、高度等方面符合乘轮椅者通行的坡道。

[TB 10083—2005，定义 2.0.17]

3.6.8

盲道　sidewalk for the blind

在人行道上铺设一种固定形态的地面砖，使视残者产生不同的脚感和盲杖的接触，诱导视力残疾者向前行走和辨别方向及到达目的地的通道。

[TB 10083—2005，定义 2.0.12]

3.7

公共信息导向系统　public information guidance system

由导向要素构成的引导人们在公共场所进行有序活动的标志系统。

[GB/T 15565.2—2008，定义 3.1]

3.7.1

揭示揭挂　billboard

用文字、图形、图像等方式提供的固定信息。

3.7.2

图形标志　graphical sign

由标志用图形符号、颜色、几何形状(或边框)等组合形成的标志。

[GB/T 15565.2—2008，定义 2.1.2]

3.7.3

文字标志　character sign

由文字、颜色或边框等组合形成的矩形标志。

[GB/T 15565.2—2008，定义 2.1.3]

3.7.4

公共信息图形标志　public information graphical sign

传递公共场所、公共设施及服务功能等信息的图形标志。

[GB/T 15565.2—2008，定义 2.1.10]

3.7.5

安全标志　safety sign

由安全符号与安全色、安全形状等组合形成，传递特定安全信息的标志。

[GB/T 15565.2—2008，定义 2.1.12]

3.7.6

导向标志　direction sign

由图形标志和(或)文字标志与箭头符号组合形成，用于指示通往预期目的地路线的公共信息图形标志。

[GB/T 15565.2—2008，定义 3.2.2]

3.7.7

位置标志　location sign

由图形标志和(或)文字标志形成，用于标明服务设施或服务功能所在位置的公共信息图形标志。

[GB/T 15565.2—2008，定义 3.2.1]

3.7.8

平面示意图　layout plan

显示特定区域或场所内服务功能或服务设施位置分布信息的平面图。

[GB/T 15565.2—2008，定义 3.2.3]

3.7.9

信息板　information board

显示特定场所或范围内服务功能或服务设施位置索引信息的标志。

［GB/T 15565.2—2008,定义 3.2.4］

3.7.10

导向线　guidance line

设置在地面或墙面,指示行进路线方向的带有颜色的线形标记。

［GB/T 15565.2—2008,定义 3.12］

3.7.11

应急导向系统　safety way guidance system(SWGS)

通过安全标志、安全标记等应急导向要素,指引人们在紧急情况下沿着指定疏散路线撤离危险区域的导向系统。

［GB/T 15565.2—2008,定义 4.1］

3.7.11.1

紧急出口　emergency exit

疏散路线中通向安全地点的门或通道。

［GB/T 15565.2—2008,定义 4.3］

3.7.11.2

疏散路线　safety route

从建筑物内任意位置通往到终端出口的安全路线。

［GB/T 15565.2—2008,定义 4.6］

4　客运服务

4.1

乘务组　train crew

旅客列车上为旅客提供服务的团队。

4.2

列车长　train conductor

旅客列车上负责乘务组的管理,代表铁路运输企业处理旅客相关事宜的人。

4.3

乘务制度　crew system

根据列车种类和运行距离按一定方式使用人力而制定的列车值乘方式,包括轮乘制和包乘制。

4.3.1

轮乘制　crew shifting system

乘务组不固定车底,按出乘顺序轮流担当列车乘务工作的值乘方式。

4.3.2

包乘制　assigned crew system

乘务组按照固定车底方式担当列车乘务工作的值乘方式。

4.4

票务　tickets

车票预定、发售、退票、改签等相关业务。

4.4.1

中转签证　transfer

旅客在中转站换乘其他列车时办理的乘车手续。

4.4.2

改签　ticket change

旅客改变乘车日期或车次的办理手续。

4.4.3

变径　change of route

在发站、到站不变的情况下，旅客改变经由线路。

4.4.4

越站　travel beyond the destination station on the ticket

旅客在列车上超过原车票票面标明的到站。

4.4.5

分乘　separate passenger with one ticket

两人以上的旅客使用一张代用票，要求分开乘车。

4.5

安全检查　security check

对旅客的携带品或托运人托运的行包进行的检查。

4.5.1

携带品　accompanying luggage

旅客乘车按规定允许随身携带的物品。

4.6

自助服务　self-service

旅客通过站车提供的设备自行完成所需服务的过程。

4.7

客户服务中心　customer service center

以通信、计算机、网络等手段为平台，通过语音、互联网等方式，为旅客提供业务咨询、信息查询、车票预定、投诉受理等功能的服务机构。

4.8

客运杂费　miscellaneous fees of passenger traffic

铁路运输过程中，除去旅客车票票价、行李包裹运价以外，铁路运输企业向旅客、托运人、收货人提供辅助作业、劳务及物耗等所收的费用。

4.9

临时停车　temporary stop

非本次列车办理客运业务的停车。

4.10

客运记录　passenger traffic record

在旅客或行李包裹运输过程中因特殊情况，承运人与旅客、托运人、收货人之间需记载某种事项或车站与列车之间办理业务交接的文字凭证。

4.10.1

误乘　travel on the wrong train

旅客实际乘坐的列车车次与所持车票票面标明车次不符。

4.10.2

漏乘　miss the train

旅客未能乘坐上所持车票票面标明日期、车次的列车。

4.10.3

旅客遗失物品　lost articles

旅客在车站或列车上遗失的物品。

4.10.4

旅客意外伤害　passenger accidental injury

旅客检票进站至到站出站时止所遭受的外来、非自身责任造成的伤害。

4.11

旅客运输服务质量　quality of passenger transport service

旅客运输服务工作完成的优劣程度。

4.11.1

客运质量监督　passenger service quality supervision

对旅客运输服务工作实施情况进行监督检查的行为。

4.11.2

客运监察　passenger service supervisor

对旅客运输服务质量进行监督检查的人员。

4.11.3

首问首诉负责制　first reception,first responsibility

对旅客问讯、求助、投诉等事项,由首位接待旅客的工作人员负责处理的制度。

4.11.4

用户满意度　customer satisfaction index

用户期望值与实际获得值之间的匹配程度。

5　旅客运输组织

5.1

客运计划　passenger traffic plan

一定时期内发送旅客人数、运送旅客人数、旅客周转量和旅客平均行程的运输计划,分为长远计划、年度计划和日常计划。

5.2

旅客流线　passenger flow route

旅客在车站的集散活动产生的流动过程和流动路线。

5.3

开行方案　operation planning

确定旅客列车发到站、经由路线、途中停站、列车种类、开行数量计划的总称。

5.4

运行方案　traffic program of passenger train

旅客列车在列车运行图上的铺画方案。

5.5

列车编组　passenger train composition

旅客列车编挂的车种、辆数和顺序。

5.6

运行图　train working diagram

列车运行时刻的图解。

5.7

列车时刻表　timetable of passenger train

列车在铁路车站出发、到达或通过时刻和停车时间的表格,是列车运行图的数字化和表格化表示。

5.8

票额分配　ticket distribution

根据旅客列车途经车站客流大小,按一定比例票额提前分配沿途停车站的运能分配方式。

5.8.1

席位复用　seats reusing

客票系统席位售出后，再次生成从售到站至原限售站的新席位，使列车能力再次利用。

5.8.2

票额共用　seats sharing

车站指定的票额允许被列车运行径路前方多个车站使用，旅客根据需要选择乘车站购票，并按票面指定乘车站乘车。

5.8.3

剩余票额调整　remnant tickets adjustment

客票系统按照设定的条件，将一定数量或比例的剩余席位自动调往列车运行前方站。

6　市场营销

6.1

客运产品　product of passenger traffic

以实现旅客位移为核心，提供可供旅客选择的不同等级、不同席别等基本客运服务和购票、行包运输等延伸服务。

6.2

客运市场　market of passenger traffic

为完成旅客的空间位移，运输需求方(旅客)、运输供给方(运输业者)及运输代理者在交易中产生的经济活动和经济关系总和。

6.2.1

市场调查　market investigation

运用科学的方法，系统地收集、记录、整理有关客运市场营销方面的各种信息。分为综合调查、节假日调查和日常调查。

6.2.2

市场预测　market forecast

依据市场调查得到的资料，运用科学的方法和手段，对市场未来的情况预先做出估计、测算和判断。通常有短期预测、中期预测和长期预测。

6.2.3

市场细分　market segmentation

从区分旅客不同需求出发，根据旅客旅行消费行为的差异性，把整体市场划分成若干具有类似需求的旅客群体的活动。

6.2.4

客流　passenger flow

一定时间内旅客的流量、流向和旅行距离的总称。

6.2.4.1

直通客流　through passenger flow

乘车行程跨铁路局的客流。

6.2.4.2

管内客流　local passenger flow

乘车行程在一个铁路局范围内的客流。

6.2.4.3

客流组织　organization of passenger flow

铁路旅客运输产品的生产流程和具体组织办法，包括旅客运输计划和旅客运输日常组织工作两部分。

6.2.4.4

客流区段　passenger flow districts

客流的到达区段，其长度按客流密度的变化情况而定。

6.2.4.5

客流密度　density of passenger traffic

一定时期内某一区段，一个铁路局或全路平均每公里线路上所承担的旅客周转量。

6.2.4.6

客流图　passenger flow diagram

旅客由发送地至到达地所经过的客流区段的图解表示。

6.2.4.7

客流斜表　passenger flow form of oblique line

主要车站之间分方向客流的表格表示。

6.2.4.8

客流统计　passenger flow statistics

对所运送旅客的数量、行程、方向和密度等情况的统计。

6.2.4.9

乘车人数通知单　notice of passenger number onboard

列车在本车站售票人数和席位使用信息的原始资料。

6.2.4.10

旅客密度表　passenger density list for train

根据固定票额和各站递送的乘车人数通知单，列车按到站分别填记的一种梯形表，包括列车车次、日期、始发终到站、担当单位、列车定员、各区段(站)上下车人数、车内人数、旅客输送量等内容。

6.3

客运营销策略　marketing of passenger traffic

运输企业对选定的目标市场制定的营销方法和手段的组合。

6.4

铁路客票代售点　agent of railway tickets

在铁路运输企业授权范围内，以被代理人的名义办理的铁路客票销售经营性业务的网点。

6.5

包车　chartered service

单独使用加挂车辆或加开专用列车。

6.6

租车　carriage rent

向承运人租用车辆。

7　客运指标

7.1

旅行速度　traveling speed

旅客列车在运行区段内每小时平均运行的公里数。

7.2

技术速度　technical speed

旅客列车在运行区段的各区间内，每小时平均运行的公里数。

7.3

正点率　punctuality rate

一定时期内，正点的旅客列车数占旅客列车总数的百分比。

7.4

列车超员率　over seating capacity rate

列车实际超员人数与实际定员之比。

7.5

客座利用率　seat occupancy rate

用百分比表示平均每一客座公里所完成的人公里数。

7.6

旅客发送人数　number of passengers originated

一定时期内，一个车站、铁路局或全路始发的全部旅客人数，简称旅客发送量。

7.7

运送旅客人数　number of passengers carried

一定时期内，一个铁路局或全路运送的旅客总数，简称客运量。

7.8

旅客周转量　passenger traffic（p·km）

一定时期内，一个铁路局或全路所完成的旅客人公里数。

7.9

旅客平均行程　average travel distance

铁路运送每一位旅客的平均运输距离。

7.10

售票人数　passenger number counted by number of sold tickets

以售出客票数量来计算的旅客人数。

7.11

旅客最高聚集人数　peaktime passengers in waiting room

旅客车站全年上车旅客最多月份中，一昼夜在候车室内瞬时(8 min～10 min)出现的最大候车(含送客)人数的平均值。

7.12

行李包裹办理量　volume of luggage and parcel handled

一定时期内，全路、铁路局、车站始发和中转的行李包裹件数之和。

7.12.1

行李包裹发送量　volume of luggage and parcel originated

一定时期内，全路、铁路局、车站始发的行李包裹件数之和。

7.12.2

行李包裹中转量　volume of luggage and parcel transferred

一定时期内，全路、铁路局、车站中转的行李包裹件数之和。

7.13

行李包裹运送量　volume of luggage and parcel carried

一定时期内，全路、铁路局运送的行李包裹件数之和。

8　行包运输

8.1

行李　luggage

旅客按规定凭客票托运的一定限度的物品。

8.2

包裹　parcel

适合在旅客列车行李车内运输的小件货物。

8.3

承运人　carrier

与旅客或托运人签有运输合同的铁路运输企业。铁路车站、列车及与运营有关人员在执行职务中的行为代表承运人。

8.4

托运人　consignor

委托承运人运输行李或小件货物并与其签有行李包裹运输合同的人。

8.5

收货人　consignee

凭有效领取凭证领收行李、包裹的人。

8.6

押运人　escort

在运输过程中专门负责货物安全的人。

8.7

行包托运　consignment of luggage and parcel

行李、包裹托运人向铁路交运行李或包裹的过程。

8.8

行包承运　acceptance for luggage and parcel

车站根据规定对托运的行李、包裹进行检查确认，填写行李、包裹票，核收运费、杂费，并加盖戳记的承接手续。

8.9

保价运输　insurable value traffic

旅客或托运人托运时，根据托运物品的价值，声明价格并交付保价费，铁路承担保价责任的运输。

8.10

检斤　weight check

对行李、包裹进行称重。

8.11

计费重量　chargeable weight of luggage and parcel

计算行李、包裹运费使用的重量。

8.12

行包密度表　luggage traffic density table

根据区段内不同区间上、下行的行包运输量而编制的表格。

8.13

无法交付物品　undeliverable goods

超过规定时间，无人领取的行李、包裹、旅客遗失物品和暂存物品。

8.14

无主货物　unclaimed goods

无人领取且无法判明所有人的行李、包裹。

8.15

行包事故　luggage and parcel accident

行李、包裹在铁路运输过程中，发生损坏、丢失或差错而构成的事故。

8.15.1

事故记录　accident record of luggage and parcel

行包在运输过程中发生事故时编制的记录。

9 国际联运

9.1

国际联运 international through passenger traffic

按加入国际铁路联运组织并依照其规定在国家间运送旅客、行李和包裹。

9.2

国际旅客联运站 international through passenger traffic station

在国际联运相关规章中公布的可办理国际旅客联运业务的车站。

9.3

国境站 border station

位于国境办理出入境业务的车站。

9.4

联检 joint inspection

由海关、边防、检疫等部门在口岸车站对出入境行为实施的联合检查。

参 考 文 献

［1］ GB/T 15565.2—2008 图形符号 术语 第2部分:标志及导向系统.
［2］ TB 10083—2005 铁路旅客车站无障碍设计规范.

中 文 索 引

L

M

P

Q

R

S

T

英 文 索 引

A

B

C

M

N

O

P

Q

R

S

T

U

V

W

ICS 73.100.10
D 92

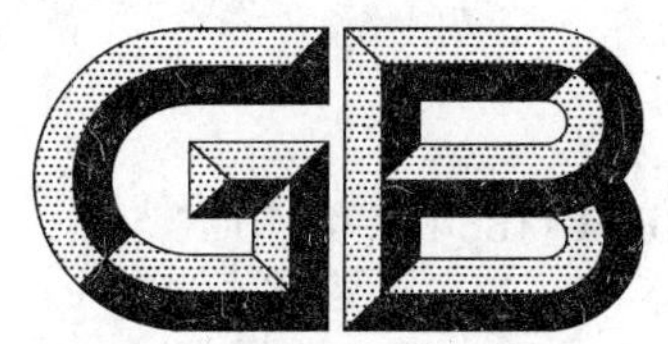

中华人民共和国国家标准

GB/T 13344—2010
代替 GB/T 13344—1992

潜孔冲击器和潜孔钻头

Downhole drill hammers and bits

2010-12-01 发布　　2011-03-01 实施

中华人民共和国国家质量监督检验检疫总局
中国国家标准化管理委员会　发布

前　言

本标准代替 GB/T 13344—1992《潜孔冲击器和钻头》。

本标准与 GB/T 13344—1992 相比，主要内容变化如下：

——标准名称改为《潜孔冲击器和潜孔钻头》；

——增加了中气压潜孔冲击器产品系列和基本参数；

——对低气压和高气压潜孔冲击器产品系列基本参数进行了修改；

——对潜孔冲击器试验方法中的试验条件和规则进行了修改；

——进一步细化和规范了检验规则的内容。

本标准的附录 A 为资料性附录。

本标准由中国机械工业联合会提出。

本标准由全国矿山机械标准化技术委员会(SAC/TC 88)归口。

本标准起草单位：长沙矿山研究院。

本标准主要起草人：刘建新、易高来、郝树林、贺建国、周振华、郭明。

本标准所代替标准的历次版本发布情况为：

——GB/T 13344—1992。

潜孔冲击器和潜孔钻头

1 范围

本标准规定了潜孔冲击器和潜孔钻头的术语和定义、型号与基本参数、技术要求、试验方法、检验规则以及标志、包装、运输和贮存。

本标准适用于以压缩空气或压缩空气和水的混合介质作动力的潜孔冲击器(以下简称冲击器)和潜孔钻头(以下简称钻头)。冲击器和钻头作为潜孔钻机的钻具用于各类矿山和其他建设工程中钻凿爆破孔及各种用途的深孔。

2 规范性引用文件

下列文件中的条款通过本标准的引用而成为本标准的条款。凡是注日期的引用文件,其随后所有的修改单(不包括勘误的内容)或修订版均不适用于本标准,然而,鼓励根据本标准达成协议的各方研究是否可使用这些文件的最新版本。凡是不注日期的引用文件,其最新版本适用于本标准。

GB/T 22512.2—2008 石油天然气工业 旋转钻井设备 第2部分:旋转台肩式螺纹连接的加工与测量(ISO 10424-2:2007,MOD)

JB/T 3576 凿岩机械与气动工具 防锈通用技术条件

JB/T 7302 凿岩机械与气动工具 产品包装通用技术条件

3 术语和定义

下列术语和定义适用于本标准。

3.1

低气压冲击器 low pressure hammer

工作气压低于0.8 MPa的冲击器。

3.2

中气压冲击器 medium pressure hammer

工作气压介于0.8 MPa~1.4 MPa的冲击器。

3.3

高气压冲击器 high pressure hammer

工作气压高于1.4 MPa的冲击器。

3.4

单位功率耗气量 air consumption per power

冲击器的单位输出功率所需的耗气量。

4 型号与基本参数

4.1 型号

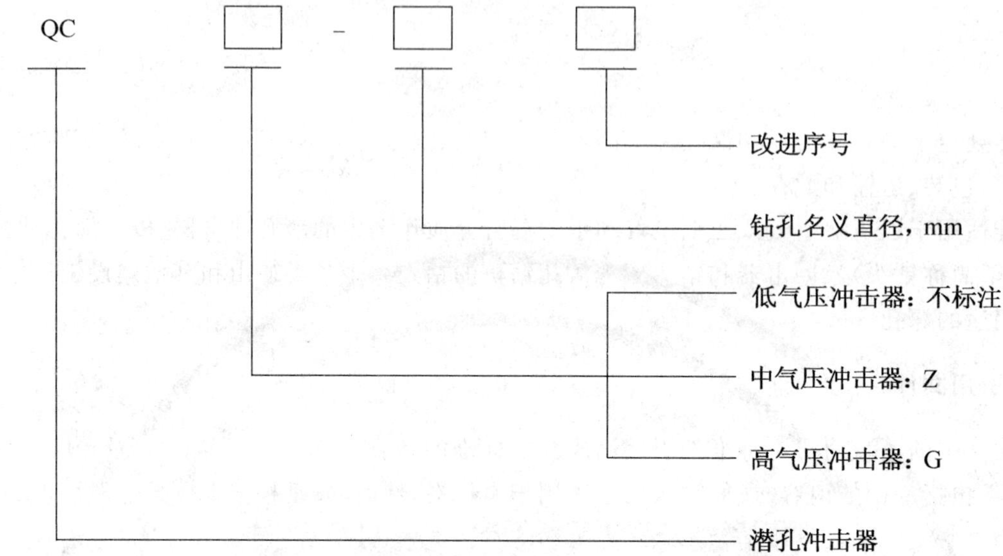

标记示例：

钻孔名义直径为 100 mm 的低气压潜孔冲击器标记为：QC-100。

4.2 基本参数

低气压冲击器的产品系列和基本参数应符合表 1 的规定，中气压冲击器的产品系列和基本参数应符合表 2 的规定，高气压冲击器的产品系列和基本参数应符合表 3 的规定，钻头的规格系列应符合表 4 的规定。

表 1 低气压冲击器产品系列和基本参数

冲击器规格/mm	可钻孔径/mm	冲击能/J	输出功率/kW	单位功率耗气量/[m³/(s·kW)]
70	75～85	≥100	≥1.6	≤0.04
80	90～105	≥120	≥2.0	≤0.04
100	110～130	≥170	≥2.8	≤0.04
130	135～155	≥280	≥4.5	≤0.04
150	160～180	≥400	≥6.5	≤0.04
180	185～205	≥500	≥8.0	≤0.04
200	210～230	≥600	≥9.8	≤0.04
230	235～255	≥700	≥11.5	≤0.04
250	260～280	≥800	≥13.0	≤0.04
注：表中基本参数是在气压为(0.63±0.02)MPa 时测得。				

表 2 中气压冲击器产品系列和基本参数

冲击器规格/mm	可钻孔径/mm	冲击能/J	输出功率/kW	单位功率耗气量/[m³/(s·kW)]
70	75～85	≥160	≥3.5	≤0.02
80	90～105	≥200	≥4.5	≤0.02
100	110～130	≥260	≥6.5	≤0.02

表 2（续）

冲击器规格/mm	可钻孔径/mm	冲击能/J	输出功率/kW	单位功率耗气量/[m³/(s·kW)]
130	135～155	≥500	≥11.0	≤0.02
150	160～180	≥620	≥14.5	≤0.02
180	185～205	≥850	≥20.0	≤0.02
200	210～230	≥1 200	≥27.0	≤0.02
230	235～255	≥1 400	≥31.0	≤0.02
250	260～280	≥1 500	≥33.0	≤0.02
注：表中基本参数是在气压为(1.00±0.02)MPa 时测得。				

表 3　高气压冲击器产品系列和基本参数

冲击器规格/mm	可钻孔径/mm	冲击能/J	输出功率/kW	单位功率耗气量/[m³/(s·kW)]
70	75～85	≥200	≥5.0	≤0.015
80	90～105	≥280	≥7.0	≤0.015
100	110～130	≥400	≥10.0	≤0.015
130	135～155	≥650	≥16.0	≤0.015
150	160～180	≥800	≥20.0	≤0.015
180	185～205	≥1 100	≥28.0	≤0.015
200	210～230	≥1 500	≥37.0	≤0.015
230	235～255	≥1 700	≥42.0	≤0.015
250	260～280	≥1 800	≥45.0	≤0.015
注：表中基本参数是在气压为(1.50±0.02)MPa 时测得。				

表 4　钻头规格系列

冲击器规格/mm	钻头直径/mm			
70	75	80	85	—
80	90	95	100	105
100	110	115	120	130
130	135	140	145	155
150	160	165	170	180
180	185	190	195	205
200	210	215	220	230
230	235	240	245	255
250	260	265	270	280
注：表中以外规格可按用户要求设计。				

4.3　冲击器与潜孔钻机工作参数的匹配

与冲击器匹配的潜孔钻机工作参数参见附录 A。

5 技术要求

5.1 冲击器应符合本标准的要求,并按照规定程序批准的图样及技术文件制造。

5.2 冲击器后接头螺纹根据用户(钻机)要求确定,优先采用 GB/T 22512.2—2008 中正规型(REG)螺纹,见表 5。

表 5 冲击器后接头螺纹规格

冲击器规格/mm	70、80、100	130	150	180、200	230、250
螺纹规格	$2\frac{3}{8}$	$2\frac{3}{8}$或$2\frac{7}{8}$	$3\frac{1}{2}$	$4\frac{1}{2}$	$5\frac{1}{2}$

5.3 低气压冲击器工作气压在 0.3 MPa、中气压冲击器工作气压在 0.4 MPa、高气压冲击器工作气压在 0.5 MPa 条件下应能起动并连续工作。

5.4 冲击器提起时钻头伸出,活塞自动停止冲击。

5.5 冲击器与钻头连接应可靠,钻头上下活动自如。

5.6 钻头外圈齿孔圆心在同一圆周上,齿孔圆心位置度公差为 0.3 mm,边齿齿侧突出钻头体外应大于 0.5 mm～1.0 mm;同一平面上齿的高差不应大于 0.5 mm。

5.7 在正常作业条件下,冲击器和钻头的使用寿命应分别符合表 6 及表 7 的规定。

表 6 冲击器使用寿命

矿岩性质	使用寿命/m	
	冲击器规格≥150 mm	冲击器规格≤130 mm
f<8(a<300)	≥4 000	≥2 000
f=8～12(a=300～500)	≥3 000	≥1 500
f=12～16(a=500～700)	≥2 000	≥1 000
f>16(a>700)	≥1 000	≥500
注 1:使用寿命主要指冲击器外缸、内缸和活塞寿命; 注 2:a 为岩石凿碎比能,J/cm³。		

表 7 钻头使用寿命

矿岩性质	使用寿命/m	
	钻头直径≥150 mm	钻头直径<150 mm
f<8(a<300)	>350	>250
f=8～12(a=300～500)	>250	>150
f=12～16(a=500～700)	>150	>50
f>16(a>700)	>25	>20
注:a 为岩石凿碎比能,J/cm³。		

6 试验方法

6.1 冲击器的性能试验应在经过鉴定的试验台上进行,试验用设备、仪器、仪表应经过校准,试验时采用专用试验钻头,钻头下应垫一硬度不低于 20 HRC 的金属板,试验过程中轴压的设定以冲击器不离开钻头,钻头不离开金属板为准。为了获得某种型号产品的性能数据,应测量若干台(最少 5 台),然后给出算术平均值。在测试过程中,应保证提供压力稳定的空气源,其压力值按表 1～表 3 的规定。

6.2 冲击能采用测定活塞冲击末速度的方法确定,通过在专用试验钻头上安装传感器或者其他装置,测量活塞冲击钻头时的末速度，并按式(1)计算冲击能：

$$E = \frac{1}{2}mv^2 \qquad \cdots\cdots (1)$$

式中：

E——冲击能，单位为焦耳(J)；

m——活塞质量，单位为千克(kg)，用称重法测得；

v——活塞冲击末速度，单位为米每秒(m/s)。

6.3 输出功率按式(2)计算：

$$P = 10^{-3}Ef \qquad \cdots\cdots (2)$$

式中：

P——输出功率，单位为千瓦(kW)；

E——冲击能，单位为焦耳(J)；

f——冲击频率，单位为赫兹(Hz)。

6.4 在进行6.2试验时，通过记录的波形图计算冲击频率。

6.5 在进行6.2试验时，通过串接在供气管路上的涡街流量计或其他流量装置进行测量。流量测量装置的精度不低于±1.5%。

6.6 单位功率耗气量按式(3)计算。

$$q = \frac{Q}{P} \qquad \cdots\cdots (3)$$

式中：

q——单位功率耗气量，单位为立方米每秒千瓦[$m^3/(s \cdot kW)$]；

Q——耗气量，单位为立方米每秒(m^3/s)；

P——输出功率，单位为千瓦(kW)。

7 检验规则

7.1 检验分类

冲击器和钻头的检验分为出厂检验和型式检验。

7.2 出厂检验

7.2.1 冲击器和钻头应经制造厂质量检验部门检验，所有检验项目合格并附有质量合格证明后方可出厂。

7.2.2 冲击器出厂检验项目见表8，钻头出厂检验项目见表9。

7.2.3 冲击器每批抽检5台，钻头每批抽检10个；冲击器和钻头经检验出现不符合标准情况时，应双倍重检，若还有不合格时，则该批产品为不合格。

7.3 型式检验

下列情况之一，应进行产品型式检验：

a) 新产品或老产品转厂生产的试制产品；

b) 正式生产的产品在结构、材料、工艺有较大的改变，可能影响产品性能时；

c) 产品因故停产2年以上，重新恢复生产时；

d) 出厂检验结果与上次型式试验检验有较大差异时；

e) 正式生产的产品应每三年定期检验；

f) 国家质量监督检验机构提出型式检验要求时。

7.4 冲击器和钻头的使用寿命试验根据需要进行，试验时随机抽取3台冲击器或10个钻头，在现场正常工作气压的情况下检验报废前的平均进尺来确定。

7.5　冲击器型式检验项目见表8。

表8　冲击器出厂检验与型式检验项目

序号	检验项目	技术要求	检验方法	检验类别	
				出厂检验	型式检验
1	冲击器规格	见4.2	常规检验	√	√
2	冲击能	见4.2	常规检验	—	√
3	输出功率	见4.2	见6.3	—	√
4	单位耗气量	见4.2	见6.5,6.6	—	√
5	冲击器后接头螺纹	见5.2	常规检验	√	√
6	起动气压	见5.3	常规检验	√	√
7	冲击器防空打	见5.4	常规检验	√	√
8	冲击器与钻头连接的可靠性和灵活性	见5.5	常规检验	√	√
9	使用寿命	见5.7	见7.4	—	必要时进行现场工业试验
注：表中出厂检验和型式检验(√)为被检验项目。					

7.6　钻头型式检验项目见表9。

表9　钻头出厂检验与型式检验项目

序号	检验项目	技术要求	检验方法	检验类别	
				出厂检验	型式检验
1	钻头直径	见表4	常规检验	√	√
2	齿孔圆心位置度公差	见5.6	常规检验	√	√
3	边齿突出钻头体外尺寸	见5.6	常规检验	√	√
4	寿命	见5.7	见7.4	—	必要时进行现场工业试验
注：表中出厂检验和型式检验(√)为被检验项目。					

7.7　判定规则

7.7.1　冲击器型式检验每批抽检2台，表8检验项目中序号第2,3,4,7项中有任意一项不合格或序号第1,6,8项中有任意两项不合格，则判定该台产品不合格。2台中出现1台不合格时，则加倍抽检，若4台中还有1台或1台以上不合格则判定该批产品不合格。

7.7.2　钻头型式检验每批抽检5个，表9检验项目中序号第4项不合格或序号1,2,3项中有任意两项不合格，则判定该个产品不合格。5个中出现1个不合格时，则加倍抽检，若10个中还有1个或1个以上不合格则判定该批产品不合格。

8　标志、包装、运输和贮存

8.1　冲击器主要零部件和钻头应在明显处打上标记，标明出厂批号和日期。

8.2　冲击器后接头螺纹和突出钻头柄体外的配气管应加保护罩。

8.3　产品包装应符合JB/T 7302的规定，包装箱应满足陆路、水路运输的要求。

8.4　包装箱应标明下列内容：

a)　收货站及收货单位名称；

b） 发货站及发货单位名称；

c） 合同号、产品名称及型号；

d） 毛重、净重、箱号及外形尺寸；

e） 储运图示标志及起吊作业标记。

8.5 随同产品供应的技术文件应包括：装箱单、产品合格证、产品使用说明书。

8.6 产品应贮存在干燥场所，贮存期超过 6 个月应进行防锈检查，并按 JB/T 3576 要求进行防锈处理。

附　录　A
（资料性附录）
冲击器与潜孔钻机工作参数匹配表

A.1　与冲击器匹配的潜孔钻机工作参数应符合表A.1的规定。

表A.1　冲击器与潜孔钻机工作参数匹配表

冲击器规格/mm	钻机工作参数		
	轴压(包括自重)/N	旋转速度/(r/min)	钻杆直径/mm
70、80、100	2 000～5 000	30～50	55～89
130	4 000～10 000	25～40	89～114
150、180	7 000～17 000	20～30	121～140
200、230	10 000～22 000	10～20	168
250	15 000～30 000	8～15	219

ICS 13.220.20
C 82

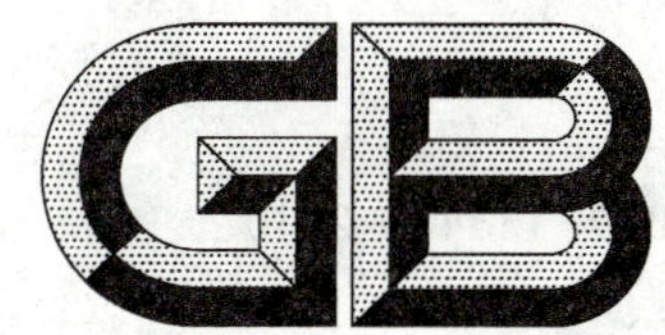

中华人民共和国国家标准

GB/T 13347—2010
代替 GB 13347—1992

石油气体管道阻火器

Flame arresters for petroleum gas pipeline systems

2011-01-14 发布　　2011-06-01 实施

中华人民共和国国家质量监督检验检疫总局
中国国家标准化管理委员会　发布

前　言

本标准按照 GB/T 1.1—2009 给出的规则起草。

本标准代替 GB 13347—1992《石油气体管道阻火器阻火性能和试验方法》。本标准与 GB 13347—1992 相比，除编辑性修改外主要技术变化如下：

——标准性质由强制性改为推荐性；

——标准名称改为"石油气体管道阻火器"；

——删除规范性引用文件 GB 979、GB 1336、GB 9112、JB 2759，增加规范性引用文件 GB/T 3181、GB 3836.2、GB/T 7306.1、GB/T 7306.2、GB/T 9969、GB/T 13306；

——增加了术语和定义、型号编制方法、分类和基本参数、产品合格证及使用说明书编写要求(见第 3 章、第 4 章、第 5 章和第 10 章)；

——增加了阻火器外观、耐腐蚀性能、密封性能、压力损失与通气量的要求和相应的试验方法(见第 6 章、第 7 章)；

——修改了阻火器的检验规则、标志、包装、运输和储存要求(见第 8 章、第 9 章，1992 年版的第 5 章、第 6 章)；

——增加了规范性附录"阻火器试验程序及取样数量"(见附录 A)；

——增加了资料性附录"阻火器试验气体及浓度"(见附录 B)。

请注意本文件的某些内容可能涉及专利。本文件的发布机构不承担识别这些专利的责任。

本标准由中华人民共和国公安部提出。

本标准由全国消防标准化技术委员会固定灭火系统分技术委员会(SAC/TC 113/SC 2)归口。

本标准起草单位：公安部天津消防研究所、中国科技大学、胜利油田胜利动力机械集团、启东混合器厂有限公司、西安中油石化设备厂、江苏启东海鹰冶金机械厂。

本标准主要起草人：高云升、刘连喜、周凯元、董海斌、盛彦锋、卢政强、马晓钟、黄维贤、杨静、杨裕能。

本标准所代替标准的历次版本发布情况为：

——GB 13347—1992。

石油气体管道阻火器

1 范围

本标准规定了石油气体管道阻火器的术语和定义、型号编制方法、分类和基本参数、要求、试验方法、检验规则、标志、包装、运输和储存、产品合格证及使用说明书编写要求。

本标准适用于安装在石油气体管道上的干式阻火器(以下简称阻火器)。其他阻火器产品可参照采用。

2 规范性引用文件

下列文件对于本文件的应用是必不可少的。凡是注日期的引用文件,仅注日期的版本适用于本文件。凡是不注日期的引用文件,其最新版本(包括所有的修改单)适用于本文件。

GB/T 3181—2008 漆膜颜色标准

GB 3836.2 爆炸性气体环境用电气设备 第2部分:隔爆型"d"

GB/T 7306.1 55°密封管螺纹 第1部分:圆柱内螺纹与圆锥外螺纹

GB/T 7306.2 55°密封管螺纹 第2部分:圆锥内螺纹与圆锥外螺纹

GB/T 9969 工业产品使用说明书 总则

GB/T 13306 标牌

3 术语和定义

下列术语和定义适用于本文件。

3.1

管道阻火器 pipeline flame arrester

安装在输送可燃气体管道中,阻止传播火焰(爆燃或爆轰)通过的装置,由阻火芯、阻火器外壳及附件构成。

3.2

阻爆燃型阻火器 deflagration flame arrester

能阻止爆燃传播的阻火器。爆燃是指以热传导和扩散方式、相对于前方介质以亚音速传播的燃烧反应形式。

3.3

阻爆轰型阻火器 detonation flame arrester

能阻止爆轰传播的阻火器。爆轰是以激波压缩方式、相对于前方介质以超音速传播的燃烧反应形式。

3.4

耐烧型阻火器 endurance burning flame arrester

在耐烧过程中及耐烧后能阻止火焰传播的阻火器。

3.5

最大试验安全间隙 maximum experimental safety gap

MESG

在标准试验条件下(0.1 MPa,20 ℃),刚好使火焰不能通过的狭缝宽度(狭缝长为25 mm)。

注:MESG的定义是国际统一的,取自标准的MESG试验装置。

3.6

稳定燃烧　steady burning

在阻火元件表面或靠近阻火元件表面位置稳定燃烧，10 min 内保护侧阻火元件温升不超过 10 ℃。

3.7

稳定爆轰　stable detonation

爆轰在限定的系统中稳定传播，波面压力及传播速度没有明显变化，并且爆轰波相对于其波后方的介质以声速传播。

注：在大气环境下，如果采用本标准规定的试验气体及试验程序，那么稳定爆轰的速度范围为 1 400 m/s～2 400 m/s。

3.8

极限阻火速度　maximum velocity of preventing flame transmission

阻火器在给定的试验条件下所能阻止的最快火焰速度。

3.9

安全阻火速度　safety velocity of preventing flame transmission

阻火器在给定的试验条件下所能安全阻火的速度，通过极限阻火速度以及相应的安全系数(76.92%)确定。

3.10

介质最高工作压力　maximum working pressure of medium

使用介质在相应温度范围内所能达到的最高工作压力。

4　型号编制方法

阻火器按以下方法进行型号编制。

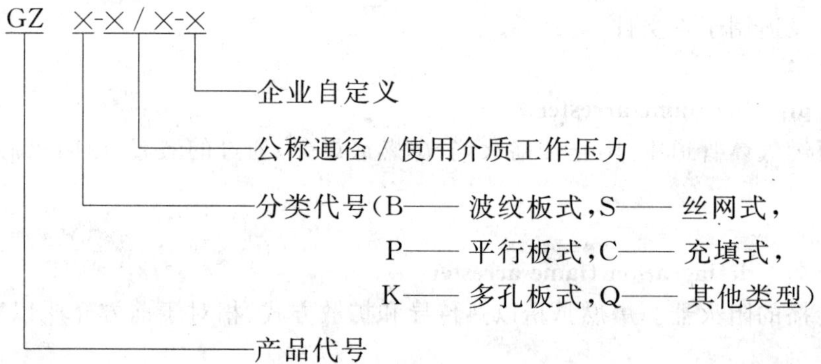

示例：公称通径为 100 mm、使用介质工作压力 0.1 MPa 的波纹板式阻火器表示为 GZB-100/0.1-X。

5　分类和基本参数

5.1　按阻火器阻火芯的结构可分为：

a)　波纹板式；

b)　金属丝网式；

c)　平行板式；

d)　充填式；

e)　多孔板式。

5.2　按阻火器阻火性能可分为：

a) 阻爆燃型阻火器；

b) 阻爆轰型阻火器；

c) 耐烧型阻火器。

5.3 按阻火器适用气体介质分为：

a) 适用于ⅡA1 级(MESG≥1.14 mm)气体的阻火器；

b) 适用于ⅡA 级(MESG>0.9 mm)气体的阻火器；

c) 适用于ⅡB1 级(MESG≥0.85 mm)气体的阻火器；

d) 适用于ⅡB2 级(MESG≥0.75 mm)气体的阻火器；

e) 适用于ⅡB3 级(MESG≥0.65 mm)气体的阻火器；

f) 适用于ⅡB 级(MESG≥0.5 mm)气体的阻火器；

g) 适用于ⅡC 级(MESG<0.5 mm)气体的阻火器。

5.4 本标准规定阻火器的工作参数为：使用介质工作压力范围 0.08 MPa～0.16 MPa，使用介质工作温度范围－20 ℃～＋150 ℃。

6 要求

6.1 外观

6.1.1 阻火器各构成部件应无明显加工缺陷或机械损伤，内表面应进行防腐蚀处理，防腐涂层应完整、均匀。

6.1.2 阻火器外壳表面应喷涂 GB/T 3181—2008 中表 2 给出的 R03 大红漆。涂层质量应完整、均匀、无裂纹。

6.1.3 标牌应牢固地设置在阻火器的明显部位，标牌内容符合 9.1 的规定。

6.1.4 在阻火器的明显部位应永久性标出介质流动方向。

6.2 材料

6.2.1 阻火器壳体宜采用碳素钢制造，其性能应符合相关国家标准的规定，也可采用机械强度和耐腐蚀性能满足本标准要求的其他金属材料。

6.2.2 阻火芯宜采用不锈钢制造，其性能应符合相关国家标准的规定，也可采用机械强度和耐腐蚀性能满足本标准要求的其他金属材料。

6.2.3 阻火器内部及连接处的垫片不得使用动物或植物纤维等可燃材料。

6.3 耐腐蚀性能

6.3.1 耐盐雾腐蚀性能

按 7.3 规定的方法进行盐雾腐蚀试验，阻火器外壳不应有明显的腐蚀损坏。

6.3.2 耐二氧化硫腐蚀性能

按 7.4 规定的方法进行二氧化硫腐蚀试验，阻火器外壳不应有明显的腐蚀损坏。

6.4 强度要求

按 7.5 规定的方法进行阻火器强度试验，阻火器不应出现渗漏、裂痕或永久变形。

试验压力为 10 倍介质最高工作压力，压力保持时间为 5 min。

6.5 密封要求

按 7.6 规定的方法进行阻火器密封试验，阻火器不应出现泄漏。

试验压力为1.1倍介质最高工作压力，压力保持时间为5 min。

6.6 阻爆性能(包括阻爆轰及阻爆燃)

阻爆性能应满足a)或b)的规定：

a) 按7.7.1规定的方法进行阻爆试验，阻火器应每次都能阻火。试验后外壳不应出现永久变形及损坏。阻火速度不应低于生产单位公布值。

b) 按7.7.2规定的方法进行阻爆试验，采用生产单位规定的适用介质(适用介质分类见5.3)进行试验，阻火器应每次都能阻火。试验后外壳应不出现永久变形及损坏。

6.7 耐烧性能

按7.8规定的方法进行耐烧试验，耐烧型阻火器应能经受2 h耐烧，试验过程中应无回火现象。

6.8 连接形式

6.8.1 阻火器的连接形式宜为法兰连接，连接法兰应符合相关标准的规定。公称直径小于或等于25 mm时，也可采用螺纹连接，连接螺纹应符合GB/T 7306.1或GB/T 7306.2的规定。

6.8.2 阻火器壳体上连接部分隔爆接合面的间隙要求应符合GB 3836.2的规定。

6.9 压力损失与通气量

按7.9规定的方法进行压力损失与通气量试验，阻火器的气体流量-压力损失与生产单位合格证上公布值偏差不应超过±10%。阻火器的通气量不应小于合格证上公布值。

7 试验方法

7.1 试验条件

除另行注明外，本章规定的试验应在正常大气条件下进行，即：

a) 环境温度：-10 ℃～+35 ℃；

b) 相对湿度：45%～75%；

c) 大气压力：86 kPa～106 kPa。

7.2 外观材料和连接形式检验

对照委托方提供的材质单、设计图等相关技术文件资料，采用目测或用通用量器具测量的方法，验证被测阻火器的外观、材料和连接形式并记录结果。

7.3 盐雾腐蚀试验

试验在喷雾式盐雾腐蚀箱中进行。试验用盐水溶液质量浓度为20%，密度为1.126 g/cm^3～1.157 g/cm^3。

将样品清除油渍后，按正常使用位置放置在腐蚀箱中间部位。腐蚀箱温度控制在35 ℃±2 ℃。从被测样品上滴下的溶液不能循环使用。在腐蚀箱内至少应从两处收集盐雾，以调节试验过程中的喷雾速率和试验用盐水溶液的浓度，每80 cm^{2}的收集面积，连续收集16 h，每小时收集1.0 mL～2.0 mL盐溶液，其质量浓度应为19%～21%。

试验周期10 d，连续喷雾。试验结束后，将样品用清水清洗并置于温度20 ℃±5 ℃、相对湿度不超过70%的环境中自然干燥7 d，检查并记录样品的腐蚀情况。

7.4 二氧化硫腐蚀试验

试验在化工气体腐蚀试验装置中进行。试验装置内按体积比每24 h加入1%的二氧化硫气体。放置在试验装置底部的平底大口器皿中注入足够的蒸馏水，靠自然挥发形成潮湿的环境，试验装置内温度保持在 45 ℃±2 ℃。

将样品清除油渍后，按正常使用位置悬挂在试验装置的中间部位，试验装置顶部凝聚的液滴不得滴在样品上。试验周期 16 d，试验结束后，将样品置于温度 20 ℃±5 ℃、相对湿度不超过 70%的环境中自然干燥 7 d，检查并记录样品的腐蚀情况。

试验所用的二氧化硫气体亦可每天在试验装置内由 $Na_2S_2O_3 \times 5H_2O$ 溶液和稀硫酸反应制取。

7.5 强度试验

7.5.1 液压强度试验装置用液压源应具备消除压力脉冲的稳压功能，压力测量仪表的精度不低于 1.5 级，试验装置的升压速率应在使用压力范围内可调。

7.5.2 将被测阻火器进口与液压强度试验装置相联，排除连接管路和阻火器腔内空气后，封闭阻火器出口。压力应在 20 s 内匀速增加至试验压力，保持压力 5 min 后泄压，检查并记录样品外观损坏或渗漏情况。

7.6 密封试验

将被检样品进口与气压源相联，封闭样品其他出口，缓慢升压至试验压力。将样品浸入水中，样品至液面深度不小于 0.3 m，在规定的压力保持时间内检查并记录样品泄漏情况。

7.7 阻爆试验

7.7.1 安全阻火速度试验

7.7.1.1 试验装置见图 1，两侧管端用盲板密封。应采用安装在侧壁上的火花塞作点火源。

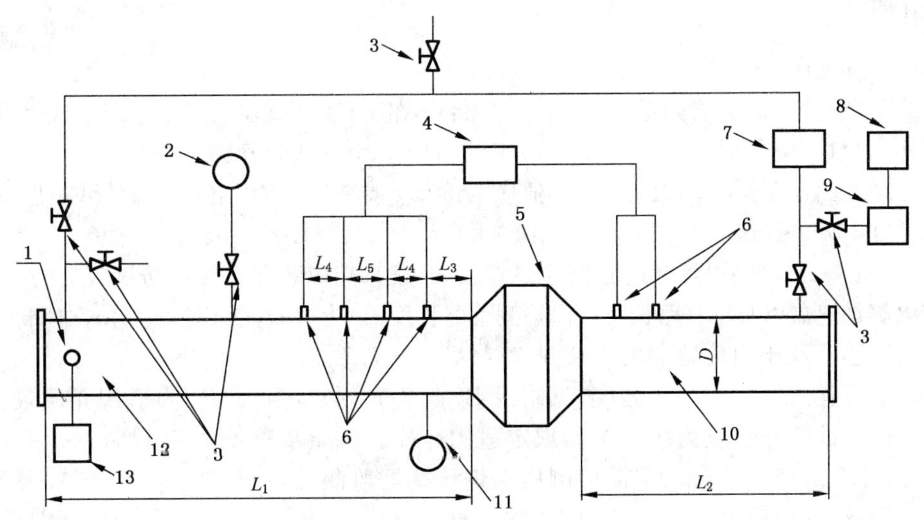

说明：

1——火花塞；
2——真空压力计；
3——阀门；
4——数据采集处理系统；
5——待测阻火器；
6——火焰传感器；
7——循环泵；
8——可燃气源；
9——流量计；
10——保护侧管段；
11——压力传感器；
12——引爆侧管段；
13——起爆器；
L_1——引爆侧管段长度；
L_2——保护侧管段长度；
L_3——引爆侧最近端火焰传感器与阻火器端面距离；
L_4——两端火焰传感器与其相邻火焰传感器距离；
L_5——中间相邻两只火焰传感器之间的距离；
D——试验管路公称直径。

图 1 阻爆试验装置示意图

7.7.1.2　试验管路的规格应与阻火器规格一致。引爆侧管段和保护侧管段长度 L_1 和 L_2 应根据管径和待测阻火器设计阻火速度值设置。如果因为保护侧管段长度不够而影响火焰速度的提高，可以将尾端打开再点火起爆。为了增大火焰加速度，允许在火焰引爆侧设置扰动装置。

7.7.1.3　在引爆侧应安装 4 支火焰传感器及一支压力传感器（频率≥100 kHz）监测阻火速度及爆轰压力。其中，L_3＝200 mm±50 mm；L_4≥3D 且不小于 100 mm；L_5≥500 mm。阻火器端面距最远端传感器的距离不小于 30D。

7.7.1.4　压力应通过安装在引爆侧的压力传感器（频率≥100 kHz）测量，传感器的安装位置距阻火器接口的长度应为 200 mm±50 mm。

7.7.1.5　打开空气阀门，开启循环泵，清扫试验管段内的气体。关闭空气阀门，向试验装置内通入试验气体（参见附录 B）直至 P_i≥P_0 为止（P_0 为适用介质最高工作压力的生产单位公布值）。开启起爆器，点燃预混气。共进行 13 次连续试验。在保护侧用火焰传感器监测是否成功阻火，所有 13 次阻火试验应全部阻火成功。每次试验的火焰速度值不低于设计的安全阻火速度值。

7.7.1.6　在连续 13 次试验中，有一次火焰速度小于安全阻火速度生产单位设计值，则应补做试验，使火焰速度大于或等于安全阻火速度生产单位设计值，否则安全阻火速度值应降低到 13 次试验中火焰速度最小的值。若连续 13 次试验中有一次阻火失败，并且火焰速度接近设计的安全阻火速度值，则认为该阻火器阻火性能不合格。

7.7.1.7　试验应记录如下数据：

a)　最大爆炸压力；

b)　试验管路规格；

c)　试验介质；

d)　试验介质浓度。

7.7.2　适用介质试验

7.7.2.1　试验装置见图 1，试验程序见 7.7.1。

7.7.2.2　对于爆燃试验：试验管路的规格应与阻火器规格一致。试验管路管长 L_1 应不小于 10D 且不超过 50D（碳氢化合物/空气混合气体-ⅡA、ⅡB1、ⅡB2、ⅡB3）；试验管路管长 L_1 应不小于 10D 且不超过 30D（氢气/空气混合气体-ⅡB、ⅡC）。L_1 值应为 50D（碳氢化合物/空气混合气体-ⅡA、ⅡB1、ⅡB2、ⅡB3）；L_2 值应为 30D（氢气/空气混合气体-ⅡB、ⅡC）。

7.7.2.3　对于稳定爆轰试验：引爆侧的管路应足够长，并且管端应装配盲板或防爆容器（安装点火源）。管路中还应安装火焰加速器以减小管路长度。保护侧管路长度 L_2 为 10D，且不小于 3 m。管端应能耐受爆轰。

7.7.2.4　火焰传感器及压力传感器的安装见 7.7.1.3 与 7.7.1.4。

7.7.2.5　向试验装置内通入试验气体（参见附录 B）直至 P_i≥P_0 为止（P_0 为适用介质最高工作压力的生产单位公布值）。试验介质应为生产单位规定适用介质。试验步骤见 7.7.1.5。

7.7.2.6　共进行 13 次连续试验。在保护侧用火焰传感器监测是否成功阻火，所有 13 次阻火试验应全部阻火成功。试验记录应符合 7.7.1.7 的规定。

7.8　耐烧试验

7.8.1　试验用气体的要求参照附录 B 的规定。

7.8.2　耐烧试验装置示意图见图 2，应包括能连续供给试验介质的动态配气系统。

7.8.3　被测阻火器应竖立放置，由动态配气系统供给试验介质，在被测阻火器出口点燃。

7.8.4　在规定的丙烷体积浓度范围内微量调节混合气比例，使丙烷燃烧充分。

7.8.5　采用流量计测量流量，安装两只温度传感器用于测量温度。

7.8.6　保护侧温度传感器安装位置如下：在保护侧能显示实验室温度，引爆侧温度传感器用于监测稳定燃烧。

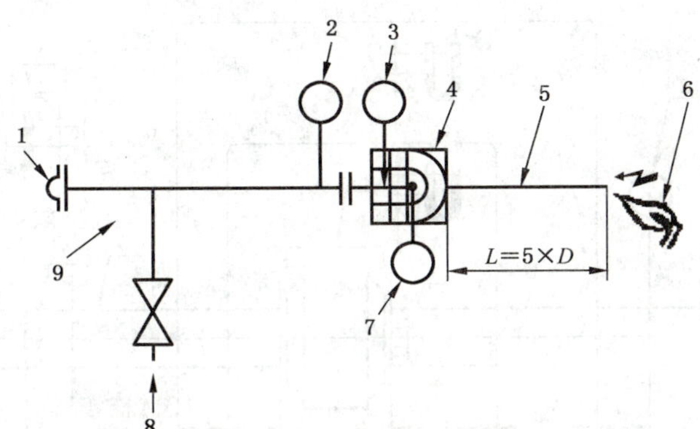

说明：

1——爆破膜；

2——火焰探测器；

3——温度传感器；

4——被测阻火器；

5——出口管路；

6——点火装置；

7——温度传感器；

8——气源；

9——入口管路；

L——阻火器出口端连接管路长度；

D——试验管路公称直径。

图 2 耐烧试验装置示意图

7.8.7 试验气体流量通过计算得到，单位面积阻火孔的个数及尺寸计算阻火元件引爆侧的开口面积，假设均衡流速为 $0.75V_1$，则临界流量 V_c 按公式(1)计算：

$$V_c = 0.75 \times A_0 \times V_1 \quad \cdots\cdots\cdots\cdots (1)$$

式中：

V_c——临界流量，单位为立方米每小时(m^3/h)；

A_0——阻火元件引爆侧的开口面积，单位为平方毫米(mm^2)；

V_1——燃烧速度，对于ⅡA，$V_1=0.5$ m/s；ⅡB，$V_1=0.8$ m/s；对于ⅡC，$V_1=3.0$ m/s。

7.8.8 对于不可测阻火元件，临界流量可采用同样的原理计算。可按公式(2)计算 A_0：

$$A_0 = R_u \times A_t \quad \cdots\cdots\cdots\cdots (2)$$

式中：

R_u——阻火元件自由体积与总体积的比值；

A_t——阻火元件引爆侧的横截面积，单位为平方毫米(mm^2)。

7.8.9 进行如下初步测试确定临界流量：连续稳定燃烧后，直至保护侧温度传感器指示温升为 20 ℃，然后关闭气源。记录从稳定燃烧至温升为 20 ℃的时间。

分别在 V_c、$0.5V_c$、$1.5V_c$ 进行试验，每次试验在环境条件下进行。如果在 V_c 流量下在最短时间内产生 20 ℃温升，那么 $V_m=V_c$；如果在 V_c 流量下没有在最短时间内产生 20 ℃温升，那么分别在 $0.5V_c$ 和 $1.5V_c$ 再进行两次试验，V_m 是在所有 5 次试验中在最短时间内产生 20 ℃温升的流量值。确定 V_m 过程中可能更换阻火元件，如果已经更换，那么应在 V_m 流量下进行测试，采用最初爆燃爆轰测试时用的阻火元件。

保持混合气浓度及流量 V_m(1±5 %)，直至保护侧温度传感器显示稳定的温度。10 min 内保护侧温升不应超过 10 ℃。如果达到稳定温度且连续燃烧 2 h，然后关闭气源。

7.8.10 查看并记录试验过程中及气源关闭时的火焰探测器指示是否发生回火。

7.9 压力损失、通气量试验

7.9.1 压力损失和通气量试验采用风机来提供风源，试验装置示意图见图 3。试验装置试验管内径 d 应与阻火器的公称通径相等，且其内壁表面应平整光滑，系统的各连接处不应有泄漏现象。

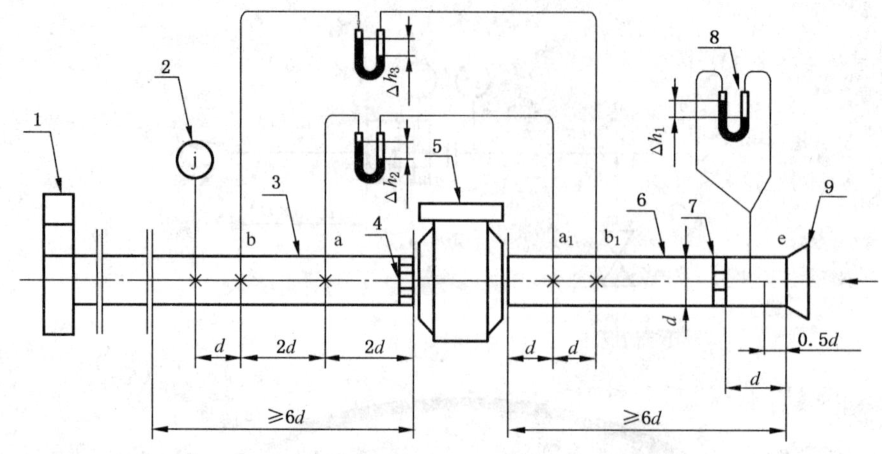

说明：

1——风机；
2——温度计；
3——出气试验管；
4——出气整流栅；
5——被测阻火器；
6——进气试验管；
7——进气整流栅；
8——皮托管；
9——集流器；
d——试验管内径；
Δh_1——试验管路内气体动压；
Δh_2——a～a_1 段的压差；
Δh_3——b～b_1 段的压差。

图 3　压力损失和通气量试验装置示意图

7.9.2　进气口端部以试验管(断面内径为 d)的中心起算 1.5d 范围内不得有障碍物。

7.9.3　在试验管同一截面的圆周上，垂直于管壁钻四个均匀分布的 ϕ2 mm～ϕ3 mm 的测压孔，其孔的周围应平整无毛刺，在管路的外壁面的静压孔处应焊接便于连接的短导管，导管的内径应大于测量静压孔径的 2 倍以上，四点静压孔接头应分别单独和压力计相连接，所测得的四点静压算术平均值为该截面上的平均静压。

7.9.4　集流器可以是圆弧形或锥形，其外形及尺寸如图 4，其内壁表面须平整光滑，表面粗糙度 Ra 值应不大于 3.2 μm。

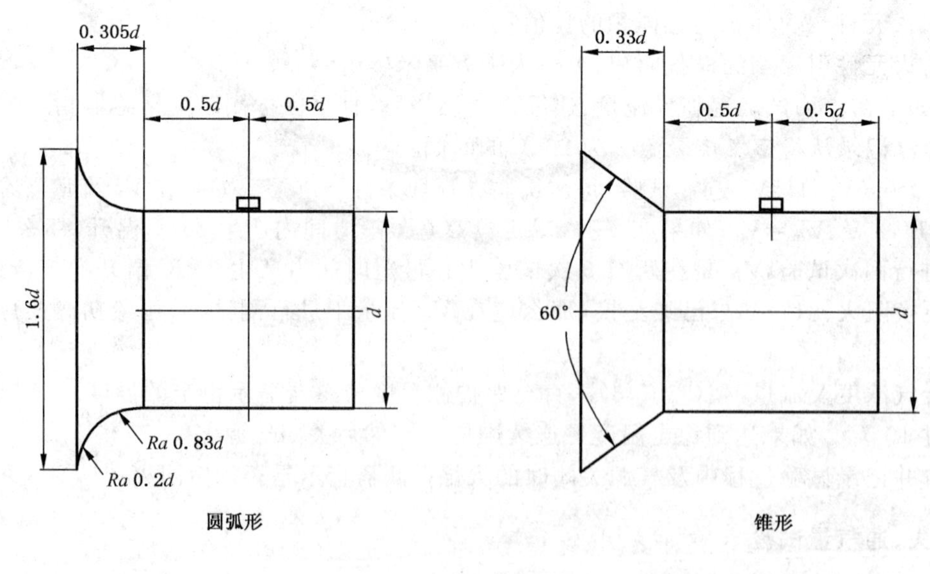

说明：

d——试验管内径；
Ra——表面粗糙度。

图 4　集流器外形尺寸

7.9.5 进气整流栅和出气整流栅的外形尺寸如图 5,进、出气整流栅隔板厚度 $\delta=0.012d\sim0.015d$,出气整流栅隔板间距 $b=0.08d\sim0.75d$。

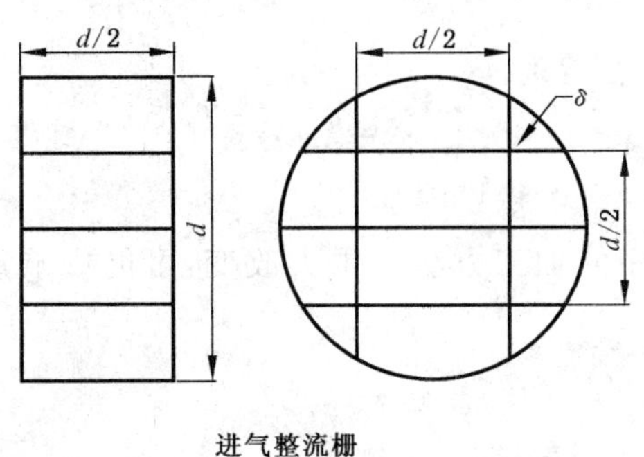

进气整流栅

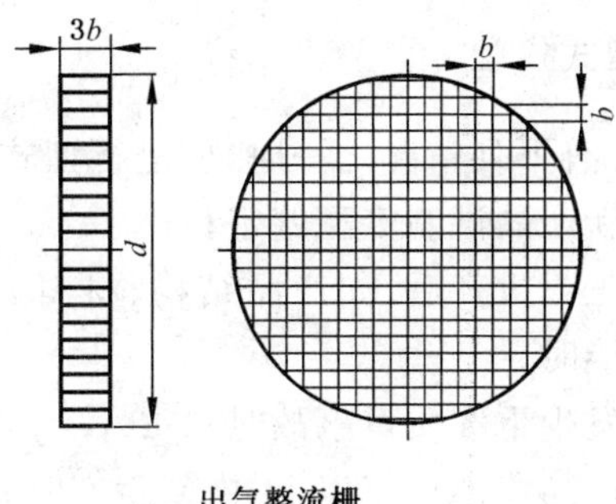

出气整流栅

说明:

b ——出气整流栅隔板间距;

d ——试验管内径;

δ ——进、出气整流栅隔板厚度。

图 5 进气整流栅和出气整流栅外形尺寸

7.9.6 可以选用 U 形压力计,其玻璃管的内径应均匀,一般为 6 mm～10 mm,长度随所测压力大小确定。

7.9.7 阻火器的阻火芯应清理干净后安装在阻火器上,再进行试验,试验介质从阻火器入口端进入。

7.9.8 试验介质所用空气的绝对压力为 0.1 MPa,温度为 20 ℃,相对湿度为 50%,密度为 1.2 kg/m^3,若空气不是此状态时,应换算成此状态气体。

7.9.9 在进气口附近用压力计,温度计和干湿球温度计测定空气状态。

7.9.10 启动电机使风机运转,调节阀门实现流量的调节,压力计的液面稳定后读数(Δh_2,Δh_3)每分钟读值一次,共读三次,取平均值,按公式(3)计算压力损失。

$$\delta_p = 2\times\Delta h_2 - \Delta h_3 \qquad (3)$$

式中:

δ_p ——压力损失,单位为帕(Pa);

Δh_2——$a\sim a_1$ 段的压差,单位为帕(Pa);

Δh_3——$b\sim b_1$ 段的压差,单位为帕(Pa)。

7.9.11 e 点的压力计的液面稳定后读数(Δh_1),每分钟读值一次,共读三次,取平均值,按公式(4)计算通气量。

$$Q = 3\,600\times\phi\times S\times\sqrt{\frac{2\Delta h_2}{\rho}} \qquad (4)$$

式中:

Q ——通气量,单位为立方米每小时(m^3/h);

S ——试验管内径截面积,单位为平方毫米(m^2);

ϕ ——集流器系数,锥形 $\phi=0.98$,圆弧形 $\phi=0.99$;

Δh_1——试验管内气体动压,单位为帕(Pa);

ρ ——试验状况下空气密度,单位为千克每立方米(kg/m^3)。

8 检验规则

8.1 检验分类与项目

8.1.1 型式检验

8.1.1.1 有下列情况之一时,应进行型式检验:

a) 新产品试制定型鉴定;

b) 正式投产后,如产品结构、材料、工艺、关键工序的加工方法有重大改变,可能影响产品的性能时;

c) 发生重大质量事故时;

d) 产品停产一年以上,恢复生产时;

e) 质量监督机构提出要求时。

8.1.1.2 产品型式检验项目应按表1的规定进行。

8.1.2 出厂检验

产品出厂检验项目应按表1的规定进行。

8.2 试验程序

试验程序按附录A的规定进行。

8.3 抽样方法

采用一次性随机抽样,样品数量符合附录A的规定。

8.4 检验结果判定

8.4.1 型式检验

型式检验项目全部合格,该产品为合格。出现A类项目不合格,则该产品为不合格;B类项目不合格数大于等于2,该产品为不合格。

8.4.2 出厂检验

出厂检验项目全部合格,该产品为合格。

出现A类项目不合格,则该产品为不合格;出现B类项目不合格,允许加倍抽样检验,仍有不合格项,该产品为不合格。

表1 型式检验项目、出厂检验项目及不合格类别

名称	检验项目	条款号	型式检验项目	出厂检验项目		不合格类别	
				全检	抽检	A类	B类
阻火器	外观	6.1	★	★	—	—	★
	材料	6.2	★	★	—	—	★
	耐盐雾腐蚀性能	6.3.1	★	—	—	—	★
	耐二氧化硫腐蚀性能	6.3.2	★	—	—	—	★

表 1（续）

名称	检验项目	条款号	型式检验项目	出厂检验项目		不合格类别	
				全检	抽检	A类	B类
阻火器	强度要求	6.4	★	★	—	★	—
	密封要求	6.5	★	★	—	★	—
	阻爆性能	6.6	★	—	—	★	—
	耐烧性能	6.7	★	—	—	★	—
	连接形式	6.8	★	★	—	—	★
	压力损失、通气量	6.9	★	—	★	—	★

9 标志、包装、运输和储存

9.1 标志

在阻火器明显部位设置标牌，标牌应符合 GB/T 13306 的规定，并标示以下内容：

a) 名称；

b) 型号和规格；

c) 连接法兰的公称压力；

d) 制造厂名或商标；

e) 制造日期和出厂编号；

f) 产品执行标准代号。

9.2 包装

9.2.1 阻火器在包装箱应单独固定。

9.2.2 产品包装中应附有使用说明书和合格证。

9.2.3 在包装箱外应标明放置方向、堆放件数限制、贮存防护条件等。

9.3 运输

运输过程中，应防雨减震，装卸时防止撞击。

9.4 储存

应存放在通风、干燥的库房内，避免与腐蚀性物质共同贮存。

10 产品合格证及使用说明书编写要求

10.1 产品合格证

每个阻火器均应附有产品合格证，注明以下内容：

a) 产品名称；

b) 材质；

c) 型号和规格；

d) 气体流量-压力降曲线；
e) 产品阻火性能——安全阻火速度或产品适用气体介质；
f) 制造厂名或商标；
g) 出厂日期和出厂编号。

10.2 使用说明书编写要求

编写使用说明书应符合 GB/T 9969 的规定，并包括下列内容：

a) 产品简介（工作原理）；
b) 产品主要性能参数；
c) 产品示意图；
d) 产品的型号规格、安装使用及维护说明、注意事项；
e) 售后服务；
f) 制造单位名称、详细地址、邮编和电话。

附　录　A
（规范性附录）
阻火器试验程序及取样数量

A.1　试验程序说明

A.1.1　试验序号如下：

1）　外观(7.2)；
2）　材料(7.2)；
3）　盐雾腐蚀试验(7.3)；
4）　二氧化硫腐蚀试验(7.4)；
5）　强度试验(7.5)；
6）　密封试验(7.6)；
7）　阻爆试验(7.7)；
8）　耐烧试验(7.8)；
9）　连接形式(7.2)；
10）　压力损失试验(7.9)。

A.1.2　说明如下：

a）　上述试验序号在图 A.1 中用方框中的数字表示；
b）　圆圈中的数字为试验所需的样品数。

A.2　试验程序图

试验程序图见图 A.1。

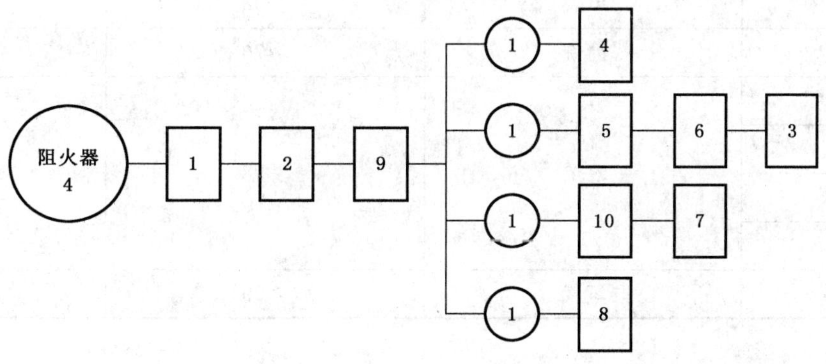

图 A.1　阻火器试验程序图

附 录 B
（资料性附录）
阻火器试验气体及浓度

阻火器进行阻爆燃、阻爆轰试验时，试验用混合气体及浓度参见表 B.1 的规定。阻火器进行耐烧试验时，试验用混合气体及浓度参见表 B.2 的规定。

表 B.1 阻爆燃、阻爆轰试验用混合气体及浓度

<table>
<tr><th rowspan="2">等级</th><th rowspan="2">MESG 值/mm</th><th colspan="4">试验气体要求</th></tr>
<tr><th>气体</th><th>气体纯度(体积分数)/%</th><th>气体含量(体积分数)/%</th><th>安全间隙/mm</th></tr>
<tr><td>ⅡA1</td><td>≥1.14</td><td>甲烷</td><td>≥98</td><td>8.4±0.2</td><td>1.16±0.02</td></tr>
<tr><td>ⅡA</td><td>≥0.90</td><td>丙烷</td><td>≥95</td><td>4.2±0.2</td><td>0.94±0.02</td></tr>
<tr><td>ⅡB1[a]</td><td>≥0.85</td><td rowspan="3">乙烯</td><td rowspan="3">≥98</td><td>5.0±0.1</td><td>0.83±0.02</td></tr>
<tr><td>ⅡB2</td><td>≥0.75</td><td>5.5±0.1</td><td>0.73±0.02</td></tr>
<tr><td>ⅡB3</td><td>≥0.65</td><td>6.5±0.5</td><td>0.67±0.02</td></tr>
<tr><td>ⅡB[a]</td><td>≥0.50</td><td>氢气</td><td>≥99</td><td>45.0±0.5</td><td>0.48±0.02</td></tr>
<tr><td>ⅡC</td><td>≥0.50</td><td>氢气</td><td>≥99</td><td>28.5±2.0</td><td>0.31±0.02</td></tr>
<tr><td colspan="6">[a] 如果管路管径很小，那么很难得到稳定爆轰。所以试验应采用 MESG 较小的混合气体。</td></tr>
</table>

表 B.2 耐烧试验用混合气体及浓度

<table>
<tr><th rowspan="2">等 级</th><th colspan="3">试验气体要求</th></tr>
<tr><th>气 体</th><th>气体纯度(体积分数)/%</th><th>气体含量(体积分数)/%</th></tr>
<tr><td>ⅡA1</td><td>甲烷</td><td>≥98</td><td>9.5±0.2</td></tr>
<tr><td>ⅡA</td><td>丙烷</td><td>≥70</td><td>2.1±0.2</td></tr>
<tr><td>ⅡB1</td><td rowspan="4">乙烯</td><td rowspan="4">≥98</td><td rowspan="4">6.6±0.3</td></tr>
<tr><td>ⅡB2</td></tr>
<tr><td>ⅡB3</td></tr>
<tr><td>ⅡB</td></tr>
<tr><td>ⅡC</td><td>氢气</td><td>≥99</td><td>28.5±2.0</td></tr>
</table>

ICS 75.100
E 34

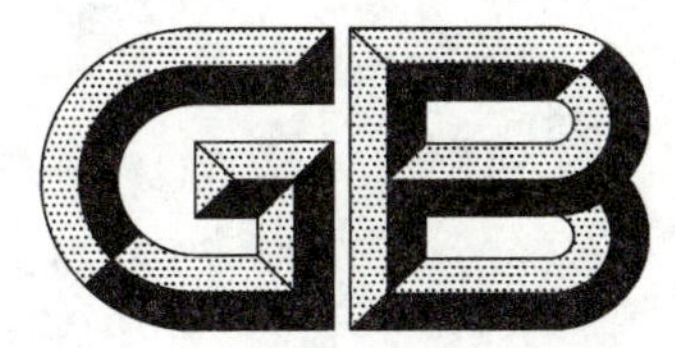

中华人民共和国国家标准

GB/T 13377—2010
代替 GB/T 2540—1981，GB/T 13377—1992

原油和液体或固体石油产品　密度或相对密度的测定　毛细管塞比重瓶和带刻度双毛细管比重瓶法

Crude petroleum and liquid or solid petroleum products—Determination of density or relative density—Capillary stoppered pyknometer and graduated bicapillary pyknometer methods

(ISO 3838:2004，MOD)

2011-01-10 发布　　2011-05-01 实施

中华人民共和国国家质量监督检验检疫总局
中国国家标准化管理委员会　发布

前　言

本标准修改采用国际标准 ISO 3838:2004《原油和液体或固体石油产品　密度或相对密度的测定　毛细管塞比重瓶和带刻度双毛细管比重瓶法》(英文版)。

本标准根据 ISO 3838:2004 重新起草。

为适合我国国情,本标准在采用 ISO 3838:2004 时进行了修改。本标准与 ISO 3838:2004 的主要技术差异及其原因如下:

——关于规范性引用文件,本标准作了具有技术性差异的调整,以适应我国的技术条件,调整的情况集中反映在第 2 章"规范性引用文件"中,具体调整如下:
- 用 GB/T 514 代替了 ISO 653(见 5.4),在 GB/T 514 中规定使用的温度计与 ISO 653 的规定无技术差别;
- 用 GB/T 8017 代替了 ISO 3007(见 1.2);
- 用非等效采用国际标准的 GB/T 17291 代替了 ISO 5024(见 10.2.1)。

——删除了 15 ℃和 60 ℉相关内容(见第 1 章、第 2 章、第 5 章、第 6 章、第 7 章和第 10 章),因我国标准温度为 20 ℃;

——增加了 7.2.6 关于毛细管塞比重瓶水值测定次数的相关内容,以避免争议,提高标准的严谨性。

本标准代替 GB/T 2540—1981《石油产品密度测定法(比重瓶法)》和 GB/T 13377—1992《原油和液体或固体石油产品密度或相对密度测定法　毛细管塞比重瓶和带刻度双毛细管比重瓶法》。

本标准与 GB/T 13377—1992 相比主要变化如下:

——增加了 5.1.1"比重瓶应符合 ISO 3507 的相关要求。";

——增加了 5.1.4 的内容,明确图 1 中 b)和 c)型比重瓶不适用于测定温度远低于实验室温度的情况;

——在 5.2 中,增加了对带刻度双毛细管比重瓶要符合 ISO 3507 中里普金比重瓶要求;

——在 5.4 中,将水浴温度计明确为符合 GB/T 514 中 GB—65、GB—66、GB—67 的规格,将附录 B《棒状温度计规格尺寸》去掉;

——将原附录 A 中表 A.2 改为正文表 1;

——删除原 5.7 和 5.8 的实验室用真空泵和真空干燥器的内容;

——在第 6 章增加了"每当比重瓶要进行校准和……然后真空干燥即可。"和注以及警告的内容;

——将原标准 7.2 后的注①②④内容改为标准正文,去掉注③的内容;

——在 7.2.1 中将原标准"冷却至 18 ℃左右的蒸馏水"改为"冷却至稍低于 20 ℃的蒸馏水";

——删除了 7.3 有关试样预处理的内容;

——修改了 7.5 中比重瓶需重新校准的时间;

——在 9.2 中增加了"如果试验温度低于实验室温度……,浸没 20 min 通常就足够了"的内容;

——增加了 10.3 关于比重瓶的热膨胀修正的相关内容;

——将水密度表改为 1990 年国际实用温标下的水密度表。

本标准与 GB/T 2540—1981 相比主要变化如下:

——增加了原油密度测定方法的相关内容(见第 1 章、第 3 章、第 5 章、第 6 章、第 7 章、第 8 章、第 9 章、第 10 章和第 11 章);

——增加了原油和液体或固体石油产品相对密度测定方法的相关内容(见第 1 章、第 3 章、第 7 章、

第10章、第11章和第12章)；

——将5.3中恒温水浴的控温要求由原来的所要求温度的0.1 ℃以内改为所要求温度的0.05 ℃以内；

——在精密度一章中，增加了再现性的数据。

本标准由全国石油产品和润滑剂标准化技术委员会提出。

本标准由全国石油产品和润滑剂标准化技术委员会石油静态和轻烃计量分技术委员会归口。

本标准起草单位：中国石油化工股份有限公司石油化工科学研究院。

本标准主要起草人：薄艳红、曹谊华。

本标准所代替标准的历次版本发布情况为：

——GB/T 2540—1981；

——GB/T 13377—1992。

原油和液体或固体石油产品　密度或相对密度的测定　毛细管塞比重瓶和带刻度双毛细管比重瓶法

1　范围

1.1　本标准规定了液体状态下的原油和石油产品的密度和相对密度的测定方法。

1.2　本标准中毛细管塞比重瓶法适用于测定固体和煤焦油产品，包括道路沥青、木馏油和焦油沥青或是与石油产品的混合物，不适用于测定按照 GB/T 8017 测得雷德蒸气压超过 50 kPa(0.5 bar)或初馏点低于 40 ℃的高挥发性液体的密度和相对密度。

1.3　带刻度双毛细管比重瓶法适用于除高黏性产品以外的所有产品的密度和相对密度的精确测定，并特别适用于样品量很少的试验。该方法只限于测定按 GB/T 8017 测得雷德蒸气压不超过130 kPa(1.3 bar)及在试验温度下运动粘度低于 50 mm^2/s 的液体。

2　规范性引用文件

下列文件中的条款通过本标准的引用而成为本标准的条款。凡是注日期的引用文件，其随后所有的修改单(不包括勘误的内容)或修订版均不适用于本标准，然而，鼓励根据本标准达成协议的各方研究是否可使用这些文件的最新版本。凡是不注日期的引用文件，其最新版本适用于本标准。

GB/T 514　石油产品试验用玻璃液体温度计技术条件

GB/T 1885　石油计量表(GB/T 1885—1998，eqv ISO 91-2:1991)

GB/T 8017　石油产品蒸气压测定法(雷德法)

GB/T 17291　石油液体和气体计量的标准参比条件(GB/T 17291—1998，neq ISO 5024:1976)

ISO 3507:1999　实验室玻璃器皿　比重瓶

ISO 5024:1999　石油液体和液化石油气　测量　标准参照条件

3　术语和定义

下列术语和定义适用于本标准。

3.1

密度　density

在规定温度下，单位体积内所含物质的质量数，以 kg/m^3 或 g/cm^3 (g/mL)表示。

注：当报告密度时，注明所用的密度单位和温度。例如，千克每立方米或克每毫升，t ℃。

3.2

空气中的表观质量　apparent mass in air

对照标准砝码，在空气中称重所获得的值，其中标准砝码和所称物体均未进行空气浮力影响的修正。

3.3

视密度　observed density

查取 GB/T 1885 对应标准密度表所需要的数值。该值使用钠钙玻璃浮计在不同于标定温度的实验温度下测定，没有进行玻璃的膨胀和收缩修正，相当于玻璃密度计的读数。

3.4

相对密度　relative density

物质在给定温度下的密度与参比温度下标准物质的密度之比。本标准的标准物质是水，参比温度通常为标准温度。

注：在报告相对密度时，注明 t_1 和 t_2。

4　原理

4.1　毛细管塞比重瓶法

通过比较相同体积的试样和水的质量来确定密度。把比重瓶充满液体至溢流，使其在试验温度下的水浴中达到平衡可确保等体积。计算(第10章)中包括对玻璃热膨胀和空气浮力的修正。

4.2　带刻度双毛细管比重瓶

用水标定比重瓶的刻度臂，按比重瓶内水在空气中的表观质量与刻度值作图。将液体试样吸入干燥的比重瓶中，在试验温度达到平衡后，记录液面刻度数并称出比重瓶的重量。从图表中读出等体积水在空气中的表观质量，计算试样的密度和相对密度，同时按4.1进行相应的修正。

5　仪器

5.1　毛细管塞比重瓶，图1显示出三种型号的比重瓶(常用规格见8.1.1)。

5.1.1　比重瓶应符合ISO 3507的相关要求。

图1a)中的防护帽(磨口帽)型推荐用于除黏稠或固体产品外的所有试样，通常适用于挥发性产品。磨口帽或防护帽有效地减少了膨胀和挥发的损失，这种比重瓶可用于测定温度低于实验室室温的情况。

5.1.2　图1b)所示比重瓶，称为盖-卢塞克型，适用于除高黏度外的非挥发性液体。

5.1.3　图1c)所示的广口比重瓶，适用于较黏稠液体或固体。

5.1.4　图1中b)和c)型比重瓶没有"防护帽"或膨胀室。这两种比重瓶均不适用于测定温度远低于实验室温度的情况，因为称重时样品通过毛细管的膨胀可造成试样损失。

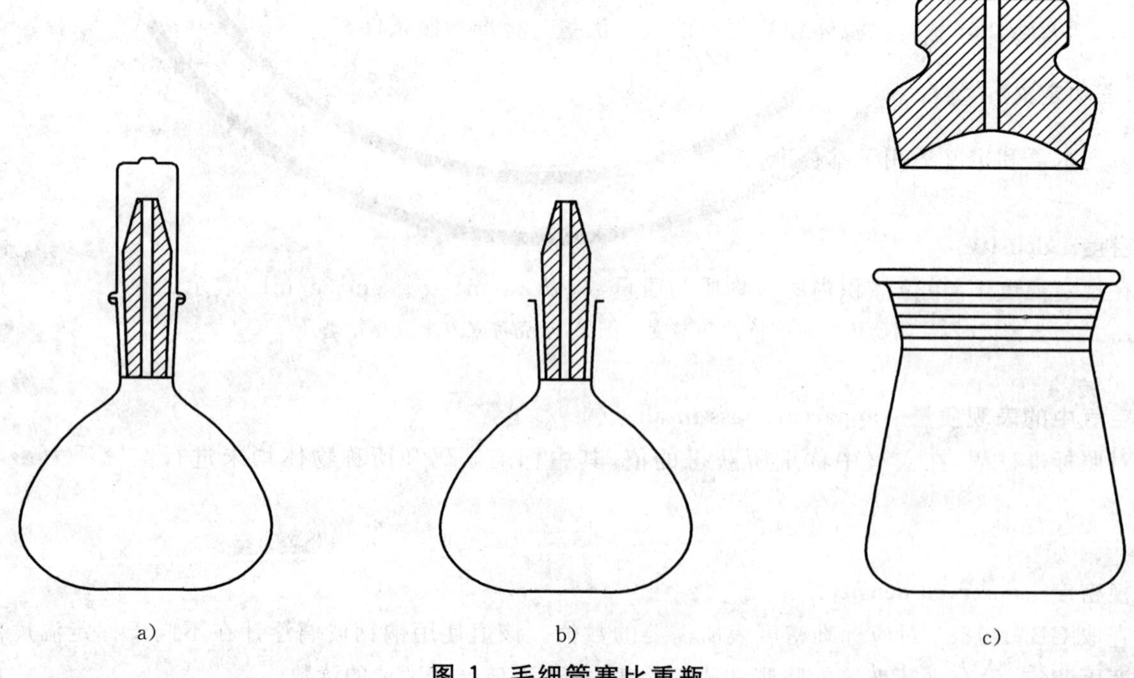

图1　毛细管塞比重瓶

5.2　带刻度双毛细管比重瓶，容量 1 mL～10 mL，符合图 2 给出的尺寸，其规格尺寸在表 1 中给出。由硼硅玻璃或钠钙玻璃制造，制造后经退火，总质量不超过 30 g。只要符合 ISO 3507 中里普金比重瓶要求的任何比重瓶都可使用。

单位为毫米

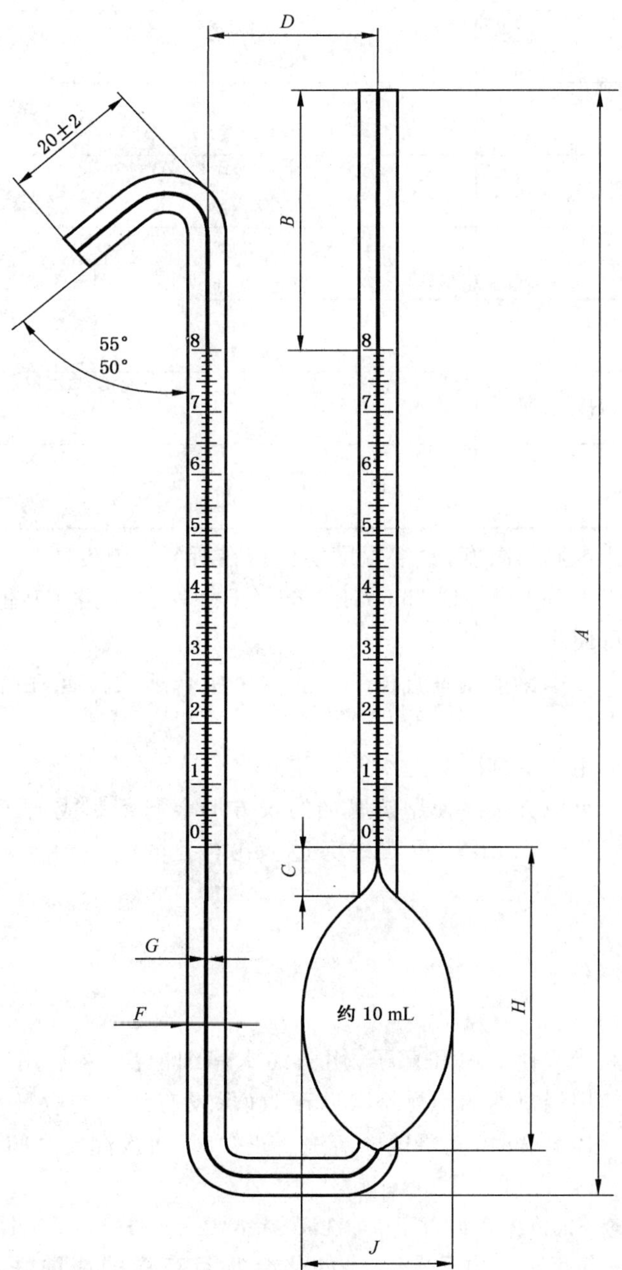

注：A～J 尺寸见表 1 内容。

图 2　带刻度双毛细管比重瓶（里普金型）

表 1 带刻度毛细管比重瓶的规格尺寸

标称容量/mL	1	2	5	10
实际容量与标称容量的最大差值/mL	±0.2	±0.3	±0.5	±1
最大质量/g	30			
总高度(*A*)/mm	175±5			
刻度以上最小高度(*B*)/mm	40			
从球到刻度的最小高度(*C*)/mm	5			
垂直两臂中心线之间的距离(*D*)/mm	28±2			
管子外径(*F*)/mm	6			
管子内径(*G*)/mm	1±0.1			
从球底到零刻度线的长度(*H*)/mm	40			
球的外径(*J*)/mm	11	14	20	25

5.3 恒温水浴:深度大于比重瓶的高度,水浴温度能保持在所要求温度的 0.05 ℃以内。

5.4 水浴温度计:符合 GB/T 514 中 GB—65、GB—66、GB—67 的规格。其他具有合适量程,精度相等或更高的全浸式温度计也可使用。

5.5 比重瓶支架(可选的):支撑比重瓶垂直位于恒温水浴中合适的位置,由合适的在水浴中不被腐蚀的金属制成。

图 3 所示的支架设计适用于带刻度双毛细管比重瓶。

在水浴中可以有几个比重瓶支架。使用抗腐蚀的长方形金属条制成,长度足以横跨浴边。条上钻有一系列的孔,孔的直径适于 6.5 mm 比重架柱穿过。孔与孔的间距约为 45 mm。各个柱用六角螺帽,蝶形螺帽和垫片固定在条上的孔中。

5.6 天平:称重精确至 0.1 mg。

6 比重瓶的准备

用表面活性洗涤液彻底清洗比重瓶和塞子,用蒸馏水仔细冲洗,然后用一种溶于水的挥发性溶剂(例如丙酮)干燥。必要时使用经过滤的干燥空气吹干,确保没有任何的微量水分。每当比重瓶要进行校准和比重瓶内壁或毛细管挂水珠时,就要这样清洗。正常时,每次测定之间,可用合适的 40 ℃/60 ℃轻质石油醚清洗,然后真空干燥即可。

注:如果用表面活性洗涤液不能清洗干净,可用铬酸洗液。铬酸是一种强酸和强氧化剂,使用时应加倍小心。

警告:铬酸对人体的健康有害。由于是含铬的化合物且有高的腐蚀性,同时它在和有机物接触时会有潜在的毒性,所以铬酸是一种被认识到的致癌物质。当其用作清洗溶液时,要特别注意带防护眼镜和穿防护衣,更不能用嘴吸取清洗的溶液。洗液使用完毕,不要将其倒入排水管中。由于铬酸含有浓硫酸,要小心地中和,并按照有毒实验室废物处理步骤来处理清洗溶液(铬酸对环境有严重的危害性)。

7 比重瓶的校准

单位为毫米

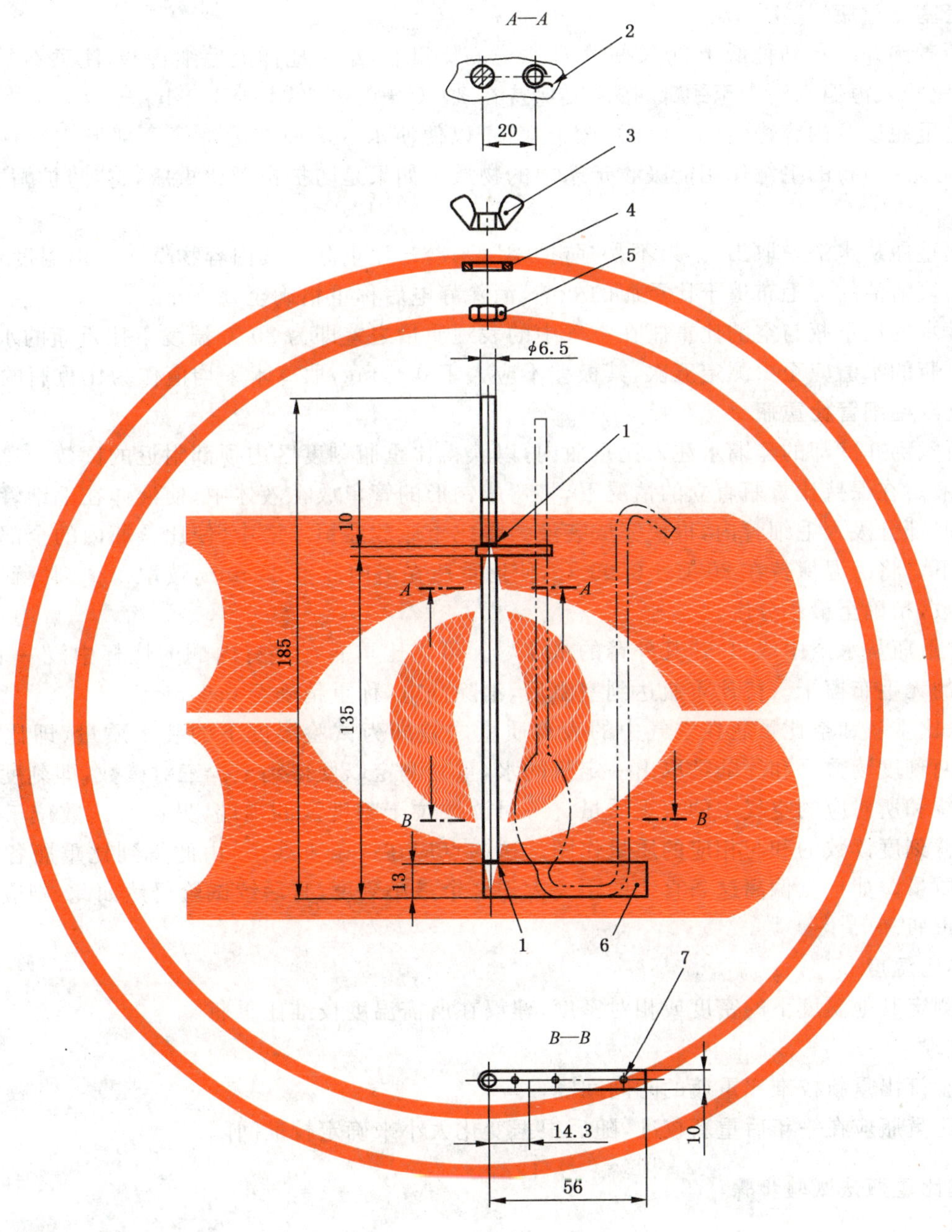

1——焊接；

2——弹簧夹 0.32 mm；

金属薄片(黄铜)；

3——蝶型螺帽；

4——垫片；

5——六角螺帽；

6——金属薄片盘(黄铜)，薄片厚 0.315 mm；

7——3 个孔，Φ3 mm。

图 3 一种适于带刻度双毛细管比重瓶的支架设计

7.1 条件准备

比重瓶经干燥后冷却至室温。消除比重瓶上可能生成的静电，称重至 0.1 mg。

如果天平箱内没有装静电消除器，那么可以对比重瓶呼气消除静电，但要确保在记录质量前，比重瓶恢复到恒定质量。

为了确保高精度，应在不超过 5 ℃的温度范围内进行称重，以限制空气密度的变化。

7.2 毛细管塞比重瓶

7.2.1 用新煮沸并冷却到稍低于 20 ℃的蒸馏水充满比重瓶，牢牢地插上毛细管塞，注意不要压入空气泡。将比重瓶浸入恒温水浴中至颈部，按需要保持在 20 ℃±0.05 ℃不少于 1 h。

7.2.2 当比重瓶以及内容物达到浴温时，擦干塞顶，以便使水的液面在毛细管顶部形成弯月面。在操作中必须小心，因为布的毛细作用能吸收走塞中的物质。如果是防护帽型比重瓶，将“防护帽”牢牢地按在塞子上。

7.2.3 将比重瓶从水浴中取出，如果不是“防护帽”型，冷却比重瓶及其内容物低于水浴温度。

7.2.4 用一块清洁的无毛布擦干比重瓶的外壁，消除静电后称重精确至 0.1 mg。

7.2.5 盛满水的比重瓶与空的比重瓶在空气中的表观质量之差即为 20 ℃温度下比重瓶的水值。

7.2.6 比重瓶的水值应至少测定五次，其极差不应大于 0.5 mg，取算术平均值作为比重瓶的水值。

7.3 带刻度双毛细管比重瓶

7.3.1 将新煮沸并冷却的蒸馏水注入比重瓶内，以获得比重瓶刻度区内顶部附近的读数。比重瓶是采用虹吸法充液。在保持比重瓶直立的情况下，将弯成钩形的管口放在液体中，使液体在毛细管吸力的作用下越过弯曲部分吸入毛细管内，很快完成装液。将比重瓶放在恒温浴中，使比重瓶内的全部液体浸没水浴液面以下。将浴温保持在 20 ℃±0.05 ℃，使比重瓶在浴内放置 20 min，读取每个刻度臂内液位对应的刻度读数，精确至最小分度。

7.3.2 将比重瓶从水浴中取出，让其外臂的水流尽。可将比重瓶在盛有丙酮的烧杯中浸一下，再用一块洁净干燥的无毛布擦干。待比重瓶达到室温后，消除静电，称重精确至 0.1 mg。

7.3.3 盛水比重瓶和空比重瓶在空气中的表观质量之差即为试验温度下的装水质量（即比重瓶的水值），相当于两刻度读数之和。陆续取出一定量的水，重复测定以便得到至少三对读数，即刻度臂上不同刻度点的水位和所对应的空气中的表观质量。一对读数位于刻度区的顶端，另一对读数位于刻度区的底端。用两臂刻度读数的和与相应的质量作图。这些点应在一条直线上，由此得到比重瓶各刻度读数所对应水的质量。如果点偏离这条直线的距离大于 2 个最小刻度，且后续试验仍然如此，则应废弃这支有缺陷的比重瓶。

7.4 其他参比温度

如果要测定其他温度下的密度或相对密度，建议在所需温度校准比重瓶。

7.5 重新校准

根据经验订出重新校准比重瓶的时间间隔。

建议新比重瓶应在一年后重新校准，随后根据变化大小来确定校准间隔。

8 毛细管塞比重瓶法试验步骤

8.1 液体试验步骤

8.1.1 选择适用于所测试样的比重瓶型号和大小。通常 25 mL 和 50 mL 的最为适用。

8.1.2 称出按第 6 章和第 7 章准备并校准后的比重瓶的重量，必要时消除静电（见 7.1 第 2 段和第 3 段），25 mL 或更大容量的比重瓶称重精确至 0.5 mg，其他较小容量比重瓶称重精确至 0.1 mg。

8.1.3 将比重瓶注满试样，必要时，应预热比重瓶和试样，以便充满和气泡分出。将比重瓶及其内容物浸入恒温浴（见注和 10.2.3），浸没到颈部，使其达到试验温度 t_t，（见 10.1）。为了稳定温度并使气泡升到表面，比重瓶要在水浴中浸没 20 min。如果此后液面仍有变动，则比重瓶在浴中应再保留一段时间，直到液面稳定。

注：对于产品混合物，应确保试验温度与最终报告温度的一致性，除非可以接受一个近似结果，而且已知混合物的体积组成以及混合物各组分的修正系数。

8.1.4 当温度恒定后，牢牢地塞上预先处于试验温度的毛细管塞，注意塞子下面不要压入空气泡。

在塞上塞子前，要有足够的时间使空气泡升到液面上，确保液体中没有气泡是非常重要的。

擦去塞子顶上的多余液体使毛细管中液体在塞顶形成弯月面。如果是防护帽型比重瓶，盖上“防护帽”。

8.1.5 将比重瓶从水浴中取出，如不是“防护帽”型，则冷却到稍低于试验温度 t_t。如果试验温度高于室温，则将比重瓶及其内容物冷却到室温。

8.1.6 用一块清洁的无毛布擦去比重瓶外壁的水和微量的试样，消除静电，按第 8.1.2 规定的精度称重。

8.2 固体或半固体的试验步骤

8.2.1 称出按第 6 章和第 7 章准备并校准后的比重瓶的重量。若使用广口比重瓶(见图 1 中的 c)，称至接近 0.5 mg。对于沥青物质，只能使用广口比重瓶。

8.2.2 向比重瓶中加入适量碎屑形状的试样，碎屑应尽量有规则，以减少带入空气泡的可能。另一种方法是将熔化的试样倾倒入温热的比重瓶中，注意不要带入空气泡。

8.2.3 使比重瓶及其内容物达到室温，称重精确至 0.5 mg。

8.2.4 向比重瓶注满新煮沸并经冷却的蒸馏水，除去全部空气泡。使用一根细金属丝除去气泡是比较有效的。

在恒温浴中，将比重瓶浸没至颈部，使比重瓶及所盛试样达到试验温度 t_1。比重瓶浸入恒温浴 20 min，使其温度达到稳定，并让气泡升到表面。如果经过这段时间后，液面仍然变化，则继续将比重瓶保持在水浴中直到液面稳定。

8.2.5 当温度恒定后，将预先处于试验温度的毛细管塞牢牢地插入，注意不要压入空气泡。擦去毛细管顶上多余的水，使毛细管顶部水面出现弯月面。

8.2.6 将比重瓶从水浴中取出，冷却到稍低于 t_1 的温度。如果试验温度高于环境温度，则将比重瓶及其内容物冷却到室温。

8.2.7 用一块清洁的无毛布擦干比重瓶外臂，消除静电后称重精确至 0.5 mg。

9 带刻度双毛细管比重瓶试验步骤

9.1 称出按第 6 章和第 7 章准备并校准后的比重瓶的重量，精确至 0.1 mg，必要时消除静电(见 7.1 第 2 段和第 3 段)。

9.2 按第 7.3.1 规定的方法，将接近试验温度的试样装入比重瓶，直到液面达到毛细管刻度部分(见注)。如果试验温度低于实验室温度，则应装到低刻度部分以使称重时的蒸发损失减少到最小。按第 7.3.1 的规定，将比重瓶浸在恒温浴中达 20 min，使比重瓶及其内容物达到试验温度 t_t(见 10.1)，读取两刻度臂中的液面读数。对于更黏稠的试样，比重瓶在受到扰动后，为使瓶壁上的液体完全流下，只有留出足够的时间，才能进行读数。在此期间内，只要比重瓶不被扰动，浸没 20 min 通常就足够了。

注：对于产品混合物，应确保试验温度与最终报告温度的一致性，除非可以接受一个近似结果，而且已知混合物的体积组成以及混合物各组分的修正系数。

9.3 将比重瓶从恒温水浴中取出，让外面的水流干。将比重瓶在一个盛有丙酮的烧杯中浸一下，以加速干燥，用一块干燥、清洁的无毛布擦拭。让其达到室温，消除静电，称重精确至 0.1 mg。

9.4 对于含有大量沸点低于 20 ℃的高挥发性试样或不能肯定在测定过程中是否由于蒸发会造成损失的试样，则在装样前，要将试样和比重瓶冷却到(0～5)℃。如果露点相当高以致在冷却过程中造成水蒸气在比重瓶中凝结，把一个干燥管连接到比重瓶的臂上，可以避免这种现象的发生。对这类试样，只能装样到低刻度，这样可以使由于蒸发造成的损失减少到最小。如果毛细管臂未充满段的总长超过 10 cm，则扩散速度是很低的，甚至象异戊烷这样的高挥发性化合物，在测定过程中的蒸发损失低到可以忽略不计。

10 计算

10.1 符号

计算中使用以下符号：

t_r 任一参比温度，例如 20 ℃；

t_c 比重瓶充满水的校准温度，℃（见 10.2.2）；

t_t 比重瓶充满液体的试验温度，℃（见 10.2.3）；

m_o 空比重瓶在空气中的表观质量，g；

m_c 充满水的比重瓶在校准温度 t_c 下的空气中的表观质量，g；

m_t 充满液体的比重瓶在试验温度 t_t 下的空气中的表观质量，g；

m_1 盛有固体或半固体试样的比重瓶在空气中的表观质量，g；

m_2 盛有试样和水的比重瓶在试验温度 t_t 下空气中的表观质量，g；

c 空气浮力修正值，kg/m^3（见表 2）（见 7.1 第 3 段）；

ρ_c 在校准温度 t_c 下的水密度，kg/m^3（见表 3）；

α_1 硅硼玻璃的体积膨胀系数（见 10.3.2）；

α_2 钠钙玻璃的体积膨胀系数（见 10.3.3）；

ρ_t 试样在试验温度 t_t 下的密度，kg/m^3；

ρ_r 试样在任一参比温度 t_r 下的密度，kg/m^3；

ρ_{20} 试样在参比温度 20 ℃下的密度，kg/m^3；

ρ'_t 用 20 ℃下校准的钠钙玻璃仪器测量试验温度为 t_t 的试样所得到的视密度，kg/m^3，即通过 GB/T 1885 查取标准密度的未作玻璃膨胀修正的视密度。

注：标准所示计算基于密度的单位为 kg/m^3，如果希望使用密度的单位为 g/cm^3，计算结果应除以 1 000（见第 12）。

d_t 试验温度为 t_t 的相对密度；

d_r 参比温度为 t_r 的相对密度。

10.2 参比温度、校准温度和试验温度

10.2.1 在石油及其产品的国际贸易中，使用的标准参比温度为 15 ℃（ISO 5024），然而在某些法制计量或其他特殊场合，可能要求使用其他参比温度。我国使用的标准参比温度为 20 ℃（GB/T 17291）。

10.2.2 比重瓶可以在方便的温度下校准，该温度可以是参比温度或者是试验温度（见 7.1 第 3 段）。

10.2.3 当测定密度用于控制产品品质时，试验温度通常选用所需的参比温度（如 20 ℃）；当测定密度用于计算产品数量，包括产品在空气中表观质量或质量时，应该在该产品计量温度的 3 ℃以内测定密度。然而对于高挥发性试样，当雷德蒸气压超过毛细管塞比重瓶：10 kPa；双毛细管比重瓶：50 kPa 的数值时，为减少轻组分的损失，应当在 20 ℃或 20 ℃以下进行密度测定。

10.3 比重瓶热膨胀的修正

10.3.1 一般规则

当试验温度 t_t 不同于比重瓶的校准温度 t_c 时，由测量数据计算密度或相对密度时，应包括制造比重瓶所用玻璃的体积膨胀修正。

如果计算基于 GB/T 1885 的标准密度表或相对密度修正表，则可能也需要进行一项类似的修正（见 10.3.4）。

10.3.2 硅硼玻璃比重瓶

10.3.2.1 已知硅硼玻璃体膨胀系数按玻璃的来源分为三个主要系列，对应的膨胀系数分别为 10×10^{-6} ℃$^{-1}$，14×10^{-6} ℃$^{-1}$ 和 19×10^{-6} ℃$^{-1}$。

注：硅硼玻璃比重瓶的体积膨胀系数通常为 10×10^{-6} ℃$^{-1}$。

表 2 空气浮力修正值

$\frac{m_1-m_0}{m_c-m_0}$	修正值 C/(kg/m³)	$\frac{m_1-m_0}{m_c-m_0}$	修正值 C/(kg/m³)	$\frac{m_1-m_0}{m_c-m_0}$	修正值 C/(kg/m³)
0.60	0.48	0.74	0.31	0.88	0.14
0.61	0.47	0.75	0.30	0.89	0.13
0.62	0.46	0.76	0.29	0.90	0.12
0.63	0.44	0.77	0.28	0.91	0.11
0.64	0.43	0.78	0.26	0.92	0.10
0.65	0.42	0.79	0.25	0.93	0.08
0.66	0.41	0.80	0.24	0.94	0.07
0.67	0.40	0.81	0.23	0.95	0.06
0.68	0.38	0.82	0.22	0.96	0.05
0.69	0.37	0.83	0.20	0.97	0.04
0.70	0.36	0.84	0.19	0.98	0.02
0.71	0.35	0.85	0.18	0.99	0.01
0.72	0.34	0.86	0.17		
0.73	0.32	0.87	0.16		

注 1：表中的空气浮力修正值按温度为 15.56 ℃，大气压为 101.325 kPa，密度为 1.222 kg/m³ 的标准空气计算，所适用的空气密度范围在 1.1 kg/m³～1.3 kg/m³ 之间。

注 2：符号的定义见 10.1。

10.3.2.2 当硅硼玻璃比重瓶用于最高精度的测量时，应确保 $t_t=t_c$ 或使用已知体积膨胀系数的比重瓶。当上述条件达不到，而且可以接受较低精度时，推荐用 10×10^{-6} ℃$^{-1}$。

10.3.3 钠钙玻璃比重瓶

对于钠钙玻璃比重瓶，体积膨胀系数可设定为$(25\pm2)\times10^{-6}$ ℃$^{-1}$。

10.3.4 GB/T 1885 标准中的石油计量表

10.3.4.1 在 GB/T 1885 中，石油计量表分为原油、产品和润滑油三部分，应使用与被测物质对应的石油计量表。

10.3.4.2 GB/T 1885 规定的石油计量表仅适用于石油和石油产品。

10.3.4.3 GB/T 1885 规定的标准密度表包括了所用玻璃仪器(钠钙玻璃)的膨胀修正，其修正系数可设定为$(25\pm2)\times10^{-6}$ ℃$^{-1}$。

10.3.4.4 当使用硅硼玻璃比重瓶测得的结果去查表时，需要进行硅硼玻璃的体膨胀系数与表中包括的钠钙玻璃体膨胀系数差的修正。

10.3.4.5 当所用比重瓶为钠钙玻璃且校准温度 t_c 等于石油计量表的参比温度 t_r 时，不需要作任何修正。

如果 t_c 与编表的参比温度 t_r 不同时，就需要对比重瓶在 t_c 到 t_r 的温度范围内的膨胀进行修正。

10.4 液体密度的计算

10.4.1 任一温度 t_t 的密度

10.4.1.1 当 $t_t=t_c$ 时

$$\rho_t=\frac{(m_t-m_0)\rho_c}{(m_c-m_0)}+C \quad \cdots\cdots(1)$$

10.4.1.2 当 $t_t\neq t_c$

$$\rho_t=\left[\frac{(m_t-m_0)\rho_c}{(m_c-m_0)}+C\right]\left[\frac{1}{1-\alpha'(t_c-t_t)}\right] \quad \cdots\cdots(2)$$

其中 α' 为比重瓶对应的 α_1 或 α_2。

10.4.2 参比温度 t_r 下的密度

10.4.2.1 当 $t_t = t_c = t_r$ 时

$$\rho_t = \frac{(m_t - m_0)\rho_c}{(m_c - m_0)} + C \qquad (3)$$

10.4.2.2 当 $t_t = t_c \neq t_r (t_r = 20\ ℃)$

按 10.4.1 所述，在试验温度 t_t 测得的密度是 t_t 时的真密度，因此，在查 GB/T 1885 标准密度表前，所得密度应进行修正，以给出相当于钠钙玻璃仪器测量的视密度，其中钠钙玻璃仪器应是在参比温度 t_r 下校准的。在应用时通常不考虑比重瓶的材质，也就是用 ρ'_t 和 t_t 在表中查得 ρ_{20}。

$$\rho'_t = \left[\frac{(m_t - m_0)\rho_c}{(m_c - m_0)} + C\right]\left[1 + (25 \times 10^{-6})(t_r - t_t)\right] \qquad (4)$$

10.4.2.3 当 $t_c = t_r \neq t_t (t_r = 20\ ℃)$

10.4.2.3.1 钠钙玻璃比重瓶

直接用 ρ'_t 和 t_t 查标准密度表获得相应的 ρ_{20}。

$$\rho'_t = \frac{(m_t - m_0)\rho_c}{(m_c - m_0)} + C \qquad (5)$$

10.4.2.3.2 硅硼玻璃比重瓶

用经过比重瓶不同膨胀调整过的 ρ'_t 和温度 t_t 查石油计量表，获得标准密度 ρ_{20}。

$$\rho'_t = \left[\frac{(m_t - m_0)\rho_c}{(m_c - m_0)} + C\right]\left[1 + (\alpha_2 - \alpha_1)(t_r - t_t)\right] \qquad (6)$$

二次项是无意义的，可忽略不计。

10.4.2.4 当 $t_{\neq} t_c \neq t_r$ 时

按 10.4.1.2 测定的在温度 t_t 时的密度是 t_t 时的真密度，所得结果应先修正到在温度 t_r 校准过的钠钙玻璃仪器在温度 t_t 的视密度，才能用它查 GB/T 1885 的标准密度表。在应用时通常不考虑比重瓶的玻璃材质，即用 ρ'_t 和 t_t 在 GB/T 1885 中查得 ρ_{20}。ρ'_t 的式子略去无意义的二次项可整理如下：

10.4.2.4.1 钠钙玻璃比重瓶

$$\rho'_t = \left[\frac{(m_t - m_0)\rho_c}{(m_c - m_0)} + C\right]\left[1 + \alpha_2(t_r - t_c)\right] \qquad (7)$$

10.4.2.4.2 硅硼玻璃比重瓶

$$\rho'_t = \left[\frac{(m_t - m_0)\rho_c}{(m_c - m_0)} + C\right]\left[1 + \alpha_1 t_r + \alpha_2 t_t - (\alpha_1 + \alpha_2)t_c\right] \qquad (8)$$

10.4.2.5 当 $t_r = t_t \neq t_c$ 时

用 10.4.1.2 中的式子。

10.4.3 计算的修约

根据密度使用的单位或是否测定相对密度，对小于 1 000.00 或 1.000 00 的数值，所有计算保留五位有效数字；对等于或大于 1 000.00 或 1.000 00 的数值，所有计算保留六位有效数字。

10.5 液体相对密度的计算

10.5.1 按照定义，试样的相对密度可由 10.4.1 和 10.4.2 所得密度值除以 20 ℃具有相同单位的水密度值而得出（见 10.5.2 注）。

10.5.2 一律计算到五位小数。

注：如果密度值是用 g/mL 来表示的，则表 3 中的数值要除以 1 000。

10.6 固体或半固体的密度或相对密度

在采用 8.2 所述的试验步骤时，在 10.4 的计算要用下式：

$$\frac{(m_1 - m_0)}{(m_c - m_0 - m_2 + m_1)} \qquad (9)$$

代替公式：

$$\frac{(m_{\mathrm{t}}-m_{0})}{(m_{\mathrm{c}}-m_{0})} \qquad \cdots\cdots (10)$$

GB/T 1885 规定的石油产品表的产品部分，不能用于焦油产品的密度或相对密度的修正。

11 精密度

11.1 毛细管塞比重瓶法

11.1.1 一般规则

在 11.1.2 到 11.1.4 中给出的本方法的精密度基于对常规合格试验的评估，不是由实验室之间的试验结果统计分析得出的。

按下述规定来判断试验结果的可靠性(95%置信水平)。

11.1.2 重复性

同一操作者用同一仪器，对同一样品进行测定，所得连续测定结果之差不应超过下述数值：

密度 0.6 kg/m^3 和 0.000 6 g/mL 或相对密度 0.000 6。

表 3 在各温度℃(1990 国际实用温标)下，无空气水的密度 单位为千克每立方米

℃	0.0	0.1	0.2	0.3	0.4	0.5	0.6	0.7	0.8	0.9	空气修正值
1	999.901 2	999.906 1	999.910 8	999.915 3	999.919 6	999.923 7	999.927 7	999.931 6	999.935 2	999.938 7	−0.004 5
2	999.942 0	999.945 1	999.948 1	999.950 9	999.953 6	999.956 0	999.958 3	999.960 5	999.962 5	999.964 3	−0.004 3
3	999.965 9	999.967 4	999.968 8	999.969 9	999.970 9	999.971 8	999.972 4	999.973 0	999.973 3	999.973 5	−0.004 2
4	999.973 6	999.973 5	999.973 2	999.972 8	999.972 2	999.971 4	999.970 5	999.969 5	999.968 3	999.966 9	−0.004 1
5	999.965 4	999.963 7	999.961 9	999.959 9	999.957 8	999.955 5	999.953 0	999.950 4	999.947 7	999.944 8	−0.004 0
6	999.941 8	999.938 6	999.935 2	999.931 7	999.928 1	999.924 3	999.920 4	999.916 3	999.912 1	999.907 7	−0.003 9
7	999.903 2	999.898 5	999.893 7	999.888 8	999.883 7	999.878 4	999.873 0	999.867 5	999.861 8	999.856 0	−0.003 8
8	999.850 0	999.843 9	999.837 7	999.831 3	999.824 8	999.818 1	999.811 3	999.804 4	999.797 3	999.790 1	−0.003 7
9	999.782 7	999.775 3	999.767 6	999.759 9	999.751 9	999.743 9	999.735 7	999.727 4	999.719 0	999.710 4	−0.003 6
10	999.701 7	999.692 8	999.683 8	999.674 7	999.665 4	999.658 1	999.646 5	999.636 9	999.627 1	999.617 2	−0.003 5
11	999.607 2	999.597 0	999.586 7	999.576 2	999.565 7	999.555 0	999.544 2	999.533 2	999.522 1	999.510 9	−0.003 4
12	999.499 6	999.488 1	999.476 5	999.464 8	999.453 0	999.441 0	999.428 9	999.416 7	999.404 3	999.391 9	−0.003 3
13	999.379 3	999.366 5	999.353 7	999.340 7	999.327 6	999.314 4	999.301 1	999.287 6	999.274 0	999.260 3	−0.003 2
14	999.246 5	999.232 6	999.218 5	999.204 3	999.190 0	999.175 6	999.161 1	999.146 4	999.131 6	999.116 7	−0.003 1
15	999.101 7	999.086 5	999.071 3	999.055 9	999.040 4	999.024 8	999.009 1	998.993 2	998.977 3	998.961 2	−0.003 0
16	998.945 0	998.928 7	998.912 3	998.895 8	998.879 1	998.862 4	998.845 5	998.828 5	998.811 4	998.794 2	−0.002 9
17	998.776 8	998.759 4	998.741 8	998.724 2	998.706 4	998.688 5	998.670 5	998.652 4	998.634 2	998.615 8	−0.002 8
18	998.597 4	998.578 8	998.560 2	998.541 4	998.522 5	998.503 5	998.484 4	998.465 2	998.445 9	998.426 5	−0.002 7
19	998.406 9	998.387 3	998.367 5	998.347 7	998.327 7	998.307 6	998.287 5	998.267 2	998.246 8	998.226 3	−0.002 5
20	998.205 7	998.185 0	998.164 2	998.143 3	998.122 2	998.101 1	998.079 9	998.058 6	998.037 1	998.015 6	−0.002 4
21	997.993 9	997.972 2	997.950 3	997.928 4	997.906 3	997.884 2	997.861 9	997.839 6	997.817 1	997.794 5	−0.002 3
22	997.771 9	997.749 1	997.726 2	997.703 3	997.680 2	997.657 0	997.633 8	997.610 4	997.587 0	997.563 4	−0.002 2
23	997.539 7	997.516 0	997.492 1	997.468 1	997.444 1	997.419 9	997.395 7	997.371 3	997.346 9	997.322 3	−0.002 1
24	997.297 7	997.272 9	997.248 1	997.223 2	997.198 1	997.173 0	997.147 8	997.122 5	997.097 1	997.071 5	−0.002 0
25	997.045 9	997.020 2	996.994 4	996.968 6	996.942 6	996.916 5	996.890 3	996.864 1	996.837 7	996.811 2	−0.001 9
26	996.784 7	996.758 1	996.731 3	996.704 5	996.677 6	996.650 6	996.623 5	996.596 3	996.569 0	996.541 6	−0.001 8

表 3（续）

单位为千克每立方米

℃	0.0	0.1	0.2	0.3	0.4	0.5	0.6	0.7	0.8	0.9	空气修正值
27	996.514 1	996.486 5	996.458 9	996.431 1	996.403 3	996.375 4	996.347 4	996.319 2	996.291 0	996.262 7	−0.001 7
28	996.234 4	996.205 9	996.177 3	996.148 7	996.119 9	996.091 1	996.062 2	996.033 2	996.004 1	995.974 9	−0.001 6
29	995.945 6	995.916 3	995.886 8	995.857 3	995.827 6	995.797 9	995.768 1	995.738 2	995.708 2	995.678 2	−0.001 5
30	995.648 0	995.617 8	995.587 4	995.557 0	995.526 5	995.495 9	995.465 3	995.434 5	995.403 7	995.372 7	−0.001 4
31	995.341 7	995.310 6	995.279 4	995.248 2	995.216 8	995.185 3	995.153 8	995.122 2	995.090 5	995.058 7	−0.001 3
32	995.026 9	994.994 9	994.962 9	994.930 7	994.898 5	994.866 3	994.833 9	994.801 4	994.768 9	994.736 3	−0.001 2
33	994.703 6	994.670 8	994.637 9	994.605 0	994.571 9	994.538 8	994.505 6	994.472 3	994.439 0	994.405 5	−0.001 1
34	994.372 0	994.338 4	994.304 7	994.270 9	994.237 1	994.203 1	994.169 1	994.135 0	994.100 8	994.066 6	−0.001 0
35	994.032 2	993.997 8	993.963 3	993.928 7	993.894 1	993.859 3	993.824 5	993.789 6	993.754 6	993.719 6	−0.000 8
36	993.684 4	993.649 2	993.613 9	993.578 5	993.543 1	993.507 5	993.471 9	993.436 2	993.400 4	993.364 6	−0.000 7
37	993.328 7	993.292 7	993.256 6	993.220 4	993.184 2	993.147 8	993.111 5	993.075 0	993.038 4	993.001 8	−0.000 6
38	992.965 1	992.928 3	992.891 4	992.854 5	992.817 5	992.780 4	992.743 2	992.706 0	992.668 7	992.631 3	−0.000 5
39	992.593 8	992.556 3	992.518 6	992.480 9	992.443 1	992.405 3	992.367 4	992.329 4	992.291 3	992.253 1	−0.000 4
40	992.214 9										−0.000 4

11.1.3 再现性

不同操作者在不同实验室对同一样品进行测定，两个独立结果之差不应超过下述数值：

密度 0.6 kg/m^3 和 0.000 6 g/mL 或相对密度 0.000 6。

11.1.4 挥发性和很黏稠物质

对于沥青以外的挥发性或很黏稠的物质或固体（见 8.2），还没能给出精密度数据。

注：通过对按照德国国家标准（目前还没有等效的沥青取样的国际标准）取得的沥青样品进行测试，已经获得用比重瓶测量沥青的精密度数据。按照 11.1.2 和 11.1.3 的定义，其重复性和再现性分列如下：

重复性：密度 3 kg/m^3 和 0.003 g/mL 或相对密度 0.003。

再现性：密度 5 kg/m^3 和 0.005 g/mL 或相对密度 0.005。

11.2 带刻度双毛细管比重瓶法

11.2.1 一般规则

在 11.2.2 和 11.2.3 中给出了本方法的精密度，是使用 5 mL 的比重瓶，通过实验室相互之间试验结果的统计分析得出的。本方法不限于 777.0 kg/m^3～892.0 kg/m^3 和 0.777 g/mL～0.892 g/mL 的密度范围，但超出此范围外的精密度数据还没有获得。

如果使用较大的比重瓶，则所得结果的精密度应该等于或好于 11.2.2 和 11.2.3 所给出的数值。

按下述规定来判断试验结果的可靠性（95%置信水平）。

11.2.2 重复性

同一操作者用同一仪器按照正确的试验方法，对同一样品进行测定，所得连续测定结果之差不应超过表 4 数值。

表 4 重复性

密度范围	密度重复性	相对密度重复性
777.0 kg/m^3～892.0 kg/m^3	0.7 kg/m^3	0.000 7
0.777 0 g/mL～0.892 0 g/mL	0.000 7 g/mL	

11.2.3 再现性

不同操作者在不同实验室按照正确的试验方法，对同一样品进行测定，所得两个独立结果之差不应超过表 5 数值。

表 5 再现性

密度范围	密度再现性	相对密度再现性
777.0 kg/m^3～892.0 kg/m^3	1.0 kg/m^3	0.001 0
0.777 0 g/mL～0.892 0 g/mL	0.001 0 g/mL	

12 试验报告

密度按照精确到0.1 kg/m^3 或0.000 1 g/mL，相对密度按照精确到0.000 1报告最终结果。此外，在报告中，还应包括以下内容：

a) 报告值是密度还是相对密度；

b) 如果是密度，要注明单位和温度(见3.1)；

c) 如果是相对密度，要注明温度 t_1 和 t_2(见3.4)；

d) 测定方法；

e) 采用的标准名称。

如果报告密度由石油计量表换算而成，应该报告参比温度和石油计量表的编号。

ICS 23.040.60
J 15

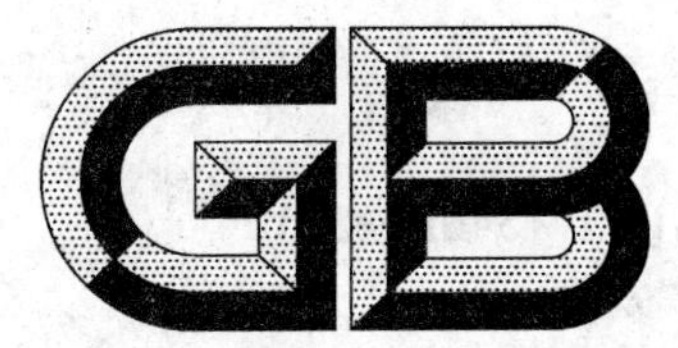

中华人民共和国国家标准

GB/T 13402—2010
代替 GB/T 13402—1992

大直径钢制管法兰

Large diameter steel pipe flanges

2011-01-10 发布　　2011-10-01 实施

中华人民共和国国家质量监督检验检疫总局
中国国家标准化管理委员会　发布

前　言

本标准修改采用 ASME B16.47—2006《大直径钢制管法兰》。与 ASME B16.47—2006 标准的主要区别如下：

——ASME B16.47—2006 标准采用英制螺栓，螺栓孔径采用英制尺寸，本标准采用公制螺栓，螺栓孔径与公制螺栓相配套；

——法兰材料采用我国的有关材料标准，压力-温度额定值根据我国材料进行相应的修改。同时本标准以附录的形式给出了 ASTM B16.47—2006 标准的有关法兰材料以及相对应的压力-温度额定值；

——以附录的形式增加了法兰的参考质量；

——以附录的形式增加了法兰的订货合同数据；

——取消了公称压力为 Class 400 的法兰。

本标准代替 GB/T 13402—1992《大直径碳钢管法兰》，与原标准相比主要变化如下：

——将原标准的名称《大直径碳钢管法兰》改为《大直径钢制管法兰》，标准的适用范围也从原来的碳钢管法兰扩大到各种材料的钢制管法兰；

——原标准只有一个法兰系列(B 系列)，根据 ASME B16.47—2006 标准，本标准包括了 A、B 两个法兰系列；

——根据 ASME B16.47—2006 标准，增加了公称压力为 Class 75 的法兰尺寸；

——根据 ASME B16.47—2006 标准，增加了法兰盖的有关内容；

——根据 ASME B16.47—2006 标准，增加了环连接面的密封面型式；

——根据 ASME B16.47—2006 标准，对法兰外径、螺栓孔中心圆直径、法兰厚度及法兰高度等尺寸进行了修订；

——对法兰的材料、压力-温度额定值、尺寸公差及标记等内容进行了全面的补充和修订；

——增加了试验、检验与验收、供货要求等内容；

——以附录的形式增加了法兰的参考质量；

——以附录的形式增加了法兰的订货合同数据；

——以附录的形式增加了法兰的压力-温度极限额定值；

——根据 ASME B16.47—2006 标准，对法兰的公称压力标记进行了修改；PN 20 改为 Class 150，PN 50 改为 Class 300，PN 110 改为 Class 600，PN 150 改为 Class 900。

本标准的附录 A 为规范性附录，附录 B、附录 C、附录 D 为资料性附录。

本标准由中国机械工业联合会提出。

本标准由全国管路附件标准化技术委员会归口。

本标准起草单位：浙江超达阀门股份有限公司、中机生产力促进中心、保一集团有限公司、江苏海达管件集团有限公司、河北圣天集团宝银高压法兰管件有限公司、中国石油天然气集团华东勘察设计研究院、中国电力工程顾问集团东北电力设计院、中国石化工程建设公司、中国寰球工程公司。

本标准主要起草人：邱晓来、李俊英、张晓忠、刘建、黄涛、陈永亮、马学娅、冯峰、李建、李宝银。

本标准所代替标准的历次版本发布情况为：

——GB/T 13402—1992。

大直径钢制管法兰

1 范围

本标准规定了大直径钢制管法兰的型式、尺寸及要求，材料，压力-温度额定值，尺寸公差，试验，检验与验收，供货要求及标记与标志。

本标准适用于公称压力范围为 Class 75～Class 900、公称尺寸范围为 NPS 26～NPS 60 的大直径钢制管法兰及法兰盖。

2 规范性引用文件

下列文件中的条款通过本标准的引用而成为本标准的条款。凡是注日期的引用文件，其随后所有的修改单(不包括勘误的内容)或修订版均不适用于本标准，然而，鼓励根据本标准达成协议的各方研究是否可使用这些文件的最新版本。凡是不注日期的引用文件，其最新版本适用于本标准。

GB/T 152.4 紧固件 六角头螺栓和六角螺母用沉孔
GB/T 699 优质碳素结构钢
GB/T 700 碳素结构钢
GB/T 711 优质碳素结构钢热轧厚钢板和钢带
GB 713 锅炉和压力容器用钢板
GB/T 1220 不锈钢棒
GB/T 3274 碳素结构钢和低合金结构钢热轧厚钢板和钢带
GB 3531 低温压力容器用低合金钢钢板
GB/T 4237 不锈钢热轧钢板和钢带
GB/T 9125 管法兰连接用紧固件
GB/T 12228 通用阀门 碳素钢锻件技术条件
GB/T 12229 通用阀门 碳素钢铸件技术条件
GB/T 12230 通用阀门 不锈钢铸件技术条件
GB/T 13403 大直径钢制管法兰用垫片
GB/T 16253 承压钢铸件
JB/T 4726 压力容器用碳素钢和低合金钢锻件
JB/T 4727 低温压力容器用碳素钢和低合金钢锻件
JB/T 4728 压力容器用不锈钢锻件
JB/T 5263 电站阀门钢铸件技术条件
JB/T 7248 阀门用低温铸钢件技术条件

3 型式、尺寸及要求

3.1 大直径钢制管法兰分为 A 和 B 两个系列。A 系列规定了通用的法兰尺寸。B 系列规定了紧凑型法兰尺寸，通常这类法兰比 A 系列法兰的螺栓中心圆直径要小。两个系列的法兰尺寸完全不同，不能互换，相互连接的两个设备应采用相同的法兰系列。大直径钢制管法兰的类型及适用范围按表 1 的规定，表中“×”表示适用，“—”表示不适用。

表 1　大直径钢制管法兰的类型及适用范围

法兰类型		对焊法兰（WN）											
法兰系列		A 系列							B 系列				
法兰密封面型式		突面(RF)				环连接面(RJ)			突面(RF)				
公称尺寸		公称压力 Class											
NPS	DN	150	300	600	900	300	600	900	75	150	300	600	900
26	650	×	×	×	×	×	×	×	×	×	×	×	×
28	700	×	×	×	×	×	×	×	×	×	×	×	×
30	750	×	×	×	×	×	×	×	×	×	×	×	×
32	800	×	×	×	×	×	×	×	×	×	×	×	×
34	850	×	×	×	×	×	×	×	×	×	×	×	×
36	900	×	×	×	×	×	×	×	×	×	×	×	×
38	950	×	×	×	×	—	—	—	×	×	×	—	—
40	1 000	×	×	×	×	—	—	—	×	×	×	—	—
42	1 050	×	×	×	×	—	—	—	×	×	×	—	—
44	1 100	×	×	×	×	—	—	—	×	×	×	—	—
46	1 150	×	×	×	×	—	—	—	×	×	×	—	—
48	1 200	×	×	×	×	—	—	—	×	×	×	—	—
50	1 250	×	×	×	—	—	—	—	×	×	×	—	—
52	1 300	×	×	×	—	—	—	—	×	×	×	—	—
54	1 350	×	×	×	—	—	—	—	×	×	×	—	—
56	1 400	×	×	×	—	—	—	—	×	×	×	—	—
58	1 450	×	×	×	—	—	—	—	×	×	×	—	—
60	1 500	×	×	×	—	—	—	—	×	×	×	—	—

表 1（续）

法兰类型		整体法兰（IF）											
法兰系列		A 系列							B 系列				
法兰密封面型式		突面(RF)				环连接面(RJ)			突面(RF)				
公称尺寸		公称压力 Class											
NPS	DN	150	300	600	900	300	600	900	75	150	300	600	900
26	650	×	×	×	×	×	×	×	×	×	×	×	×
28	700	×	×	×	×	×	×	×	×	×	×	×	×
30	750	×	×	×	×	×	×	×	×	×	×	×	×
32	800	×	×	×	×	×	×	×	×	×	×	×	×
34	850	×	×	×	×	×	×	×	×	×	×	×	×
36	900	×	×	×	×	×	×	×	×	×	×	×	×
38	950	×	×	×	×	—	—	—	×	×	×	—	—
40	1 000	×	×	×	×	—	—	—	×	×	×	—	—
42	1 050	×	×	×	×	—	—	—	×	×	×	—	—
44	1 100	×	×	×	×	—	—	—	×	×	×	—	—
46	1 150	×	×	×	×	—	—	—	×	×	×	—	—
48	1 200	×	×	×	×	—	—	—	×	×	×	—	—
50	1 250	×	×	×	—	—	—	—	×	×	×	—	—
52	1 300	×	×	×	—	—	—	—	×	×	×	—	—
54	1 350	×	×	×	—	—	—	—	×	×	×	—	—
56	1 400	×	×	×	—	—	—	—	×	×	×	—	—
58	1 450	×	×	×	—	—	—	—	×	×	×	—	—
60	1 500	×	×	×	—	—	—	—	×	×	×	—	—

表 1（续）

法兰类型		法兰盖(BL)											
法兰系列		A 系列							B 系列				
法兰密封面型式		突面(RF)				环连接面(RJ)			突面(RF)				
公称尺寸		公称压力 Class											
NPS	DN	150	300	600	900	300	600	900	75	150	300	600	900
26	650	×	×	×	×	×	×	×	×	×	×	×	×
28	700	×	×	×	×	×	×	×	×	×	×	×	×
30	750	×	×	×	×	×	×	×	×	×	×	×	×
32	800	×	×	×	×	×	×	×	×	×	×	×	×
34	850	×	×	×	×	×	×	×	×	×	×	×	×
36	900	×	×	×	×	×	×	×	×	×	×	×	×
38	950	×	×	×	×	—	—	—	×	×	×	—	—
40	1 000	×	×	×	×	—	—	—	×	×	×	—	—
42	1 050	×	×	×	×	—	—	—	×	×	×	—	—
44	1 100	×	×	×	×	—	—	—	×	×	×	—	—
46	1 150	×	×	×	×	—	—	—	×	×	×	—	—
48	1 200	×	×	×	×	—	—	—	×	×	×	—	—
50	1 250	×	×	×	—	—	—	—	×	×	×	—	—
52	1 300	×	×	×	—	—	—	—	×	×	×	—	—
54	1 350	×	×	×	—	—	—	—	×	×	×	—	—
56	1 400	×	×	×	—	—	—	—	×	×	×	—	—
58	1 450	×	×	×	—	—	—	—	×	×	×	—	—
60	1 500	×	×	×	—	—	—	—	×	×	×	—	—

3.2　A 系列大直径钢制管法兰的尺寸应符合图 1～图 6 及表 2～表 6 的规定。

3.3　B 系列大直径钢制管法兰的尺寸应符合图 1～图 3 及表 7～表 11 的规定。

3.4　除了用户有特殊要求外，法兰密封面的表面粗糙度按表 12 的规定，法兰密封面的粗糙度一般不需要采用仪器进行测试，根据本标准的要求通过与标准试块的目视比较和判断来确定表面粗糙度。

3.5　无衬环的对焊法兰的焊接端部尺寸按图 7 的规定，带衬环的对焊法兰的焊接端部尺寸按图 8 的规定，当焊接坡口处的颈部厚度大于与法兰相连的管壁厚度时，附加厚度可以是在法兰对焊端的内侧、外侧或内外两侧，但是总的附加厚度不应超过相连钢管公称壁厚的一半，见图 9。

3.6　所有铸造和锻造的法兰背面应该有一个通过机加工或锪平而获得的用于承载螺母的支承平面，该平面应该与法兰密封面平行，其偏差不超过 1°。法兰背面机加工或锪平后的法兰厚度 C 应不小于表 3～表 11规定的数值。法兰背面的锪孔尺寸按 GB/T 152.4 的规定。

3.7　法兰的连接可以使用等长双头螺柱或全螺纹螺柱。

3.8　法兰用垫片应符合 GB/T 13403 标准的规定或按设计要求的规定。

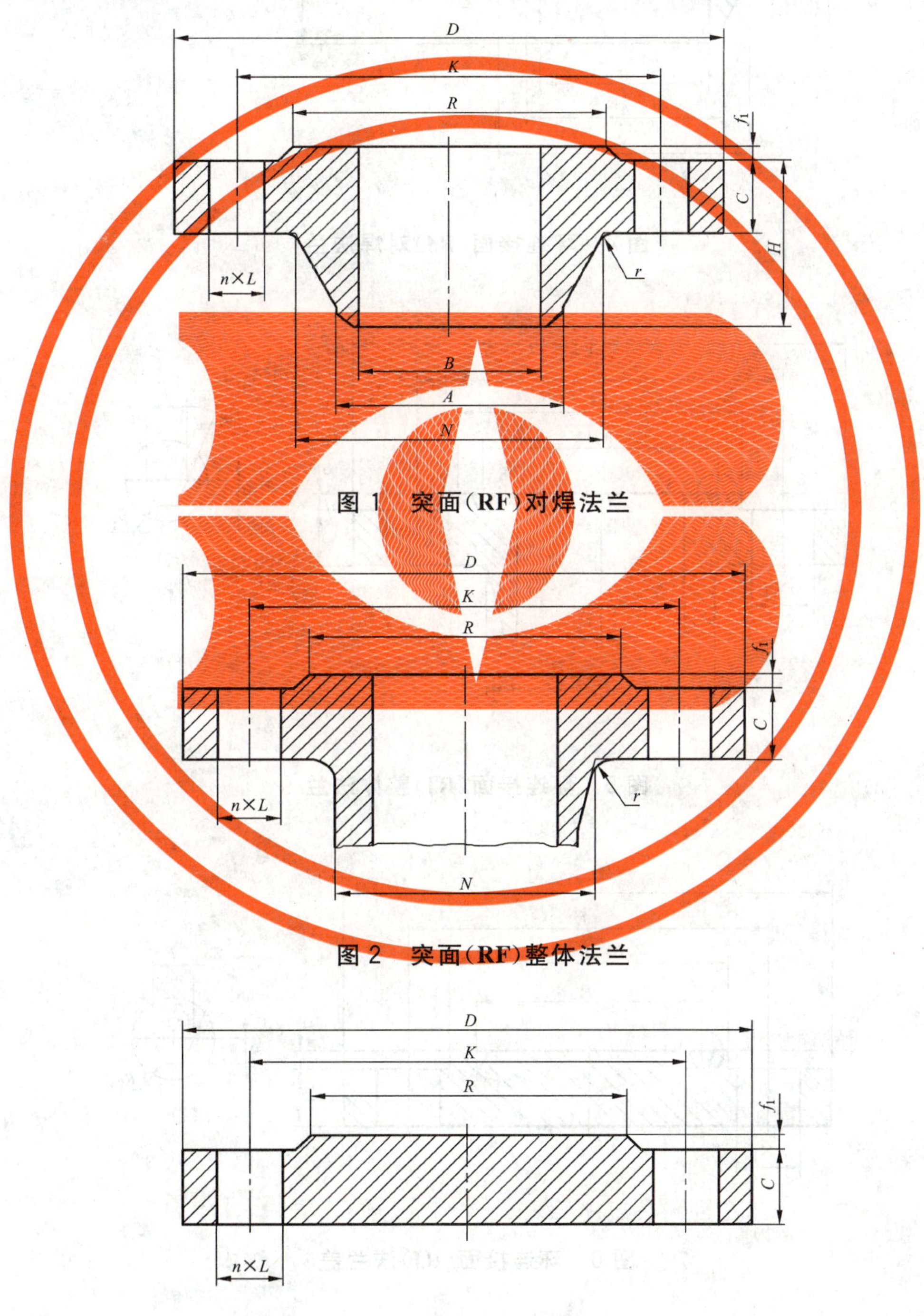

图 1　突面(RF)对焊法兰

图 2　突面(RF)整体法兰

图 3　突面(RF)法兰盖

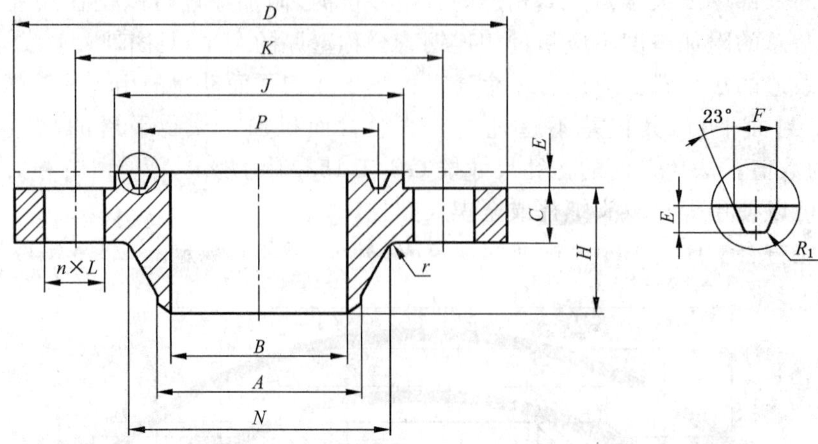

图 4　环连接面(RJ)对焊法兰

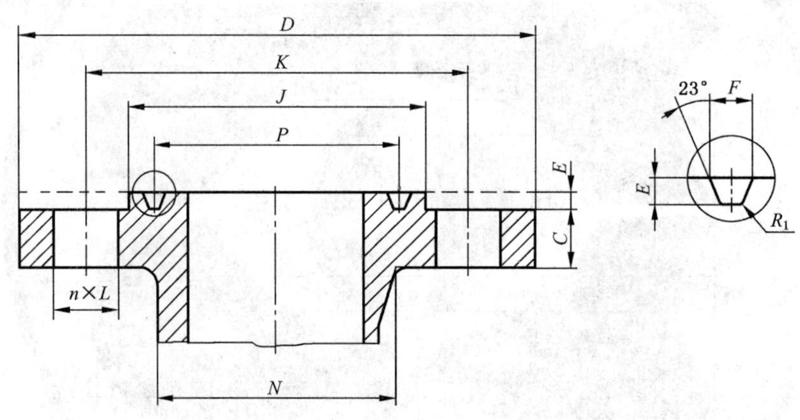

图 5　环连接面(RJ)整体法兰

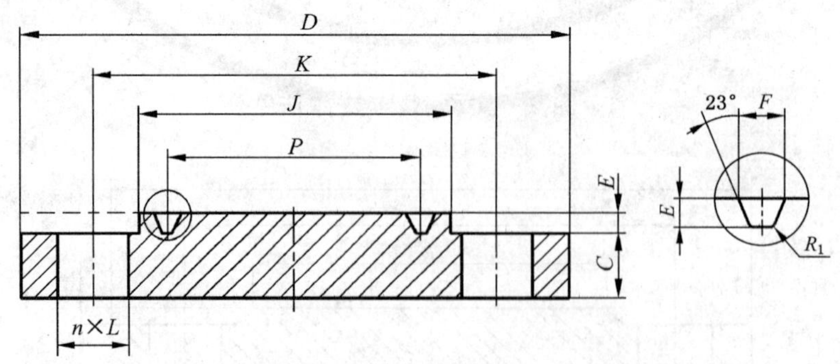

图 6　环连接面(RJ)法兰盖

表 2　A 系列大直径钢制管法兰及法兰盖的环连接面尺寸

公称压力	公称尺寸		环号	节圆直径 P/mm	深度 E/mm	宽度 F/mm	底部半径 R_{1max}/mm	凸台直径 J_{min}/mm
	NPS	DN						
Class 300 Class 600	26	650	R93	749.30	12.70	19.84	1.5	810
	28	700	R94	800.10	12.70	19.84	1.5	861
	30	750	R95	857.25	12.70	19.84	1.5	917
	32	800	R96	914.40	14.27	23.01	1.5	984
	34	850	R97	965.20	14.27	23.01	1.5	1 035
	36	900	R98	1 022.35	14.27	23.01	1.5	1 092
Class 900	26	650	R100	749.30	17.48	30.18	2.3	832
	28	700	R101	800.10	17.48	33.32	2.3	889
	30	750	R102	857.25	17.48	33.32	2.3	946
	32	800	R103	914.40	17.48	33.32	2.3	1 003
	34	850	R104	965.20	20.62	36.53	2.3	1 067
	36	900	R105	1 022.35	20.62	36.53	2.3	1 124

注：突起部分的高度 E 等于垫环凹槽的深度尺寸 E，但突起部分的高度 E 不必遵循 E 的公差。突起的外形也可以采用全平面。

表 3　A 系列 Class 150 大直径钢制管法兰

公称尺寸		法兰颈焊端外径 A^{b}/mm	连接尺寸					密封面尺寸		法兰最小厚度 C/mm		对焊法兰高度 H/mm	法兰颈部直径 N^{a}/mm	最小半径 r/mm	法兰内径 B/mm
			法兰外径 D/mm	螺栓孔中心圆直径 K/mm	螺栓孔直径 L/mm	螺栓									
NPS	DN					数量 n/个	螺纹规格	突面直径 R/mm	突面高度 f_1/mm	对焊、整体法兰	法兰盖				
26	650	660.4	870	806.4	35	24	M33	749	2	66.7	66.7	119	676	10	按用户规定或与钢管内径一致
28	700	711.2	925	863.6	35	28	M33	800	2	69.9	69.9	124	727	11	
30	750	762.0	985	914.4	35	28	M33	857	2	73.1	73.1	135	781	11	
32	800	812.8	1 060	977.9	42	28	M39	914	2	79.4	79.4	143	832	11	
34	850	863.6	1 110	1 028.7	42	32	M39	965	2	81.0	81.0	148	883	13	
36	900	914.4	1 170	1 085.8	42	32	M39	1 022	2	88.9	88.9	156	933	13	
38	950	965.2	1 240	1 149.4	42	32	M39	1 073	2	85.8	85.8	156	991	13	
40	1 000	1 016.0	1 290	1 200.2	42	36	M39	1 124	2	88.9	88.9	162	1 041	13	
42	1 050	1 066.8	1 345	1 257.3	42	36	M39	1 194	2	95.3	95.3	170	1 092	13	
44	1 100	1 117.6	1 405	1 314.4	42	40	M39	1 245	2	100.1	100.1	176	1 143	13	
46	1 150	1 168.4	1 455	1 365.2	42	40	M39	1 295	2	101.6	101.6	184	1 197	13	
48	1 200	1 219.2	1 510	1 422.4	42	44	M39	1 359	2	106.4	106.4	191	1 248	13	
50	1 250	1 270.0	1 570	1 479.6	48	44	M45	1 410	2	109.6	109.6	202	1 302	13	

表 3（续）

公称尺寸		法兰颈焊端外径 A^b/mm	连接尺寸					密封面尺寸		法兰最小厚度 C/mm		对焊法兰高度 H/mm	法兰颈部直径 N^a/mm	最小半径 r/mm	法兰内径 B/mm
			法兰外径 D/mm	螺栓孔中心圆直径 K/mm	螺栓孔直径 L/mm	螺栓		突面直径 R/mm	突面高度 f_1/mm	对焊、整体法兰	法兰盖				
NPS	DN					数量 n/个	螺纹规格								
52	1 300	1 320.8	1 625	1 536.7	48	44	M45	1 461	2	114.3	114.3	208	1 353	13	按用户规定或与钢管内径一致
54	1 350	1 371.6	1 685	1 593.8	48	44	M45	1 511	2	119.1	119.1	214	1 403	13	
56	1 400	1 422.4	1 745	1 651.0	48	48	M45	1 575	2	122.3	122.3	227	1 457	13	
58	1 450	1 473.2	1 805	1 708.2	48	48	M45	1 626	2	127.0	127.0	233	1 508	13	
60	1 500	1 524.0	1 855	1 759.0	48	52	M45	1 676	2	130.2	130.2	238	1 559	13	

a 该尺寸是法兰颈部的大端尺寸，颈部可以是直的或锥形的。

b 法兰的焊接端坡口见 3.5。

表 4　A 系列 Class 300 大直径钢制管法兰

公称尺寸		法兰颈焊端外径 A^b/mm	连接尺寸					密封面尺寸		法兰最小厚度 C/mm		对焊法兰高度 H/mm	法兰颈部直径 N^a/mm	最小半径 r/mm	法兰内径 B/mm
			法兰外径 D/mm	螺栓孔中心圆直径 K/mm	螺栓孔直径 L/mm	螺栓		突面直径 R/mm	突面高度 f_1/mm	对焊、整体法兰	法兰盖				
NPS	DN					数量 n/个	螺纹规格								
26	650	660.4	970	876.3	45	28	M42	749	2	77.8	82.6	183	721	10	按用户规定或与钢管内径一致
28	700	711.2	1 035	939.8	45	28	M42	800	2	84.2	88.9	195	775	11	
30	750	762.0	1 090	997.0	48	28	M45	857	2	90.5	93.7	208	827	11	
32	800	812.8	1 150	1 054.1	51	28	M48	914	2	96.9	98.5	221	881	11	
34	850	863.6	1 205	1 104.9	51	28	M48	965	2	100.1	103.2	230	937	13	
36	900	914.4	1 270	1 168.4	55	32	M52	1 022	2	103.2	109.6	240	991	13	
38	950	965.2	1 170	1 092.2	42	32	M39	1 029	2	106.4	106.4	179	994	13	
40	1 000	1 016.0	1 240	1 155.7	45	32	M42	1 086	2	112.8	112.8	192	1 048	13	
42	1 050	1 066.8	1 290	1 206.5	45	32	M42	1 137	2	117.5	117.5	198	1 099	13	
44	1 100	1 117.6	1 355	1 263.6	48	32	M45	1 194	2	122.3	122.3	205	1 149	13	
46	1 150	1 168.4	1 415	1 320.8	51	28	M48	1 245	2	127.0	127.0	214	1 203	13	
48	1 200	1 219.2	1 465	1 371.6	51	32	M48	1 302	2	131.8	131.8	222	1 254	13	
50	1 250	1 270.0	1 530	1 428.8	55	32	M52	1 359	2	138.2	138.2	230	1 305	13	
52	1 300	1 320.8	1 580	1 479.6	55	32	M52	1 410	2	142.9	142.9	237	1 356	13	
54	1 350	1 371.6	1 660	1 549.4	60	28	M56	1 467	2	150.9	150.9	251	1 410	13	
56	1 400	1 422.4	1 710	1 600.2	60	28	M56	1 518	2	152.4	152.4	259	1 464	13	
58	1 450	1 473.2	1 760	1 651.0	60	32	M56	1 575	2	157.2	157.2	265	1 514	13	
60	1 500	1 524.0	1 810	1 701.8	60	32	M56	1 626	2	162.0	162.0	271	1 565	13	

a 该尺寸是法兰颈部的大端尺寸，颈部可以是直的或锥形的。

b 法兰的焊接端坡口见 3.5。

表 5　A 系列 Class 600 大直径钢制管法兰

公称尺寸		法兰颈焊端外径 A^{b}/mm	连接尺寸					密封面尺寸		法兰最小厚度 C/mm		对焊法兰高度 H/mm	法兰颈部直径 N^{a}/mm	最小半径 r/mm	法兰内径 B/mm
NPS	DN		法兰外径 D/mm	螺栓孔中心圆直径 K/mm	螺栓孔直径 L/mm	螺栓 数量 n/个	螺栓 螺纹规格	突面直径 R/mm	突面高度 f_1/mm	对焊、整体法兰	法兰盖				
26	650	660.4	1 015	914.4	51	28	M48	749	7	108.0	125.5	222	748	13	按用户规定或与钢管内径一致
28	700	711.2	1 075	965.2	55	28	M52	800	7	111.2	131.8	235	803	13	
30	750	762.0	1 130	1 022.4	55	28	M52	857	7	114.3	139.7	248	862	13	
32	800	812.8	1 195	1 079.5	60	28	M56	914	7	117.5	147.7	260	918	13	
34	850	863.6	1 245	1 130.3	60	28	M56	965	7	120.7	154.0	270	973	14	
36	900	914.4	1 315	1 193.8	68	28	M64	1 022	7	123.9	162.0	283	1 032	14	
38	950	965.2	1 270	1 162.0	60	28	M56	1 054	7	152.4	155.0	254	1 022	14	
40	1 000	1 016.0	1 320	1 212.8	60	32	M56	1 111	7	158.8	162.0	264	1 073	14	
42	1 050	1 066.8	1 405	1 282.7	68	28	M64	1 168	7	168.3	171.5	279	1 127	14	
44	1 100	1 117.6	1 455	1 333.5	68	32	M64	1 226	7	173.1	177.8	289	1 181	14	
46	1 150	1 168.4	1 510	1 390.6	68	32	M64	1 276	7	179.4	185.8	300	1 235	14	
48	1 200	1 219.2	1 595	1 460.5	74	32	M70	1 334	7	189.0	195.3	316	1 289	14	
50	1 250	1 270.0	1 670	1 524.0	80	28	M76	1 384	7	196.9	203.2	329	1 343	14	
52	1 300	1 320.8	1 720	1 574.8	80	32	M76	1 435	7	203.2	209.6	337	1 394	14	
54	1 350	1 371.6	1 780	1 632.0	80	32	M76	1 492	7	209.6	217.5	349	1 448	14	
56	1 400	1 422.4	1 855	1 695.4	86	32	M82	1 543	7	217.5	225.5	362	1 502	16	
58	1 450	1 473.2	1 905	1 746.2	86	32	M82	1 600	7	222.3	231.8	370	1 553	16	
60	1 500	1 524.0	1 995	1 822.4	94	28	M90	1 657	7	233.4	242.9	389	1 610	17	

[a] 该尺寸是法兰颈部的大端尺寸，颈部可以是直的或锥形的。

[b] 法兰的焊接端坡口见 3.5。

表 6　A 系列 Class 900 大直径钢制管法兰

公称尺寸		法兰颈焊端外径 A^{b}/mm	连接尺寸					密封面尺寸		法兰最小厚度 C/mm		对焊法兰高度 H/mm	法兰颈部直径 N^{a}/mm	最小半径 r/mm	法兰内径 B/mm
NPS	DN		法兰外径 D/mm	螺栓孔中心圆直径 K/mm	螺栓孔直径 L/mm	螺栓 数量 n/个	螺栓 螺纹规格	突面直径 R/mm	突面高度 f_1/mm	对焊、整体法兰	法兰盖				
26	650	660.4	1 085	952.5	74	20	M70	749	7	139.7	160.4	286	775	11	按用户规定或与钢管内径一致
28	700	711.2	1 170	1 022.4	80	20	M76	800	7	142.9	171.5	298	832	13	
30	750	762.0	1 230	1 085.8	80	20	M76	857	7	149.3	182.6	311	889	13	
32	800	812.8	1 315	1 155.7	86	20	M82	914	7	158.8	193.7	330	946	13	
34	850	863.6	1 395	1 225.6	94	20	M90	965	7	165.1	204.8	349	1 006	14	
36	900	914.4	1 460	1 289.0	94	20	M90	1 022	7	171.5	214.4	362	1 064	14	
38	950	965.2	1 460	1 289.0	94	20	M90	1 099	7	190.5	215.9	352	1 073	19	
40	1 000	1 016.0	1 510	1 339.8	94	24	M90	1 162	7	196.9	223.9	364	1 127	21	
42	1 050	1 066.8	1 560	1 390.6	94	24	M90	1 213	7	206.4	231.8	371	1 176	21	
44	1 100	1 117.6	1 650	1 463.7	99	24	M95	1 270	7	214.4	242.9	391	1 235	22	
46	1 150	1 168.4	1 735	1 536.7	105	24	M100	1 334	7	225.5	255.6	411	1 292	22	
48	1 200	1 219.2	1 785	1 587.5	105	24	M100	1 384	7	233.4	263.6	419	1 343	24	

[a] 该尺寸是法兰颈部的大端尺寸，颈部可以是直的或锥形的。

[b] 法兰的焊接端坡口见 3.5。

表 7　B 系列 Class 75 大直径钢制管法兰

公称尺寸		法兰颈焊端外径 A^{b}/mm	连接尺寸					密封面尺寸		法兰最小厚度 C/mm		对焊法兰高度 H/mm	法兰颈部直径 N^{a}/mm	最小半径 r/mm	法兰内径 B/mm
NPS	DN		法兰外径 D/mm	螺栓孔中心圆直径 K/mm	螺栓孔直径 L/mm	螺栓数量 n/个	螺栓螺纹规格	突面直径 R/mm	突面高度 f_1/mm	对焊、整体法兰	法兰盖				
26	650	661.9	760	723.9	19	36	M16	705	2	31.9	31.9	57	676	8	按用户规定或与钢管内径一致
28	700	712.7	815	774.7	19	40	M16	756	2	31.9	31.9	60	727	8	
30	750	763.5	865	825.5	19	44	M16	806	2	31.9	31.9	64	778	8	
32	800	814.3	915	876.3	19	48	M16	857	2	33.5	35.0	68	829	8	
34	850	865.1	965	927.1	19	52	M16	908	2	33.5	36.6	72	879	8	
36	900	915.9	1 035	992.2	22	40	M20	965	2	35.0	40.9	84	935	10	
38	950	966.7	1 085	1 043.0	22	40	M20	1 016	2	36.6	43.0	87	986	10	
40	1 000	1 017.5	1 135	1 093.8	22	44	M20	1 067	2	36.6	43.0	91	1 037	10	
42	1 050	1 068.3	1 185	1 144.6	22	48	M20	1 118	2	38.2	46.3	94	1 087	10	
44	1 100	1 119.1	1 250	1 203.3	26	36	M24	1 175	2	41.4	47.7	103	1 140	10	
46	1 150	1 169.9	1 300	1 254.1	26	40	M24	1 226	2	43.0	49.3	106	1 191	10	
48	1 200	1 220.7	1 355	1 304.9	26	44	M24	1 276	2	44.6	52.5	110	1 241	10	
50	1 250	1 271.5	1 405	1 355.7	26	44	M24	1 327	2	46.2	54.1	114	1 294	10	
52	1 300	1 322.3	1 455	1 409.7	26	48	M24	1 378	2	46.2	55.7	119	1 345	10	
54	1 350	1 373.1	1 510	1 460.5	26	48	M24	1 429	2	47.8	58.9	124	1 397	10	
56	1 400	1 423.9	1 575	1 520.8	29	40	M27	1 486	2	49.3	60.4	133	1 451	11	
58	1 450	1 474.7	1 625	1 571.6	29	44	M27	1 537	2	50.9	62.0	137	1 502	11	
60	1 500	1 525.5	1 675	1 622.4	29	44	M27	1 588	2	54.1	65.2	143	1 553	11	

a 该尺寸是法兰颈部的大端尺寸，颈部可以是直的或锥形的。

b 法兰的焊接端坡口见 3.5。

表 8　B 系列 Class 150 大直径钢制管法兰

公称尺寸		法兰颈焊端外径 A^{b}/mm	连接尺寸					密封面尺寸		法兰最小厚度 C/mm		对焊法兰高度 H/mm	法兰颈部直径 N^{a}/mm	最小半径 r/mm	法兰内径 B/mm
NPS	DN		法兰外径 D/mm	螺栓孔中心圆直径 K/mm	螺栓孔直径 L/mm	螺栓数量 n/个	螺栓螺纹规格	突面直径 R/mm	突面高度 f_1/mm	对焊、整体法兰	法兰盖				
26	650	661.9	785	744.5	22	36	M20	711	2	39.8	43.0	87	684	10	按用户规定或与钢管内径一致
28	700	712.7	835	795.3	22	40	M20	762	2	43.0	46.2	94	735	10	
30	750	763.5	885	846.1	22	44	M20	813	2	43.0	49.3	98	787	10	
32	800	814.3	940	900.1	22	48	M20	864	2	44.6	52.5	106	840	10	
34	850	865.1	1 005	957.3	26	40	M24	921	2	47.7	55.7	109	892	10	
36	900	915.9	1 055	1 009.6	26	44	M24	972	2	50.9	57.3	116	945	10	
38	950	968.2	1 125	1 070.0	29	40	M27	1 022	2	52.5	62.0	122	997	10	
40	1 000	1 019.0	1 175	1 120.8	29	44	M27	1 080	2	54.1	65.2	127	1 049	10	
42	1 050	1 069.8	1 225	1 171.6	29	48	M27	1 130	2	57.3	66.8	132	1 102	11	
44	1 100	1 120.6	1 275	1 222.4	29	52	M27	1 181	2	58.9	70.0	135	1 153	11	

表 8（续）

公称尺寸		法兰颈焊端外径	连接尺寸					密封面尺寸		法兰最小厚度 C/mm		对焊法兰高度	法兰颈部直径	最小半径	法兰内径
			法兰外径	螺栓孔中心圆直径	螺栓孔直径	螺栓									
NPS	DN	A[b]/mm	D/mm	K/mm	L/mm	数量 n/个	螺纹规格	突面直径 R/mm	突面高度 f_1/mm	对焊、整体法兰	法兰盖	H/mm	N[a]/mm	r/mm	B/mm
46	1 150	1 171.4	1 340	1 284.3	32	40	M30	1 235	2	60.4	73.1	143	1 205	11	按用户规定或与钢管内径一致
48	1 200	1 222.2	1 390	1 335.1	32	44	M30	1 289	2	63.6	76.3	148	1 257	11	
50	1 250	1 273.0	1 445	1 385.9	32	48	M30	1 340	2	66.8	79.5	152	1 308	11	
52	1 300	1 323.8	1 495	1 436.7	32	52	M30	1 391	2	68.4	82.7	156	1 360	11	
54	1 350	1 374.6	1 550	1 492.2	32	56	M30	1 441	2	70.0	85.8	160	1 413	11	
56	1 400	1 425.4	1 600	1 543.0	32	60	M30	1 492	2	71.6	89.0	165	1 465	14	
58	1 450	1 476.2	1 675	1 611.3	35	48	M33	1 543	2	73.1	91.9	173	1 516	14	
60	1 500	1 527.0	1 725	1 662.1	35	52	M33	1 600	2	74.7	95.4	178	1 570	14	

[a] 该尺寸是法兰颈部的大端尺寸，颈部可以是直的或锥形的。

[b] 法兰的焊接端坡口见 3.5。

表 9 B 系列 Class 300 大直径钢制管法兰

公称尺寸		法兰颈焊端外径	连接尺寸					密封面尺寸		法兰最小厚度 C/mm		对焊法兰高度	法兰颈部直径	最小半径	法兰内径
			法兰外径	螺栓孔中心圆直径	螺栓孔直径	螺栓									
NPS	DN	A[b]/mm	D/mm	K/mm	L/mm	数量 n/个	螺纹规格	突面直径 R/mm	突面高度 f_1/mm	对焊、整体法兰	法兰盖	H/mm	N[a]/mm	r/mm	B/mm
26	650	665.2	865	803.3	35	32	M33	737	2	87.4	87.4	143	702	14	按用户规定或与钢管内径一致
28	700	716.0	920	857.2	35	36	M33	787	2	87.4	87.4	148	756	14	
30	750	768.4	990	920.8	39	36	M36	845	2	92.1	92.1	156	813	14	
32	800	819.2	1 055	977.9	42	32	M39	902	2	101.6	101.6	167	864	16	
34	850	870.0	1 110	1 031.9	42	36	M39	953	2	101.6	101.6	171	918	16	
36	900	920.8	1 170	1 089.0	45	32	M42	1 010	2	101.6	101.6	179	965	16	
38	950	971.6	1 220	1 139.8	45	36	M42	1 060	2	109.6	109.6	191	1 016	16	
40	1 000	1 022.4	1 275	1 190.6	45	40	M42	1 114	2	114.3	114.3	197	1 067	16	
42	1 050	1 074.7	1 335	1 244.6	48	36	M45	1 168	2	117.5	117.5	203	1 118	16	
44	1 100	1 125.5	1 385	1 295.4	48	40	M45	1 219	2	125.5	125.5	213	1 173	16	
46	1 150	1 176.3	1 460	1 365.2	51	36	M48	1 270	2	127.0	128.6	221	1 229	16	
48	1 200	1 227.1	1 510	1 416.0	51	40	M48	1 327	2	127.0	133.4	222	1 278	16	
50	1 250	1 277.9	1 560	1 466.8	51	44	M48	1 378	2	136.6	138.2	233	1 330	16	
52	1 300	1 328.7	1 615	1 517.6	51	48	M48	1 429	2	141.3	142.6	241	1 383	16	
54	1 350	1 379.5	1 675	1 578.0	51	48	M48	1 480	2	135.0	147.7	238	1 435	16	
56	1 400	1 430.3	1 765	1 651.0	60	36	M56	1 537	2	152.4	155.4	267	1 494	17	
58	1 450	1 481.1	1 825	1 712.9	60	40	M56	1 594	2	152.4	160.4	273	1 548	17	
60	1 500	1 557.3	1 880	1 763.7	60	40	M56	1 651	2	149.3	165.1	270	1 599	17	

[a] 该尺寸是法兰颈部的大端尺寸，颈部可以是直的或锥形的。

[b] 法兰的焊接端坡口见 3.5。

表 10 B 系列 Class 600 大直径钢制管法兰

公称尺寸		法兰颈焊端外径 A^{b}/mm	连接尺寸					密封面尺寸		法兰最小厚度 C/mm		对焊法兰高度 H/mm	法兰颈部直径 N^{a}/mm	最小半径 r/mm	法兰内径 B/mm
NPS	DN		法兰外径 D/mm	螺栓孔中心圆直径 K/mm	螺栓孔直径 L/mm	螺栓 数量 n/个	螺栓 螺纹规格	突面直径 R/mm	突面高度 f_1/mm	对焊、整体法兰	法兰盖				
26	650	660.4	890	806.4	45	28	M42	727	7	111.2	111.3	181	698	13	按用户规定或与钢管内径一致
28	700	711.2	950	863.6	48	28	M45	784	7	115.9	115.9	190	752	13	
30	750	762.0	1 020	927.1	51	28	M48	841	7	125.5	127.0	205	806	13	
32	800	812.8	1 085	984.2	55	28	M52	895	7	130.2	134.9	216	860	13	
34	850	863.6	1 160	1 054.1	60	24	M56	953	7	141.3	144.2	233	914	14	
36	900	914.4	1 215	1 104.9	60	28	M56	1 010	7	146.1	150.9	243	968	14	

a 该尺寸是法兰颈部的大端尺寸，颈部可以是直的或锥形的。

b 法兰的焊接端坡口见 3.5。

表 11 B 系列 Class 900 大直径钢制管法兰

公称尺寸		法兰颈焊端外径 A^{b}/mm	连接尺寸					密封面尺寸		法兰最小厚度 C/mm		对焊法兰高度 H/mm	法兰颈部直径 N^{a}/mm	最小半径 r/mm	法兰内径 B/mm
NPS	DN		法兰外径 D/mm	螺栓孔中心圆直径 K/mm	螺栓孔直径 L/mm	螺栓 数量 n/个	螺栓 螺纹规格	突面直径 R/mm	突面高度 f_1/mm	对焊、整体法兰	法兰盖				
26	650	660.4	1 020	901.7	68	20	M64	762	7	135.0	154.0	259	743	11	按用户规定或与钢管内径一致
28	700	711.2	1 105	971.6	74	20	M70	819	7	147.7	166.7	276	797	13	
30	750	762.0	1 180	1 035.0	80	20	M76	876	7	155.6	176.1	289	851	13	
32	800	812.8	1 240	1 092.2	80	20	M76	927	7	160.4	186.0	303	908	13	
34	850	863.6	1 315	1 155.7	86	20	M82	991	7	171.5	195.0	319	962	14	
36	900	914.4	1 345	1 200.2	80	24	M76	1 029	7	173.1	201.7	325	1 016	14	

a 该尺寸是法兰颈部的大端尺寸，颈部可以是直的或锥形的。

b 法兰的焊接端坡口见 3.5。

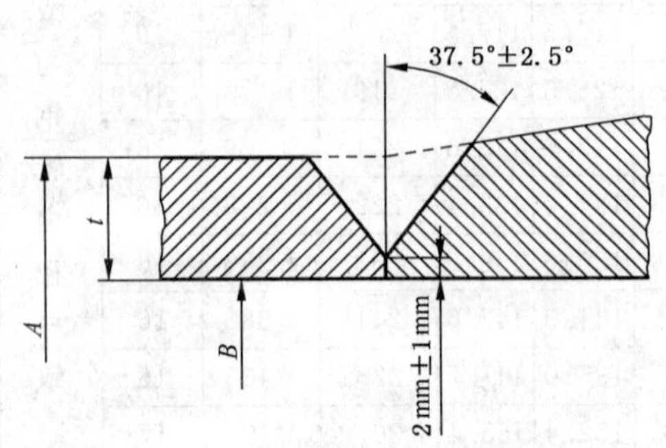

a）壁厚 t 小于等于 22 mm 时的坡口型式和尺寸

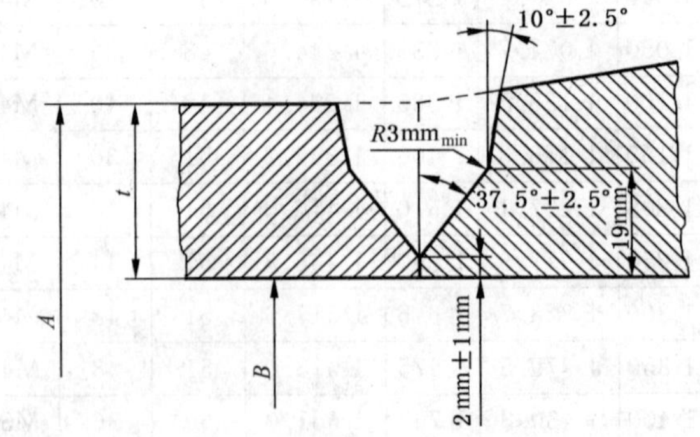

b）壁厚 t 大于 22 mm 时的坡口型式和尺寸

A=管子的公称外径；

B=管子的公称内径；

t=管子的公称壁厚。

图 7 无衬环的对焊法兰的焊接坡口型式及尺寸

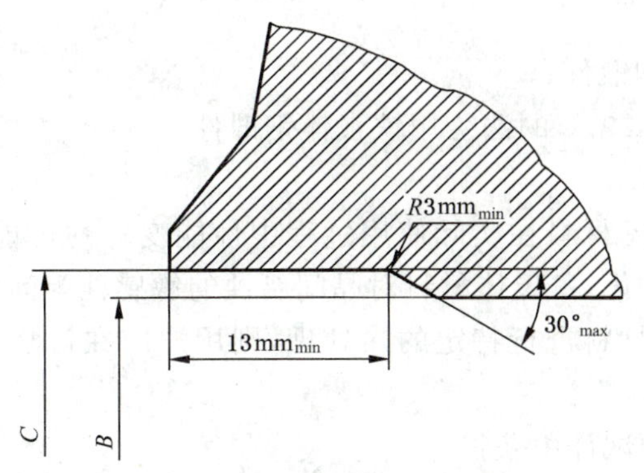

a）使用矩形衬环的内壁形状

b）使用锥形衬环的内壁形状

A＝焊接端公称外径；

B＝管子的公称内径＝$A-2t=A-0.79$ mm$-1.75\,t-0.25$ mm；

t＝公称壁厚；

1.75 t＝公称壁厚的 87.5％×2，折合成直径方向；

0.25 mm＝直径 C 的正偏差；

0.79 mm＝管子外径的负偏差。

图 8　有衬环的对焊法兰的焊接坡口和尺寸

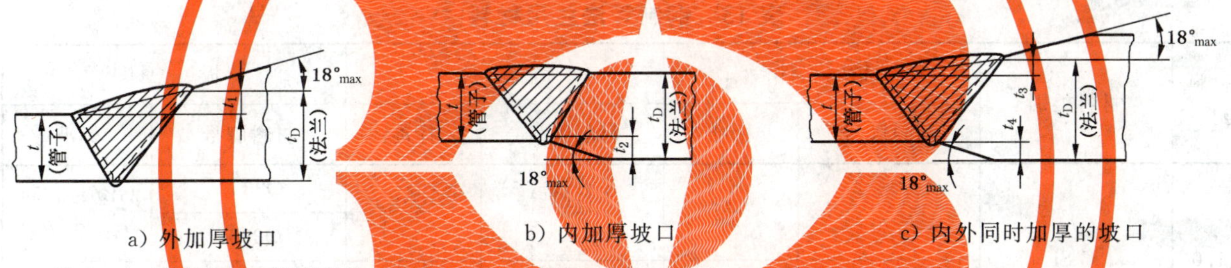

a）外加厚坡口　　b）内加厚坡口　　c）内外同时加厚的坡口

注 1：t_1，t_2 或 t_3+t_4 都不应超过 0.5 t。

注 2：当相连部件的最小规定屈服强度不相等时，t_D 值至少应等于 t 乘以管子对法兰的最小规定屈服强度的比值，但不应大于 1.5 t。

注 3：焊接应符合有关标准规范的要求。

注 4：与较高强度管子焊接时对焊法兰的焊接端部需要附加厚度。

图 9　法兰对焊端壁厚与管子壁厚不相同时的焊接

表 12　法兰密封面的表面粗糙度

密封面型式	密封面代号	Ra/μm		同心圆或螺旋式密纹水线尺寸/mm		
		min	max	深度	水线节距	加工刀具圆角
突面	RF	3.2	6.3	0.05	0.5～0.6	≥1.5
环连接面	RJ	≤1.6		—		

4　材料

4.1　钢制管法兰用材料应符合表 13 的规定。法兰材料的化学成分、力学性能、使用温度和其他技术要求应符合表 13 中有关标准的规定。

4.2　钢制管法兰用锻件（包括锻轧件）的级别及其技术要求参照 JB 4726、JB 4727、JB 4728 标准，并且应符合如下规定。

4.2.1　公称压力为 Class 150 的法兰用低碳钢和奥氏体不锈钢锻件，允许采用Ⅰ级锻件。

4.2.2　符合下列情况之一者，法兰用锻件应符合Ⅲ级或Ⅲ级以上锻件的要求：

a） 公称压力为大于等于 Class 600 的法兰用锻件；

b） 公称压力为大于等于 Class 300 的法兰用铬钼钢锻件；

c） 公称压力为大于等于 Class 300 且工作温度≤－29 ℃的法兰用铁素体钢锻件。

4.2.3 其他法兰用锻件应符合Ⅱ级或Ⅱ级以上锻件的要求。

4.3 本标准没有涉及到法兰材料的选用准则，用户应考虑材料在实际使用过程中性能变坏的可能性。用户应该注意碳化物相转变成石墨，铁素体材料的过分氧化，奥氏体材料对晶间腐蚀的敏感性等问题。

4.4 当使用条件对材料具有某些特定的要求时，如需要材料进行特定的热处理，则用户应在订货合同中说明。

4.5 材料的力学性能应从代表材料的最终热处理状态的试样中获得。

4.6 材料的屈服强度值大于等于 640 MPa 的螺栓为高强度螺栓，高强度螺栓一般可用于任何压力级的法兰连接。屈服强度小于等于 206 MPa 的螺栓为低强度螺栓，低强度螺栓一般仅能用于公称压力不大于 Class 300 的法兰连接，用低强度碳钢螺栓连接的法兰一般不用于 200 ℃以上的温度或－29 ℃以下的温度。介于高强度螺栓与低强度螺栓之间的螺栓为中强度螺栓。紧固件的选用按 GB/T 9125 的规定。

4.7 垫片材料应符合有关标准的规定。用户应负责垫片材料的选用，所选材料应能承受预期的螺栓载荷而不会被压坏，并适用于操作条件。如果系统的试验压力高于本标准的规定时，要特别注意垫片材料的选择。垫片应满足法兰连接在工作条件下的密封性能。

表 13 钢制管法兰用材料

材料组号	材料类别	锻件		铸件		板材	
		材料牌号	标准	材料牌号	标准	材料牌号	标准
1.0	C-Si	—	—	—	—	Q235A	GB/T 3274 GB/T 700
						Q235B	
		20	GB/T 699 JB 4726	WCA	GB/T 12229	20	GB/T 711
						Q245R	GB 713
1.1	C-Si	A 105	GB/T 12228	WCB	GB/T 12229	—	—
	C-Mn-Si	16Mn	JB 4726	—	—	—	—
1.2	C-Mn-Si	—	—	WCC	GB/T 12229	Q345R	GB 713
	C-Mn-Si	—	—	LCC	JB/T 7248	—	—
1.2	2½Ni	—	—	LC2	JB/T 7248	—	—
	3½Ni	—	—	LC3	JB/T 7248	—	—
1.3	C-Si	—	—	LCB	JB/T 7248	—	—
	C-Mn-Si	16MnD	JB 4727	—	—	16MnDR	GB 3531
	C-½Mo	—	—	WC1	JB/T 5263	—	—
		—	—	LC1	JB/T 7248	—	—
1.4	Mn-Ni	09MnNiD	JB 4727	—	—	09MnNiDR	GB 3531
1.9	1¼Cr-½Mo	14Cr1Mo	JB 4726	WC6	JB/T 5263	14Cr1MoR	GB 713
1.10	2¼Cr-1Mo	12Cr2Mo1	JB 4726	WC9	JB/T 5263	12Cr2Mo1R	GB 713
				ZG12Cr2Mo1G	GB/T 16253		

表 13（续）

材料组号	材料类别	锻件		铸件		板材	
		材料牌号	标准	材料牌号	标准	材料牌号	标准
1.13	5Cr-½Mo	1Cr5Mo	JB 4726	ZG16Cr5MoG	GB/T 16253	—	—
1.14	9Cr-1Mo	—	—	ZG14Cr9Mo1G	GB/T 16253	—	—
1.15	9Cr-1Mo-V	—	—	C12A	JB/T 5263	—	—
1.17	1Cr-½Mo	15CrMo	JB 4726	ZG15Cr1MoG	GB/T 16253	15CrMoR	GB 713
2.1	18Cr-8Ni	0Cr18Ni9	JB 4728	CF8	GB/T 12230	06Cr19Ni10	GB/T 4237
		—	—	CF3	GB/T 12230	—	—
2.2	16Cr-12Ni-2Mo	0Cr17Ni12Mo2	JB 4728	CF8M	GB/T 12230	06Cr17Ni12Mo2	GB/T 4237
		—	—	CF3M	GB/T 12230	—	—
	18Cr-13Ni-3Mo	06Cr19Ni13Mo3	GB/T 1220	—	—	06Cr19Ni13Mo3	GB/T 4237
2.3	18Cr-8Ni	00Cr19Ni10	JB 4728	—	—	022Cr19Ni10	GB/T 4237
	16Cr-12Ni-2Mo	00Cr17Ni14Mo2	JB 4728	—	—	022Cr17Ni12Mo2	GB/T 4237
	18Cr-13Ni-3Mo	022Cr19Ni13Mo3	GB/T 1220	—	—	022Cr19Ni13Mo3	GB/T 4237
2.4	18Cr-10Ni-Ti	0Cr18Ni10Ti	JB 4728	ZG08Cr18Ni9Ti ZG12Cr18Ni9Ti	GB/T 12230	06Cr18Ni11Ti	GB/T 4237
2.5	18Cr-10Ni-Cb	06Cr18Ni11Nb	GB/T 1220	—	—	06Cr18Ni11Nb	GB/T 4237
2.6	23Cr-12Ni	—	—	—	—	06Cr23Ni13	GB/T 4237
2.7	25Cr-20Ni	06Cr25Ni20	GB/T 1220	—	—	06Cr25Ni20	GB/T 4237
2.8	22Cr-5Ni-3Mo-N	022Cr23Ni5Mo3N	GB/T 1220	—	—	022Cr22Ni5Mo3N	GB/T 4237
	25Cr-7Ni-4Mo-N	—	—	—	—	022Cr25Ni7Mo4-WCuN	GB/T 4237
	25Cr-7Ni-3.5Mo-N-Cu-W	03Cr25Ni6Mo3-Cu2N	GB/T 1220	—	—	—	—
2.9	23Cr-12Ni	—	—	—	—	06Cr23Ni13	GB/T 4237
	25Cr-20Ni	—	—	—	—	06Cr25Ni20	GB/T 4237
2.11	18Cr-10Ni-Cb	—	—	CF8C	GB/T 12230	—	—

5 压力-温度额定值

5.1 表 14～表 33 给出了法兰材料的压力-温度额定值，根据压力-温度额定值确定不同材料在不同使用温度下的最大允许工作压力，对于中间温度允许用线性内插法确定在该温度下法兰的最大允许工作压力。对于特殊的材料，其压力-温度额定值按设计的规定。

5.2 如果在一对法兰连接中的两个法兰的压力-温度额定值不相同，那么这一对法兰的压力-温度额定值应该由两个法兰中较低的一个法兰所决定。

5.3 一个法兰连接由法兰、垫片和螺栓等三个相互分离、相互独立而又相互关联的元件组装而成，法兰连接还受装配的影响。在选用这些元件时应进行严格的控制，使法兰连接具有良好的密封性。为了使法兰连接在使用中获得良好的密封性能，需要采取一些特殊的技术，如控制螺栓的预紧力等。

5.4 对于低于－29 ℃的任何温度，其最大允许工作压力不应大于－29 ℃时的最大允许工作压力。

5.5 用于高温或者低温下的法兰，应该考虑连接管道和设备因温度变化而产生的力和力矩会引起法兰泄漏的危险。用于高温下的法兰，随着使用温度的升高，法兰、螺栓和垫片将会逐渐松弛，螺栓的载荷随之逐渐降低，法兰的密封性能相应的逐渐下降。用于低温下的法兰，尤其是一些含碳的钢法兰，其韧性显著降低，在这种情况下，法兰有可能无法安全地承受冲击载荷、应力和温度突变，或者会产生高的应力集中。因此，要求根据有关标准测试材料在低温下的冲击性能，以保证法兰在低温下的安全使用。

5.6 对焊法兰内径 B(见图 7)的最大值不能超过表 34 规定的 B_{max}，以确保对焊法兰颈部的厚度。

表 14 1.0 组材料的压力-温度额定值

材料类别	锻件	铸件	板材	
C-Si	—	—	Q235A Q235B	
	20[a]	WCA[a]	20a	
			Q245R[a]	

温度/℃	公称压力				
	Class 75	Class 150	Class 300	Class 600	Class 900
	最大允许工作压力/MPa				
－29～38	0.79	1.58	3.95	7.90	11.85
50	0.76	1.53	3.85	7.75	11.60
100	0.71	1.42	3.56	7.12	10.68
150	0.67	1.35	3.39	6.78	10.17
200	0.63	1.27	3.18	6.36	9.54
250	0.57	1.15	2.88	5.76	8.64
300	0.51	1.02	2.57	5.14	7.71
325	0.46	0.93	2.48	4.96	7.44
350	0.31	0.84	2.39	4.78	7.17
375	—	0.74	2.29	4.58	6.87
400	—	0.65	2.19	4.38	6.57
425	—	0.55	2.12	4.24	6.36
450	—	0.46	1.96	3.92	5.87
475	—	0.37	1.35	2.71	4.06

[a] 当长期暴露在 425 ℃以上温度时，钢中的碳化相可能转变为石墨。允许但不推荐长期在 425 ℃以上使用。

表 15　1.1 组材料的压力-温度额定值

材料类别	锻　件	铸　件	板　材		
C-Si	A 105[a]	WCB[a]	—		
	16Mn	—	—		
温度/℃	公　称　压　力				
	Class 75	Class 150	Class 300	Class 600	Class 900
	最大允许工作压力/MPa				
−29～38	0.98	1.96	5.11	10.21	15.32
50	0.96	1.92	5.01	10.02	15.04
100	0.88	1.77	4.66	9.32	13.98
150	0.79	1.58	4.51	9.02	13.52
200	0.69	1.38	4.38	8.76	13.14
250	0.60	1.21	4.19	8.39	12.58
300	0.51	1.02	3.98	7.96	11.95
325	0.46	0.93	3.87	7.74	11.61
350	0.31	0.84	3.76	7.51	11.27
375	—	0.74	3.64	7.27	10.91
400	—	0.65	3.47	6.94	10.42
425	—	0.55	2.88	5.75	8.63
450	—	0.46	2.30	4.60	6.90
475	—	0.37	1.74	3.49	5.23
500	—	0.28	1.18	2.35	3.53
538	—	0.14	0.59	1.18	1.77

a　当长期暴露在 425 ℃以上温度时，钢中的碳化相可能转变为石墨。允许但不推荐长期在 425 ℃以上使用。

表 16　1.2 组材料的压力-温度额定值

材料类别	锻　　件	铸　　件	板　　材
C-Mn-Si	—	WCC[a]	Q345R
C-Mn-Si	—	LCC[b]	—
2½Ni	—	LC2	—
3½Ni	—	LC3[c]	—

温度/℃	公称压力				
	Class 75	Class 150	Class 300	Class 600	Class 900
	最大允许工作压力/MPa				
−29～38	0.99	1.98	5.17	10.34	15.51
50	0.98	1.95	5.17	10.34	15.51
100	0.88	1.77	5.15	10.30	15.46
150	0.79	1.58	5.02	10.03	15.05
200	0.69	1.38	4.86	9.72	14.58
250	0.60	1.21	4.63	9.27	13.90
300	0.51	1.02	4.29	8.57	12.86
325	0.46	0.93	4.14	8.26	12.40
350	0.31	0.84	4.00	8.00	12.01
375	—	0.74	3.78	7.57	11.35
400	—	0.65	3.47	6.94	10.42
425	—	0.55	2.88	5.75	8.63
450	—	0.46	2.30	4.60	6.90
475	—	0.37	1.71	3.42	5.13
500	—	0.28	1.16	2.32	3.47
538	—	0.14	0.59	1.18	1.77

[a] 当长期暴露在 425 ℃以上温度时，钢中的碳化相可能转变为石墨。允许但不推荐长期在 425℃以上使用。

[b] 不得用于 340 ℃以上。

[c] 不得用于 260 ℃以上。

表 17 1.3 组材料的压力-温度额定值

材料类别	锻 件	铸 件	板 材
C-Si	—	LCB[a]	—
C-Mn-Si	16MnD	—	16MnDR
	16Mn	—	16MnR
C-½Mo	—	WC1[b,c]	—
	—	LC1[a]	—

温度/℃	公称压力				
	Class 75	Class 150	Class 300	Class 600	Class 900
	最大允许工作压力/MPa				
−29～38	0.92	1.84	4.80	9.60	14.41
50	0.91	1.82	4.75	9.49	14.24
100	0.87	1.74	4.53	9.07	13.60
150	0.79	1.58	4.39	8.79	13.18
200	0.69	1.38	4.25	8.51	12.76
250	0.60	1.21	4.08	8.16	12.23
300	0.51	1.02	3.87	7.74	11.61
325	0.46	0.93	3.76	7.52	11.27
350	0.31	0.84	3.64	7.28	10.92
375	—	0.74	3.50	6.99	10.49
400	—	0.65	3.26	6.52	9.79
425	—	0.55	2.73	5.46	8.19
450	—	0.46	2.16	4.32	6.48
475	—	0.37	1.57	3.13	4.70
500	—	0.28	1.11	2.21	3.32
538	—	0.14	0.59	1.18	1.77

a 不得用于 340 ℃以上。

b 当长期暴露在 465 ℃以上温度时，钢中的碳化相可能转变为石墨。允许但不推荐长期在 465 ℃以上使用。

c 仅使用正火加回火的材料。

表 18　1.4 组材料的压力-温度额定值

材料类别	锻　件		铸　件	板　材	
Mn-Ni	09MnNiD		—	09MnNiDR	
温度/℃	公　称　压　力				
	Class 75	Class 150	Class 300	Class 600	Class 900
	最大允许工作压力/MPa				
−29～38	0.82	1.63	4.26	8.51	12.77
50	0.80	1.60	4.18	8.35	12.53
100	0.74	1.49	3.88	7.77	11.65
150	0.72	1.44	3.76	7.51	11.27
200	0.69	1.38	3.64	7.28	10.92
250	0.60	1.21	3.49	6.98	10.47
300	0.51	1.02	3.32	6.64	9.95
325	0.46	0.93	3.22	6.45	9.67
350	0.31	0.84	3.12	6.25	9.37
375	—	0.74	3.04	6.07	9.11
400	—	0.65	2.93	5.87	8.80
425	—	0.55	2.58	5.15	7.73
450	—	0.46	2.14	4.27	6.41
475	—	0.37	1.41	2.82	4.23
500	—	0.28	1.03	2.06	3.09
538	—	0.14	0.59	1.18	1.77

表 19　1.9 组材料的压力-温度额定值

材料类别	锻　　件		铸　　件		板　　材
1¼Cr-½Mo	14Cr1Mo		WC6[a,b]		14Cr1MoR
温度/℃	公　称　压　力				
	Class 75	Class 150	Class 300	Class 600	Class 900
	最大允许工作压力/MPa				
−29～38	0.99	1.98	5.17	10.34	15.51
50	0.98	1.95	5.17	10.34	15.51
100	0.88	1.77	5.15	10.30	15.44
150	0.79	1.58	4.97	9.95	14.92
200	0.69	1.38	4.80	9.59	14.39
250	0.60	1.21	4.63	9.27	13.90
300	0.51	1.02	4.29	8.57	12.86
325	0.46	0.93	4.14	8.26	12.40
350	0.31	0.84	4.03	8.04	12.07
375	—	0.74	3.89	7.76	11.65
400	—	0.65	3.65	7.33	10.98
425	—	0.55	3.52	7.00	10.51
450	—	0.46	3.37	6.77	10.14
475	—	0.37	3.17	6.34	9.51
500	—	0.28	2.57	5.15	7.72
538		0.14	1.49	2.98	4.47
550	—	—	1.27	2.54	3.81
575	—	—	0.88	1.76	2.64
600	—	—	0.61	1.22	1.83
625	—	—	0.43	0.85	1.28
650	—	—	0.28	0.57	0.85

[a] 仅允许用正火加回火材料。

[b] 不得用于 590 ℃以上。

表 20 1.10组材料的压力-温度额定值

材料类别	锻件		铸件		板材
2¼Cr-1Mo	12Cr2Mo1		WC9[a,b] ZG12Cr2Mo1G		12Cr2Mo1R
温度/℃	公称压力				
	Class 75	Class 150	Class 300	Class 600	Class 900
	最大允许工作压力/MPa				
−29～38	0.99	1.98	5.17	10.34	15.51
50	0.98	1.95	5.17	10.34	15.51
100	0.88	1.77	5.15	10.30	15.46
150	0.79	1.58	5.03	10.03	15.06
200	0.69	1.38	4.86	9.72	14.58
250	0.60	1.21	4.63	9.27	13.90
300	0.51	1.02	4.29	8.57	12.86
325	0.46	0.93	4.14	8.26	12.40
350	0.31	0.84	4.03	8.04	12.07
375	—	0.74	3.89	7.76	11.65
400	—	0.65	3.65	7.33	10.98
425	—	0.55	3.52	7.00	10.51
450	—	0.46	3.37	6.77	10.14
475	—	0.37	3.17	6.34	9.51
500	—	0.28	2.82	5.65	8.47
538	—	0.14	1.84	3.69	5.53
550	—	—	1.56	3.13	4.69
575	—	—	1.05	2.11	3.16
600	—	—	0.69	1.38	2.07
625	—	—	0.45	0.89	1.34
650	—	—	0.28	0.57	0.85

[a] 仅允许用正火加回火材料。

[b] 不得用于 590 ℃以上。

表 21　1.13 组材料的压力-温度额定值

材料类别	锻　　件		铸　　件		板　　材
5Cr-½Mo	1Cr5Mo		ZG16Cr5MoG		—
温度/℃	公　称　压　力				
	Class 75	Class 150	Class 300	Class 600	Class 900
	最大允许工作压力/MPa				
−29～38	1.00	2.00	5.17	10.34	15.51
50	0.98	1.95	5.17	10.34	15.51
100	0.88	1.77	5.15	10.30	15.46
150	0.79	1.58	5.03	10.03	15.06
200	0.69	1.38	4.86	9.72	14.58
250	0.60	1.21	4.63	9.27	13.90
300	0.51	1.02	4.29	8.57	12.86
325	0.46	0.93	4.14	8.26	12.40
350	0.31	0.84	4.03	8.04	12.07
375	—	0.74	3.89	7.76	11.65
400	—	0.65	3.65	7.33	10.98
425	—	0.55	3.52	7.00	10.51
450	—	0.46	3.37	6.77	10.14
475	—	0.37	2.79	5.57	8.36
500	—	0.28	2.14	4.28	6.41
538	—	0.14	1.37	2.74	4.11
550	—	—	1.20	2.41	3.61
575	—	—	0.89	1.78	2.67
600	—	—	0.62	1.25	1.87
625	—	—	0.40	0.80	1.20
650	—	—	0.24	0.47	0.71

表 22　1.14 组材料的压力-温度额定值

材料类别	锻　件		铸　件		板　材
9Cr-1Mo	—		ZG14Cr9Mo1G[a]		—
温度/℃	公　称　压　力				
	Class 75	Class 150	Class 300	Class 600	Class 900
	最大允许工作压力/MPa				
−29～38	1.00	2.00	5.17	10.34	15.51
50	0.98	1.95	5.17	10.34	15.51
100	0.88	1.77	5.15	10.30	15.46
150	0.79	1.58	5.03	10.03	15.06
200	0.69	1.38	4.86	9.72	14.58
250	0.60	1.21	4.63	9.27	13.90
300	0.51	1.02	4.29	8.57	12.86
325	0.46	0.93	4.14	8.26	12.40
350	0.31	0.84	4.03	8.04	12.07
375	—	0.74	3.89	7.76	11.65
400	—	0.65	3.65	7.33	10.98
425	—	0.55	3.52	7.00	10.51
450	—	0.46	3.37	6.77	10.14
475	—	0.37	3.17	6.34	9.51
500	—	0.28	2.82	5.65	8.47
538	—	0.14	1.75	3.50	5.25
550	—	—	1.50	3.00	4.50
575	—	—	1.05	2.09	3.14
600	—	—	0.72	1.44	2.15
625	—	—	0.50	0.99	1.49
650	—	—	0.35	0.71	1.06

[a] 仅允许用正火加回火材料。

表 23　1.15 组材料的压力-温度额定值

材料类别	锻　件		铸　件	板　材	
9Cr-1Mo-V	—		C12A	—	
温度/℃	公 称 压 力				
	Class 75	Class 150	Class 300	Class 600	Class 900
	最大允许工作压力/MPa				
−29～38	1.00	2.00	5.17	10.34	15.51
50	0.98	1.95	5.17	10.34	15.51
100	0.88	1.77	5.15	10.30	15.46
150	0.79	1.58	5.03	10.03	15.06
200	0.69	1.38	4.86	9.72	14.58
250	0.60	1.21	4.63	9.27	13.90
300	0.51	1.02	4.29	8.57	12.86
325	0.46	0.93	4.14	8.26	12.40
350	0.31	0.84	4.03	8.04	12.07
375	—	0.74	3.89	7.76	11.65
400	—	0.65	3.65	7.33	10.98
425	—	0.55	3.52	7.00	10.51
450	—	0.46	3.37	6.77	10.14
475	—	0.37	3.17	6.34	9.51
500	—	0.28	2.82	5.65	8.47
538	—	0.14	2.52	5.00	7.52
550	—	—	2.50	4.98	7.48
575	—	—	2.40	4.79	7.18
600	—	—	1.95	3.90	5.85
625	—	—	1.46	2.92	4.38
650	—	—	0.99	1.99	2.98

表 24　1.17 组材料的压力-温度额定值

材料类别	锻　件		铸　件		板　材
1Cr-½Mo	15CrMo[a,b]		ZG15Cr1MoG[a,b]		15CrMoR
温度/℃	公　称　压　力				
	Class 75	Class 150	Class 300	Class 600	Class 900
	最大允许工作压力/MPa				
−29～38	0.99	1.98	5.17	10.34	15.51
50	0.98	1.95	5.15	10.30	15.45
100	0.88	1.77	5.04	10.09	15.13
150	0.79	1.58	4.82	9.64	14.45
200	0.69	1.38	4.63	9.25	13.88
250	0.60	1.21	4.48	8.96	13.45
300	0.51	1.02	4.29	8.57	12.86
325	0.46	0.93	4.14	8.26	12.40
350	0.31	0.84	4.03	8.04	12.07
375	—	0.74	3.89	7.76	11.65
400	—	0.65	3.65	7.33	10.98
425	—	0.55	3.52	7.00	10.51
450	—	0.46	3.37	6.77	10.14
475	—	0.37	2.79	5.57	8.36
500	—	0.28	2.14	4.28	6.41
538	—	0.14	1.37	2.74	4.11
550	—	—	1.20	2.41	3.61
575	—	—	0.88	1.76	2.64
600	—	—	0.61	1.21	1.82
625	—	—	0.40	0.80	1.20
650	—	—	0.24	0.47	0.71

[a] 仅允许用正火加回火材料。

[b] 允许但不推荐长期在 590 ℃以上使用。

表 25　2.1 组材料的压力-温度额定值

材料类别	锻　　件		铸　　件		板　　材
18Cr-8Ni	0Cr18Ni9[a]		CF8[a]		0Cr18Ni9[a]
	—		CF3[b]		—
温度/℃	公　称　压　力				
	Class 75	Class 150	Class 300	Class 600	Class 900
	最大允许工作压力/MPa				
−29～38	0.95	1.90	4.96	9.93	14.89
50	0.92	1.83	4.78	9.56	14.35
100	0.78	1.57	4.09	8.17	12.26
150	0.71	1.42	3.70	7.40	11.10
200	0.66	1.32	3.45	6.90	10.34
250	0.60	1.21	3.25	6.50	9.75
300	0.51	1.02	3.09	6.18	9.27
325	0.46	0.93	3.02	6.04	9.07
350	0.31	0.84	2.96	5.93	8.89
375	—	0.74	2.90	5.81	8.71
400	—	0.65	2.84	5.69	8.53
425	—	0.55	2.80	5.60	8.40
450	—	0.46	2.74	5.48	8.22
475	—	0.37	2.69	5.39	8.08
500	—	0.28	2.65	5.30	7.95
538	—	0.14	2.44	4.89	7.33
550	—	—	2.36	4.71	7.07
575	—	—	2.08	4.17	6.25
600	—	—	1.69	3.38	5.06
625	—	—	1.38	2.76	4.14
650	—	—	1.13	2.25	3.38
675	—	—	0.93	1.87	2.80
700	—	—	0.80	1.61	2.41
725	—	—	0.68	1.35	2.03
750	—	—	0.58	1.16	1.73
775	—	—	0.46	0.90	1.37
800	—	—	0.35	0.70	1.05
816	—	—	0.28	0.59	0.86

[a] 只有当碳含量≥0.4%时，才可用于 538 ℃以上。

[b] 不得用于 425 ℃以上。

表 26　2.2 组材料的压力-温度额定值

材料类别	锻　　件		铸　　件	板　　材	
16Cr-12Ni-2Mo	0Cr17Ni12Mo2[a]		CF8M[a]	0Cr17Ni12Mo2[a]	
	—		CF3M[b]	—	
18Cr-13Ni-3Mo	06Cr19Ni13Mo3[a]		—	06Cr19Ni13Mo3[a]	
温度/℃	公　称　压　力				
	Class 75	Class 150	Class 300	Class 600	Class 900
	最大允许工作压力/MPa				
−29～38	0.95	1.90	4.96	9.93	14.89
50	0.92	1.84	4.81	9.62	14.43
100	0.81	1.62	4.22	8.44	12.66
150	0.74	1.48	3.85	7.70	11.55
200	0.68	1.37	3.57	7.13	10.70
250	0.60	1.21	3.34	6.68	10.01
300	0.51	1.02	3.16	6.32	9.49
325	0.46	0.93	3.09	6.18	9.27
350	0.31	0.84	3.03	6.07	9.10
375	—	0.74	2.99	5.98	8.96
400	—	0.65	2.94	5.89	8.83
425	—	0.55	2.91	5.83	8.74
450	—	0.46	2.88	5.77	8.65
475	—	0.37	2.87	5.73	8.60
500	—	0.28	2.82	5.65	8.47
538	—	0.14	2.52	5.00	7.52
550	—	—	2.50	4.98	7.48
575	—	—	2.40	4.79	7.18
600	—	—	1.99	3.98	5.97
625	—	—	1.58	3.16	4.74
650	—	—	1.27	2.53	3.80
675	—	—	1.03	2.06	3.10
700	—	—	0.84	1.68	2.51
725	—	—	0.70	1.40	2.10
750	—	—	0.59	1.17	1.76
775	—	—	0.46	0.90	1.37
800	—	—	0.35	0.70	1.05
816	—	—	0.28	0.59	0.86

[a] 只有当碳含量≥0.04%时，才可用于 538 ℃以上。

[b] 不得用于 455 ℃以上。

表 27　2.3 组材料的压力-温度额定值

材料类别	锻　件	铸　件	板　材
18Cr-8Ni	00Cr19Ni10[a]	—	022Cr19Ni10[a]
16Cr-12Ni-2Mo	00Cr17Ni14Mo2	—	022Cr17Ni12Mo

温度/℃	公 称 压 力				
	Class 75	Class 150	Class 300	Class 600	Class 900
	最大允许工作压力/MPa				
−29～38	0.79	1.59	4.14	8.27	12.41
50	0.77	1.53	4.00	8.00	12.01
100	0.67	1.33	3.48	6.96	10.44
150	0.60	1.20	3.14	6.28	9.42
200	0.56	1.12	2.92	5.83	8.75
250	0.53	1.05	2.75	5.49	8.24
300	0.50	1.00	2.61	5.21	7.82
325	0.46	0.93	2.55	5.10	7.64
350	0.31	0.84	2.51	5.01	7.52
375	—	0.74	2.48	4.95	7.43
400	—	0.65	2.43	4.86	7.29
425	—	0.55	2.39	4.77	7.16
450	—	0.46	2.34	4.68	7.02

[a] 不得用于 425℃ 以上。

表 28　2.4 组材料的压力-温度额定值

材料类别	锻　件		铸　件	板　材	
18Cr-10Ni-Ti	0Cr18Ni10Ti[a]		ZG08Cr18Ni9Ti[a] ZG12Cr18Ni9Ti[a]	06Cr18Ni11Ti[a]	
温度/℃	公称压力				
	Class 75	Class 150	Class 300	Class 600	Class 900
	最大允许工作压力/MPa				
−29～38	0.95	1.90	4.96	9.93	14.89
50	0.93	1.86	4.86	9.71	14.57
100	0.85	1.70	4.42	8.85	13.27
150	0.79	1.57	4.10	8.20	12.29
200	0.69	1.38	3.83	7.66	11.49
250	0.60	1.21	3.60	7.20	10.81
300	0.51	1.02	3.41	6.83	10.24
325	0.46	0.93	3.33	6.66	9.99
350	0.31	0.84	3.26	6.52	9.78
375	—	0.74	3.20	6.41	9.61
400	—	0.65	3.16	6.32	9.48
425	—	0.55	3.11	6.23	9.34
450	—	0.46	3.08	6.17	9.25
475	—	0.37	3.05	6.11	9.16
500	—	0.28	2.82	5.65	8.47
538	—	0.14	2.52	5.00	7.52
550	—	—	2.50	4.98	7.48
575	—	—	2.40	4.79	7.18
600	—	—	2.03	4.05	6.08
625	—	—	1.58	3.16	4.74
650	—	—	1.26	2.53	3.79
675	—	—	0.99	1.98	2.96
700	—	—	0.79	1.58	2.37
725	—	—	0.63	1.27	1.90
750	—	—	0.50	1.00	1.50
775	—	—	0.40	0.80	1.19
800	—	—	0.31	0.63	0.94
816	—	—	0.26	0.52	0.78

[a] 只有当碳含量≥0.04%时，并且当材料做了最低加热温度为 1 095 ℃的热处理时，才可用于 538 ℃以上。

表 29　2.5 组材料的压力-温度额定值

材料类别	锻　　件		铸　　件	板　　材	
18Cr-10Ni-Cb	06Cr18Ni11Nb[a]		—	06Cr18Ni11Nb[a]	
温度/℃	公　称　压　力				
	Class 75	Class 150	Class 300	Class 600	Class 900
	最大允许工作压力/MPa				
−29～38	0.95	1.90	4.96	9.93	14.89
50	0.93	1.87	4.88	9.75	14.63
100	0.87	1.74	4.53	9.06	13.59
150	0.79	1.58	4.25	8.49	12.74
200	0.69	1.38	3.99	7.99	11.98
250	0.60	1.21	3.78	7.56	11.34
300	0.51	1.02	3.61	7.22	10.83
325	0.46	0.93	3.54	7.07	10.61
350	0.31	0.84	3.48	6.95	10.43
375	—	0.74	3.42	6.84	10.26
400	—	0.65	3.39	6.78	10.17
425	—	0.55	3.36	6.72	10.08
450	—	0.46	3.35	6.69	10.04
475	—	0.37	3.17	6.34	9.51
500	—	0.28	2.82	5.65	8.47
538	—	0.14	2.52	5.00	7.52
550	—	—	2.50	4.98	7.48
575	—	—	2.40	4.79	7.18
600	—	—	2.16	4.29	6.42
625	—	—	1.83	3.66	5.49
650	—	—	1.41	2.81	4.25
675	—	—	1.24	2.52	3.76
700	—	—	1.01	2.00	2.98
725	—	—	0.79	1.54	2.32
750	—	—	0.59	1.17	1.76
775	—	—	0.46	0.90	1.37
800	—	—	0.35	0.70	1.05
816	—	—	0.28	0.59	0.86

[a] 只有当碳含量≥0.04%时，并且当材料做了最低加热温度为 1 095 ℃的热处理时，才可用于 538 ℃以上。

表 30　2.6 组材料的压力-温度额定值

材料类别	锻　件		铸　件		板　材
23Cr-12Ni	—		—		06Cr23Ni13
温度/℃	公　称　压　力				
	Class 75	Class 150	Class 300	Class 600	Class 900
	最大允许工作压力/MPa				
−29～38	0.95	1.90	4.96	9.93	14.89
50	0.93	1.85	4.83	9.66	14.49
100	0.83	1.65	4.31	8.62	12.93
150	0.77	1.53	4.00	8.00	12.00
200	0.69	1.38	3.78	7.55	11.33
250	0.60	1.21	3.61	7.21	10.82
300	0.51	1.02	3.48	6.96	10.44
325	0.46	0.93	3.42	6.85	10.27
350	0.31	0.84	3.38	6.76	10.14
375	—	0.74	3.34	6.68	10.01
400	—	0.65	3.31	6.61	9.92
425	—	0.55	3.26	6.53	9.79
450	—	0.46	3.22	6.44	9.65
475	—	0.37	3.17	6.34	9.51
500	—	0.28	2.82	5.65	8.47
538	—	0.14	2.52	5.00	7.52
550	—	—	2.50	4.98	7.48
575	—	—	2.22	4.44	6.65
600	—	—	1.68	3.35	5.03
625	—	—	1.25	2.50	3.75
650	—	—	0.94	1.87	2.81
675	—	—	0.72	1.45	2.17
700	—	—	0.55	1.10	1.65
725	—	—	0.43	0.87	1.30
750	—	—	0.34	0.68	1.02
775	—	—	0.27	0.54	0.81
800	—	—	0.21	0.42	0.63
816	—	—	0.18	0.35	0.53

表 31　2.7 组材料的压力-温度额定值

材料类别	锻　件		铸　件	板　材	
25Cr-20Ni	06Cr25Ni20[a]		—	06Cr25Ni20[a]	
温度/℃	公　称　压　力				
	Class 75	Class 150	Class 300	Class 600	Class 900
	最大允许工作压力/MPa				
−29～38	0.95	1.90	4.96	9.93	14.89
50	0.93	1.85	4.84	9.67	14.51
100	0.83	1.66	4.34	8.68	13.02
150	0.77	1.53	4.00	8.00	12.00
200	0.69	1.38	3.76	7.52	11.28
250	0.60	1.21	3.58	7.15	10.73
300	0.51	1.02	3.45	6.89	10.34
325	0.46	0.93	3.39	6.77	10.16
350	0.31	0.84	3.33	6.66	9.99
375	—	0.74	3.29	6.57	9.86
400	—	0.65	3.24	6.48	9.73
425	—	0.55	3.21	6.42	9.64
450	—	0.46	3.17	6.34	9.51
475	—	0.37	3.12	6.25	9.37
500	—	0.28	2.82	5.65	8.47
538	—	0.14	2.52	5.00	7.52
550	—	—	2.50	4.98	7.48
575	—	—	2.22	4.44	6.65
600	—	—	1.68	3.35	5.03
625	—	—	1.25	2.50	3.75
650	—	—	0.94	1.87	2.81
675	—	—	0.72	1.45	2.17
700	—	—	0.55	1.10	1.65
725	—	—	0.43	0.87	1.30
750	—	—	0.34	0.68	1.02
775	—	—	0.27	0.53	0.80
800	—	—	0.21	0.41	0.62
816	—	—	0.18	0.35	0.53

[a] 只有当碳含量≥0.04%时，才可用于 538 ℃以上。

表 32　2.8 组材料的压力-温度额定值

材料类别	锻　　件	铸　　件	板　　材
22Cr-5Ni-3Mo-N	022Cr23Ni5Mo3N[a]	—	022Cr22Ni5Mo3N[a]
25Cr-7Ni-4Mo-N	—	—	022Cr25Ni7Mo4WCuN[a]
25Cr-7Ni-3.5Mo-N-Cu-W	03Cr25Ni6Mo3Cu2N[a]	—	—

温度/℃	公　称　压　力				
	Class 75	Class 150	Class 300	Class 600	Class 900
	最大允许工作压力/MPa				
−29～38	1.00	2.00	5.17	10.34	15.51
50	0.98	1.95	5.17	10.34	15.51
100	0.88	1.77	5.07	10.13	15.20
150	0.79	1.58	4.59	9.19	13.78
200	0.69	1.38	4.27	8.53	12.80
250	0.60	1.21	4.05	8.09	12.14
300	0.51	1.02	3.89	7.77	11.66
325	0.46	0.93	3.82	7.63	11.45

[a] 该材料在中高温使用后可能变脆。不得用于 315 ℃以上。

表 33　2.11 组材料的压力-温度额定值

材料类别	锻　　件	铸　　件	板　　材
18Cr-10Ni-Cb	—	CF8C[a]	—

温度/℃	公　称　压　力				
	Class 75	Class 150	Class 300	Class 600	Class 900
	最大允许工作压力/MPa				
−29～38	0.95	1.90	4.96	9.93	14.89
50	0.93	1.87	4.88	9.75	14.63
100	0.87	1.74	4.53	9.06	13.59
150	0.79	1.58	4.25	8.49	12.74
200	0.69	1.38	3.99	7.99	11.98
250	0.60	1.21	3.78	7.56	11.34
300	0.51	1.02	3.61	7.22	10.83
325	0.46	0.93	3.54	7.07	10.61
350	0.31	0.84	3.48	6.95	10.43
375	—	0.74	3.42	6.84	10.26
400	—	0.65	3.39	6.78	10.17
425	—	0.55	3.36	6.72	10.08
450	—	0.46	3.35	6.69	10.04
475	—	0.37	3.17	6.34	9.51

表 33（续）

材料类别	锻件		铸件		板材
18Cr-10Ni-Cb	—		CF8C[a]		—
温度/℃	公称压力				
	Class 75	Class 150	Class 300	Class 600	Class 900
	最大允许工作压力/MPa				
500	—	0.28	2.82	5.65	8.47
538	—	0.14	2.52	5.00	7.52
550	—	—	2.50	4.98	7.48
575	—	—	2.40	4.79	7.18
600	—	—	1.98	3.96	5.94
625	—	—	1.39	2.77	4.16
650	—	—	1.03	2.06	3.09
675	—	—	0.80	1.59	2.39
700	—	—	0.56	1.12	1.68
725	—	—	0.40	0.80	1.19
750	—	—	0.31	0.62	0.93
775	—	—	0.25	0.49	0.74
800	—	—	0.20	0.40	0.61
816	—	—	0.19	0.38	0.57

[a] 只有当碳含量多≥0.04%时，才可用于 538 ℃以上。

表 34　对焊法兰的最大内径

公称压力	对焊法兰的最大内径 B_{max}
Class 75	0.997 1 A
Class 150	0.994 2A
Class 300	0.985 0A
Class 400	0.980 0A
Class 600	0.970 0A
Class 900	0.955 0A

注：A 为对焊法兰的颈部外径，见表 3～表 11。

6 尺寸公差

法兰的尺寸公差按表35的规定。

表35 法兰的尺寸公差

项目	法兰型式	尺寸或尺寸范围		公差/mm
法兰厚度 C	所有法兰	$C \leqslant 25$ mm		+3.0 0
		25 mm<$C \leqslant 50$ mm		+5.0 0
		50 mm<$C \leqslant 75$ mm		+8.0 0
		C>75 mm		+10.0 0
法兰密封面	突面法兰	法兰的突面直径 R		±2
		2 mm的突面高度尺寸 f_1		±0.5
		7 mm的突面高度尺寸 f_1		±2
	环连接面法兰	环连接槽的深度 E		+0.4 0
		环连接槽的宽度 F		±0.2
		环连接槽的尺寸 P		±0.13
		环连接槽的底部圆角半径 R	$R \leqslant 2$ mm时	+0.8 0
			R>2 mm时	±0.8
		环连接槽的23°度角		±0.5°
焊接端部	对焊法兰	公称外径 A		+5.0 −0.2
		公称内径 B	图5结构	+3.0 −2.0
			图6结构	0 −2.0
		衬环孔径 C(见图6)		+0.25 0
		颈部厚度		焊接端颈部厚度不应小于与法兰连接的管子公称壁厚的87.5%。或者在公差范围内的12.5%也可。或者按照购买者对管壁的最小厚度的说明进行计算
螺栓孔中心圆直径 K	所有法兰型式	所有尺寸		±1.5
相邻螺栓孔中心距	所有法兰型式	所有尺寸		±0.8
螺栓圆直径与加工后密封面直径的偏心度	所有法兰型式	所有尺寸		±1.5

7 试验

7.1 法兰原则上不单独进行压力试验。当法兰安装到管道或设备上之后，其水压试验压力应不大于表 14～表 33 规定的 38 ℃下最大允许工作压力的 1.5 倍。用更高的压力进行试验是用户的责任，并应符合有关规范和法规的要求。

7.2 整体式法兰的水压试验应符合有关产品标准的规定。

8 检验和验收

8.1 外观检验

8.1.1 法兰表面应光滑，不得有伤痕、裂纹等缺陷。

8.1.2 机加工表面不得有毛刺、有害的划痕和其他降低法兰强度及连接可靠性的缺陷。

8.1.3 环连接面法兰的密封面应逐件检查，环槽的密封面不得有裂纹、划痕或撞伤等表面缺陷。

8.2 法兰材料应符合有关标准的规定，并具有相应的质量证明文件。

8.3 法兰加工质量应符合本技术条件的各项规定。

8.4 法兰加工完毕后，应采取必要的防护措施以防止密封面锈蚀、划伤和撞击。

8.5 法兰的无损探伤检验由用户与制造厂协商确定。

8.6 法兰的验收规则由用户与制造厂协商确定。

9 供货要求

9.1 法兰的包装应防止各种规格和材料法兰的混淆。法兰的包装应该能够防止在运输及储存过程中的损坏。

9.2 除整体式法兰外，每个法兰均应在圆柱外表面进行标记，一般采用钢印、激光等方法进行标记，确保标记清晰、牢固、持久。

9.3 法兰交货时应附产品的质量证明文件。

10 标记与标志

10.1 标记

10.1.1 标记方法

大直径钢制管法兰应按下列规定进行标记：

公称尺寸	-	公称压力	法兰型式代号	密封面型式代号	管表号	法兰系列	材料牌号	标准编号

注 1：法兰型式代号：对焊法兰为 WN，整体法兰为 IF，法兰盖为 BL。

注 2：密封面型式代号：突面为 RF，环连接面为 RJ。

注 3：仅对焊法兰需要标注管表号。

10.1.2 标记示例

示例 1：公称尺寸 NPS 30(DN 750)、公称压力 Class 150、法兰型式为对焊法兰(WN)、密封面形式为突面(RF)、管表号为 Sch 40、法兰系列为 B、材料为 06Cr19Ni10。其标记为：

法兰　NPS 30(或 DN 750)-Class 150　WN　RF　Sch 40　B　06Cr19Ni10　GB/T 13402

示例 2：公称尺寸 NPS 36(DN 900)、公称压力 Class 600、法兰型式为对焊法兰(WN)、密封面形式为环连接面(RJ)、管表号为 Sch60、法兰系列为 A、材料为 06Cr17Ni12Mo2。其标记为：

法兰　NPS 36(或 DN 900)-Class 600　WN　RJ　Sch60　A　06Cr17Ni12Mo2　GB/T 13402

10.2　标志

10.2.1　除了整体式法兰外，每个法兰(包括法兰盖)应采用钢印、激光等永久性标志的方法，在法兰的外圆柱表面标出清晰、可见的标志。

10.2.2　法兰标志内容如下：

a)　制造商名称或商标；

b)　本标准编号(可不包括年代号)例如：GB/T 13402；

c)　法兰的类型代号；

d)　公称尺寸；

e)　公称压力；

f)　材料牌号或代号；

g)　合同要求的其他标志内容。

附 录 A
（规范性附录）
法兰的压力-温度极限额定值

法兰的压力-温度极限额定值见表 A.1，法兰的压力-温度额定值不得超过本表规定的极限额定值。

表 A.1 压力-温度极限额定值

温度/℃	公称压力				
	Class 75[a]	Class 150[b]	Class 300	Class 600	Class 900
	极限工作压力/MPa				
−29～38	1.00	2.00	5.17	10.34	15.51
50	0.98	1.95	5.17	10.34	15.51
100	0.89	1.77	5.15	10.30	15.46
150	0.79	1.58	5.06	10.03	15.06
200	0.69	1.38	4.96	9.72	14.58
250	0.61	1.21	4.63	9.27	13.90
300	0.51	1.02	4.29	8.57	12.86
325	0.47	0.93	4.14	8.26	12.40
350	0.42	0.84	4.03	8.04	12.07
375	—	0.74	3.89	7.76	11.65
400	—	0.65	3.65	7.33	10.98
425	—	0.55	3.52	7.00	10.51
450	—	0.46	3.37	6.77	10.14
475	—	0.37	3.17	6.34	9.51
500	—	0.28	2.82	5.65	8.47
525	—	0.19	2.58	5.16	7.74
538	—	0.14	2.52	5.00	7.52
550	—	—	2.50	4.98	7.48
575	—	—	2.40	4.79	7.18
600	—	—	2.16	4.29	6.42
625	—	—	1.83	3.66	5.49
650	—	—	1.41	2.81	4.25
675	—	—	1.24	2.52	3.76
700	—	—	1.01	2.00	2.98
725	—	—	0.79	1.54	2.32
750	—	—	0.59	1.17	1.76
775	—	—	0.46	0.90	1.37
800	—	—	0.35	0.70	1.05
816	—	—	0.28	0.59	0.86

[a] Class 75 法兰的额定值限于 350 ℃以下。

[b] Class 150 法兰的额定值限于 538 ℃以下。

附 录 B
（资料性附录）
法兰的参考质量

B.1 A 系列大直径钢制管法兰及法兰盖的参考质量见表 B.1 和表 B.2。

B.2 B 系列大直径钢制管法兰及法兰盖的参考质量见表 B.3 和表 B.4。

表 B.1 A 系列大直径对焊钢制管法兰的参考质量

公称尺寸		公 称 压 力				
NPS	DN	Class 150	Class 300	Class 600	Class 900	
					标准管号	XD 管号
		A 系列大直径对焊钢制管法兰的参考质量/kg				
26	650	142.4	270.5	423.0	660.4	673.8
28	700	161.4	329.0	479.7	783.8	798.5
30	750	190.8	376.2	541.8	897.3	913.3
32	800	238.2	436.8	609.6	1 081.3	1 098.9
34	850	254.4	488.7	667.3	1 262.8	1 281.9
36	900	304.8	546.0	755.1	1 433.1	1 457.0
38	950	336.8	304.8	640.0	1 399.5	1 423.9
40	1 000	364.9	370.3	686.4	1 478.4	1 504.2
42	1 050	415.9	403.1	854.6	1 608.6	1 635.5
44	1 100	467.8	459.2	904.1	1 890.6	1 919.3
46	1 150	498.6	522.6	997.7	2 207.3	2 243.2
48	1 200	548.0	556.3	1 196.0	2 368.3	2 405.5
50	1 250	593.4	635.4	1 394.2	—	—
52	1 300	652.1	681.6	1 460.1	—	—
54	1 350	726.2	834.0	1 613.7	—	—
56	1 400	798.2	878.0	1 811.8	—	—
58	1 450	882.8	919.9	1 917.2	—	—
60	1 500	926.0	977.5	2 317.0	—	—

表 B.2 A 系列大直径钢制管法兰盖的参考质量

公称尺寸		公 称 压 力			
NPS	DN	Class 150	Class 300	Class 600	Class 900
		A 系列大直径钢制管法兰盖的参考质量/kg			
26	650	306.1	458.3	765.0	1 083.0
28	700	361.9	565.3	900.3	1 343.1
30	750	430.9	658.2	1 061.2	1 594.4
32	800	537.3	769.2	1 244.7	1 924.5

表 B.2（续）

公称尺寸		公称压力			
NPS	DN	Class 150	Class 300	Class 600	Class 900
		A 系列大直径钢制管法兰盖的参考质量/kg			
34	850	599.9	889.0	1 416.2	2 283.6
36	900	733.7	1 039.7	1 646.7	2 639.0
38	950	799.1	875.8	1 493.0	2 664.2
40	1 000	894.5	1 040.8	1 678.5	2 925.4
42	1 050	1 044.9	1 176.6	2 013.2	3 251.2
44	1 100	1 195.9	1 346.2	2 228.1	3 794.5
46	1 150	1 304.7	1 529.8	2 517.6	4 403.5
48	1 200	1 470.0	1 697.3	2 934.7	4 380.9
50	1 250	1 621.6	1 937.8	3 357.7	—
52	1 300	1 815.7	2 141.7	3 653.8	—
54	1 350	2 038.5	2 496.4	4 077.0	—
56	1 400	2 243.2	2 681.2	4 557.7	—
58	1 450	2 497.1	2 921.1	4 958.6	—
60	1 500	2 700.7	3 189.7	5 724.0	—

表 B.3 B 系列大直径对焊钢制管法兰的参考质量

公称尺寸		公称压力				
NPS	DN	Class 150	Class 300	Class 600	Class 900	
					标准管号	XD 管号
		B 系列大直径对焊钢制管法兰的参考质量/kg				
26	650	58.08	188.0	246.9	513.6	525.9
28	700	66.81	197.1	284.0	651.2	665.0
30	750	72.25	241.6	354.5	769.6	784.7
32	800	83.71	299.7	412.9	872.8	889.3
34	850	102.0	323.0	521.9	1 029.8	1 047.7
36	900	114.7	357.7	570.5	1 038.6	1 060.5
38	950	139.5	384.5	—	—	—
40	1 000	151.0	439.8	—	—	—
42	1 050	166.1	490.0	—	—	—
44	1 100	177.0	539.6	—	—	—
46	1 150	207.4	632.6	—	—	—
48	1 200	224.9	650.2	—	—	—
50	1 250	247.6	714.4	—	—	—
52	1 300	262.3	774.0	—	—	—

表 B.3(续)

公称尺寸		公 称 压 力				
NPS	DN	Class 150	Class 300	Class 600	Class 900	
					标准管号	XD 管号
		B系列大直径对焊钢制管法兰的参考质量/kg				
54	1 350	284.8	802.8	—	—	—
56	1 400	301.5	1 071.8	—	—	—
58	1 450	360.7	1 138.4	—	—	—
60	1 500	382.2	1 210.1	—	—	—

表 B.4 B系列大直径钢制管法兰盖的参考质量

公称尺寸		公 称 压 力			
NPS	DN	Class 150	Class 300	Class 600	Class 900
		B系列大直径钢制管法兰盖的参考质量/kg			
26	650	165.0	388.8	529.2	927.6
28	700	200.4	440.0	625.3	1 174.3
30	750	239.7	535.8	788.1	1 409.4
32	800	287.7	673.5	945.8	1 657.2
34	850	378.7	745.1	1 158.7	1 943.5
36	900	395.1	831.3	1 323.7	2 109.0
38	950	484.7	972.5	—	—
40	1 000	555.5	1 106.3	—	—
42	1 050	618.3	1 247.8	—	—
44	1 100	701.2	1 431.3	—	—
46	1 150	809.6	1 635.7	—	—
48	1 200	908.2	1 811.4	—	—
50	1 250	1 021.5	1 999.5	—	—
52	1 300	1 136.3	2 208.5	—	—
54	1 350	1 266.2	2 468.2	—	—
56	1 400	1 398.6	2 889.7	—	—
58	1 450	1 585.7	3 182.7	—	—
60	1 500	1 744.3	3 484.7	—	—

附 录 C
（资料性附录）
法兰的订货合同数据

用户在法兰的订货合同中一般需要提供如下数据：

a) 执行的标准；

b) 法兰的类型或代号；

c) 法兰的密封面型式或代号；

d) 公称尺寸(NPS 或 DN)；

e) 公称压力(Class)；

f) 对焊法兰的管子规格(管表号或钢管壁厚)；

g) 材料牌号；

h) 防锈和涂层要求；

i) 附加要求(如材料的晶间腐蚀试验、材料的抗硫要求、无损检测要求、特殊热处理要求等)；

j) 要求提供的质量文件；

k) 其他要求。

附 录 D
（资料性附录）
美国 ASME B16.47 标准关于钢制管法兰的材料选用及压力-温度额定值

D.1 参考标准

ASTM A105/A105M 管道元件用碳钢锻件
ASTM A182/A182M 高温用锻制或轧制合金钢和不锈钢法兰、锻制管件、阀门和部件
ASTM A203/A203M 压力容器用镍合金钢板
ASTM A204/A204M 压力容器用钼合金钢板
ASTM A216/A216M 高温用适合于熔焊的碳素钢铸件
ASTM A217/A217M 高温承压件用马氏体不锈钢和合金钢铸件
ASTM A240/A240M 压力容器用耐热铬及铬镍不锈钢板、薄板和钢带
ASTM A350/A350M 需切口韧性试验的管道部件用碳钢和低合金钢锻件
ASTM A351/A351M 承压件用奥氏体、奥氏体-铁素体(双向)钢铸件
ASTM A352/A352M 铁素体钢和马氏体钢低温受压件用铸件
ASTM A387/A387M 压力容器用铬钼合金钢板
ASTM A515/A515M 中高温用碳钢压力容器板
ASTM A516/A516A 中低温用碳钢压力容器板
ASTM A537/A537M 经过热处理的碳-锰-硅钢压力容器板

D.2 ASME B16.47 标准关于钢制管法兰的材料选用

美国 ASME B16.47 标准中规定的材料见表 D.1。

表 D.1 美国 ASME B16.47 标准钢制管法兰用材料

材料组号	材料类别	锻件		铸件		板材	
		材料牌号	标准	材料牌号	标准	材料牌号	标准
1.1	C-Si	A 105	ASTM A105	Gr. WCB	ASTM A216	Gr. 70	ASTM A515
	C-Mn-Si	Gr. LF2	ASTM A350	—	—	Gr. 70	ASTM A516
	C-Mn-Si	—	—	—	—	C1.1	ASTM A537
	C-Mn-Si-V	Gr. LF6 C1.1	ASTM A350	—	—	—	—
	3½Ni	Gr. LF3	ASTM A350	—	—	—	—
1.2	C-Mn-Si	—	—	Gr. WCC	ASTM A216	—	—
	C-Mn-Si	—	—	Gr. LCC	ASTM A352	—	—
	C-Mn-Si-V	Gr. LF6 C1.2	ASTM A350	—	—	—	—
	2½Ni	—	—	Gr. LC2	ASTM A352	Gr. B	ASTM A203
	3½Ni	—	—	Gr. LC3	ASTM A352	Gr. E	ASTM A203
1.3	C-Si	—	—	Gr. LCB	ASTM A352	Gr. 65	ASTM A515
	C-Mn-Si	—	—	—	—	Gr. 65	ASTM A516
	2½Ni	—	—	—	—	Gr. A	ASTM A203
	3½Ni	—	—	—	—	Gr. D	ASTM A203

表 D.1（续）

材料组号	材料类别	锻件		铸件		板材	
		材料牌号	标准	材料牌号	标准	材料牌号	标准
1.3	C-½Mo	—	—	Gr. WC1	ASTM A217	—	—
	C-½Mo	—	—	Gr. LC1	ASTM A352	—	—
1.4	C-Si	—	—	—	—	Gr. 60	ASTM A515
	C-Mn-Si	Gr. LF1 C1. 1	ASTM A350	—	—	Gr. 60	ASTM A516
1.5	C-½Mo	Gr. F1	ASTM A182	—	—	Gr. A	ASTM A204
	C-½Mo	—	—	—	—	Gr. B	ASTM A204
1.7	½Cr-½Mo	Gr. F2	ASTM A182	—	—	—	—
	Ni-½Cr-½Mo	—	—	Gr. WC4	ASTM A217	—	—
	¾Ni-¾Cr-1Mo	—	—	Gr. WC5	ASTM A217	—	—
1.9	1¼Cr-½Mo	—	—	Gr. WC6	ASTM A217	—	—
	1¼Cr-½Mo-Si	Gr. F11 C1. 2	ASTM A182	—	—	Gr. 11 C1. 2	ASTM A387
1.10	2¼Cr-1Mo	Gr. F22 C1. 3	ASTM A182	Gr. WC9	ASTM A217	Gr. 22 C1. 2	ASTM A387
1.11	C-½Mo	—	—	—	—	Gr. C	ASTM A204
1.13	5Cr-½Mo	Gr. F5a	ASTM A182	Gr. C5	ASTM A217	—	—
1.14	9Cr-1Mo	Gr. F9	ASTM A182	Gr. C12	ASTM A217	—	—
1.15	9Cr-1Mo-V	Gr. F91	ASTM A182	Gr. C12A	ASTM A217	Gr. 91 C1. 2	ASTM A387
1.17	1Cr-½Mo	Gr. F12 C1. 2	ASTM A182	—	—	—	—
	5Cr-½Mo	Gr. F5	ASTM A182	—	—	—	—
2.1	18Cr-8Ni	Gr. F304	ASTM A182	Gr. CF3	ASTM A351	Gr. 304	ASTM A240
		Gr. F304H	ASTM A182	Gr. CF8	ASTM A351	Gr. 304H	ASTM A240
2.2	16Cr-12Ni-2Mo	Gr. F316	ASTM A182	Gr. CF3M	ASTM A351	Gr. 316	ASTM A240
		Gr. F316H	ASTM A182	Gr. CF8M	ASTM A351	Gr. 316H	ASTM A240
	18Cr-13Ni-3Mo	Gr. F317	ASTM A182	—	—	Gr. 317	ASTM A240
	19Cr-10Ni-3Mo	—	—	Gr. CG8M	ASTM A351	—	—
2.3	18Cr-8Ni	Gr. F304L	ASTM A182	—	—	Gr. 304L	ASTM A240
	16Cr-12Ni-2Mo	Gr. F316L	ASTM A182	—	—	Gr. 316L	ASTM A240
	18Cr-13Ni-3Mo	Gr. F317L	ASTM A182	—	—	—	—
2.4	18Cr-10Ni-Ti	Gr. F321	ASTM A182	—	—	Gr. 321	ASTM A240
		Gr. F321H	ASTM A182	—	—	Gr. 321H	ASTM A240
2.5	18Cr-10Ni-Cb	Gr. F347	ASTM A182	—	—	Gr. 347	ASTM A240
		Gr. F347H	ASTM A182	—	—	Gr. 347H	ASTM A240
		Gr. F348	ASTM A182	—	—	Gr. 348	ASTM A240
		Gr. F348H	ASTM A182	—	—	Gr. 348H	ASTM A240
2.6	23Cr-12Ni	—	—	—	—	Gr. 309H	ASTM A240

表 D.1（续）

材料组号	材料类别	锻件		铸件		板材	
		材料牌号	标准	材料牌号	标准	材料牌号	标准
2.7	25Cr-20Ni	Gr. F310	ASTM A182	—	—	Gr. 310H	ASTM A240
2.8	20Cr-18Ni-6Mo	Gr. F44	ASTM A182	Gr. CK3MCuN	ASTM A351	Gr. S31254	ASTM A240
	22Cr-5Ni-3Mo-N	Gr. F51	ASTM A182	—	—	Gr. S31803	ASTM A240
	25Cr-7Ni-4Mo-N	Gr. F53	ASTM A182	—	—	Gr. S32750	ASTM A240
	24Cr-10Ni-4Mo-V	—	—	Gr. CE8MN	ASTM A351	—	—
	25Cr-5Ni-2Mo-3Cu	—	—	Gr. CD4MCu	ASTM A995	—	—
	25Cr-7Ni-3.5Mo-W-Cb	—	—	Gr. CD3MWCuN	ASTM A995	—	—
	25Cr-7.5Ni-3.5Mo-N-Cu-W	Gr. F55	ASTM A182	—	—	Gr. S32760	ASTM A240
2.9	23Cr-12Ni	—	—	—	—	Gr. 309S	ASTM A240
	25Cr-20Ni	—	—	—	—	Gr. 310S	ASTM A240
2.10	25Cr-12Ni	—	—	Gr. CH8	ASTM A351	—	—
		—	—	Gr. CH20	ASTM A351	—	—
2.11	18Cr-10Ni-Cb	—	—	Gr. CF8C	ASTM A351	—	—
2.12	25Cr-20Ni	—	—	Gr. CK20	ASTM A351	—	—

D.3 ASME B16.47 标准关于钢制管法兰的压力-温度额定值

美国 ASME B16.47 中规定的压力-温度额定值见表 D.2～表 D.26。

表 D.2 美国 ASME B16.47 标准钢制管法兰 1.1 组材料的压力-温度额定值

材料类别	锻件	铸件	板材
C-Si	ASTM A105[a]	ASTM A216 WCB[a]	ASTM A515 Gr. 70[a]
C-Mn-Si	ASTM A350 Gr. LF2 C1. 1[a]	—	ASTM A516 Gr. 70[a,b]
	—	—	A537 C1. 1[c]
C-Mn-Si-V	ASTM A350 Gr. LF6 C1. 1[d]	—	—
3½Ni	ASTM A350 Gr. LF3	—	—

温度/℃	公称压力				
	Class 75	Class 150	Class 300	Class 600	Class 900
	最大允许工作压力/MPa				
−29～38	0.98	1.96	5.11	10.21	15.32
50	0.96	1.92	5.01	10.02	15.04
100	0.88	1.77	4.66	9.32	13.98
150	0.79	1.58	4.51	9.02	13.52
200	0.69	1.38	4.38	8.76	13.14
250	0.60	1.21	4.19	8.39	12.58
300	0.51	1.02	3.98	7.96	11.95
325	0.46	0.93	3.87	7.74	11.61

表 D.2（续）

材料类别	锻件		铸件		板材
C-Si	ASTM A105[a]		ASTM A216 WCB[a]		ASTM A515 Gr.70[a]
C-Mn-Si	ASTM A350 Gr.LF2 Cl.1[a]		—		ASTM A516 Gr.70[a,b]
	—		—		A537 Cl.1[c]
C-Mn-Si-V	ASTM A350 Gr.LF6 Cl.1[d]		—		—
3½Ni	ASTM A350 Gr.LF3		—		—
温度/℃	公称压力				
	Class 75	Class 150	Class 300	Class 600	Class 900
	最大允许工作压力/MPa				
350	0.31	0.84	3.76	7.51	11.27
375	—	0.74	3.64	7.27	10.91
400	—	0.65	3.47	6.94	10.42
425	—	0.55	2.88	5.75	8.63
450	—	0.46	2.30	4.60	6.90
475	—	0.37	1.74	3.49	5.23
500	—	0.28	1.18	2.35	3.53
538	—	0.14	0.59	1.18	1.77

[a] 当长期暴露在 425 ℃以上温度时，钢中的碳化相可能转变为石墨。允许但不推荐长期在 425 ℃以上使用。

[b] 不得用于 455 ℃以上。

[c] 不得用于 370 ℃以上。

[d] 不得用于 260 ℃以上。

表 D.3 美国 ASME B16.47 标准钢制管法兰 1.2 组材料的压力-温度额定值

材料类别	锻件		铸件		板材
C-Mn-Si	—		ASTM A216 WCC[a]		—
	—		ASTM A352 LCC[b]		—
C-Mn-Si-V	ASTM A350 Gr.LF6 Cl.2[c]		—		—
2½Ni	—		ASTM A352 LC2		ASTM A203 Gr.B[a]
3½Ni	—		ASTM A352 LC3		ASTM A203 Gr.E[a]
温度/℃	公称压力				
	Class 75	Class 150	Class 300	Class 600	Class 900
	最大允许工作压力/MPa				
−29～38	0.99	1.98	5.17	10.34	15.51
50	0.98	1.95	5.17	10.34	15.51
100	0.88	1.77	5.15	10.30	15.46
150	0.79	1.58	5.02	10.03	15.05
200	0.69	1.38	4.86	9.72	14.58

表 D.3（续）

材料类别	锻　件	铸　件	板　材
C-Mn-Si	—	ASTM A216 WCC[a]	—
	—	ASTM A352 LCC[b]	—
C-Mn-Si-V	ASTM A350 Gr. LF6 Cl. 2[c]	—	—
2½Ni	—	ASTM A352 LC2	ASTM A203 Gr. B[a]
3½Ni	—	ASTM A352 LC3	ASTM A203 Gr. E[a]

温度/℃	公称压力				
	Class 75	Class 150	Class 300	Class 600	Class 900
	最大允许工作压力/MPa				
250	0.60	1.21	4.63	9.27	13.90
300	0.51	1.02	4.29	8.57	12.86
325	0.46	0.93	4.14	8.26	12.40
350	0.31	0.84	4.00	8.00	12.01
375	—	0.74	3.78	7.57	11.35
400	—	0.65	3.47	6.94	10.42
425	—	0.55	2.88	5.75	8.63
450	—	0.46	2.30	4.60	6.90
475	—	0.37	1.71	3.42	5.13
500	—	0.28	1.16	2.32	3.47
538	—	0.14	0.59	1.18	1.77

a 当长期暴露在 425 ℃以上温度时，钢中的碳化相可能转变为石墨。允许但不推荐长期在 425 ℃以上使用。

b 不得用于 340 ℃以上。

c 不得用于 260 ℃以上。

表 D.4　美国 ASME B16.47 标准钢制管法兰 1.3 组材料的压力-温度额定值

材料类别	锻　件	铸　件	板　材
C-Si	—	ASTM A352 LCB[a]	ASTM A515 Gr. 65[b]
C-Mn-Si	—	—	ASTM A516 Gr. 65[b,c]
2½Ni	—	—	ASTM A203 Gr. A[b]
3½Ni	—	—	ASTM A203 Gr. D[b]
C-½Mo	—	ASTM A217 WC1[d,e,f]	—
	—	ASTM A352 LC1[a]	—

温度/℃	公称压力				
	Class 75	Class 150	Class 300	Class 600	Class 900
	最大允许工作压力/MPa				
−29～38	0.92	1.84	4.80	9.60	14.41
50	0.91	1.82	4.75	9.49	14.24

表 D.4（续）

材料类别	锻　件	铸　件	板　材
C-Si	—	ASTM A352 LCB[a]	ASTM A515 Gr. 65[b]
C-Mn-Si	—	—	ASTM A516 Gr. 65[b,c]
2½Ni	—	—	ASTM A203 Gr. A[b]
3½Ni	—	—	ASTM A203 Gr. D[b]
C-½Mo	—	ASTM A217 WC1[d,e,f]	—
	—	ASTM A352 LC1[a]	—

温度/℃	公称压力				
	Class 75	Class 150	Class 300	Class 600	Class 900
	最大允许工作压力/MPa				
100	0.87	1.74	4.53	9.07	13.60
150	0.79	1.58	4.39	8.79	13.18
200	0.69	1.38	4.25	8.51	12.76
250	0.60	1.21	4.08	8.16	12.23
300	0.51	1.02	3.87	7.74	11.61
325	0.46	0.93	3.76	7.52	11.27
350	0.31	0.84	3.64	7.28	10.92
375	—	0.74	3.50	6.99	10.49
400	—	0.65	3.26	6.52	9.79
425	—	0.55	2.73	5.46	8.19
450	—	0.46	2.16	4.32	6.48
475	—	0.37	1.57	3.13	4.70
500	—	0.28	1.11	2.21	3.32
538	—	0.14	0.59	1.18	1.77

a 不得用于 340 ℃以上。

b 当长期暴露在 425 ℃以上温度时，钢中的碳化相可能转变为石墨。允许但不推荐长期在 425 ℃以上使用。

c 不得用于 455 ℃以上。

d 当长期暴露在 465 ℃以上温度时，钢中的碳化相可能转变为石墨。允许但不推荐长期在 465 ℃以上使用。

e 仅使用正火加回火的材料。

f 禁止添加任何在 ASTM A217 标准表 1 中未列入的其他元素，但作为脱氧而添加的 Ca 和 Mg 除外。

表 D.5 美国 ASME B16.47 标准钢制管法兰 1.4 组材料的压力-温度额定值

材料类别	锻件		铸件	板材	
C-Si	—		—	ASTM A515 Gr. 60[a]	
C-Mn-Si	ASTM A350 Gr. LF1 C1. 1[a]		—	ASTM A516 Gr. 60[a,b]	
温度/℃	公称压力				
	Class 75	Class 150	Class 300	Class 600	Class 900
	最大允许工作压力/MPa				
−29～38	0.82	1.63	4.26	8.51	12.77
50	0.80	1.60	4.18	8.35	12.53
100	0.74	1.49	3.88	7.77	11.65
150	0.72	1.44	3.76	7.51	11.27
200	0.69	1.38	3.64	7.28	10.92
250	0.60	1.21	3.49	6.98	10.47
300	0.51	1.02	3.32	6.64	9.95
325	0.46	0.93	3.22	6.45	9.67
350	0.31	0.84	3.12	6.25	9.37
375	—	0.74	3.04	6.07	9.11
400	—	0.65	2.93	5.87	8.80
425	—	0.55	2.58	5.15	7.73
450	—	0.46	2.14	4.27	6.41
475	—	0.37	1.41	2.82	4.23
500	—	0.28	1.03	2.06	3.09
538	—	0.14	0.59	1.18	1.77

[a] 当长期暴露在 425 ℃以上温度时，钢中的碳化相可能转变为石墨。允许但不推荐长期在 425 ℃以上使用。

[b] 不得用于 455 ℃以上。

表 D.6 美国 ASME B16.47 标准钢制管法兰 1.5 组材料的压力-温度额定值

材料类别	锻件		铸件	板材	
C-½Mo	ASTM A182 Gr. F1[a]		—	ASTM A204 Gr. A[a]	
	—		—	ASTM A204 Gr. B[a]	
温度/℃	公称压力				
	Class 75	Class 150	Class 300	Class 600	Class 900
	最大允许工作压力/MPa				
−29～38	0.92	1.84	4.80	9.60	14.41
50	0.92	1.84	4.80	9.60	14.41
100	0.88	1.77	4.79	9.59	14.38
150	0.79	1.58	4.73	9.47	14.20
200	0.69	1.38	4.58	9.16	13.74
250	0.60	1.21	4.45	8.90	13.35

表 D.6（续）

材料类别	锻件		铸件	板材	
C-½Mo	ASTM A182 Gr. F1[a]		—	ASTM A204 Gr. A[a]	
	—		—	ASTM A204 Gr. B[a]	
温度/℃	公称压力				
	Class 75	Class 150	Class 300	Class 600	Class 900
	最大允许工作压力/MPa				
300	0.51	1.02	4.29	8.57	12.86
325	0.46	0.93	4.14	8.26	12.40
350	0.31	0.84	4.03	8.04	12.07
375	—	0.74	3.89	7.76	11.65
400	—	0.65	3.65	7.33	10.98
425	—	0.55	3.52	7.00	10.51
450	—	0.46	3.37	6.77	10.14
475	—	0.37	3.17	6.34	9.51
500	—	0.28	2.41	4.81	7.22
538	—	0.14	1.13	2.27	3.40
a 当长期暴露在 465 ℃以上温度时，钢中的碳化相可能转变为石墨。允许但不推荐长期在 465 ℃以上使用。					

表 D.7 美国 ASME B16.47 标准钢制管法兰 1.7 组材料的压力-温度额定值

材料类别	锻件		铸件	板材	
½Cr-½Mo	ASTM A182 Gr. F2[a]		—	—	
Ni-½Cr-½Mo	—		ASTM A217 Gr. WC4[a,b,c]	—	
¾Ni-¾Cr-1Mo	—		ASTM A217 Gr. WC5[b,c]	—	
温度/℃	公称压力				
	Class 75	Class 150	Class 300	Class 600	Class 900
	最大允许工作压力/MPa				
−29～38	0.99	1.98	5.17	10.34	15.51
50	0.98	1.95	5.17	10.34	15.51
100	0.88	1.77	5.15	10.30	15.46
150	0.79	1.58	5.03	10.03	15.06
200	0.69	1.38	4.86	9.72	14.58
250	0.60	1.21	4.63	9.27	13.90
300	0.51	1.02	4.29	8.57	12.86
325	0.46	0.93	4.14	8.26	12.40
350	0.31	0.84	4.03	8.04	12.07
375	—	0.74	3.89	7.76	11.65
400	—	0.65	3.65	7.33	10.98

表 D.7（续）

材料类别	锻 件		铸 件		板 材
½Cr-½Mo	ASTM A182 Gr. F2[a]		—		—
Ni-½Cr-½Mo	—		ASTM A217 Gr. WC4[a,b,c]		—
¾Ni-¾Cr-1Mo	—		ASTM A217 Gr. WC5[b,c]		—
温度/℃	公 称 压 力				
	Class 75	Class 150	Class 300	Class 600	Class 900
	最大允许工作压力/MPa				
425	—	0.55	3.52	7.00	10.51
450	—	0.46	3.37	6.77	10.14
475	—	0.37	3.17	6.34	9.51
500	—	0.28	2.67	5.34	8.01
538	—	0.14	1.39	2.79	4.18
550	—	—	1.26	2.52	3.78
575	—	—	0.72	1.44	2.15

a 不得用于 538 ℃以上。

b 仅允许用正火加回火材料。

c 禁止添加任何在 ASTM A217 标准表 1 中未列入的其他元素，但作为脱氧而添加的 Ca 和 Mg 除外。

表 D.8 美国 ASME B16.47 标准钢制管法兰 1.9 组材料的压力-温度额定值

材料类别	锻 件		铸 件		板 材
1¼Cr-½Mo	—		ASTM A217 WC6[a,b,c]		—
1¼Cr-½Mo-Si	ASTM A182 Gr. F11 Cl. 2[a,d]		—		ASTM A387 Gr. 11 Cl. 2[d]
温度/℃	公 称 压 力				
	Class 75	Class 150	Class 300	Class 600	Class 900
	最大允许工作压力/MPa				
−29～38	0.99	1.98	5.17	10.34	15.51
50	0.98	1.95	5.17	10.34	15.51
100	0.88	1.77	5.15	10.30	15.44
150	0.79	1.58	4.97	9.95	14.92
200	0.69	1.38	4.80	9.59	14.39
250	0.60	1.21	4.63	9.27	13.90
300	0.51	1.02	4.29	8.57	12.86
325	0.46	0.93	4.14	8.26	12.40
350	0.31	0.84	4.03	8.04	12.07
375	—	0.74	3.89	7.76	11.65
400	—	0.65	3.65	7.33	10.98
425	—	0.55	3.52	7.00	10.51

表 D.8（续）

材料类别	锻　　件		铸　　件		板　　材
1¼Cr-½Mo	—		ASTM A217 WC6[a,b,c]		—
1¼Cr-½Mo-Si	ASTM A182 Gr. F11 Cl. 2[a,d]		—		ASTM A387 Gr. 11 Cl. 2[d]
温度/℃	公　称　压　力				
	Class 75	Class 150	Class 300	Class 600	Class 900
	最大允许工作压力/MPa				
450	—	0.46	3.37	6.77	10.14
475	—	0.37	3.17	6.34	9.51
500	—	0.28	2.57	5.15	7.72
538	—	0.14	1.49	2.98	4.47
550	—	—	1.27	2.54	3.81
575	—	—	0.88	1.76	2.64
600	—	—	0.61	1.22	1.83
625	—	—	0.43	0.85	1.28
650	—	—	0.28	0.57	0.85

a 仅允许用正火加回火材料。

b 不得用于 590 ℃以上。

c 禁止添加任何在 ASTM A217 标准表 1 中未列入的其他元素，但作为脱氧而添加的 Ca 和 Mg 除外。

d 允许但不推荐长期在 590 ℃以上使用。

表 D.9　美国 ASME B16.47 标准钢制管法兰 1.10 组材料的压力-温度额定值

材料类别	锻　　件		铸　　件		板　　材
2¼Cr-1Mo	ASTM A182 Gr. F22 Cl. 3[a]		ASTM A217 WC9[b,c,d]		ASTM A387 Gr. 22 Cl. 2[a]
温度/℃	公　称　压　力				
	Class 75	Class 150	Class 300	Class 600	Class 900
	最大允许工作压力/MPa				
−29～38	0.99	1.98	5.17	10.34	15.51
50	0.98	1.95	5.17	10.34	15.51
100	0.88	1.77	5.15	10.30	15.46
150	0.79	1.58	5.03	10.03	15.06
200	0.69	1.38	4.86	9.72	14.58
250	0.60	1.21	4.63	9.27	13.90
300	0.51	1.02	4.29	8.57	12.86
325	0.46	0.93	4.14	8.26	12.40
350	0.31	0.84	4.03	8.04	12.07
375	—	0.74	3.89	7.76	11.65
400	—	0.65	3.65	7.33	10.98

表 D.9（续）

材料类别	锻　件		铸　件		板　材
2¼Cr-1Mo	ASTM A182 Gr. F22 Cl. 3[a]		ASTM A217 WC9[b,c,d]		ASTM A387 Gr. 22 Cl. 2[a]
温度/℃	公　称　压　力				
	Class 75	Class 150	Class 300	Class 600	Class 900
	最大允许工作压力/MPa				
425	—	0.55	3.52	7.00	10.51
450	—	0.46	3.37	6.77	10.14
475	—	0.37	3.17	6.34	9.51
500	—	0.28	2.82	5.65	8.47
538	—	0.14	1.84	3.69	5.53
550	—	—	1.56	3.13	4.69
575	—	—	1.05	2.11	3.16
600	—	—	0.69	1.38	2.07
625	—	—	0.45	0.89	1.34
650	—	—	0.28	0.57	0.85

a 允许但不推荐长期在 590 ℃以上使用。

b 仅允许用正火加回火材料。

c 不得用于 590 ℃以上。

d 禁止添加任何在 ASTM A217 标准表 1 中未列入的其他元素，但作为脱氧而添加的 Ca 和 Mg 除外。

表 D.10　美国 ASME B16.47 标准钢制管法兰 1.11 组材料的压力-温度额定值

材料类别	锻　件		铸　件		板　材
C-½Mo	—		—		ASTM A204 Gr. C[a]
温度/℃	公　称　压　力				
	Class 75	Class 150	Class 300	Class 600	Class 900
	最大允许工作压力/MPa				
−29～38	1.00	2.00	5.17	10.34	15.51
50	0.98	1.95	5.17	10.34	15.51
100	0.88	1.77	5.15	10.30	15.46
150	0.79	1.58	5.03	10.03	15.06
200	0.69	1.38	4.86	9.72	14.58
250	0.60	1.21	4.63	9.27	13.90
300	0.51	1.02	4.29	8.57	12.86
325	0.46	0.93	4.14	8.26	12.40
350	0.31	0.84	4.03	8.04	12.07
375	—	0.74	3.89	7.76	11.65
400	—	0.65	3.65	7.33	10.98

表 D.10（续）

材料类别	锻　件		铸　件		板　材
C-½Mo	—		—		ASTM A204 Gr. C[a]
温度/℃	公　称　压　力				
	Class 75	Class 150	Class 300	Class 600	Class 900
	最大允许工作压力/MPa				
425	—	0.55	3.52	7.00	10.51
450	—	0.46	3.37	6.77	10.14
475	—	0.37	3.17	6.34	9.51
500	—	0.28	2.36	4.71	7.07
538	—	0.14	1.13	2.27	3.40
550	—	—	1.13	2.27	3.40
575	—	—	1.01	2.01	3.02
600	—	—	0.71	1.42	2.13
625	—	—	0.53	1.06	1.59
650	—	—	0.31	0.61	0.92

[a] 当长期暴露在 465 ℃以上温度时，钢中的碳化相可能转变为石墨。允许但不推荐长期在 465 ℃以上使用。

表 D.11　美国 ASME B16.47 标准钢制管法兰 1.13 组材料的压力-温度额定值

材料类别	锻　件		铸　件		板　材
5Cr-½Mo	ASTM A182 Gr. F5a		ASTM A217 Gr. C5[a,b]		—
温度/℃	公　称　压　力				
	Class 75	Class 150	Class 300	Class 600	Class 900
	最大允许工作压力/MPa				
−29～38	1.00	2.00	5.17	10.34	15.51
50	0.98	1.95	5.17	10.34	15.51
100	0.88	1.77	5.15	10.30	15.46
150	0.79	1.58	5.03	10.03	15.06
200	0.69	1.38	4.86	9.72	14.58
250	0.60	1.21	4.63	9.27	13.90
300	0.51	1.02	4.29	8.57	12.86
325	0.46	0.93	4.14	8.26	12.40
350	0.31	0.84	4.03	8.04	12.07
375	—	0.74	3.89	7.76	11.65
400	—	0.65	3.65	7.33	10.98
425	—	0.55	3.52	7.00	10.51
450	—	0.46	3.37	6.77	10.14
475	—	0.37	2.79	5.57	8.36

表 D.11（续）

材料类别	锻件		铸件		板材
5Cr-½Mo	ASTM A182 Gr. F5a		ASTM A217 Gr. C5[a,b]		—
温度/℃	公称压力				
	Class 75	Class 150	Class 300	Class 600	Class 900
	最大允许工作压力/MPa				
500	—	0.28	2.14	4.28	6.41
538	—	0.14	1.37	2.74	4.11
550	—	—	1.20	2.41	3.61
575	—	—	0.89	1.78	2.67
600	—	—	0.62	1.25	1.87
625	—	—	0.40	0.80	1.20
650	—	—	0.24	0.47	0.71

a 仅允许用正火加回火材料。

b 禁止添加任何在 ASTM A217 标准表 1 中未列入的其他元素，但作为脱氧而添加的 Ca 和 Mg 除外。

表 D.12 美国 ASME B16.47 标准钢制管法兰 1.14 组材料的压力-温度额定值

材料类别	锻件		铸件		板材
9Cr-1Mo	ASTM A182 Gr. F9		ASTM A217 Gr. C12[a,b]		—
温度/℃	公称压力				
	Class 75	Class 150	Class 300	Class 600	Class 900
	最大允许工作压力/MPa				
−29～38	1.00	2.00	5.17	10.34	15.51
50	0.98	1.95	5.17	10.34	15.51
100	0.88	1.77	5.15	10.30	15.46
150	0.79	1.58	5.03	10.03	15.06
200	0.69	1.38	4.86	9.72	14.58
250	0.60	1.21	4.63	9.27	13.90
300	0.51	1.02	4.29	8.57	12.86
325	0.46	0.93	4.14	8.26	12.40
350	0.31	0.84	4.03	8.04	12.07
375	—	0.74	3.89	7.76	11.65
400	—	0.65	3.65	7.33	10.98
425	—	0.55	3.52	7.00	10.51
450	—	0.46	3.37	6.77	10.14
475	—	0.37	3.17	6.34	9.51
500	—	0.28	2.82	5.65	8.47
538	—	0.14	1.75	3.50	5.25

表 D.12（续）

材料类别	锻件		铸件		板材
9Cr-1Mo	ASTM A182 Gr. F9		ASTM A217 Gr. C12[a,b]		—
温度/℃	公称压力				
	Class 75	Class 150	Class 300	Class 600	Class 900
	最大允许工作压力/MPa				
550	—	—	1.50	3.00	4.50
575	—	—	1.05	2.09	3.14
600	—	—	0.72	1.44	2.15
625	—	—	0.50	0.99	1.49
650	—	—	0.35	0.71	1.06

[a] 仅允许用正火加回火材料。

[b] 禁止添加任何在 ASTM A217 标准表 1 中未列入的其他元素，但作为脱氧而添加的 Ca 和 Mg 除外。

表 D.13 美国 ASME B16.47 标准钢制管法兰 1.15 组材料的压力-温度额定值

材料类别	锻件		铸件		板材
9Cr-1Mo-V	ASTM A182 Gr. F91		ASTM A217 C12A[a]		ASTM A387 Gr. 91 Cl. 2
温度/℃	公称压力				
	Class 75	Class 150	Class 300	Class 600	Class 900
	最大允许工作压力/MPa				
−29～38	1.00	2.00	5.17	10.34	15.51
50	0.98	1.95	5.17	10.34	15.51
100	0.88	1.77	5.15	10.30	15.46
150	0.79	1.58	5.03	10.03	15.06
200	0.69	1.38	4.86	9.72	14.58
250	0.60	1.21	4.63	9.27	13.90
300	0.51	1.02	4.29	8.57	12.86
325	0.46	0.93	4.14	8.26	12.40
350	0,31	0.84	4.03	8.04	12.07
375	—	0.74	3.89	7.76	11.65
400	—	0.65	3.65	7.33	10.98
425	—	0.55	3.52	7.00	10.51
450	—	0.46	3.37	6.77	10.14
475	—	0.37	3.17	6.34	9.51
500	—	0.28	2.82	5.65	8.47
538	—	0.14	2.52	5.00	7.52
550	—	—	2.50	4.98	7.48
575	—	—	2.40	4.79	7.18

表 D.13（续）

材料类别	锻　件		铸　件		板　材
9Cr-1Mo-V	ASTM A182 Gr. F91		ASTM A217 C12A[a]		ASTM A387 Gr. 91 Cl. 2
温度/℃	公　称　压　力				
	Class 75	Class 150	Class 300	Class 600	Class 900
	最大允许工作压力/MPa				
600	—	—	1.95	3.90	5.85
625	—	—	1.46	2.92	4.38
650	—	—	0.99	1.99	2.98

[a] 禁止添加任何在 ASTM A217 标准表 1 中未列入的其他元素，但作为脱氧而添加的 Ca 和 Mg 除外。

表 D.14　美国 ASME B16.47 标准钢制管法兰 1.17 组材料的压力-温度额定值

材料类别	锻　件		铸　件		板　材
1Cr-½Mo	ASTM A182 Gr. F12 Cl. 2[a,b]		—		—
5Cr-½Mo	A 182 Gr. F5		—		—
温度/℃	公　称　压　力				
	Class 75	Class 150	Class 300	Class 600	Class 900
	最大允许工作压力/MPa				
−29～38	0.99	1.98	5.17	10.34	15.51
50	0.98	1.95	5.15	10.30	15.45
100	0.88	1.77	5.04	10.09	15.13
150	0.79	1.58	4.82	9.64	14.45
200	0.69	1.38	4.63	9.25	13.88
250	0.60	1.21	4.48	8.96	13.45
300	0.51	1.02	4.29	8.57	12.86
325	0.46	0.93	4.14	8.26	12.40
350	0.31	0.84	4.03	8.04	12.07
375	—	0.74	3.89	7.76	11.65
400	—	0.65	3.65	7.33	10.98
425	—	0.55	3.52	7.00	10.51
450	—	0.46	3.37	6.77	10.14
475	—	0.37	2.79	5.57	8.36
500	—	0.28	2.14	4.28	6.41
538	—	0.14	1.37	2.74	4.11
550	—	—	1.20	2.41	3.61
575	—	—	0.88	1.76	2.64
600	—	—	0.61	1.21	1.82
625	—	—	0.40	0.80	1.20
650	—	—	0.24	0.47	0.71

[a] 仅允许用正火加回火材料。

[b] 允许但不推荐长期在 590 ℃以上使用。

表 D.15 美国 ASME B16.47 标准钢制管法兰 2.1 组材料的压力-温度额定值

材料类别	锻件		铸件		板材
18Cr-8Ni	ASTM A182 Gr. F304[a]		ASTM A351 CF3[b]		ASTM A240 Gr. 304[a]
	ASTM A182 Gr. F304H		ASTM A351 CF8[a]		ASTM A240 Gr. 304H
温度/℃	公称压力				
	Class 75	Class 150	Class 300	Class 600	Class 900
	最大允许工作压力/MPa				
−29～38	0.95	1.90	4.96	9.93	14.89
50	0.92	1.83	4.78	9.56	14.35
100	0.78	1.57	4.09	8.17	12.26
150	0.71	1.42	3.70	7.40	11.10
200	0.66	1.32	3.45	6.90	10.34
250	0.60	1.21	3.25	6.50	9.75
300	0.51	1.02	3.09	6.18	9.27
325	0.46	0.93	3.02	6.04	9.07
350	0.31	0.84	2.96	5.93	8.89
375	—	0.74	2.90	5.81	8.71
400	—	0.65	2.84	5.69	8.53
425	—	0.55	2.80	5.60	8.40
450	—	0.46	2.74	5.48	8.22
475	—	0.37	2.69	5.39	8.08
500	—	0.28	2.65	5.30	7.95
538	—	0.14	2.44	4.89	7.33
550	—	—	2.36	4.71	7.07
575	—	—	2.08	4.17	6.25
600	—	—	1.69	3.38	5.06
625	—	—	1.38	2.76	4.14
650	—	—	1.13	2.25	3.38
675	—	—	0.93	1.87	2.80
700	—	—	0.80	1.61	2.41
725	—	—	0.68	1.35	2.03
750	—	—	0.58	1.16	1.73
775	—	—	0.46	0.90	1.37
800	—	—	0.35	0.70	1.05
816	—	—	0.28	0.59	0.86

[a] 只有当碳含量≥0.4%时，才可用于 538 ℃以上。

[b] 不得用于 425 ℃以上。

表 D.16 美国 ASME B16.47 标准钢制管法兰 2.2 组材料的压力-温度额定值

材料类别	锻件	铸件	板材
16Cr-12Ni-2Mo	ASTM A182 Gr. F316[a]	CF3M[b]	ASTM A240 Gr. 316[a]
	ASTM A182 Gr. F316H	ASTM A351 CF8M[a]	ASTM A240 Gr. 316H
18Cr-13Ni-3Mo	ASTM A182 Gr. F317[a]	—	ASTM A240 Gr. 317[a]
19Cr-10Ni-3Mo	—	ASTM A351 Gr. CG8M[c]	—

温度/℃	公称压力				
	Class 75	Class 150	Class 300	Class 600	Class 900
	最大允许工作压力/MPa				
−29～38	0.95	1.90	4.96	9.93	14.89
50	0.92	1.84	4.81	9.62	14.43
100	0.81	1.62	4.22	8.44	12.66
150	0.74	1.48	3.85	7.70	11.55
200	0.68	1.37	3.57	7.13	10.70
250	0.60	1.21	3.34	6.68	10.01
300	0.51	1.02	3.16	6.32	9.49
325	0.46	0.93	3.09	6.18	9.27
350	0.31	0.84	3.03	6.07	9.10
375	—	0.74	2.99	5.98	8.96
400	—	0.65	2.94	5.89	8.83
425	—	0.55	2.91	5.83	8.74
450	—	0.46	2.88	5.77	8.65
475	—	0.37	2.87	5.73	8.60
500	—	0.28	2.82	5.65	8.47
538	—	0.14	2.52	5.00	7.52
550	—	—	2.50	4.98	7.48
575	—	—	2.40	4.79	7.18
600	—	—	1.99	3.98	5.97
625	—	—	1.58	3.16	4.74
650	—	—	1.27	2.53	3.80
675	—	—	1.03	2.06	3.10
700	—	—	0.84	1.68	2.51
725	—	—	0.70	1.40	2.10
750	—	—	0.59	1.17	1.76
775	—	—	0.46	0.90	1.37
800	—	—	0.35	0.70	1.05
816	—	—	0.28	0.59	0.86

[a] 只有当碳含量≥0.04%时，才可用于 538 ℃以上。

[b] 不得用于 455 ℃以上。

[c] 不得用于 538 ℃以上。

表 D.17 美国 ASME B16.47 标准钢制管法兰 2.3 组材料的压力-温度额定值

材料类别	锻件	铸件	板材
16Cr-12Ni-2Mo	ASTM A182 Gr. F316L	—	ASTM A240 Gr. 316L
18Cr-13Ni-3Mo	ASTM A182 Gr. F317L	—	—
18Cr-8Ni	ASTM A182 Gr. F304L[a]	—	ASTM A240 Gr. 304L[a]

温度/℃	公称压力				
	Class 75	Class 150	Class 300	Class 600	Class 900
	最大允许工作压力/MPa				
−29～38	0.79	1.59	4.14	8.27	12.41
50	0.77	1.53	4.00	8.00	12.01
100	0.67	1.33	3.48	6.96	10.44
150	0.60	1.20	3.14	6.28	9.42
200	0.56	1.12	2.92	5.83	8.75
250	0.53	1.05	2.75	5.49	8.24
300	0.50	1.00	2.61	5.21	7.82
325	0.46	0.93	2.55	5.10	7.64
350	0.31	0.84	2.51	5.01	7.52
375	—	0.74	2.48	4.95	7.43
400	—	0.65	2.43	4.86	7.29
425	—	0.55	2.39	4.77	7.16
450	—	0.46	2.34	4.68	7.02

[a] 不得用于 425 ℃以上。

表 D.18 美国 ASME B16.47 标准钢制管法兰 2.4 组材料的压力-温度额定值

材料类别	锻件	铸件	板材
18Cr-10Ni-Ti	ASTM A182 Gr. F321[a]	—	ASTM A240 Gr. 321[a]
	ASTM A182 Gr. F321H[b]	—	ASTM A240 Gr. 321H[b]

温度/℃	公称压力				
	Class 75	Class 150	Class 300	Class 600	Class 900
	最大允许工作压力/MPa				
−29～38	0.95	1.90	4.96	9.93	14.89
50	0.93	1.86	4.86	9.71	14.57
100	0.85	1.70	4.42	8.85	13.27
150	0.79	1.57	4.10	8.20	12.29

表 D.18（续）

材料类别	锻　　件		铸　　件	板　　材	
18Cr-10Ni-Ti	ASTM A182 Gr. F321[a]		—	ASTM A240 Gr. 321[a]	
	ASTM A182 Gr. F321H[b]		—	ASTM A240 Gr. 321H[b]	

温度/℃	公　称　压　力				
	Class 75	Class 150	Class 300	Class 600	Class 900
	最大允许工作压力/MPa				
200	0.69	1.38	3.83	7.66	11.49
250	0.60	1.21	3.60	7.20	10.81
300	0.51	1.02	3.41	6.83	10.24
325	0.46	0.93	3.33	6.66	9.99
350	0.31	0.84	3.26	6.52	9.78
375	—	0.74	3.20	6.41	9.61
400	—	0.65	3.16	6.32	9.48
425	—	0.55	3.11	6.23	9.34
450	—	0.46	3.08	6.17	9.25
475	—	0.37	3.05	6.11	9.16
500	—	0.28	2.82	5.65	8.47
538	—	0.14	2.52	5.00	7.52
550	—	—	2.50	4.98	7.48
575	—	—	2.40	4.79	7.18
600	—	—	2.03	4.05	6.08
625	—	—	1.58	3.16	4.74
650	—	—	1.26	2.53	3.79
675	—	—	0.99	1.98	2.96
700	—	—	0.79	1.58	2.37
725	—	—	0.63	1.27	1.90
750	—	—	0.50	1.00	1.50
775	—	—	0.40	0.80	1.19
800	—	—	0.31	0.63	0.94
816	—	—	0.26	0.52	0.78

[a] 只有当材料做了最低加热温度为 1 095 ℃的热处理时，才可用于 538 ℃以上。

[b] 不得用于 538 ℃以上。

表 D.19 美国 ASME B16.47 标准钢制管法兰 2.5 组材料的压力-温度额定值

材料类别	锻件	铸件	板材
18Cr-10Ni-Cb	ASTM A182 Gr. F347[a]	—	ASTM A240 Gr. 347[a]
	ASTM A182 Gr. F347H[b]	—	ASTM A240 Gr. 347H[b]
	ASTM A182 Gr. F348[a]	—	ASTM A240 Gr. 348[b]
	ASTM A182 Gr. F348H[b]	—	ASTM A240 Gr. 348H[b]

温度/℃	公称压力				
	Class 75	Class 150	Class 300	Class 600	Class 900
	最大允许工作压力/MPa				
−29～38	0.95	1.90	4.96	9.93	14.89
50	0.93	1.87	4.88	9.75	14.63
100	0.87	1.74	4.53	9.06	13.59
150	0.79	1.58	4.25	8.49	12.74
200	0.69	1.38	3.99	7.99	11.98
250	0.60	1.21	3.78	7.56	11.34
300	0.51	1.02	3.61	7.22	10.83
325	0.46	0.93	3.54	7.07	10.61
350	0.31	0.84	3.48	6.95	10.43
375	—	0.74	3.42	6.84	10.26
400	—	0.65	3.39	6.78	10.17
425	—	0.55	3.36	6.72	10.08
450	—	0.46	3.35	6.69	10.04
475	—	0.37	3.17	6.34	9.51
500	—	0.28	2.82	5.65	8.47
538	—	0.14	2.52	5.00	7.52
550	—	—	2.50	4.98	7.48
575	—	—	2.40	4.79	7.18
600	—	—	2.16	4.29	6.42
625	—	—	1.83	3.66	5.49
650	—	—	1.41	2.81	4.25
675	—	—	1.24	2.52	3.76
700	—	—	1.01	2.00	2.98
725	—	—	0.79	1.54	2.32
750	—	—	0.59	1.17	1.76
775	—	—	0.46	0.90	1.37
800	—	—	0.35	0.70	1.05
816	—	—	0.28	0.59	0.86

a 不得用于 538 ℃以上。

b 只有当材料做了最低加热温度为 1 095 ℃的热处理时，才可用于 538 ℃以上。

表 D.20 美国 ASME B16.47 标准钢制管法兰 2.6 组材料的压力-温度额定值

材料类别	锻件		铸件	板材
23Cr-12Ni	—		—	ASTM A240 Gr. 309H

<table>
<tr><td rowspan="3">温度/
℃</td><td colspan="5">公称压力</td></tr>
<tr><td>Class 75</td><td>Class 150</td><td>Class 300</td><td>Class 600</td><td>Class 900</td></tr>
<tr><td colspan="5">最大允许工作压力/MPa</td></tr>
<tr><td>−29～38</td><td>0.95</td><td>1.90</td><td>4.96</td><td>9.93</td><td>14.89</td></tr>
<tr><td>50</td><td>0.93</td><td>1.85</td><td>4.83</td><td>9.66</td><td>14.49</td></tr>
<tr><td>100</td><td>0.83</td><td>1.65</td><td>4.31</td><td>8.62</td><td>12.93</td></tr>
<tr><td>150</td><td>0.77</td><td>1.53</td><td>4.00</td><td>8.00</td><td>12.00</td></tr>
<tr><td>200</td><td>0.69</td><td>1.38</td><td>3.78</td><td>7.55</td><td>11.33</td></tr>
<tr><td>250</td><td>0.60</td><td>1.21</td><td>3.61</td><td>7.21</td><td>10.82</td></tr>
<tr><td>300</td><td>0.51</td><td>1.02</td><td>3.48</td><td>6.96</td><td>10.44</td></tr>
<tr><td>325</td><td>0.46</td><td>0.93</td><td>3.42</td><td>6.85</td><td>10.27</td></tr>
<tr><td>350</td><td>0.31</td><td>0.84</td><td>3.38</td><td>6.76</td><td>10.14</td></tr>
<tr><td>375</td><td>—</td><td>0.74</td><td>3.34</td><td>6.68</td><td>10.01</td></tr>
<tr><td>400</td><td>—</td><td>0.65</td><td>3.31</td><td>6.61</td><td>9.92</td></tr>
<tr><td>425</td><td>—</td><td>0.55</td><td>3.26</td><td>6.53</td><td>9.79</td></tr>
<tr><td>450</td><td>—</td><td>0.46</td><td>3.22</td><td>6.44</td><td>9.65</td></tr>
<tr><td>475</td><td>—</td><td>0.37</td><td>3.17</td><td>6.34</td><td>9.51</td></tr>
<tr><td>500</td><td>—</td><td>0.28</td><td>2.82</td><td>5.65</td><td>8.47</td></tr>
<tr><td>538</td><td>—</td><td>0.14</td><td>2.52</td><td>5.00</td><td>7.52</td></tr>
<tr><td>550</td><td>—</td><td>—</td><td>2.50</td><td>4.98</td><td>7.48</td></tr>
<tr><td>575</td><td>—</td><td>—</td><td>2.22</td><td>4.44</td><td>6.65</td></tr>
<tr><td>600</td><td>—</td><td>—</td><td>1.68</td><td>3.35</td><td>5.03</td></tr>
<tr><td>625</td><td>—</td><td>—</td><td>1.25</td><td>2.50</td><td>3.75</td></tr>
<tr><td>650</td><td>—</td><td>—</td><td>0.94</td><td>1.87</td><td>2.81</td></tr>
<tr><td>675</td><td>—</td><td>—</td><td>0.72</td><td>1.45</td><td>2.17</td></tr>
<tr><td>700</td><td>—</td><td>—</td><td>0.55</td><td>1.10</td><td>1.65</td></tr>
<tr><td>725</td><td>—</td><td>—</td><td>0.43</td><td>0.87</td><td>1.30</td></tr>
<tr><td>750</td><td>—</td><td>—</td><td>0.34</td><td>0.68</td><td>1.02</td></tr>
<tr><td>775</td><td>—</td><td>—</td><td>0.27</td><td>0.54</td><td>0.81</td></tr>
<tr><td>800</td><td>—</td><td>—</td><td>0.21</td><td>0.42</td><td>0.63</td></tr>
<tr><td>816</td><td>—</td><td>—</td><td>0.18</td><td>0.35</td><td>0.53</td></tr>
</table>

表 D.21　美国 ASME B16.47 标准钢制管法兰 2.7 组材料的压力-温度额定值

材料类别	锻　件		铸　件	板　材	
25Cr-20Ni	ASTM A182 Gr. F310[a,b]		—	ASTM A240 Gr. 310H	
温度/℃	公　称　压　力				
	Class 75	Class 150	Class 300	Class 600	Class 900
	最大允许工作压力/MPa				
−29～38	0.95	1.90	4.96	9.93	14.89
50	0.93	1.85	4.84	9.67	14.51
100	0.83	1.66	4.34	8.68	13.02
150	0.77	1.53	4.00	8.00	12.00
200	0.69	1.38	3.76	7.52	11.28
250	0.60	1.21	3.58	7.15	10.73
300	0.51	1.02	3.45	6.89	10.34
325	0.46	0.93	3.39	6.77	10.16
350	0.31	0.84	3.33	6.66	9.99
375	—	0.74	3.29	6.57	9.86
400	—	0.65	3.24	6.48	9.73
425	—	0.55	3.21	6.42	9.64
450	—	0.46	3.17	6.34	9.51
475	—	0.37	3.12	6.25	9.37
500	—	0.28	2.82	5.65	8.47
538	—	0.14	2.52	5.00	7.52
550	—	—	2.50	4.98	7.48
575	—	—	2.22	4.44	6.65
600	—	—	1.68	3.35	5.03
625	—	—	1.25	2.50	3.75
650	—	—	0.94	1.87	2.81
675	—	—	0.72	1.45	2.17
700	—	—	0.55	1.10	1.65
725	—	—	0.43	0.87	1.30
750	—	—	0.34	0.68	1.02
775	—	—	0.27	0.53	0.80
800	—	—	0.21	0.41	0.62
816	—	—	0.18	0.35	0.53

a　只有当碳含量≥0.04%时，才可用于 538 ℃以上。

b　只有确保晶粒度不细于 ASTM 6 级，该材料才宜用于 565 ℃及以上温度。

表 D.22 美国 ASME B16.47 标准钢制管法兰 2.8 组材料的压力-温度额定值

材料类别	锻　件	铸　件	板　材
20Cr-18Ni-6Mo	ASTM A182 Gr. F44	ASTM A351 Gr. CK3MCuN	ASTM A240 Gr. S31254
22Cr-5Ni-3Mo-N	ASTM A182 Gr. F51[a]	—	ASTM A240 Gr. S31803[a]
25Cr-7Ni-4Mo-N	ASTM A182 Gr. F53[a]	—	ASTM A240 Gr. S32750[a]
24Cr-10Ni-4Mo-V	—	ASTM A351 Gr. CE8MN[a]	—
25Cr-5Ni-2Mo-3Cu	—	ASTM A351 Gr. CD4MCu[a]	—
25Cr-7Ni-3.5Mo-W-Cb	—	ASTM A351 Gr. CD3MWCuN[a]	—
25Cr-7.5Ni-3.5Mo-N-Cu-W	ASTM A182 Gr. F55[a]	—	ASTM A240 Gr. S32760[a]

温度/℃	公称压力				
	Class 75	Class 150	Class 300	Class 600	Class 900
	最大允许工作压力/MPa				
−29～38	1.00	2.00	5.17	10.34	15.51
50	0.98	1.95	5.17	10.34	15.51
100	0.88	1.77	5.07	10.13	15.20
150	0.79	1.58	4.59	9.19	13.78
200	0.69	1.38	4.27	8.53	12.80
250	0.60	1.21	4.05	8.09	12.14
300	0.51	1.02	3.89	7.77	11.66
325	0.46	0.93	3.82	7.63	11.45
350	0.31	0.84	3.76	7.53	11.29
375	—	0.74	3.74	7.47	11.21
400	—	0.65	3.65	7.33	10.98

[a] 该材料在中高温使用后可能变脆。不得用于 315 ℃以上。

表 D.23 美国 ASME B16.47 标准钢制管法兰 2.9 组材料的压力-温度额定值

材料类别	锻　件	铸　件	板　材
23Cr-12Ni	—	—	ASTM A240 Gr. 309S[a,b,c]
25Cr-20Ni	—	—	ASTM A240 Gr. 310S[a,b,c]

温度/℃	公称压力				
	Class 75	Class 150	Class 300	Class 600	Class 900
	最大允许工作压力/MPa				
−29～38	0.95	1.90	4.96	9.93	14.89
50	0.93	1.85	4.83	9.66	14.49
100	0.83	1.65	4.31	8.62	12.93
150	0.77	1.53	4.00	8.00	12.00

表 D.23（续）

材料类别	锻　件	铸　件	板　材	
23Cr-12Ni	—	—	ASTM A240 Gr. 309S[a,b,c]	
25Cr-20Ni	—	—	ASTM A240 Gr. 310S[a,b,c]	

温度/℃	公 称 压 力				
	Class 75	Class 150	Class 300	Class 600	Class 900
	最大允许工作压力/MPa				
200	0.69	1.38	3.76	7.52	11.28
250	0.60	1.21	3.58	7.15	10.73
300	0.51	1.02	3.45	6.89	10.34
325	0.46	0.93	3.39	6.77	10.16
350	0.31	0.84	3.33	6.66	9.99
375	—	0.74	3.29	6.57	9.86
400	—	0.65	3.24	6.48	9.73
425	—	0.55	3.21	6.42	9.64
450	—	0.46	3.17	6.34	9.51
475	—	0.37	3.12	6.25	9.37
500	—	0.28	2.82	5.65	8.47
538	—	0.14	2.34	4.68	7.02
550	—	—	2.05	4.10	6.15
575	—	—	1.51	3.02	4.53
600	—	—	1.10	2.21	3.31
625	—	—	0.81	1.63	2.44
650	—	—	0.58	1.16	1.74
675	—	—	0.37	0.74	1.11
700		—	0.22	0.43	0.65
725	—	—	0.14	0.27	0.41
750	—	—	0.10	0.21	0.31
775	—	—	0.08	0.16	0.25
800	—	—	0.06	0.12	0.18
816	—	—	0.05	0.09	0.14

a 只有当碳含量多≥0.04%时，才可用于538 ℃以上。

b 只有当材料做了加热温度至少为1 035 ℃且做水淬或用其他方法快速冷却的热处理，才可用于538 ℃以上。

c 只有确保晶粒度不细于ASTM 6级，该材料才宜用于565 ℃及以上温度。

表 D.24 美国 ASME B16.47 标准钢制管法兰 2.10 组材料的压力-温度额定值

材料类别	锻 件	铸 件	板 材
25Cr-12Ni	—	ASTM A351 Gr.CH8[a]	—
25Cr-12Ni	—	ASTM A351 Gr.CH20[a]	—

温度/℃	公 称 压 力				
	Class 75	Class 150	Class 300	Class 600	Class 900
	最大允许工作压力/MPa				
−29～38	0.89	1.78	4.63	9.27	13.90
50	0.85	1.70	4.45	8.90	13.34
100	0.72	1.44	3.75	7.51	11.26
150	0.67	1.34	3.49	6.98	10.47
200	0.64	1.29	3.35	6.71	10.06
250	0.60	1.21	3.26	6.52	9.78
300	0.51	1.02	3.17	6.34	9.52
325	0.46	0.93	3.12	6.24	9.36
350	0.31	0.84	3.06	6.12	9.17
375	—	0.74	2.98	5.97	8.95
400	—	0.65	2.91	5.82	8.73
425	—	0.55	2.83	5.67	8.50
450	—	0.46	2.76	5.52	8.28
475	—	0.37	2.67	5.35	8.02
500	—	0.28	2.58	5.17	7.75
538	—	0.14	2.33	4.66	7.00
550	—	—	2.19	4.38	6.57
575	—	—	1.85	3.70	5.55
600	—	—	1.45	2.90	4.35
625	—	—	1.14	2.28	3.43
650	—	—	0.89	1.78	2.67
675	—	—	0.70	1.40	2.09
700	—	—	0.57	1.13	1.70
725	—	—	0.46	0.91	1.37
750	—	—	0.35	0.70	1.05
775	—	—	0.26	0.51	0.77
800	—	—	0.20	0.40	0.61
816	—	—	0.19	0.38	0.57

[a] 只有当碳含量多≥0.04%时，才可用于 538 ℃以上。

表 D.25　美国 ASME B16.47 标准钢制管法兰 2.11 组材料的压力-温度额定值

材料类别	锻　　件		铸　　件		板　　材
18Cr-10Ni-Cb	—		ASTM A351 CF8C[a]		—
温度/℃	公　称　压　力				
	Class 75	Class 150	Class 300	Class 600	Class 900
	最大允许工作压力/MPa				
−29～38	0.95	1.90	4.96	9.93	14.89
50	0.93	1.87	4.88	9.75	14.63
100	0.87	1.74	4.53	9.06	13.59
150	0.79	1.58	4.25	8.49	12.74
200	0.69	1.38	3.99	7.99	11.98
250	0.60	1.21	3.78	7.56	11.34
300	0.51	1.02	3.61	7.22	10.83
325	0.46	0.93	3.54	7.07	10.61
350	0.31	0.84	3.48	6.95	10.43
375	—	0.74	3.42	6.84	10.26
400	—	0.65	3.39	6.78	10.17
425	—	0.55	3.36	6.72	10.08
450	—	0.46	3.35	6.69	10.04
475	—	0.37	3.17	6.34	9.51
500	—	0.28	2.82	5.65	8.47
538	—	0.14	2.52	5.00	7.52
550	—	—	2.50	4.98	7.48
575	—	—	2.40	4.79	7.18
600	—	—	1.98	3.96	5.94
625	—	—	1.39	2.77	4.16
650	—	—	1.03	2.06	3.09
675	—	—	0.80	1.59	2.39
700	—	—	0.56	1.12	1.68
725	—	—	0.40	0.80	1.19
750	—	—	0.31	0.62	0.93
775	—	—	0.25	0.49	0.74
800	—	—	0.20	0.40	0.61
816	—	—	0.19	0.38	0.57

[a] 只有当碳含量多≥0.04%时，才可用于 538 ℃以上。

表 D.26 美国 ASME B16.47 标准钢制管法兰 2.12 组材料的压力-温度额定值

材料类别	锻 件	铸 件	板 材	
25Cr-20Ni	—	ASTM A351 Gr. CK20[a]	—	

温度/℃	公 称 压 力				
	Class 75	Class 150	Class 300	Class 600	Class 900
	最大允许工作压力/MPa				
−29～38	0.89	1.78	4.63	9.27	13.90
50	0.85	1.70	4.45	8.90	13.34
100	0.72	1.44	3.75	7.51	11.26
150	0.67	1.34	3.49	6.98	10.47
200	0.64	1.29	3.35	6.71	10.06
250	0.60	1.21	3.26	6.52	9.78
300	0.51	1.02	3.17	6.34	9.52
325	0.46	0.93	3.12	6.24	9.36
350	0.31	0.84	3.06	6.12	9.17
375	—	0.74	2.98	5.97	8.95
400	—	0.65	2.91	5.82	8.73
425	—	0.55	2.83	5.67	8.50
450	—	0.46	2.76	5.52	8.28
475	—	0.37	2.67	5.35	8.02
500	—	0.28	2.58	5.17	7.75
538	—	0.14	2.33	4.66	7.00
550	—	—	2.29	4.59	6.88
575	—	—	2.17	4.33	6.50
600	—	—	1.94	3.88	5.82
625	—	—	1.68	3.37	5.05
650	—	—	1.41	2.81	4.22
675	—	—	1.15	2.30	3.46
700	—	—	0.88	1.75	2.63
725	—	—	0.63	1.27	1.90
750	—	—	0.45	0.89	1.34
775	—	—	0.31	0.63	0.94
800	—	—	0.23	0.46	0.69
816	—	—	0.19	0.38	0.57

[a] 只有当碳含量多≥0.04%时，才可用于 538 ℃以上。

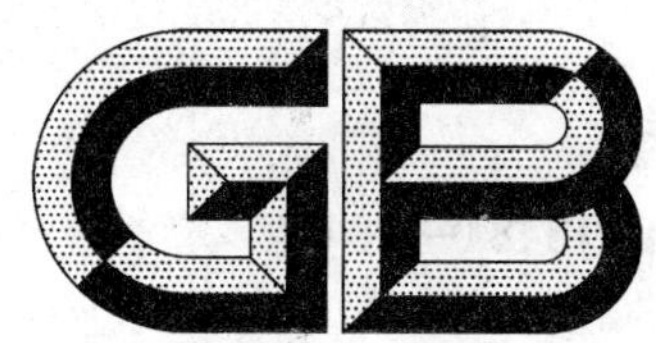

中华人民共和国国家标准

GB 13481—2010

食品安全国家标准
食品添加剂　山梨醇酐单硬脂酸酯（司盘 60）

2010-12-21 发布　　　　2011-02-21 实施

中华人民共和国卫生部　发布

前　言

本标准代替 GB 13481—1992《食品添加剂　山梨醇酐单硬脂酸酯(斯潘 60)》。

本标准与 GB 13481—1992 相比,主要变化如下:

——标准名称由“食品添加剂　山梨醇酐单硬脂酸酯(斯潘 60)”修改为“食品添加剂　山梨醇酐单硬脂酸酯(司盘 60)”;

——增加了铅项目,取消了重金属项目。

本标准的附录 A 为规范性附录。

本标准所代替标准的历次版本发布情况为:

——GB 13481—1992。

食品安全国家标准
食品添加剂　山梨醇酐单硬脂酸酯（司盘 60）

1　范围

本标准适用于以硬脂酸与失水山梨醇为原料，经酯化反应制得的食品添加剂山梨醇酐单硬脂酸酯（司盘 60）。

2　规范性引用文件

本标准中引用的文件对于本标准的应用是必不可少的。凡是注日期的引用文件，仅所注日期的版本适用于本标准。凡是不注日期的引用文件，其最新版本（包括所有的修改单）适用于本标准。

3　技术要求

3.1　感官要求：应符合表 1 的规定。

表 1　感官要求

项　　目	要　　求	检验方法
色泽	淡黄色	取适量实验室样品，置于清洁、干燥的白瓷盘中，在自然光线下，目视观察
组织状态	粉状或块状固体	

3.2　理化指标：应符合表 2 的规定。

表 2　理化指标

项　　目		指　　标	检验方法
脂肪酸，w/%		71～75	附录 A 中 A.4
多元醇，w/%		29.5～33.5	附录 A 中 A.5
酸值（以 KOH 计）/(mg/g)	≤	10	附录 A 中 A.6
皂化值（以 KOH 计）/(mg/g)		147～157	附录 A 中 A.7
羟值（以 KOH 计）/(mg/g)		235～260	附录 A 中 A.8
水分，w/%	≤	1.5	附录 A 中 A.9
砷（As）/(mg/kg)	≤	3	附录 A 中 A.10
铅（Pb）/(mg/kg)	≤	2	附录 A 中 A.11

附 录 A
（规范性附录）
检验方法

A.1 警示

试验方法规定的一些试验过程可能导致危险情况。操作者应采取适当的安全和防护措施。

A.2 一般规定

除非另有说明，在分析中仅使用确认为分析纯的试剂和 GB/T 6682—2008 中规定的三级水。

试验方法中所用标准滴定溶液、杂质测定用标准溶液、制剂及制品，在没有注明其他要求时，均按 GB/T 601、GB/T 602 和 GB/T 603 之规定制备。

A.3 鉴别试验

A.3.1 脂肪酸酸值的测定

A.3.1.1 试剂和材料

A.3.1.1.1 无水乙醇。

A.3.1.1.2 氢氧化钠标准滴定溶液：$c(NaOH)=0.5$ mol/L。

A.3.1.1.3 酚酞指示液：10 g/L。

A.3.1.2 分析步骤

称取约 3 g A.4.3.2 中的凝固物 D，精确至 0.001 g，置于锥形瓶中，加入 50 mL 无水乙醇溶解，必要时加热。加入 5 滴酚酞指示液，用氢氧化钠标准滴定溶液滴定至溶液呈粉红色，保持 30 s 不褪色为终点。

A.3.1.3 结果计算

脂肪酸酸值 w_1，以氢氧化钾（KOH）计，数值以毫克每克（mg/g）表示，按公式（A.1）计算：

$$w_1=\frac{VcM}{m} \qquad \cdots\cdots(A.1)$$

式中：

V——氢氧化钠标准滴定溶液（A.3.1.1.2）的体积的数值，单位为毫升（mL）；

c——氢氧化钠标准滴定溶液浓度的准确数值，单位为摩尔每升（mol/L）；

m——试料质量的数值，单位为克（g）；

M——氢氧化钾的摩尔质量的数值，单位为克每摩尔（g/mol）[$M=56.109$]。

取两次平行测定结果的算术平均值为报告结果。两次平行测定结果的绝对差值不大于 0.5 mg/g。

A.3.1.4 结果判断

回收的脂肪酸酸值应为 190 mg/g～220 mg/g。

A.3.2　脂肪酸结晶点的测定

按 GB/T 7533 进行。取约 3 g A.4.3.2 中的凝固物 D 为试料。回收的脂肪酸的结晶点应≥53 ℃。

A.3.3　多元醇显色试验

取约 2 g A.5.2 中的黏稠物 E，加入 2 mL 邻苯二酚溶液（100 g/L）（现用现配），混匀，再加 5 mL 硫酸混匀，应显红色或红褐色。

A.4　脂肪酸的测定

A.4.1　方法提要

样品通过皂化水解，经酸化后生成的脂肪酸和多元醇，通过反复萃取分离及浓缩干燥，得到回收的脂肪酸的质量，称量计算脂肪酸的质量分数。

A.4.2　试剂和材料

A.4.2.1　氢氧化钾。

A.4.2.2　乙醇（95%）。

A.4.2.3　石油醚。

A.4.2.4　硫酸溶液：1+2。

A.4.3　分析步骤

A.4.3.1　皂化：称取约 25 g 实验室样品，精确至 0.01 g。置于 500 mL 烧瓶中，加入 250 mL 乙醇（95%）和 7.5 g 氢氧化钾。连接冷凝器，置于水浴中加热回流 2 h。将皂化物转移至 800 mL 烧杯中，用约 200 mL 水洗涤烧瓶并转移至该烧杯中。将烧杯置于水浴中，蒸发直至乙醇挥发逸尽。用热水调节溶液的体积至约 250 mL，为溶液 A。

A.4.3.2　酸化、萃取分离：在加热搅拌下向溶液 A 中加硫酸溶液，使其析出凝固物，再加入过量约 10%的硫酸溶液，冷却分层。将上层凝固物转移至预先在 80 ℃质量恒定的 250 mL 烧杯中，用 20 mL 热水洗涤 3 次，冷却后将洗液与下层溶液合并于 500 mL 分液漏斗中，用 100 mL 石油醚提取 3 次，静置分层。将下层溶液 B 转移至 800 mL 烧杯中；合并石油醚提取液于第二个 500 mL 分液漏斗中，3 次用 100 mL 水洗涤。下层水洗液与溶液 B 合并为溶液 C，留作测定多元醇含量用；转移上层石油醚提取液于盛凝固物的烧杯中，置于水浴中浓缩至 100 mL，于 80 ℃干燥至质量恒定，得到回收的凝固物 D 作为脂肪酸的质量。称量后的凝固物 D 用于脂肪酸酸值的测定。

A.4.4　结果计算

脂肪酸的质量分数 w_2，数值以%表示，按公式（A.2）计算：

$$w_2 = \frac{m_2 - m_1}{m} \times 100\% \qquad \cdots\cdots\cdots\cdots (A.2)$$

式中：

m_1——250 mL 烧杯质量的数值，单位为克（g）；

m_2——250 mL 烧杯加凝固物 D 质量的数值，单位为克（g）；

m ——试料质量的数值，单位为克（g）。

取两次平行测定结果的算术平均值为报告结果。两次平行测定结果的绝对差值不大于 1%。

A.5 多元醇的测定

A.5.1 试剂和材料

A.5.1.1 无水乙醇。
A.5.1.2 氢氧化钾溶液:100 g/L。

A.5.2 分析步骤

用氢氧化钾溶液中和 A.4.3.2 中得到的溶液 C 至 pH 为 7(用 pH 试纸检验)。将此溶液置于水浴中蒸发至白色结晶析出。然后 4 次用 150 mL 热无水乙醇提取残留物中的多元醇,合并提取液,用 G4 玻璃漏斗过滤,无水乙醇洗涤。滤液转移至另一个 800 mL 烧杯中,置于水浴中浓缩至约 100 mL。再转移至预先在 80 ℃质量恒定的 250 mL 烧杯中,继续蒸发至黏稠状。在 80 ℃干燥至质量恒定,得到黏稠物 E 作为回收多元醇的质量。称量后的黏稠物 E 用于多元醇显色试验。

A.5.3 结果计算

多元醇质量分数 w_3,数值以%表示,按公式(A.3)计算:

$$w_3 = \frac{m_2 - m_1}{m} \times 100\% \quad \cdots\cdots(A.3)$$

式中:
m_1——250 mL 烧杯的质量,单位为克(g);
m_2——250 mL 烧杯加黏稠物 E 的质量,单位为克(g);
m ——A.4.4 中试料质量的数值,单位为克(g)。

取两次平行测定结果的算术平均值为报告结果。两次平行测定结果的绝对差值不大于 1%。

A.6 酸值的测定

A.6.1 试剂和材料

A.6.1.1 异丙醇。
A.6.1.2 甲苯。
A.6.1.3 氢氧化钠标准滴定溶液:$c(NaOH)=0.1$ mol/L。
A.6.1.4 酚酞指示液:10 g/L。

A.6.2 分析步骤

称取约 2.5 g 实验室样品,精确至 0.000 1 g,置于锥形瓶中,加入异丙醇和甲苯各 40 mL,加热使其溶解。加入 5 滴酚酞指示液,用氢氧化钠标准滴定溶液滴定至溶液呈粉红色,保持 30 s 不褪色为终点。

A.6.3 结果计算

酸值 w_4,以氢氧化钾(KOH)计,数值以毫克每克(mg/g)表示,按公式(A.4)计算:

$$w_4 = \frac{V_1 c M}{m_1} \quad \cdots\cdots(A.4)$$

式中:
V_1——氢氧化钠标准滴定溶液(A.6.1.3)的体积的数值,单位为毫升(mL);
c ——氢氧化钠标准滴定溶液浓度的准确数值,单位为摩尔每升(mol/L);

m_1——试料质量的数值，单位为克(g)；

M——氢氧化钾的摩尔质量的数值，单位为克每摩尔(g/mol)[M=56.109]。

取两次平行测定结果的算术平均值为报告结果。两次平行测定结果的绝对差值不大于0.2 mg/g。

A.7 皂化值的测定

A.7.1 试剂和材料

A.7.1.1 无水乙醇。

A.7.1.2 氢氧化钾乙醇溶液：40 g/L。

A.7.1.3 盐酸标准滴定溶液：c(HCl)=0.5 mol/L。

A.7.1.4 酚酞指示液：10 g/L。

A.7.2 分析步骤

称取约2 g实验室样品，精确至0.000 1 g，置于250 mL磨口锥形瓶中，加入(25±0.02)mL氢氧化钾乙醇溶液，连接冷凝管，置于水浴中加热回流1 h，稍冷后用10 mL无水乙醇淋洗冷凝管，取下锥形瓶，加入5滴酚酞指示液，用盐酸标准滴定溶液滴定至溶液的红色刚刚消失，加热试液至沸腾。若出现粉红色，继续滴定至红色消失即为终点。

在测定的同时，按与测定相同的步骤，对不加试料而使用相同数量的试剂溶液做空白试验。

A.7.3 结果计算

皂化值 w_5，以氢氧化钾(KOH)计，数值以毫克每克(mg/g)表示，按公式(A.5)计算：

$$w_5=\frac{(V_0-V_2)cM}{m_2} \qquad \text{(A.5)}$$

式中：

V_2——试料消耗盐酸标准滴定溶液(A.7.1.3)体积的数值，单位为毫升(mL)；

V_0——空白试验消耗盐酸标准滴定溶液(A.7.1.3)体积的数值，单位为毫升(mL)；

c——盐酸标准滴定溶液浓度的准确数值，单位为摩尔每升(mol/L)；

m_2——试料质量的数值，单位为克(g)；

M——氢氧化钾的摩尔质量的数值，单位为克每摩尔(g/mol)[M=56.109]。

取两次平行测定结果的算术平均值为报告结果。两次平行测定结果的绝对差值不大于1 mg/g。

A.8 羟值的测定

A.8.1 试剂和材料

A.8.1.1 吡啶：以酚酞为指示剂，用盐酸溶液(1+110)中和。

A.8.1.2 正丁醇：以酚酞为指示剂，用氢氧化钾乙醇标准滴定溶液中和。

A.8.1.3 乙酰化剂：乙酸酐与吡啶按1+3混匀，贮存于棕色瓶中。

A.8.1.4 氢氧化钾乙醇标准滴定溶液：c(KOH)=0.5 mol/L。

A.8.1.5 酚酞指示液：10 g/L。

A.8.2 分析步骤

称取约0.6 g实验室样品，精确至0.000 1 g，置于250 mL磨口锥形瓶中，加入(5±0.02)mL乙酰化剂，连接冷凝管，置于水浴中加热回流1 h。从冷凝管上端加入10 mL水于锥形瓶中，继续加热10 min后，冷却至室温。用15 mL正丁醇冲洗冷凝管，拆下冷凝管，再用10 mL正丁醇冲洗瓶壁。加入

8 滴酚酞指示液，用氢氧化钾乙醇标准滴定溶液滴定至溶液呈粉红色即为终点。

在测定的同时，按与测定相同的步骤，对不加试料而使用相同数量的试剂溶液做空白试验。

为校正游离酸，称取约 10 g 实验室样品，精确至 0.01 g。置于锥形瓶中，加入 30 mL 吡啶，加入 5 滴酚酞指示液，用氢氧化钾乙醇标准滴定溶液滴定至溶液呈粉红色。

A.8.3 结果计算

羟值 w_6，以氢氧化钾(KOH)计，数值以毫克每克(mg/g)表示，按公式(A.6)计算：

$$w_6=\frac{(V_0-V_3)cM}{m_3}+\frac{V_4cM}{m_0} \qquad \cdots\cdots(A.6)$$

式中：

V_3——试料消耗氢氧化钾乙醇标准滴定溶液(A.8.1.4)体积的数值，单位为毫升(mL)；

V_0——空白试验消耗氢氧化钾乙醇标准滴定溶液(A.8.1.4)体积的数值，单位为毫升(mL)；

V_4——校正游离酸消耗氢氧化钾乙醇标准滴定溶液(A.8.1.4)体积的数值，单位为毫升(mL)；

c ——氢氧化钾乙醇标准滴定溶液浓度的准确数值，单位为摩尔每升(mol/L)；

m_3——羟值测定时试料质量的数值，单位为克(g)；

m_0——校正游离酸测定时试料质量的数值，单位为克(g)；

M——氢氧化钾的摩尔质量的数值，单位为克每摩尔(g/mol)[M=56.109]。

取两次平行测定结果的算术平均值为报告结果。两次平行测定结果的绝对差值不大于 4 mg/g。

A.9 水分的测定

称取约 0.6 g 实验室样品，精确至 0.000 2 g。置于 25 mL 烧杯中，加入少量三氯甲烷加热溶解并转移至 25 mL 容量瓶中，用三氯甲烷冲洗烧杯数次，一并转入容量瓶中，稀释至刻度。量取(5±0.02)mL 该试样溶液，按 GB/T 6283 直接电量法测定。

取两次平行测定结果的算术平均值为报告结果。两次平行测定结果的绝对差值不大于 0.05%。

A.10 砷的测定

按 GB/T 5009.76 砷斑法进行。按“湿法消解”处理样品，测定时量取(10±0.02)mL 试样溶液(相当于 1.0 g 实验室样品)。限量标准液的配制：用移液管移取(3±0.02)mL 砷(As)标准溶液(相当于 3 μg As)，与试样同时同样处理。

A.11 铅的测定

A.11.1 比色法(仲裁法)

按 GB/T 5009.75 进行。样品的处理：称取约 2.5 g 实验室样品，精确至 0.000 1 g，置于 50 mL 坩埚中，先在低温下炭化，然后在 500 ℃～550 ℃灰化，冷却后，加入 5 mL 硝酸溶液(1+1)，搅拌使之溶解，加水 10 mL 转移至 25 mL 容量瓶中，用水稀释至刻度，摇匀。

A.11.2 原子吸收光谱法

按 GB 5009.12 进行。按 GB/T 5009.75“干法消解”处理样品。采用石墨炉原子吸收光谱法时，可视样品情况将试样溶液进行适当的稀释。

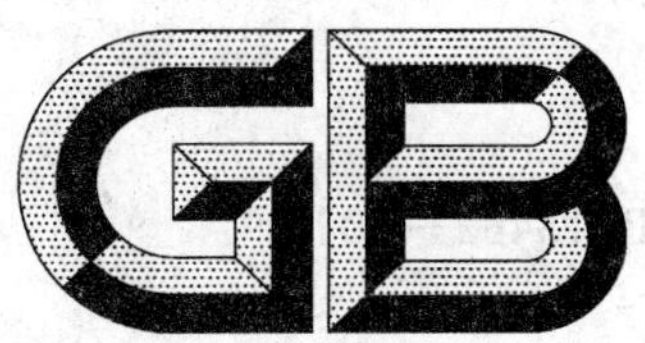

中华人民共和国国家标准

GB 13482—2010

食品安全国家标准
食品添加剂
山梨醇酐单油酸酯(司盘80)

2010-12-21 发布　　　　2011-02-21 实施

中华人民共和国卫生部　发布

前　言

本标准代替 GB 13482—1992《食品添加剂　山梨醇酐单油酸酯(斯潘 80)》。

本标准与 GB 13482—1992 相比主要变化如下：

——标准名称由“食品添加剂　山梨醇酐单油酸酯(斯潘 80)”修改为“食品添加剂　山梨醇酐单油酸酯(司盘 80)”；

——增设了铅项目，取消了重金属项目；

——脂肪酸指标由 71%～75%修改为 73%～77%，多元醇指标由 29.5%～33.5%修改为 28%～32%。

本标准的附录 A 和附录 B 为规范性附录。

本标准所代替标准的历次版本发布情况为：

——GB 13482—1992。

食品安全国家标准

食品添加剂 山梨醇酐单油酸酯(司盘80)

1 范围

本标准适用于以油酸与失水山梨醇为原料,经酯化反应制得的食品添加剂山梨醇酐单油酸酯(司盘80)。

2 规范性引用文件

本标准中引用的文件对于本标准的应用是必不可少的。凡是注日期的引用文件,仅所注日期的版本适用于本标准。凡是不注日期的引用文件,其最新版本(包括所有的修改单)适用于本标准。

3 技术要求

3.1 感官要求:应符合表1的规定。

表1 感官要求

项目	要求	检验方法
色泽	琥珀色至棕色	取适量实验室样品,置于清洁、干燥的玻璃管中,在自然光线下,目视观察
组织性状	黏稠油状液体	

3.2 理化指标:应符合表2的规定。

表2 理化指标

项目		指标	检验方法
脂肪酸,w/%		73~77	附录A中A.4
多元醇,w/%		28~32	附录A中A.5
酸值(以KOH计)/(mg/g)	≤	8	附录A中A.6
皂化值(以KOH计)/(mg/g)		145~160	附录A中A.7
羟值(以KOH计)/(mg/g)		193~210	附录A中A.8
水分,w/%	≤	2.0	附录A中A.9
砷(As)/(mg/kg)	≤	3	附录A中A.10
铅(Pb)/(mg/kg)	≤	2	附录A中A.11

附 录 A
（规范性附录）
检 验 方 法

A.1 警示

试验方法规定的一些试验过程可能导致危险情况。操作者应采取适当的安全和防护措施。

A.2 一般规定

除非另有说明，在分析中仅使用确认为分析纯的试剂和 GB/T 6682—2008 中规定的三级水。

试验方法中所用标准滴定溶液、杂质测定用标准溶液、制剂及制品，在没有注明其他要求时，均按 GB/T 601、GB/T 602 和 GB/T 603 之规定制备。

A.3 鉴别试验

A.3.1 脂肪酸碘值的测定

A.3.1.1 试剂和材料

A.3.1.1.1 四氯化碳。
A.3.1.1.2 碘化钾溶液：100 g/L。
A.3.1.1.3 韦氏液：配制方法见附录 B。
A.3.1.1.4 硫代硫酸钠标准滴定溶液：$c(Na_2S_2O_3)=0.1$ mol/L。
A.3.1.1.5 淀粉指示液：10 g/L。

A.3.1.2 鉴别步骤

称取约 0.27 g A.4.3.2 中的黏稠物 D，精确至 0.000 1 g，置于干燥的 500 mL 碘量瓶中，加入 10 mL 四氯化碳溶解。加入 25 mL±0.02 mL 韦氏液，塞紧瓶盖，用碘化钾溶液封口，置于暗处 30 min。加入 15 mL 碘化钾溶液和 100 mL 水，用硫代硫酸钠标准滴定溶液滴定至溶液呈淡黄色，加入 1 mL 淀粉指示液，用力振荡继续滴定至蓝色刚刚消失即为终点。

在测定的同时，按与测定相同的步骤，对不加试料而使用相同数量的试剂溶液做空白试验。

A.3.1.3 结果计算

脂肪酸碘值 w_1，以碘计，数值以克每百克（g/100 g）表示，按公式（A.1）计算：

$$w_1=\frac{(V_0-V)cM/1\,000}{m}\times 100 \qquad \cdots\cdots(A.1)$$

式中：

V_0——空白消耗硫代硫酸钠标准滴定溶液（A.3.1.1.4）的体积的数值，单位为毫升（mL）；
V——试料消耗硫代硫酸钠标准滴定溶液（A.3.1.1.4）的体积的数值，单位为毫升（mL）；
c——硫代硫酸钠标准滴定溶液浓度的准确数值，单位为摩尔每升（mol/L）；
m——试料质量的数值，单位为克（g）；
M——碘的摩尔质量的数值，单位为克每摩尔（g/mol）[$M=126.9$]。

取两次平行测定结果的算术平均值为报告结果。两次平行测定结果的绝对差值不大于 0.5 g/100 g（以碘计）。

A.3.1.4 结果判断

脂肪酸碘值应在 80 g/100 g～135 g/100 g(以碘计)。

A.3.2 多元醇显色试验

取约 2 g A.5.2 中的黏稠物 E，加入 2 mL 邻苯二酚溶液(100 g/L)(现用现配)，混匀，再加 5 mL 硫酸混匀，应显红色或红褐色。

A.4 脂肪酸的测定

A.4.1 方法提要

样品通过皂化水解，经酸化后生成的脂肪酸和多元醇，通过反复萃取分离及浓缩干燥，得到回收脂肪酸的质量，称量计算脂肪酸的质量分数。

A.4.2 试剂和材料

A.4.2.1 氢氧化钾。
A.4.2.2 乙醇(95%)。
A.4.2.3 石油醚。
A.4.2.4 硫酸溶液：1+2。

A.4.3 分析步骤

A.4.3.1 皂化：称取约 25 g 实验室样品，精确至 0.01 g。置于 500 mL 烧瓶中，加入 250 mL 乙醇(95%)和 7.5 g 氢氧化钾。连接冷凝器，置于水浴中加热回流 2 h。将皂化物转移至 800 mL 烧杯中，用约 200 mL 水洗涤烧瓶并转移至该烧杯中。将烧杯置于水浴中，蒸发直至乙醇挥发逸尽。用热水调节溶液的体积至约 250 mL，为溶液 A。

A.4.3.2 酸化、萃取分离：在加热搅拌下向溶液 A 中加硫酸溶液，使其析出凝固物，再加入过量约 10% 的硫酸溶液，冷却分层。将上层凝固物转移至预先在 80 ℃质量恒定的 250 mL 烧杯中，3 次用 20 mL 热水洗涤，冷却后将洗液与下层溶液合并于 500 mL 分液漏斗中，3 次用 100 mL 石油醚提取，静置分层。将下层溶液 B 转移至 800 mL 烧杯中；合并石油醚提取液于第二个 500 mL 分液漏斗中，3 次用 100 mL 水洗涤。下层水洗液与溶液 B 合并为溶液 C，留作测定多元醇含量用；转移上层石油醚提取液于盛凝固物的烧杯中，置于水浴中浓缩至 100 mL，于 80 ℃干燥至质量恒定，得到回收的黏稠物 D 作为脂肪酸的质量。称量后的黏稠物 D 用于脂肪酸酸值的测定。

A.4.4 结果计算

脂肪酸的质量分数 w_2，数值以%表示，按公式(A.2)计算：

$$w_2 = \frac{m_2 - m_1}{m} \times 100\% \qquad \cdots\cdots\cdots (A.2)$$

式中：

m_1——250 mL 烧杯质量的数值，单位为克(g)；

m_2——250 mL 烧杯加黏稠物 D 质量的数值，单位为克(g)；

m ——试料质量的数值，单位为克(g)。

取两次平行测定结果的算术平均值为报告结果。两次平行测定结果的绝对差值不大于 1%。

A.5 多元醇的测定

A.5.1 试剂和材料

A.5.1.1 无水乙醇。

A.5.1.2 氢氧化钾溶液：100 g/L。

A.5.2 分析步骤

用氢氧化钾溶液中和 A.4.3.2 中得到的溶液 C 至 pH 为 7(用 pH 试纸检验)。将此溶液置于水浴中蒸发至白色结晶析出。然后 4 次用 150 mL 热无水乙醇提取残留物中的多元醇，合并提取液，用 G4 玻璃漏斗过滤，无水乙醇洗涤。滤液转移至另一个 800 mL 烧杯中，置于水浴中浓缩至约 100 mL。再转移至预先在 80 ℃质量恒定的 250 mL 烧杯中，继续蒸发至黏稠状。在 80 ℃干燥至质量恒定，得到黏稠物 E 作为回收多元醇的质量。称量后的黏稠物 E 用作多元醇显色试验。

A.5.3 结果计算

多元醇质量分数 w_3，数值以%表示，按公式(A.3)计算：

$$w_3 = \frac{m_2 - m_1}{m} \times 100\% \qquad \cdots\cdots\cdots\cdots (A.3)$$

式中：

m_1——250 mL 烧杯的质量，单位为克(g)；

m_2——250 mL 烧杯加黏稠物 E 的质量，单位为克(g)；

m ——A.4.4 中试料质量的数值，单位为克(g)。

取两次平行测定结果的算术平均值为报告结果。两次平行测定结果的绝对差值不大于 1%。

A.6 酸值的测定

A.6.1 试剂和材料

A.6.1.1 异丙醇。

A.6.1.2 甲苯。

A.6.1.3 氢氧化钠标准滴定溶液：$c(NaOH)=0.1$ mol/L。

A.6.1.4 酚酞指示液：10 g/L。

A.6.2 分析步骤

称取约 2.5 g 实验室样品，精确至 0.000 1 g，置于锥形瓶中，加入异丙醇和甲苯各 40 mL，加热使其溶解。加入 5 滴酚酞指示液，用氢氧化钠标准滴定溶液滴定至溶液呈粉红色，保持 30 s 不褪色为终点。

A.6.3 结果计算

酸值 w_4，以氢氧化钾(KOH)计，数值以毫克每克(mg/g)表示，按公式(A.4)计算：

$$w_4 = \frac{V_1 c M}{m_1} \qquad \cdots\cdots\cdots\cdots (A.4)$$

式中：

V_1——氢氧化钠标准滴定溶液(A.6.1.3)的体积的数值，单位为毫升(mL)；

c ——氢氧化钠标准滴定溶液浓度的准确数值，单位为摩尔每升(mol/L)；

m_1——试料质量的数值，单位为克(g)；

M——氢氧化钾的摩尔质量的数值，单位为克每摩尔(g/mol)[M=56.109]。

取两次平行测定结果的算术平均值为报告结果。两次平行测定结果的绝对差值不大于 0.2 mg/g。

A.7 皂化值的测定

A.7.1 试剂和材料

A.7.1.1 无水乙醇。

A.7.1.2 氢氧化钾乙醇溶液：40 g/L。

A.7.1.3 盐酸标准滴定溶液：c(HCl)=0.5 mol/L。

A.7.1.4 酚酞指示液：10 g/L。

A.7.2 分析步骤

称取约 2 g 实验室样品，精确至 0.000 1 g，置于 250 mL 磨口锥形瓶中，加入 25 mL±0.02 mL 氢氧化钾乙醇溶液，连接冷凝管，置于水浴中加热回流 1 h，稍冷后用 10 mL 无水乙醇淋洗冷凝管，取下锥形瓶，加入 5 滴酚酞指示液，用盐酸标准滴定溶液滴定至溶液的红色刚刚消失，加热试液至沸。若出现粉红色，继续滴定至红色消失即为终点。

在测定的同时，按与测定相同的步骤，对不加试料而使用相同数量的试剂溶液做空白试验。

A.7.3 结果计算

皂化值 w_5，以氢氧化钾(KOH)计，数值以毫克每克(mg/g)表示，按公式(A.5)计算：

$$w_5=\frac{(V_0-V_2)cM}{m_2} \qquad \text{(A.5)}$$

式中：

V_2——试料消耗盐酸标准滴定溶液(A.7.1.3)体积的数值，单位为毫升(mL)；

V_0——空白试验消耗盐酸标准滴定溶液(A.7.1.3)体积的数值，单位为毫升(mL)；

c ——盐酸标准滴定溶液浓度的准确数值，单位为摩尔每升(mol/L)；

m_2——试料质量的数值，单位为克(g)；

M——氢氧化钾的摩尔质量的数值，单位为克每摩尔(g/mol)[M=56.109]。

取两次平行测定结果的算术平均值为报告结果。两次平行测定结果的绝对差值不大于 1 mg/g。

A.8 羟值的测定

A.8.1 试剂和材料

A.8.1.1 吡啶：以酚酞为指示剂，用盐酸溶液(1+110)中和。

A.8.1.2 正丁醇：以酚酞为指示剂，用氢氧化钾乙醇标准滴定溶液中和。

A.8.1.3 乙酰化剂：乙酸酐与吡啶按 1+3 混匀，贮存于棕色瓶中。

A.8.1.4 氢氧化钾乙醇标准滴定溶液：c(KOH)=0.5 mol/L。

A.8.1.5 酚酞指示液：10 g/L。

A.8.2 分析步骤

称取约 1.2 g 实验室样品，精确至 0.000 1 g，置于 250 mL 磨口锥形瓶中，加入 5 mL±0.02 mL 乙酰化剂，连接冷凝管，置于水浴中加热回流 1 h。从冷凝管上端加入 10 mL 水于锥形瓶中，继续加热 10 min后，冷却至室温。用 15 mL 正丁醇冲洗冷凝管，拆下冷凝管，再用 10 mL 正丁醇冲洗瓶壁。加入 8 滴酚酞指示液，用氢氧化钾乙醇标准滴定溶液滴定至溶液呈粉红色即为终点。

在测定的同时，按与测定相同的步骤，对不加试料而使用相同数量的试剂溶液做空白试验。

为校正游离酸，称取约 10 g 实验室样品，精确至 0.01 g。置于锥形瓶中，加入 30 mL 吡啶，加入 5 滴酚酞指示液，用氢氧化钾乙醇标准滴定溶液滴定至溶液呈粉红色。

A.8.3 结果计算

羟值 w_6，以氢氧化钾(KOH)计，数值以毫克每克(mg/g)表示，按公式(A.6)计算：

$$w_6=\frac{(V_0-V_3)cM}{m_3}+\frac{V_4cM}{m_0} \qquad \text{(A.6)}$$

式中：

V_3——试料消耗氢氧化钾乙醇标准滴定溶液(A.8.1.4)体积的数值，单位为毫升(mL)；

V_0——空白试验消耗氢氧化钾乙醇标准滴定溶液(A.8.1.4)体积的数值，单位为毫升(mL)；

V_4——校正游离酸消耗氢氧化钾乙醇标准滴定溶液(A.8.1.4)体积的数值，单位为毫升(mL)；

c ——氢氧化钾乙醇标准滴定溶液浓度的准确数值，单位为摩尔每升(mol/L)；

m_3——羟值测定时试料质量的数值，单位为克(g)；

m_0——校正游离酸测定时试料质量的数值，单位为克(g)；

M——氢氧化钾的摩尔质量的数值，单位为克每摩尔(g/mol)[M=56.109]。

取两次平行测定结果的算术平均值为报告结果。两次平行测定结果的绝对差值不大于 4 mg/g。

A.9 水分的测定

称取约 0.6 g 实验室样品，精确至 0.000 2 g，置于 25 mL 烧杯中，加入少量三氯甲烷加热溶解并转移至 25 mL 容量瓶中，用三氯甲烷冲洗烧杯数次，一并转入容量瓶中，稀释至刻度。量取(5±0.02)mL 该试样溶液，按 GB/T 6283 中直接电量法测定。

取两次平行测定结果的算术平均值为报告结果。两次平行测定结果的绝对差值不大于 0.05%。

A.10 砷的测定

按 GB/T 5009.76 砷斑法的规定进行。按“湿法消解”处理样品，测定时量取 10 mL±0.02 mL 试样溶液(相当于 1.0 g 实验室样品)。

限量标准液的配制：用移液管移取 3 mL±0.02 mL 砷(As)标准溶液(相当于 3 μg As)，与试样同时同样处理。

A.11 铅的测定

A.11.1 比色法(仲裁法)

按 GB/T 5009.75 进行。样品的处理：称取约 2.5 g 实验室样品，精确至 0.000 1 g，置于 50 mL 坩埚中，先在低温下炭化，然后在 500 ℃～550 ℃灰化，冷却后，加入 5 mL 硝酸溶液(1+1)，搅拌使之溶解，加水 10 mL 转移至 25 mL 容量瓶中，用水稀释至刻度，摇匀。

A.11.2 原子吸收光谱法

按 GB 5009.12 进行。按 GB/T 5009.75“干法消解”处理样品。采用石墨炉原子吸收光谱法时，可视样品情况将试样溶液进行适当的稀释。

附 录 B
（规范性附录）
脂肪酸碘值测定中韦氏液的配制

B.1 试剂和材料

B.1.1 三氯化碘。
B.1.2 四氯化碳。
B.1.3 冰乙酸。
B.1.4 碘片。
B.1.5 碘化钾溶液：100 g/L。
B.1.6 硫代硫酸钠标准滴定溶液：$c(Na_2S_2O_3)=0.1$ mol/L。
B.1.7 淀粉指示液：10 g/L。

B.2 韦氏液配制方法

称取 10 g 三氯化碘(ICl_3)，溶于 300 mL 四氯化碳和 700 mL 冰乙酸中，配制成三氯化碘溶液，用韦氏液校正方法(B.3)校正。

B.3 韦氏液校正方法

B.3.1 量取 25 mL±0.02 mL 三氯化碘溶液于 500 mL 碘量瓶中，加入 15 mL 碘化钾溶液和 100 mL 水，用硫代硫酸钠标准滴定溶液滴定至溶液呈淡黄色，加入 1 mL 淀粉指示液，用力振荡，继续滴定至蓝色刚刚消失，即为终点。消耗硫代硫酸钠标准溶液的体积应在 34 mL～37 mL 范围内，否则需加入四氯化碳和冰乙酸的混合溶液($V_1:V_2=3:7$)或三氯化碘溶液来调整。溶液中碘的质量 E 按公式(B.1)计算。

$$E=\frac{V_1V_2cM/1\,000}{25.00} \qquad \cdots\cdots(B.1)$$

式中：

V_1 ——配制三氯化碘溶液的总体积，单位为毫升(mL)；
V_2 ——消耗硫代硫酸钠标准滴定溶液(B.1.6)的体积数值，单位为毫升(mL)；
c ——硫代硫酸钠标准滴定溶液浓度的准确数值，单位为摩尔每升(mol/L)；
25.00——试料的体积的数值，单位为毫升(mL)；
M ——碘的摩尔质量的数值，单位为克每摩尔(g/mol)($M=126.9$)。

B.3.2 在三氯化碘溶液中加入$(0.55\times E)$g 碘片，待碘完全溶解后，吸取 25.00 mL 溶液按上述方法用硫代硫酸钠标准滴定溶液滴定。消耗硫代硫酸钠标准滴定溶液的体积应在$(1.505\sim1.510)V_2$之间。若少于 $1.505V_2$ 时，再加碘片调节；若高于 $1.510V_2$ 时，则加入预先留出的 100 mL 三氯化碘溶液调节。
B.3.3 韦氏液配制后于暗处三天后方可使用。

ICS 71.120;83.200
G 95

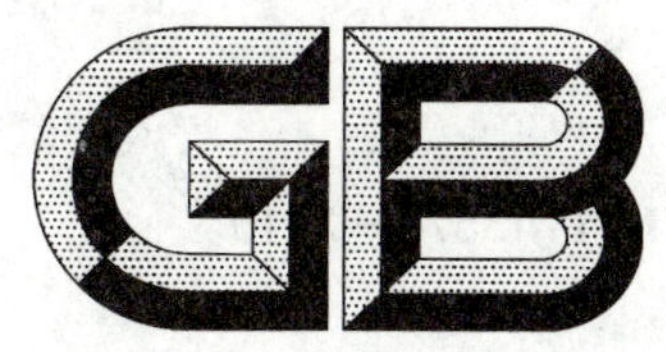

中华人民共和国国家标准

GB/T 13578—2010
代替 GB/T 13578—1992

橡胶塑料压延机

Rubber and plastics calendar

2010-09-26 发布　　2011-10-01 实施

中华人民共和国国家质量监督检验检疫总局
中国国家标准化管理委员会　发布

前　言

本标准代替 GB/T 13578—1992《橡胶塑料压延机》。

本标准与 GB/T 13578—1992 相比主要变化如下：

——取消了原标准表 1 中的最低辊筒线速度（1992 年版的表 1;本版的表 A.1）；

——取消了原标准表 1 中的主电机功率（1992 年版的表 1;本版的表 A.1）；

——增加了供应胶鞋行业压延胶鞋鞋底、鞋面沿条等制品厚度偏差(见表 A.1)；

——供压延软塑料的压延机制品厚度偏差由±0.02 mm 改为±0.01 mm(1992 年版的表 1;本版的表 A.1)；

——增加了 8 个规格 31 个系列(1992 年版的表 1;本版的表 A.1)；

——将原标准表 1 改为资料性附录(见本标准附录 A)；

——将原标准表 2 改为资料性附录(见本标准附录 B)；

——将原标准第 4 章“技术要求”改为“要求”,增加了工作环境要求和外观、涂漆要求(见本版 4、4.1和 4.6)；

——将塑料压延机轴承回油温度 110 ℃修改为不大于 105 ℃(1992 年版的 4.11;本版的 4.4.2)；

——将钻孔辊筒工作表面温度与规定值的偏差由±2 ℃修改为±1 ℃(1992 年版的 4.13;本版的 4.2.5)；

——取消原标准中的安全要求条款,直接引用压延机安全标准；

——增加了判定规则(见 6.3)。

本标准的附录 A 和附录 B 为资料性附录。

本标准由中国石油和化学工业协会提出。

本标准由全国橡胶塑料机械标准化技术委员会(SAC/TC 71)归口。

本标准负责起草单位:大连橡胶塑料机械股份有限公司。

本标准参加起草单位:北京橡胶工业研究设计院。

本标准主要起草人:黄树林、吕海峰、李香兰、何成。

本标准所代替标准的历次版本发布情况为：

——GB/T 13578—1992。

橡胶塑料压延机

1 范围

本标准规定了橡胶压延机、塑料压延机(以下简称压延机)的规格系列与基本参数、辊筒排列型式及型号、要求、试验方法、检验规则、标志、使用说明书、包装、运输及贮存。

本标准适用于加工橡胶、塑料制品的压延机。

2 规范性引用文件

下列文件中的条款通过本标准的引用而成为本标准的条款。凡是注日期的引用文件,其随后所有的修改单(不包括勘误的内容)或修订版均不适用于本标准,然而,鼓励根据本标准达成协议的各方研究是否可使用这些文件的最新版本。凡是不注日期的引用文件,其最新版本适用于本标准。

GB/T 191　包装储运图示标志(GB/T 191—2008,ISO 780:1997,MOD)

GB/T 321—2005　优先数和优先数系(ISO 3:1973,IDT)

GB/T 1184—1996　形状和位置公差　未注公差值(eqv ISO 2768-2:1989)

GB/T 6388　运输包装收发货标志

GB/T 12783　橡胶塑料机械产品型号编制方法

GB/T 13306　标牌

GB/T 13384　机电产品包装通用技术条件

GB 25434　橡胶塑料压延机安全要求

HG/T 2150　橡胶塑料压延机检测方法

HG/T 3108　冷硬铸铁辊筒

HG/T 3120　橡胶塑料机械外观通用技术条件

HG/T 3228　橡胶塑料机械涂漆通用技术条件

JB/T 5995　机电产品使用说明书编写规定

3 规格系列与基本参数、辊筒排列型式及型号

3.1 规格系列与基本参数

压延机规格系列与基本参数参见附录 A。

3.2 辊筒排列型式

压延机辊筒排列型式参见附录 B。

3.3 型号

压延机的型号应符合 GB/T 12783 的规定。

4 要求

压延机应符合本标准的要求,并按照经规定程序批准的图样及技术文件制造。

4.1 工作环境要求

4.1.1 环境温度:5 ℃~40 ℃。

4.1.2 环境湿度:不大于 85%。

4.1.3 环境海拔高度不大于 1 000 m。

4.1.4 电源:380 V,3P+N+PE,50 Hz。

注:以上工作环境要求为常规的条件,如用户有特殊要求时,应单独注明。

4.2 技术要求

4.2.1 压延机辊筒材料选用冷硬铸铁时，其性能和技术要求应符合 HG/T 3108 的规定。

4.2.2 辊筒工作表面粗糙度 Ra 值：橡胶压延机不大于 0.8 μm；塑料压延机不大于 0.2 μm。

4.2.3 左右机架安装固定轴承的滑槽受力面应在同一平面上，其平面度不低于 GB/T 1184—1996 附表中 7 级公差的规定。

4.2.4 装配好的压延机辊筒工作表面相对于轴颈的径向跳动不大于 0.02 mm。

4.2.5 辊筒有效工作表面温度与规定值的偏差：中空辊筒为±5 ℃；钻孔辊筒为±1 ℃。

4.2.6 加热冷却管路应清理干净，经 1.5 倍工作压力的水压（油压）试验，并保压 10 min，不应有渗漏现象。

4.2.7 润滑系统应清理干净，在工作压力下无渗漏。

4.3 空运转要求

4.3.1 压延机空运转时，主电机消耗功率不得大于额定功率的 15%。

4.3.2 压延机在不加热条件下空运转时，辊筒轴承温度不得有骤升现象，温升不超过 20 ℃。

4.4 负荷运转要求

4.4.1 压延机负荷运转时，主电机消耗功率不得大于额定功率（允许瞬时过载）。

4.4.2 压延机负荷运转时，辊筒轴承的回油温度：橡胶压延机不大于 75 ℃；塑料压延机不大于 105 ℃。

4.5 安全要求

压延机安全要求应符合 GB 25434 的规定。

4.6 外观、涂漆要求

压延机的外观和涂漆质量应分别符合 HG/T 3120 和 HG/T 3228 的规定。

5 试验

5.1 空运转试验

5.1.1 空运转试验前，应按 4.2.1～4.2.4、4.2.6、4.2.7 和 4.5 规定对压延机进行检查。

5.1.2 空运转试验应在完成整机装配并符合 5.1.1 要求后进行。

5.1.3 空运转试验在不加热条件下，辊筒速度由低逐步提高到接近最高速的 3/4，连续空运转时间不少于 2 h。

5.1.4 空运转试验项目按 4.3 进行。

5.2 负荷运转试验

5.2.1 负荷运转试验应在空运转试验合格后进行，连续负荷运转时间不少于 2 h。

5.2.2 负荷运转试验应进行下列项目的检查：

a） 按附录 A 中表 A.1 的规定检查压延制品厚度和偏差；

b） 按 4.2.5 要求对辊筒有效工作表面温度进行检查；

c） 按 4.4 要求主电机消耗功率和辊筒轴承的回油温度进行检查。

5.3 安全性试验

按 GB 25434 对压延机安全要求进行检查。

5.4 试验方法

压延机的试验方法按 HG/T 2150 进行。

6 检验规则

6.1 出厂检验

每台压延机出厂前应按 4.3、4.5、4.6 规定对压延机进行检查，经制造厂质量检验部门检验合格并签发合格证后，方能出厂。

6.2 型式检验

6.2.1 型式检验的项目内容包括本标准中的各项要求。

6.2.2 有下列情况之一时，应进行型式检验：

a) 新产品或老产品转厂时的试制定型鉴定；

b) 正式生产后，如结构、材料、工艺等有较大改变，可能影响产品性能时；

c) 正常生产时，每年最少抽试一台；

d) 产品停产二年后，恢复生产时；

e) 出厂检验结果与上次型式检验有较大差异时；

f) 国家质量监督机构提出型式检验要求时。

6.3 判定规则

经型式检验若有不合格项时，需进行复检，复检若仍有不合格项时，则判定型式检验为不合格。

7 标志、包装、使用说明、贮存、运输

7.1 标志

每台压延机应在明显位置固定产品标牌。标牌型式、尺寸和技术要求应符合 GB/T 13306 的规定。产品标牌应有下列内容：

a) 产品名称、型号及执行标准号；

b) 产品的主要技术参数；

c) 制造厂名称和商标；

d) 制造日期和产品编号。

7.2 包装

7.2.1 产品包装应符合 GB/T 13384 的规定。包装运输应符合运输部门的有关规定，包装箱上应有下列内容：

a) 产品名称及型号；

b) 制造厂名；

c) 出厂编号；

d) 外形尺寸；

e) 毛重；

f) 生产日期；

g) 发货单位；

h) 收货地点和收货单位。

7.2.2 在产品包装箱的明显位置注明“随机文件在此箱”内容；随机文件应统一装在防水的塑料袋内；随机文件应包括下列内容：

a) 产品合格证；

b) 使用说明书；

c) 装箱单；

d) 备件清单；

e) 安装图。

7.3 使用说明

使用说明书应符合 JB/T 5995 的规定。

7.4 贮存、运输

7.4.1 产品运输应符合 GB/T 191 和 GB/T 6388 的规定。

7.4.2 产品应贮放在干燥通风处，避免受潮腐蚀，不能与有腐蚀性气(物)体一同存放，露天存放应有防雨措施。

7.4.3 用户在遵守运输、贮存、安装和使用等有关要求的条件下，制造厂应承担从出厂之日起至12个月内的保用期。

附　录　A
（资料性附录）
压延机规格系列与基本参数

压延机规格系列与基本参数见表 A.1。

表 A.1　压延机规格系列与基本参数

辊筒尺寸		辊筒个数	辊筒线速度/(m/min) ≤	制品最小厚度/mm	制品厚度偏差/mm	用　途
直径/mm	辊面宽度/mm					
230	630	2	10	0.50	±0.02	供胶鞋行业压延胶鞋鞋底、鞋面沿条等
		3	10	0.20	±0.02	供压延力车胎胎面、胶管、胶带和胶片等
		4	10	0.10	±0.01	供压延软塑料
				0.20	±0.02	供压延橡胶
				0.50		供压延硬塑料或橡胶钢丝帘布
360	800	2	35	0.80	±0.03	供压延橡胶
	900 或 1 120	3	20	0.20	±0.02	供胶布的擦胶或贴胶
		4	20	0.14	±0.01	供压延软塑料
				0.20	±0.02	供压延橡胶
				0.50		供压延硬塑料
		4	12	0.50	±0.02	供压延橡胶钢丝帘布
		5	30	0.50	±0.02	供压延塑料
400	1 300	2	40	0.50	±0.03	供压延胶片
	700 或 920	2	40	0.20	±0.02	
		3				
		4				
	1 000	5	50	0.50	±0.02	供压延塑料
450	600	2	45	0.20	±0.02	供压延磁性胶片
	1 000	4				供压延橡胶钢丝帘布
	1 200	3	40	0.10	±0.01	供压延软塑料
				0.20	±0.02	供压延橡胶
		4	40	0.20	±0.02	供压延胶片
	1 430	4	70	0.10	±0.01	供压延塑料
	1 350	5	40	0.50	±0.02	供压延硬塑料
500	1 300	4	50	0.20	±0.02	供压延橡胶钢丝帘布

表 A.1(续)

辊筒尺寸		辊筒个数	辊筒线速度/(m/min) ≤	制品最小厚度/mm	制品厚度偏差/mm	用途
直径/mm	辊面宽度/mm					
550	1 000	2	20	0.40	±0.02	供压延磁性胶片
	1 300	4	50	0.20		供压延橡胶钢丝帘布;EVA 热熔膜
	1 500	3	50			用于帘布贴胶擦胶
	(1 600)	5	60	0.50		供压延塑料
	(1 700)	3	50	0.20	±0.02	供压延胶片
		4	70	0.10	±0.01	供压延塑料
			60	0.20	±0.02	供压延胶片
(570)	1 730	4	60	0.10	±0.01	供压延塑料
		5	60	0.10	±0.01	供压延塑料
610	1 400	2	40	0.20	±0.02	供压延胶片
	1 500	2	30	0.50	±0.03	供压延橡胶板材
	1 500	3	50	0.10	±0.01	供压延塑料
	1 500	4	50	0.20	±0.02	供压延橡胶钢丝帘布
	1 730	3	50	0.20	±0.02	供压延橡胶
				0.10	±0.01	供压延软塑料
			30	0.50	±0.02	供压延硬塑料
		4	60	0.20	±0.02	供压延橡胶
				0.10	±0.01	供压延软塑料
			40	0.50	±0.02	供压延硬塑料
	1 800	3	50	0.20	±0.02	供压延橡胶
		5	60	0.50	±0.01	供压延塑料
	(1 830)	4	60	0.10	±0.01	供压延塑料
	2 030	4	60	0.10	±0.01	供压延塑料
	2 500	4	60	0.10	±0.01	供压延塑料
(610[a]/570)	2 360	4	60	0.10	±0.01	供压延软塑料
	1 900		60	0.10	±0.01	供压延软塑料
660	2 000	4	70	0.50	±0.01	供压延塑料
	2 300	4	70	0.10	±0.01	供压延软塑料
	2 500	5	70	0.10	±0.01	供压延软塑料
700	1 800	3	60	0.20	±0.02	供压延橡胶
			60	0.10	±0.01	供压延塑料
			70	0.10	±0.01	供压延塑料

表 A.1(续)

辊筒尺寸		辊筒个数	辊筒线速度/(m/min) ≤	制品最小厚度/mm	制品厚度偏差/mm	用　　途
直径/mm	辊面宽度/mm					
700	1 800	4	70	0.20	±0.02	供压延橡胶
			70	0.10	±0.01	供压延软塑料
			50	0.50	±0.02	供压延硬塑料
750	2 000 或 2 400	2	70	0.20	±0.02	供压延橡胶
		3	70	0.20	±0.02	供压延橡胶
		4	70	0.20	±0.02	供压延橡胶
			70	0.10	±0.01	供压延软塑料
800	2 500	3	60	0.20	±0.02	供压延橡胶
		4	60	0.20	±0.02	供压延橡胶
			70	0.10	±0.01	供压延软塑料
850	3 400	4	70	0.10	±0.01	供压延软塑料
960	4 000	4	70	0.10	±0.01	供压延软塑料

塑料压延机辊面宽度允许按 GB/T 321—2005 中优先数系 R40 系列变化。

注 1：本标准中所涉及的速度等参数均以设定标准时现有产品为基础标定，如遇特殊要求或在现有标准上修改的产品可以等比参考标准产品。

注 2：括号内的尺寸不是优选系列。

[a] 异径辊压延机。

附 录 B
（资料性附录）
压延机辊筒排列型式

压延机辊筒排列型式见表B.1。

表 B.1 压延机辊筒排列型式

辊筒个数		2	3			4			5
辊筒排列型式	型式		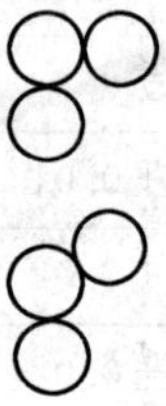	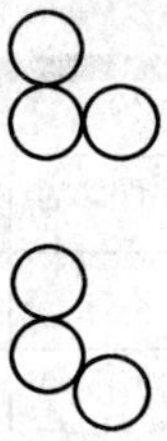		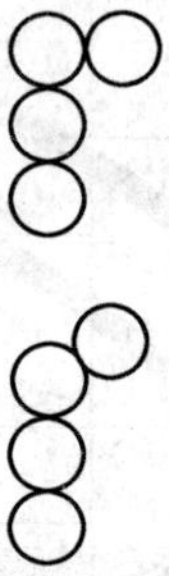		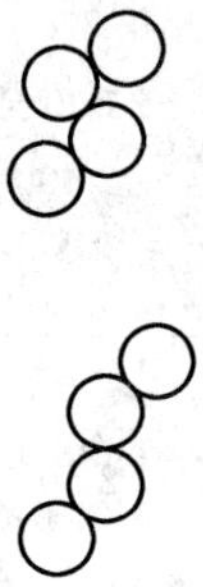	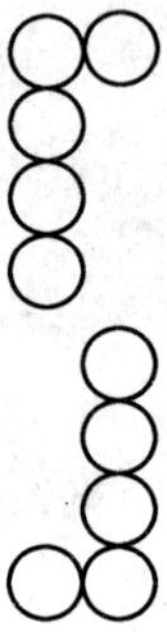
	符号	I、W	Γ	L	I	Γ	L	S	Γ、L

ICS 47.020.70
U 62

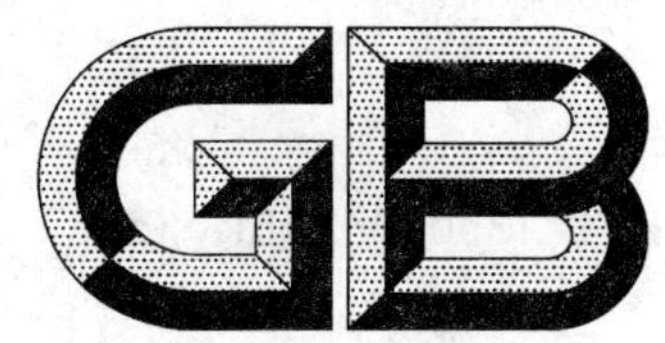

中华人民共和国国家标准

GB/T 13602—2010
代替 GB/T 13602—1992

船舶驾驶室集中控制台(屏)

Marine bridge control console (panel)

2010-09-02 发布　　2010-12-01 实施

中华人民共和国国家质量监督检验检疫总局
中国国家标准化管理委员会　发布

前　言

本标准代替 GB/T 13602—1992《船舶驾驶室集中控制屏(台)技术条件》。

本标准与 GB/T 13602—1992 相比主要变化如下：

——删除了对产品标记的要求；

——修改了选用指示灯和按钮颜色原则的要求；

——修改了环境温度、倾斜与摇摆的要求，细化了对振动、湿度的要求；

——修改了抗电源变化的要求；

——修改了对电气间隙及爬电距离的要求；

——修改了对绝缘电阻的要求；

——修改了对耐电压及频率的要求；

——修改了对极限温升的要求；

——删除了对长霉的要求；

——增加了对静电放电抗扰度、电磁场抗扰度、低频传导抗扰度、射频传导抗扰度、快速瞬变脉冲群抗扰度、浪涌(冲击)抗扰度、辐射发射及传导发射的要求；

——删除了运输试验方法；

——增加了电气间隙与爬电距离的试验方法；

——修改了耐压试验及温升试验引用的试验方法。

本标准由中国船舶重工集团公司提出。

本标准由全国海洋船标准化技术委员会船舶电气设备分技术委员会(SAC/TC 12/SC 6)归口。

本标准起草单位：中国船舶重工集团公司第七〇四研究所、南京航海航标装备总厂。

本标准主要起草人：张海燕、郑学润、董建明、乐懿。

本标准所代替标准的历次版本发布情况为：

——GB/T 13602—1992。

船舶驾驶室集中控制台(屏)

1 范围

本标准规定了船舶驾驶室集中控制台(屏)(以下简称驾控台)的分类、要求、试验方法、检验规则以及包装、运输、贮存等。

本标准适用于对船舶驾驶室中的仪器、仪表等进行集中控制的驾控台的设计、制造和验收。

2 规范性引用文件

下列文件中的条款通过本标准的引用而成为本标准的条款。凡是注日期的引用文件,其随后所有的修改单(不包括勘误的内容)或修订版均不适用于本标准,然而,鼓励根据本标准达成协议的各方研究是否可使用这些文件的最新版本。凡是不注日期的引用文件,其最新版本适用于本标准。

GB 4208—2008 外壳防护等级(IP 代码)(IEC 60529:2001,IDT)

GB/T 6113(所有部分) 无线电骚扰和抗扰度测量设备和测量方法规范

GB/T 10250 船舶电气与电子设备的电磁兼容性(GB/T 10250—2007,IEC 60533:1999,IDT)

GB 14048.1—2006 低压开关设备和控制设备 第1部分:总则(IEC 60947-1:2001,MOD)

GB/T 17626.2 电磁兼容 试验和测量技术 静电放电抗扰度试验(GB/T 17626.2—2006,IEC 61000-4-2:2001,IDT)

GB/T 17626.3 电磁兼容 试验和测量技术 射频电磁场辐射抗扰度试验(GB/T 17626.3—2006,IEC 61000-4-3:2002,IDT)

GB/T 17626.4 电磁兼容 试验和测量技术 电快速瞬变脉冲群抗扰度试验(GB/T 17626.4—2008,IEC 61000-4-4:2004,IDT)

GB/T 17626.5 电磁兼容 试验和测量技术 浪涌(冲击)抗扰度试验(GB/T 17626.5—2008,IEC 61000-4-5:2005,IDT)

GB/T 17626.6 电磁兼容 试验和测量技术 射频场感应的传导骚扰抗扰度(GB/T 17626.6—2008,IEC 61000-4-6:2006,IDT)

GB/T 17626.11 电磁兼容 试验和测量技术 电压暂降、短时中断和电压变化的抗扰度试验(GB/T 17626.11—2008,IEC 61000-4-11:2004,IDT)

CB 1146.2 舰船设备环境试验与工程导则 低温

CB 1146.3 舰船设备环境试验与工程导则 高温

CB 1146.4 舰船设备环境试验与工程导则 湿热

CB 1146.8 舰船设备环境试验与工程导则 倾斜和摇摆

CB 1146.9 舰船设备环境试验与工程导则 振动(正弦)

CB 1146.12 舰船设备环境试验与工程导则 盐雾

CB/T 3246 船舶专用低压电器基本技术条件

《船舶与海上设施法定检验规则》 中华人民共和国海事局

IMO MSC.253 决议 航行灯、航行灯控制器和相关设备制定性能标准

《国际海上避碰规则》 国际海事组织

3 结构型式

驾控台的结构型式为立式和台式两种。

4 要求

4.1 外观

4.1.1 驾控台表面油漆层应无气泡、斑点。在不直射的日光下，不应有肉眼可辨别出来的色泽不均现象。驾控台其他金属部分应有可靠的防护层。

4.1.2 驾控台的边缘及开孔应光滑无毛刺、裂口，活络面板应能固定其开启位置。

4.2 标志

4.2.1 标记

4.2.1.1 驾控台的仪表、开关、断路器、指示灯、按钮等应有标明其用途和操作位置的耐久滞燃标牌。

4.2.1.2 配电箱中应有标明每个电路的用途、过载保护装置的定额或其相应整定值的耐久标志，这些标志应设在保护装置的所在位置。

4.2.1.3 驾控台外壳应有明显耐久的接地标志。

4.2.1.4 驾控台门内壁应附有接线编号的电路图或接线图，内部的接线端头应有与图样相一致的标志或符号。

4.2.2 铭牌

驾控台上应有耐腐、滞燃材料制成的铭牌，并至少标明以下内容：

a） 产品名称及型号；

b） 产品编号及出厂日期；

c） 制造厂名称及注册商标。

4.3 材料

4.3.1 驾控台应采用滞燃、耐潮的非金属材料和具有足够强度的金属材料。

4.3.2 驾控台的导电构件应选用铜或铜合金制成。

4.4 设计与结构

4.4.1 驾驶台前面应装有坚固的绝缘扶手。

4.4.2 驾控台应有散热措施。

4.4.3 驾控台的框架设计应确保框架在吊装运输中不变形。

4.4.4 驾控台的控制单元应具有防错位的结构。

4.4.5 驾控台的外壳应具有接地措施。

4.4.6 驾控台的连接件和紧固件均应有防止其由于振动而松脱的装置。

4.4.7 驾控台上配置的航行灯、信号灯、雾笛等控制设备，应符合现行《国际海上避碰规则》的要求。

4.4.8 驾控台指示灯的亮度除报警灯外按需要可设调光装置。

4.4.9 安装在驾控台板面上的仪表、开关、断路器、按钮及各类指示灯、均应便于操作和检修。

4.4.10 如果采用与航行灯串联连接的灯光信号，应有防止由于指示灯故障而导致航行灯熄灭的措施。每只航行灯均由航行灯控制单元引出的独立分路供电，而且应在这些分路的每个绝缘极上用安装在该单元内的开关和熔断器或断路器来进行控制和保护。

4.4.11 航行灯、航行灯控制器应满足 IMO MSC.253 决议的要求。

4.4.12 信号灯的供电与控制应符合《船舶与海上设施法定检验规则》的要求。

4.4.13 配电箱如果由两路供电，应设置两路供电的转换装置。配电箱应具备过载、短路保护功能。

4.4.14 应采用船用电线电缆。

4.4.15 驾控台的设计应满足电磁兼容性的要求。

4.5 指示灯和按钮颜色

驾控台指示灯和按钮的颜色选用原则应符合表 1 的规定。

表 1

颜色	含义	说明	应用举例
红	危险或报警	危险或需要立即采取行动的警告	重要设备停止运转； 水、油等温度或压力达到临界值； 重要电路失电
黄	注意	状态的改变或即将改变	温度或压力值异常，但未达到临界值
绿	安全（正常运转或正常工作状态）	安全状态指示	机械运转正常； 液体正常循环； 压力、温度和电流等在限定值以内
蓝	指导/信息（根据需要给予特定的含义）	可赋予上述红、黄、绿三色未涉及的特定含义	电动机准备启动； 空载发电机准备合闸； 停转电动机加热电流接通
白	无具体含义	任何含义，可在认为红、黄、绿三色不适用时应用	对地绝缘指示； 同步指示灯； 电话呼叫； 自动控制的设备

4.6 主要部件

4.6.1 航行灯控制单元

航行灯控制单元应符合下列要求：

a) 航行灯控制单元应由两路供电，并设置两路供电的转换装置，转换应正确可靠。当主电源失电时，应能提供声光报警信号。

b) 每一航行灯发生故障或由于其他故障而导致航行灯熄灭时，相应指示灯应闪烁报警、蜂鸣器声响报警。应设有消音装置，消音后，蜂鸣器报警声即停，指示灯保持闪烁报警。直至故障解除。

c) 当一路负载灯故障并报警时，如另一路负载灯也发生故障，这二路航行灯应均能正常报警，互不影响。

d) 双层航行灯应联锁，应只能接通一只灯。

e) 航行灯控制单元应设有与航行灯颜色一致的工作指示灯。

f) 指示灯亮度应连续可调。

4.6.2 信号灯控制单元

信号灯控制单元应符合下列要求：

a) 信号灯控制单元应设有与信号灯颜色一致的工作指示灯；

b) 供电时信号灯的指示灯应常亮，断电时指示灯应熄灭；

c) 指示灯亮度应能连续可调。

4.6.3 闪光灯控制单元

闪光灯控制单元应符合下列要求：

a) 闪光灯控制单元应设有白色电源指示灯，闪光灯控制单元应设有与闪光灯颜色一致的工作指示灯；

b) 闪光灯应可自动或手动控制，手动控制时闪光频率可手动调节，自动控制时闪光频率应为约120 闪次/min。

4.6.4 雾笛控制单元

雾笛控制单元应符合下列要求：

a) 雾笛控制单元除对雾笛控制外，还应对雾灯和雾笛加热器进行控制，在雾灯和雾笛加热器的输出端有电压输出。

b) 雾笛控制单元应有自动控制和手动(按钮)控制两种工作方式。雾笛声号应具备如下种类：

——每 2 min 内，鸣放一长鸣，一长鸣为 4 s～6 s；

——每 2 min 内，鸣放二长鸣，一长鸣为 4 s～6 s，间隔约 2 s；

——每 2 min 内，鸣放一长鸣，二短鸣，一长鸣为 4 s～6 s，一短鸣约为 1 s，间隔约 2 s；

——每 2 min 内，鸣放一长鸣，三短鸣，一长鸣为 4 s～6 s，一短鸣约为 1 s，间隔约 2 s；

——每 1 min 内，鸣放一短鸣，一长鸣，一短鸣，一长鸣为 4 s～6 s，一短鸣约为 1 s，间隔约 2 s；

——每 1 min 内，鸣放一长鸣，一长鸣为 4 s～6 s(适合内河船舶)。

c) 应设有与通用报警单元的接口。

4.6.5 报警控制单元

声光报警应设有消音装置，消音后不应使光信号消失。报警灯的故障不应影响声报警，各类报警系统应设有检查其动作是否正常的试验装置。现有报警不应阻止后续故障指示。

4.6.6 配电箱

配电箱中的每个电路的开关应能可靠地接通和断开电路。

4.7 性能

4.7.1 抗电源变化

驾控台应能在下列电压和频率变化下可靠工作：

a) 交流电源按表 2：

表 2

参数	稳态变化/%				瞬态变化/%		瞬态变化持续时间/s
电压	+6	+6	−10	−10	+20	−20	1.5
频率	+5	−5	−5	+5	+10	−10	5

b) 直流电源

电压稳态波动：±10%；

电压周期性波动：5%；

纹波电压：10%。

c) 蓄电池供电

充电期间连接至蓄电池时的电压变化：+30%～−25%；

充电期间不接至蓄电池时的电压变化：+20%～−25%。

d) 电源失效：5 min 内切断电源 3 次，每次切断时间 30 s。

4.7.2 绝缘性能

4.7.2.1 绝缘电阻

驾控台各控制单元的绝缘电阻及在经历耐电压试验及温升后的绝缘电阻均应符合表 3 的规定。

表 3

额定电压/V	试验电压/V	最小绝缘电阻/MΩ	
		试验前	试验后
$U_n \leqslant 65$	$2 \times U_n$ (最小值 24)	10	1
$U_n > 65$	500	100	10

4.7.2.2 电气间隙及爬电距离

驾控台的不同电位的带电部件之间、带电部件与接地金属之间，按其绝缘材料的性质应具有适应其工作电压足够的电气间隙与爬电距离，其数值按表4规定。

表4

额定电压 U_n/V	最小电气间隙/mm	最小爬电距离/mm
$U_n \leqslant 250$	15	20
$250 < U_n \leqslant 690$	20	25
$U_n > 690$	25	35

4.7.3 耐电压

驾控台(半导体器件及测量仪表、电容器、指示灯除外)应能承受频率 50 Hz 或 60 Hz 的电压冲击，历时 1 min 无击穿或闪络现象，耐压试验的电压按表5。

表5

单位为伏特

额定电压 U_n	试验交流电压
$U_n \leqslant 65$	$2 \times U_n + 500$
$65 < U_n \leqslant 250$	1 500
$250 < U_n \leqslant 500$	2 000
$500 < U_n \leqslant 690$	2 500

4.7.4 温升

驾控台接线端子的温升极限应符合 GB 14048.1—2006 表2的规定。

4.7.5 防护等级

驾控台的防护等级应符合 GB 4208—2008 中 IP 22 要求。

4.7.6 抗电源瞬态干扰

驾控台应能抗电源瞬态干扰，在受到脉冲峰值为 400 V，宽度为 10 μs～20 μs 的电源瞬态干扰时应能正常工作。

4.8 环境适应性

4.8.1 驾控台在下列条件下性能不应下降或失效：

a) 倾斜摇摆：

——横倾：±22.5°；纵倾：±22.5°。

——横摇：±22.5°，频率 0.1 Hz；纵摇：±22.5°，频率 0.1 Hz。

b) 振动：

——2^{+3}_{-0} Hz～13.2 Hz，振幅±1 mm；

——13.2 Hz～100 Hz，加速度±0.7g。

c) 环境温度：0 ℃～55 ℃。

d) 相对湿度：不大于95%。

e) 有盐雾、油雾影响。

4.8.2 驾控台在 55 ℃二周期的湿热交变之后应满足下列要求：

a) 绝缘电阻值应符合 4.7.2.1 的规定；

b) 电镀件的镀层腐蚀面积之和不超过总面积 25%，零部件基体不应出现锈点；

c) 油漆件允许有轻微失光变色、少量针孔等缺陷，每平方分米面积内直径为 0.5 mm～1 mm 的气泡不得多于2个，不允许出现直径大于 1 mm 的气泡。漆膜附着力在9个 1 mm 方格中，底漆没有脱落或面漆脱落不超过1/3面积；

d） 绝缘材料和橡塑件不应变形，发黏、开裂。

4.9 电磁兼容性

4.9.1 静电放电抗扰度

驾控台安装的主要控制单元在经过以下静电放电干扰后，性能不应下降或失效。在接受干扰时，可出现能自行恢复的性能下降和失效，但实际运行状态和储存的数据不应发生变化。

接触放电：6 kV；

空气放电：8 kV；

两次放电之间时间间隔：不小于 1 s；

脉冲数量：正和负极性各 10 次。

4.9.2 电磁场抗扰度

驾控台安装的主要控制单元在经过以下电磁场干扰后，性能不应下降或失效。

频率范围：80 MHz～2 GHz；

调制频率：1 000 Hz；

调制深度：80％；

磁场强度：10 V/m(未经调制)；

扫描速率：不大于 1.5×10^{-3} decades/s(或 1％/3 s)。

4.9.3 低频传导抗扰度

驾控台安装的主要控制单元在经过以下低频传导干扰后，性能不应下降或失效。

a） 交流供电：

频率范围：额定频率至 200 次谐波；

试验电压：15 次谐波～100 次谐波：从 10％ U_n 下降至 1％ U_n，并保持至 200 次谐波，最大 2 W。

b） 直流供电：

频率范围：50 Hz～10 kHz；

试验电压：10％ U_n，最大 2 W。

4.9.4 射频传导抗扰度

驾控台安装的主要控制单元在经过以下射频传导干扰后，性能不应下降或失效。

频率范围：150 kHz～80 MHz；

电压(开路)：3 V；

调制频率：1 000 Hz；

调制深度：80％ ；

频率扫描速率：不大于 1.5×10^{-3} decades/s(或 1％/3 s)。

4.9.5 快速瞬变脉冲群抗扰度

驾控台安装的主要控制单元在经过以下快速瞬变脉冲群干扰后，性能不应下降或失效。在接受干扰时，可出现能自行恢复的性能下降和失效，但实际运行状态和储存的数据不应发生变化。

单脉冲上升时间：5 ns(10％～90％之间值)；

单脉冲宽度：50 ns(50％值)；

电压峰值(开路)：电源线为 2 kV(线/地)，控制和信号线为 1 kV(线/地)；

脉冲周期：300 ms；

脉冲群持续时间：15 ms；

每一极性持续时间：5 min。

4.9.6 浪涌(冲击)抗扰度

驾控台安装的主要控制单元在经过以下浪涌(冲击)干扰后，性能不应下降或失效。在接受干扰时，可出现能自行恢复的性能下降和失效,但实际运行状态和储存的数据不应发生变化。

脉冲上升时间:1.2 μs(10%~90%之间值);

脉冲宽度:50 μs(50%值);

电压(峰值,开路):线/地为 1 kV,线/线为 0.5 kV;

重复频率:不小于 1 次/min;

脉冲数量:在选定点上至少加 5 次正极性和 5 次负极性;

应用:连续。

4.9.7 辐射发射

驾控台安装的主要控制单元的辐射发射不应超过表 6 规定的限值。

表 6

频率范围/MHz	发射限值/(dBμV/m)
0.15~0.3	80~52
0.3~30	52~34
30~2 000	54
其中:156~165	24

4.9.8 传导发射

驾控台安装的主要控制单元的传导发射不应超过表 7 规定的限值。

表 7

频率范围	发射限值/dBμV
10 kHz~150 kHz	96~50
150 kHz~350 kHz	60~50
350 kHz~30 MHz	50

5 试验方法

5.1 外观、指示灯和按钮颜色

目测检查驾控台的外观、指示灯和按钮颜色,结果应符合 4.1、4.5 的要求。

5.2 标志

目测检查驾控台的仪表、开关、断路器、指示灯、按钮的铭牌,结果应符合 4.2 的要求。

5.3 材料

检查并核对材料牌号和材质证明书,并按 CB/T 3246 规定的滞燃试验方法检验材料的滞燃性,结果应符合 4.3 的要求。

5.4 航行灯控制单元

5.4.1 通电后切换至另一电路;再保持一路主电源有效而另一电路断开。结果应符合 4.6.1a)的要求。

5.4.2 连接上负载灯进行故障试验。切断负载灯电源,即模拟负载灯因故障而熄灭,观察指示灯,按下“消音”按钮后再观察指示灯。结果应符合 4.6.1b)的要求。

5.4.3 两路连接上负载灯,切断其中一只负载灯电源,再切断另外一只负载灯电源,观察相应的指示灯,结果应符合 4.6.1c)的要求。

5.4.4 接通电源,观察航行灯,结果应符合 4.6.1d)的要求。

5.4.5 接通电源,调节指示灯亮度旋钮,结果应符合 4.6.1e)的要求。

5.5 信号灯控制单元

5.5.1 观察信号灯的颜色,结果应符合 4.6.2a)的要求。

5.5.2 连接上负载灯并通电,接通负载灯电源,观察指示灯。切断负载灯电源,观察指示灯,结果应符合 4.6.2b)的要求。

5.5.3 接通电源,调节指示灯亮度旋钮,结果应符合 4.6.2c)的要求。

5.6 闪光灯

5.6.1 观察闪光灯,结果应符合 4.6.3a)的要求。

5.6.2 接通电源后选择手动闪光方式,按动按钮并用计数器记录闪光频率;再选择自动闪光方式,用计数器计录闪光灯频率。结果应符合 4.6.3b)的要求。

5.7 雾笛控制单元

5.7.1 接通电源后打开雾灯和雾笛加热器开关,检查对应的输出端是否有电压输出,结果应符合 4.6.4a)的要求。

5.7.2 接通电源后选择手动发讯方式,按动按钮;再选择自动发讯方式,将雾笛声号选择开关分别置于 60 s 和 120 s 的各档位上。记录雾笛号响鸣的时间及次数,结果应符合 4.6.4b)的要求。

5.8 报警控制单元

接通电源后按下列步骤进行:

a) 将任意一路输入报警端接通或断开,观察对应的指示灯是否闪光,声报警器是否发出声响。
b) 按下消音按钮,观察声报警器是否停止发出声响,对应的指示灯是否继续闪光。
c) 将另一路输入报警端接通或断开,观察对应的指示灯是否闪光,声报警器是否发出声响。对上一路报警是否有影响。
d) 将输入报警端恢复到初始状态,观察对应的指示灯是否闪光,声报警器是否发出声响。

结果应符合 4.6.5 的要求。

5.9 配电箱

通电后对各电路开关逐一进行开启关闭,结果应符合 4.6.6 的要求。

5.10 抗电源变化

按 GB/T 17626.11 规定的试验方法进行。结果应符合 4.7.1 的要求。

5.11 绝缘电阻

用直流兆欧表测量带电部分不同极性之间及带电部分与金属壳体之间的绝缘电阻,结果应符合 4.7.2.1 的要求。

5.12 电气间隙与爬电距离

按 GB 14048.1—2006 附录 G 规定的方法进行测量,结果应符合 4.7.2.2 的规定。

5.13 耐电压

试验按表 6 规定的电压值进行,试验电压的频率为 50 Hz 或 60 Hz。开始时电压应小于 1/2 规定值,以约 5 s 的时间逐步升至规定值,然后保持 1 min,施压结束后应避免突然失压。结果应符合 4.7.3 的规定。

5.14 温升

按 GB 14048.1 规定的温升试验方法进行。结果应符合 4.7.4 的规定。

5.15 防护等级

按 GB 4208—2008 中的规定方法进行,结果应符合 4.7.5 的规定。

5.16 抗电源瞬态干扰

试验布置图按图 1。干扰脉冲应通过隔离变压器,对称和不对称注入试品。脉冲峰值 400 V(小于或等于 60 V,产品为 100 V),宽度为 10 μs~20 μs。每分钟内为 30 次。结果应符合 4.7.6 的要求。

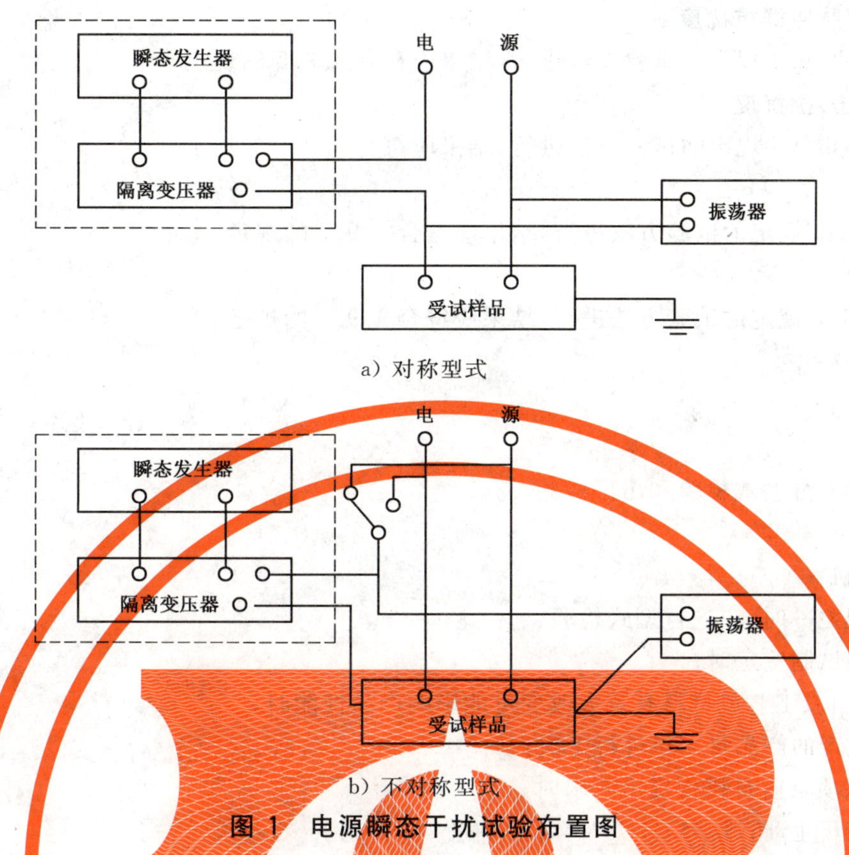

a）对称型式

b）不对称型式

图1　电源瞬态干扰试验布置图

5.17　高温

按 CB 1146.3 高温试验方法进行，结果应符合 4.8 的规定。

5.18　湿热

按 CB 1146.4 交变湿热试验方法进行。经 55 ℃二周期试验后，结果应符合 4.8 的规定。

5.19　低温

按 CB 1146.2 低温试验方法进行严酷程度 0 ℃，时间不少于 16 h，结果应符合 4.8 的规定。

5.20　倾斜和摇摆

按 CB 1146.8 规定的方法进行，结果应符合 4.8 的规定。

5.21　振动

按 CB 1146.9 振动试验方法进行，当频率在 2 Hz～13.2 Hz 时位移为±1.0 mm，频率在 13.2 Hz～100 Hz 时加速度为±7 m/s^2。将被试产品以 1 oct/min 进行扫描 1 次～3 次，检查有无共振，然后在最大共振点做 2 h 耐久振动，若无明显共振点，则在 30 Hz 上作 2 h 耐久振动，试品在三个轴向（垂、横、纵）依次进行且不允许有放大率 5 倍以上的共振。结果应符合 4.8 的规定。

5.22　盐雾

按 CB 1146.12 的有关规定进行，结果应符合 4.8 的规定。

5.23　静电放电抗扰度

按 GB/T 17626.2 规定的试验方法进行，结果应符合 4.9.1 的规定。

5.24　电磁场抗扰度

按 GB/T 17626.3 规定的试验方法进行，结果应符合 4.9.2 的规定。

5.25　低频传导抗扰度

按 GB/T 10250 规定的试验方法进行，结果应符合 4.9.3 的规定。

5.26　射频传导抗扰度

按 GB/T 17626.6 规定的试验方法进行，结果应符合 4.9.4 的规定。

5.27 快速瞬变脉冲群抗扰度

按 GB/T 17626.4 规定的试验方法进行，结果应符合 4.9.5 的规定。

5.28 浪涌(冲击)抗扰度

按 GB/T 17626.5 规定的试验方法进行，结果应符合 4.9.6 的规定。

5.29 辐射发射

按 GB/T 6113 规定的试验方法进行，结果应符合 4.9.7 的规定。

5.30 传导发射

按 GB/T 6113 规定的试验方法进行，结果应符合 4.9.8 的规定。

6 检验规则

6.1 检验分类

驾控台的检验分型式检验和出厂检验。

6.2 型式检验

6.2.1 检验时机

有下列情况之一时，应进行型式检验：

a) 新产品试制鉴定时；

b) 产品结构、工艺或材料有重大改变可能影响产品性能时；

c) 成批生产的产品每 4 年进行 1 次；

d) 当国家质量监督机构提出要求时；

e) 产品转厂生产；

f) 产品长期停产后，恢复生产时；

g) 出厂检验结果与上次型式检验有较大差异时。

6.2.2 项目和顺序

型式检验的项目和顺序按表 8 规定。

表 8

序号	检验项目	型式检验	出厂检验	要求章号	试验方法章条号
1	外观、指示灯和按钮颜色	●	●	4.1	5.1
2	标志	●	●	4.2	5.2
3	材料	●	●	4.3	5.3
4	指示灯和按钮颜色	●	●	4.5	5.1
5	航行灯控制单元	●	●	4.6.1	5.4
6	信号灯控制单元	●	●	4.6.2	5.5
7	闪光灯控制单元	●	●	4.6.3	5.6
8	雾笛控制单元	●	●	4.6.4	5.7
9	报警控制单元	●	●	4.6.5	5.8
10	配电箱	●	●	4.6.6	5.9
11	抗电源变化	●	—	4.7.1	5.10
12	绝缘电阻	●	●	4.7.2.1	5.11
13	电气间隙与爬电距离	●	—	4.7.2.2	5.12
14	耐电压	●	●	4.7.3	5.13

表 8（续）

序号	检验项目	型式检验	出厂检验	要求章号	试验方法章条号
15	温升	●	—	4.7.4	5.14
16	防护等级	●	—	4.7.5	5.15
17	抗电源瞬态干扰	●	—	4.7.6	5.16
18	高温	●	—	4.8	5.17
19	湿热	●	—	4.8	5.18
20	低温	●	—	4.8	5.19
21	倾斜与摇摆	●	—	4.8	5.20
22	振动	●	—	4.8	5.21
23	盐雾	●	—	4.8	5.22
24	静电放电抗扰度	●	—	4.9.1	5.23
25	电磁场抗扰度	●	—	4.9.2	5.24
26	低频传导抗扰度	●	—	4.9.3	5.25
27	射频传导抗扰度	●	—	4.9.4	5.26
28	快速瞬变脉冲群抗扰度	●	—	4.9.5	5.27
29	浪涌(冲击)抗扰度	●	—	4.9.6	5.28
30	辐射发射	●	—	4.9.7	5.29
31	传导发射	●	—	4.9.8	5.30
注：●为必检项目；—为不检项目。					

6.2.3　**受检样品数**

进行型式检验的样品数为 1 台。

6.2.4　**合格判据**

当产品所有检验项目均符合要求时，则判该产品型式检验合格。当产品有任一检验项目不符合要求时，允许采取改进措施，再对该项目进行检验。如符合要求时，则判该产品型式检验合格。若仍不符合要求时，则判该产品型式检验不合格。

6.3　**出厂检验**

6.3.1　**受检样品数**

每台驾控台均需进行出厂检验。

6.3.2　**项目和顺序**

出厂检验的项目和顺序按表 8 规定。

6.3.3　**合格判据**

当产品所有检验项目均符合要求时，则判该产品出厂检验合格。当产品有任一检验项目不符合要求时，允许采取改进措施，再对该项目进行检验。如符合要求时，则判该产品出厂检验合格。若仍不符合要求时，则判该产品出厂检验不合格。

7　包装、运输和贮存

7.1　包装

7.1.1　包装箱上应有以下标志：

a)　产品名称；

b） 产品编号；

c） 装箱重量；

d） 制造厂名称；

e） 收货单位及地址；

f） 包装箱外形尺寸；

g） 标明“小心轻放”、“向上”、“防潮”等。

7.1.2 驾控台及其备件应牢固的固定在包装箱内，并有足够的防潮措施。

7.1.3 包装箱内应包含以下随机技术文件：

a） 产品合格证书 1 份；

b） 电路图 2 份；

c） 接线图 2 份；

d） 使用说明书 2 份；

e） 装箱清单 2 份。

7.2 运输

包装好的驾控台能在避免雨雪直接影响下，可用任何运输工具运输。

7.3 贮存

7.3.1 驾控台应存放在无毒、无腐蚀性及通风良好的仓库中，一般应每半年检查 1 次。

7.3.2 驾控台在正常运输、贮存和按使用说明书所规定正确使用的条件下，其保证期从制造厂交货日算起为 18 个月。

ICS 27.120
F 82

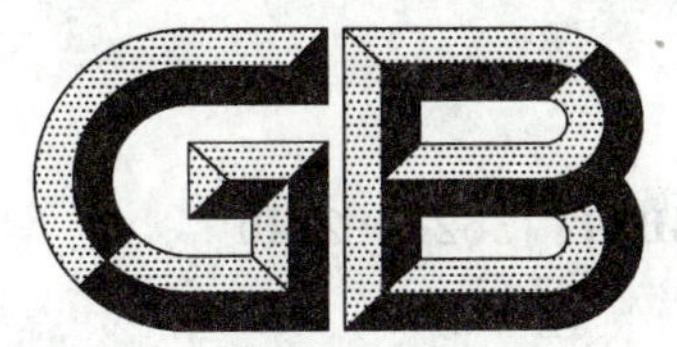

中华人民共和国国家标准

GB/T 13627—2010
代替 GB/T 13627.1—1992,GB/T 13627.2—1992

核电厂事故监测仪表准则

Criteria for accident monitoring instrumentation for nuclear power generating stations

2010-11-10 发布 2011-05-01 实施

中华人民共和国国家质量监督检验检疫总局
中国国家标准化管理委员会 发布

前　言

本标准参照采用IEEE Std 497:2002《核电厂事故监测仪表准则》(英文版)和IEEE Std 497:2002/勘误表1:2007编制,并参照RG 1.97《核电厂事故监测仪表准则》(2006年版),取消了IEEE Std 497:2002中的资料性附录A,对有关条文做了相应修改。

本标准代替GB/T 13627.1—1992《核电厂事故监测仪表准则　功能准则》和GB/T 13627.2—1992《核电厂事故监测仪表准则　仪表准则》。

本标准与GB/T 13627.1—1992和GB/T 13627.2—1992相比,主要有以下变化:

——ANSI/ANS-4.5:1980《轻水冷却反应堆中事故监测功能准则》不再作为参照标准;

——增加了基于现代数字技术的先进仪表系统的应用准则;

——取消了按变量类别确定的设计与质量鉴定准则以及规定的事故监测变量清单;

——根据每类变量的事故管理功能给出了为操纵员提供主要信息来源的事故监测变量的标准化、灵活和基于性能的选择准则、性能准则、设计准则、质量鉴定要求、显示和质量保证要求等;

——引用标准采用了现行的国家标准;

——对部分文字进行了修订。

本标准由中国核工业集团公司提出。

本标准由全国核仪器仪表标准化技术委员会(SAC/TC 30)归口。

本标准起草单位:中国核电工程有限公司。

本标准主要起草人:陈铁军。

本标准所代替标准的历次版本发布情况为:

——GB/T 13627.1—1992;

——GB/T 13627.2—1992。

核电厂事故监测仪表准则

1 范围

本标准规定了核电站事故后监测仪表功能和性能要求，对事故后监测变量的选择、分类，以及便携式仪表的使用和事故监测仪表各种显示方法的选择提供了指导。

本标准适用于在控制室进行下列操作期间所使用的事故监测仪表：

——按要求为事故缓解进行的预期操作；

——评估电厂工况和安全系统性能，以及为电厂响应异常事件所做的决策；

——事故达到和保持安全停堆的操作。

本标准不适用于仅用于历史记录或维护目的的事故监测仪表，以及在控制室外支持电厂停堆所使用的仪表。

本标准适用于新建核电站的设计。

本标准也可适用于运行核电站的设计基准评价或设计修改。进行设计基准评价时，应对整个事故监测大纲进行分析和修改；进行设计修改时首先应按变量选择准则进行分析以确定完整的事故监测变量清单及其所属类别。

2 规范性引用文件

下列文件中的条款通过本标准的引用而成为本标准的条款。凡是注日期的引用文件，其随后所有的修改单(不包括勘误的内容)或修订版均不适用于本标准，然而，鼓励根据本标准达成协议的各方研究是否可使用这些文件的最新版本。凡是不注日期的引用文件，其最新版本适用于本标准。

GB/T 7163 核电厂安全系统的可靠性分析要求(GB/T 7163—2008，IEEE 577:2004，NEQ)

GB/T 9225 核电厂安全系统可靠性分析一般原则(GB/T 9225—1999，eqv IEEE 352—1987)

GB/T 12727 核电厂安全系统电气设备质量鉴定(GB/T 12727—2002，IEC 60780:1998，MOD)

GB/T 12788 核电厂安全级电力系统准则(GB/T 12788—2008，IEEE 308:2001，MOD)

GB/T 13284.1 核电厂安全系统 第1部分：设计准则(GB/T 13284.1—2008，IEEE 603:1998，NEQ)

GB/T 13286 核电厂安全级电气设备和电路独立性准则(GB/T 13286—2008，IEEE 384:1992，NEQ)

GB/T 13625 核电厂安全系统电气设备抗震鉴定(GB/T 13625—1992，eqv IEC 60980:1988)

GB/T 13626 单一故障准则应用于核电厂安全系统(GB/T 13626—2008，IEEE 379:2000，MOD)

GB/T 13629 核电厂安全系统中数字计算机的适用准则(GB/T 13629—2008，IEEE 7-4.3.2:2003，MOD)

EJ/T 797 人因工程原则在核电厂系统、设备和设施中的应用(IEEE 1023，NEQ)

EJ/T 799—2006 核电厂安全系统仪表触发整定值的确定和保持(IEC 61888，MOD)

HAF 003 核电厂质量保证安全规定

3 术语和定义

下列术语和定义适用于本标准。

3.1

事故分析执照基准　accident analysis licensing basis

许可证申请文件的一部分，描述了设计基准事件、核电厂的热工水力响应以及安全系统的后续响应。

3.2

准确度　accuracy

测量结果与被测量真值之间的一致程度。

3.3

预计运行事件　anticipated operational occurrence

在核动力厂运行寿期内预计至少发生一次的偏离正常运行的各种运行过程；由于设计中已采取相应措施，这类事件不至于引起安全重要物项的严重损坏，也不至于导致事故工况。

3.4

安全系统辅助设施　auxiliary supporting features

为保护系统和安全执行系统提供所需的冷却、润滑和能源等服务的设备组合。

3.5

共因故障　common cause failure

由特定的单一事件或起因导致两个或多个构筑物、系统或部件失效的故障。

3.6

偶然操作　contingency actions

可选择的行动或操作，以应对意外的电厂响应或超出许可证基准的电厂工况(如响应多重设备故障的操作)。

3.7

重要安全功能　critical safety functions

为防止对公众健康和安全产生直接、即时危害所必需的安全功能，包括：

——实现反应性控制；

——实现反应堆堆芯冷却；

——保持反应堆冷却剂系统的完整性；

——保持反应堆安全壳的完整性；

——实现放射性排放物控制。

3.8

当前值　current value

与当前时间关联并在信息显示通道的响应时间内可以显示的变量值。

3.9

设计基准事件　design basis event

核动力厂按确定的设计准则在设计中采取了针对性措施的那些事故工况，并且该事故中燃料的损坏和放射性物质的释放保持在管理限值以内。

3.10

显示通道　display channel

由电气和/或机械的部件或模块所构成的从过程变量测量到显示装置的配置，以检测、处理和显示电厂工况(见图1)。

3.11

显示单元　display segment

接收信号处理电子部件的输出，并对输出到相应显示设备的信号进行处理的信息显示通道内电气部件或者模件。显示单元可以包括数据确认算法、数字显示图的存储以及模拟或数字显示设备(见图1)。

3.12

运行许可证基准文档　licensing basis documentation

由许可证申请者提交的有效说明文件，承诺满足国家核安全法规，其他与原子能、辐射防护、环境保护、公安、卫生有关的法律法规，以及国家核安全主管部门已颁发的有关文件、核安全导则和已核准备案的标准的要求，以及在许可证有效期内对这些文件进行的有效修改和补充。

运行许可证条件文件包括：

——最终安全分析报告或修订的最终安全分析报告，包括设计说明和运行技术规格书；

——国家核安全主管部门对核电厂运行许可证申请的评价报告；

——核电厂运行许可证；

——国家核安全主管部门根据保证安全的需要而修改的核电厂运行许可证条件，以及经国家核安全主管部门审批，由核电厂营运单位修改的核电厂运行许可证条件或进行的运行许可证条件以外与核安全有关的变更。

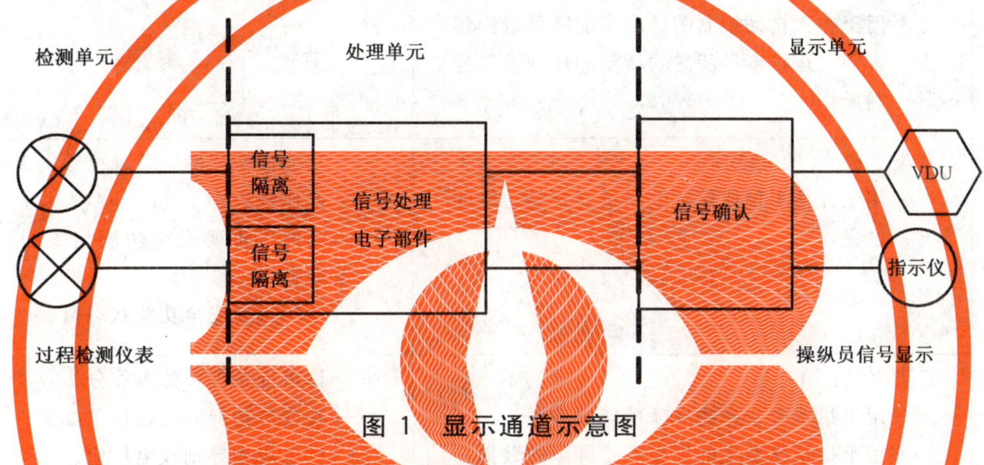

图1　显示通道示意图

3.13

精密度　precision

在规定条件下获得的各个独立观测值之间的一致程度，即测量结果的重复性和再现性。

3.14

响应时间　response time

在输入信号发生阶跃变化后输出信号达到最终值的90%所需要的时间。

3.15

安全相关功能　safety-related function

发生设计基准事件期间或之后需要保持的功能，包括保持反应堆冷却剂压力边界的完整性；进行反应堆停堆并保持在安全停堆状态；防止或减轻事故工况后果使得任何放射性释放低于可接受限值。

3.16

检测单元　sensing segment

信息显示通道中从过程变量测量一直到信号处理电子部件的电气和机械部件或模件(见图1)。

4　选择准则

本章给出了确定电厂事故监测具体变量的准则。变量分为A、B、C、D、E五类。各类变量选择准则分别给出如下，并在表1中汇总。

4.1　A类变量

A类变量为控制室操纵员提供基本信息，以便：

——操纵员在无自动控制的情况下能够采取在事故分析执照基准中假定为使安全系统能够完成安

全相关功能所需的特定的计划手动控制操作；

——操纵员在无自动控制的情况下能够采取为缓解预计运行事件所需的特定的计划手动控制操作。

A类变量为要求手动操作直接完成特定的安全相关功能提供了基本信息。这些变量是为实施电厂特定的应急规程导则、电厂特定的应急操作规程或电厂异常事件处理规程所必需的。A类变量包括那些与电厂许可证基准文件和规程中确定的偶然操作相关的变量。

表1 变量选择原则

对应章条号	变量选择原则	支持性文件
4.1	A类变量： ——用于在无自动控制方式情况下为实现安全相关功能而进行的有计划的手动控制操作； ——用于在无自动控制的情况下能够采取为缓解预计运行事件所需的特定的计划手动控制操作。	——许可证条件中的事故分析； ——应急规程导则或电厂应急操作规程； ——电厂异常事件处理规程。
4.2	B类变量： ——用于评估实现或保持电厂重要安全功能的过程；	——功能性恢复的应急规程导则或电厂应急操作规程； ——与电厂重要安全功能相关的应急操作规程； ——电厂重要安全功能状态树。
4.3	C类变量： ——用于指示裂变产物屏障可能的破损； ——用于指示已发生的裂变产物屏障的破损。	——许可证条件中的事故分析； ——裂变产物屏障的设计基准文件； ——应急规程导则或电厂应急操作规程。
4.4	D类变量： ——用于指示安全系统的性能； ——用于指示所需的安全系统辅助设施的性能； ——用于指示为实现和保持安全停堆工况所需其他系统的性能； ——用于验证安全系统的状态。	——许可证条件中的事故分析； ——具体事件的应急规程导则或电厂应急操作规程； ——功能性恢复的应急规程导则或电厂应急操作规程； ——电厂异常事件处理规程。
4.5	E类变量： ——用于监测通过识别的路径释放的放射性物质数量； ——用于监测环境条件以判定通过电厂识别的路径释放的放射性物质对环境的影响； ——监测电厂周边辐射和放射性水平； ——监测控制室和选定的电厂恢复时可达区域的辐射和放射性水平。	——确定通过电厂识别的路径释放的放射性的规程； ——确定电厂周边放射性浓度的规程； ——确定电厂可居留性的规程。

4.2 B类变量

B类变量为控制室操纵员提供了评价电厂重要安全功能的基本信息。

在电厂应急规程导则或电厂特定的应急操作规程中另外涉及的任何电厂重要安全功能也应包括在内。

B类变量是为执行电厂功能恢复的应急规程导则、电厂特定的应急操作规程和电厂重要安全功能状态树(如适用)所必需的。

4.3 C类变量

C类变量为控制室操纵员提供显示裂变产物三重屏障(即:燃料包壳、反应堆冷却剂系统压力边界和安全壳)可能存在或实际发生破损(扩展范围)的基本信息。

C类变量最直接地显示裂变产物三重屏障完整性,并具有监测超出正常运行范围的能力的最小变量集。

4.4 D类变量

D类变量是为控制室操纵员提供基本信息的变量以及规程和运行许可证基准文档所要求的变量,用于:

——显示为缓解设计基准事件所需的安全系统及安全系统辅助设施的性能;

——显示为实现并保持安全停堆状态所需的其他系统的性能;

——验证安全系统状态。

D类变量是通过电厂事故分析确定的,并为完成下列规程(当适用于电厂设计时)而设置:

——特定事件的应急规程导则或电厂特定的应急操作规程;

——电厂功能恢复的应急规程导则或电厂特定的应急操作规程;

——电厂异常事件处理规程。

4.5 E类变量

E类变量为控制室操纵员提供基本信息以及用于确定放射性物质释放量,并对其进行连续评估。

E类变量的选择应包括但不限于:

——监测通过确定的路径(如:二次侧安全阀、冷凝器排气器)释放的放射性物质水平;

——监测环境条件(如:风速、风向和大气温度),以确定通过该路径释放的放射性物质对环境的影响;

——监测电厂周边辐射和放射性水平;

——监测控制室和选定的电厂恢复时可能需要进入区域的辐射和放射性水平。

4.6 选择准则文档

应对与电厂运行许可证基准文档保持一致的事故监测变量的选择基准建立文档并对其进行维护。

5 性能准则

5.1 测量范围

应确定监测通道的测量范围,以确保能覆盖电厂运行许可证基准文档中所定义的瞬态工况。

C类变量的量程范围应覆盖显示裂变产物屏障破损的限值并留有裕量。这些变量应具有扩展的量程并能检测表征堆芯破损的一个源项。

5.2 准确度

应根据事故监测仪表通道所承担的功能来确定其通道的准确度。

5.3 响应时间

设计的事故监测仪表应能实时和及时提供相关信息。由于传感器安装位置、热传导时间延迟、信号处理周期、环境条件的严酷程度以及其他一些潜在因素对仪表响应时间的影响,都会使显示的信息滞后于实际工况。

一般而言,上述仪表与为反应堆保护系统动作提供信号的仪表相比,仪表响应时间并不关键。

对于计算机化的变量显示还需附加一个滞后时间,该滞后时间取决于显示器的更新周期。为避免对操纵员了解电厂工况造成误导,显示器的更新周期应足够快。更新周期的保守取值为1 s～2 s。

5.4 要求的仪表可用时间

应在建立的质量鉴定大纲中定义和阐述每个变量可用时间：

——A类变量仪表通道的可用时间按电厂运行许可证基准文档对测量变量的要求确定；

——B类变量仪表通道的可用时间至少应与设计基准事件中对变量要求的最长时间相当；

——C类变量仪表通道的可用时间至少为100 d或者按电厂运行许可证基准文档对测量变量的要求确定；

——D类和E类变量仪表通道的可用时间按电厂运行许可证基准文档对测量变量的要求确定。

考虑设备安装位置和可达性，如果设备更换或维修能在一个可接受的离线时间内完成，则可以接受更短的可用时间。

5.5 可靠性

对于那些建立了定量目标的系统，应做适当的设计分析以确定这些目标能够实现。GB/T 7163和GB/T 9225为进行这些可靠性分析提供了指导。

5.6 性能评价文档

应对每项性能准则进行评价，以确保设计的性能符合或超过性能准则的要求。评价结果应形成文件，并应考虑：

——校准不确定度的允差、测量回路误差以及漂移(方法与EJ/T 799—2006中的相同)；

——在假设事件中和事件后，因环境条件和/或地震引起事故监测仪表误差的数值和方向。

6 设计准则

6.1 单一故障

A类、B类和C类变量的事故监测仪表通道应满足GB/T 13626中的单一故障准则的要求。

在出现下列故障的同时，事故监测仪表应能向操纵员提供将电厂带入并保持在安全状态所需的信息：

——在发生所有可识别但不可探测到的故障时，在事故监测仪表中发生的任何单一可探测故障；

——单一故障引起的所有故障；

——由所监测事故导致或导致所监测事故的所有故障和系统误动作。

为事故监测仪表执行期提供服务的任何系统或部件(如：冷却、照明和供电/气)应包含在它们所支持的事故监测仪表的单一故障分析中，GB/T 13626提供了应用单一故障准则的导则。

当试验的持续时间满足电厂许可证基准文件的相关要求时，满足本条单一故障准则的系统在进行通道维护、试验或校准期间可不要求满足单一故障准则。例如，一个试验、校准或维修操作的时间只要足够短以致对事故监测系统的整体可用性无明显影响。

6.2 共因故障

应在变量层面上考虑对仪表通道共因故障的防范。对于A、B和C类变量，传感器、数据采集/处理或显示设备采用了微处理器的仪表设计应考虑计算机软件引起共因故障的可能性。

如果能论证设计具有下列特征之一，则在冗余仪表通道中可以使用相同的软件：

——通过采用不会产生软件共因故障的设备实现了通道的多样性；

——通过分析证实了具有防止软件共因故障后果的纵深防御措施。

如果通过分析不能确定通道多样性或纵深防御，则应要求设计实现多样性。现举例说明如何进行多样性设计：

——如果采用两个多样性的显示通道，则两个通道都应满足适用于该变量的设计准则；

——如果设置了两个冗余(但不具有多样性)的显示通道，则应使用第三个多样性的处理和显示单元。该多样性通道单元不需满足A、B、C类变量的设计准则。

在标准GB/T 13629中对采用微处理器技术的仪表如何防范共因故障给出了指导。

评价共因故障时应考虑基于微处理器技术的事故监测仪表与其他数据采集和显示系统之间的相互影响。

6.3 独立性和实体分隔

A、B、C类变量的事故监测仪表通道应依据下列准则实现独立和实体分隔：

——事故监测仪表应与非安全级系统的设备和回路进行实体分隔，以确保非安全级系统的设备和回路的故障或虚假动作不会妨碍事故监测仪表满足本标准的要求。

——冗余单元之间应独立并进行实体分隔，其程度应能保证在发生任何设计基准事件时具有完成事故监测功能的能力。该要求同样适用于GB/T 13629中描述的数据通信的独立性。

——用于监测特定设计基准事件的事故监测设备与该设计基准事件的效应之间应独立并进行实体隔离，其程度在实际上应能保证其具有满足本标准要求的能力。

——隔离应满足GB/T 13286中的要求。

当不会降低安全系统通道满足GB/T 13284.1要求的能力或事故监测仪表满足本标准的能力时，上述要求不排除事故监测仪表通道与安全系统通道之间的连接。

6.4 电气隔离

事故监测仪表与其他不能满足这里描述的最低设计要求的系统之间的信号传输应通过隔离装置完成。隔离装置应属于事故监测仪表的一部分，并满足本标准的所有要求。不应有任何外部可信故障通过隔离装置进行传输并妨碍事故监测仪表满足性能要求。对隔离设备故障的评价应采用对事故监测仪表其他设备故障相同的评价方式进行。隔离装置应满足GB/T 13286的要求。

6.5 信息的不明确性

对于A、B、C类变量，事故监测仪表通道的故障不应引起信息的不明确性，并导致操纵员错误执行或不能完成所要求的安全功能(例如：因冗余通道显示不一致，致使操纵员不能迅速地推断出哪个通道故障)。如分析显示可信的故障会产生信息的不确定性，则应采用信号确认技术。如果信号确认过程不能自动完成，则应提供其他信息供操纵员判断实际状态，以便正确地完成操作。举例说明如下：

——具有对测量变量施加扰动的措施，以便观察确定哪个仪表通道出现故障；

——与一个监测不同变量的独立通道(另一个多样性通道)进行交叉比较，这个变量与多重通道测量变量具有已知的关系；

——对同一个测量变量增设另外一个独立的仪表通道(增加一个相同的通道)。

6.6 电源

事故监测仪表的电源属于安全系统辅助设施。A、B、C类变量监测仪表的供电应是安全级的。每个仪表通道的供电都应设计成在电厂瞬态期间连续可用，除非在电厂事故运行基准文件中对短时间的电源中断进行了评价且被认为是可接受的。

D、E类变量监测仪表的供电可以是安全级，也可以是非安全级。如果不允许供电电源中断，则D、E类变量监测仪表的供电应使用不间断电源。

如果仪表的供电是从变压器、电流互感器或两线制仪表回路得到的，则这类仪表可不遵循上述要求。

为事故监测仪表通道供电的电源应能够确保所需的电压、频率及持续时间，以保证事故监测通道能按所要求的精度和可靠性完成其功能。供电电源应具有防瞬态特性以免影响监测通道的功能和准确度。

当采用安全级供电时，可参见标准GB/T 12788的相关要求。对便携式仪表可采用电池供电(见GB/T 12788)。

6.7 校准

每个事故监测仪表通道都应具有按要求的校准间隔时间在电厂正常功率运行和/或停堆操作期间进行校准的能力。

应提供事故期间确认仪表校准状态合格的手段。可采用下列方式进行：

——再校准；

——确定一个校准间隔时间以确保通道可用的时间能处于设备校准合格的时间间隔内；

——选择不需要进行定期校准的设备；

——与其他和信息显示通道有确定关系的通道进行交叉比较。

6.8 试验能力

事故监测仪表通道应具有试验能力，以便定期验证其符合电厂运行许可证基准文档中对可用性的要求。定期试验应按预先确定的方法进行，试验结果应形成文件。

事故监测仪表通道应具有在电厂运行期间试验其可用性的能力。实现的方法举例说明如下：

——观察对监测变量施加扰动后产生的影响；

——适当时引入并改变一个替代的与测量变量具有相同特性的传感器输入信号，并观察其影响；

——在具有确定关系的通道间进行交叉比较；

——通过自动在线诊断测试通道的可用性。

6.9 直接测量

在实际上可行的情况下，应选择一个直接变量来监测相关的功能。如果通过分析证明可行，可以用不太直接的变量替代最直接的变量。分析应能对不太直接变量的误差以及较直接变量的可靠仪表的可用性进行说明。

6.10 接近控制

设计应允许对仪表通道校准调整、试验点，以及将事故监测仪表通道退出运行的操作进行控制管理。这种控制管理措施是由事故监测仪表、电站设计或两者共同提供支持。

6.11 维护和修理

事故监测仪表应设计成易于维护、修理和调整，且具有故障提示功能。在进行设备选择和布置时应考虑在事故期间存在的潜在不可达性。

6.12 测量最少化

在实际可行的情况下，事故监测的变量和显示应与电厂正常运行时相同，以便操纵员在事故工况下使用最熟悉的变量和显示。

对于需要多点测量的变量，应设置足够数量的测点，以便能够获得准确的测量值（例如，安全壳大气温度的测量需要在空间分布若干个测量点）。

6.13 辅助支持设施

为事故监测仪表以及执行功能提供服务的系统或部件应满足该事故监测仪表所有适用要求。按本标准第4章确定测量变量的事故监测仪表的辅助支持设施是相关显示通道的一部分，并应满足适用的准则。

例如，为了将机柜内安装的信号处理模件保持在设计温度范围内所需的机柜冷却风扇是一种辅助支持设施。

对于另外一些部件、设备或系统，因其与事故监测仪表连接（未能隔离）而成为事故监测仪表的一部分，但其功能不是为操纵员提供事故监测仪表信息所必须的，其设计应满足这样的原则，即确保不因这些部件、设备和系统而降低事故监测仪表执行功能的能力。

6.14 便携式仪表

需要时，作为应急操作规程或异常事件处理规程要求的一部分，便携式仪表可用于数据的获取。在这种情况下，仪表向控制室传输数据的工具和分析数据以获取信息的工具应是事故监测通道的一部分，并应符合相应类型测量变量的适用准则。

6.15 设计准则文档

对事故监测变量的设计准则应建立文档并保持更新。

7 鉴定准则

7.1 一般准则

事故监测仪表的鉴定要求(抗震和环境鉴定)应与测量变量在设计基准事件或地震事件期间和其后一段时间内的功能要求相一致。

7.2 A 类变量

因地震事件直接或间接地需要操纵员进行规定的手动操作所需的仪表通道应满足抗震要求。抗震鉴定指导见 GB/T 13625。

操纵员为终止或减轻事故进行规定操作所需的仪表通道,应按照安装位置在假设事故下的环境条件和电厂运行许可证基准文档及 GB/T 12727 中的要求进行环境质量鉴定。

7.3 B 类变量

这类仪表通道应满足抗震要求,抗震鉴定指导见 GB/T 13625。

仪表通道应按照安装位置在最严重假想事故下的环境条件和电厂运行许可证基准文档及 GB/T 12727的要求进行环境质量鉴定。仪表通道的环境质量鉴定应包括在最严重假设事故的环境条件下和工艺过程极端工况下的性能试验。

7.4 C 类变量

这类仪表通道应按 GB/T 13625 和 GB/T 12727 的要求进行抗震和环境质量鉴定。

仪表通道应按照安装位置在最严重假设事故下的环境条件和电厂运行许可证基准文档及 GB/T 12727的要求进行环境质量鉴定。另外,仪表通道的环境质量鉴定应包括在电厂运行许可证基准文档中最严重假设事故的严酷环境条件下全量程范围的性能试验。

7.5 D 类变量

监测预期在地震事件后能继续运行的系统的仪表通道应按照 GB/T 13625 的要求进行抗震鉴定。

仪表通道应按照安装位置特定事故的预计环境条件和电厂运行许可证基准文档及 GB/T 12727 中的要求进行环境质量鉴定。

7.6 E 类变量

监测系统的仪表通道不需要进行抗震和环境质量鉴定。

如果用来确定放射性物质释放程度的仪表通道符合 A、B、C 或 D 类变量的选择原则,则应满足该特定类别变量的质量鉴定要求。

7.7 便携式仪表

便携式仪表不需进行抗震鉴定。便携式仪表存贮和使用的行政管理措施应符合满足设计性能要求的原则。

7.8 可用时间

事故监测仪表的鉴定合格的可用时间至少为完成其功能所需时间(见 5.4)。

7.9 鉴定准则文档

应确立选择需进行质量鉴定的仪表通道的基本原则,并形成文件成为设备质量鉴定大纲的一部分。

8 显示准则

8.1 显示特性

事故监测变量显示特性的基准应包括在设计基准事件期间要求对事故进行响应的系统功能分析和

要求操纵员完成这些功能的任务分析。显示特性至少应包括测量范围、仪表准确度、精密度、显示格式(如,状态、数值或趋势)、单位和响应时间,这些特性与第5章的性能准则保持一致。

事故监测显示的设计应采用 EJ/T 797 标准中给出的人因工程方法和准则进行。事故监测仪表的设计不应引起仪表指示仪、报警器、记录仪或显示单元的错误读数,以避免对操纵员产生干扰和潜在的混淆。

对于A类和B类事故监测变量,至少应有一个冗余显示单元提供连续实时显示,它可以是经过确认的数字显示,或者是专用的模拟量显示(见图2)。

对于A类和B类事故监测变量的其他冗余显示和其他事故监测变量的显示可以根据需要进行显示。

8.2 趋势或速率信息

如果直接或即时的趋势或速率信息对操纵员的操作是重要的,则趋势信息应在专用的趋势显示设备(对应于记录设备)上连续可用,并且在另一个冗余的趋势显示设备(对应于记录设备)上应是可被选择性使用。该显示设备应至少能提供 30 min 的数据。

8.3 显示标识

A类、B类和C类变量在控制盘上的指示(常规模拟指示和计算机化的视频显示)应采用特征标识对事故监测变量进行独特标识,以便操纵员在事故工况下使用时可以很容易地将各类变量识别出来。在多变量的视频显示设备中,应对其中的事故监测变量进行独特标识,而不是对整个视频显示单元标识。D类和E类变量不要求单独标识。

8.4 监测通道显示类型

可以使用几种显示配置为操纵员提供相关监测通道的信息(见图2)。

8.5 显示位置

控制盘上的常规指示仪或计算机化的视频显示设备应按照功能相关或系统相关的原则进行布置。显示器应根据功能分析的结果和人因原则进行布置。

在实际可行的情况下,同一个事故监测显示还可用于监测电厂的正常运行。

8.6 信息的不明确性

对于那些仅是为了辨明模糊信息而设置的显示不要求类型相同,也不要求连续显示。

8.7 记录

对于A类、B类、C类变量,每类变量至少都应有一个通道可用于记录,对E类变量也应有记录。

事故监测数据记录可以连续更新,并存储在计算机的存储器中,根据需求进行显示。这种功能可以用非安全相关的计算机完成,不需满足 GB/T 13629 的要求。这种记录应具有提供事件前 30 min 至事件后 12 h 数据的能力。

8.8 数字显示信号的确认

事故监测变量的信号确认可使用常规的传感器通道。如果确认的结果经验证与相对应的事故监测仪表通道相一致时,则可为操纵员提供最确切的可用信息。如果使用了信号确认功能,显示内容中应包括信号的有效性,例如,使用独特的颜色编码对信号的有效性进行标识。

8.9 显示准则文档

对于事故监测变量的显示原则应建立文档并保持更新。

9 质量保证

A类、B类和C类变量的事故监测仪表的设计、制造、检查、安装、运行和维修应按照 HAF 003 执行。对于D类和E类变量的事故监测仪表的质保等级应由设计人员根据所需满足的性能要求来确定并形成文件。

基于微处理器的仪表的开发,包括软件的验证与确认,应该满足 GB/T 13629 的要求。

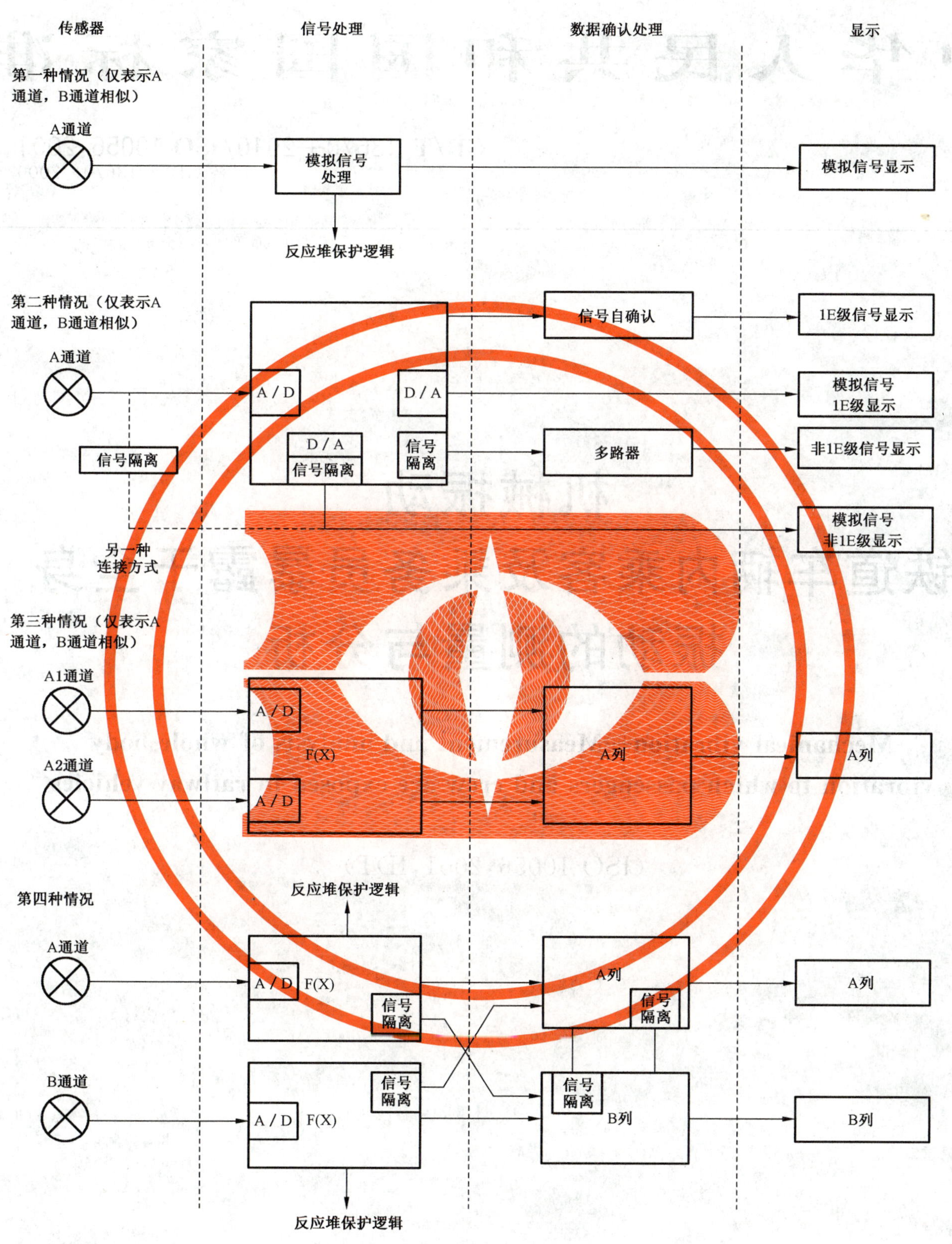

传感器
信号处理
数据确认处理
显示
第一种情况（仅表示A通道，B通道相似）
A通道
模拟信号处理
模拟信号显示
反应堆保护逻辑
第二种情况（仅表示A通道，B通道相似）
A通道
信号自确认
1E级信号显示
A/D
D/A
模拟信号1E级显示
信号隔离
D/A
信号隔离
信号隔离
多路器
非1E级信号显示
模拟信号非1E级显示
另一种连接方式
第三种情况（仅表示A通道，B通道相似）
A1通道
A/D
F(X)
A列
A列
A2通道
A/D
反应堆保护逻辑
第四种情况
A通道
A/D
F(X)
信号隔离
A列
信号隔离
A列
B通道
信号隔离
A/D
F(X)
信号隔离
B列
B列
反应堆保护逻辑

图2 监测通道显示类型

ICS 45.060.20
S 09

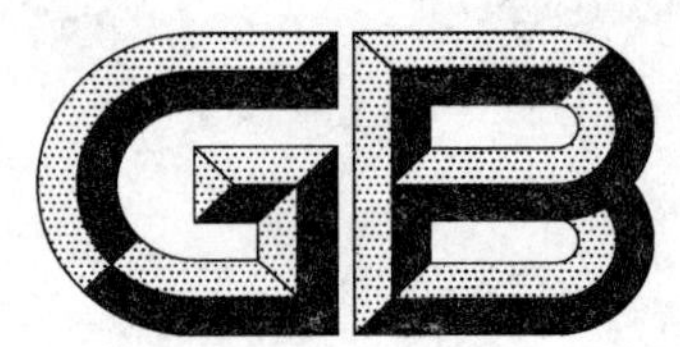

中华人民共和国国家标准

GB/T 13670—2010/ISO 10056:2001
代替 GB/T 13670—2000

机械振动 铁道车辆内乘客及乘务员暴露于全身振动的测量与分析

Mechanical vibration—Measurement and analysis of whole-body vibration to which passengers and crew are exposed in railway vehicles

(ISO 10056:2001,IDT)

2010-09-02 发布　　2010-12-01 实施

中华人民共和国国家质量监督检验检疫总局
中国国家标准化管理委员会　发布

前　言

本标准等同采用 ISO 10056:2001《机械振动　铁道车辆内乘客及乘务员暴露于全身振动的测量与分析》(英文版)。

为便于使用,本标准做了如下编辑性修改:

a)　删除国际标准的前言;

b)　用小数点符号“.”代替作为小数点的“,”;

c)　对 ISO 10056:2001 引用的其他国际标准,已被等同采用为我国标准的,用我国标准代替对应的国际标准,其他则直接引用国际标准;

d)　将 3.2 的内容用表格形式表述;

e)　按照 GB/T 1.1—2000 相关要求,在 7.6 后增加“测量结果应包括:”的内容。

本标准代替 GB/T 13670—2000《铁道车辆乘客及乘务员所承受的振动的测量与分析》。

本标准与 GB/T 13670—2000 相比主要变化如下:

——在范围中,增加了(0.5～80)Hz 频率范围,标准仅适用于站姿和坐姿,不适用于传递到手臂系统的振动和与运动病相关的极低频的横向、垂向和旋转运动,不提供评价振动影响的方法等内容;

——增加了规范性引用文件的内容;

——增加了符号和缩略语;

——铁道车辆振动特性中,增加了轨道平面交叉道口和取消了加速与制动的内容;

——增加了测量方法一章中的概述、测量位置、测量方向条目;补充了测量设备中的有关内容,给出了仪器特性应相兼容、传感器和调理放大器应视为一个整体;给出了最小测量范围的上下限;最小频率范围的容差由±0.6 dB 改为±0.5 dB;非线性正迟滞由小于等于测量值的 0.3%改为小于等于 1%;增加了超过标称频带和频限到 1/3 倍频程范围的允许误差为±2 dB,标称频带外的倍频程衰减可以扩大到无穷的内容;

——在分析方法一章中,增加了概述条目;

——在试验报告中,给出了详细的评价方法的内容;

——增加了附录 A:试验报告示例。

本标准的附录 A 为资料性附录。

本标准由中华人民共和国铁道部提出。

本标准由中国铁道科学研究院环控劳卫研究所归口。

本标准起草单位:中国铁道科学研究院环控劳卫研究所、北京理工大学。

本部分主要起草人:马筠、孙成龙、焦大化、高利。

本标准所代替标准的历次版本发布情况为:

——GB/T 13670—2000。

引　言

本标准规定了用于铁路环境振动的测量和分析方法，必须注意的是铁道车辆内的机械振动具有特殊性。

本标准是对 GB/T 13441.1 的补充。GB/T 13441.1 只涉及了人们在日常活动(工作、旅行等)中所遇到的情境，并描述了全身振动的测量及其影响。

机械振动 铁道车辆内乘客及乘务员暴露于全身振动的测量与分析

1 范围

本标准规定了现场试验中铁道车辆机械振动的测量和分析方法。

本标准适用于传递到人体全身，频率范围为 0.5 Hz～80 Hz 的周期、随机和瞬态的振动。本标准仅适用于站姿和坐姿。

本标准不适用于传递到手臂系统的振动，也不适用于与运动病相关的极低频的横向、垂向和旋转运动。本标准不提供评价振动影响的方法。相关内容包含在 GB/T 13441.1—2007 和关于固定导轨运输系统的标准 ISO 2631-4 中。

2 规范性引用文件

下列文件中的条款通过本标准的引用而成为本标准的条款。凡是注日期的引用文件，其随后所有的修改单(不包括勘误的内容)或修订版均不适用于本标准，然而，鼓励根据本标准达成协议的各方研究是否可使用这些文件的最新版本。凡是不注日期的引用文件，其最新版本适用于本标准。

GB/T 13441.1—2007 机械振动与冲击 人体暴露于全身振动的评价 第 1 部分：一般要求 (ISO 2631-1:1997,IDT)

ISO 2041 振动与冲击 词汇

ISO 2631-4 机械振动与冲击 人体暴露于全身振动的评价 第 4 部分：振动和旋转运动对固定导轨运输系统中的乘客及乘务员舒适影响的评价指南

ISO 8002 机械振动 陆上交通工具 报告测量数据的方法

ISO 10326-2 机械振动 评价车辆座位振动的实验方法 第 2 部分：轨道车辆的应用

3 术语、定义、符号和缩略语

3.1 术语和定义

ISO 2041 确立的术语和定义适用于本标准。

3.2 符号、缩略语

本标准采用的符号和缩略语见表 1。

表 1 本标准采用的符号和缩略语

编号	符号及缩略语	含　义	单位
1	a	加速度均方根值	m/s²
2	$a(t)$	加速度时程的瞬时值	m/s²
3	b	分级宽度	m/s²
4	B	位于受试者所坐座椅靠背的加速度测点	
5	f	频率	Hz
6	FFT	快速傅立叶变换	

表 1（续）

编号	符号及缩略语	含　义	单位
7	h	加速度均方根值概率直方图	
8	h_c	加速度均方根值累计概率直方图	
9	m	表示观测级的指数	
10	$n(m)$	在级 m 内的观测数	
11	n_T	观测总数	
12	N	每个单元块的采样数	
13	N_b	单元块数	
14	P	地板(站台)上的加速度测量点	
15	$p[...]$	满足括弧内条件的概率	
16	PSD	功率谱密度	
17	S	位于受试者所坐座椅底盘上的加速度测点	
18	t	时间	s
19	Δt	采样间隔	s
20	X	加速度的傅立叶变换	m/s^2
21	τ	一个单元块的持续时间	s

本标准采用的下标见表 2。

表 2　本标准采用的下标

编号	下　标	含　义
1	j	在测点 α 测量振动方向的下标，取 x、y、z 值(见图 1)
2	k	数据单元块数目的下标
3	w	基于计权信号的计算参数的下标
4	α	加速度测量点位置的下标：P（站台，地板），S（座椅面）和 B（座椅靠背）

4　铁道车辆振动特性

4.1　引起振动或振动放大的主要因素

4.1.1　轨道

虽然轨道线路保证高质量的导向，但轨道仍然存在引起振动的不规则变化，如：

——轨道的水平(z 向)、平面(y 向)或轨距的变化；

——钢轨焊接或者制造的缺陷；

——钢轨接头；

——道岔；

——轨道竖向刚度的变化(如桥梁)；

——平面交叉道口；

——引起低频振动的缓和曲线和超高斜面。

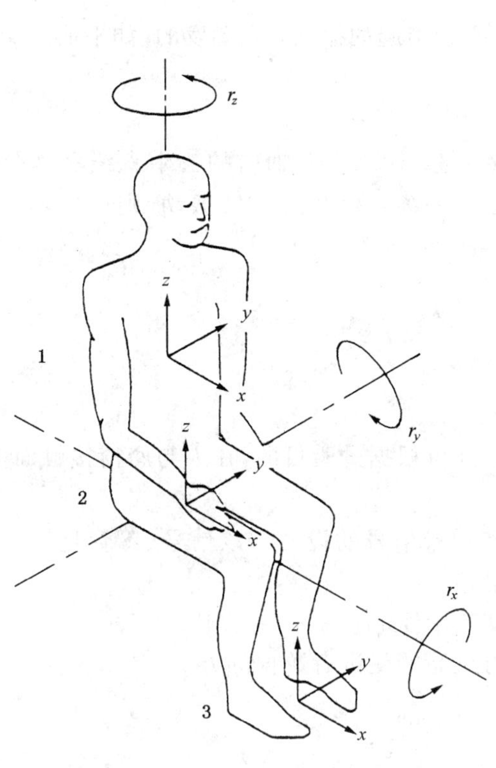

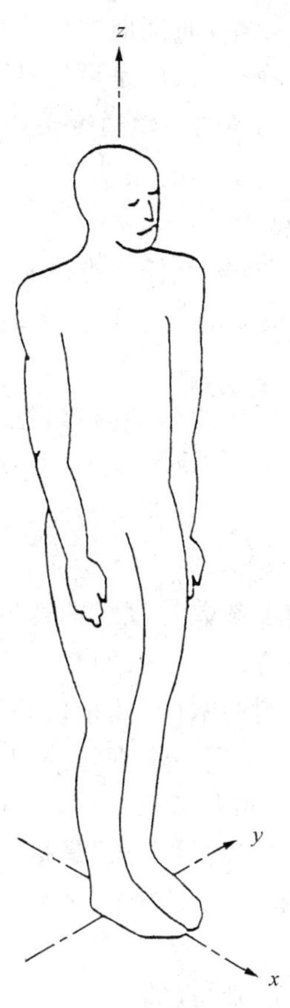

1——座椅靠背；

2——座椅表面；

3——脚部。

a) 坐姿的主基准轴

b) 站姿的主基准轴

图 1 人体的基准轴

4.1.2 轮轨接触

铁道车辆产生的激励主要集中在轮轨接触处。轮轨接触力是位移和速度的非线性函数，并导致铁道车辆的振动。

4.1.3 车辆

铁道车辆的车体是柔性复合结构，此结构的固有振动特性有时是很重要的。此外，车体振动特性会受到其载荷、转向架的相对位置、各种悬挂部件(例如弹簧、减振器等)和车辆间连接部件的影响。

车轮踏面的缺陷(例如扁疤)、不平衡或偏心轮对都是产生周期振动的振源，其振幅和频率是列车速度的函数。

旋转机械 (例如电动压缩机、柴油发动机及空调装置)也都产生周期性振动。此外，加速和减速(如制动)都会激发周期和非周期振动。

一些部件的非线性特性(如专用减振器、缓冲器、横向缓冲器等) 也会产生瞬时振动。

座椅会放大振动，而且有时特别是在其共振频率处会附加一些非线性成分。座椅的振动响应不仅取决于座椅的固定方式，座椅乘坐者的体重和坐姿，还与座椅本身的形状和材质有关。

4.2 振动特性

铁路振动信号

——具有随机特性，可能包含具有周期特性且宽频带的振动，但车辆内能量水平相对较低；

——具有某些确定的共振频率(例如在垂直方向，车体在第二系弹簧悬挂装置上具有大约 1 Hz 的

固有频率,而挠曲的固有频率通常在(8～15)Hz间;

——是非稳态的、但是可以认为部分是稳态的信号;

——持久的(如因轨道变形引起的振动),暂时的(如空调引起的振动)或偶发的(如平面交叉道口或道岔引起的振动)。

4.3 振动方向

一般来说,车辆上任一点的振动加速度可由六个分量描述:沿 x、y、z 轴向的三个直线振动分量和围绕 x 、y 、z 轴向的三个旋转运动分量。对于到旋转中心的距离足够大的旋转振动,则可把其视为直线振动。

旋转振动测量的详细内容,见 ISO 2631-4。

5 测量方法

5.1 概述

测量的物理参数是直线加速度,测量的位置在地板上,并可根据试验目的,在人与座椅接触面上(并可选择人与座椅靠背接触面)。

此后所用到的术语“测量设备”指的是一套用来测量和记录信号的设备。该信号(不管是已记录的还是实时的)都将进一步进行处理,这将在第6章中进行描述。

注:在许多应用中,在测量过程中和记录测量信号前所进行的部分信号分析,称为“预处理”。

本标准中的“测量方法”是指采用测量设备来收集进行试验的受试者数据的方法。

5.2 测量设备

5.2.1 概述

测量设备通常包括:

——传感器(加速度计)和适调放大器;

——滤波器(带限和频率计权)和测量放大器;

——记录仪。

这套设备构成一个测量系统。

仪器的特性应该是兼容的。测量系统的精度是由单个组件的特性和整个测量系统的某些特性所确定的。

5.2.2 传感器和适调放大器

因为在很多情况下传感器和调理放大器是不可能分开使用的,所以应将两者视为一个整体,并应满足下列条件:

——最小测量范围:地板(0～50)m/s^2;

人与座椅和人与座椅靠背接触面(0～20)m/s^2;

——最小频率范围:(0.4～100)Hz(平直范围±0.5 dB);

——非线性加上滞后:≤1%(测量值);

——横向灵敏度:≤5%;

——温度的影响:零漂≤测量范围的3%;

灵敏度≤ 0.05%/℃。

5.2.3 带限和频率计权滤波器

使用带通滤波器滤掉与本标准振动频率范围无关的过低或过高的频率成分,以提高测量的信噪比。

至少应分别通过二阶具有 Butterworth 特性、不低于 12 dB/oct 斜率的高、低通滤波器,获得较低和较高的频率带限。带限滤波器的转折频率是标称频带外的1/3倍频程。

在标称频带和频限到1/3倍频程范围内,组合频率计权和带限的容差为±1 dB。超出此范围,允许误差为±2 dB。标称频带外的倍频程衰减可以扩大到无穷(对于允许误差,也可见 ISO 8041)。

5.2.4 记录仪

记录仪应满足以下技术要求:

a) FM 记录仪

——最小频率范围:(0～156)Hz;

——截止频率:156 Hz(−0.5 dB);

b) PCM 记录仪

——最小频率范围:(0～128)Hz;

c) 数字记录仪(以数字形式进行存储)

——最小频率范围:(0～128)Hz。

如果使用 PCM 记录仪或数字记录仪,应使用抗混滤波器(通常这些滤波器嵌在记录仪内)。

5.3 测量位置

应测量地板上的加速度,或根据试验目的在人与座椅接触面(以及随意地在人和椅子靠背接触面)处测量加速度。铁道车辆指定点的加速度与该点在车辆的位置有关。因此,应在下列位置进行测量:

——地板:转向架中心的上部、车体的中部(可选择),并根据试验目的,选择通过台;

——用以进行研究的座椅安装位置:可在任意车体的中部、车体两端座椅的上下部位。

司机室的测量应在靠近安装座椅的位置上进行。

加速度计应当固定在地板上,尽可能靠近座椅底盘中心的垂直投影位置(尽可能小于 100 mm),当研究短途运输的立姿位置时,应在通过台地板上安装加速度计。

根据试验的特定目的可以选择其他测量位置。

5.4 测量方向

人体坐标与 GB/T 13441.1 的定义一致,见图 1。但人体中心坐标系并不总与铁道环境中的舒适度或运动关系相匹配。因此在测量车体结构(地板)时,ISO 2631-4 定义了如下替代坐标系:

——z 轴:垂向,向上与地板正交;

——x 轴:纵向,沿运行方向;

——y 轴:横向,垂直于运行方向的侧向。

注:对于侧倾(绕 x 轴的旋转运动),见 4.3。

ISO 10326-2 定义了测量座椅接触面的坐标系。

测量应在选定坐标系的方向上进行,并在试验报告中加以说明。

5.5 加速度计的安装

5.5.1 地板上的测量

加速度计安装时,应注意以下要求:

a) 加速度计应当尽可能地同固定座椅的结构部件进行相同的运动。

b) 不论是加速度计安装所产生的任何响应还是加速度计安装表面的局部状况都不应当影响加速度计所产生的信号。因此,加速度计的安装系统和安装位置应尽量坚硬。

GB/T 14412—2005 给出了更详细的建议。

5.5.2 人与座椅和人与座椅靠背接触面处的测量

在人与座椅或人与座椅靠背接触面处安装加速度计的相关要求见 ISO 10326-2。

5.6 测量持续时间

测量持续时间应不小于 20 min,并以每 5 min 作为一个样本序列。

6 分析方法

6.1 概述

铁道车辆内的振动评价应与 GB/T 13441.1—2007 和 ISO 2631-4 相一致。应对试验中的测量信号进行处理以获得计权加速度均方根,并考虑铁道振动(见 4.2)的波动性,采用每 5 s 计算的所有计权均方根信号值的统计分析方法。这样就可以考虑到最低频率并得到均方根值的足够变化率。

如果先前的试验结果已证实了其合理性，分析的最高频率上限可以限定在 80 Hz 以下。

6.2 计权加速度均方根值的计算

为计算计权加速度均方根值，应采取下述的其中一种方法对信号进行处理：

a） 模拟法；

b） 模拟/数字法（混合法）；

c） 数字法。

上述方法的原理在图 2～图 4 中予以说明。

另外一种计算均方根值的数字法如下：

——磁带记录仪；

——采集器；

——模拟/数字转换器；

——数字计权滤波器；

——均方根值数值计算。

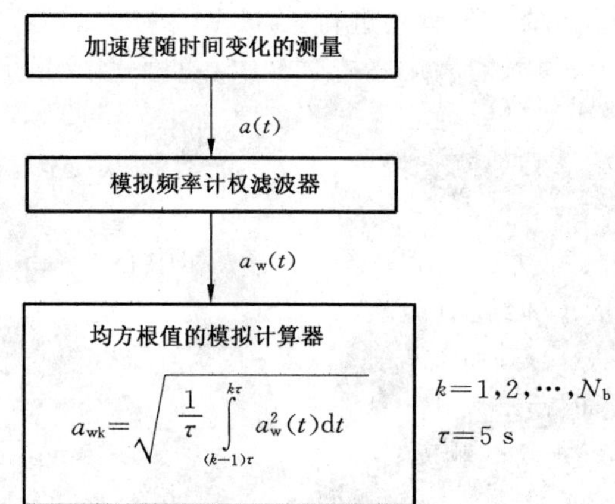

图 2 计算均方根值的模拟方法

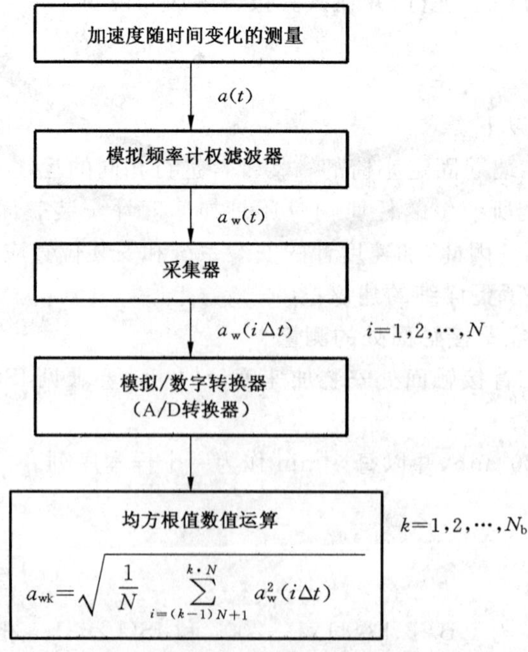

图 3 计算均方根值的混合（模拟/数字）法

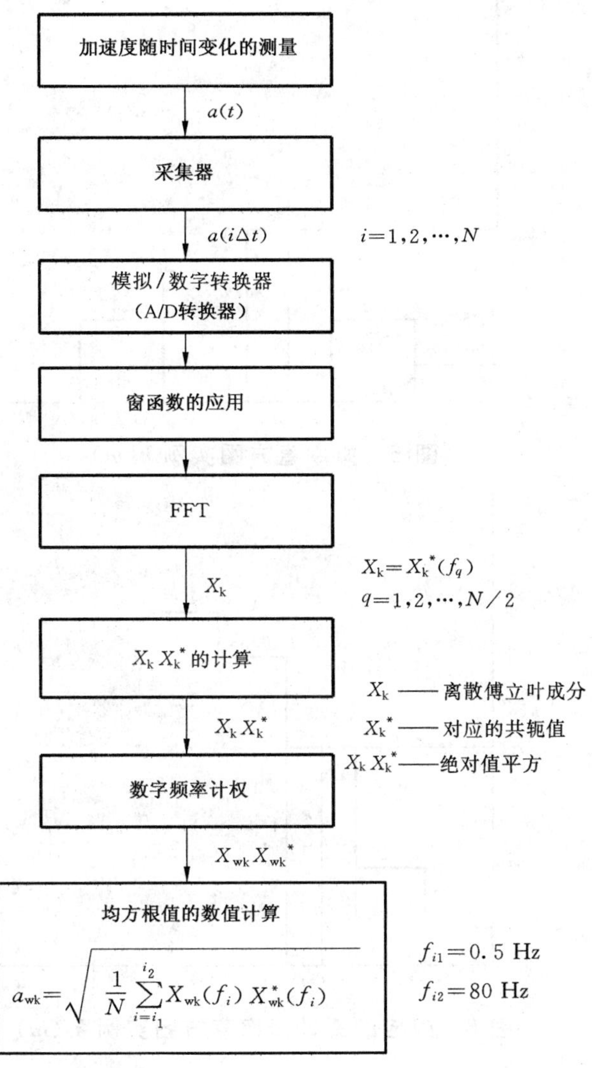

注：还有其他数值运算方法。

图 4 计算均方根值的数字法

6.3 统计分析方法

舒适指标数值是由某些统计参数即均方根值的平均值和较高均方根值的特性参数(如第 95%和第 99%的分位数)所决定的。评价时采用计权加速度均方根值 a 的直方图表示。

可以作出 $h(m)$的概率直方图和 $h_c(m)$的累计概率直方图(见图 5 和图 6 中的举例)：

$$h(m)=n(m)/n_T \tag{1}$$

$$h_c(m)=\sum_{i=0}^{m} h(i) \tag{2}$$

式中：

m——整数，由 $a_w(m)/b$ 四舍五入到最近的整数。

图 5 和图 6 分别是概率直方图和对应的累计概率直方图。

$$h_c(m)=p[a_w \leqslant a_w(m)] \tag{3}$$

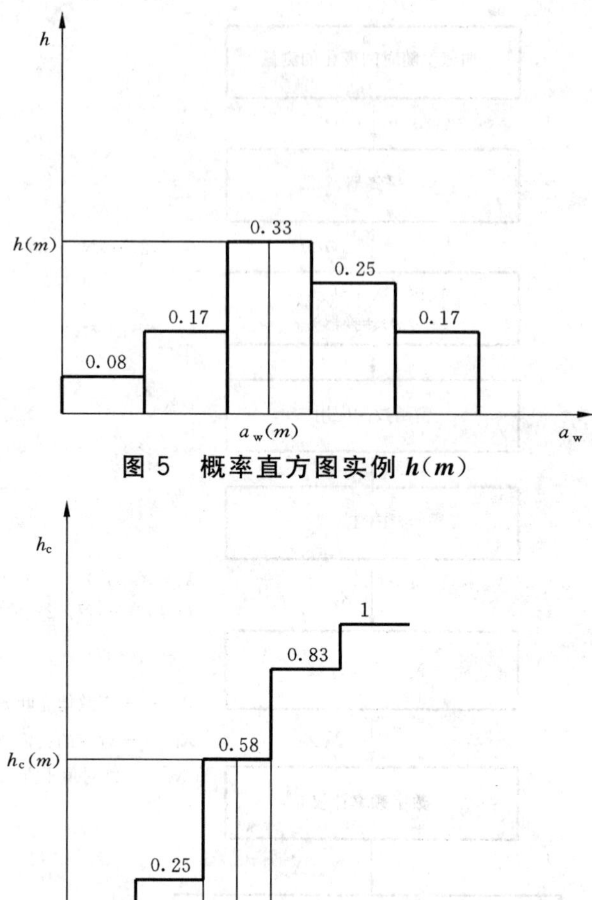

图 5 概率直方图实例 $h(m)$

图 6 对应的累计概率直方图实例 $h_c(m)$

7 试验报告

7.1 概述

试验报告格式除应符合 ISO 8002 要求外，还应包括以下内容。附录 A 给出了试验报告的示例。

7.2 试验要素和试验目的

试验报告应给出采用的标准。应对试验目的(如舒适评价和车辆评价)予以说明。

7.3 评价方法

应说明考虑的频率范围，使用的频率计权函数，测量的位置和方向以及测量的持续时间。应提供更为详细的评价方法的特性 (例如试验次数)。

7.4 试验条件

应给出下列同试验条件有关的信息。

a) 车辆

应详细列出影响振动特性的因素，特别是：

——车辆(轨道车、客车、机车等)；

—— 类型(沙龙式、包房式等)；

——车辆载荷状况(空车、额定负载等)；

——结构(钢、铝、悬挂类型、转向架类型、轮对走行里程等)。

b) 座椅

——类型(单人、多人等);

——覆盖物(人造革、织品);

——附件(扶手、脚踏板、头枕、折叠桌、躺椅等);

——位置(单排，面对面，在车辆内的位置和方位)。

c) 乘客

——在测量人与座椅接触面和人与座椅靠背界面时,应说明乘客的身高和体重;

——应说明乘客的年龄和性别。

d) 轨道

——测量的区段和地理位置(包括里程数);

——轨道类型(轨距、轨枕类型、轨道支撑系统、轨道纵断面);

——轨道质量说明;

——轨道详细资料(曲线半径、平交道口、道岔等)。

e) 运行速度:

试验中的列车速度。

7.5 测量系统

测量系统应与 ISO 8002 的描述相一致。

7.6 测量结果

测量结果应包括:

a) 谱分析

应给出座椅平面和/或座椅靠背处和车厢地板处不同测点有代表性的标准振动谱。

b) 统计结果:

1) 应给出按加速度均方根值计算的统计信息:

——直方图和累计直方图;

——级宽及分级数;

2) 应标明评价的统计参数(平均值、标准差、第 95%分位数、第 99%分位数、最大值等)。

附　录　A
（资料性附录）
试验报告示例

A.1　试验目的

对大众品牌沙龙式客车舒适性的测量。

A.2　评价方法

测量的依据为 GB/T 13670—2010。测量沿着车辆 x、y、z 三个轴的车辆地板，以及测量沿座椅平面 x、y、z 三轴坐标系和沿靠背 x 轴坐标系的人与座椅、人与座椅靠背的接触面。

测试在第一轨道 A-B 直线上进行，包括两个测试区。

——1 区：AAAA 到 BBBB 的里程点；

——2 区：BBBB 到 CCCC 的里程点。

试验进行两次。

A.3　测试条件

A.3.1　车辆说明

型号为 A10rtu 的 VVV 客车。

运行的空载车辆。

行驶里程在 210 000 km～320 000 km 之间。

车轮初始剖面：UIC S 1002。

YYY 转向架。

试验列车由七节车厢组成，其第三节为试验车厢。

A.3.2　座椅说明

座椅和扶手是独立的。

织物面料。

一个位于车厢的中部，另外一个在车厢端部。

A.3.3　乘客

受试者 1（客车车厢中部）

身高：1.72 m　　体重：72 kg

年龄：52 岁　　性别：男性

受试者 2（客车车厢端部）

身高：1.76 m　　体重：77 kg

年龄：40 岁　　性别：男性

A.3.4　轨道

轨道的主要特性见表 A.1，其表述非标准化。

表 A.1 轨道主要特性

1 区:AAAA 到 BBBB(30 km)	
平均轨距	直线轨道:1 437 mm
	曲线段:1 450 mm
水平 (当前值)	直线段:3 mm
	曲线段:3 mm
正矢变化量(10 m 为基数)	直线段:±2.5 mm
	曲线段:±25 mm
曲线半径	平均:2 000 m 平均超高[a]:65 mm
	最小:658 m 最大超高:160 mm
钢轨类型[b]	CWR UIC 50
运行速度	120 km/h
2 区:BBBB 到 CCCC(150 km)	
平均轨距	直线轨道:1 442 mm
	曲线段:1 450mm
水平 (当前值)	直线段:4 mm
	曲线段:3 mm
正矢变化量(10 m 为基数)	直线段:±3 mm
	曲线段:±3 mm
曲线半径	平均:1 500 m 平均超高[a]:105 mm
	最小:885 m 最大超高:160 mm
钢轨类型[b]	CWR UIC 60
运行速度	140 km/h
[a] 如果轨距已知,超高可以用斜面角表示。	
[b] CWR——焊接长钢轨。	

A.4 测量系统

A.4.1 加速度计

厂商: X 公司

型号: A1 B2

量程: 50 m/s^2

频率范围: (0.1～300)Hz

非线性: <1%

横向灵敏度: 3%

温度影响: 零漂:<2%

灵敏度:0.05%/℃

A.4.2 滤波器

滤波器性能(频带限值和频率计权)符合 GB/T 13441.1—2007 有关要求。其总容差如下:

——频带范围内的总容差:±0.5 dB;

——频带外每个倍频程的衰减:36 dB/oct。

A.4.3 磁带记录仪

厂商：Y 公司

型号：FM C3D4 记录仪

频率范围：(0～1 250)Hz

截止频率：1 250 Hz(−0.5 dB)

记录和评价程序简图表见图 A.1。

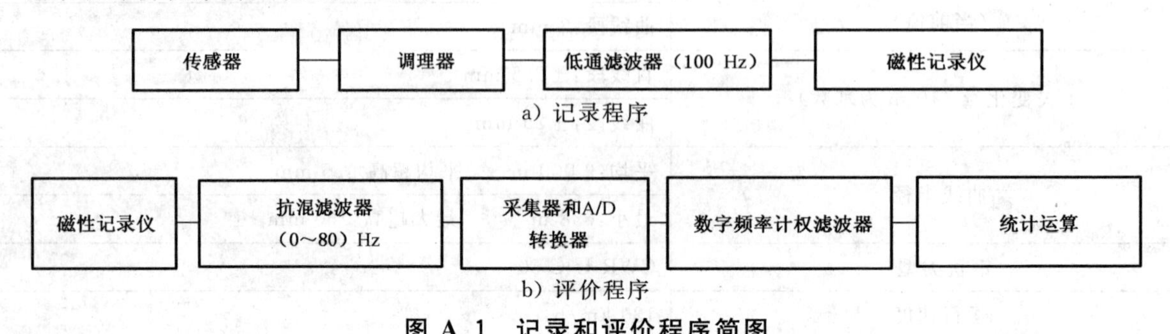

图 A.1 记录和评价程序简图

A.5 振动特性

A.5.1 概述

用每 5 s 计算的谱值，5 min 的功率谱密度和满 5 min 的均方根值的统计分布来表征振动。

A.5.2 谱分析

图 A.2 给出了在座椅平面上和靠背处所记录的、并按照 GB/T 13441.1—2007 频率计权曲线进行了频率计权的功率谱密度。使用 W_k 表示垂向加速度。

图 A.3 给出了地板上没有经过频率计权但具带宽限制的功率谱密度。

A.5.3 统计分布

图 A.4 给出了座椅平面和座椅靠背处，与 GB/T 13441.1 频率计权曲线一致的满 5 min 计权加速度均方根值的分布直方图。使用 W_k 表示垂向加速度。

图 A.5 给出了满 5 min 相同均方根值的累计分布直方图。

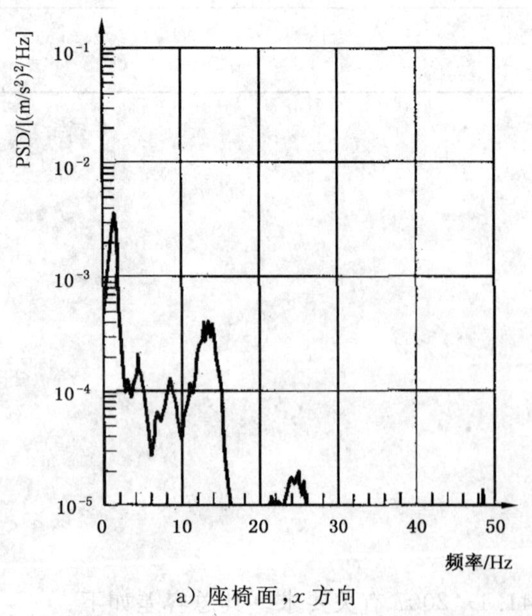

a）座椅面，x 方向

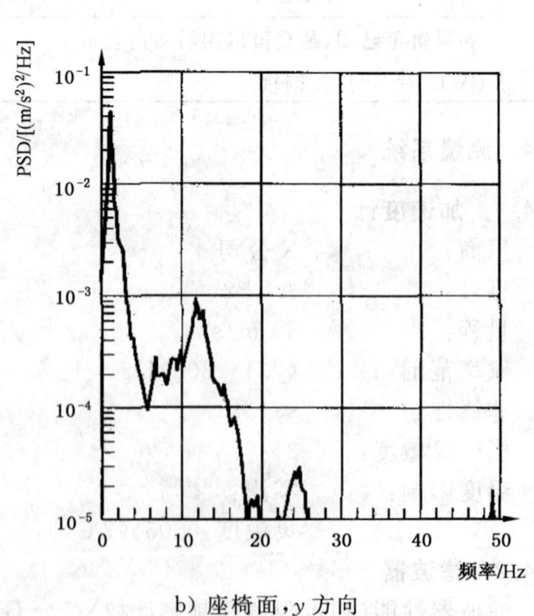

b）座椅面，y 方向

图 A.2 1 区 座椅面和靠背交界面测量的加权功率谱密度(超过 5 min 平均值)

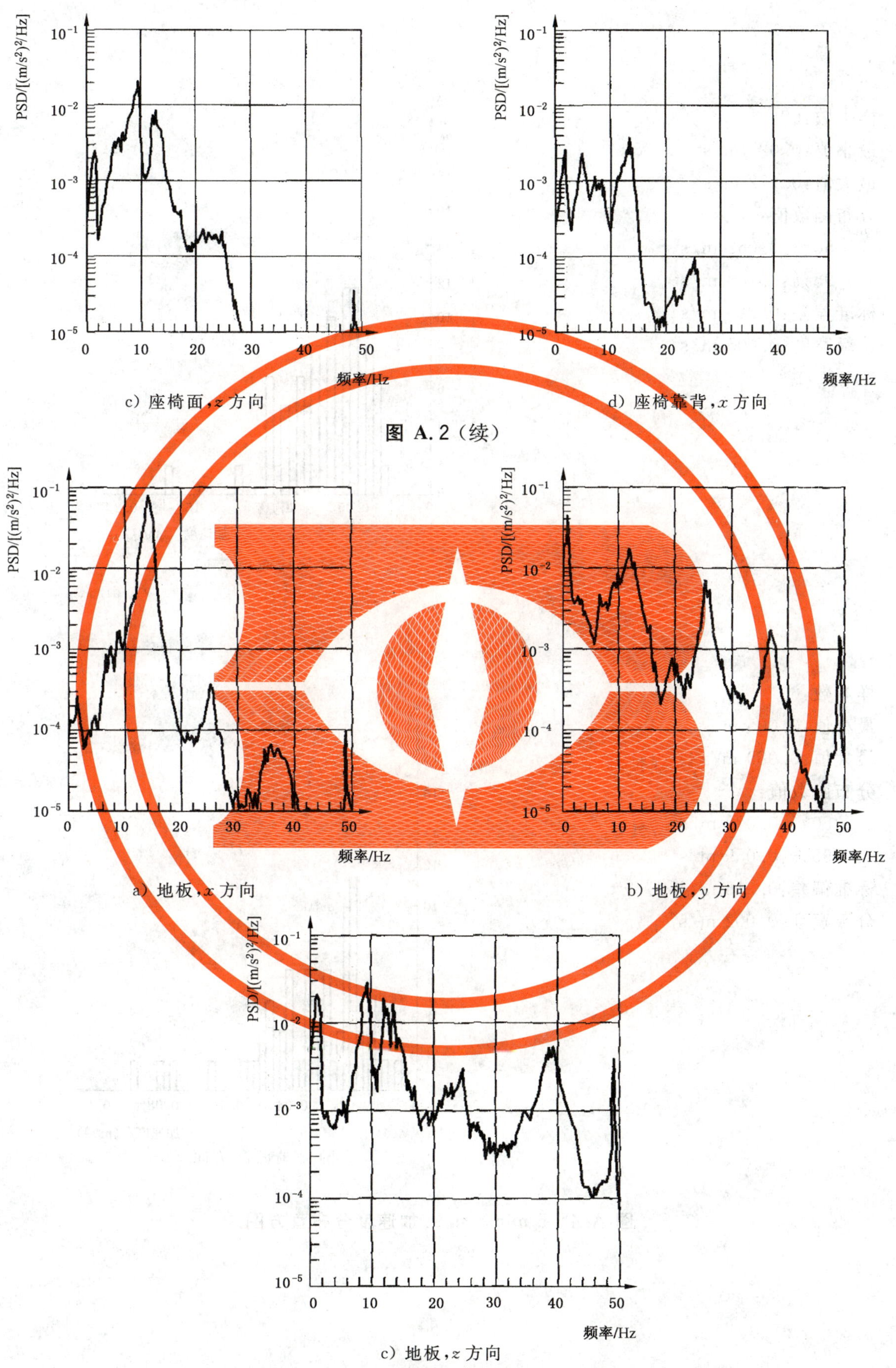

c) 座椅面，z 方向

d) 座椅靠背，x 方向

图 A.2（续）

a) 地板，x 方向

b) 地板，y 方向

c) 地板，z 方向

图 A.3　1 区地板平面上测量的功率谱密度（5 min 平均值）

样本数:60

最小值:0.027 m/s²

最大值:0.172 m/s²

分布函数值:

50%:0.062 m/s²

95%:0.103 m/s²

标准偏差:0.025 m/s²

分级宽度:0.005 m/s²

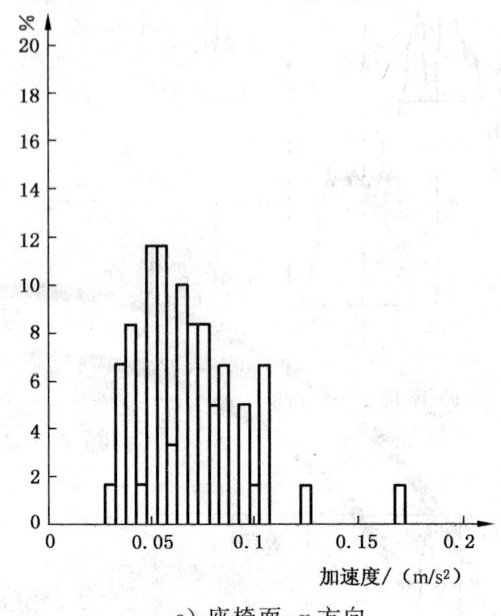

a) 座椅面,x 方向

样本数:60

最小值:0.005 m/s²

最大值:0.089 m/s²

分布函数值:

50%:0.029 m/s²

95%:0.059 m/s²

标准偏差:0.016 m/s²

分级宽度:0.002 m/s²

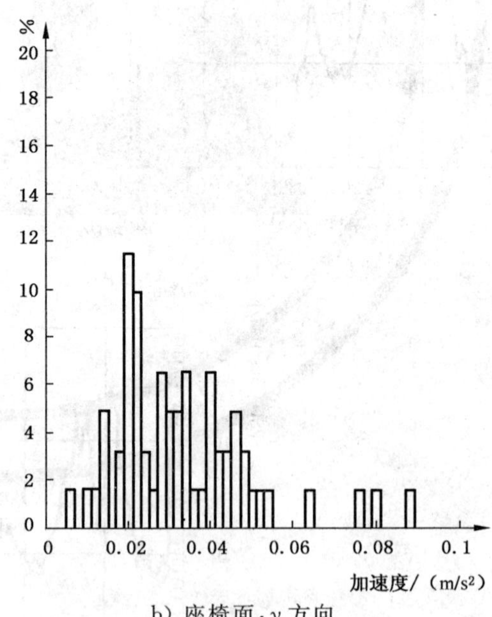

b) 座椅面,y 方向

图 A.4 5 min r.m.s. 加速度分布直方图

样本数:60
最小值:0.002 m/s²
最大值:0.012 m/s²
分布函数值:
  50%:0.005 m/s²
  95%:0.010 m/s²
标准偏差:0.002 m/s²
分级宽度:0.000 5 m/s²

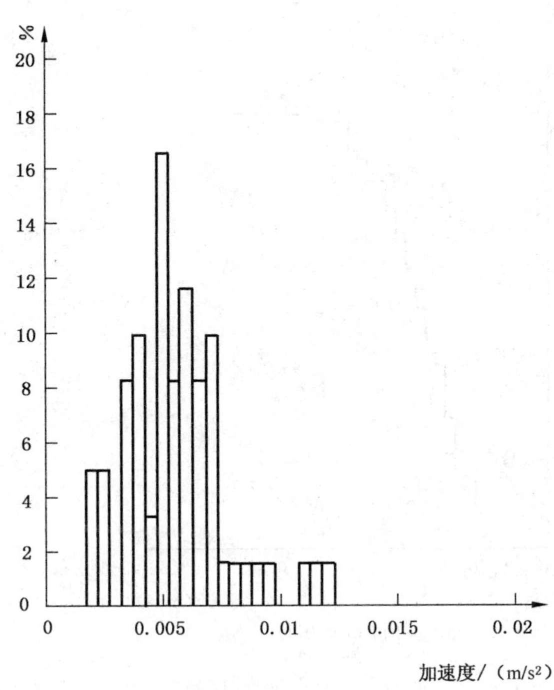

c) 座椅面,z 方向

样本数:60
最小值:0.002 m/s²
最大值:0.162 m/s²
分布函数值:
  50%:0.013 m/s²
  95%:0.026 m/s²
标准偏差:0.020 m/s²
分级宽度:0.002 m/s²

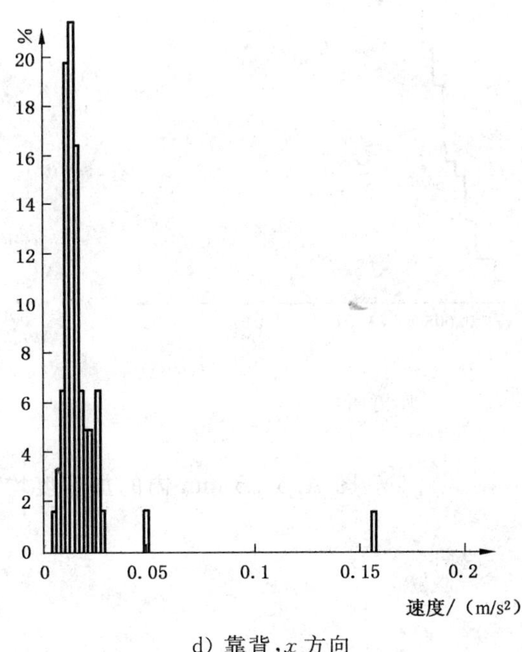

d) 靠背,x 方向

图 A.4(续)

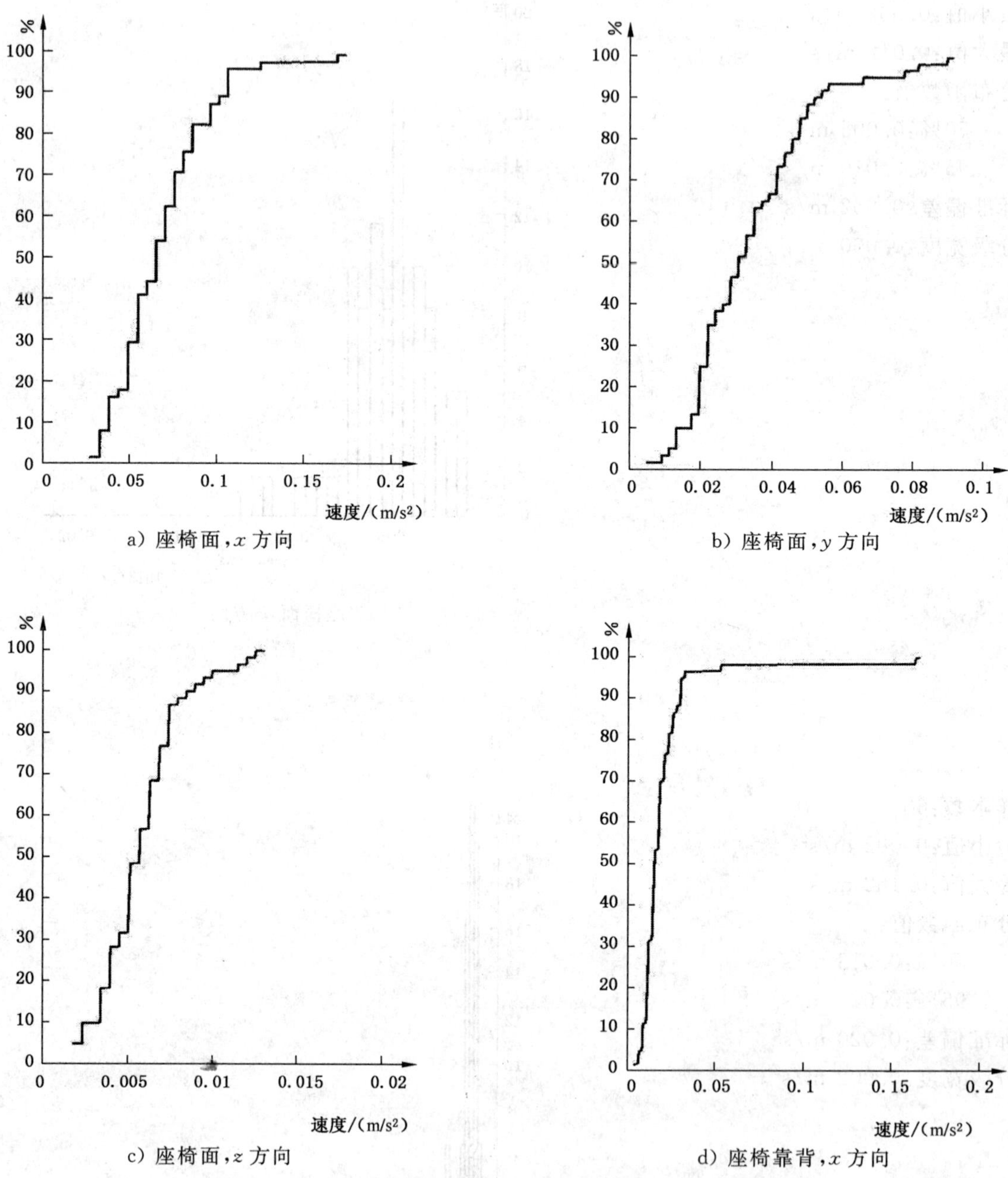

a) 座椅面，x 方向

b) 座椅面，y 方向

c) 座椅面，z 方向

d) 座椅靠背，x 方向

图 A.5　5 min 内的加速度均方根值累计分布直方图

参 考 文 献

［1］ GB/T 14412—2005 机械振动与冲击 加速度计的机械安装(ISO 5348:1998,IDT).

［2］ ISO 8041 Human Response to Vibration—Measuring Instrumentation.

［3］ ENV 12299 Railway Applications—Rail Comfort for Passengers—Measurement and Evaluation.

ICS 27.040
K 56

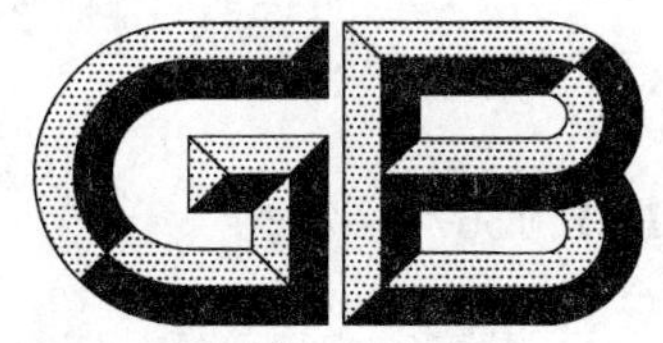

中华人民共和国国家标准

GB/T 13673—2010
代替 GB/T 13673—1992

航空派生型燃气轮机辅助设备通用技术要求

General requirements for aero-derivative gas turbines auxiliary equipment

2010-11-10 发布　　2011-03-01 实施

中华人民共和国国家质量监督检验检疫总局
中国国家标准化管理委员会　发布

前　言

本次修订以国家标准 GB/T 14099.3(等同采用原 ANSI B133.3-1981《Procurement Standard for Gas Turbine Auxiliary Equipment》的最新 ISO 同类标准 ISO 3977-3:2004《Gas turbines—Procurement—Part 3:Design requirements》)为重要参考。

本标准代替 GB/T 13673—1992《轻型燃气轮机辅助设备通用技术条件》。

本标准与 GB/T 13673—1992 相比,主要变化如下:

——对 GB/T 13673—1992《轻型燃气轮机辅助设备通用技术要求》的内容进行了标准化、规范化修订,并按 GB/T 15135《燃气轮机　词汇》的规定将标准名称改为《航空派生型燃气轮机辅助设备通用技术要求》。

——规范用词及名称,全文"燃机"改为"燃气轮机","启动"改为"起动","轻型"改为"航空派生型","滑油"改为"润滑油","蒸汽涡轮"改为"汽轮机"。

——原标准关于采购方、成套商、供方、需方、用户等用语不统一,现将"采购方、成套商双方"除在第1章"范围"中保留外,其余各处全部改为"供需双方","采购方"改为"需方","成套商"改为"供方"。

——第2章,原标准的 GBJ 9 等引用标准采用同类标准的最新版本。增加了引用 GB/T 15135《燃气轮机　词汇》和 GB 150《钢制压力容器》。

——第6章增加了"6.4 双燃料系统"。

——第8章"8.3 盘车装置"中"它也可用在正常的起动程序中终止起动"修正为"它也可用在正常的起动程序中从静止状态盘动转子"。

——第12章增加了"12.6 清洗方式"。

——第14章"14.3 设计"中(对应 GB/T 13673—1992 中 14.2)增加了"14.3.4 膨胀节"。

——第21章标题"水或蒸汽喷射系统"改为"注水/蒸汽系统",在本章中所有"水喷射系统"改为"注水系统",所有的"蒸汽喷射系统"改为"注蒸汽系统",所有的"注汽"改为"注蒸汽"。

本标准由中国机械工业联合会提出。

本标准由全国燃气轮机标准化技术委员会(SAC/TC 259)归口。

本标准起草单位有:江苏中航动力控制有限公司、苏州高达热电有限公司、株洲南方燃气轮机成套制造安装有限公司、中国联合工程公司、上海闸电燃气轮机发电厂、南京汽轮电机(集团)有限公司。

本标准主要起草人:薛银春、胡星辉、陈文烽、於志平、范邦棪、邓爱平。

本标准所代替标准的历次版本发布情况为:

——GB/T 13673—1992。

航空派生型燃气轮机辅助设备通用技术要求

1 范围

本标准规定了航空派生型燃气轮机(以下简称燃气轮机)辅助系统的设计要求以及在不同工作状态下构成系统所需的部件,是采购方、成套商双方进行技术协商的依据。

本标准适用于发电、舰船和机械驱动用的燃气轮机。

2 规范性引用文件

下列文件中的条款通过本标准的引用而成为本标准的条款。凡是注日期的引用文件,其随后所有的修改单(不包括勘误的内容)或修订版均不适用于本标准,然而,鼓励根据本标准达成协议的各方研究是否可使用这些文件的最新版本。凡是不注日期的引用文件,其最新版本适用于本标准。

GB 150 钢制压力容器

GB 4066.1 干粉灭火剂 第1部分:BC干粉灭火剂(GB 4066.1—2004,ISO 7202:1987,NEQ)

GB/T 10489 轻型燃气轮机通用技术要求

GB/T 10491 航空派生型燃气轮机成套设备噪声值及测量方法

GB/T 11369 轻型燃气轮机烟气污染物测量

GB/T 14099 燃气轮机 采购

GB/T 15135 燃气轮机 词汇(GB/T 15135—2002,ISO 11086:1996,MOD)

GB 50009 建筑结构荷载规范

GB 50016—2006 建筑设计防火规范

GB 50058 爆炸和火灾危险环境电力装置设计规范

GB 50084 自动喷水灭火系统设计规范

GB 50193 二氧化碳灭火系统设计规范

HB 6712 轻型燃气轮机联轴器通用技术要求

3 术语和定义

GB/T 15135、GB/T 10489 和 GB/T 14099 确立的术语和定义适用于本标准。

4 总则

4.1 由于燃气轮机的使用场合、运行方式、环境条件等都影响着辅助系统的组成,本标准规定出最低要求项目,还规定了根据需要由供需双方决定的一些选择项目。

4.2 燃气轮机、辅助系统、控制系统以及其他必需的设备,应按功能要求合理布局。布局应考虑设备操作与维护的方便,安装、运行和维修的成本以及外观等。

4.3 除另有规定外,润滑剂、防冻剂等消耗品应由需方提供。

5 润滑油系统

5.1 通则

润滑油系统应能在燃气轮机的起动、运行及停机过程中,向燃气轮机或燃气轮机与被驱动机械的轴承、传动装置提供数量充足、温度与压力适当的、清洁的润滑油。润滑油的一部分也可以被分流，经过增压、过滤后用作液压控制或成为压力油系统的工作介质。

5.2 设备

设备包括：油箱、油泵、冷却器、过滤器、压力调节装置、温度调节装置、测量装置、加热器、油气分离和排出装置及管路等。

5.3 设计

5.3.1 润滑油系统的最低要求如下：

a) 选择合适的润滑油；

b) 便于油量的调节，保证供油连续、均匀及适应设备工作条件的变化；

c) 在满足使用性能的前提下，力求润滑装置简单实用，便于维护和清洗；

d) 防止沾污，保证润滑油的清洁使用，并防止漏油；

e) 在系统中应设有监视油位、温度和压力的检测装置；

f) 在系统中需有应急供油装置；

g) 用于液压控制系统的润滑油应分流、增压和再次过滤。

5.3.2 使用滑动轴承的燃气轮机还应符合5.4和5.5的要求。

5.4 尖峰负荷工作时的配置

5.4.1 润滑油泵

5.4.1.1 一般要求

至少应配置两台润滑油泵，并由两种相互独立而不同的动力源驱动。

5.4.1.2 泵驱动装置

泵驱动装置组合示例见表1。

表1 泵驱动装置组合示例

泵类别	主泵	应急泵
驱动装置	主机传动轴	直流电动机
	交流电动机	直流电动机
	交流电动机	汽轮机
	汽轮机	直流电动机

5.4.1.3 泵的控制

当主泵损坏或由于其他故障造成润滑油压力下降时，应急泵应自动起动。当应急泵加速到规定转速过程中油压需保持时，系统中宜配备蓄能器。

5.4.2 冷却器

应配备单程管壳式或直接式润滑油/空气冷却器或其他冷却器。

5.4.3 过滤器

应配备全流量过滤器，不应采用旁路。

5.4.4 油气分离和排出装置

对于轴承腔要求一定真空度的燃气轮机润滑油系统，应配备油气分离和排出装置。油气分离和排出装置可由传动轴或电机驱动，也可是一个通气装置。

5.5 基本负荷工作时的配置

5.5.1 润滑油泵

5.5.1.1 一般要求

至少应配置三台润滑油泵，并由两种或两种以上相互独立而不同的动力源驱动(供需双方互有协定者除外)。

5.5.1.2 泵驱动装置

泵驱动装置组合示例见表 2。

表 2 泵驱动装置组合示例

泵类别	主　　泵	辅助泵	应急泵
驱动装置	主机传动轴	交流电动机	直流电动机
	主机传动轴	交流电动机	汽轮机
	交流电动机	汽轮机	直流电动机
	汽轮机	交流电动机	直流电动机
	交流电动机	交流电动机	直流电动机

5.5.1.3 泵的控制

辅助泵应配备自动控制装置。当主油泵异常时，辅助泵应自动投入运行。当辅助油泵加速到规定转速时，自动控制装置应维持润滑油压力，以确保燃气轮机的安全运行。

5.5.2 冷却器

a) 单程管壳式冷却器采用未经处理的水作冷却介质时，宜配备双联冷却器，并联管路上采用一个连续供油切换阀(供需双方互有协定者除外)。每一个单程管壳式冷却器的容量均应按总的冷却负荷确定。

b) 对闭式冷却水循环系统中的单程管壳式冷却器，宜配备单个单程管壳式冷却器。用户选用类似 a)的双联冷却器者除外。

c) 采用润滑油/空气直接冷却的，宜配备单个冷却器。

5.5.3 过滤器

应配备带一个连续供油切换阀的双联过滤器(供需双方有协定者除外)。它用于润滑油路和液压控制油路中的所有初级过滤。冷却器和过滤器可以采用同一个供油切换阀。

5.5.4 油气分离和排出装置

见 5.4.4。

5.5.5 切换阀

指定使用双联冷却器和双联过滤器时，应配备多通道切换阀。切换机构应灵活，并装有锁定装置。切换阀应保证切换时供油不间断。切换前，未运行的冷却器和过滤器需进行充油和排气。

6 燃料系统

6.1 通则

燃料供给系统的设备视燃气轮机采用的燃料种类而确定。合同双方应就下述燃料系统作出选择：

a) 液体燃料系统；

b) 气体燃料系统；

c) 双燃料系统。

6.2 液体燃料系统

6.2.1 概述

燃气轮机的液体燃料系统可包括储油、净化处理、前置和主机燃油系统。

主机燃油系统应由供方提供，前置分系统宜由供方征得需方同意后选用。

其余分系统由供需双方协商确定。

6.2.2 储油分系统

储油罐的容量应与燃气轮机的容量、用途以及使用的燃油品种相适应。储油罐应配有恰当的进口、出口、通气口和用于排水的斜面或锥形底部，还宜根据需要配置必要的喷淋冷却系统。储存重质燃油的油罐，要求保温并设置加热器。

6.2.3　净化处理分系统

从炼油厂到储油场地的装卸、运输过程中，燃油可能被污染或燃油（重质燃油）金属含量可能超标准。净化处理分系统的规模取决于储存燃油的品种和所含的杂质。必要时，各种类型的处理分系统可包括：清洗、脱盐和防止污染分系统。净化处理分系统的技术要求由供需双方商定。

6.2.4　前置分系统

前置分系统输送给燃气轮机的燃油，其压力和温度应是燃气轮机燃油系统正常工作所允许的。前置分系统包括前置燃油泵、加热器（必要时）、压力调节阀以及其他必需的阀门，也可含一个由燃气轮机控制系统和保护系统控制的燃油截止阀。

6.2.5　主机燃油系统

主机燃油系统含主燃油泵、流量分配器、调节器、截止阀、末级过滤和管路。

6.2.6　泵

6.2.6.1　一般要求

泵的功能是输送和增压。泵的质量应可靠，安装位置应便于维护。

6.2.6.2　前置燃油泵

用于储油罐到燃气轮机之间输送燃油，可以采用离心泵或柱塞泵，由交流电机驱动，这些选用设备可向制造厂购置。

当基本负荷工作时，还应配置备用前置燃油泵。主泵和备用泵之间能自动切换。

需要“黑起动”功能时，可选用直流电机驱动前置燃油泵。

在双液体燃料系统中，每种燃油都应配备独立的前置燃油泵。

6.2.6.3　主燃油泵

主燃油泵应将液体燃料增压到燃气轮机所需的压力值，并与规定的燃油相适应，泵可由主机传动轴或交流电机驱动。

6.2.7　过滤器

过滤器和粗油滤的安装位置应按下述情况安排：

a）在卸油泵和前置燃油泵的进口油路上，应配备粗油滤。

b）在主燃油泵的进口油路上，应配备全流量细油滤。

c）基本负荷工作或使用重质燃油工作时，应配备带连续供油切换阀的双联全流量细油滤（供需双方互有商定者除外）。过滤器不使用旁通阀。总油滤可用离心机替代。

d）为保护燃油分配器和燃油喷嘴等燃气轮机元件，应另外配备高压过滤器。

6.2.8　阀

6.2.8.1　一般要求

阀的类型有截止阀、调节阀、快速截止阀以及其他用途的阀门。为了燃料系统的正常运行和安全，应配备减压阀和安全阀。

6.2.8.2　截止阀

配置手操纵的楔形、球形或蝶形截止阀，使工质绕过或隔离油罐（箱）、泵、加热器或其他任何需在运行中定期维护的设备。

6.2.8.3　快速截止阀（速断阀）

每台燃气轮机应配置两套快速截止阀，截止阀应尽量靠近燃气轮机入口处。这些阀门应配置为失电安全型，能对正常和应急停机控制信号作出快速响应。储油罐应配备防火截止阀，接受本机指令或特殊情况指令动作。采用这些阀时，在投标阶段，需方应通知供方，将这些阀与燃气轮机燃油控制系统联锁。

6.2.8.4 调节阀

调节阀以不同的控制参数来调节进入燃气轮机的燃油量。调节阀可直接或通过旁路系统控制燃油量,阀的执行机构应是电动、气动或是液压的驱动,并可按供方的标准与电控制信号联接。

6.2.8.5 放油阀

所有燃用液体燃料的燃气轮机应有放油阀,阀应设置在燃气轮机积油部位的下方。燃气轮机的某些低压部位可用敞开的放油管代替放油阀。

6.2.8.6 重质燃油循环阀

在使用重质燃油的装置上应配备重质燃油循环阀,使重质燃油能在管路中连续循环。考虑万一循环中断,应设清除装置。

6.2.8.7 三通切换阀

在使用重质燃油的燃气轮机上,需用轻质燃油起动和停机,应配备三通自动切换阀。

6.2.8.8 放气(通气)阀

为了从燃油系统中排出空气,宜在系统高部位配备放气阀。对暂时停机或定期维护的排气,允许用手动阀。

6.2.9 燃油分配器

燃油分配器应设置在主燃油泵和燃料喷嘴之间。

6.2.10 燃油加热器和保温

6.2.10.1 一般要求

重质燃油在输送、处理和燃烧时,需有加热和保温的措施。使用重油加热器时,要特别注意不能使重油过热。升温应在闪点以下,其具体数值应由供方规定。在许多场合下也是需要对轻油加热的。

6.2.10.2 储油罐加热器

为防止燃油的凝固和提高泵输能力,所有重质燃油储油罐应适当地加热,可采用蒸汽加热或电加热,由需方决定。

6.2.10.3 进油管路加热器

处理燃油或使之喷入燃气轮机,通常要求进油管路上设置加热器。重质燃油优先采用蒸汽加热器,经供需双方同意后,亦可采用交流电加热器或燃油加热器。

燃烧重质燃油的燃气轮机在基本负荷工作时,一旦加热器发生故障,应提供维持正常运行的有效手段,如自动切换轻质燃油或投入备用燃油加热器。

6.2.10.4 管线保温

大部分输送重质燃油的管路,均需采取保温和隔热措施,以保证在燃料系统的各指定部位保持所需的温度。在系统的处理和输送部分可用电或蒸汽保温,这些系统的细节通常由供需双方协商解决。

6.3 气体燃料系统

6.3.1 概述

气体燃料系统是由燃料供应、调压、分配、控制、计量装置所组成。供方应规定气体的参数,一般包括压力和温度。供方还应规定:气体燃料应干燥、不含液态成分,可接受的固体颗粒大小、腐蚀性杂质的容许范围。需方应提供气体燃料的热值和组分。

6.3.2 压力调节装置

压力调节装置应包括压力调节阀、燃料手动切断阀以及必要的压力调节控制系统,应能根据燃气轮机的需要,调节气体燃料的压力。

6.3.3 燃料控制装置

燃料控制装置包括截止阀、调节与控制阀组件、传感器、仪表和执行机构等,应能根据控制系统的信号完成气体燃料的投用和切断以及再点火、加速和运行状态时的燃料调节。

整个气体燃料系统应配备自动放气阀,当燃料系统截止时该阀就打开放气,使加压的气体燃料不积留在两个关闭的阀门之间。同时，根据低空排放口的位置视情配备阻火器。

气体燃料系统的进口应配备过滤器。

6.3.4 燃料分配器

从燃料调节阀出来的气体燃料，通过燃料分配器均匀地输送到各燃料喷嘴。

6.3.5 燃料供应装置

为保证气体燃料的干燥和无液态成分可以配备洗涤器、分离器或过热器。从输送管来的气体燃料，如不能达到所需压力，还需气体压缩机增压。

用户需提供的气体燃料性质如下：

a) 热值、热值变化范围和成分；

b) 压力和温度；

c) 可能存在的腐蚀性成分，例如硫化氢、二氧化硫和三氧化硫、硫，碱性金属：钠、钾、锂。

6.3.6 特殊气体燃料

对工艺过程产生的气体燃料和热值高的气体燃料应特别重视，保证它们维持气态，为此，需要伴热。对某些特殊气体燃料（如焦炉煤气等）中的杂质应进行必要的处理。

6.3.7 供应

通常供方提供燃料控制装置（见 6.3.3）和燃料分配器（见 6.3.4），需方提供燃料供应装置（见 6.3.5）和压力调节装置（见 6.3.2），经供需双方同意也可加以改变。

6.4 双燃料系统

6.4.1 双燃料系统是指燃气轮机既可以使用液体燃料也可以使用气体燃料，还可以使用液-气混合燃料的燃料系统。在使用液体或气体燃料时，其主要设备与使用单一燃料时相同。

6.4.2 双燃料系统应具有液体燃料与气体燃料的切换功能。在使用任一种燃料起机后可根据要求切换到另一种燃料。

6.4.3 双燃料系统应包含清吹系统。

7 雾化空气系统

7.1 通则

使用液体燃料时，有时需要利用高压空气雾化燃料助燃。该系统通常有压缩机、调节阀以及空气输送管路等组成，工作中这些设备的温度可高达：204 ℃～371 ℃，因此，大型装置的增压压缩机可能要进行预冷却和/或后冷却。

一般而言，供方提供该系统时需论证其效果。

雾化空气系统一般应按下列各条配置。

7.2 压缩机

根据燃料喷嘴所要求的雾化空气流量和压力，采用容积式或离心式压缩机。根据运行的方式选用单级或多级压缩机。用于间断运行的装置，一般不能连续运行。压缩机的密封和间隙应设计成使泄漏和温升为最小，所选用材料应与工作温度相适应。

压缩机可由燃气轮机或交流电动机驱动。

供方应规定起动和/或运转时是否需用压缩机，同时规定压缩机的需用功率。

7.3 储气罐

有时为减小雾化空气压缩机的尺寸，在系统中可使用储气罐。它的制造与试验应符合 GB 150 的规定。另外，还需配有一个与储气罐排污接口相连的自动化程度较高的冷凝液排除装置。储气罐应有减压阀和控制阀。供方提供的储气罐、压缩机系统应按规定的流量和压力供给雾化空气源。

7.4 预冷却器和后冷却器

雾化空气冷却器（应用时）应是管壳式或空冷式，且符合第 9 章的要求，构件材料是耐腐蚀的。

7.5 控制阀

为系统的正常运行，应配备必需的控制阀。

7.6 总管

为把雾化空气合适地分配给燃烧室各个喷嘴，应配备一根特制的总管。总管的尺寸应适合分配进入燃料喷嘴的空气量。总管和喷嘴之间，允许使用能适应最大工作温度的短柔性连接管。总管的材料应与压力、工作温度适应，并且耐腐蚀。总管应有适当的接头，以便于喷嘴的拆卸和燃气轮机的维护。

7.7 过滤器

应配备必要的过滤器（或分离器），以控制微粒杂质，保证系统和燃料喷嘴的正常工作。

8 起动系统

8.1 起动设备的型式

一般起动设备的型式如下：

a) 电动机；

b) 柴油机；

c) 空气直接喷吹；

d) 空气马达；

e) 液压马达；

f) 利用空气、蒸汽、气体燃料或其他气体驱动的膨胀涡轮。

起动设备型式的选择，应根据需方的要求并征得供方的同意。

8.2 使用状态

对于单轴燃气轮机，起动装置应能使燃气轮机加速和驱动有关设备。它还具备清吹、压气机清洗及加热燃气轮机的功能。

起动装置应在规定的时间内，把燃气轮机加速到自持转速或更高的转速。如果起动装置不能把燃气轮机带到规定的自持转速，则起动装置应能自动脱开并停机。

对于单轴燃气轮机，起动功率的大小应包括发电机和有关机械传动设备的负荷。

大多数多轴燃气轮机的起动功率根据需要而定。

8.3 盘车装置

如在起动前或停机后，燃气轮机要求盘车，则起动系统中应考虑设置盘车装置，它也可用在正常的起动程序中从静止状态盘动转子。

8.4 控制和仪表

在燃气轮机起动程序中应有起动控制措施，所有仪表、继电器等都安装在由供方提供的仪表板上，且布置在容易操纵的位置上。

8.5 柴油机起动（如采用）

8.5.1 柴油机

可采用强迫润滑的气冷或水冷的两冲程或四冲程柴油机。柴油机应配备下列设备：

a) 带蓄电池的起动电机和为蓄电池连续充电的整流器，或空气起动机和气源；

b) 燃料供给系统；

c) 控制和测量仪表；

d) 监控与保护装置；

e) 导线、电缆；

f) 柴油机冷却设备；

g) 空气进气过滤器；

h) 管路和电气附件；

i) 排气消声设备。

8.5.2 传动装置

必要时配备一台液压传扭装置与相匹配的附件和辅助传动装置。当燃气轮机达到自持转速时，自动脱扣离合器使起动柴油机脱开。

8.6 电起动(如采用)

8.6.1 电动机

电动机应配备下列设备：

a) 控制和测量仪表；

b) 导线、电缆；

c) 防潮加热设备。

8.6.2 传动装置

必要时配备一台液压传扭装置与配套的附件和辅助传动装置。当燃气轮机达到自持转速时，自动脱扣离合器使电动机脱开。

8.7 膨胀涡轮起动(如采用)

8.7.1 配备一台以蒸汽、压缩空气、气体燃料或其他气体作气源的膨胀涡轮

所使用工质由供需双方协商决定。

膨胀涡轮起动应配备全套所需的控制和仪表设备。

8.7.2 传动装置

应配备必要的传动装置和有关附件。

当燃气轮机达到自持转速时，自动脱扣离合器，使膨胀涡轮起动机脱开。

8.8 其他起动装置

经供需双方协商，可采用其他型式的起动装置。

9 冷却系统

9.1 通则

与燃气轮机动力装置有关的各系统如润滑油、涡轮、发电机等都需要进行冷却，由供需双方协商选定冷却系统型式。

9.2 冷却设备

冷却设备包括热交换器、冷却介质泵、冷却介质膨胀箱和冷却介质控制装备。

9.3 热交换器

9.3.1 管壳式热交换器

管壳式热交换器的设计及结构应符合钢制管壳式换热器设计的规定并具备下列设计特征：

a) 管子最小外径为 16 mm，最小壁厚为 1.2 mm；

b) 为便于维护，管组容易更换；

c) 设计中污垢系数的选择，按钢制管壳式换热器设计规定要求或由供需双方共同商定；

d) 结构材料按制造厂的标准或由供需双方共同商定。

9.3.2 空冷式热交换器

空气冷却交换器有多种型式，通常应用风扇强迫空气流动冷却，它适合于气-气、气-水或气-油的冷却，并具备下列设计特征：

a) 管子最小内径为 16 mm；

b) 为便于清洗，其端盖结构设计成可拆卸的；

c) 结构材料按制造厂的标准或由供需双方共同商定；

d) 风扇电机需考虑室外工作条件，并满足风扇的最大需用功率；

e) 风扇叶片可设计成可调或不可调的；

f) 风扇电机、风扇及皮带传动或减速齿轮传动装置，应容易靠近以便于维护；

g) 风扇设计应采取消声措施。

9.4 冷却介质泵

供方配备闭式冷却系统时，冷却介质泵一般由供方提供，而在开式冷却系统中，冷却介质泵一般由需方提供。不论何种冷却系统都应考虑下列设计要求：

a) 推荐选用离心泵；

b) 泵的结构、材料应适于冷却水的使用；

c) 泵采用机械密封，为维护方便，密封结构要布置得容易接近；

d) 冷却系统应满足防止过热所需的最小流通量要求；

e) 在指定基本负荷工作时，应配备一个全容量的备用泵，包括管路、电缆和带自动起动的控制装置。

9.5 冷却介质膨胀箱

在闭式冷却系统中，应配备一个能适应随温度升高冷却介质体积增大的膨胀箱，其大小应充分考虑系统中的冷却介质在最高温度下的体积，安放在冷却介质泵的吸入侧。

9.6 冷却介质的控制

不论是开式或闭式冷却系统，都应配备一个以冷却介质温度为控制参数来控制其流量或温度的装置。

闭式冷却系统的控制装置由供方提供，开式冷却系统控制装置的提供由供需双方商定。

9.7 设计

设计时，所用的温度极限值，参考现场气象环境的原始资料，由供需双方协商确定。本系统应能在极端环境温度下工作，达到预期的冷却效果。

对由需方提供的用液体介质的冷却系统，其使用温度极值也将由双方共同商定。

冷却介质为水的冷却系统中是否应用防冻剂，根据环境温度而定，防冻剂由需方提供。使用防冻剂的冷却液其浓度要满足全年的要求。

9.8 组合

为了便于安装，供方所提供的冷却系统，应按组件装在结构底座上。

10 加热-通风系统

10.1 通则

在燃气轮机和辅助设备的箱装体内，利用加热、通风或空调系统，保持容许的环境条件。

10.2 设计参数

对系统的要求，取决于下列工作条件：

a) 周围的环境温度和湿度；

b) 箱装体的材料和结构；

c) 箱装体内燃气轮机和辅助设备所要求的温度范围；

d) 来自运转设备、照明及其他的内部热源；

e) 燃气轮机和辅助设备以及场地条件对箱装体的清洁度要求；

f) 加热、通风或空调设备的安装位置应避免回流，并防止空气污染物、危险物和噪声扩散。

10.3 箱装体的要求

由于种种原因，机组设备包括燃气轮机和配套的辅助设备是组合装箱的。机组在运行和运行准备阶段，系统应提供适当的加热、通风或空调。通风使箱装体内的危险物积聚最少。通风机和通风窗口应与消防系统联锁，以保持所需要的灭火剂浓度。

当用于污染物浓度高的场合、海上平台或风沙环境时，经双方同意可配置过滤和增压通风系统。假如使用闪点在 43 ℃以下的低闪点燃料，则在投标阶段，用户应按国家标准明确防爆等级。

加热、通风用风扇和箱装体通风窗口应作消声处理，并且应该满足 GB 10491 规定的要求。

为保持箱装体内所需要的工作条件，加热-通风系统应具有手动和自动控制两种设施。

10.4 箱装体温度控制

为了使箱装体内的温度保持在控制设备和操作人员所允许的范围内，箱装体内应装设加热、通风或空调系统。

10.5 危险区域的要求

10.5.1 概述

由于箱装体内的燃气轮机使用某些易燃属性的材料，设计上应特殊考虑。

10.5.2 液体燃料

闪点在 43 ℃以下的低闪点燃料的泄漏，有形成可燃混合物的潜在危险。

使用液体燃料的燃气轮机，包括该区域的所有电气设备，均应根据 GB 50016—2006 中 3.1.1 的乙类予以防爆，处在乙类位置上的电气导线和设备应按 GB 50058 中 Q-2 级规定的要求。

低闪点燃料区域内的通风，应使箱装体底部的燃料蒸气积聚最少。

10.5.3 气体燃料

在有可能泄漏气体燃料的区域内，诸如包含有控制、调节以及测量装置的区域，均应根据 GB 50016—2006中 3.1.1 的乙类予以防爆，处在乙类位置上的电气导线和设备应按 GB 50058 中 Q-2 级规定的要求。经双方同意该区域可配置可燃气体探测器和报警装置。当气体燃料重于空气时，低部位的通风应加以特殊考虑。

10.5.4 蓄电池组

电池间的布置应使从蓄电池逸出的气体通过自然通风或强迫通风排入大气。通风应保证充分地扩散，避免可爆混合物的聚积。

10.6 舰船应用

由于海上的特殊环境，向燃气轮机箱装体提供的冷却、通风导管，应有盐雾分离和消声措施。冷却方式有风扇对箱体强迫通风，由风扇自箱体内抽气，或由排气引射器自箱体内抽气等。在燃气轮机减速期间，仍需要这些冷却设备投入使用。

11 消防系统

11.1 通则

通常消防系统由报警装置和由手动与自动相切换的灭火装置两部分组成，典型的消防系统灭火程序框图参见图 1。

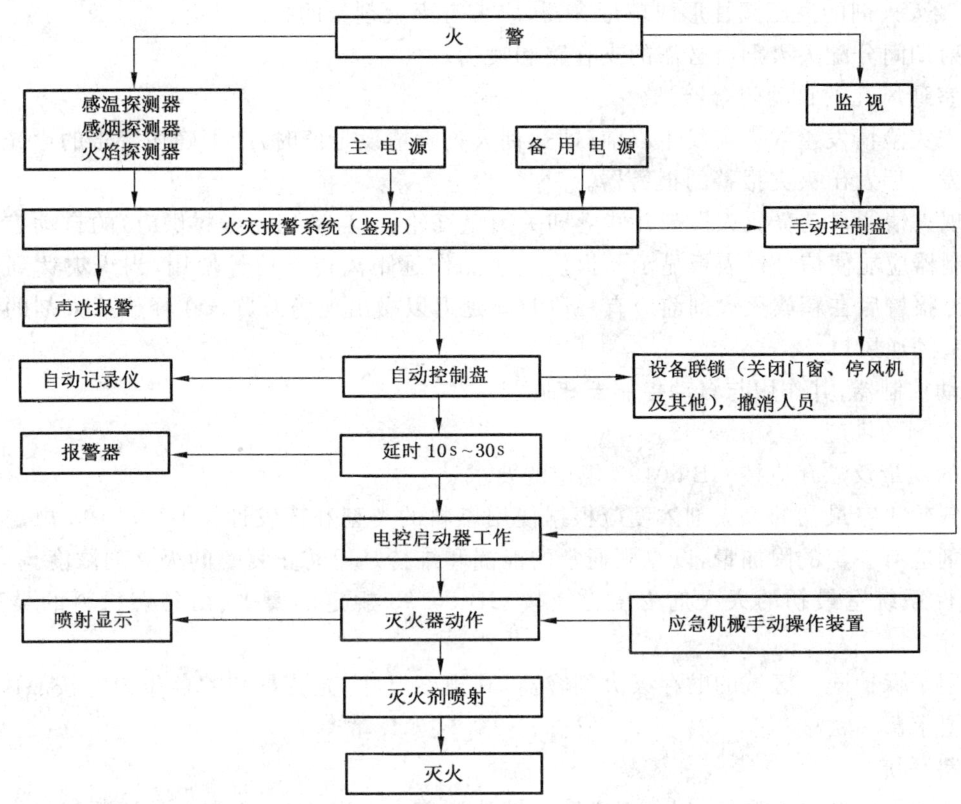

图 1 消防系统灭火程序框图

灭火装置应设在润滑油、燃料和电器等有潜在起火危险的区域。一般这些区域有燃气轮机室和燃料、润滑油附件室。对从动设备室如发电机箱装体经双方同意也可装设灭火装置。

设置消防系统的目的应是监测、报警、灭火并防止复燃，以便使训练有素的人员获得采取紧急行动的时间，因此，消防系统应有必要的安全装置，以保护机组操作人员，同时灭火剂又不能对燃气轮机有损害。

各独立室应提供合适的封闭空间以尽量减少灭火剂的损失，在喷射灭火剂前应自动关闭通风系统，箱装体的通风孔应装备自动关闭装置。

11.2 设计要求

11.2.1 消防系统设计标准

消防系统应按下列标准设计：

a) 二氧化碳灭火系统——按 GB 50193 规定的要求；

b) 干燥化学物品灭火系统——按 GB 50193 规定的要求；

c) 国家电气标准——按 GB 50058 中 Q-2 级规定的要求。

11.2.2 设备和控制

为确保机组和操作人员的安全，消防系统应具备自动控制和手动控制两套设施。对管网灭火系统还应有一套应急机械操作装置(见图 1)。

消防系统至少包括以下构件：

a) 在各室内适当布置的传感器。为了防止误报，传感器的设定值和测点的实际值(如温度值或可燃气体泄漏量)之间需要确定合理的差值。传感器一般不装在燃气轮机上或有强烈振动的区域，除非出于它们的功能要求。对使用液体燃料的燃气轮机，传感器宜采用有比例补偿的感温探测器或感烟探测器，对使用气体燃料的燃气轮机，传感器宜采用可燃气体泄漏量探测器。如双方认为光学探测器可以满足特殊的要求，也可以采用。

b) 贮藏灭火剂的高压圆柱形或球形容器，应带有灭火剂量的指示装置。

c) 喷射期间分配灭火剂所必需的支管路和喷嘴。

d) 各室通风孔的自动闭合器。

e) 在火灾险情发生或火灾发生以前（即达到火灾险情设定值时）产生确切警告的声光报警器和火灾发生后发出火灾报警的报警器。

f) 出现火情能自动释放灭火剂并能立即关闭燃气轮机（自动切断燃料供应）的自动控制器。自动控制器应能使信号仪表板显示并提供电接点作远距离传递信号使用，当火灾达到险情设定值发出报警后在释放灭火剂前应有一段时间延迟以撤出现场人员。在释放灭火剂的同时关闭相关室的通风口。

g) 手动控制器，其作用与自动控制器相同。

11.2.3 灭火剂的供应

灭火剂的用量及贮存应按 GB 50193 规定的要求：

a) 燃气轮机室最初的灭火剂浓度应根据使用燃料的类型和挥发性按 GB 50193 规定的要求。灭火剂应有一定的附加量，以克服通常的泄漏和维持足以防止复燃的灭火剂浓度。

b) 附件系统室最初的灭火剂浓度也应按 GB 50193 规定的要求，由易燃材料的类型及数量来决定。

c) 对用于保护同一区域的贮存灭火剂容器，其规格尺寸、充装量和贮存压力等按 GB 50193 规定的要求。

11.2.4 燃料系统

燃料系统应与消防系统联锁，以确保消防系统达到着火设定值时，立即自动切断燃料供应。

11.3 二氧化碳灭火系统

11.3.1 二氧化碳具有断氧窒息灭火机理，因此要求现场人员迅速撤离；二氧化碳又有降温作用，故对燃气轮机热部件有损害（淬火）作用，因此一般情况燃气轮机室不推荐采用二氧化碳灭火系统。但二氧化碳灭火效果好又经济，对其他从动设备室仍可采用。

11.3.2 如果采用二氧化碳灭火剂，对于燃气轮机室、燃烧区域、轴承腔道及管路区，喷射速率应使二氧化碳浓度在 1 min 之内达到 34%，并维持 30% 的浓度至少 10 min，以防复燃。

11.3.3 对附件室，喷射 1 min 内最初的浓度应达到 50%，并维持 30% 的浓度至少 10 min。

11.4 干燥化学剂灭火系统

非电器设备区域可任选一干燥化学剂灭火系统，如碳酸氢钠灭火剂，是目前国内应用最广泛的一种灭火剂，其性能可见 GB 4066.1。

11.5 备用系统

11.5.1 通常还有一些灭火设备作为备用，它们一般由用户提供。这些设备包括消防栓、消防软管及手提灭火器等。

11.5.2 如果燃气轮机箱装体置于厂房内，该厂房的消防系统应按照消防技术规范中 GB 50084 的规定要求。

12 清洗系统

12.1 通则

由于燃气轮机在各种不同的地区使用和燃烧各种燃料，压气机和涡轮叶片上会沾有污垢并导致功率下降。清洗的目的是用清洗剂通入燃气轮机清除叶片上的污垢以恢复其功率。清洗剂一般不能除去叶片上所有的污垢，经多次清洗仍不能恢复其功率时，需要分解叶片用手工清洗叶片。

12.2 压气机清洗

清洗的方法分水洗和干洗两种。将清洗剂引入压气机进口对压气机进行清洗。这两种清洗方法的设备可按供需双方协议供应。

12.3 涡轮清洗

在燃气轮机中燃烧的某些燃料会在涡轮叶片上留下污垢，这种污垢大部分可以用水或其他清洗剂冲洗去除。为了清洗叶片需增设清洗系统，并由供需双方共同商定对其进行鉴定和安装。

12.4 水洗系统

系统包括泵、阀、控制器和把液态清洗剂从供给处传输到燃气轮机上合适的喷射点，并从燃气轮机排出废清洗液所必需的管道。该系统的金属构件应是耐腐蚀和能满足工作要求的，清洗液的流量压力和清洗液的品质要由供方确定。

12.5 干洗系统

系统包括料斗、喷射系统、控制装置和必要的管道。系统安装好后，在清洗时将干的清洗剂喷射到燃气轮机内部去除叶片污垢。清洗剂应由供方确定。

12.6 清洗方式

清洗方式可以采用在线清洗，也可以采用离线清洗。在线清洗是指燃气轮机在运行过程中进行清洗，但清洗应在一定的负荷条件下方可进行，并有完整的监控保护。离线清洗是指机组在停机后进行清洗。

在水洗完成后，需要干燥。

12.7 注意事项

在系统设计及操作过程中，应谨防将水及清洗剂漏入燃气轮机不可进入水的部位，例如润滑系统中。

13 进气系统

13.1 通则

进气系统用于将周围空气导入燃气轮机压气机进口，此系统可包括进气过滤、进气消声、二次冷却空气以及为满足特定大气条件下的防冰、降温等装置，它的主要功能是保证进气口外噪声级符合要求及防止外来物（污物尘埃）侵入，为压气机进口提供流场均匀的清洁空气。

13.2 进气口位置

进气系统的进口位置应保证自排气管道排出的燃气，在常规条件下（如烟气速度、风速及风向或船用条件下）不致进入进气口。同时也应防止油烟排放口、锅炉烟气出口和其他排气出口的排出物，在常规条件下被吸入进气系统。

13.3 设备

13.3.1 必要设备

至少应包括以下设备：过滤装置、消声器、管道、必要的支承和膨胀节等。

13.3.2 选用设备

除了必要的设备外，用户可以指定装设的设备有防护网、进口百叶窗、蒸发式冷却器、排水装置和防冰系统等。

13.3.3 供应选择

供方通常要供应进气系统。当要求供方不提供进气系统组件时，需方应向供方提交设计以供审阅和认可。

13.3.4 舰船应用

鉴于海上的恶劣环境，空气中含有盐分，或者说空气中含有海水水珠，因此在燃气轮机的进气系统中应配置盐雾分离器。通常装置一个气水分离器惯性级和滤网组合系统，先除掉大的水滴，然后除掉较小的水滴，最后除掉任何可能的残余水分，以免凝聚成水滴。可活动的盐雾分离器是最佳的，在压差太大时它能自动打开，以防进气管道被堵塞。

13.4 设计

13.4.1 概述

供方应说明进气系统的总压降值以及在此压降下的使用条件。

13.4.2 载荷

进气系统的设计应按 GB 50009 规定的要求和建筑抗震有关专业技术规范中关于风、雪和地震载荷规定的要求。

进气系统设计应尽量减少雨、雪和冰融化时水的积聚。

13.4.3 紧固件

进气系统设计应尽量减少使用螺栓、螺母或其他联接件。由于这些联接件可能会松散脱落并被带进压气机，因此所有的联接件可以焊接或用其他适当方式锁紧。

13.4.4 材料

在正常环境中使用的低碳钢型材，钢板和钢管管壁应涂防锈漆，以防腐蚀。对于在气流中使用的薄板、穿孔钢板应由低合金、抗蚀的材料所制成。

对特殊的现场条件，用户应提出要求额外的防腐蚀保护。根据当地环境双方协商决定，可考虑用特殊的防腐蚀涂(镀)层或使用不锈钢材料。

13.4.5 防护网

不装进口过滤器的进气系统，可以装设一个金属防护网，以防杂物被吸入进气道。附加的防护网可以安装在进气消声器前方。防护网的装设由供需双方商定。

13.4.6 消声器

可以使用平行障板式，折扳式消声器以及板状、梭形、圆筒等阻性消声器等。

整个进气系统消声的设计，应符合 GB/T 10491 中的规定。

消声器的设计，应考虑尽量减少气流损失和防止吸声材料被气流吸出。

13.4.7 管道

13.4.7.1 一般要求

管道设计应与整个设计的压力损失相协调，因此，管道尺寸由进气系统的最大允许压力损失决定。

进气管道输送系统应布置合理，要求压气机进口截面上的气流流畅均匀。

进气管道的要求：

a) 气流通畅；
b) 不应有易沉积外物的角落；
c) 易于检查；
d) 耐腐蚀；
e) 气密性好；
f) 内部紧固件不应自行松动；
g) 使用防爆照明灯具。

通常，对每台燃气轮机应配置单独的进气道。进气管道的设计应方便燃气轮机的拆装。

13.4.7.2 管壁

管壁应具有足够的刚度，以避免振动和冲击，内壁应避免任何剥落的可能性。

13.4.7.3 支承

当进气系统除了基座别无其他支承时，支承应和进气系统装在一起。支承应承受静载和动载，例如风和气流反作用力。支承系统应允许管道及其他组件与构件之间必要的相对膨胀，并做到靠近燃气轮机的部分拆卸时，进气管道及支承仍能保持原位。

13.4.7.4 人行通道

应提供人行通道，以便对整个管道做操作前的最后清洗和检查，并便于维护。

13.4.7.5 维护

在维护期间为了接近燃气轮机和其他设备，应当尽可能少地拆卸进气系统。

13.4.8 膨胀节

膨胀节应能补偿燃气轮机运行时产生的热位移以及进气系统安装时与燃气轮机之间的位差。膨胀节宜设置内衬套以消除过度颤振并减少接合性质恶化或压力损失。接合部分应覆盖可靠的吸声材料，以满足噪声要求。

13.4.9 过滤装置

过滤装置包括过滤元件、净气室和支座壳体、金属防护网或百叶窗，便于检查和更换元件的梯子及平台，为防止燃气轮机进气堵塞的自动卸荷装置或安全门、压差报警器以及自清系统装置等。

进气过滤元件可以用介质型、惯性型或两者结合型以及高效空气过滤元件。

a) 按基本负荷运行的燃气轮机机组配备的过滤元件，应采用过滤效率不低于99%的高效空气过滤元件；

b) 按尖峰负荷运行的燃气轮机机组配备的过滤元件，可以适当降低过滤效率，但不低于83%；

c) 对于高效过滤元件都要求达到：流过过滤元件后的空气中，所有固体颗粒的粒径不应大于10 μm，含尘量不应超过0.5 mg/m^3。

舰船用燃气轮机机组应配置盐雾过滤装置，其性能应满足舰船设计规范中的要求，并取得用户的认可。

用户要说明影响过滤元件选择的现场污染和环境条件，特别是沙暴或海上的大气条件(如果用户要求，供方可以帮助进行现场勘查)。

13.4.10 蒸发式冷却器

13.4.10.1 一般要求

冷却器有喷雾型或介质型。如果需要使用冷却器，应指定类型。

冷却设备包括介质或喷雾系统、构成冷却室和介质或喷雾器支座的外壳、水的分配和收集系统、控制系统、支承系统(混凝土基础除外)和工作中检查、维护用的梯子及工作平台。

13.4.10.2 冷却器参数

至少下列参数应相互一致：

a) 有效率

一般有效率为60%～90%，它的定义为：

$$有效率=\frac{T_{1D}-T_{2D}}{T_{1D}-T_{1W}} \qquad \cdots\cdots(1)$$

式中：

T_{1D}——冷却器进口干球温度，单位为摄氏度(℃)；

T_{2D}——冷却器出口干球温度，单位为摄氏度(℃)；

T_{1W}——冷却器进口湿球温度，单位为摄氏度(℃)。

b) 压降

对于增加蒸发冷却器引起的压降，经双方同意，可计入对燃气轮机性能的影响。

13.4.10.3 水质

供方应规定水质要求，推荐蒸发冷却器与燃气轮机正常工作的喷水程序。

13.4.10.4 水的渗漏

为了限制水分渗入气流中，应采用水雾分离器或某种特殊设计。

13.4.10.5 防止腐蚀

材料的选择和表面处理应满足防腐蚀要求。

13.4.11 防冰和防冰报警

13.4.11.1 一般要求

对在结冰环境中工作的燃气轮机，进气系统应设置防冰装置。对在其他场合工作的燃气轮机防冰装置的设置根据现场条件由供需双方商定。

13.4.11.2 防冰

防冰装置的功能是对进口空气加热，以防止进气系统内结冰。此装置可以自动或人工控制。其设计方案和它对燃气轮机运行及性能的影响可由供需双方商定。

13.4.11.3 防冰报警

防冰报警的功能是进气系统进口出现结冰危险时发出声光警报，提醒操作人员注意并采用相应措施消除结冰危险。选择的防冰传感器应性能可靠，以提供准确的报警时间并尽量避免误报。

13.5 试验

燃气轮机机组安装完毕后，需要进行进气系统现场测试，验证本系统是否达到技术要求，特别是评价进气系统对于燃气轮机性能和环境的影响程度。

14 排气系统

14.1 通则

排气系统将燃气轮机排出的高温燃气通过消声器排入大气或进入余热回收装置。如果余热回收装置能够达到足够的噪声衰减效果，在进入余热回收装置的管道中可省去排气消声器。

14.2 设备

14.2.1 必要设备

一般至少包括以下设备：管道、消声器、膨胀节和结构支承等。

14.2.2 选用设备

经需方指定，可以增加设备，例如排气延伸段、二次冷却段、排气帽罩、余热回收装置以及风挡防护套等。

14.2.3 供应选择

供方通常供应排气系统。当要求不供应排气系统组件时，需方应向供方提交设计供审阅和认可。

14.3 设计

14.3.1 概述

供方应说明排气系统的总压降值和在该压降下的使用条件。当指定要余热回收装置时，总压降值应控制在 1 500 Pa～2 000 Pa 范围，同时设计中应考虑能承受将出现的附加排气背压，一般背压不大于 250 Pa。

14.3.2 负荷

排气系统应适应热负荷和气动负荷的要求，并且设计上应按 GB 50009 规定的要求和建筑抗震有关专业技术规范中关于风、雪和地震负荷的规定要求。

14.3.3 排气出口

排气出口的排气温度及控制措施，应由双方商定。排气出口相对于邻近的建筑设备应有足够的高度以保证排气充分扩散消失避免回流，同时排气口要有一定的速度避免下洗流效应。在舰船上，排出的烟气应离开甲板，并避开船上的通风口和燃气轮机进气口。

注：“下洗流”(down washing)，意为气流下冲。

14.3.4 膨胀节

膨胀节应能补偿燃气轮机与排气系统的热膨胀及安装误差。膨胀节应在额定压力下密封。膨胀节有金属膨胀节和非金属膨胀节。

14.3.5 紧固件

所有的紧固件应该充分锁紧以防震动中松散脱落。暴露在燃气中的螺栓和螺母可焊接在一起。

14.3.6 消声器

排气消声器可以采用消声砖砌成的障板式或迷宫式排气通道，也可以采用金属板状或圆筒的阻性消声器。吸声材料应能承受高温燃气的急剧变化和热气流冲刷，以避免被吹出污染周围环境。消声器应有足够的噪声衰减，以符合总的噪声要求。

整个排气系统消声设计应按 GB/T 10491 中规定的要求。

排气消声器总体设计也应尽量减少消声器在排气通道中造成的压力损失。

14.3.7 管道

14.3.7.1 一般要求

排气管道的尺寸应与整个排气系统总压降值协调一致，并符合供方要求的燃气轮机总效率。管道的总体布置尽量少折转拐弯，必要时加装导流片，并且不使管道邻近的设备和结构过热。管道的截面避免突然变化以保持一定的排气速度。

排气管道要求：

a) 排放通畅；

b) 不存在沉积外物的角落；

c) 易于检查；

d) 耐腐蚀及高温侵蚀；

e) 气密性好；

f) 内部紧固件不应松动。

此外对每台燃气轮机应提供各自独立的排气管道，长期停机的场合可以使用排气口盖。

14.3.7.2 管壁

管道壁面应适应燃气气动负荷并且有足够的刚性以承受振动。

14.3.7.3 支承

由于排气管道承受高温，所以要充分考虑管道的挠性和支承。支承点和膨胀节应做到既允许热膨胀又不会给燃气轮机带来附加载荷，所使用的膨胀节在额定的压力下应是气密的。管道及其零部件的支承结构设计，应使外传的热和噪声减至最低限度，尤其在舰船应用上应尽量减少对船体的传热。

14.3.7.4 人行通道

应提供人行通道以便对排气系统管道作检查和维护之用。

14.3.7.5 维护

在排气管道设计中应考虑维护性，需要对燃气轮机动力涡轮检修检查时应使排气管道的拆卸最少。

14.3.7.6 材料

整个系统构件的材料及防护层，在工作温度下应是抗腐蚀的，管道材料应具有足够强度。

14.3.7.7 排水

应提供合适的排水管路以排放雨水和清洗的水，其位置应有利于水的排放。

14.4 排气冷却

燃气轮机的排气温度应根据需要加以控制。有的舰船为达到红外抑制应采取措施控制排气温度。

14.5 试验

燃气轮机机组安装完毕后，需要进行排气系统现场测试。验证本系统是否达到规定的技术要求，特别是评价排气系统对于燃气轮机性能和环境的影响程度。

关于是否进行排气污染的检测，由供需双方商定。如需要则按 GB/T 11369 规定的测量方法由专门人员进行。

15 箱装体

15.1 通则

箱装体是用来为燃气轮机机组的主要设备如燃气轮机本体、辅助设备等提供保护以防止大气环境的直接影响，并且提供消防及照明等设备。箱装体还应能隔绝并减弱燃气轮机的强噪声（辐射噪声）以满足 GB/T 10491 的规定要求。

15.2 设备

15.2.1 必要设备

应提供箱装体内照明、加热、通风和消防等有关设备。

15.2.2 选用设备

经需方指定，可以配备一些附加设备，如维修设备、起重吊具、探头等。

15.3 设计

15.3.1 概述

除另有说明外，箱装体一般由组成燃气轮机机组的各系统室组成。设计应满足 GB 50009 及有关的技术规范中关于风、雪和地震负荷的规定要求。箱装体的结构强度，应确保外界任何碎片不应击穿箱体而进入燃气轮机室的空间。箱装体上的辅助设施，如通道、平台、扶梯等要有足够的强度满足操作和维护用。如需方需要，供方应提供符合各项规定的箱装体设计图纸。

15.3.2 维修通道

提供足够大的通道门（应是隔声的）或人孔，给维修以充分的方便。所有的门应开启简便，若箱装体内有控制室，应提供从里往外开启的应急措施。

15.3.3 电器设备

所有电器设备或提供的电缆线，应符合用户指定的当地适用的规范。

15.3.4 现场装配

箱装体是与各项设备组装后装运。现场主要是整体性装配。

15.4 舰船应用

舰船用燃气轮机箱装体应结构紧凑并具有足够的刚性，满足舰船抗冲击要求。

15.5 消防设备

燃气轮机箱装体内应配置火警探测器及灭火装置等消防系统的设备。

16 联轴器

轴驱动装置是用联轴器联接的，此装置可以包括负荷设备、辅助传动装置、负荷传动装置、辅助驱动装置和附件。联轴器和保护罩一般与燃气轮机一起成套提供。作为一种选择，负荷联轴器也可由用户装设。

燃气轮机成套设备中挠性联轴器通用技术要求参见 HB 6712。

在小功率燃气轮机和两轴严格对中要求的传动中，可采用固定式凸缘联轴器。

17 传动装置

经双方同意，供方供应直接同燃气轮机连接的任何负荷传动装置。随燃气轮机一起供应的有起动燃气轮机或主轴驱动的辅机所需的辅助传动装置。

如采用负荷传动装置时，平行轴齿轮传动装置可设计成单级减速或多级减速。按燃气轮机最大功率和驱动设备的类型选取合适的齿轮载荷系数和合适的齿轮精度等级。对于水平偏置齿轮的啮合，应是小齿轮啮合点的负荷向下，大齿轮负荷向上，齿面应抛光。

轴承座包括可靠支承传动轴所必需的轴承，通常采用滑动轴承，所以轴承座为水平对开式，轴承应有可更换的金属衬套或衬垫。轴承供油槽及轴承衬套剖切面的最佳安排是根据质量、不同负荷的反力以及轴承的流体动力学反力(偏位角)的反力图来决定的。轴承润滑可由燃气轮机润滑系统或单独的系统供给。

由于整个轴系(燃气轮机、负荷、传动装置和联轴器等)产生并传递推力负荷。必要时安装推力平衡装置。

负荷传动装置与燃气轮机和所驱动的设备连接应恰当,对整个传动系统应进行扭振和横振分析,负荷传动装置上应避免大的悬臂质量。

18 管路系统

18.1 通则

管路系统按照管路图联接各系统,并把介质输送到燃气轮机装置中的使用部位。

18.2 构造

管路的设计、制作和检查应适应各类管路的要求。合理选择管路的直径以减少流动损失,保证流道畅通,并根据工作压力、工作温度等要求合理选用材料,确定制作方法和检查要求以确保管路密封、清洁和连接可靠。

18.3 清洗和去垢

各系统的管路在机组安装、维修期间应清洗和去垢,安装期间的清洗和去垢应由安装方负责进行。

18.4 供应

属于燃气轮机部分的管路应由供方提供,供方提供的各个撬装体(或分组件)的管路也应由供方提供。各撬装体到燃气轮机的连接管路可由需方或供方提供。仅用于连接燃气轮机进出管子的转接装置,应由供需双方协商一致后由供方提供。在投标阶段,供方应明确通常不提供的联接导管的清单。

19 安装

19.1 通则

燃气轮机及其辅助设备可安装在箱装体、辅助撬装体内,或直接安装在基础上。

供方应提供必要的数据,如尺寸和负载,以确定设备基座界面。

19.2 载荷

19.2.1 概述

燃气轮机在工厂装配、运往工地、工地搬动和安装、运行时,将承受静、动、热各类载荷。

19.2.2 静载荷

可分为以下三种:

a) 物体的质量;

b) 由于其他构件的质量或构件的反作用力引起的静力;

c) 由于雪的负荷引起的静力,除非用户另有规定,雪的载荷应按 GB 50009 中的规定。

19.2.3 动载荷

它是由机械运行力、风力、地震力和装运过程中产生的力引起的变化载荷。所有设备在正常运行时都会出现机械运行力,其通常表现为机械作用或流体作用诱发的振动。

进、排气系统和箱装体是露天设备,会受季风载荷。这几项可见本标准第 13 章~第 15 章的要求。

地震载荷是由地震引起的特殊的动载荷,一般依据地理位置决定设计载荷,处理这种负荷应遵循 GB 50009。

装运力是由制造和安装过程中运输和装配机件引起的。

19.2.4 热载荷

燃气轮机装置的许多组件具有不同工作温度,其中有一些组件是相互联接的,所以机组运行过程中或在由停机到运行的过渡过程中会传递热载荷。

19.3 设计

19.3.1 概述

燃气轮机及其所属零、组件应设计成能承受静、动、热载荷而无故障。

如使用螺栓、卡箍、焊接、键槽及中心导向件等元件作为各种零、组件的连接方式，应设计成能承受这几种载荷。采用这些连接时还应能在相互连接的零、组件间进行对中调整。

19.3.2 底座

底座界面及安装按供方提供的文件进行。

19.3.3 隔振支承

隔振件应用于以下两种类型辅助装置的有效支承；

a) 能产生足够冲击能量诱发振动的辅助装置(如辅助压缩机)，它位于可能影响邻近设备正常运行的区域内；

b) 振动响应组件，其工作和性能将受到附近其他组件产生的诱发振动的无阻尼传递的影响。

隔振件的型式，可由简单的缓冲件到压缩弹簧，根据振动的频率和振幅大小来选择。

19.3.4 维护可达性

为便于维护安装，可按机件特性适当布局安装位置。现分类如下：

a) 旋转设备应安装定位在易于维护的地方；

b) 应定期润滑和维护的电机，联轴器应可达性好；

c) 可能要更换的设备应具有可达性，以便卸下紧固件；

d) 同时相邻安装的设备应允许拆卸件的起吊或搬运。

为方便维护，必要时在某些部位应提供可移动的板、门和隔板。

供方负责组装的设计应考虑可维护性。焊接是一种永久性的连接方法，只用在组件不需拆除的地方。

19.3.5 界面的确定

组件的连接要传递大部分静、动、热负荷。组件所在位置对上述负荷有着重要的影响。

供方供应组件和连接件时，负责负荷交界面的设计。当组件是分开提供时，供方应指明负荷极限，并在投标阶段应就交界面的责任归属达成协议。

20 涂装

20.1 通则

黑色金属的非工作表面为防止腐蚀和外观的需要应涂漆，由不锈钢或镀锌钢等防腐材料制成的设备表面不需涂漆。

各管路为区别流动介质性质，需按相关规定在管路表面涂相关颜色的漆(或色环)。

20.2 涂漆前的准备

表面预处理工作应符合钢结构表面预处理的有关规定。

20.3 涂层

20.3.1 概述

油漆应和工作温度及所接触的燃料、润滑油及环境条件相容。

20.3.2 一般表面

为满足温度及其他环境条件的要求，应进行不同种类的表面涂漆，其油漆种类及应用由供方规定。

20.3.3 润滑油接触表面

与润滑油接触的内表面，如油箱、轴承座、齿轮箱等除另有说明外应涂以耐润滑油涂层。这种涂层能经受润滑油连续沉浸相冲刷，对润滑油浸刷过的表面可不需重新涂漆。

20.3.4 现场涂漆

最终涂漆是在现场完成安装以后进行，一般由需方负责，但也可由供需双方协商而定。

21 注水/蒸汽系统

21.1 通则

当需要采用注水/蒸汽来降低或控制燃气轮机排气污染时，应按 GB/T 11369 评价控制排气污染措施的效果。

当需要注水系统时，供方应说明所需水量，所用水的品质和必要的供应条件及系统的规格、流量、压力和温度等要求。

当需要注蒸汽系统时，供方应说明所需蒸汽量、蒸汽品质及必要的供应条件。

21.2 注水系统设备

注水系统包括供水器、水处理系统、泵、滤网过滤器、管道、阀门、流量分配系统、控制器和监视记录系统。所有设备与水相容。另外，系统设计要考虑防冰措施。

21.3 注蒸汽系统设备

注蒸汽系统包括蒸汽源、泵、阀及分配、控制、监测和记录设备。

21.4 增加功率

采用注蒸汽技术能增加燃气轮机的输出功率。是否采用此系统可由供需双方商定，本标准不予详述。

ICS 21.060.20
J 13

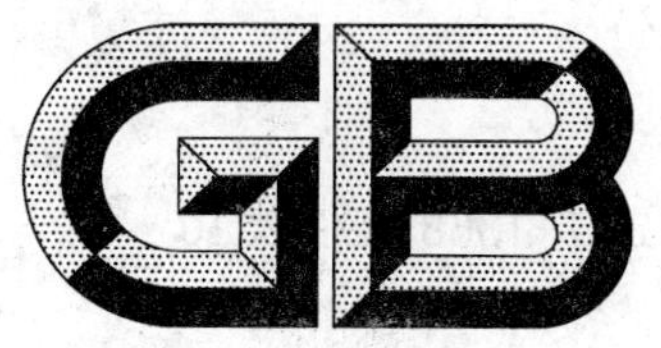

中华人民共和国国家标准

GB/T 13681.2—2010

焊接六角法兰面螺母

Hexagon weld nuts with flange

(ISO 21670:2003,MOD)

2011-01-10 发布　　2011-10-01 实施

中华人民共和国国家质量监督检验检疫总局
中国国家标准化管理委员会　发布

前　言

GB/T 13681 的本部分(以下简称本部分)是国家标准"焊接螺母"系列标准之一,该系列包括:

——GB/T 13680—1992 焊接方螺母;

——GB/T 13681—1992(修订时,将改为 GB/T 13681.1)焊接六角螺母;

——GB/T 13681.2—2010 焊接六角法兰面螺母。

本部分是 GB/T 13681 的第 2 部分。

本部分修改采用 ISO 21670:2003《焊接六角法兰面螺母》(英文版)。主要修改如下:

——在引用文件中,用我国标准代替国际标准(第 2 章);

——ISO 21670 第 4 章的编写方法与已发布的 ISO 紧固件产品标准不同,本部分予以调整(见表 2);

——ISO 21670 未规定包装技术要求,本部分予以规定(见表 2);

——ISO 21670 未规定简化标记,本部分按 GB/T 1237 给出简化的标记(见 5.2)。

本部分由中国机械工业联合会提出。

本部分由全国紧固件标准化技术委员会(SAC/TC 85)归口。

本部分负责起草单位:中机生产力促进中心。

本部分参加起草单位:沈阳市福田紧固件有限公司。

焊接六角法兰面螺母

1 范围

GB/T 13681 的本部分规定了螺纹规格为 M5～M16 和 M12×1.5～M16×1.5、产品等级为 A 级的焊接六角法兰面螺母。

符合本部分规定的螺母可搭配的螺栓最高性能等级为 10.9 级(GB/T 3098.1)。

2 规范性引用文件

下列文件中的条款通过 GB/T 13681 的本部分的引用而成为本部分的条款。凡是注日期的引用文件，其随后所有的修改单(不包括勘误的内容)或修订版均不适用于本部分，然而，鼓励根据本部分达成协议的各方研究是否可使用这些文件的最新版本。凡是不注日期的引用文件，其最新版本适用于本部分。

GB/T 90.1 紧固件 验收检查(GB/T 90.1—2002,ISO 3269:2000,IDT)

GB/T 90.2 紧固件 标志与包装

GB/T 196 普通螺纹 基本尺寸(GB/T 196—2003,ISO 724:1993,MOD)

GB/T 1237 紧固件标记方法(GB/T 1237—2000,eqv ISO 8991:1986)

GB/T 2516 普通螺纹 极限偏差(GB/T 197—2003,ISO 965-3:1998,MOD)

GB/T 3098.1 紧固件机械性能 螺栓、螺钉和螺柱(GB/T 3098.1—2010,ISO 898-1:2009,IDT)

GB/T 3098.2 紧固件机械性能 螺母 粗牙螺纹(GB/T 3098.2—2000,idt ISO 898-2:1992)

GB/T 3098.4 紧固件机械性能 螺母 细牙螺纹(GB/T 3098.4—2000,idt ISO 898-6:1994)

GB/T 3103.1 紧固件公差 螺栓、螺钉、螺柱和螺母(GB/T 3103.1—2002,ISO 4759-1:2000,IDT)

GB/T 16938 紧固件 螺栓、螺钉、螺柱和螺母 通用技术条件(GB/T 16938—2008,ISO 8992:2005,IDT)

3 尺寸

螺母型式尺寸见图 1 和表 1。

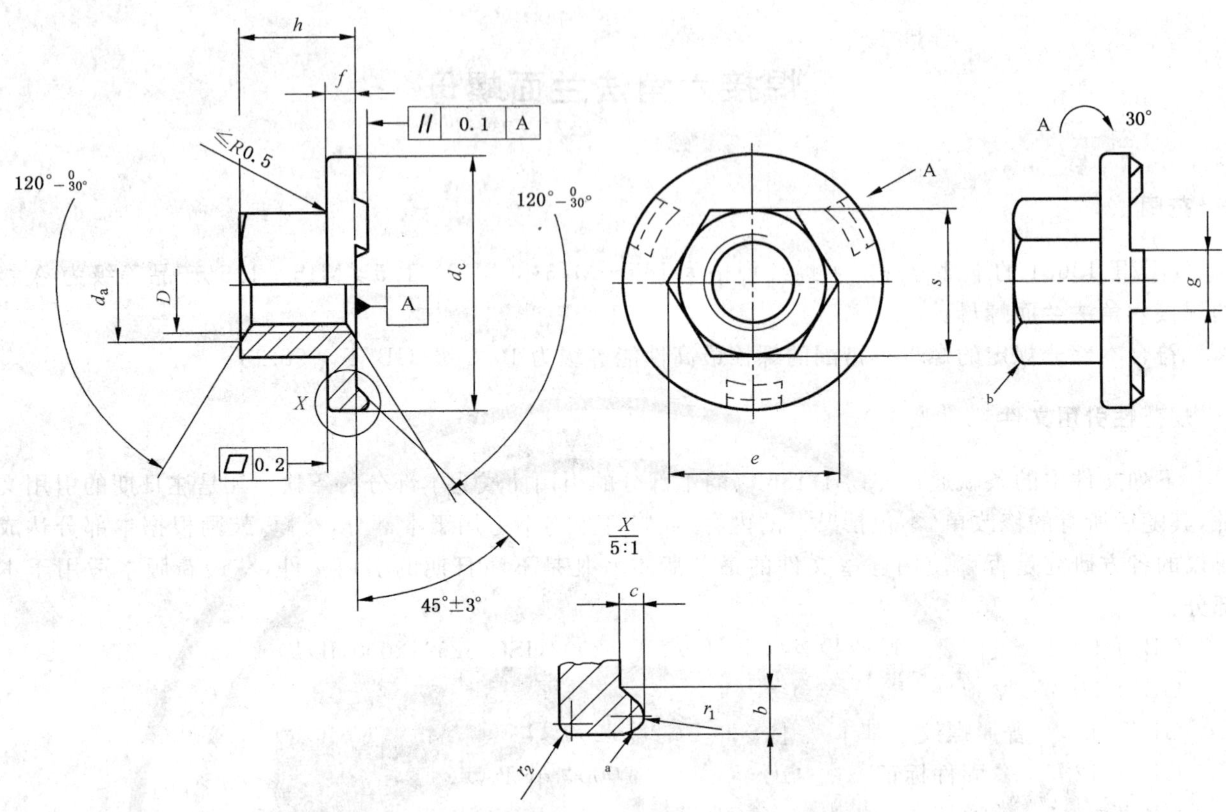

a 镦制成形。

b 镦制成形，最小 15°。

图 1 螺母

表 1 尺寸

单位为毫米

螺纹规格 (D 或 D×P)		$b_{-0.2}^{\ 0}$	$c\pm0.1$	d_a max	$d_{c}{}_{-1}^{\ 0}$	e min	f ±0.25	g ±0.1	h min	h max	s max	s min	r_1 ±0.1	r_2 ±0.1	每 1 000 件钢螺母的质量 (ρ=7.85 kg/dm³) ≈kg
M5	—	2.2	0.8	6	15.5	8.2	1.7	4	4.7	5.0	8	7.64	0.6	0.3	2.9
M6	—	2.7	0.8	7	18.5	10.6	2	5	6.64	7.0	10	9.64	0.6	0.5	5.7
M8	—	2.7	1	9.5	22.5	13.6	2.5	6	9.64	10	13	12.57	0.8	0.8	12.2
M10	—	2.95	1.2	11.5	26.5	16.9	3	7	12.57	13	16	15.57	1	1	21.8
M12	M12×1.5	3.2	1.2	14	30.5	19.4	3	8	14.57	15	18	17.57	1	1.2	29.4
M14	M14×1.5	3.45	1.2	16	33.5	22.4	4	8	16.16	17	21	20.16	1	1.2	45.8
M16	M16×1.5	3.7	1.2	18	36.5	25	4	8	18.66	19.5	24	23.16	1	1.2	63.1

4 技术条件和引用标准

技术条件和引用标准见表 2。

表 2 技术条件和引用标准

<table>
<tr><td colspan="2">材料</td><td>含碳量不大于 0.25%；
如要求螺母淬火并回火，硬度应等于或小于 300 HV；
不允许使用易切钢；
如需规定材料牌号，应由供需双方协议</td></tr>
<tr><td colspan="2">通用技术条件</td><td>GB/T 16938</td></tr>
<tr><td rowspan="2">螺纹</td><td>公差</td><td>6G</td></tr>
<tr><td>标准</td><td>GB/T 196、GB/T 2516</td></tr>
<tr><td rowspan="2">机械性能</td><td>保证载荷</td><td>见表 3</td></tr>
<tr><td>试验方法</td><td>GB/T 3098.2、GB/T 3098.4；
如有争议，试验前先去除焊接凸点</td></tr>
<tr><td rowspan="2">公差</td><td>产品等级</td><td>A</td></tr>
<tr><td>标准</td><td>GB/T 3103.1</td></tr>
<tr><td colspan="2">表面处理</td><td>应交付无镀层的螺母；
在运输或保管过程中，无镀层的螺母可能受到腐蚀，故制造者应有不削弱螺母焊接性能的防腐措施</td></tr>
<tr><td colspan="2">验收及包装</td><td>GB/T 90.1、GB/T 90.2</td></tr>
</table>

表 3 保证载荷

粗牙螺纹规格(D)	保证载荷/N	细牙螺纹规格($D\times P$)	保证载荷/N
M5	14 800	—	—
M6	20 900	—	—
M8	38 100	—	—
M10	60 300	—	—
M12	88 500	M12×1.5	92 900
M14	120 800	M14×1.5	131 900
M16	164 900	M16×1.5	176 200

5 标记

5.1 标记方法

标记方法按 GB/T 1237 的规定。

5.2 标记示例

螺纹规格 D=M10、碳钢制造、不经热处理、适用于性能等级为 10.9 级的螺栓或螺钉的焊接六角法兰面螺母的标记：

螺母 GB/T 13681.2 M10

如果焊接六角法兰面螺母需进行淬火并回火，则应增加标记 QT 代号。

螺纹规格 D=M12×1.5、碳钢制造、淬火并回火处理、适用于性能等级为 10.9 级的螺栓或螺钉的焊接六角法兰面螺母的标记：

螺母 GB/T 13681.2 M12×1.5-QT

6 标志

规格等于或大于 M5 的焊接六角法兰面螺母,应标志制造者识别标志。标志应在螺母顶面。

7 相关尺寸

与焊接六角法兰面螺母相关的尺寸见图 2 和表 4。

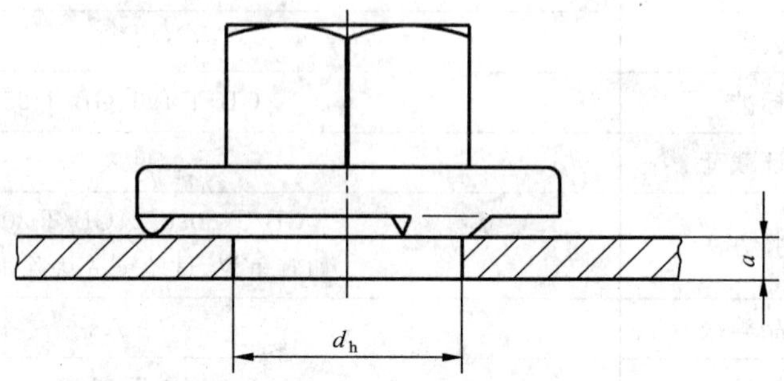

图 2 相关尺寸(焊接前)

表 4 相关尺寸

单位为毫米

螺纹规格		板厚 a		孔径 d_h
(D)	($D \times P$)	min	max	H11
M5	—	0.88	1.20	7
M6	—	0.88	1.80	8
M8	—	1.0	2.0	10.5
M10	—	1.25	2.50	12.5
M12	M12×1.5	1.5	3.0	14.8
M14	M14×1.5	2.0	3.5	16.8
M16	M16×1.5	2.0	4.0	18.8

ICS 59.080.70
W 59

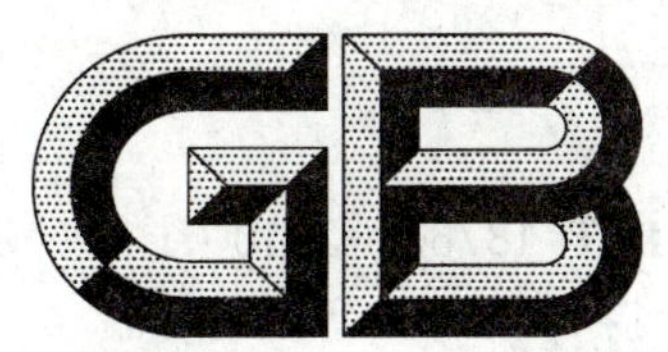

中华人民共和国国家标准

GB/T 13763—2010
代替 GB/T 13763—1992

土工合成材料 梯形法撕破强力的测定

Geosynthetics—
Determination of trapezoid tearing force

2011-01-10 发布　　2011-06-01 实施

中华人民共和国国家质量监督检验检疫总局
中国国家标准化管理委员会　发布

前　言

本标准代替GB/T 13763—1992《土工布梯形法撕破强力的试验方法》。本标准与GB/T 13763—1992的主要差异如下：

——标准名称改为《土工合成材料　梯形法撕破强力的测定》；

——适用范围由"各类土工布"改为"各类土工布和土工防渗膜"；

——删除了规范性引用文件中引用标准GB/T 8170；

——增加了"土工合成材料"、"土工布"和"防渗土工膜"术语和定义；

——试验仪器中增加了铗钳和梯形样板；

——增加了试样湿态下撕破强力的测试方法；

——第7章增加了试样两种典型撕裂曲线图；

——增加了7.5中的注。

本标准由中国纺织工业协会提出。

本标准由全国纺织品标准化技术委员会基础分会(SAC/TC 209/SC 1)归口。

本标准起草单位：中纺标(北京)检验认证中心有限公司、国家纺织制品质量监督检验中心。

本标准主要起草人：章辉。

本标准所代替标准历次版本发布情况为：

——GB/T 13763—1992。

土工合成材料
梯形法撕破强力的测定

1 范围

本标准规定了采用梯形法测定土工合成材料撕破强力的方法。

本标准适用于各类土工布和防渗土工膜。

2 规范性引用文件

下列文件中的条款通过本标准的引用而成为本标准的条款。凡是注日期的引用文件,其随后所有的修改单(不包括勘误的内容)或修订版均不适用于本标准,然而鼓励根据本标准达成协议的各方研究是否可使用这些文件的最新版本。凡是不注日期的引用文件,其最新版本适用于本标准。

GB/T 6529 纺织品 调湿和试验用标准大气(GB/T 6529—2008,ISO 139:2005,MOD)

GB/T 13760 土工合成材料 取样和试样准备(GB/T 13760—2009,ISO 9862:2005,IDT)

3 术语和定义

下列术语和定义适用于本标准。

3.1

土工合成材料 geosynthetic

在岩土工程和土木工程中用于接触土壤和(或)其他材料的一种产品的总称,其至少由一种合成或天然的聚合物组成,其可以是片状的、条状的或三维结构的。

3.2

土工布 geotextile

在岩土工程和土木工程中用于接触土壤和(或)其他材料的一种平面状、可渗透的、由聚合物(天然或合成)组成的纺织材料,它可以是机织的、针织的或非织造的。

3.3

防渗土工膜 geosynthetic barrier

用于岩土工程和土木工程中,减少或防止液体流动而透过建筑物的一种低渗透性的土工合成材料。

3.4

撕破强力 tear force

在规定条件下,使试样上从初始切口开始撕裂并继续扩展所需的撕破力。

4 原理

在矩形试样上画一个梯形,并在梯形的短边中心剪一个切口,用强力试验仪的铗钳夹住梯形上两条不平行的边,以恒定速率拉伸试样,使试样在宽度方向沿切口逐渐撕裂,直至全部断裂。测定最大撕破力,以牛顿(N)为单位。

5 试验仪器

5.1 等速伸长拉伸试验仪(CRE),附有自动记录力的装置。

5.2 铗钳,其宽度应足够夹持整个试样的宽度,且在试验过程中应保证试样不滑移或破损。

5.3 梯形样板,其尺寸如图1所示。

单位为毫米

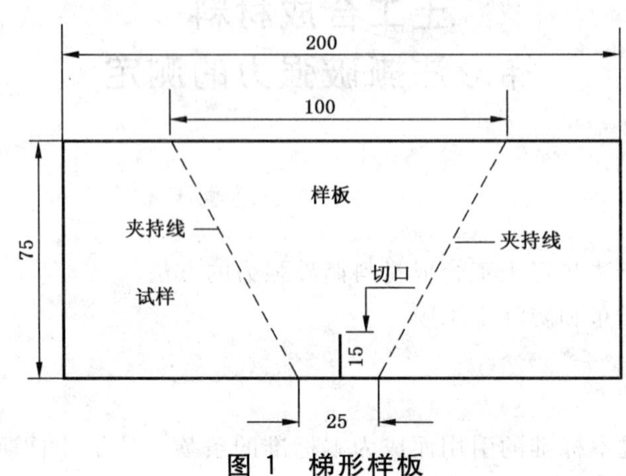

图1 梯形样板

6 试样准备与调湿

6.1 按GB/T 13760的规定取样和准备试样。除非另有规定,从每份样品上裁取至少经向(纵向)和纬向(横向)各10块试样,每块试样的尺寸为(75±1)mm×(200±2)mm。

6.2 用梯形样板在每个试样上画一个等腰梯形,按图1所示在梯形短边中心剪一个长约15 mm的切口。

6.3 按GB/T 6529规定调湿试样。

6.4 如果要求测定试样湿态下的撕破强力,试样应放在温度20 ℃±2 ℃的去离子水中浸渍,至完全湿透为止,也可用每升含不超过0.5 g的非离子中性湿润剂的水溶液代替去离子水。

注:测定试样湿态下的撕破强力时,试样不需要调湿。

7 试验步骤

7.1 在GB/T 6529规定的标准大气环境中进行试验。

7.2 设定两铗钳间距离为(25±1)mm,拉伸速度为50 mm/min。

7.3 安装试样,沿梯形的不平行两边(图1中夹持线)夹住试样,使切口位于两铗钳中间,长边处于折皱状态。

7.4 启动仪器,拉伸并记录最大的撕破强力值,单位以牛顿(N)表示。图2给出两种典型的撕裂曲线图。

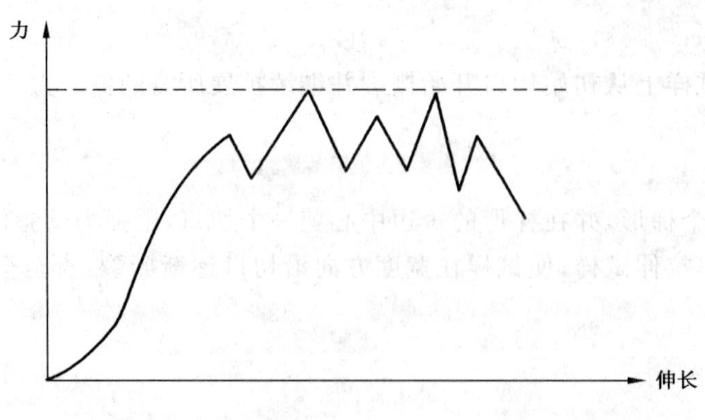

a)

图2 试样典型撕裂曲线

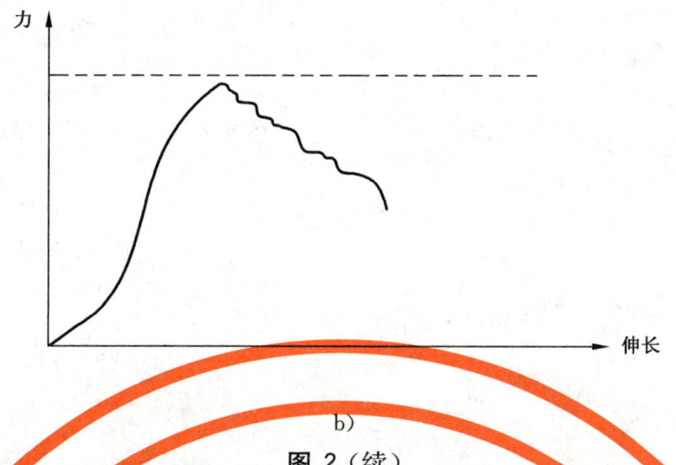

b)

图 2（续）

7.5 若撕裂不是沿切口线进行或试样从铗钳中滑出，则应剔除此次试验值，并在原样品上重新裁取试样，补足试验次数。

注：对于撕破强力较大，或容易滑脱的试样，可更换特殊的铗钳或在铗钳夹持面加上衬垫材料，并应在试验报告中说明。

7.6 测定试样湿态下的撕破强力时，将试样按 6.4 进行湿润处理，放在吸水纸上吸去多余的水后，立即按照 7.2～7.5 进行试验。

8 结果计算

分别计算经向（纵向）与纬向（横向）10 块试样最大撕破强力的平均值，结果保留至小数点后一位。若需要，计算其变异系数，精确至 0.1%。

9 试验报告

试验报告应包括以下内容：

a) 说明试验是按本标准进行的；
b) 样品的描述及取样方法；
c) 试验与调湿用标准大气；
d) 试样状态（常态或湿态）；
e) 样品经向（纵向）和纬向（横向）试样数量；
f) 样品经向（纵向）和纬向（横向）的平均最大撕破强力值；
g) 如果需要，试样撕破强力值的变异系数；
h) 任何偏离本标准的细节。

ICS 65.120
B 46

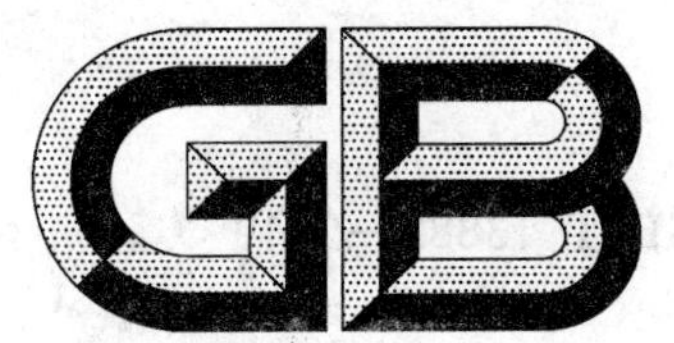

中华人民共和国国家标准

GB/T 13882—2010
代替 GB/T 13882—2002

饲料中碘的测定 硫氰酸铁-亚硝酸催化动力学法

Determination of iodine in feeds—
Ferric thiocyanate-nitric acid catalytic kinetic method

2011-01-14 发布 2011-07-01 实施

中华人民共和国国家质量监督检验检疫总局
中国国家标准化管理委员会 发布

前　言

本标准按照 GB/T 1.1—2009 给出的规则起草。

本标准代替 GB/T 13882—2002《饲料中碘的测定　硫氰酸铁-亚硝酸催化动力学法》。

本标准与 GB/T 13882—2002 相比，主要技术变化如下：

——原标准中“7.2.1　碘标准工作曲线的绘制”中“……用蒸馏水补足至 5 mL……”，现修订为“……加蒸馏水约 5 mL……用蒸馏水定容并摇匀”；

——原标准中“7.2.2　试样溶液的测定”中“……用蒸馏水补足至 5 mL……”，现修订为“……加蒸馏水约 5 mL……”。

本标准由全国饲料工业标准化技术委员会(SAC/TC 76)提出并归口。

本标准起草单位：国家饲料质量监督检验中心(武汉)。

本标准主要起草人：钱昉、何凤琴、黄婷、杨林。

本标准所代替标准的历次版本发布情况为：

——GB/T 13882—1992、GB/T 13882—2002。

饲料中碘的测定
硫氰酸铁-亚硝酸催化动力学法

1 范围

本标准规定了饲料中碘的测定方法。

本标准适用于单一饲料、配合饲料、精料补充料、浓缩饲料和添加剂预混合饲料。

本标准最低检出限为 0.1 mg/kg。

2 规范性引用文件

下列文件对于本文件的应用是必不可少的。凡是注日期的引用文件，仅注日期的版本适用于本文件。凡是不注日期的引用文件，其最新版本(包括所有的修改单)适用于本文件。

GB/T 6682 分析实验室用水规格和试验方法

GB/T 14699.1 饲料 采样

GB/T 20195 动物饲料 试样的制备

3 原理

将试样中有机物破坏，使碘游离出来。碘离子在有适量亚硝酸存在的稀硝酸溶液中，能催化硫氰酸铁褪色。在一定范围内，硫氰酸铁的褪色速度与碘离子浓度呈线性关系，可用分光光度法测定。

4 试剂和溶液

除非另有规定，在分析中仅使用确认为分析纯的试剂。实验用水应符合 GB/T 6682 中三级水的规格或相当纯度的水。

4.1 硝酸溶液：1+1。

4.2 碳酸钾溶液：

4.2.1 碳酸钾溶液，300 g/L：称取 300 g 碳酸钾溶于 1 000 mL 水中。

4.2.2 碳酸钾溶液，30 g/L：称取 30 g 碳酸钾溶于 1 000 mL 水中。

4.3 硫酸锌溶液：称取 10g 硫酸锌($ZnSO_4 \cdot 7H_2O$)溶于 1 000 mL 水中。

4.4 硫氰酸钾溶液，$c(KCNS)=0.1$ mol/L：称取 0.97 g 硫氰酸钾溶于水，移入 100 mL 容量瓶，稀释至刻度。

4.5 硫酸铁铵-硝酸溶液，$c[NH_4Fe(SO_4)_2 \cdot 12H_2O]=0.1$ mol/L：称取 6.0 g 硫酸铁铵[$NH_4Fe(SO_4)_2 \cdot 12H_2O$]溶于水，慢慢加入硝酸 47 mL，移入 100 mL 容量瓶中，用水稀释至刻度。此溶液当天配制。

4.6 硫氰酸钾-亚硝酸钠溶液：称取 0.048 3 g 亚硝酸钠溶于水，加入硫氰酸钾溶液(4.4)5 mL，移入 100 mL 容量瓶中，用水稀释至刻度。此溶液当天配制。

4.7 颜色固定剂：在 300 mL 水中，依次加入硫酸 50 mL、氯化钠 25 g、盐酸羟胺 5 g、氯化亚锡 10 g，溶解后用水稀释至 500 mL，备用。

4.8 碘标准贮备溶液,1 mg/mL:称取 0.130 8 g 经 120 ℃干燥 2 h、于干燥器中冷却的碘化钾溶于水,移入 100 mL 容量瓶中,稀释至刻度,贮存于棕色瓶中备用,三个月内有效。

4.9 碘标准中间溶液,10 μg/mL:吸取碘标准贮备溶液(4.8)5 mL,移入 500 mL 棕色容量瓶中,稀释至刻度。

4.10 碘标准工作溶液,1 μg/mL:吸取碘标准中间溶液(4.9)10 mL,移入 100 mL 棕色容量瓶中,稀释至刻度,备用,一周内有效。

5 仪器与设备

5.1 实验室用样品粉碎机或研钵。

5.2 分析筛。

5.3 分析天平:感量 0.000 1 g。

5.4 高温炉。

5.5 烘箱。

5.6 坩埚:镍质,30 mL。

5.7 秒表。

5.8 分光光度计。

6 试样制备

按 GB/T 14699.1 采样,按 GB/T 20195 制备试样。粉碎至全部过 0.42 mm 孔筛(40 目),混匀装于密封容器,备用。

7 测定步骤

7.1 试样溶液的制备

7.1.1 干灰化法

称取试样 0.5 g~2 g(精确至 0.000 1 g)置于镍坩埚中,加碳酸钾溶液(4.2.1)1 mL 和硫酸锌溶液(4.3)1 mL,用小玻璃棒将试样搅成糊状(务必使试样充分湿润,如液体不够,可加少量水),玻璃棒上残留物用蒸馏水洗入坩埚。将坩埚置于 95 ℃±5 ℃烘箱中烘干,再在电炉上慢慢炭化,炭化充分完全后,加盖放入高温炉中,升温到 500 ℃±20 ℃,保持 1.5 h 后,取出坩埚,冷却,加少量水,将灼烧残渣研碎,移至电炉上加热至微沸,用中速定量滤纸过滤,多次用热水洗涤滤渣,将滤液和洗涤液收集到 50 mL 容量瓶中,冷却后用水定容至刻度,摇匀,此为试样溶液,待测。

7.1.2 湿法(用于添加剂预混合饲料)

称取试样 0.1 g~0.5 g(精确至 0.000 1 g)置于镍坩埚中,加硝酸溶液(4.1)2 mL,反应完成后,加水少许,将此溶液过滤转入 100 mL 容量瓶中,用水定容至刻度,摇匀,此为试样溶液,待测。

7.2 测定

7.2.1 碘标准工作曲线的绘制

准确移取碘标准工作溶液(4.10)0.00 mL,0.10 mL,0.20 mL,0.40 mL,0.80 mL,1.20 mL 于 10 mL容量瓶中,各加碳酸钾溶液(4.2.2)0.8 mL,加蒸馏水约 5 mL,加硫氰酸钾-亚硝酸钠溶液

(4.6)0.5 mL，摇匀，然后在每只容量瓶中加入硫酸铁铵-硝酸溶液(4.5)1.0 mL，用秒表计时，充分摇匀，放置于30 ℃水浴中恒温20 min后依次取出，然后分别加入颜色固定剂(4.7)0.5 mL(加入颜色固定剂的间隔时间与加入硫酸铁铵-硝酸溶液的间隔时间严格控制一致)，用蒸馏水定容并摇匀，用1 cm比色皿，在460 nm处，以蒸馏水为参比测定吸光度值，绘制碘含量与吸光度值的标准工作曲线。

7.2.2 试样溶液的测定

准确移取试样溶液(7.1.1)1.00 mL(含碘少于1.2 μg)于10 mL容量瓶中，加碳酸钾溶液(4.2.2)0.7 mL，或准确移取试样溶液(7.1.2)0.5 mL(含碘少于1.2 μg)于10 mL容量瓶中，加碳酸钾溶液(4.2.2)0.8 mL，加蒸馏水约5 mL，以下按7.2.1中“加硫氰酸钾-亚硝酸钠溶液(4.6)0.5 mL”以后的操作进行，测得试样溶液吸光度值，在标准工作曲线上查得试样溶液中的碘含量。

8 测定结果的计算和表述

8.1 计算

试样中碘的含量 X，以质量分数表示，单位以毫克每千克(mg/kg)表示，按式(1)计算：

$$X=\frac{V_0\times m_1}{V\times m} \quad\cdots\cdots(1)$$

式中：

V_0——试样溶液(7.1.1或7.1.2)总体积，单位为毫升(mL)；

V——测定时移取试样溶液的体积(7.2.2)，单位为毫升(mL)；

m_1——由标准工作曲线上查得的碘含量，单位为微克(μg)；

m——试样质量，单位为克(g)。

8.2 结果表示

每个试样取两个平行样进行测定，以其算术平均值为结果，所得结果保留三位有效数字。

9 允许差

试样中碘含量大于3.00 mg/kg，允许相对偏差为30%；碘含量小于或等于3.00 mg/kg，允许相对偏差为50%。

ICS 77.040.01
J 31

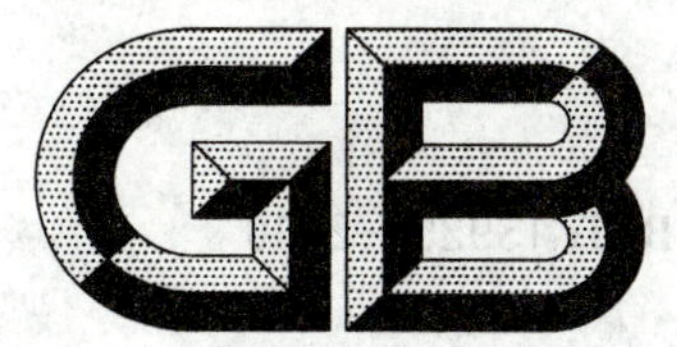

中华人民共和国国家标准

GB/T 13925—2010
代替 GB/T 13925—1992

铸造高锰钢金相

Metallographs for high manganese cast steel

2010-12-23 发布　　2011-06-01 实施

中华人民共和国国家质量监督检验检疫总局
中国国家标准化管理委员会　发布

前 言

本标准代替 GB/T 13925—1992《铸造高锰钢金相》。

本标准与 GB/T 13925—1992 相比，主要技术内容修订如下：

——扩大了标准适用范围。

——修改和明确了金相试样取样和观察位置。

本标准由全国铸造标准化技术委员会（SAC/TC 54）提出并归口。

本标准负责起草单位：暨南大学、安徽省机械科学研究所。

本标准参加起草单位：浙江裕融实业有限公司、江西铜业集团（德兴）铸造有限公司、郑州鼎盛工程技术有限公司、广西钟山长城矿山机械厂、中铁宝桥股份有限公司、中铁山桥集团有限公司、宁国市东方碾磨材料有限责任公司、徐州卡勒米特抗磨工程研究所、南京建达机械设备有限公司。

本标准主要起草人：李卫、宋量、李来龙、黄明富、卢洪波、周忆平、王建国、陈英杰、赵金斌、王东善、王健。

本标准所代替标准的历次版本发布情况为：

——代替 GB/T 13925—1992。

铸造高锰钢金相

1 范围

本标准规定了铸造高锰钢金相取样方法和显微组织以及碳化物、晶粒度和非金属夹杂物级别的评定依据。

本标准适用于GB/T 5680中所规定的除了ZG120Mn7Mo1之外的水韧处理的奥氏体锰钢铸件。

2 规范性引用文件

下列文件中的条款通过本标准的引用而成为本标准的条款。凡是注日期的引用文件,其随后所有的修改单(不包括勘误的内容)或修订版均不适用于本标准,然而,鼓励根据本标准达成协议的各方研究是否可使用这些文件的最新版本。凡是不注日期的引用文件,其最新版本适用于本标准。

GB/T 5680　奥氏体锰钢铸件(GB/T 5680—2010,ISO 13521:1999,MOD)

GB/T 6394　金属平均晶粒度测定法

3 取样方法

3.1　试样在铸件或其附铸试块上切取,也可直接在铸件上做金相观察。

3.2　试样在切取和制备过程中应防止热影响。

4 显微组织

铸造高锰钢经水韧处理后的显微组织应为奥氏体(见图1)或奥氏体加少量碳化物。

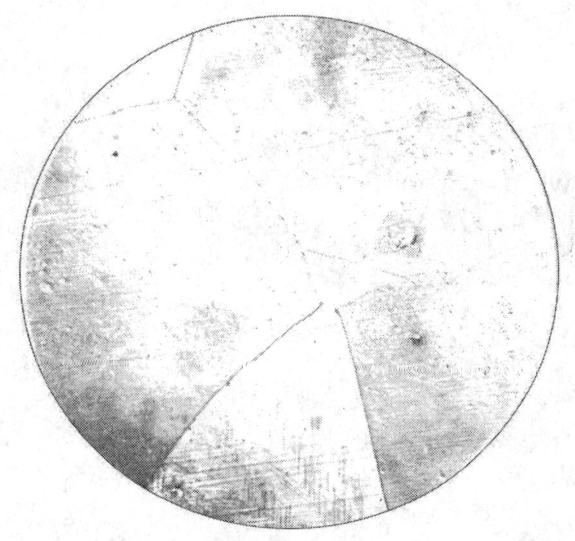

图1　奥氏体 500×

5 碳化物评级

5.1　浸蚀剂:可选用4%硝酸酒精、甘油混合酸(HNO_3:HCl:甘油=1:2:3)和过饱和苦味酸等。

5.2　放大倍数:500×

5.3　评定视场:ϕ80 mm,选取最严重的视场评定。

5.4 未溶碳化物评级见表1。

表1 未溶碳化物的级别

级别代号	特 征	图号
W1	晶界、晶内平均直径小于等于5 mm的未溶碳化物总数为一个	2
W2	晶界、晶内平均直径小于等于5 mm的未溶碳化物总数为二个	3
W3	晶界、晶内平均直径小于等于5 mm的未溶碳化物总数为三个	4
W4	晶界、晶内平均直径小于等于5 mm的未溶碳化物总数多于三个	5
W5	晶内、晶界有平均直径大于5 mm的未溶碳化物或有聚集	6
W6	未溶碳化物呈大块状沿晶界分布有部分聚集	7
W7	未溶碳化物大块状沿晶界分布有大量聚集	8
注：平均直径小于2 mm的未溶碳化物在评级时不予计数。		

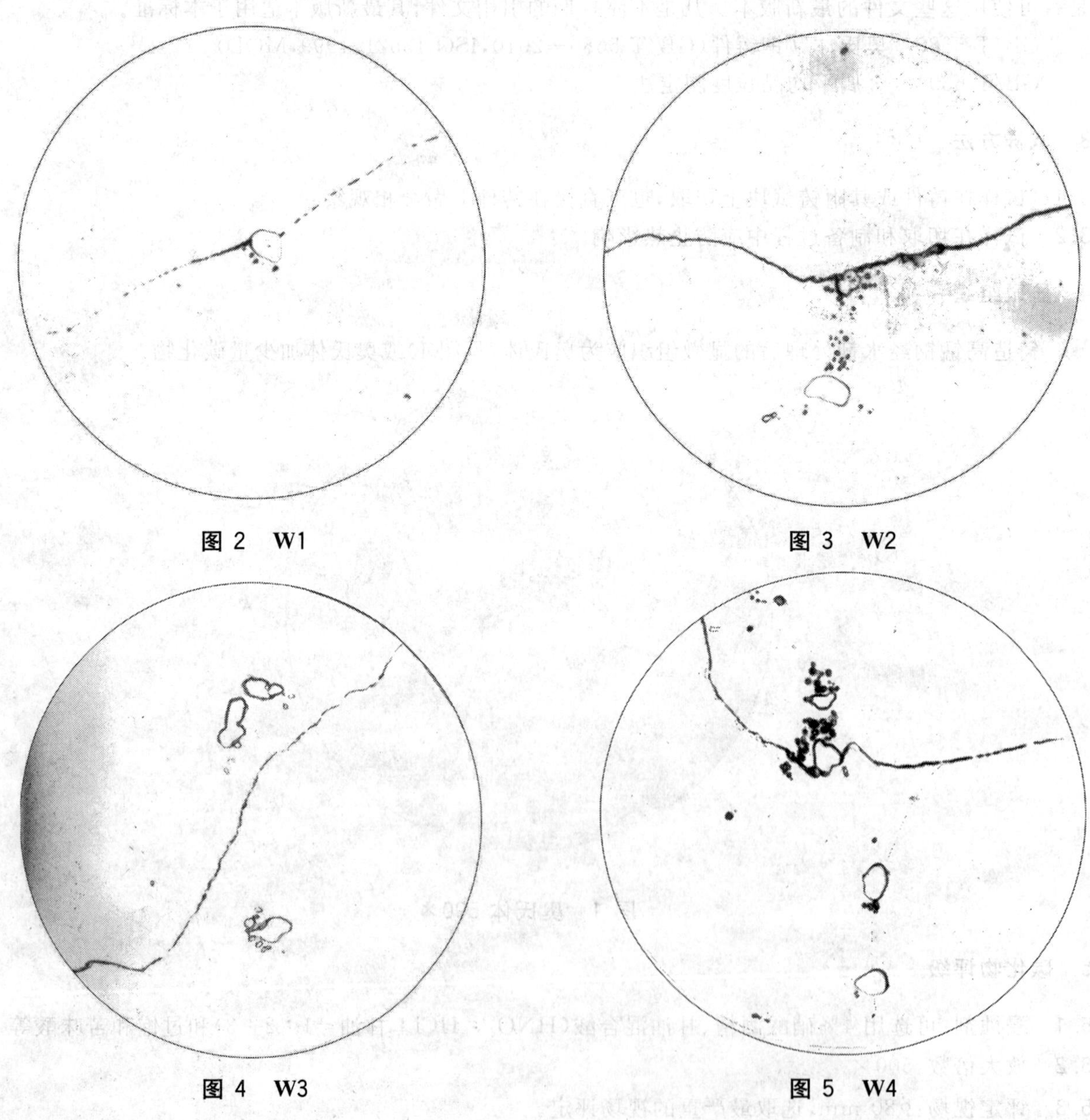

图2 W1

图3 W2

图4 W3

图5 W4

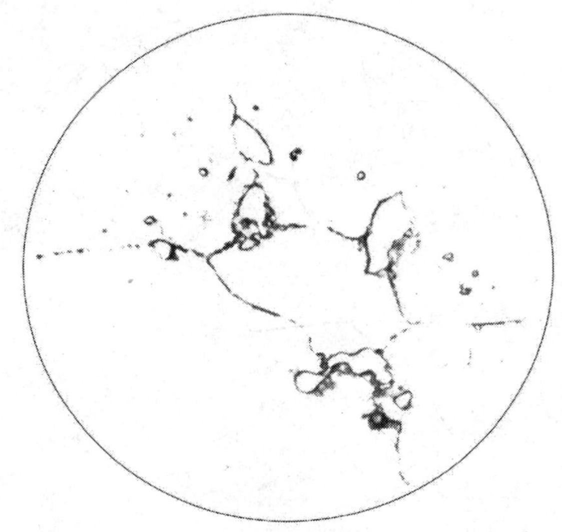

图 6　W5

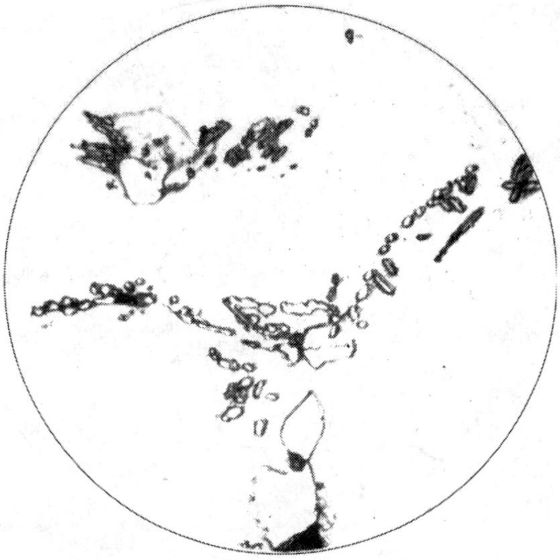

图 7　W6

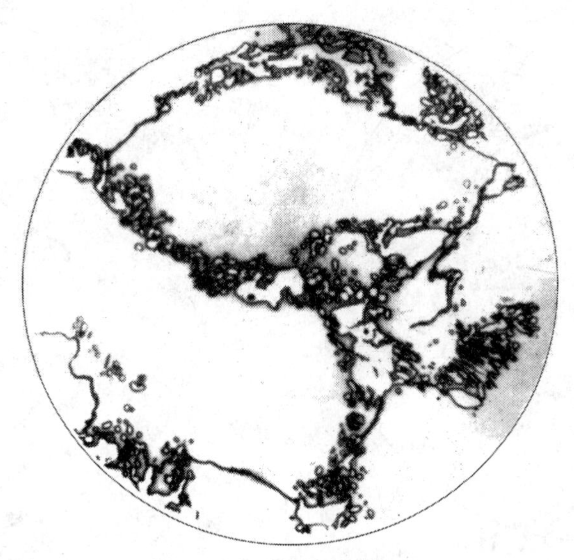

图 8　W7

5.5　析出碳化物评级见表 2。

表 2　析出碳化物的级别

级别代号	特　征	图号
X1	少量碳化物以点状沿晶界分布	9
X2	少量碳化物以点状及短线状沿晶界分布	10
X3	碳化物以细条状及颗粒状沿晶界呈断续网状分布	11
X4	碳化物以细条状沿晶界呈网状分布	12
X5	碳化物以条状沿晶界呈网状分布，晶内并有细针状析出	13
X6	碳化物以条状及羽毛状沿晶界两侧呈网状分布	14
X7	碳化物以片状及粗针状沿晶界两侧呈粗网状分布	15

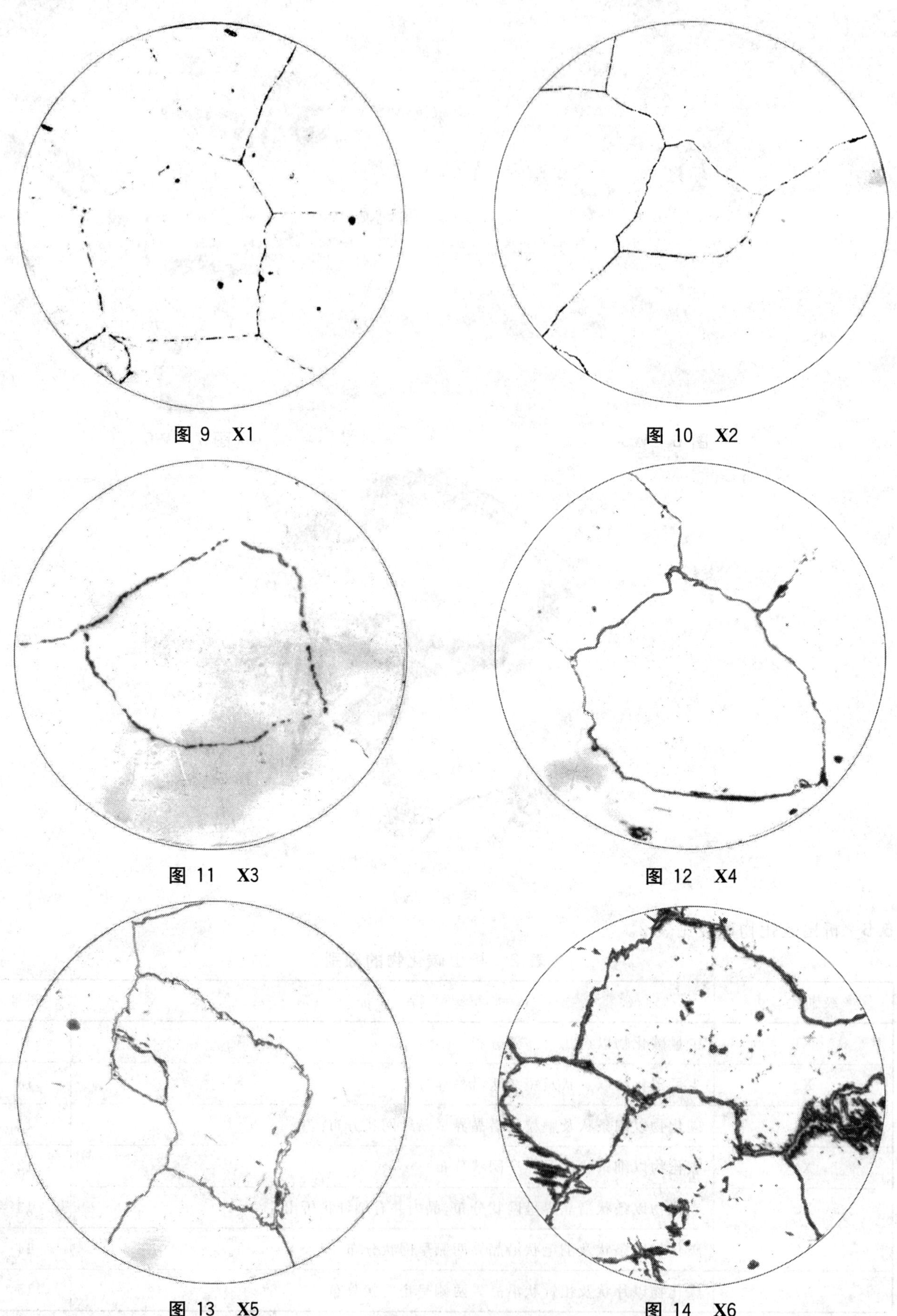

图 9　X1

图 10　X2

图 11　X3

图 12　X4

图 13　X5

图 14　X6

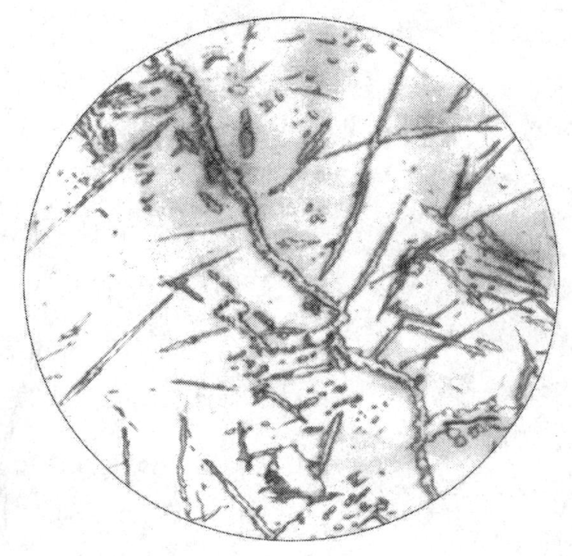

图 15 X7

5.6 过热碳化物评级见表 3。

表 3 过热碳化物的级别

级别代号	特　征	图号
G1	单个过热共晶碳化物沿晶界分布	16
G2	少量过热共晶碳化物沿晶界或晶内分布	17
G3	过热共晶碳化物沿晶界呈断续网状分布	18
G4	过热共晶碳化物沿晶界呈粗网状分布	19

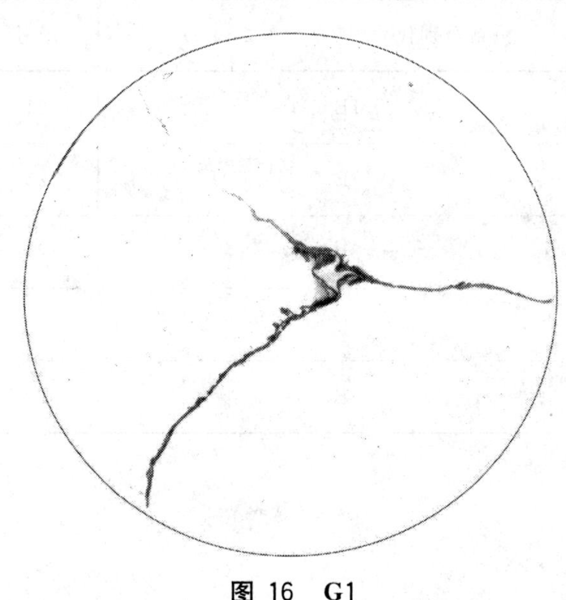

图 16 G1

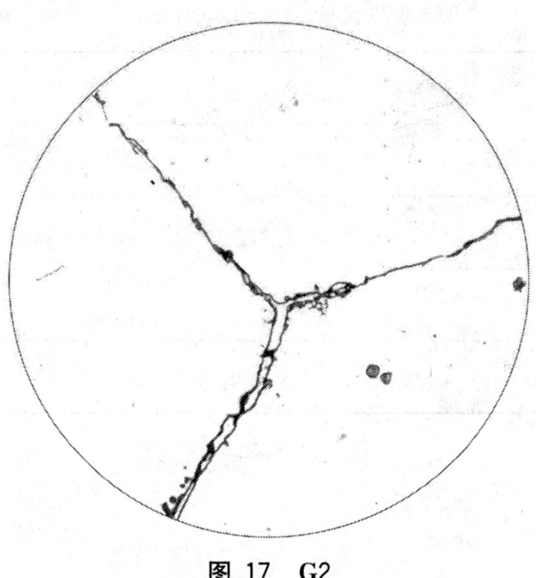

图 17 G2

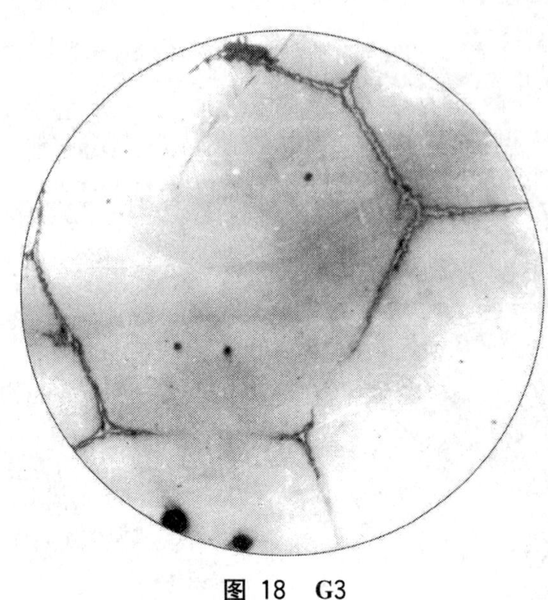

图 18　G3

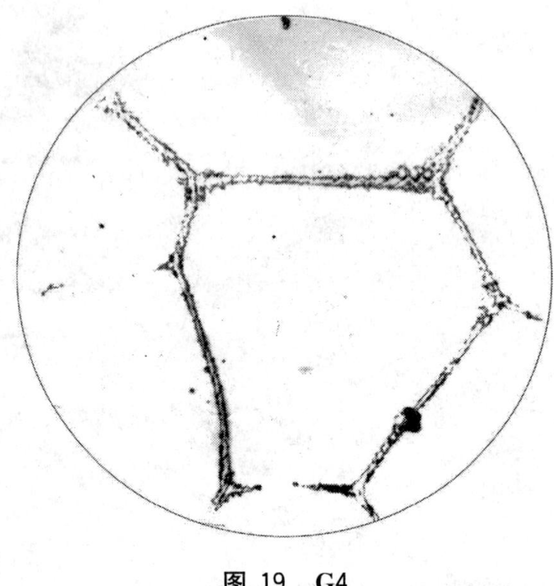

图 19　G4

6　晶粒度评级

按 GB/T 6394 的规定进行评定。

7　非金属夹杂物(氧化物＋硫化物)评级

7.1　放大倍数:100×

7.2　评定视场:ϕ80 mm,选取最严重的视场评定。

7.3　非金属夹杂物评级见表 4。

表 4　夹杂物评级表

细系级别代号(直径约 0.8 mm)	图号	粗系级别代号(直径约 1.2 mm)	图号
1A	20	1B	21
2A	22	2B	23
3A	24	3B	25
4A	26	4B	27
5A	28	5B	29

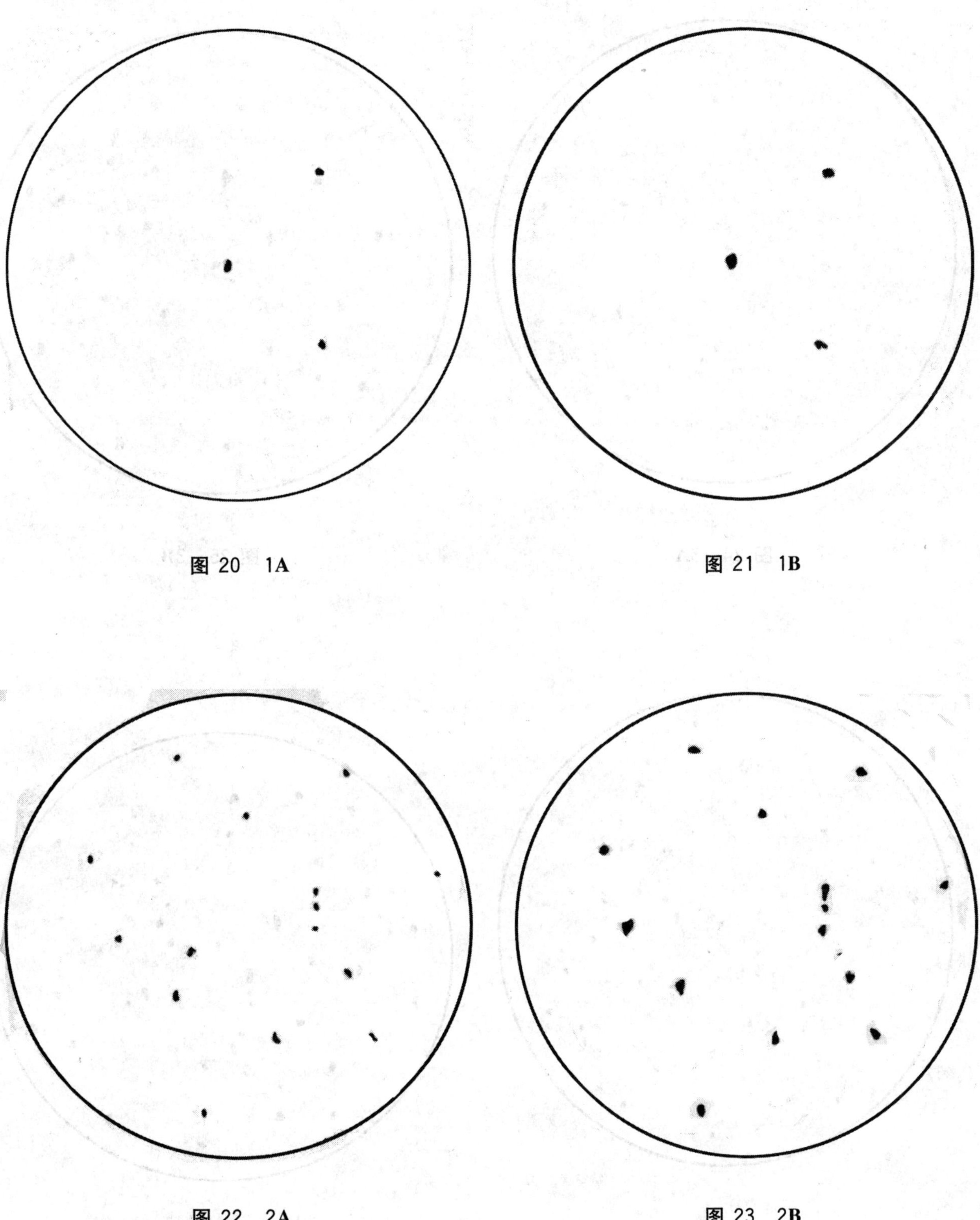

图 20 1A

图 21 1B

图 22 2A

图 23 2B

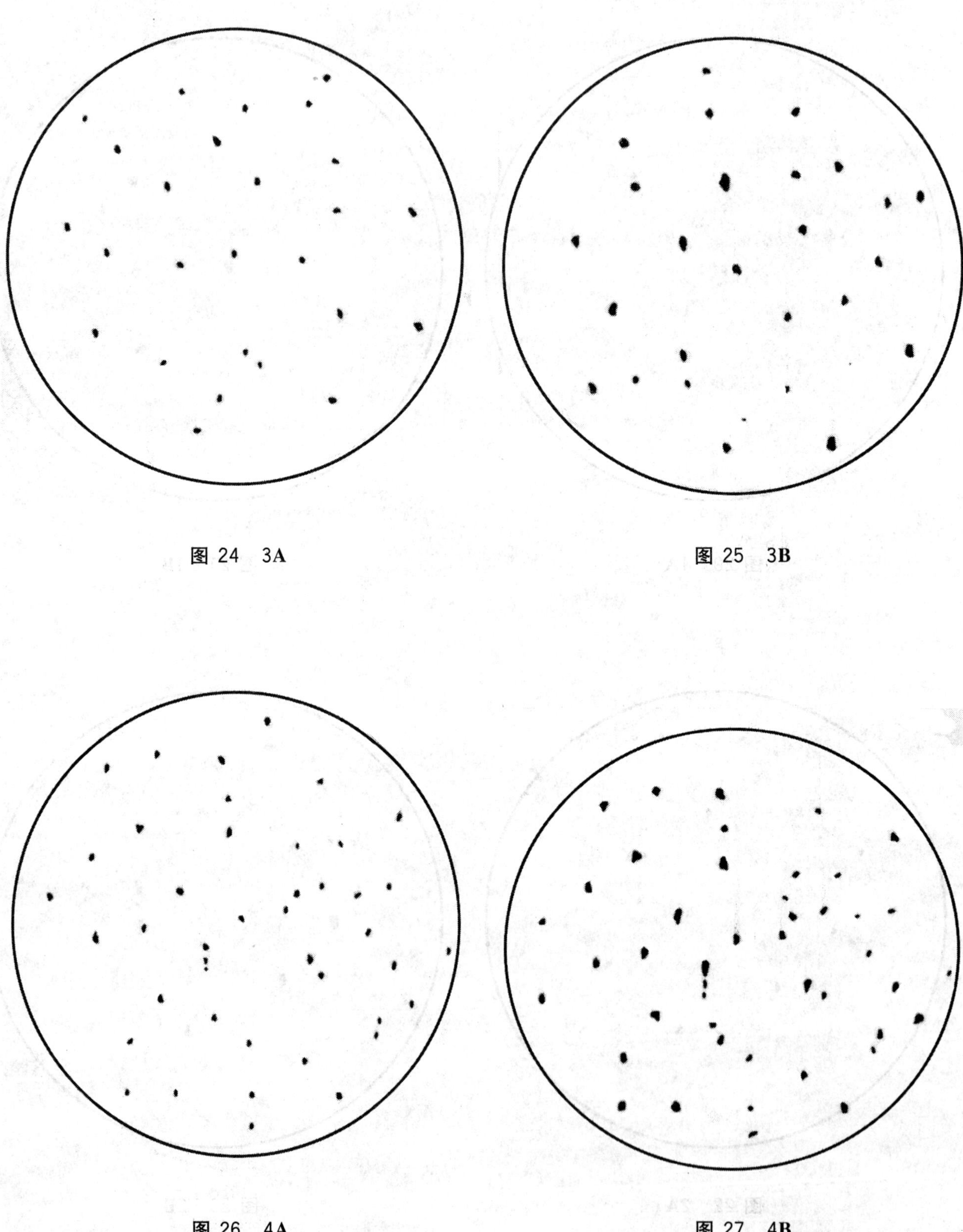

图 24　3A

图 25　3B

图 26　4A

图 27　4B

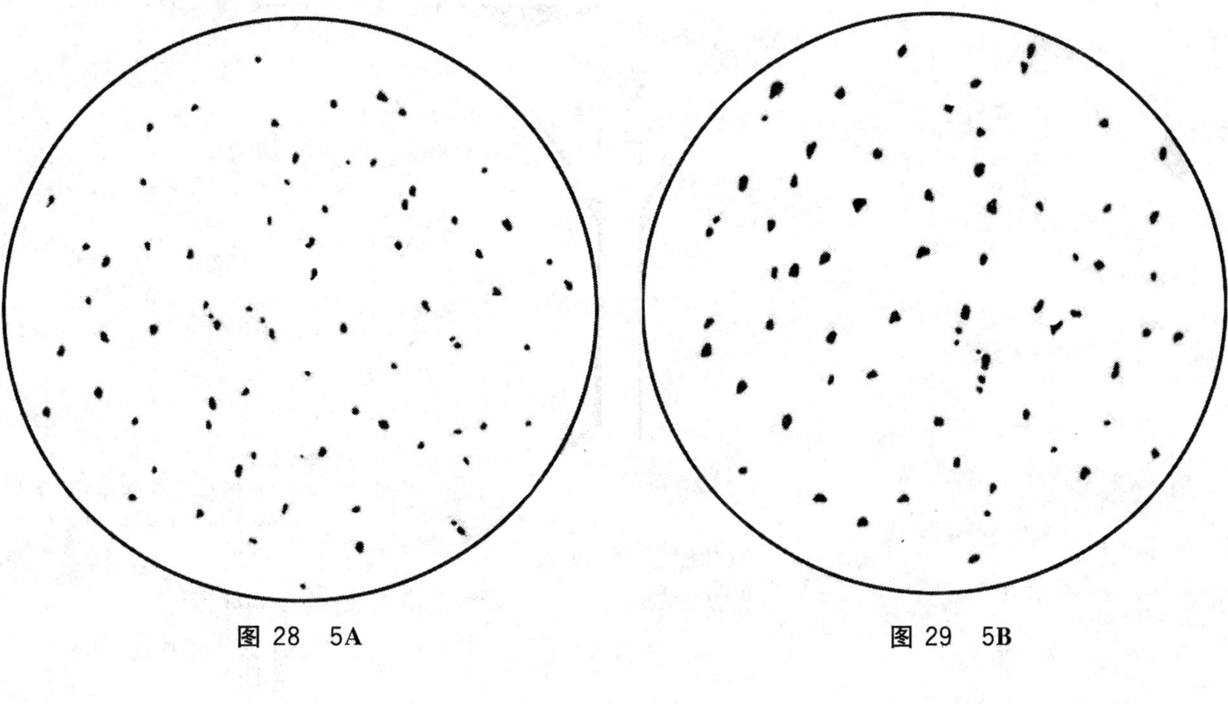

图 28　5A　　图 29　5B

ICS 23.080
J 71

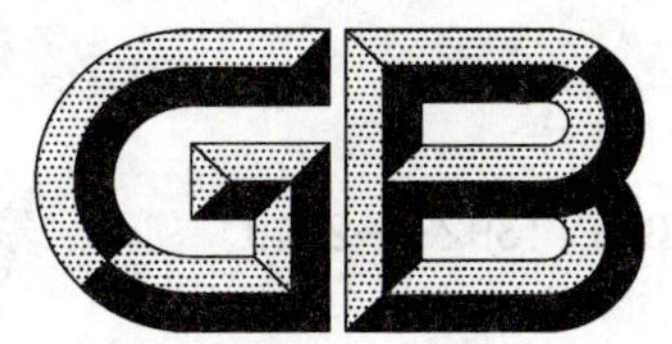

中华人民共和国国家标准

GB/T 13929—2010
代替 GB/T 13929—1992

水环真空泵和水环压缩机试验方法

Methods of testing for water-ring vacuum pumps and compressors

2010-09-26 发布　　2011-02-01 实施

中华人民共和国国家质量监督检验检疫总局
中国国家标准化管理委员会　发布

前　言

本标准是对 GB/T 13929—1992《水环真空泵和水环压缩机　试验方法》的修订。

本标准与 GB/T 13929—1992 相比主要变化如下：

——增加了“术语和定义”一章；

——对试验装置系统示意图进行了完善；

——增加了对试验稳定条件的规定；

——对同一量重复测量的变化范围参照 GB/T 3216—2005 进行了改动，“读数组数”由 9 组增加为 20 组，这样利用计算机辅助测量，有利于减小由随机效应引起的不确定度的估算结果；

——增加了对泵运转试验测点的规定，并对运转试验的时间按驱动功率进行了分档；

——取消了对天平式测功计测量与计算的描述，需测量转矩时可参照 GB/T 1032—2005 进行；

——对气量换算公式中的转速换算系数和轴功率换算公式中的转速换算系数参照国外标准进行了改动；

——将“测量精度”改为“测量不确定度”纳入“试验结果的分析”一章，并对测量量的系统不确定度的容许值及总的测量不确定度容许值参照 GB/T 3216 进行了改动。

本标准代替 GB/T 13929—1992。

本标准由中国机械工业联合会提出。

本标准由全国泵标准化技术委员会(SAC/TC 211)归口。

本标准主要起草单位：淄博水环真空泵厂有限公司、广东省佛山水泵厂有限公司、上海凯泉泵业(集团)有限公司、淄博真空设备厂有限公司、博山真空泵制造有限公司、博山精工泵业有限公司、武汉水泵厂有限公司、沈阳水泵研究所。

本标准主要起草人：陈维茂、燕洪顺、张展发、邹会斌、徐法俭、崔德禄、陈子明、魏华堂、于百芳、荆延波、吴泰忠、刘继睿、张文达。

本标准所代替标准的历次版本发布情况为：

——GB/T 13929—1992。

水环真空泵和水环压缩机试验方法

1 范围

本标准规定了水环真空泵和水环压缩机(不加区分时统称为泵)工厂试验时的试验方法、试验结果的分析换算与性能容差及试验报告。

本标准适用于任何尺寸的泵以水作工作液体,以环境空气为工作介质的试验。

本标准既适用于不带任何管路附件的泵本身,又适用于连接上全部或部分上游和/或下游管路附件的泵组合体。

对于利用除水以外的其他液体作为工作液体进行试验时,也可参照使用。

2 规范性引用文件

下列文件中的条款通过本标准的引用而成为本标准的条款。凡是注日期的引用文件,其随后所有的修改单(不包括勘误的内容)或修订版均不适用于本标准,然而,鼓励根据本标准达成协议的各方研究是否可使用这些文件的最新版本。凡是不注日期的引用文件,其最新版本适用于本标准。

GB/T 1032—2005 三相异步电动机试验方法

GB/T 3216 回转动力泵 水力性能验收试验 1级和2级(GB/T 3216—2005,ISO 9906:1999,MOD)

GB/T 13930 水环真空泵和水环压缩机 气量测定方法

GB/T 18149—2000 离心泵、混流泵和轴流泵 水力试验规范 精密级(eqv ISO 5198:1987)

JB/T 7255 水环真空泵和水环压缩机

JB/T 8097 泵的振动测量与评价方法

JB/T 8098 泵的噪声测量与评价方法

3 术语和定义

JB/T 7255 确立的以及下列术语和定义适用于本标准。

3.1

水环压缩机最大工作压力 compressors discharged pressure

水环压缩机的最大工作压力是指水环压缩机连续工作允许的最大排出压力(表压),单位为兆帕(MPa)。

3.2

驱动机输入功率 driver power input

泵驱动机吸收的功率,单位为千瓦(kW)。

4 试验

4.1 试验类型

泵的工厂试验应在制造商工厂的试验台上进行,分为型式检验和出厂检验两种。型式检验是指运转试验、性能试验以及必要的振动和噪声试验。出厂检验是对泵在规定范围内规定点的有关性能指标进行试验(见4.7.4)。

型式检验及出厂检验时均应先进行运转试验。

4.2 试验气体和工作液体

4.2.1 试验气体以环境空气为介质，其温度应在 0 ℃～35 ℃范围内。

4.2.2 试验时进水温度应在 35 ℃以下，并以 15 ℃左右为最适宜。工作水应洁净，供水量和供水压力应符合有关技术文件的规定。

4.3 试验仪表设备精度

所有测量仪表设备均应附有证明其精度符合 8.1.2 要求的报告，精度证明应是通过校准或与其他的计量标准作比对获得的。

4.4 试验装置

4.4.1 试验系统装置按图 1 连接而成。水环真空泵的调节阀门应采用密封良好的真空闸阀或其他阀门，并设置在水环真空泵入口的管路上。水环压缩机的调节阀门应设在分离器的排出管路上。

4.4.2 如有必要，则可将泵同管线及附件组合进行试验。

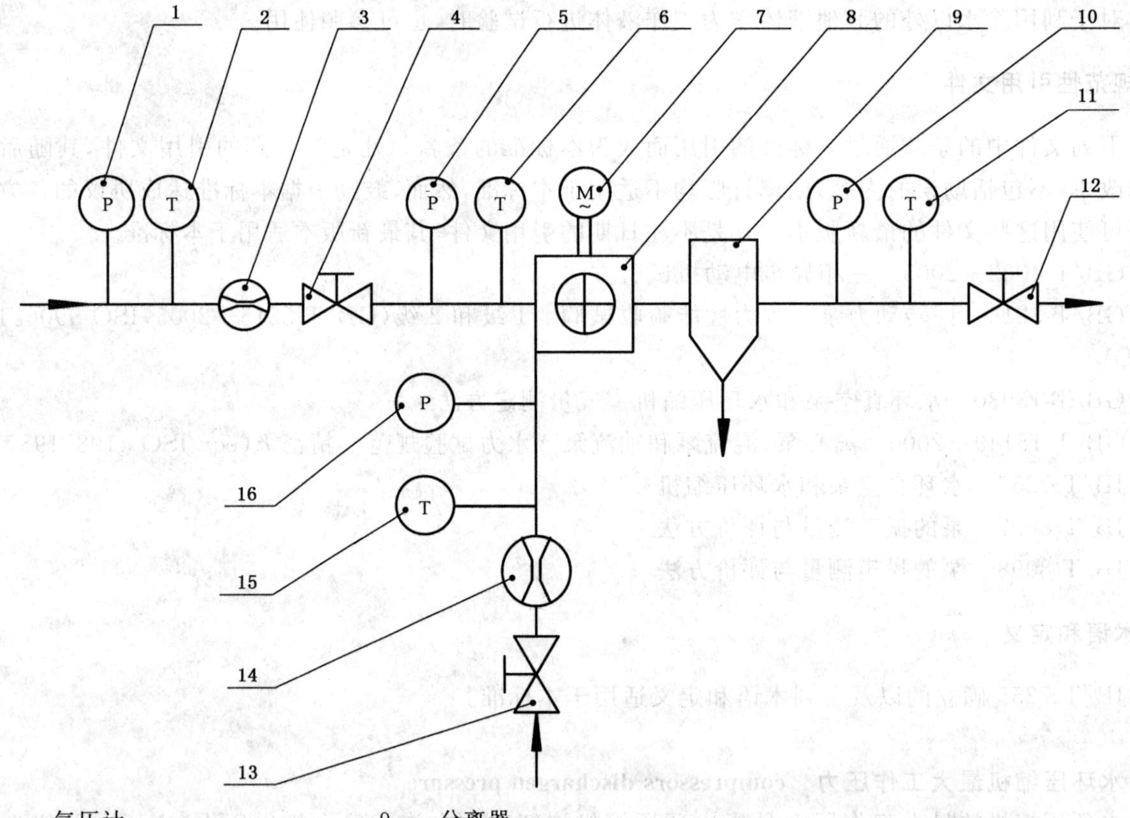

1——气压计；
2——温度计；
3——节流装置；
4——调节闸阀；
5——压力计；
6——温度计；
7——电动机；
8——泵；
9——分离器；
10——压力计；
11——温度计；
12——调节闸阀；
13——调节闸阀；
14——流量计；
15——温度计；
16——压力计。

注：作水环压缩机试验时不装调节阀 4，水环真空泵试验不要求有背压时可不安装调节阀 12。

图 1 试验系统装置示意图

4.5 试验条件

4.5.1 试验应在稳定情况下读取数值，以获得准确的数据，并遵守以下规定：

a) 试验的持续时间应足够长，以获得与谋求达到的精度等级相一致的结果。

b) 对于取多次读数以降低误差的场合，应在不等的时间间隔下读取读数。

4.5.2 本标准应考虑下述两种情况：

a) 波动：在取一次读数的时间内，一个物理量的测量值相对其平均值的短周期变动；

b) 变化：相邻两次读数之间发生的数值改变。

4.5.3 读数的最大容许波动幅度应在表 1 规定的范围内。如果读数的波动幅度过大，则可以采用在测量仪表中或其连接管道中设置一种能够使波动幅度降低到表 1 给定值范围内的缓冲器来进行测量。

表 1 允许波动幅度，以测量量平均值的百分数表示

测量量	最大允许波动幅度
气量 压力 转矩 驱动机输入功率	±6
转速	±2
注：使用差压装置测量，所观测的差压的最大允许波动幅度可定为±12%。	

由于缓冲装置有可能显著影响读数的精度，故应使用对称或线型缓冲器，例如毛细管，它须提供至少是一个完整的波动周期内的波动积分。

4.5.4 当测量系统传输的信号是由测量装置自动进行记录或累积时，如果具备以下条件则这些信号的最大允许波动幅度可以较表 1 给出的为大：

a) 使用的测量系统有一个积算装置，它能以要求的精度自动求出为计算一个积分周期（它比对应的系统的响应时间要长得多）内的平均值所需的积分；

b) 计算平均值所需的积分可以在以后根据模拟信号 $x(t)$ 的连续或抽样记录来求得（抽样条件应在试验报告中做出规定）。

4.5.5 试验的稳定条件为：所有涉及的量（气量、压力、输入功率、转矩和转速）的平均值均不随时间而变化。实际上，如果对一个试验工况点至少是在 10 s 内观测到的每一量的变化不超过表 2 上部给出的值，即可认为试验条件是稳定的。如果满足此条件，并且其波动值又小于表 1 给出的允许值，则对所研究的试验点而言只需记录各独立量的一组读数即可。

4.5.6 在试验条件的不稳定性导致对试验的精度产生怀疑的情况下，应按以下程序处理。

对每一试验点，应以随机的时间间隔（但不少于 10 s）重复取各个测量量的读数，只有转速和温度允许进行调整。调节阀、水压、填料函的所有调节位置应完全保持不变。

同一量的这些重复读数之间的差异是衡量试验条件不稳定性的一种尺度，这种不稳定性除了试验装置因素外，试验中的泵至少也对试验条件有部分影响。

对每一试验点，最低限度应读取 3 组数据，并应记录每一个独立读数的值和由每组读数导出的效率值。每一量的最大值与最小值的百分率差不得大于表 2 给出的值。需要注意，如果读数次数增加，允许有较大的相差。

表 2 所给出的这些允差用来保证由于读数分散所致的不确定度与表 3 所限定的系统不确定度合在一起后的总测量不确定度不大于表 4 给出的值。

应当取每一量的所有读数的算术平均值作为试验得出的实际值。

如果达不到表 2 给出的值，则应查明原因，调整试验条件并取一组新的完整读数，亦即原先一组的所有读数应全部予以废弃。但是不可以因为读数超出限度为由剔除单个读数或剔除成组观测值中某些选定的读数。

表 2　同一量重复测量结果之间的变化限度(基于95%置信限度)

条件	读数组数	每一量的最大读数和最小读数之间相对平均值的允许差异	
		气量、压力、转矩、输入功率/%	转速/%
稳定	1	1.2	0.4
	3	1.8	0.6
	5	3.5	1.0
	7	4.5	1.4
	9	5.8	1.6
	13	5.9	1.8
	≥20	6.0	2.0

重复读数的最大值与最小值的容差用如下百分数表示：

$$\frac{\text{最大值}-\text{最小值}}{\text{最大值}}\times 100\%$$

4.5.7　试验转速 n_{sp} 与规定转速 n 之间的差异用如下百分数表示：

$$\frac{n_{sp}-n}{n}\times 100\%$$

转速差异应在±3%的范围内。

4.6　运转试验

4.6.1　泵应在规定转速下及工作范围内工况点进行运转试验，并检查以下项目：

a）按 JB/T 7255 的规定指标检查轴承温升；

b）轴封和连接部位的密封性；

c）其他如噪声、振动等。

4.6.2　泵的运转时间为：

a）应按合同规定的运转时间进行运转试验；

b）如果合同未规定运转时间，驱动功率小于等于 100 kW，应不少于 30 min，驱动功率大于 100 kW 应不少于 60 min。

4.6.3　泵的运转试验的工况应按合同规定进行，合同未规定的应按以下规定进行：

a）单级水环真空泵为入口压力 400 hPa 点；

b）两级水环真空泵为入口压力 80 hPa 点；

c）水环压缩机为最大工作压力点。

4.7　性能试验

4.7.1　水环真空泵的性能试验应测量在给定转速下不同吸入压力(真空度)时的气量、轴功率、效率以及极限压力(极限真空度)。

水环压缩机的性能试验应测量在给定转速下不同排出压力(包括最大工作压力)时的气量、轴功率、效率。

泵性能试验时应同时测量轴承的温度、环境空气的相对湿度、大气压力、环境空气的温度、排气温度及供水的温度、压力和供水量(见图 1)。

4.7.2　水环真空泵进行型式试验时，性能试验的测点的数目不少于 12 个(包括 4.7.4 规定的测点)，在气量曲线发生显著变化的区域，测点可以适当选择得密一点。

水环压缩机进行型式检验时，性能试验的测点的数目可根据买方要求适当选择，但至少应包括 4.7.4 规定的测点。

4.7.3　配有大气喷射器的水环真空泵型式试验时，其测点数目可适当增多，除了测量水环真空泵单独工作时的性能外，还需测量配有大气喷射器时的气量、轴功率以及极限真空度。

4.7.4 出厂检验时，性能试验的测点至少应包括以下三点。

a) 单级水环真空泵为：环境压力(或接近环境压力)、入口压力为 400 hPa 及极限真空度；

b) 两级水环真空泵为：环境空气压力(或接近环境空气压力)、入口压力为 80 hPa 及极限真空度；

c) 水环压缩机为：环境空气压力(或接近环境空气压力)、合同规定的工作压力点(若合同未规定工作压力应选择低于最大工作压力的中间点)及最大工作压力。

5 气量、压力、转速和轴功率的测量及效率的计算

5.1 气量的测量

气量的测量应按 GB/T 13930 的规定进行。

5.2 吸入压力(真空度)的测量

5.2.1 吸入压力的测量可在泵的入口处进行，可采用液柱压力计(U 型管压力计和单管压力计)或弹簧真空压力计，测量仪器联接管线的内径不应小于 6 mm，该管线的设置要避免弯曲，并保证联接管的密封性及尽可能避免管路由于冷凝而出现阻塞。

5.2.2 采用液柱压力计测量吸入压力时，压力计中的液体应保持洁净，以避免由于表面张力的变化而引起误差，精度不得低于 1.5 级。

5.2.3 采用弹簧管真空压力计或其他压力计时，其精度不得低于 0.4 级。

5.2.4 用液柱压力计或弹簧真空压力计测量时，吸入压力按式(1)计算。

$$p_1 = p_0 - p_{e1}' \qquad \cdots\cdots (1)$$

式中：

p_1——泵入口处的气体绝对压力，单位为百帕(hPa)；

p_{e1}'——压力计表压值，单位为百帕(hPa)；

p_0—— 环境空气压力，单位为百帕(hPa)。

5.3 排出压力测量

5.3.1 可以采用液柱压力计或弹簧压力计在水环压缩机汽水分离器的出口法兰附近处测量水环压缩机的排出压力。

5.3.2 当水环真空泵需要测排出压力时，可在水环真空泵出口法兰附近处或汽水分离器出口法兰附近处测量。

5.3.3 采用弹簧管压力计测量时，精度应不低于 0.4 级，读数应当读到测量压力的 1/100，其使用量程应在 1/3 以上。

5.3.4 水环压缩机的排出压力按式(2)计算。

$$p_{e2} = p_{e2}' + p_0 - 0.101\ 325 \qquad \cdots\cdots (2)$$

式中：

p_{e2}——水环压缩机排出压力(表压)，单位为兆帕(MPa)；

p_{e2}'——压力计表压值，单位为兆帕(MPa)；

p_0——环境空气压力，单位为兆帕(MPa)。

5.4 转速的测量

转速测量可用直接显示的数字仪表测出测量时间内的转数。

对于交流电动机驱动的泵，可由平均频率观测值和转差率确定。当采用闪光测频法和感应线圈法测定转数和转差率时，可按 GB/T 1032—2005 中第 4.4.5 的规定进行。

5.5 轴功率的测量和效率的计算

5.5.1 总则

泵的轴功率可通过测量转速和扭转力矩得出或测量已知效率的电动机的输入功率来确定。

5.5.2 扭转力矩的测量

扭转力矩应用能符合表3要求的适当的测功计或转矩计进行测量。

扭转力矩和转速的测量应切合实际做到适当的同步。

5.5.3 电功率的测量和计算

5.5.3.1 电功率的测量，根据传动方式的不同分为两种：一种是直接传动(泵与电动机直联)；另一种是间接传动(泵与电动机间是通过变速箱或皮带传动)。

如果是通过测量电动机的输入功率来确定泵的轴功率，则应遵守下列条件：

a) 电动机应是只在其效率已经以足够精度获知的情况下运转；

b) 电动机效率应按GB/T 1032的规定测量，并由电动机生产厂家予以说明。

5.5.3.2 交流电动机的输入功率应使用两瓦特计法或三瓦特计法进行测量。此时允许使用或是几个单相瓦特计、或是可同时测量两相或三相功率的一个瓦特计或积算的瓦时计。其各测量仪表的精度应符合表3的规定。

5.5.3.3 用电动机的输入功率计算轴功率按式(3)计算。

$$P_a = P_{gr}\eta_{mot}\eta_{int} \qquad \cdots\cdots(3)$$

式中：

P_a——泵的轴功率，单位为千瓦(kW)；

P_{gr}——电动机输入功率，单位为千瓦(kW)；

η_{mot}——电动机效率；

η_{int}——传动效率，直接传动时，$\eta_{int}=1$，皮带传动时，$\eta_{int}=0.95$；减速机传动时，$\eta_{int}=0.98$。

5.5.4 等温压缩效率的计算

泵的等温压缩效率按式(4)计算。

$$\eta = \frac{P_{is}}{P_a} \times 100\% \qquad \cdots\cdots(4)$$

式中：

η——等温压缩效率；

P_{is}—— 等温压缩功率，单位为千瓦(kW)。

P_{is}按式(5)计算。

$$P_{is} = 38.37 p_1 Q_{st} \lg \frac{p_2}{p_1} \qquad \cdots\cdots(5)$$

式中：

p_1——泵入口处气体绝对压力，单位为兆帕(MPa)；

p_2——泵出口处气体绝对压力，单位为兆帕(MPa)；

Q_{st}——测量条件下，泵入口压力为P_1时，吸入状态下的气量，单位为立方米每分钟(m^3/min)。

5.6 供水量的测量

供水量q(L/min或m^3/h)可用流量表或玻璃转子流量计等测量，流量计的精度等级应不低于2.5级。供水压力可用精度等级不低于2.5级的弹簧压力计测量。

5.7 温度的测量

用精度不低于±0.5 ℃的温度计测量环境空气温度及排气温度和工作水进水温度。

5.8 环境空气压力和相对湿度的测量

环境空气压力用大气压力计测量，其精度应不低于1 hPa，环境空气的相对湿度用干湿球湿度计测量，其精度应不低于2.5级。

5.9 振动和噪声的测量

振动和噪声的测量应按JB/T 8097和JB/T 8098的规定进行。

6 试验结果的换算

6.1 总则

6.1.1 如果试验条件与规定条件不相符合，则应将试验结果换算到规定条件下。

6.1.2 泵的规定条件为：

a) 入口气体为环境空气；

b) 环境空气压力为 1 013.25 hPa，温度为 20 ℃；

c) 进水温度为 15 ℃；

d) 环境空气相对湿度为 70%；

e) 泵转速为规定转速，r/min。

6.1.3 试验条件应符合 4.5 的规定。

6.2 泵规定条件下性能换算

6.2.1 气量的换算

气量的换算按式(6)计算。

$$Q_s = K_1 K_2 Q_{s20} \quad \cdots\cdots(6)$$

式中：

Q_s——规定条件下泵的气量，单位为立方米每分钟(m^3/min)；

Q_{s20}——规定气条件下，入口压力为 p_1 时，吸入状态下的气量，单位为立方米每分钟(m^3/min)；

K_1——转速换算系数，按式(7)计算：

$$K_1 = \frac{n}{n_{sp}} \quad \cdots\cdots(7)$$

式中：

n——泵的规定转速，单位为转每分钟(r/min)；

n_{sp}——泵试验时的转速，单位为转每分钟(r/min)。

K_2——水温换算系数，按式(8)计算：

$$K_2 = \frac{p_1 - p_{V15}}{p_1 - p_{Vt}} \quad \cdots\cdots(8)$$

式中：

p_{V15}——水温为 15 ℃时饱和蒸汽压，单位为百帕(hPa)；

p_{Vt}—— 测量条件下，进水温度为 t ℃时饱和蒸汽压，单位为百帕(hPa)。

6.2.2 极限真空度的换算

极限真空度的换算按式(9)计算：

$$p_{1min15} \approx p_{1min\,t} - (p_{vt} - p_{v15}) \quad \cdots\cdots(9)$$

式中：

p_{1min15}——进水温度为 15 ℃时的极限真空度，单位为百帕(hPa)；

$p_{1min\,t}$——试验条件下，进水温度为 t ℃时的极限真空度，单位为百帕(hPa)。

6.2.3 泵轴功率的换算

泵轴功率的换算公式按式(10)计算：

$$P = K_3 P_a \quad \cdots\cdots(10)$$

式中：

K_3——轴功率转速换算系数，按式(11)计算；

$$K_3 = \left(\frac{n}{n_{sp}}\right)^2 \quad \cdots\cdots(11)$$

7 特性曲线

换算到规定条件下的泵的性能试验结果可根据要求绘制成特性曲线。一般应绘制出“入口压力-气量”(对于水环真空泵)或“排出压力-气量”(对于水环压缩机),“入口压力-轴功率”曲线。

8 试验结果的分析

8.1 测量不确定度

8.1.1 随机不确定度的确定

对本标准来说,一个变量的测量随机不确定度取为该变量标准偏差的2倍。根据GB/T 18149,对任何测量均可以照此计算和表示其不确定度。

当各项分误差(它们的总分得出不确定度)是彼此独立、小而多并呈高斯分布曲线时,则真实误差(即测得值与真实值之间的差异)小于不确定度的概率为95%。

详细的误差分析和计算方法可参照GB/T 18149—2000的附录A。

8.1.2 最大容许系统不确定度

凡是通过校准或参照其他标准已知其测量的系统不确定度不会超过表3给出的最大容许值的仪表设备或方法均可使用。

表3 系统不确定度的允许值

测量项目	允许值/%
气量	±2.5
压力	±2.5
转矩	±2.0
转速	±1.4
驱动机输入功率	±2.0

8.1.3 总的测量不确定度

总的测量不确定度应通过计算系统不确定度与随机不确定度的平方和的平方根(方和根)值得出。

泵的测量不确定度应尽可能在试验之后并考虑与试验有关的测量和运转条件加以确定。

如果遵照如8.1.2给出的有关系统不确定度建议以及如本标准给出的有关试验方法的所有要求,则可以假定总的不确定度(在95%的置信水平下)将不会超过表4给出的值。

表4 总的测量不确定度允许值

测量项目	允许值/%
气量	±3.5
压力	±3.0
转速	±2.0
转矩	±3.0
驱动机输入功率	±3.5
泵轴功率(由转矩和转速计算得出)	±3.5
泵轴功率(由驱动机输入功率和电动机效率计算得出)	±4.0

8.2 性能允差

试验性能与规定性能相比较,规定检查范围内(包括边界不少于3点)的允差应符合下列规定:

a) 规定工况点的气量偏差不得超过±10%;

b) 在规定的工作性能范围内,最大轴功率的上差不得超过10%,并且不得超过驱动机的额定功率;

c) 极限真空度不得低于规定值。

9 试验报告

9.1 试验结果经仔细检查之后，应该整理成报告，并由试验主管单独签字，或由试验主管以及制造商/供货商和采购商的代表共同签字。

9.2 型式试验报告应包括下列信息：

a) 试验地点和日期；

b) 制造商名称，泵的型号、名称、产品编号及制造日期；

c) 泵的规定性能参数；

d) 试验设备和测量仪表名称、型号、规格；

e) 试验记录及计算表；

f) 泵的特性曲线；

g) 驱动机的型号、规格；

h) 试验结论。

9.3 出厂检验报告应包括下列信息：

a) 试验地点和时间；

b) 制造商名称及泵的型号、名称，产品编号及制造日期；

c) 试验记录及计算表；

d) 试验结论。

ICS 23.080
J 71

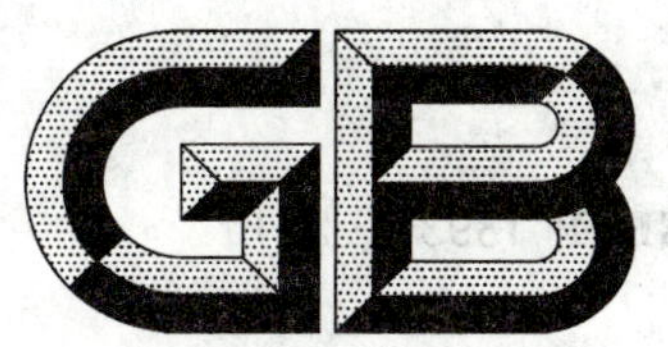

中华人民共和国国家标准

GB/T 13930—2010
代替 GB/T 13930—1992

水环真空泵和水环压缩机气量测定方法

Methods for the measurement of volume flow of gas of water-ring vacuum pumps and compressors

2010-09-26 发布 2011-02-01 实施

中华人民共和国国家质量监督检验检疫总局
中国国家标准化管理委员会 发布

前　言

本标准是对 GB/T 13930—1992《水环真空泵和水环压缩机　气量测定方法》的修订。

本标准与 GB/T 13930—1992 相比，主要变化如下：

——GB 2624 改为 GB/T 2624.1～GB/T 2624.4 后，一些具体规范有了一些变化；

——增加了标准节流装置 LK-600，LK-700，并指导其选用；

——增加了对泵入口处气体温度的测量；

——对计量喷嘴的使用提出了更明确、更简洁的基础要求；

——增加了对饱和气体的测定方法；增加的附录 B 为资料性附录；

——删除了原标准中的“湿空气密度 ρ 计算图表”。

本标准的附录 A 为规范性附录，附录 B 为资料性附录。

本标准代替 GB/T 13930—1992。

本标准由中国机械工业联合会提出。

本标准由全国泵标准化技术委员会(SAC/TC 211)归口。

本标准主要起草单位：淄博真空设备厂有限公司、武汉水泵厂有限公司、上海凯泉泵业(集团)有限公司、广东省佛山水泵厂有限公司、淄博水环真空泵厂有限公司、博山真空泵制造有限公司、博山精工泵业有限公司、沈阳水泵研究所。

本标准主要起草人：黄毅、徐法俭、魏华堂、邹会斌、吴泰忠、燕洪顺、崔德禄、陈子明、于百芳、刘继睿、张展发、荆延波、张文达。

本标准所代替标准的历次版本发布情况为：

——GB/T 13930—1992。

水环真空泵和水环压缩机
气量测定方法

1 范围

本标准规定了水环真空泵和水环压缩机(不加区分时统称水环泵)工厂试验时测定气体流量的装置、方法和要求。

本标准适用于以孔板和计量喷嘴测量水环泵的气体流量,但计量喷嘴只适用于水环真空泵气体流量的测量。

2 规范性引用文件

下列文件中的条款通过本标准的引用而成为本标准的条款。凡是注日期的引用文件,其随后所有的修改单(不包括勘误的内容)或修订版均不适用于本标准,然而,鼓励根据本标准达成协议的各方研究是否可使用这些文件的最新版本。凡是不注日期的引用文件,其最新版本适用于本标准。

GB/T 2624.1—2006 用安装在圆形截面管道中差压装置测量满管流体流量 第1部分:一般原理和要求(ISO 5167-1:2003,IDT)

GB/T 2624.2—2006 用安装在圆形截面管道中差压装置测量满管流体流量 第2部分:孔板(ISO 5167-2:2003,IDT)

GB/T 2624.3—2006 用安装在圆形截面管道中差压装置测量满管流体流量 第3部分:喷嘴和文丘里喷嘴(ISO 5167-3:2003,IDT)

GB/T 3163 真空技术 术语

GB/T 13929 水环真空泵和水环压缩机 试验方法

JB/T 7255 水环真空泵和水环压缩机

3 术语和定义

GB/T 3163、GB/T 13929、JB/T 7255 确立的术语和定义适用于本标准。

4 测量方法

4.1 一般要求

4.1.1 气量测定条件:测定时环境状态(压力、温度、湿度等不经人为控制的自然环境),空气介质的温度以 0 ℃~35 ℃为宜。

4.1.2 规定进气条件:大气压力为 1 013.25 hPa,气体温度为 20 ℃,气体的相对湿度为 70%。

4.1.3 当气量测定条件与规定进气条件不相符时,可将测定条件下的测定结果换算成规定进气条件下的气量。

4.1.4 节流装置的安装,应符合 GB/T 2624.1—2006 中 6.5 规定。水环泵气量测定时,测定气量的节流装置应设置在水环泵的吸入管路上。

4.1.5 水环真空泵的调节阀门设在节流装置下游侧的水环真空泵吸入管路上,水环压缩机的调节阀门设在分离器的排出管路上。

4.2 孔板测量

4.2.1 孔板节流装置是指由孔板、环室、前直管和后直管等主要元件组合在一起用于测量流量的装置。本标准采用标准孔板和双重孔板两种形式,如图 1 和图 2 所示。

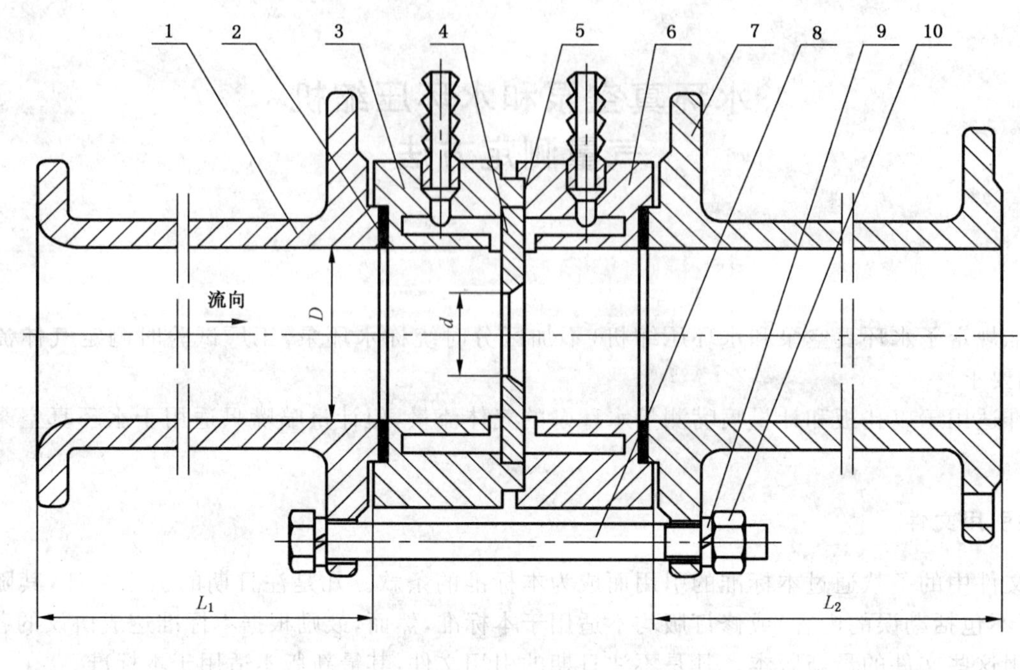

1——前直管；
2——垫片；
3——前环室；
4——标准孔板；
5——垫片；
6——后环室；
7——后直管；
8——螺栓；
9——垫圈；
10——螺母。

图 1 标准孔板节流装置

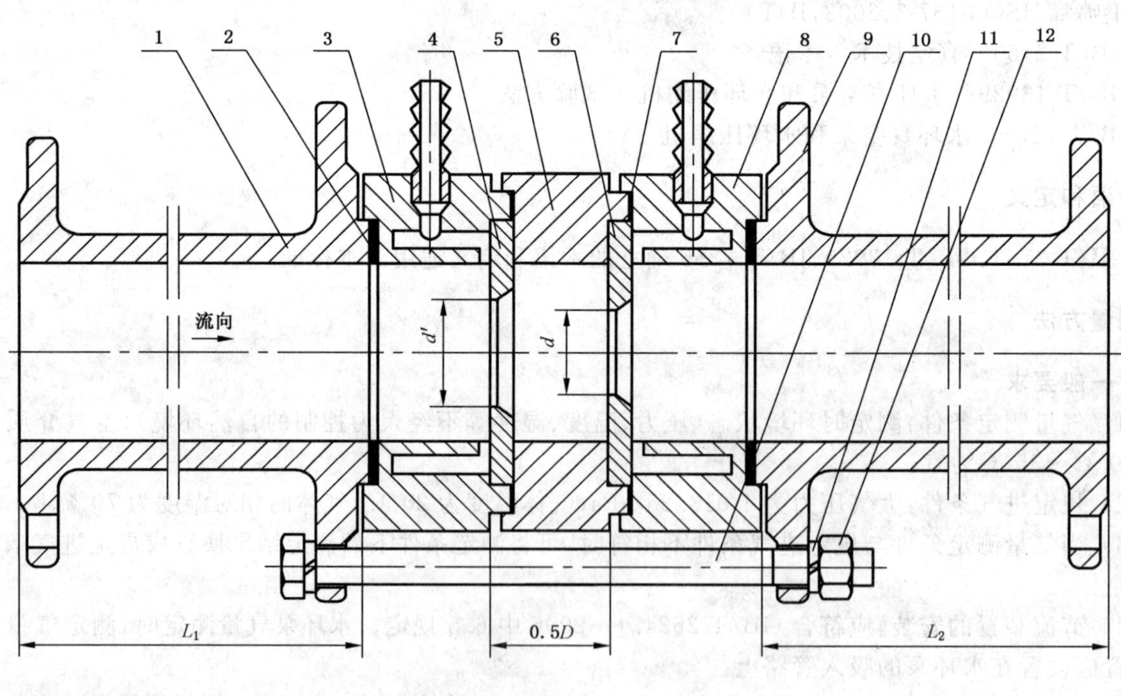

1——前直管；
2——垫片；
3——前环室；
4——轴孔板；
5——中间隔环；
6——主孔板；
7——垫片；
8——后环室；
9——后直管；
10——螺栓；
11——垫圈；
12——螺母。

图 2 双重孔板节流装置

4.2.2 标准孔板可以进行尺寸检查或用实验方法进行标定。双重孔板须用试验方法进行标定后方可使用。流量测量的不确定度(误差限)计算按 GB/T 2624.1—2006 中第 8 章规定的程序计算。

4.2.3 节流装置的制造、安装和使用应严格遵守技术规范。当节流装置的制造、安装和使用倘若不符合技术要求时需进行误差限的修正,修正时按 GB/T 2624.2—2006 中 5.3.2 进行。当被测气体符合表 1 规定的测量范围时,对流量系数 C 和空气膨胀系数 ε 可视为常量,不必修正。当对某一特定的流量要求更精确的计算时,认为对空气膨胀系数 ε 必须进行修正的,允许按 GB/T 2624.2—2006 中5.3.2.2 自行计算出 ε 值来进行流量计算。

4.2.4 节流装置按表 1 和表 2 规定的参数进行设计和选用;也可根据实际需要按照 GB/T 2624.1—2006 和 GB/T 2624.2—2006 另行设计和制造,双重孔板可根据适用部分参考采用。

4.2.5 孔板节流装置应按图 3 和图 4 所示进行安装到水环泵的试验装置上,满足 GB/T 2624.2—2006 第 6 章并遵循下列规定。

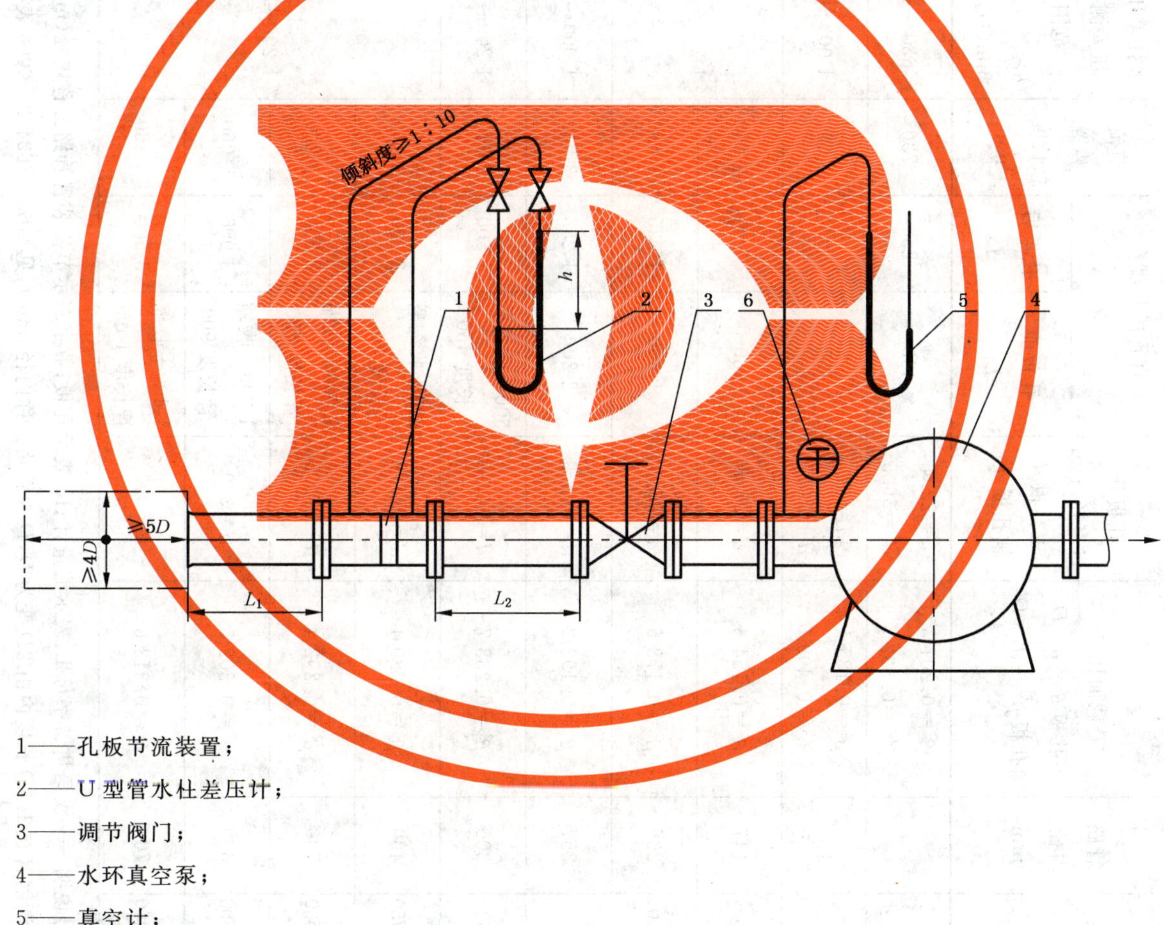

1——孔板节流装置;

2——U 型管水柱差压计;

3——调节阀门;

4——水环真空泵;

5——真空计;

6——温度计。

图 3 孔板节流装置在水环真空泵试验装置上的安装

表 1　孔板节流装置系列

孔板节流装置代号	孔板型式	流量测定范围/(m^3/h)	管路内径/mm	截面比 主孔板 $\beta^2=d^2/D^2$ 辅孔板 $\beta'^2=d'^2/D^2$	孔板开口直径/mm 主孔板 d 辅孔板 d'	直管段长度/mm 孔板前 L_1	孔板后 L_2	节流装置总长度/mm	水柱差压计压差测量范围 $h_{max}\sim h_{min}$/mm(H_2O)	测定条件下的流量/(m^3/h) $Q=0.012\ 51C\varepsilon d^2\sqrt{\frac{h}{\rho}}$	规定进气条件下的流量/(m^3/h) $Q_{20}=\frac{0.012\ 51C\varepsilon d^2}{\rho_{20}}\sqrt{h\rho}$
LK-50	双重孔板	100～20	50	$\beta^2=0.201\ 3$ $\beta'^2=0.532\ 5$	$d=22.4$ $d'=36.5$	400	250	730	630～25	$Q=4.36\sqrt{\frac{h}{\rho}}$	$Q_{20}=3.64\sqrt{h\rho}$
LK-100	双重孔板	460～92	100	$\beta^2=0.185\ 1$ $\beta'^2=0.499\ 5$	$d=43$ $d'=70.7$	750	500	1 360	1 000～40	$Q=15.92\sqrt{\frac{h}{\rho}}$	$Q_{20}=13.29\sqrt{h\rho}$
LK-150	标准孔板	800～300	147	$\beta^2=0.154\ 6$	$d=57.8$	960	740	1 760	1 200～75	$Q=25.27\sqrt{\frac{h}{\rho}}$	$Q_{20}=21.1\sqrt{h\rho}$
LK-200	标准孔板	1 800～450	205	$\beta^2=0.178\ 6$	$d=86.6$	1 600	1 025	2 680		$Q=56.82\sqrt{\frac{h}{\rho}}$	$Q_{20}=47.43\sqrt{h\rho}$
LK-250	标准孔板	2 800～700	257	$\beta^2=0.193\ 2$	$d=112.9$	2 200	1 285	3 540	1 000～40	$Q=96.94\sqrt{\frac{h}{\rho}}$	$Q_{20}=80.93\sqrt{h\rho}$
LK-300	标准孔板	5 200～1 300	300	$\beta^2=0.238\ 7$	$d=146.6$	600＋收缩管长度 450	1 500	2 610	1 200～75	$Q=164.3\sqrt{\frac{h}{\rho}}$	$Q_{20}=137.2\sqrt{h\rho}$
LK-400	标准孔板	11 000～2 750	400	$\beta^2=0.280\ 4$	$d=211.8$	800＋收缩管长度 600	2 000	3 460	1 200～75	$Q=347.4\sqrt{\frac{h}{\rho}}$	$Q_{20}=290\sqrt{h\rho}$
LK-500	标准孔板	18 000～4 500	500	$\beta^2=0.292\ 4$	$d=270.5$	1 000＋收缩管长度 750	2 500	4 260		$Q=568.7\sqrt{\frac{h}{\rho}}$	$Q_{20}=474.7\sqrt{h\rho}$
LK-600	标准孔板	26 000～6 700	600	$\beta^2=0.302\ 5$	$d=330$	1 200＋收缩管长度 900	3 000	5 060		$Q=849.8\sqrt{\frac{h}{\rho}}$	$Q_{20}=709.64\sqrt{h\rho}$
LK-700	标准孔板	37 000～9 400	700	$\beta^2=0.313\ 6$	$d=392$	1 400＋收缩管长度 1 050	3 500	5 860		$Q=1\ 192.8\sqrt{\frac{h}{\rho}}$	$Q_{20}=996\sqrt{h\rho}$

注 1：孔板节流装置代号说明——汉语拼音字母 L：表示流量计；K：表示孔板；数字表示节流装置管路公称内径(mm)。

注 2：收缩管长度：同心渐缩管在 1.5D 长度内由 2D 变为 D，D 为管路公称内径(mm)，见 GB/T 2624.2—2006 表 3。

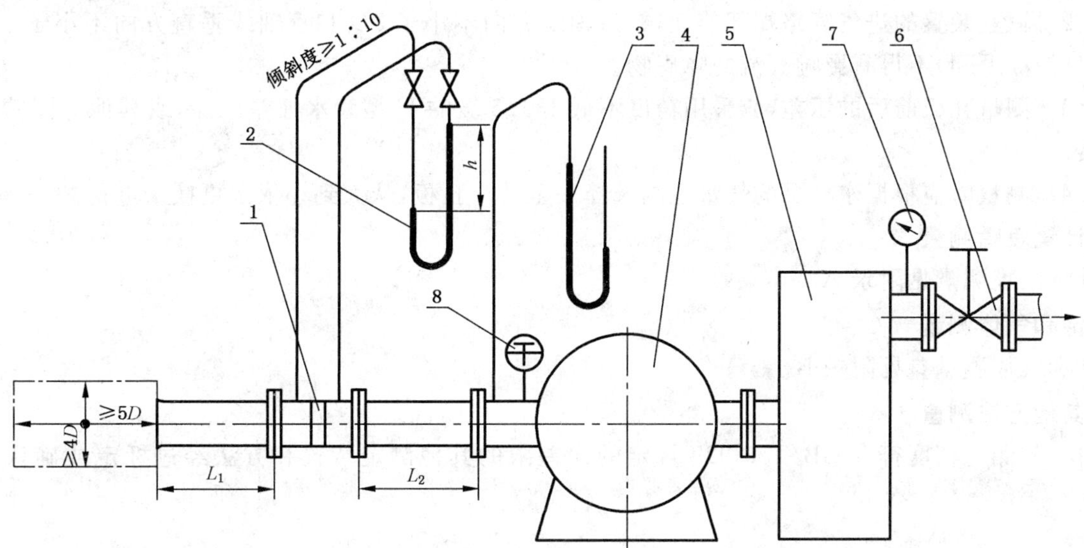

1——孔板节流装置；
2——U 型管水柱差压计；
3——真空计；
4——水环压缩机；
5——气水分离器；
6——调节阀门；
7——压力计；
8——温度计。

图 4　孔板节流装置在水环压缩机试验装置上的安装

表 2　推荐选用的孔板节流装置

水环泵最大气量		可供选用的孔板节流装置规格
m^3/min	m^3/h	
1.5	90	LK-50
3	180	LK-100,LK-50
6	360	
12	720	LK-150,LK-100,LK-50
20	1 200	LK-200,LK-100,LK-50
30	1 800	
42	2 520	LK-250,LK-150,LK-100,LK-50
60	3 600	LK-300,LK-200,LK-100,LK-50
85	5 100	
120	7 200	LK-400,LK-250,LK-150,LK-100,LK-50
180	10 800	
250	15 000	LK-500,LK-300,LK-200,LK-100,LK-50
440	26 400	LK-600,LK-300,LK-150,LK-100,LK-50
600	36 000	LK-700,LK-400,LK-200,LK-150,LK-100,LK-50

4.2.5.1　孔板节流装置应水平安装，在节流装置上游侧不准再设置其他节流件。

4.2.5.2　试验装置的进气管路端部前面,在沿轴线方向不小于 $5D$ 和管轴线垂直方向不小于 $4D$ 的区域内(见图 3、图 4)不得有影响气流的障碍物。

4.2.5.3　测量孔板前后的压差,应采用精度不低于 1.5 级的 U 型管水柱差压计,或其他等同精度的装置仪器。

4.2.5.4　测量时应根据水环泵的气量范围选择一至数个孔板,从大到小依次更换来进行。

4.3　计量喷嘴测量

计量喷嘴测量见附录 A。

4.4　饱和气体测量

饱和气体测量参见附录 B。

4.5　其他方法测量

对气量测定精度符合 GB/T 13929 规定的误差限的其他测定装置和方法经过标定或确认也允许使用。

5　流量计算确定

5.1　孔板节流装置的流量计算确定

5.1.1　测定条件下的流量,既可按式(1)计算,也可按表 1 进行计算:

$$Q = 0.012\ 51 C\varepsilon d^2 \sqrt{\frac{h}{\rho}} \quad \cdots\cdots (1)$$

式中:

Q——测定条件下的流量,单位为立方米每小时(m^3/h);

C——孔板流量系数;

ε——空气膨胀校正系数;

d——孔板开孔直径(对双重孔板,是指主孔板开孔直径),单位为毫米(mm);

h——水柱差压计压差高度,单位为毫米(mm);

ρ——测定条件下湿空气密度,单位为千克每立方米(kg/m^3)。

5.1.2　测定条件下湿空气密度,按式(2)计算:

$$\rho = 0.348\ 4 \times \frac{p_b - 0.378 \varphi p_v}{T} \quad \cdots\cdots (2)$$

式中:

p_b——大气压力,单位为百帕(hPa);

T——测定条件下的空气绝对温度,单位为开尔文(K);

φ——测定条件下的空气相对湿度;

p_v——对应温度 T 时的饱和水蒸汽压力(可由表 A.3 查取),单位为百帕(hPa)。

5.1.3　规定进气条件下的气量 Q_{20},按式(3)计算:

$$Q_{20} = Q \frac{\rho}{\rho_{20}} = \frac{0.012\ 51 C\varepsilon d^2}{\rho_{20}} \sqrt{h\rho} \quad \cdots\cdots (3)$$

式中:

ρ_{20}——规定进气条件下的湿空气密度,$\rho_{20} = 1.197\ 5\ kg/m^3$。

5.2　计量喷嘴装置的流量计算确定

计量喷嘴装置的流量计算见附录 A。

5.3　饱和气体的流量计算确定

饱和气体的流量计算参见附录 B。

6 水环真空泵和水环压缩机气量的计算确定

6.1 测定条件下，水环真空泵的气量，按式(4)计算：

$$Q_{st}=\frac{Q}{60}\times\frac{p_b}{p_1} \quad \cdots\cdots(4)$$

式中：

Q_{st}——测定条件下，水环真空泵入口压力为 p_1 时，吸入状态下的气量，单位为立方米每分钟(m^3/min)；

p_1——水环真空泵入口处的吸入绝对压力，单位为百帕(hPa)。

6.2 测定条件下的水环压缩机气量，按水环压缩机吸入压力 p_1 对排出压力 p_2 时的吸入气量来确定水环压缩机的气量时，按公式(4)计算。

6.3 规定进气条件下，水环真空泵的气量，按式(5)计算：

$$Q_{s20}=\frac{Q_{20}}{60}\times\frac{1\,013.25}{p_1} \quad \cdots\cdots(5)$$

式中：

Q_{s20}——规定进气条件下，水环真空泵入口压力为 p_{1s} 时，吸入状态下的气量，单位为立方米每分钟(m^3/min)；

Q_{20}——规定进气条件下的流量，单位为立方米每小时(m^3/h)。

6.4 规定进气条件下，水环压缩机的气量，按式(6)计算：

$$Q_{s20}=\frac{Q_{20}}{60} \quad \cdots\cdots(6)$$

附 录 A
（规范性附录）
计量喷嘴测定方法

A.1 计量喷嘴的规格、形状和尺寸应符合图 A.1 和表 A.1 的规定。可同时使用若干个同规格的计量喷嘴进行测量。

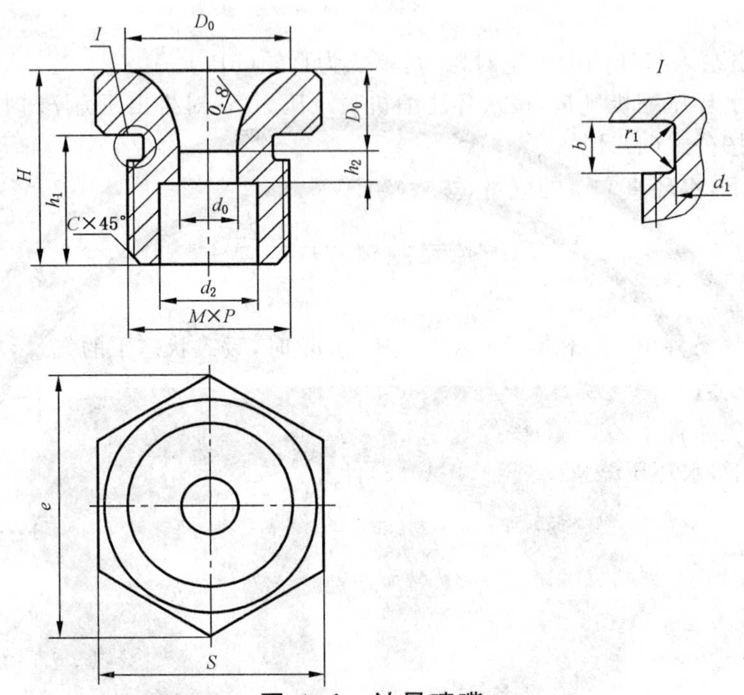

图 A.1 计量喷嘴

A.2 计量喷嘴的制造、安装和测量，应符合 GB/T 2624.3—2006 中 5.2.3 及下列的规定。

A.2.1 喷嘴椭圆弧段和圆柱形喉部的连接应光滑。

A.2.2 喷嘴制造完后须用样板和仪器检查其喉径和弧线的加工准确度。

A.2.3 喷嘴应当用不锈钢、铜或铜合金等防蚀材料制造。

A.2.4 喷嘴安装时螺纹连接部分应涂以真空脂密封，接合面应加密封垫。

A.2.5 喷嘴可组装在一块平板上，平板与连接在水环真空泵入口处的稳压管装配在一起。喷嘴也可以一个一个地垂直安装于稳压管的四周，稳压管的内径 D_1 应大于 8 倍的最大喷嘴喉径 $d_{0\max}$，长度 L_3 应大于 $2.5D_1$，取压口的位置为 L_0（图 A.2）。当使用最大喷嘴数量不止一个时，$D_1 > 8nd_{0\max}$，其中 n 为最大喷嘴的数量。

A.2.6 应当根据计量喷嘴的开孔大小，选择一定厚度和尺寸的密封板作喷嘴的启闭装置，测量过程中须保持启闭密封面的清洁。

A.2.7 根据测定水环真空泵的气量，预先选定所需的计量喷嘴的规格和数量，并按图 A.2 要求安装到水环真空泵的试验装置上，各个喷嘴的布置应合理。

A.3 计量喷嘴装置的流量计算确定

A.3.1 每个开启喷嘴在不同温度下的表值流量 G_i'，可按表 A.2 查取。表 A.2 的表值流量 G_i' 是在喷嘴出口与入口的绝对压力比小于或等于 0.528 的条件下，按式(A.1)计算出来的。

$$G_i' = \frac{0.011\,423\,44\alpha' p_b d_0^2}{\sqrt{T}} \qquad \text{(A.1)}$$

式中：

G_i'——干空气表值流量，单位为千克每小时(kg/h)；

α'——喷嘴效率系数，取 0.97；

d_0——计量喷嘴的开孔直径，单位为毫米(mm)。

表 A.1 计量喷嘴尺寸表

喷嘴号	d_0 D_a	D_0	H	h_2	d_2	$M\times P$	h_1	C	b	r_1	d_1	S	e
1	$1.5^{+0.014}_{0}$	3.50	23	0.9	5	M10×1	15	0.7	2	0.5	8.5	22	25.4
2	$2^{+0.014}_{0}$	4.66		1.2									
3	$3^{+0.014}_{0}$	6.99		1.8									
4	$4^{+0.025}_{0}$	9.32		2.4									
5	$6^{+0.025}_{0}$	13.98	28	3.6	14	M22×1	18		3		20.5	32	36.9
6	$8^{+0.058}_{0}$	18.64		4.8									
7	$10^{+0.058}_{0}$	23.30		6									
8	$13^{+0.070}_{0}$	30.29		7.8									
9	$18^{+0.070}_{0}$	41.94	30	10.8	28	M42×2		1.5	4	1	38.5	65	75
10	$25^{+0.084}_{0}$	58.25	42	15			20						
11	$30^{+0.084}_{0}$	69.90	50	18	32		25					75	86.5
12	$35^{+0.100}_{0}$	81.55	58	21	42	M52×2	30				48.5	95	109.5
13	$40^{+0.100}_{0}$	93.20	66	24									
14	$48^{+0.100}_{0}$	111.84	78	28.8	58	M72×3	40	2	6	1.5	67.5	135	156
15	$55^{+0.120}_{0}$	128.15	90	33									

多个开启喷嘴的表值总流量为各个开启喷嘴的表值流量 G_i' 的算术和，按式(A.2)计算：

$$G' = \sum G_i' \qquad \text{(A.2)}$$

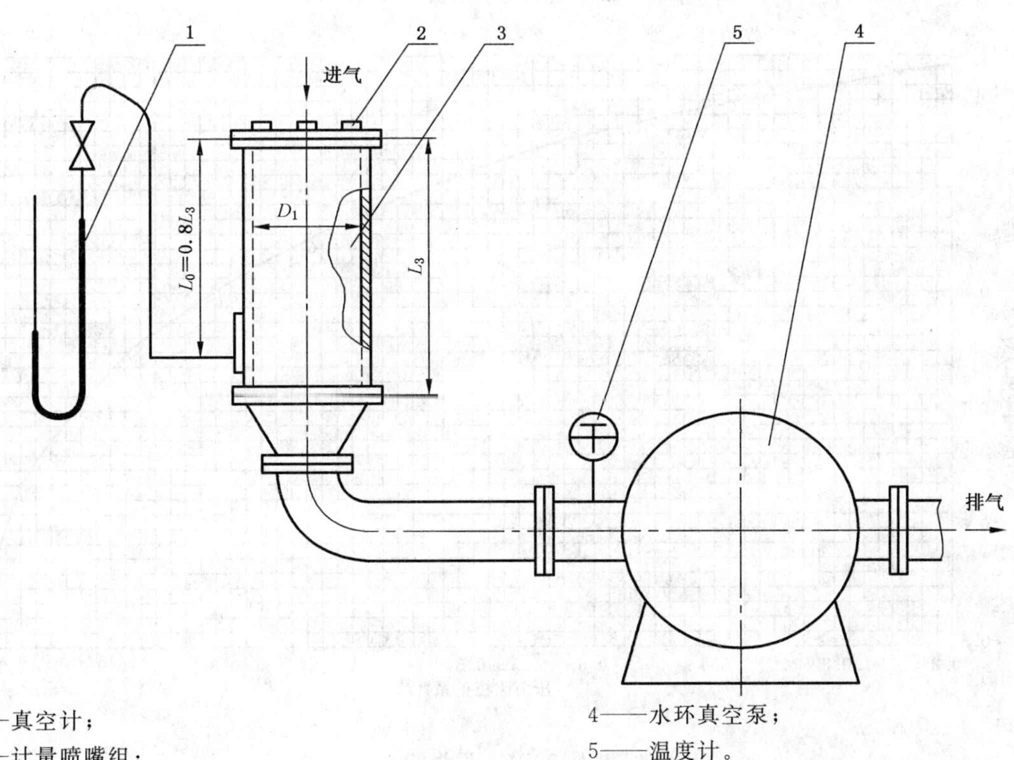

1——真空计；

2——计量喷嘴组；

3——稳压管；

4——水环真空泵；

5——温度计。

图 A.2 计量喷嘴在水环真空泵试验装置上的安装

A.3.2　测定条件下通过全部开启喷嘴的流量，按式(A.3)计算：

$$G = KG' \quad \cdots\cdots(A.3)$$

式中：

G——数个开启喷嘴的流量之和，单位为千克每小时(kg/h)；

K——换算和校正系数。

换算和校正系数 K，按式(A.4)计算：

$$K = K_p \cdot K_\beta \cdot K_R \cdot K_\alpha \quad \cdots\cdots(A.4)$$

式中：

K_p——大气压力换算系数；

K_β——压力比校正系数；

K_R——气体换算常数；

K_α——喷嘴效率换算系数。

A.3.3　确定换算系数

A.3.3.1　大气压力换算系数 K_p，按式(A.5)计算：

$$K_p = \frac{p_b}{1\ 013.25} \quad \cdots\cdots(A.5)$$

A.3.3.2　压力比校正系数 K_β，可根据 β 值由图 A.3 查取或当 $\beta > 0.528$ 时按式(A.6)计算：

$$K_\beta = 3.867 \times \sqrt{1-\beta^{\frac{k-1}{k}}} \cdot \beta^{\frac{1}{k}} \quad \cdots\cdots(A.6)$$

式中：

k——绝热指数，对空气 $k=1.4$；

β——喷嘴出口绝对压力(相当于水环真空泵入口处绝对压力)与大气压力之比，当 $\beta \leqslant 0.528$ 时，$K_\beta = 1$。

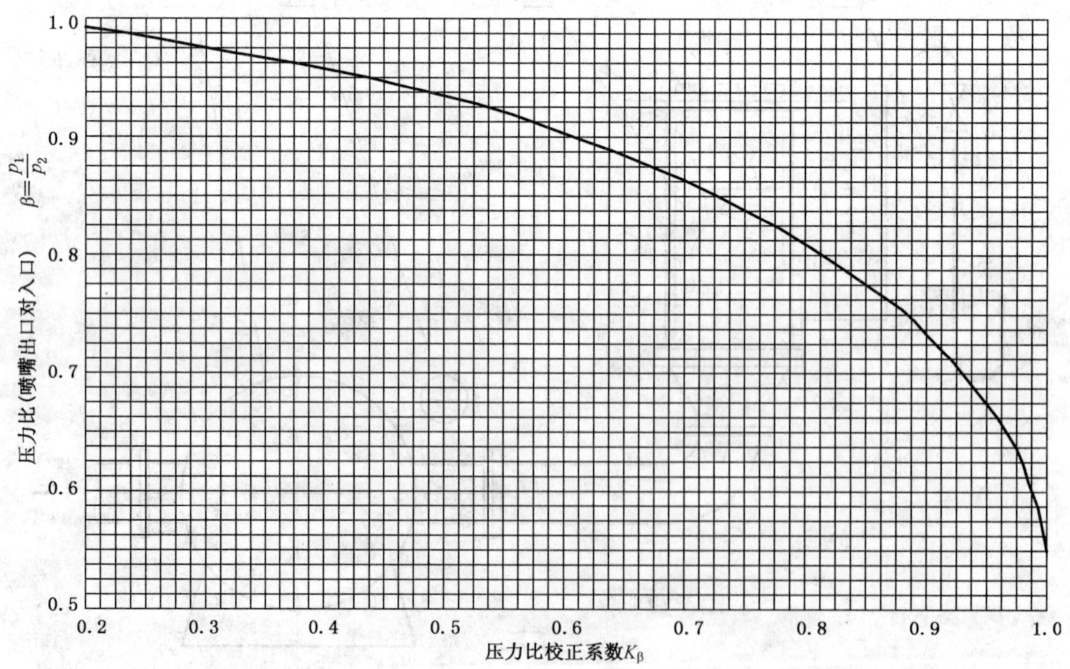

图 A.3　K_β-β 曲线

喷嘴出口绝对压力与大气压力之比 β，按式(A.7)计算：

$$\beta=\frac{p_1}{p_b} \qquad \text{(A.7)}$$

式中：

p_1——喷嘴出口绝对压力(相当于水环真空泵入口处绝对压力),单位为百帕(hPa)。

A.3.3.3 气体换算常数 K_R,按式(A.8)计算：

$$K_R=\sqrt{1-\frac{0.378\phi p_v}{p_b}} \qquad \text{(A.8)}$$

A.3.3.4 喷嘴效率换算系数 K_α,按式(A.9)计算：

$$K_\alpha=\frac{\alpha}{\alpha'}=\frac{\alpha}{0.97} \qquad \text{(A.9)}$$

式中：

α——测定条件下的喷嘴效率系数。

测定条件下的喷嘴效率系数 α,可根据喷嘴流动雷诺数 Re 由图 A.4 查取。

A.3.3.5 雷诺数 Re,按式(A.10)计算：

$$Re=0.3521\times\frac{G'}{\eta d_{0d}} \qquad \text{(A.10)}$$

式中：

η——空气动力黏度可由表 A.3 查取,单位为帕秒(Pa·s)；

d_{0d}——开启喷嘴组的当量直径,单位为毫米(mm)。

开启喷嘴组的当量直径 d_{0d},按式(A.11)计算：

$$d_{0d}=\sqrt{\sum d_0^2} \qquad \text{(A.11)}$$

A.3.4 测定条件下的流量 Q,按式(A.12)计算：

$$Q=\frac{G}{\rho} \qquad \text{(A.12)}$$

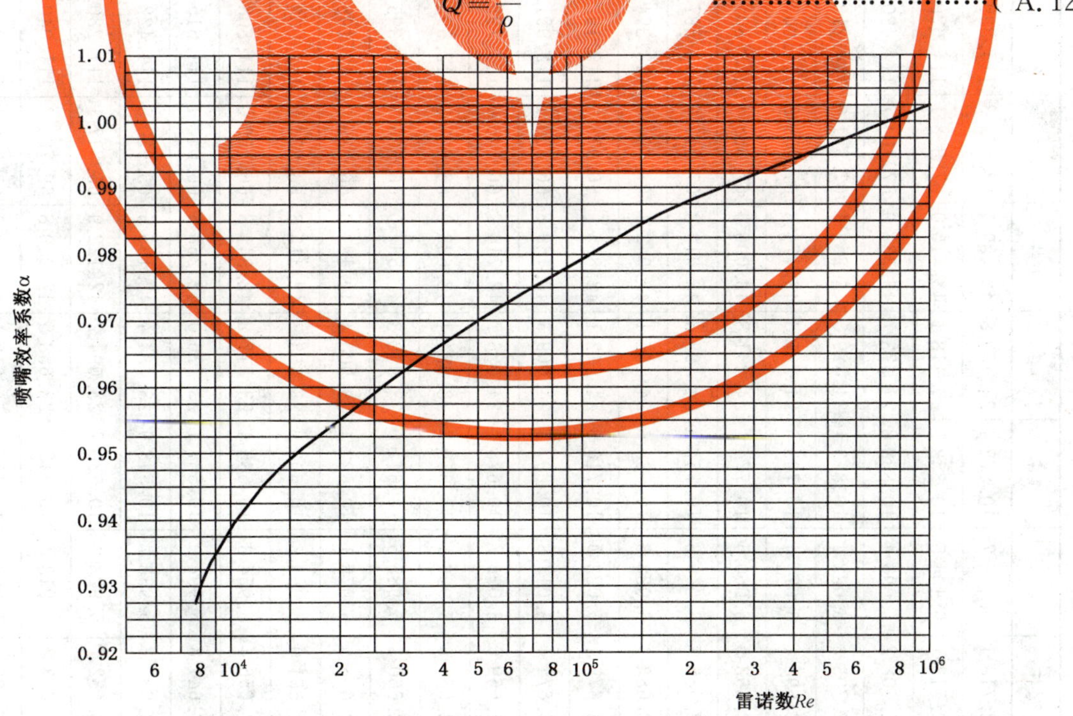

图 A.4 **α-Re 曲线**

A.3.5 测定条件下的水环真空泵的气量按式(4)计算确定。

A.3.6 规定进气条件下,水环真空泵的气量先按式(3)转换后,再按式(5)计算确定。

表 A.2 计量喷嘴干空气表值流量 G_i'

单位为千克每小时

t	1#	2#	3#	4#	5#	6#	7#	8#	9#	10#	11#	12#	13#	14#	15#
0	1.528 9	2.718 1	6.115 7	10.872 4	24.462 8	43.489 4	67.952 3	114.839 3	220.165 3	424.701 6	611.570 3	832.415 2	1 087.236 1	1 566.620 0	2 055.555 8
1	1.526 1	2.713 1	6.104 5	10.852 5	24.418 1	43.410 0	67.828 1	114.629 6	219.763 2	423.925 9	610.453 3	830.894 7	1 085.250 2	1 562.760 3	2 051.801 2
2	1.523 3	2.708 2	6.093 4	10.832 8	24.373 7	43.331 0	67.704 7	114.420 9	218.363 2	423.154 4	609.342 4	829.382 7	1 083.275 3	1 559.916 5	2 048.061 4
3	1.520 5	2.703 3	6.082 4	10.813 1	24.329 5	43.252 4	67.581 9	114.213 5	218.965 5	422.387 1	608.237 5	821.878 7	1 081.311 0	1 557.087 8	2 044.353 6
4	1.517 8	2.698 4	6.071 4	10.793 6	24.285 5	43.174 3	67.459 8	114.007 1	218.569 9	421.624 0	607.138 6	826.383 0	1 079.357 4	1 554.274 7	2 040.660 1
5	1.515 1	2.693 5	6.060 5	10.774 1	24.241 8	43.096 6	67.338 4	113.801 9	218.176 4	420.865 0	606.045 6	824.895 4	1 077.414 4	1 551.476 7	2 036.986 6
6	1.512 3	2.688 7	6.049 6	10.754 8	24.198 3	43.019 3	67.217 6	113.597 8	217.785 1	420.110 1	604.958 5	823.415 7	1 075.481 0	1 548.693 7	2 033.332 7
7	1.509 7	2.683 9	6.038 8	10.735 6	24.155 1	42.942 4	67.097 5	113.394 7	217.395 8	419.359 3	603.877 3	821.944 1	1 073.559 6	1 545.925 9	2 029.698 7
8	1.507 0	2.679 1	6.028 0	10.716 5	24.112 1	42.865 9	66.978 0	113.192 8	217.008 7	418.612 4	602.801 8	820.480 3	1 071.647 6	1 543.172 6	2 026.083 8
9	1.504 3	2.674 4	6.017 3	10.697 5	24.069 3	42.789 8	66.859 1	112.991 9	216.623 5	417.869 5	601.732 1	819.024 2	1 069.745 9	1 540.434 1	2 022.488 3
10	1.501 6	2.669 6	6.006 7	10.678 5	24.026 7	42.714 2	66.740 9	112.792 1	216.240 5	417.130 6	600.668 0	817.575 9	1 067.854 0	1 537.710 1	2 018.911 9
11	1.499 0	2.664 9	5.996 1	10.659 7	23.984 4	42.638 9	66.623 3	112.593 3	215.859 4	416.395 5	599.609 5	816.135 2	1 065.972 4	1 535.000 3	2 015.354 2
12	1.496 3	2.660 3	5.985 6	10.641 0	23.942 3	42.564 0	66.506 3	112.395 6	215.480 4	415.664 4	598.556 7	814.702 2	1 064.100 8	1 532.305 1	2 011.815 5
13	1.493 8	2.656 0	5.975 1	10.622 4	23.900 4	42.489 6	66.389 9	112.198 0	215.103 4	414.937 1	597.509 4	813.276 6	1 062.238 8	1 529.623 9	2 008.295 3
14	1.491 1	2.651 0	5.964 7	10.603 9	23.858 7	42.415 5	66.274 2	112.003 3	214.728 8	413.213 5	596.467 4	811.858 5	1 060.386 5	1 526.956 6	2 004.793 3
15	1.488 6	2.656 4	5.954 3	10.585 4	23.817 2	42.341 8	66.159 0	111.808 7	214.355 2	413.493 8	595.431 1	810.447 9	1 058.544 1	1 524.303 5	2 001.310 0
16	1.485 9	2.641 8	5.994 0	10.567 1	23.776 0	42.268 5	66.044 4	111.615 1	213.984 0	412.777 8	594.399 9	809.044 4	1 056.711 0	1 521.663 8	1 997.844 3
17	1.483 4	2.637 2	5.933 7	10.548 9	23.734 4	42.195 5	65.930 5	111.422 5	213.614 8	412.065 5	593.374 3	807.648 3	1 054.887 6	1 519.038 2	1 994.397 0
18	1.480 9	2.632 7	5.923 5	10.530 7	23.694 2	42.122 9	65.817 1	111.230 9	213.247 4	411.356 8	592.353 8	806.259 3	1 053.073 4	1 516.425 7	1 990.966 9
19	1.478 3	2.628 2	5.913 4	10.512 7	23.653 5	42.050 8	65.704 3	111.040 3	212.881 9	410.651 9	591.338 7	804.877 7	1 051.268 8	1 513.827 0	1 987.555 0
20	1.475 8	2.623 7	5.903 3	10.494 7	23.613 1	41.978 9	65.592 1	110.850 6	212.518 3	409.950 5	590.328 7	803.502 9	1 049.473 2	1 510.241 5	1 984.160 4
21	1.473 3	2.619 2	5.893 2	10.476 9	23.572 9	41.907 4	65.480 4	110.661 9	212.156 6	409.252 7	589.323 9	802.135 3	1 047.686 8	1 508.669 1	1 980.783 0
22	1.470 8	2.614 8	5.883 2	10.459 1	23.532 9	41.836 4	65.369 4	110.474 2	211.796 7	408.558 4	588.324 0	800.774 5	1 045.909 6	1 506.109 8	1 977.422 8

表 A.2（续）

单位为千克每小时

t	1#	2#	3#	4#	5#	6#	7#	8#	9#	10#	11#	12#	13#	14#	15#
23	1.468 3	2.610 4	5.873 3	10.441 4	23.493 2	41.767 5	65.258 8	110.287 4	211.438 6	407.867 7	587.329 0	799.420 7	1 044.141 4	1 503.563 6	1 974.080 0
24	1.465 8	2.605 9	5.863 4	10.423 8	23.453 6	41.695 3	65.148 9	110.101 6	211.082 4	407.180 6	586.340 0	798.073 9	1 042.382 2	1 500.038 4	1 970.753 9
25	1.463 4	2.601 6	5.853 6	10.406 3	23.414 2	41.625 3	65.039 5	109.916 7	210.727 9	406.496 8	585.355 5	796.733 6	1 040.631 6	1 498.509 6	1 967.444 2
26	1.460 9	2.597 2	5.843 8	10.388 9	23.375 0	41.555 6	64.930 6	109.732 8	210.375 2	405.816 4	584.375 7	795.400 2	1 038.890 0	1 496.001 7	1 964.151 5
27	1.458 5	2.592 9	5.843 0	10.371 6	23.336 0	41.486 3	64.822 3	109.549 7	210.024 3	405.139 5	583.401 0	794.073 4	1 037.157 1	1 493.506 2	1 960.875 1
28	1.456 1	2.588 6	5.824 3	10.354 3	23.297 2	41.417 3	64.714 6	109.367 6	209.675 1	404.465 9	582.430 9	792.753 2	1 035.432 8	1 491.023 2	1 956.967 9
29	1.453 7	2.584 3	5.814 7	10.337 2	23.258 6	41.348 7	64.607 3	109.186 4	209.327 7	403.795 7	581.465 9	791.439 6	1 033.717 1	1 488.552 6	1 954.371 4
30	1.451 3	2.580 0	5.805 1	10.320 1	23.220 2	41.280 4	64.500 6	109.006 0	208.982 0	403.128 9	580.505 6	790.132 6	1 032.009 9	1 486.094 2	1 951.143 7
31	1.448 9	2.575 8	5.795 5	10.303 1	23.182 0	41.212 4	64.394 5	108.826 6	208.638 0	402.465 3	579.550 1	788.832 0	1 030.311 2	1 483.648 1	1 947.932 1
32	1.446 5	2.571 6	5.786 0	10.286 2	23.144 0	41.144 8	64.288 8	108.648 1	208.295 7	401.805 0	578.599 1	787.537 7	1 028.620 6	1 481.648 1	1 944.735 8
33	1.444 1	2.567 3	5.776 5	10.269 4	23.106 1	41.077 5	64.183 7	108.470 4	207.955 1	401.147 9	577.652 5	786.249 8	1 026.938 5	1 478.791 5	1 941.555 7
34	1.441 8	2.563 2	5.767 1	10.252 6	23.068 5	41.010 6	64.079 0	108.293 6	207.616 1	400.494 0	576.711 3	784.962 4	1 025.264 6	1 476.381 0	1 938.390 9
35	1.439 4	2.559 0	5.757 7	10.236 0	23.031 0	40.944 0	63.974 9	108.117 6	207.278 8	399.843 3	575.774 4	783.693 0	1 023.599 0	1 473.982 6	1 935.241 9

注：t 为温度，单位为℃；1#表示1号计量喷嘴；干空气表值流量 G_i'，单位为 kg/m^3。

表 A.3　饱和水蒸气压力 p_v 和干空气动力黏度 η 表

空气温度/℃		0	1	2	3	4	5	6	7	8	9	10
0	p_v/hPa	6.11	6.57	7.05	7.57	8.13	8.72	9.35	10.01	10.72	11.48	12.27
	$\eta \times 10^6$/Pa·s	17.162	17.220	17.279	17.338	17.397	17.456	17.515	17.574	17.632	17.691	17.750
10	p_v/hPa	12.27	13.12	14.01	14.97	15.97	17.04	18.17	19.37	20.62	21.96	23.37
	$\eta \times 10^6$/Pa·s	17.750	17.799	17.848	17.897	17.946	17.995	18.044	18.093	18.142	18.191	18.240
20	p_v/hPa	23.37	24.61	26.42	28.08	29.82	31.66	33.61	35.65	37.80	40.05	42.42
	$\eta \times 10^6$/Pa·s	18.240	18.289	18.338	18.387	18.437	18.486	18.535	18.584	18.633	18.682	18.730
30	p_v/hPa	42.42	44.92	47.54	50.30	53.20	56.22	59.41	62.75	66.26	69.93	73.77
	$\eta \times 10^6$/Pa·s	18.730	18.780	18.829	18.878	18.927	18.976	19.025	19.074	19.123	19.172	19.221

附 录 B
（资料性附录）
饱和气体的气量测定方法

B.1 饱和气体的流量测量是在饱和气体发生器基础上进行的，其过程为：环境空气（视为干空气）经过节流装置（孔板、计量喷嘴）进入饱和气体发生器，与此处的水蒸汽充分混合处于饱和状态，进入水环真空泵吸入口。

B.2 饱和气体发生器工作原理为：雾化器使容器空间处于饱和状态，同时，在容器底部装有温控装置，使容器内的混合气体温度处于设定的范围内，置于饱和气体发生器与水环真空泵吸入口之间有温度、湿度监视控制仪、加热器和雾化器实现饱和气体发生器的自动工作。

B.3 测量条件下，饱和气体发生器按图 B.1 安装，通过饱和气体发生器使水环真空泵入口气体达到饱和状态。

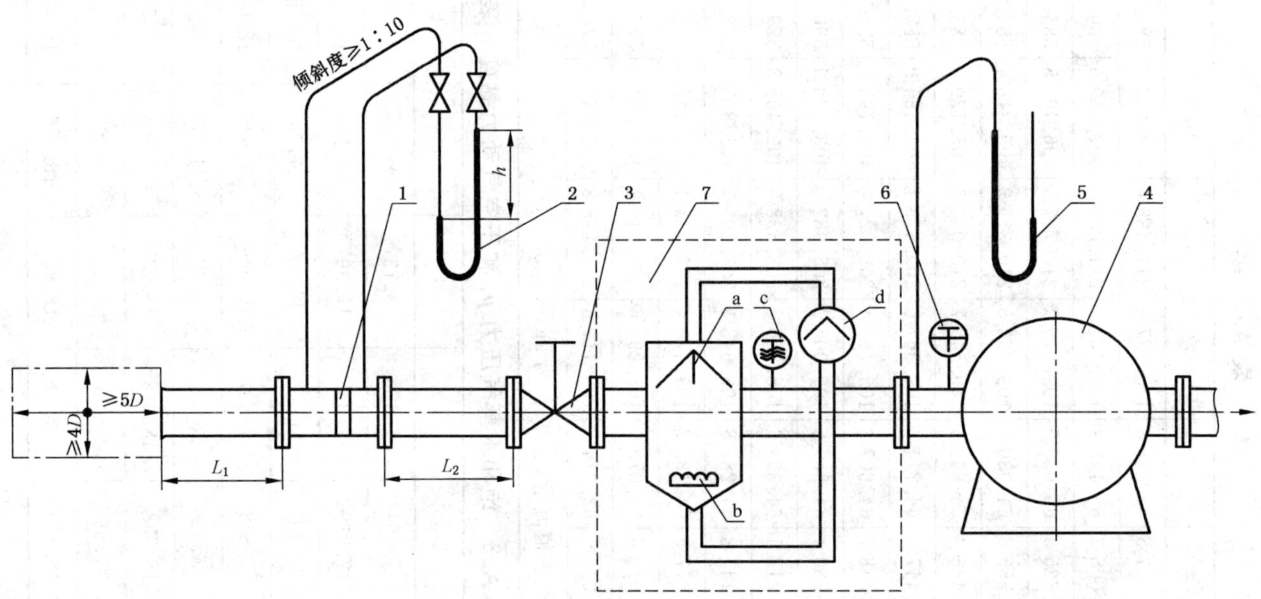

1——孔板节流装置；

2——U 型管水柱差压计；

3——调节阀门；

4——水环真空泵；

5——真空计；

6——温度计；

7——饱和气体发生器（a——雾化器；b——温控装置；c——温湿度控制仪；d——循环供液泵）。

图 B.1 饱和气体发生器在水环真空泵上的安装

B.4 水环真空泵吸入饱和气体的流量 Q_{stb}，按式(B.1)计算：

$$Q_{stb}=Q_{st}\times\frac{p_1}{p_G} \qquad \text{(B.1)}$$

式中：

Q_{stb}——测定条件下，水环真空泵入口压力为 p_1 时，吸入温度为 T 的饱和气体的气量，单位为立方米每分钟（m^3/min）；

p_G——测定条件下，水环真空泵吸入干空气压力，单位为百帕(hPa)。

吸入为饱和气体时，水环真空泵吸入口的干空气压力 p_G，按式(B.2)计算：

$$p_G = p_1 - p_{V1} \tag{B.2}$$

式中：

p_{V1}——测定条件下对应温度 T 时的饱和水蒸汽压力(可由表A.3查取)，单位为百帕(hPa)。

ICS 17.020
N 05

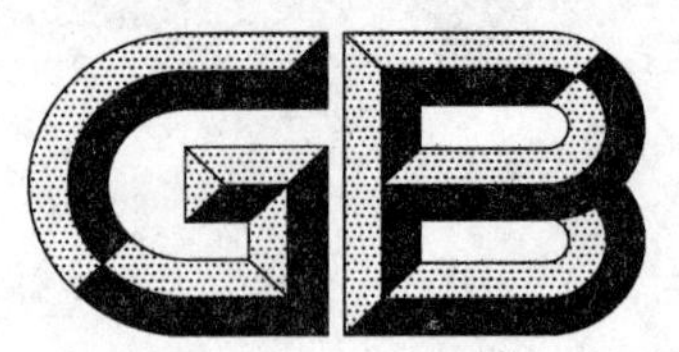

中华人民共和国国家标准

GB/T 13965—2010
代替 GB/T 13965—1992

仪表元器件　术语

Instrument components—Vocabulary

2010-12-01 发布　　　　2011-05-01 实施

中华人民共和国国家质量监督检验检疫总局
中国国家标准化管理委员会　发布

前　言

本标准代替 GB/T 13965—1992《仪表元器件术语》。

本标准与 GB/T 13965—1992 相比主要变化如下：

a） 对标准的结构进行了调整，将术语分为分类术语和性能参数术语；

b） 根据仪器仪表技术的一些新进展，对仪表元器件术语作了适当的补充：

1） 2.1 中增加：

准双曲面齿轮副 hypoid gear pair

准双曲面齿轮 hypoid gear

曲线齿锥齿轮 curved tooth bevel gear

弧齿锥齿轮 spiral bevel gear

平行轴齿轮副 gear pair with parallel axes

交错轴齿轮副 gear pair with non-intersecting axes

2） 2.2 中增加：

齿距累积偏差 accumulated error over pitches

齿廓形状偏差 tooth profile error

螺旋线总偏差 total helix error

螺旋线形状偏差 helix profile error

3） 3.1 中增加：

恒力弹簧 constant force spring

4） 3.2 中增加：

弹性蠕变 elastic creep

5） 4.2.1 中增加：

硅压阻力敏元件 silicon piezoresistive force sensing element

扩散硅力敏元件 diffused silicon force sensing element

硅电容式力敏元件 silicon capacitive force sensing element

硅蓝宝石力敏元件 silicon on sapphire force sensing element

集成力敏元件 IC（integrated circuit）force sensing element

金属电容式力敏元件 metal capacitive force sensing element

谐振式力敏元件 resonator force sensing element

6） 4.3.1 中增加

双金属片热敏元件 bimetal thermo sensing element

PN 结热敏元件 P-N junction thermo sensing element

辐射式热敏元件 radiation thermo sensing element

光电热敏元件 photo-electric thermo sensing element

核磁共振热敏元件 nuclear magnetic thermo sensing element

7） 4.5.1 中增加：

磁致伸缩敏感元件 magnetostrictive sensing element

8） 4.6.1 中增加：

红外吸收式气敏元件 infrared absorption gas sensing element

光干涉式气敏元件 light interference gas sensing element

9） 4.8.1 中增加：

压敏电容器 voltage dependent capacitor

11） 在第 4 章增加了射线敏感元件、纤维光学敏感元件和生物敏感元件相关术语；

12） 6.1 中增加：

开关磁阻电动机 switched reluctance motor

自整角机 selsyn

旋转变压器 resolver

13） 7.1 中增加：

冷阴极荧光灯 cold cathode fluorescent lamp

电致荧光灯 electroluminescent fluorescent

14） 8.1 中增加：

有机发光二极管显示器 organic light emitting diode

薄膜场效应晶体管驱动液晶显示屏 thin film field-effect transistor driver LCD

液晶微显示 LCD microdisplay

柔性液晶显示 flexible LCD

c） 修正了不恰当、不准确的术语，主要参考现有国家标准中的相关术语定义，协调统一，已在标准正文中标示。

本标准由中国机械工业联合会提出。

本标准由机械工业仪器仪表元器件标准化技术委员会归口。

本标准由沈阳仪表科学研究院、北京航空航天大学、大连理工大学、上海新风仪表接插件有限公司、国家仪器仪表元器件质量监督检验中心、昆山双桥传感器测控技术有限公司负责修订。

本标准主要起草人：徐秋玲、樊尚春、张元良、王文襄、周永华、孙克、于振毅。

本标准于 1992 年 12 月 17 日首次发布，本次为第一次修订。

仪表元器件　术语

1　范围

本标准规定了仪器仪表用机械元件、弹性元件、敏感元件、机电元件、仪表电机、仪器光源及显示器件七类产品的名称、性能特性等方面的术语和定义。

本标准适用于仪表元器件的生产、使用、科研和教学等方面，作为统一技术用语的依据。

2　机械元件

2.1　机械元件分类术语

2.1.1

机械元件　mechanical component

在以信息流或信息变换为主的机械技术系统中，具有独立功能的机械零件或组件。它能完成：信息的传递、变换、感受、运动件的承导、被测量的示值、记录、计数、构件的联结，以及阻尼、减震、调速、补偿等功能。

2.1.2

小模数齿轮　fine module gear

法向模数小于或等于 1 mm 的齿轮。

[GB/T 2363—1990]

2.1.3

渐开线齿轮　involute cylindrical gear

一个圆柱齿轮，其端面上的可用齿廓是一段渐开线。

[GB/T 3374—1992]

2.1.4

摆线齿轮　cycloidal gear

齿廓为准确的(或近似的)摆线形状的圆柱齿轮。

[GB/T 3374—1992]

2.1.5

钟表齿轮　watch gear

又称修正摆线型面齿轮。

轮齿的上齿面为低于摆线型面的圆柱面，下齿面为内摆线型面。

2.1.6

圆柱齿轮　cylindrical gear

分度曲面为圆柱面的齿轮。

[GB/T 3374—1992]

2.1.7

直齿圆柱齿轮　spur gear

又称直齿轮或正齿轮。

齿线为分度圆柱面直母线的圆柱齿轮。

[GB/T 3374—1992]

2.1.8

斜齿圆柱齿轮　helical gear

又称斜齿轮　single helical gear

齿线为螺旋线的圆柱齿轮。

[GB/T 3374—1992]

2.1.9

内齿轮　internal gear

齿顶曲面位于齿根曲面之内的齿轮。

[GB/T 3374—1992]

2.1.10

轴齿轮　shaft gear

与转轴做成一体的齿轮。

2.1.11

扇形齿轮　sector gear

不连续运转的齿轮副中,大齿轮的工作转角较小(小于120°)时,切去不工作的轮齿部分,面呈扇形的齿轮。

2.1.12

锥齿轮　bevel gear

分度曲面为圆锥面的齿轮。

[GB/T 3374—1992]

2.1.13

直齿锥齿轮　spur bevel gear,straight bevel gear

齿线为分度圆锥面直母线的锥齿轮。

[GB/T 3374—1992]

2.1.14

斜齿锥齿轮　helical bevel gear

产形冠轮上的齿线是不通过锥顶的直线的锥齿轮。

[GB/T 3374—1992]

2.1.15

冠轮　crown gear

分锥角为90°的锥齿轮。

[GB/T 3374—1992]

2.1.16

端面齿轮　contrate gear

用于与圆柱齿轮啮合的顶锥角及根锥角均为90°的锥齿轮或准双曲面齿轮。

[GB/T 3374—1992]

2.1.17

非圆齿轮　non-circular gear

分度曲面不是旋转曲面的齿轮。它和另一个齿轮组成齿轮副以后,在啮合过程中,其瞬时角速度比按某种既定的运动规律而变化。

[GB/T 3374—1992]

2.1.18

椭圆齿轮　elliptical gear

分度曲面是椭圆柱面(或卵圆柱面)的非圆齿轮。

[GB/T 3374—1992]

2.1.19

无侧隙齿轮　gear without backlash

又称消隙齿轮。

由两个齿形参数相同的齿轮组成,其一中间具有与轴联结的轮毂,轮毂外圆上滑配另一齿轮,两齿轮间装有消隙弹簧,将方向相反的切向力分别加于两齿轮上,使其产生错位而消除啮合时侧向间隙的齿轮组件。

2.1.20

标准齿轮　standard gear

又称非变位或零变位齿轮。

切齿刀具中线与工件分度圆相切时加工的齿轮。

2.1.21

变位齿轮　gears with addendum modification

又称修正齿轮。

切齿刀具中线不与被加工齿轮分度圆相切时加工的齿轮。刀具中线位于分度圆外侧时为正变位;刀具中线与分度圆相交时为负变位。

2.1.22

平行轴齿轮副　gear pair with parallel axes

两轴线互相平行的齿轮副。

[GB/T 3374—1992]

2.1.23

直齿圆柱齿轮副　spur gear pair

由两个配对的直齿轮组成的平行轴齿轮副。

[GB/T 3374—1992]

2.1.24

平行轴斜齿轮副　parallel helical gear pair

两相啮合的斜齿圆柱齿轮组成的平行轴齿轮副。

2.1.25

交错轴齿轮副　gear pair with non-intersecting axes

两轴线不平行、也不相交的齿轮副。

[GB/T 3374—1992]

2.1.26

交错轴圆柱斜齿轮副　crossed helical gear pair

由两个配对的斜齿圆柱齿轮组成的交错轴齿轮副。

[GB/T 3374—1992]

2.1.27

锥齿轮副　bevel gear pair

一对轴线相交的锥齿轮。

[GB/T 3374—1992]

2.1.28

非圆齿轮副　non-circular gear pairs

由非圆齿轮组成的齿轮副。

[GB/T 3374—1992]

2.1.29

标准齿轮副　standard gear pair

又称非变位齿轮副。

由一对标准齿轮组成的齿轮副。

2.1.30

变位齿轮副　X-gear pair

至少包含一个变位齿轮的齿轮副。

[GB/T 3374—1992]

2.1.31

高变位圆柱齿轮副　gear pair with reference centre distance

名义中心距等于标准中心距的变位齿轮副。

[GB/T 3374—1992]

2.1.32

角变位圆柱齿轮副　gear pair with modified centre distance

名义中心距不等于标准中心距的变位齿轮副。

[GB/T 3374—1992]

2.1.33

准双曲面齿轮副　hypoid gear pair

一对轴线交错、圆锥形或近似于圆锥形的齿轮。

[GB/T 3374—1992]

2.1.34

准双曲面齿轮　hypoid gear

准双曲面齿轮副中的任何一个齿轮。

[GB/T 3374—1992]

2.1.35

曲线齿锥齿轮　curved tooth bevel gear

产形冠轮上的齿线是某种平面曲线的锥齿轮。

[GB/T 3374—1992]

2.1.36

弧齿锥齿轮　spiral bevel gear

产形冠轮上的齿线是圆弧的锥齿轮。

[GB/T 3374—1992]

2.1.37

齿轮系　gear train,train of gears

两个以上齿轮副组成的齿轮传动系统称齿轮系，简称轴系。

2.1.38

定轴轮系　fixed shaft gear train

轮系运转时，各齿轮几何轴线的相对位置不变的轮系。

2.1.39

周转轮系　epicyclic gear train

由两个齿轮副组成，每个齿轮副中有一个齿轮的轴线重合于中心轴线。轮系运转时，至少有一个齿轮的轴线绕中心轴转动[公转]的轮系。

2.1.40

差动轮系　differential gear train

具有两个机构自由度的周转轮系。

2.1.41

行星轮系　planetary gear train; single planetary gear train

只有一个机构自由度，且有一个中心轮固定不动的周转轮系。

2.1.42

谐波齿轮　harmonic gear

由波发生器、刚[性齿]轮和柔[性齿]轮三个主要构件组成。波发生器迫使柔轮变形，造成柔轮和刚轮轮齿间由脱离、啮入、啮合、啮出周期变换而完成传递运动功能的组件。

2.1.43

齿条　rack

一个平板或直杆，当其具有一系列等距离分布的齿时，就称为齿条。

[GB/T 3374—1992]

2.1.44

直齿条　spur rack

一个齿条，其齿线是垂直于齿的运动方向的直线。

[GB/T 3374—1992]

2.1.45

斜齿条　helical rack

齿线与运动方向斜交的齿条。

[GB/T 3374—1992]

2.1.46

针轮　cylindrical lantern gear, pin gear

由轴线为分度圆柱上直线的圆柱销代替轮齿的齿轮。

2.1.47

齠轮　pinion

摆线齿轮副中的小齿轮。

2.1.48

蜗杆　worm

一个齿轮，当它只具有1个或几个螺旋齿，并且与蜗轮啮合而组成交错轴齿轮副时，就称为蜗杆，其分度曲面可以是圆柱面、圆锥面或圆环面。

[GB/T 3374—1992]

2.1.49

圆柱蜗杆　cylindrical worm

分度曲面为圆柱面的蜗杆。

[GB/T 3374—1992]

2.1.50

环面蜗杆　enveloping worm

分度曲面是圆环面的蜗杆。

[GB/T 3374—1992]

2.1.51

阿基米德蜗杆　straight sided axial worm

又称轴向直廓蜗杆或 ZA 蜗杆。

齿面为阿基米德螺旋面的圆柱蜗杆。其端面齿廓为阿基米德螺旋线，轴向齿廓是直线。

[GB/T 3374—1992]

2.1.52

渐开线蜗杆　involute helicold worm

又称 ZI 蜗杆(ZI-worm)。

齿面为渐开线螺旋面的圆柱蜗杆。其端面齿廓是渐开线。

[GB/T 3374—1992]

2.1.53

蜗轮　worm wheel

一个齿轮，它作为交错轴齿轮副中的大轮而与配对蜗杆相啮合时，就称为蜗轮，其分度曲面可以是圆柱面、圆锥面或圆环面。通常，它和配对的蜗杆呈线接触状态。

[GB/T 3374—1992]

2.1.54

蜗杆副　worm gear pair

由蜗杆及相配对蜗轮组成的交错轴齿轮副。

[GB/T 3374—1992]

2.1.55

圆柱蜗杆副　cylindrical worm gear pair

由圆柱蜗杆及相配对的蜗轮组成的交错轴齿轮副。

[GB/T 3374—1992]

2.1.56

环面蜗杆副　double enveloping worm gear pair

由环面蜗杆及相配对的蜗轮组成的交错轴齿轮副。

[GB/T 3374—1992]

2.1.57

摩擦轮传动装置　friction gearing

利用主动轮和从动轮之间的摩擦力来传递运动的装置。

2.1.58

定传动比摩擦轮传动装置　constant ratio friction gears

主动轮和从动轮间传动比不变的摩擦传动装置。

2.1.59

变传动比摩擦轮传动装置　variable ratio friction gears

利用改变主动轮和从动轮接触点位置来改变传动比的摩擦传动装置。

2.1.60

螺旋传动机构　screw gears

含有螺旋副的传动机构。它通常由螺旋副、转动副和移动副组成。

2.1.61

差动螺旋机构　differential screw gears

又称复合螺旋传动机构。

利用主动件上两个不同螺距的螺旋带动两个螺旋从动件，主动件旋转使两从动件反向运动时，其相对位移与两螺距之和成正比；反之，主动件旋转使两从动件同向运动时，其相对位移与两螺距之差成正比。这种传动机构称为差动螺旋机构。

2.1.62

挠性传动装置　flexible gearing; flexible connector driver

利用挠性体（带、索、链）传递运动的装置，按主动件、从动件和挠性体结合方式的差异可分为：摩擦型、固定型和强制型三种。

2.1.63

摩擦型挠性传动装置　friction flexible gearing; friction flexible connector driver

利用主动轮、从动轮和挠性体接触面之间的摩擦将主动轴的运动或转矩传递到从动轴上的装置。如皮带传动和绳传动。

2.1.64

弹簧传动带　spring belt

具有预紧力的闭合螺旋弹簧带。

2.1.65

固定型挠性传动装置　fixed flexible gearing; fixed flexible connector driver

挠性带的两端分别固定并部分缠绕在主动件和从动件上，利用挠性带的牵制传递运动的装置。

2.1.66

链传动装置　chain driver

由主动链轮、从动链轮和传动链[挠性体]组成的强制型挠性传动装置。利用链轮轮齿与链节的啮合来传递运动和动力。传动链的主要型式有：钩环链和销链两种。

2.1.67

齿形带传动装置　tooth belt driver

齿形带与具有相应齿形的带轮组成的强制型挠性传动装置。因为齿形带与带轮啮合传动，所以又称同步传动带。

2.1.68

齿形带　tooth belt

工作面制有特殊齿形的封闭型增强带。

2.1.69

凸轮传动机构　cam follower

利用凸轮表面特殊形状，将输入运动改变为相应的输出运动的传动机构。它可按特定函数关系将旋转运动转变为直线往复运动或摆动；也可将往复运动转换为某种规律的往复运动或摆动。

2.1.70

四连杆机构　four-bar

各杆件两端分别与另两杆件端头相铰接的四杆件组成的机构，其中有一杆件固定称机架；与固定杆一端铰接，并能连续转动者称曲柄，只能在某一角度范围内摆动者称摇杆；不与固定杆铰接的称连杆。其基本形式有：曲柄摇杆机构、双曲柄机构和双摇杆机构三种。

2.1.71

曲柄滑块机构　slider-crank mechanism

曲柄摇杆机构的摇杆无限加长时，摇杆与连杆铰接点为直线往复运动，可用一滑块代替摇杆的机构。

2.1.72

压力表机芯 core of pressure gauge

压力表专用的传动放大机构。它由轴齿轮、扇形齿轮、连杆、游丝以及包括上、下尖板和支柱构成的机架等组成。

2.1.73

仪表支承 instrument support

用来约束仪表中转动件的运动，使其绕规定的轴线旋转或偏转的元件。通常由转动部分和承导部分(即轴颈和轴承)组成。按两者相对运动时摩擦性质的不同可分为：滑动摩擦支承、滚动摩擦支承、介质[流体]摩擦支承和弹性支承等。

2.1.74

圆柱支承 cylindrical sliding support

工作面为圆柱面的支承。由圆柱体的轴颈和圆柱孔的轴承组成。其轴向位置由轴肩或轴颈端面约束。

2.1.75

圆锥支承 tapered sliding support

工作面为圆锥面的支承。由圆锥体的轴颈和圆锥孔的轴承组成。

2.1.76

顶尖支承 conical sliding support

又称顶针支承。

转动件和承导件相对运动的工作面是顶尖的圆锥面和轴承内圆锥面与顶端圆柱小孔的过渡圆弧环面的支承。由锥顶角较小(约 60°)的圆锥顶尖轴颈和锥顶角较大的(约 90°)的圆锥孔与顶端圆柱小孔构成的顶尖轴承组成。

2.1.77

环面支承 self-aligning spherical support

工作面为球面的支承。由球面轴颈和球面轴承或圆锥槽轴承组成。

2.1.78

轴尖支承 centre support

工作时轴颈和轴承的接触面是微小球面和小内球面或微小球面和内锥面的支承。由锥顶为微小球面的锥形轴颈[轴尖]和底部为小内球面的锥形槽轴承组成。

2.1.79

宝石轴承 stone jewel

用天然玛瑙、人工合成蓝宝石或红宝石(俗称刚玉)等材料制造的轴承。其结构形式有：通孔、端面、槽形等类型。

2.1.80

通孔宝石轴承 hole jewel

工作面为圆形通孔的宝石轴承。圆形通孔有：圆柱孔(直孔)和内圆环面孔(弧孔)两种；端面形状有：平面和球面两种，轴承可在孔的一端或两端制成内球面油槽。

2.1.81

槽形宝石轴承 recessed jewel

工作面为内凹的圆锥槽或球面槽的宝石轴承。

2.1.82

锥形槽宝石轴承 conical jewel

工作面是底部为小内球面的内圆锥面的宝石轴承。标准锥形槽宝石轴承的锥顶角为 80°±5°。

2.1.83

球形槽宝石轴承　spherical jewel

工作面是由一个或多个内凹球面组成的宝石轴承。在内凹球面中心有一半径较小的内凹球面为单面双球形槽宝石轴承,在两个端面均有一相同的内凹球面的为双面双球形槽宝石轴承。

2.1.84

端面宝石轴承　endstone jewel;end jewel

又称止推宝石轴承或托钻。

其工作面为平面或凸球面的宝石轴承。常与通孔宝石轴承组合使用。

2.1.85

轴尖　centre

轴尖支承中的轴颈。其顶端为微小球面的圆锥体的小圆柱零件。顶端球面半径为 0.01 mm～0.2 mm,锥顶角有:45°、50°和 60°三种。

2.1.86

轴座　pivot bases (for meter)

将轴颈或轴尖安装到线框等单薄转动件上的过渡零件。

2.1.87

仪表滚动轴承　instrument rolling-contact bearing

仪表中使用的滚动轴承。由外圈、滚动体、内圈和保持架或仅有内、外圈之一和滚动体组成的轴承。

2.1.88

单列向心球轴承　single row radial ball bearing

具有单列球形滚动体(滚珠)和内外圈为对称滚道的滚动轴承。

2.1.89

双列向心球面球轴承　double row radial ball bearing

具有双列球形滚动体,内圈为双滚道、外圈为双滚道、外圈为球面滚道的滚动轴承。

2.1.90

单列向心圆柱滚子轴承　single row radial plain roller bearing

又称向心滚子[柱]轴承。

具有单列短圆柱滚动体的轴承。只能承受径向负荷,其允许负荷约为相同尺寸单列向心球轴承的1.7倍。

2.1.91

双列向心球面滚子轴承　double row spherical roller bearing

又称向心球滚子轴承。

具有双列鼓形滚子、内圈为双滚道、外圈为球面滚动轴承。

2.1.92

向心滚针轴承　needle bearing

又称滚针轴承。

直径小于或等于 6 mm 的细长形圆柱滚子的滚动轴承。只能承受径向负荷。

2.1.93

向心螺旋滚子轴承　helical roller bearing

又称螺旋滚子轴承。

用具有一定弹性的螺旋形滚子作为滚动体的滚动轴承。

2.1.94

向心推力球轴承　angular contact ball bearing

应圆滚道不对称的球轴承。能承受径向和轴向负荷。

2.1.95

圆锥滚子轴承　tapered roller bearing

由圆锥体滚子、外圈滚道为内圆锥面，内圈滚道为圆柱面的主要零件组成的滚动轴承。

2.1.96

推力球轴承　thrust ball bearing

仅能承受轴向负荷的球轴承。有单向推力球轴承和双向推力球轴承两种。

2.1.97

推力滚子轴承　thrust roller bearing

仅能承受轴向负荷的滚子轴承。按滚子的结构形状分为：短圆柱滚子、圆锥滚子和球面滚子等。

2.1.98

刀口支承　knife-edge support

由刀子和刀承主要零件组成的滚动支承。转动件只能在不大的(约±8°～10°)角度范围内偏转。

2.1.99

刀子　knife-edge

用玛瑙、刚玉或硬钢制成的、横断面为三角形、正方形、五边形、梨形等的柱体。其刃口角有30°、60°、90°、100°和120°等。工作面是一微小半径(r=0.000 5 mm～0.005 mm)的圆柱面。

2.1.100

刀承　edge bearing

又称刀垫。

用以支承刀子的零件。其工作面是平面、底部是小内圆柱面的V形面或内圆柱面构成。通常用玛瑙、刚玉硬钢制成。

2.1.101

弹性支承　elastic support

利用弹性元件约束并支持转动件的支承元件。转动件绕规定轴线偏转时，弹性元件产生相应的变形，故转动件只能在一定角度范围内偏转。

2.1.102

片簧支承　flat spring support

片簧两端分别固联在固定件和转动件上构成的支承。转动件只能在不大的转角范围内偏摆。

2.1.103

十字片簧支承　support by crossed springs

由互相交错成十字形的成对片簧组成的支承。各片簧的一端固定在机座上，另一端固接在转动件上，片簧的交错线相当于旋转轴线，转动件只能在不大的转角范围内偏转。

2.1.104

预载十字片簧支承　support by preloaded crossed spring

由成对相互交错，并在安装时使其对称弯曲的片簧组成，片簧的两端分别固联在机座和转动件上的支承。这种支承具有较大的线性范围。

2.1.105

张丝支承　torsional suspension spring

用具有一定张紧力的金属丝(通常是矩形截面)作为转动件绕金属丝轴线偏转的支承。

2.1.106

静压支承 hydrostatic support

利用流体静压将转动件悬浮,并能保证其绕自身轴线润动的支承。

2.1.107

磁支承 magnetic support

利用磁力将转动件悬浮,并能保证其绕某一轴线转动的支承。

2.1.108

导轨 guides

由运动件和承导件组成,承导件约束运动件,使运动件沿一定轨迹移动的导向元件。通常运动件移动的轨迹是直线,故又称直线导轨。根据运动件和承导件之间相对运动时摩擦性质可分为:滑动摩擦导轨、滚动摩擦导轨、流体介质摩擦导轨和弹性导轨等。

2.1.109

开式导轨 open guides

又称力封式导轨。

必须借助外力才能保证运动件和承导件工作面相接触,从而保证运动件按规定的轨迹移动的导轨。

2.1.110

闭式导轨 closed guides

又称自封式导轨。

依靠本身几何形状保证运动件和承导件工作面相接触,从而保证运动件按规定的轨迹移动的导轨。

2.1.111

圆柱面滑动导轨 cylindrical guides

承导(工作)面为圆柱面的直线导向元件。由于圆柱面导轨的运动件和承导件间可相对转动,故需采用防转构件。

2.1.112

棱柱面滑动导轨 prismatic guides

承导(工作)面为棱柱面的直线导向元件。

2.1.113

滚动导轨 rolling guides

运动件和承导件工作面之间放置滚动体(滚珠、滚柱或滚动轴承)的直线导向元件。滚动体使工作面间的摩擦为滚动摩擦。

2.1.114

示数元件 indicating clements

用来表示仪表工作结果的元件。通常可将其分为:标尺指针示数元件,记录元件和计数元件三类。

2.1.115

指针标尺示数元件 indicating devices with staff and needle

利用指针和标尺相对位移来表示仪表工作结果的元件。两者相对位移可以由指针运动或标尺运动实现。

2.1.116

记录元件 recording devices

可以记录被测量的元件。由记录笔和记录面组成。两者的运动由被测量和相关参数分别控制。

2.1.117

打印元件 beating printer

以一定的时间间隔,将被测量值打印到记录纸上的元件,属记录元件的一部分。

2.1.118

计数器　counter

通过传感机构驱动计数元件，指示被测量累计值的器件。按其驱动方式可分为：机械式、电磁式、电子式三大类或它们的组合型式。

2.1.119

机械计数器　mechanical counter

以机械动作驱动计数元件进行计数的器件。示数元件有字轮式、字盘式和指针式三种。

2.1.120

电磁计数器　electromagnetic counter

利用电脉冲通过电磁元件驱动计数元件进行计数的器件。

2.1.121

机械计时器　mechanical timer

通过机械机构驱动计时元件，指示被测量累计时段或时刻的器件。其机构以擒纵式多见。

2.1.122

标尺　scale;staff

用于表明被测量的零件。在其表面刻有与被测量相应的一系列标线。

2.1.123

指针　needle;pointer

能沿标尺刻度方向相对运动，指示被测量结果值的标记零件。

2.1.124

联轴器　coupling

将两种轴联结在一起，传递运动和转距的器件。联轴器可分为：固定型和可动型两种。

2.1.125

套筒联轴器　［rigid］sleeve coupling

刚性套筒两端分别套在被联结的两轴上，套筒与轴间用铆钉或销钉联结，从而将两轴联结在一起。

2.1.126

舌形联轴器　tongue-type (slip joint) coupling

由两分别固联在被联结轴端部相套合的圆柱形零件组成，其一径向装有圆销，另一沿轴向开有与圆销滑动配合的槽，通过圆销嵌在槽内将两轴联结在一起，传递运动和转矩的器件。它允许被联结轴有一定的轴向相对移动。

2.1.127

盘销联轴器　disc coupling

通过槽、销将两轴联结在一起传递运动和转矩的器件。由两个分别固定在两轴端的圆盘组成，其一端面在一定半径处固装一轴向圆销，另一圆盘在相应位置开有与圆销滑配合的径向槽。允许被联结轴有一定偏移。

2.1.128

十字滑块联轴器　oldham's coupling

由两个套盘和中间盘组成，两套盘分别固定在被联结的两轴端，中间圆盘两端面各有一矩形或齿形榫，两榫均通过圆盘中心且互相垂直，并嵌于两套盘端面相应的凹槽中，从而将两轴联结在一起，传递运动和转矩器件。允许被联结轴有一定的偏移。

2.1.129

万向联轴器　Hooke's coupling

又称虎克联轴器。

由十字形零件和两叉形杆铰接而成。能用于联结轴线相交的两轴;并传递运动和转矩的器件。

2.1.130

弹性联轴器　elastic coupling

利用弹性零件将两轴联结在一起,传递运动和转矩的器件。

2.1.131

离合器　clutch

能方便地将两轴接合,以传递运动和转矩,并能随意地使它们分离以停止传递运动和转矩的器件。

2.1.132

牙嵌离合器　claw clutch;jaw clutch

由两个端面制成齿形的套筒组成的离合器。其一固定在主动轴上,另一滑套在有导键的从动轴上,从动轴上的滑动套筒尾部装有拨叉,能使套筒沿轴向移动。两套筒靠紧时,端面牙齿相嵌合,将两轴联结在一起,以传递运动和转矩;两套筒离开时,端面牙齿脱开,停止传递运动和转矩。

2.1.133

摩擦离合器　friction clutch

由两个摩擦盘或两组摩擦片组成的离合器。其一固定在主动轴上,另一滑套在有导键的从动轴上,两者压紧时,摩擦力将两轴联结在一起,以传递运动和转矩;两者松脱时,摩擦力消失,两轴脱离,停止传递运动和转矩。这种离合器能在运转状态时将两轴接合或分离。

2.1.134

减震器　shock absorber;shock mount;buffer

用以隔离或减弱振动影响的一种具有弹性的器件。

2.1.135

橡胶减震器　rubber buffer

利用橡胶弹性复形,吸收并贮存振动能量,对振动起阻尼作用,从而实现减震作用的器件。

2.1.136

弹簧减震器　spring buffer

利用弹簧变形,吸收并贮存振动能量。对振动起阻尼作用,从而实现减震作用的器件。

2.1.137

橡胶-弹簧减震器　rubber-spring buffer

利用橡胶和弹簧的变形,共同吸收并贮存振动能量,对振动起阻尼作用,从而实现减震作用的器件。

2.1.138

阻尼器　damper

用以吸收仪表活动系统的动能,减少活动系统往复摆动的振幅和缩短振荡时间,从而使活动系统在规定时间内稳定到平衡位置的器件。

2.1.139

空气阻尼器　air damper

利用空气阻力消耗活动系统动能,从而使活动系统在规定时间内稳定到平衡位置的器件。

2.1.140

液体阻尼器　liquid damper

利用液体阻力消耗活动系统动能,从而使活动系统在规定时间内稳定到平衡位置的器件。

2.1.141

电磁阻尼器　electromagnetic damper

利用电磁阻力消耗活动系统动能,从而使活动系统在规定时间内稳定到平衡位置的器件。

2.1.142

调速器　speed governor

用以保证转轴在负载力矩变化时旋转速度稳定在规定范围内的器件。

2.1.143

制动式调速器　shoe-type speed governor; brake-type speed governor

利用转轴上附加一个与转速有关的制动力矩来平衡驱动力矩和负载力矩的差值，使转轴转速保持稳定的器件。

2.1.144

擒纵式调速器　escapement speed governor

利用擒纵机构来调整、控制速度的器件。

2.2　机械元件性能参数术语

2.2.1

[圆的]渐开线　involute [to a circle]

在平面上，一条动直线（发生线）沿着一个固定圆（基圆）作纯滚动时，此动直线上任一点的轨迹。

[GB/T 3374—1992]

2.2.2

摆线　cycloid

在平面上，一个动圆（发生圆）沿着一条固定的直线（基线）作纯滚动时，此动圆上一点的轨迹称为摆线。

[GB/T 3374—1992]

2.2.3

分度圆　reference circle; graduated circle

圆柱齿轮上，作为分齿基准的一个圆，其直径等于模数和齿数的乘积。它是齿轮参数的基准，标准齿轮在分度圆上的齿厚与槽宽[齿间宽]相等。

2.2.4

基圆　base circle

渐开线圆柱齿轮（或摆线圆柱齿轮）上的一个假想圆，形成渐开线齿廓的发生线（或形成摆线齿廓的发生圆）在此假想圆的圆周上作纯滚动时，此假想圆就称为基圆。

[GB/T 3374—1992]

2.2.5

节圆　pitch circle

圆柱齿轮的节圆柱面与端平面的交线。

[GB/T 3374—1992]

2.2.6

齿顶圆　tip circle

又称顶圆。

在圆柱齿轮上，其齿顶圆柱面与端平面的交线，称为齿顶圆。

[GB/T 3374—1992]

2.2.7

齿根圆　root circle

又称根圆。

在圆柱齿轮上，其齿根圆柱面与端平面的交线，称为齿根圆。

[GB/T 3374—1992]

2.2.8

齿距　pitch

在齿轮的一个既定圆柱面上，一条给定的曲线被两个相邻的同侧齿面所截取的长度，称为齿距。

[GB/T 3374—1992]

2.2.9

端面齿距　transverse pitch

两个相邻而同侧的端面齿廓之间的分度圆弧长。

[GB/T 3374—1992]

2.2.10

法向齿距　normal pitch

在斜齿轮的分度圆柱面上，其齿线的法向螺旋线在两个相邻的同侧齿面之间的弧长。

[GB/T 3374—1992]

2.2.11

齿厚　tooth thickness

一个齿的两侧齿廓之间在某一圆上的弧长。

2.2.12

端面齿厚　transverse tooth thickness

圆柱齿轮端平面上，一个齿的两侧端面齿廓间的分度圆弧长。

[GB/T 3374—1992]

2.2.13

法向齿厚　normal tooth thickness

在斜齿轮上，其齿线的法向螺旋线介于一个齿的两侧齿面之间的弧长。

[GB/T 3374—1992]

2.2.14

槽宽　spacewidth

又称齿间宽。

一个齿槽的两侧齿廓间在某一圆上的弧长。

2.2.15

端面齿槽宽　transverse spacewidth

在端平面上，一个齿槽的两侧齿廓之间的分度圆弧长。

[GB/T 3374—1992]

2.2.16

法向齿槽宽　normal spacewidth

在斜齿轮的一个齿槽内，其两侧齿线的法向螺旋线位于该齿槽内的弧长。

[GB/T 3374—1992]

2.2.17

齿高　tooth depth

齿顶圆与齿根圆之间的径向距离。

2.2.18

齿顶高　addendum

分度圆与齿顶圆之间的径向距离。

2.2.19

齿根高 dedendum

分度圆与齿根圆之间的径向距离。

2.2.20

齿宽 facewidth

轮齿沿分度圆柱面直母线方向的宽度。

2.2.21

模数 module

齿距除以圆周率 π 所得到的商,以毫米计。

[GB/T 3374—1992]

2.2.22

端面模数 transverse module

端面齿距除以圆周率 π 所得到的商,以毫米计。

[GB/T 3374—1992]

2.2.23

法向模数 normal module

法向齿距除以圆周率 π 所得到的商,以毫米计。

[GB/T 3374—1992]

2.2.24

径节 diametral pitch

圆周率 π 除以齿距(以英寸计)所得到的商。

[GB/T 3374—1992]

2.2.25

端面径节 transverse diametral pitch

圆周率 π 除以端面齿距(以英寸计)所得到的商。

2.2.26

法向径节 normal diametral pitch

圆周率 π 除以法向齿距(以英寸计)所得到的商。

2.2.27

[分度圆]压力角 pressure angle

分度圆与齿廓交点处,法向作用力方向与该点在齿轮运转时运动方向的夹角。其值也等于分度圆与齿廓交点处的径向直线和该点齿廓切线所夹的锐角。

2.2.28

任意点的端面压力角 transverse pressure angle at a point

又称任意点压力角。

端平面上,齿廓任意点的径向直线与齿廓在该点切线所夹的锐角。

2.2.29

任意点的法向压力角 normal pressure angle at a point

齿面上任意点的径向直线与齿面在该点处切平面所夹的锐角。

2.2.30

端面压力角 transverse pressure angle

对于任意点的端面压力角,当所叙述的点是端面齿廓与分度圆交点时,就称为端面压力角。

[GB/T 3374—1992]

2.2.31

法向压力角　normal pressure angle

对于任意点的法向压力角，当所叙述的位置限定在齿线上时，就称为法向压力角。

[GB/T 3374—1992]

2.2.32

齿数　number of teeth

一个齿轮的轮齿总数。

[GB/T 3374—1992]

2.2.33

头数　number of threads;number of starts

蜗杆螺旋齿齿数。

[GB/T 3374—1992]

2.2.34

连心线　line of centres

在平行轴或交错轴齿轮副中，两轴线的公共垂直线。

[GB/T 3374—1992]

2.2.35

中心距　centre distance

平行轴或交错轴齿轮副的两轴线之间的最短距离。

[GB/T 3374—1992]

2.2.36

轴交角　shaft angle

又称轴角。

在相交轴齿轮副中使两轴线重合，或在交错轴齿轮副中，使两轴线平行，从而两齿轮的旋转方向得以相反时，两轴线之一所必须旋转的最大角度，称为轴交角。

[GB/T 3374—1992]

2.2.37

啮合角　working pressure angle

两相啮合齿轮面轮齿齿廓在接触点处的公法线与两节圆的内公切线所夹的锐角。对渐开线齿轮来说，是相啮合齿轮轮齿在节点上的端面压力角。

2.2.38

圆周侧隙　circumferential backlash

相啮合的两齿轮之一固定，另一齿轮所能转动的角度对应的节圆弧长。

2.2.39

空程　idle travel

又称回差。

齿轮传动系统中，固定主动轴或从动轴之一、另一轴所能偏转的角度。

2.2.40

有效齿宽　effective facewidth

一对相啮合齿轮互相接触的宽度。

2.2.41

[齿轮]传动比　transmission ratio

齿轮系中，始端主动轮与末端从动轮之间角速度的比值。

[GB/T 3374—1992]

2.2.42

减速比 speed reducing ratio

减速齿轮副或减速齿轮系的传动比。

[GB/T 3374—1992]

2.2.43

增速比 speed increasing ratio

增速齿轮副或增速齿轮系的传动比。

[GB/T 3374—1992]

2.2.44

斜齿轮的当量齿轮 virtual gear；virtual spur gear

以斜齿轮法平面和分度圆柱面的椭圆交线的最大曲率半径为分度圆半径，以斜齿轮的法向模数和法向压力角为端面模数和端面压力角的假想直齿轮。

2.2.45

锥齿轮的当量圆柱齿轮 virtual cylindrical gear of bevel gear

以锥齿轮的背锥距为分度圆半径，以锥齿轮的大端端面模数为模数的假想圆柱齿轮，为该锥齿轮的当量圆柱齿轮。

2.2.46

当量齿数 virtual number of teeth；equivalent number of teeth

当量齿轮的齿数。

2.2.47

径向变位量 addendum modification [for external gears] dedendum modification[for internal gears]

从切齿刀具中线与被加工齿轮分度圆相切位置沿径向偏移的距离。刀具中线向分度圆处侧偏移时为正值；向内切割分度圆时为负值。

2.2.48

径向变位系数 addendum modification coefficient

径向变位量除以模数所得的商，或径向变位量与径节（以英寸计）的乘积。

[GB/T 3374—1992]

2.2.49

中心距变动系数 centre distance modification coefficient

名义中心距与标准中心距的差值除以模数所得的商，或名义中心距与标准中心距的差值与径节（以英寸计）的乘积。

[GB/T 3374—1992]

2.2.50

小模数齿轮精度 accuracy of fine module gear

小模数齿轮的精度规定为 12 级。按 1～12 数字，由高到低顺序排列，其中，1 级精度最高，12 级精度最低。

2.2.51

切向综合误差 total position error

又称单啮一转误差。

被测齿轮与测量齿轮单面啮合检验时，被测齿轮一转内，齿轮分度圆上实际圆周位移与理论位移的最大值。

[GB/T 10095.1—2001]

2.2.52

径向综合误差　total composite error

又称双啮一转误差。

径向综合总偏差 F''_i 是在径向(双面)综合检验时,产品齿轮的左右齿面同时与测量齿轮接触,并转过一整圈时出现的中心距最大值和最小值之差。

[GB/T 10095.2—2001]

2.2.53

齿距累积总偏差　total accumulated error over pitches

齿轮同侧齿面任意弧段($k=1$ 至 $k=z$)内的最大齿距累积偏差。它表现为齿距累积偏差曲线的总幅值。

[GB/T 10095.1—2001]

2.2.54

径向跳动　runout measured on pitch circle

为侧头(球形、圆柱形、砧形)相继置于每个齿槽内时,从它到齿轮轴线的最大和最小径向距离之差。检查中,侧头在近似齿高中部与左右齿面接触。

[GB/T 10095.2—2001]

2.2.55

一齿切向综合偏差　tooth to tooth position error

在一个齿距内的切向综合偏差。

[GB/T 10095.1—2001]

2.2.56

一齿径向综合偏差　tooth to tooth composite error

一齿径向综合偏差 f''_i 是当产品齿轮啮合一整圈时,对应一个齿距($360°/z$)的径向综合偏差值。产品齿轮所有轮齿的 f''_i 的最大值不应超过规定的允许值。

[GB/T 10095.2—2001]

2.2.57

单个齿距偏差　adjacent pitch error

在端平面上,在接近齿高中部的一个与齿轮轴线同心的圆上,实际齿距与理论齿距的代数差。

[GB/T 10095.1—2001]

2.2.58

齿距累积偏差　accumulated error over pitches

任意 k 个齿距的实际弧长与理论弧长的代数差。理论上它等于这 k 个齿距的各单个齿距偏差的代数和。

[GB/T 10095.1—2001]

2.2.59

齿廓形状偏差　tooth profile error

在计值范围内,包容实际齿廓迹线的两条与平均齿廓迹线完全相同的曲线间的距离,且两条曲线与平均齿廓迹线的距离为常数。

[GB/T 10095.1—2001]

2.2.60

齿廓总偏差　total tooth profile error

在计值范围内,包容实际齿廓迹线的两条设计齿廓迹线间的距离。

[GB/T 10095.1—2001]

2.2.61

螺旋线总偏差　total helix error

在计值范围内,包容实际螺旋线迹线的两条设计螺旋线迹线间的距离。

[GB/T 10095.1—2001]

2.2.62

螺旋线形状偏差　helix profile error

在计值范围内,包容实际螺旋线迹线的两条与平均螺旋线迹线完全相同的曲线间的距离,且两条曲线与平均螺旋线迹线的距离为常数。

[GB/T 10095.1—2001]

2.2.63

[摩擦轮传动的]滑动　slippage

摩擦轮传动副中,两轮在接触处的相对滑移。它包括:打滑、弹性滑移和几何滑移三部分。

2.2.64

[摩擦轮传动的]最大负载力矩　maximum load torque

摩擦轮传动副中,两轮不产生打滑时所能传递的最大力矩。其值等于两轮间的切向摩擦力与从动轮半径的乘积。

2.2.65

[摩擦轮传动的]传动比调节范围　variable scope of transmission ratio

变传动比摩擦轮传动装置中,最大传动比与最小传动比的比值,也就是从动轮(轴)最大角速度与最小角速度的比值。

2.2.66

包角　wrapping angle

皮带传动装置中,皮带与皮带轮接触面所对应的皮带轮中心角。

2.2.67

滑动率　sliding ratio

传动中由于带的滑动引起的从动轮圆周速度的降低率。

[GB/T 6931.1—1986]

2.2.68

齿形带的公称长度　nominal length of toothed belt

齿形带中性层的周长。

2.2.69

凸轮的基圆　base circle of cam

以凸轮轮廓到旋转中心最小距离为半径,旋转中心为圆心所作的圆。

2.2.70

凸轮机构的运动规律　motion relation of cam-follower mechanism

凸轮运动参数(转角或角速度)与从动杆运动参数(线位移或偏转角、速度或角速度、加速度或角加速度)间的函数关系。

2.2.71

行程速比系数　quick-return coefficient

又称急回系数。

曲柄摇杆机构中,摇杆返回行程与工作行程角速度的比值。

2.2.72

压力角　pressure angle

杆件传动机构中，从动杆上作用力与力作用点处运动速度方向的夹角。

2.2.73

传动角　drive angle

回联杆机构中，从动杆与速杆两者轴线的夹角。

2.2.74

死点位置　dead position

简称死点。

压力角为90°时，从动杆上作用力垂直于运动速度，而处于自销状态的位置。

2.2.75

支承径向游隙　radial backlash of support

支承的承导件或转动件之一固定，另一沿支承径向方向的移动量。它直接影响到支承的运动精度。

2.2.76

支承轴向游隙　axial backlash of support

支承的承导件或转动件之一固定，另一沿支承轴线方向的移动量。

2.2.77

支承回转精度　revolving accuracy of support

支承转动件实际回转轴线与理想的回转线相重合的程度。

2.2.78

支承摩擦力矩　frictional moment of support

支承工作时，转动件和承导件接触面之间由摩擦产生的阻力矩。

2.2.79

支承承载能力　load-carrying capacity of support

支承正常工作时所允许的最大负荷。

2.2.80

支承对温度的不敏感性　non-sensibility of temperature of support

支承主要工作性能[运动精度和摩擦力矩]不受环境温度变化影响的性能。

2.2.81

滚动轴承精度　rolling-contact bearing accuracy

按尺寸公差和旋转精度分级。公差等级依次由低到高排列。向心轴承(圆锥滚子轴承除外)分为0、6、5、4和2五级。圆锥滚子轴承分为0、6X、5、4和2五级。推力轴承分为0、6、5和4四级。

[GB/T 307.3—2005]

2.2.82

滚动轴承的径向游隙　radial backlash of rolling bearing

固定滚动轴承内、外圈之一，另一沿轴承径向的移动量。

2.2.83

滚动轴承的轴向游隙　axial backlash of rolling bearing

固定滚动轴承内、外圈之一，另一沿轴承轴向的移动量。

2.2.84

滚动轴承的寿命　durability of rolling bearing; service life of rolling bearing

滚动轴承内、外滚道和滚动体中任何一件出现点蚀前轴承转过的总转数，或在一定转速下的工作小时数。

2.2.85

滚动轴承的当量动载荷　equivalent radial load of rolling bearing

轴承同时承受径向和轴向复合载荷时，经折算后的某一径向载荷。在此载荷作用下，轴承的寿命与实际复合载荷作用下所达到的寿命相同。

2.2.86

减震比　buffering ratio

减振后的振幅与振源振幅之比值。

2.2.87

阻尼系数　coefficient of damp;damping factor

阻尼力矩(或阻尼力)与运动部分角速度(或线速度)的比值。

2.2.88

调速器临界转速　critical revolution of governor

制动式调速器开始产生制动力矩的转速。

3　弹性元件

3.1　弹性元件分类术语

3.1.1

弹性元件　elastic element

利用材料本身的弹性性能及其结构特征来完成一定功能的元件。

3.1.2

弹簧　spring

由无密封作用的丝类、板类、杆类弹性体形成的弹性元件。

3.1.3

平弹簧　flat spring

以直线为母线的不封闭曲面或平面形成的片、杆类弹性元件。

3.1.4

片簧　leaf spring

表面为平面或曲面的平弹簧。

3.1.5

游丝　hair spring

按等间距螺线形成的扁平截面平弹簧。

3.1.6

张丝　tension spring

两端固定，表面为平面的扁平截面平弹簧。

3.1.7

吊丝　suspension spring

一端固定截面为扁平或圆形的弹性元件。

3.1.8

发条　winding mechanism

按阿基米德螺线或等间距螺线形成的平弹簧。

3.1.9

螺旋弹簧　helical spring

由弹性丝或带绕成的呈螺旋形状的弹簧。

3.1.10

圆柱螺旋弹簧 cylinder helical spring

外形呈圆柱螺线的螺旋弹簧。

3.1.11

圆锥螺旋弹簧 conical helical spring

外形呈圆锥螺线的螺旋弹簧。

3.1.12

异形螺旋弹簧 special helical spring

外形呈双曲螺线或悬链螺线等特种形状的螺旋弹簧。

3.1.13

恒力弹簧 constant force spring

力的大小和方向都恒定的弹簧。

3.1.14

扭杆 torsion bar

一端固定,另一端自由的板条状或杆状弹性元件。

3.1.15

扭管 torsion tube

一种具有光滑表面或轴剖面呈某一形状的薄壁管状弹性元件。

3.1.16

膜片 diaphragm

具有某种型面的薄膜或薄板。

3.1.17

平膜片 flat diaphragm

表面平坦无波纹的膜片。

3.1.18

波纹膜片 corrugated diaphragm

型面为同心环形波纹的膜片。

3.1.19

星形膜片 star diaphragm

又称放射形膜片。

表面具有放射形波纹的膜片。

3.1.20

金属膜片 metal diaphragm

用金属材料制造的膜片。

3.1.21

石英膜片 quartz diaphragm

用熔凝石英材料制造的膜片。

3.1.22

橡胶膜片 elastomer diaphragm

用橡胶或橡胶与有机夹层材料制造的膜片。

3.1.23

涤纶膜片 polyester fibre diaphragm

用涤纶材料制造的膜片。

3.1.24

隔离膜片　isolation diaphragm

起隔离介质作用的膜片。

3.1.25

跳跃膜片　hopping diaphragm

加载或卸载到一定程度时能发生位移突变的膜片。

3.1.26

轴封膜片　shaft seal diaphragm

具有隔离、密封和支承作用的膜片。

3.1.27

膜盒　diaphragm capsule

将两个膜片的外缘(或内缘)直接焊接或膜片外缘(或内缘)与机体焊接而构成的盒。

3.1.28

真空膜盒　aneroid diaphragm capsule; aneroid chamber

内腔呈真空状态或微量空气状态的膜盒。

3.1.29

压力膜盒　pressure capsule

用于表压力测量的膜盒。

3.1.30

差压膜盒　differential capsule

用于差压测量的膜盒。

3.1.31

波纹管　bellows

具有多个横向波纹的圆柱形薄壁弹性壳体。

3.1.32

液压波纹管　hydroformed bellows

采用液压成型方法制成的波纹管。

3.1.33

焊接波纹管　welded bellows; nesting ripple bellows

将具有某种型面的金属膜片内外缘分别焊接起来而制成的波纹管。

3.1.34

沉积波纹管　electro-deposited bellows; miniature bellows

利用电化学方法或化学方法将金属沉积在特制模型上,最后将模型去掉而得到的波纹管。

3.1.35

单层波纹管　single-ply bellows

由单层金属材料制成的波纹管。

3.1.36

多层波纹管　multi-ply bellows

由多层金属材料制成的波纹管。

3.1.37

长波纹管　lengthy bellows

有效长度与外径之比大于1.5的波纹管。

3.1.38

深波波纹管　deep bellows

外径与内径之比大于1.6的波纹管。

3.1.39

螺旋波纹管　helical bellows

波纹按圆柱螺旋形分布的波纹管。

3.1.40

弹簧管　elastic tube

管体呈圆弧形、螺旋形或麻花形且截面为特定形状的中空管。

3.1.41

C型弹簧管　C-type elastic tube

又称波登管、包端管。

中心角介于180°～270°之间的圆弧形弹簧管。

3.1.42

螺旋弹簧管　helical elastic tube

管体圆弧在空间内呈圆柱螺旋形或锥体螺旋形的弹簧管。

3.1.43

盘簧管　convolute elastic tube

又称盘香管。

外形呈平面螺旋形的弹簧管。

3.1.44

麻花弹簧管　twisted elastic tube

管体呈麻花状且截面为扁平形的中空管。

3.1.45

石英弹簧管　quartz elastic tube

用熔凝石英材料制成的弹簧管。

3.1.46

弹性谐振元件　elastic resonant element

利用固有振动频率随外界条件变化而改变特性制成的弹性元件。

3.1.47

振弦　vibrating wire

固有频率随张力变化而改变的弦。

3.1.48

振梁　vibrating beam

固有频率随受力大小而改变的梁。

3.1.49

振膜　vibrating diaphragm

固有频率随受力或压力大小而改变的膜片。

3.1.50

振筒　vibrating cylinder

固有频率随受压力大小而改变的薄壁筒。

3.1.51

振管　vibrating tube

固有频率随内腔液体密度变化而改变的细长薄壁管。

3.1.52

石英谐振元件　quartz resonant element

用压电石英制成的方形或圆形薄板、梁或音叉形弹性谐振元件。

3.1.53

弹性应变元件　elastic strain element

具有特定结构且表面应变随外力大小而改变的弹性体。

3.1.54

应变梁　strain beam

具有矩形或圆形截面的梁式弹性应变元件。

3.1.55

应变膜　strain diaphragm

具有圆片形或矩形薄片结构的弹性应变元件。

3.1.56

应变环　strain ring;dynamometrical ring

外形呈圆环状的弹性应变元件。

3.1.57

应变筒　strain cylinder

具有特定厚度的圆筒、椭圆筒或伞形筒等弹性应变元件。

3.1.58

弹性复合元件　elastic recombination element

由两种或两种以上的弹性元件或以弹性元件为主体另附加其他敏感元件构成的复合式弹性敏感元件。

3.1.59

双金属片　dual metal leaf

由两种线膨胀系数差别较大的金属片制成的弹性复合元件。

3.2　弹性元件性能参数术语

3.2.1

弹性特性　elastic characteristics

在材料弹性极限范围内,弹性元件所承受的载荷与产生位移的关系。

3.2.2

弹性误差　elastic error

在材料弹性极限范围内,弹性元件加、卸载位移之间的偏差或在某一载荷下位移的漂移。

3.2.3

弹性迟滞　elastic hysteresis

在材料弹性极限范围内,弹性元件在加、卸载过程中,同一载荷对应加、卸载位移的差值。

3.2.4

弹性后效　elastic after-effect

在材料弹性极限范围内,元件卸载后或在恒定载荷下短时间内继续变形的现象。一般用规定时间内的漂移来衡量。

3.2.5

弹性蠕变　elastic creep

在材料弹性极限范围内,元件卸载后或在恒定载荷下,很长时间产生变形的现象。一般用规定时间的漂移来衡量。

3.2.6

弹性滞后　elastic lag

在材料弹性极限范围内,弹性迟滞和弹性后效的和。

3.2.7

漂移　drift

在任一载荷下弹性元件的位移随时间的变化。

3.2.8

残余变形　residual deformation

经过一个载荷循环并静置特定长时间之后,弹性元件不能恢复原始位置的现象。

3.2.9

复原　recovery

在卸载后,弹性元件的弹性后效随时间的延长而不断减小的现象。

3.2.10

重复性　repeatability

弹性元件在多次连续重复加载或卸载过程中,对应同一加载或卸载时位移的一致程度。

3.2.11

位移　displacement

弹性元件上某规定点的位置变化。

3.2.12

弹性位移　elastic displacement

在弹性误差可以忽略条件下的位移。

3.2.13

弹性势能　elastic potential energy

弹性元件在发生弹性变形后所具有的势能。

3.2.14

集中力　concentric force

作用在弹性元件特定点上的力。

3.2.15

额定集中力　rated concentric force

又称工作集中力。

产生设计所需最大位移时对应的集中力。

3.2.16

均布力　even-distributed force

流体介质对其容器表面按一定函数关系分布的压力。

3.2.17

额定压力　rated pressure

又称工作压力。

产生设计所需最大位移时对应的压力。

3.2.18

额定位移　rated displacement

又称工作位移。

由额定集中力或额定压力所引起的位移。

3.2.19

载荷　load

作用在弹性元件上的集中力、压力和力矩等的矢量和。

3.2.20

安全系数　factor of safety

弹性元件所用材料的某种极限应力与最大工作应力之比或极限载荷与最大工作载荷之比。

3.2.21

刚度　spring rate

弹性元件产生单位位移所需的载荷。

3.2.22

平均刚度　average spring rate

弹性元件的额定载荷与额定位移之比。

3.2.23

微变刚度　differential spring rate

弹性元件在某一工作点上微小载荷增量与产生的相应微小位移增量之比。

3.2.24

刚度分散度　dispersity of spring rated

一批弹性元件的刚度值对某一规定的刚度值的分散程度。

3.2.25

工作点　working point

弹性元件在仪器仪表中，由安装状态所决定的初始位置。

3.2.26

灵敏度　sensitivity

弹性元件承受单位载荷下所产生的位移，又称柔度。

3.2.27

超载能力　overloading ability

弹性元件所能承受超过额定载荷的能力。

3.2.28

失效载荷　failure load

弹性元件丧失工作能力的载荷。

3.2.29

气密性　gap seal

弹性元件在气体作用下不泄漏的性能。

3.2.30

泄漏率　leak rate

在单位时间内，弹性元件内外腔在一定压差下介质渗漏量。

3.2.31

稳定性　stability

弹性元件的性能不随时间而改变的能力。

3.2.32

固有频率　natural frequency

由弹性元件本身的材料性能、结构特征及结构参数所决定的元件自由振动频率。

3.2.33

外特性　externalism

又称工作特性或使用特性。

弹性元件将被测量转换成可传输的信息量的性能。

3.2.34

动态精度　dynamic accuracy

弹性元件对被测动态信息的响应误差。

3.2.35

内特性　internality

由弹性元件的结构特征、机械物理性能、金相组织、组成成分等内在质量所决定的性能。

3.2.36

强度　strength

弹性元件抵抗失稳、屈曲、参数有害改变、性能失效、疲劳破坏或破裂等的能力。

3.2.37

过渡特性　transition characteristic

弹性元件对阶跃信号的动态响应性能。

3.2.38

非线性　non-linearity

线性特性弹性元件的实际特性函数相对于直线函数的偏差。

3.2.39

特性函数　characteristic function

作用于弹性元件上的输入量与元件输出量间的函数关系。

3.2.40

真特性函数　truth characteristic function

用最小二乘法对实测输入量与输出量所得数据，按理论特性函数处理后所得出的最佳估计函数。

3.2.41

波纹管外径　outside diameter of bellows

波纹管最外边缘的直径。

3.2.42

波纹管内径　inside diameter of bellows

波纹管最内边缘的直径。

3.2.43

波纹圆弧半径　arc radius of convolution

波纹圆弧部分中性层半径。

3.2.44

波深　depth of convolution

波纹中性层的外径与内径差值之半。

3.2.45

波距　pitch of convolution

两相邻波纹顶点之间径向距离。

3.2.46

波数　number of convolution

波纹数目。

3.2.47

工作长度　working length

又称有效长度。

参与变形的波纹部分轴向总长度。

3.2.48

自由长度　free length

波纹管在自由状态下的轴向最大长度。

3.2.49

波厚　thickness of convolution

外波纹部分的任一单波外表面间轴向距离。

3.2.50

压缩角　compression angle

波纹管内外波纹圆弧中性层公切线与直径方向所夹锐角。

3.2.51

有效面积　effective area

保持某一位移条件下,波纹管输出的集中力与输入的均布力之比。

3.2.52

有效面积不恒定度　non-constance of effective area

同一只波纹管在不同压力或位移下,波纹管对应有效面积对其平均有效面积的差与其平均有效面积之比。

3.2.53

有效面积分散度　effective area dispersity

一批波纹管的有效面积值,对某一规定的有效面积值的分散程度。

3.2.54

有效直径　effective diameter

与有效面积对应的等效直径。

3.2.55

安全位移　safe displacement

又称最大允许位移。

波纹管由自由状态起,不出现规定的塑性变形量所对应的最大位移。

3.2.56

安全压力　safe pressure

又称最大耐压力。

在零位状态下,波纹管不出现规定的塑性变形量的对应的最大压力。

3.2.57

失稳临界压力　critical pressure at failed stability

在波纹管两端被限位条件下,不断增大波纹管内腔的压力,直至波纹管轴线突然发生失稳时所对应的压力。

3.2.58

滞后百分率　percentage of lag

波纹管的滞后量与对应的总位移的百分比。

3.2.59

残余变形百分率　percentage of residual deformation

波纹管的残余变形量与对应总位移的百分比。

3.2.60

工作直径　working diameter

膜片、膜盒参与变形部分的最大直径。

3.2.61

平中心　flat center

波纹膜片无波纹的中心部分。

3.2.62

平中心直径　diameter of flat center

平中心边缘直径。

3.2.63

边缘波　edge convolution

波纹膜片外边缘波纹。

3.2.64

倾角　pitch angle

具有倾斜面的波纹膜片其倾斜面与径向平面之间的锐夹角。

3.2.65

弧角　arc angle

圆弧形波纹对应的圆弧中心角。

3.2.66

波纹膜片波高　height of convolution

波纹中性层最高点与最低点间的轴向距离。

3.2.67

径向宽度　radial width

工作直径与平中心直径差值之半。

3.2.68

片厚　thickness of plate

膜片的平中心厚度。

3.2.69

最大静压　maximum static pressure

又称工作压力。

差压膜盒高压端的最大压力。

3.2.70

允许位移　allowable displacement

平中心允许产生的最大位移。

3.2.71

对称性误差　symmetry error

差压膜盒两膜片有效面积之差与理论有效面积之比。用百分数表示。

3.2.72

形变面　deflection surface

膜片在压力或力作用下所形成的表面。

3.2.73

短轴半径　minor axis radius

椭圆形或扁圆形截面中性层在短轴方向上距离之半。

3.2.74

长轴半径　major axis radius

椭圆形或扁圆形截面中性层在长轴方向上距离之半。

3.2.75

中心角　center angle

弹簧管参与变形部分所对应的中心角。

3.2.76

截面中心线　section centerline

弹簧管横截面中心形成的弧线。

3.2.77

曲率中心　center of curvature

C型弹簧管截面中心线的圆弧中心。

3.2.78

曲率半径　radius of curvature

曲率中心到截面中心的距离。

3.2.79

螺距　thread pitch

螺旋弹簧管两相邻螺线的轴向距离。

3.2.80

圈数　coil number

弹簧管的总圈数。

3.2.81

有效圈数　effective coil number

弹簧管参与变形部分的总圈数。

3.2.82

弧长　length of arc

弹簧管弧形部分截面中心线的总长度。

3.2.83

驱动力　tractive force

弹簧管在内腔压力作用下，自由端对其限位器的牵动力。

4　敏感元件

4.1　敏感元[器]件

4.1.1　敏感元[器]件分类术语

4.1.1.1

敏感元[器]件　sensing element and/or sensor

传感器中能直接感受(或响应)被测量的有源或无源元件。按被测量可分为力敏、热敏、光敏、磁敏、气敏、湿敏、压敏、离子敏、射线敏、纤维光学敏和生物敏等敏感元件。

4.1.2 敏感元[器]件通用性能术语

敏感元[器]件通用性能术语参见 GB/T 7665—2005 的 3.5.1。

4.2 力敏元件

4.2.1 力敏元件分类术语

4.2.1.1

力敏元件 force sensing element

其特性参数随所受外力或应力变化而明显变化的敏感元件。

4.2.1.2

硅压阻力敏元件 silicon piezoresistive force sensing element

利用硅压阻效应，将被测量变化转换成可用输出信号的敏感元件。

4.2.1.3

扩散硅力敏元件 diffused silicon force sensing element

用扩散掺杂的硅材料作敏感体制成的力敏器件。

[GB/T 4475—1995]

4.2.1.4

硅电容式力敏元件 silicon capacitive force sensing element

采用硅片制成硅电容极板，将被测量变化转换成电容量变化的敏感元件。

4.2.1.5

硅蓝宝石力敏元件 silicon on sapphire force sensing element

以蓝宝石为衬底外延生长的硅层上制作的力敏器件。

[GB/T 4475—1995]

4.2.1.6

集成力敏元件 IC(integrated circuit)force sensing element

将力敏元件与其他电子元件集成在一起的力敏元件。

[GB/T 4475—1995]

4.2.1.7

金属电容式力敏元件 metal capacitive force sensing element

采用金属薄膜作为电容器的电极，将被测量变化转换成可用输出信号的敏感元件。

4.2.1.8

谐振式力敏元件 resonator force sensing element

利用谐振原理，将被测量变化转换成谐振频率变化、谐振振幅变化或相位(差)变化的敏感元件。

4.2.1.9

[电阻]应变计 resistance strain gauge

又称应变计或应变片。

能将被测试件的应变量转换成电阻变化量的检测元件。

[GB/T 4475—1995]

4.2.1.10

丝式应变计 wire strain gauge

用金属丝作为敏感栅的应变计。

[GB/T 4475—1995]

4.2.1.11

箔式应变计 foil strain gauge

用金属箔作为敏感栅的应变计。

[GB/T 4475—1995]

4.2.1.12

薄膜式应变计 thin film strain gauge

用沉积的金属、合金或半导体薄膜制成敏感栅的应变计。

4.2.1.13

半导体应变计 semiconductor strain gauge

用半导体材料制成敏感栅的应变计。

[GB/T 4475—1995]

4.2.1.14

扩散型半导体应变计 diffused semiconductor strain gauge

在掺入适当杂质的半导体材料上制成敏感栅的应变计。

[GB/T 4475—1995]

4.2.1.15

温度自补偿应变计 self-temperature compensated strain gauge

在规定的温度范围内，在线性系数为某一定值的被测试件上使用时，热输出不超过规定数值的应变计。

[GB/T 4475—1995]

4.2.1.16

大应变应变计 high-elongation strain gauge

用于测量应变量超过2%的应变计。

4.2.1.17

单轴应变计 uniaxial strain gauge

用于测量单向应变的应变计。

[GB/T 4475—1995]

4.2.1.18

单轴多敏感栅应变计 uniaxial strain gauge with multi-sensitive grid

具有两个以上敏感栅的单轴应变计。

[GB/T 4475—1995]

4.2.1.19

多轴应变计 multiaxial strain gauge

又称应变花（strain rosette）

用于测量两个或两个以上方向应变的应变计。

[GB/T 4475—1995]

4.2.2 力敏元件性能参数术语

4.2.2.1

漂移 drift

在一定时间间隔内，力敏元件输出中与被测量无关的不希望有的变化量。

4.2.2.2

零点稳定性 zero stability

在规定工作条件下，力敏元件保持零点输出不变的能力。

4.2.2.3

极限工作温度　extreme operating temperature

在规定的条件下，能保持其工作特性不变或在允许范围内变化的最高工作温度或最低工作温度。

4.2.2.4

工作特性　characteristics

用数据或曲线表征的力敏元件的性能或特点。

[GB/T 4475—1995]

4.2.2.5

标称工作特性　nominal characteristic

由制造厂家提供或给出的力敏元件工作特性。

4.2.2.6

单个工作特性　individual characteristic

对单个力敏元件测定的实际工作特性。

[GB/T 4475—1995]

4.2.2.7

平均工作特性　average characteristic

对同一批的若干力敏元件测定的单个工作特性的平均值。

[GB/T 4475—1995]

4.2.2.8

偏差　deviation

平均工作特性与标称工作特性之差。以绝对值，或绝对值与标称工作特性的百分数表示。

4.2.2.9

允差　tolerance

单个工作特性与平均工作特性之差。用绝对值，或绝对值与标称工作特性的百分数表示。

4.2.2.10

应变计电阻　strain gauge resistance

应变计在没有安装、也不受外力的情况下，室温时测定的电阻值。

[GB/T 4475—1995]

4.2.2.11

[应变计]绝缘电阻　leakage [isolation] resistance

已安装的应变计的敏感栅及引线与被测试件之间的电阻值。

[GB/T 4475—1995]

4.2.2.12

应变极限　strain limit

对于已安装的应变计，在温度恒定时，指示应变和真实应变的相对误差不超过规定数值时的最大真实应变。

[GB/T 4475—1995]

4.2.2.13

应变计漂移　strain gauge drift

对于已安装的应变计，在温度恒定、试件不受应力的条件下，指示应变随时间的变化。

[GB/T 4475—1995]

4.2.2.14

[应变计]长期稳定性　long term stability

当测量条件不变时，应变计指示应变随时间增加而产生的与初始值的相对变化量。通常用每月相对变化量百分比表示。

[GB/T 4475—1995]

4.2.2.15

蠕变　strain gauge creep

对于已安装的应变计，在承受恒定的真实应变情况下，温度恒定时指示应变随时间的变化。

[GB/T 4475—1995]

4.2.2.16

热滞后　thermal hysteresis

对于已安装的应变计，试件可以自由膨胀并不受外力作用，在室温与极限工作温度之间升温与降温时，同一温度下指示应变的差值。

[GB/T 4475—1995]

4.2.2.17

机械滞后　mechanical hysteresis

对于已安装的应变计，在温度恒定时，增加和减少机械应变过程中同一机械应变量下指示应变的差值。

[GB/T 4475—1995]

4.2.2.18

灵敏系数　strain gauge factor

安装在被测试件上的应变计，在其轴向受到单向应力时引起的电阻相对变化，与由此单向应力引起的试件表面轴向应变之比。灵敏系数用式(1)表示：

$$K=(\Delta R/R)/(\Delta L/L) \quad \cdots\cdots(1)$$

式中：

$\Delta R/R$——由 $\Delta L/L$ 所引起的应变计电阻的相对变化；

$\Delta L/L$——试件表面上的轴向应变。

[GB/T 4475—1995]

4.2.2.19

纵向灵敏度　longitudinal sensitivity

安装在被测试件上的应变计，当在其纵轴方向施以单向应变(ε_l)时产生的电阻变化率$(\Delta R/R)_l$与所加的应变之比。纵向灵敏系数用式(2)表示：

$$K_l=(\Delta R/R)_l/\varepsilon_l \quad \cdots\cdots(2)$$

[GB/T 4475—1995]

4.2.2.20

横向灵敏度　transverse sensitivity

安装在被测试件上的应变计，当在其横轴方向施加单向应变(ε_t)时产生的电阻变化率$(\Delta R/R)_t$与所加的应变之比。横向灵敏系数用式(3)表示：

$$K_t=(\Delta R/R)_t/\varepsilon_t \quad \cdots\cdots(3)$$

[GB/T 4475—1995]

4.2.2.21

横向效应系数　transverse sensitivity ratio

在同一轴向应变作用下，垂直于单向应变方向安装的指示应变与平行单向应变方向安装的同批应变计的指示应变之比。亦即在同一单向应变作用下，应变计的横向灵敏度与纵向灵敏度之比，用百分数表示。

[GB/T 4475—1995]

4.2.2.22

热输出 thermal output

应变计安装在具有某一线膨胀系数的试件上，试件可以自由膨胀不受外力作用，在缓慢升(或降)温的均匀温度场内，由温度变化引起的指示应变。

[GB/T 4475—1995]

4.2.2.23

瞬时热输出 instantaneous thermal output

当应变计安装在某一线膨胀系数的试件上，试件可以自由膨胀不受外力作用，以一定的速率快速升(或降)温时，由温度变化引起的指示应变。

[GB/T 4475—1995]

4.2.2.24

平均热输出系数 average thermal output coefficient

应变计在极限工作温度范围内，平均热输出的最大值与最小值之差除以最高工作温度与某一规定工作温度之差。它表示应变计的温度自补偿程度。

[GB/T 4475—1995]

4.2.2.25

灵敏系数的温度系数 temperature coefficient of strain gauge factor

温度变化时，应变计的灵敏系数相对变化与温度变化之比。用式(4)表示：

$$a_T=(1/K_T)\cdot(\mathrm{d}K_T/\mathrm{d}T) \qquad (4)$$

式中：

a_T——灵敏系数的温度系数；

K_T——在规定温度下的灵敏系数；

T——热力学温度。

[GB/T 4475—1995]

4.2.2.26

疲劳寿命 fatigue life

已安装的应变计在恒定幅值的交变应力作用下，连续工作到产生疲劳损坏时的循环次数。

[GB/T 4475—1995]

4.2.2.27

最大工作电流 maximum gauge current

对已安装的应变计，允许通过敏感栅而不影响其他工作特性的最大电流值。以(I_{max})表示。

4.3 热敏元件

4.3.1 热敏元件分类术语

4.3.1.1

热敏元件 thermo-sensing element

其特性参数随元件或元件本体温度变化而明显改变的敏感元件。

4.3.1.2

金属热电偶 metallic thermocouple

热电极为金属或合金的热电偶。

4.3.1.3

非金属热电偶　nonmetal thermocouple

热电极为某些非金属材料的热电偶。如石墨(P)-石墨(N)热电偶、石墨-碳化硅热电偶等。

4.3.1.4

半导体热电偶　semiconductor thermocouple

热电极为半导体元素或半导体化合物的热电偶。如锗-硅热电偶、锗(P)-锗(N)热电偶等。

4.3.1.5

普通型热电偶　common type thermocouple

由热电极、绝缘物和保护套管组成的装配式热电偶。

4.3.1.6

铠装热电偶　sheathed thermocouple

将热电偶丝和绝缘材料紧压在金属保护管中的热电偶。

4.3.1.7

差分热电偶　differential thermocouple

两只同类型热电偶反串联,由二个同类热电极输出热电势的热电偶。

4.3.1.8

热电堆　thermopile

由两个以上热电偶串联或若干个具有相同热电特性的热电偶并联组成的一组热电偶。

4.3.1.9

同轴热电偶　coaxial thermocouple

在一管状热电极内嵌一线状热电极组成的热电偶。

4.3.1.10

薄膜热电偶　film thermocouple

热电极呈薄膜型结构的热电偶,如铁-镍薄膜热电偶,银-铝薄膜热电偶。

4.3.1.11

主基准热电偶　primary standard thermocouple

作为从锑凝固点温度(630.755 ℃)到金凝固点温度(1 064.43 ℃)间国家基准温度量器的热电偶,它作为统一全国温度量值的最高依据。

4.3.1.12

副基准热电偶　secondary standard thermocouple

作为副基准温度量器的热电偶,其复现温度计量单位的地位仅次于主基准热电偶。

4.3.1.13

工作基准热电偶　working standard thermocouple

作为工作基准温度量器的热电偶,其复现温度计量单位的地位在副基准之下。

4.3.1.14

标准热电偶　standard thermocouple

作为标准温度量器的热电偶,其复现温度计量单位的地位在工作基准之下。标准热电偶分成若干等级。

4.3.1.15

正温度系数热敏电阻器　positive temperature coefficient thermistor;PTC thermistor

在工作温度范围内,零功率电阻值随温度增加而增加的热敏电阻器。

[GB/T 4475—1995]

4.3.1.16

负温度系数热敏电阻器 negative temperature coefficient thermistor;NTC thermistor

在工作温度范围内,零功率电阻值随温度增加而减小的热敏电阻器。

[GB/T 4475—1995]

4.3.1.17

临界温度热敏电阻器 critical thermistor

在临界温度时,零功率电阻值呈跃减或跃增的热敏电阻器。

[GB/T 4475—1995]

4.3.1.18

线性热敏电阻器 linear thermistor

在工作温度范围内,电阻温度特性呈线性或接近线性关系的热敏电阻器。

[GB/T 4475—1995]

4.3.1.19

薄膜热敏电阻器 thin film thermistor

将热敏材料用蒸发、溅射等方法在基片上形成薄膜制成的热敏电阻器。

[GB/T 4475—1995]

4.3.1.20

厚膜热敏电阻器 thick film thermistor

将热敏材料用丝网印刷、涂敖等方法在基片上形成厚膜制成的热敏电阻器。

[GB/T 4475—1995]

4.3.1.21

双金属片热敏元件 bimetal thermo sensing element

利用两种不同热膨胀系数的金属结合成的双金属片作为敏感元件的热敏元件。

4.3.1.22

PN 结热敏元件 P-N junction thermo sensing element

利用半导体材料 P-N 结的温度特性制成的热敏元件。

4.3.1.23

辐射式热敏元件 radiation thermo sensing element

利用感受被测物体发出的热辐射量的特性制成的热敏元件。

4.3.1.24

光电热敏元件 photo-electric thermo sensing element

利用硅光电池作为敏感元件的热敏元件。

4.3.1.25

核磁共振热敏元件 nuclear magnetic thermo sensing element

利用核磁共振吸收频率随温度升高而减少的特性制成的热敏元件。

4.3.1.26

热电极 thermoelectrode

组成热电偶的两个导体。热电极有正极和负极。

4.3.1.27

绝缘物 insulation material

用来防止热电极之间,热电极与保护管之间短路的零件或材料。

4.3.1.28

保护管　protective tube

用来保护热电极组件免受环境有害影响的管状物。

4.3.2　热敏元件性能参数术语

4.3.2.1

测量端　measuring junction

热电偶两热电极接合在一起并承受被测温度的一端。

4.3.2.2

参比端　reference junction

热电偶处于已知(参比)温度中与测量端被测温度作比较的一端。

4.3.2.3

延长导线和补偿导线　extension and compensating cable

用作热电偶的延长线,其热电特性与对应的热电偶的热电特性应相接近。

注:延长导线选用与其对应热电偶有相同名义成分的导线制造的,补偿导线是用与其对应的热电偶不同名义成分的导线制造的。

4.3.2.4

热电势　thermal electromotive force

又称为塞贝克电势。

在零电流条件下。热电偶产生的有效电动势。简称热电势。

4.3.2.5

热电势率　thermoelectrical power

又称塞贝克系数。

在给定温度点,热电偶热电势随温度的变化率。

4.3.2.6

热电偶分度　thermocouple calibration

用高一级标准温度量器来确定热电偶电势与温度关系的工作。

4.3.2.7

分度表　reference table

表示温度-热电势函数关系的表格。

4.3.2.8

[热电偶]允许偏差　thermocouple tolerance

当热电偶的参考端处于 0 ℃,而测量端处于某一温度时,规定其对标准分度表中热电势-温度值的最大偏差。

4.3.2.9

热电偶的稳定性　thermocouple stability

将热电偶置于某一温度中,在规定时间内输出热电势的变化程度。

4.3.2.10

[热电偶]时间常数　thermocouple time constant

当热电偶插入到某一温度介质中,其输出热电势达到稳定变化量值的 63.2%时所需的时间。

4.3.2.11

热电势漂移　drift thermo emf

热电偶置于某一温度中,经若干时间热电势输出的变化量。

4.3.2.12

零功率电阻值　zero power resistance

在规定温度下测量热敏电阻器的电阻值，当由于电阻体内部发热引起的电阻值变化相对于总测量误差可以忽略不计时测得的电阻值。

[GB/T 4475—1995]

4.3.2.13

标称零功率电阻值　nominal zero power resistance

R_n

标志在热敏电阻器上的设计电阻值。又称额定零功率电阻值。以(R_n)表示。

[GB/T 4475—1995]

4.3.2.14

电阻-温度特性　resistance temperature characteristic

热敏电阻器的零功率电阻值与电阻体温度之间的关系。

[GB/T 4475—1995]

4.3.2.15

[PTC 热敏电阻器的]最大电压　maximum voltage [for PTC thermistor]

在规定的环境温度下，允许连续施加到热敏电阻器上并保证热敏电阻器正常工作在 PTC 特性部分的最大直流电压。

4.3.2.16

[NTC 热敏电阻器的]最大电压　maximum voltage [for NTC thermistor]

在规定的环境温度下，允许连续施加到热敏电阻器上并保证热敏电阻器正常工作在 NTC 特性部分的最大直流电压。

4.3.2.17

零功率电阻温度系数　temperature coefficient at zero power of resistance

在规定温度下，热敏电阻器的零功率电阻值的相对变化率与引起该变化的相应温度变化之比。零功率电阻温度系数用式(5)表示：

$$a_T=(1/R_T)\cdot(\mathrm{d}R_T/\mathrm{d}T) \qquad \cdots\cdots(5)$$

式中：

a_T——零功率电阻温度系数；

R_T——在规定温度下热敏电阻器的零功率电阻值；

T——热力学温度。

[GB/T 4475—1995]

4.3.2.18

电阻比　resistance ratio

热敏电阻器对应于两个不同温度下零功率电阻值的比值。

[GB/T 4475—1995]

4.3.2.19

[热敏电阻器的]*B* 值　*B* value

负温度系数热敏电阻器的热敏指数。它被定义为在两个温度下零功率电阻值的自然对数之差与这两个温度的倒数之差的比值。B 值用式(6)表示：

$$B=\frac{T_1T_2}{T_2-T_1}\ln\frac{R_1}{R_2} \qquad \cdots\cdots(6)$$

式中：

R_1——温度 T_1 时的零功率电阻值；

R_2——温度 T_2 时的零功率电阻值。

[GB/T 4475—1995]

4.3.2.20

耗散系数 dissipation factor

在规定的环境条件下，热敏电阻器耗散功率的变化与热敏电阻体相应温度变化之比。

[GB/T 4475—1995]

4.3.2.21

[热敏电阻]时间常数 therimal time constant

在零功率条件下，当温度发生突变时，热敏电阻体的温度变化了始末两个温度差的63.2%所需的时间。

[GB/T 4475—1995]

4.3.2.22

电压-电流特性 voltage-current characteristic

在规定温度和静止空气中，热平衡时热敏电阻器的端电压与其稳态电流之间的关系。

[GB/T 4475—1995]

4.3.2.23

电流-时间特性 current-time characteristic

热敏电阻器施加工作电压后，通过电阻的电流随时间的变化关系。

4.3.2.24

功率灵敏度 power sensitivity

在工作点附近，热敏电阻器电阻值的变化量与引起这一变化量的耗散功率变量之比。

4.3.2.25

额定工作电流 rated operating current

热敏电阻器在工作状态下规定的名义电流值。

4.3.2.26

热老化特性 heat ageing characteristic

热敏电阻器在规定温度下长期贮存后，零功率电阻值变化率与时间的关系。

4.3.2.27

额定功耗 rated dissipation

在规定条件下，长期连续负荷所允许的耗散功率。

4.4 光敏元器件

4.4.1 光敏元器件分类术语

4.4.1.1

光敏元器件 photo sensing elements and sensor

特性参数随外界光辐射的变化而明显改变的敏感元器件。

4.4.1.2

光敏电阻器 photoresistor

电阻值随入射光强弱而变化的半导体电阻器。

[GB/T 4475—1995]

4.4.1.3

光敏电位器　photo-potentiometer

电阻值随入射光在光敏层上的位置变化而变化的电位器。

[GB/T 4475—1995]

4.4.1.4

光敏电池　photo cell

利用光电效应而产生电动势的光敏器件。

4.4.1.5

光生伏特电池　photovoltaic cell

在两块半导体之间的PN结附近或在一块半导体与一块金属之间的接触区附近,吸收光辐射产生电动势的光敏器件。

4.4.1.6

硅光电池　silicon photo cell

用硅材料制成的光敏电池。

4.4.1.7

硅蓝光电池　blue streak silicon photo cell

响应峰值波长在蓝色光范围内的硅光敏电池。

4.4.1.8

光敏二极管　photodiode

在两种半导体之间或半导体与金属之间的PN结附近,吸收光辐射能产生光生伏特效应的半导体二极管。

4.4.1.9

PIN光敏二极管　PIN photodiode

在半导体P型区与N型区之间有本征层的光敏二极管。

4.4.1.10

雪崩光敏二极管　avalanche photodiode

利用雪崩倍增效应的光敏二极管。

4.4.1.11

拉通型雪崩光敏二极管　reach-through avalanche photodiode

具有较窄的雪崩倍增区和较宽的光吸收区的雪崩光敏二极管。

4.4.1.12

肖特基势垒雪崩光敏二极管　schottky-barrier avalanche photodiode

具有肖特基势垒的雪崩光敏二极管。

4.4.1.13

光敏晶体管　photo transistor

利用光电效应的一种晶体管。

4.4.1.14

达林顿光敏晶体管　Darlington phototransistor

具有达林顿结构的光敏晶体管。

4.4.1.15

光敏闸流管　photo thyristor

对作为触发源的光辐射敏感的一种闸流管。

4.4.1.16

光耦合器　photocoupler

利用辐射能传输电信号,使输入输出之间实现电隔离的一种半导体光电器件。

4.4.2　光敏元器件性能参数术语

4.4.2.1

光谱响应范围　spectral response range

光敏电阻器光谱响应曲线上对光具有一定敏感程度的光谱区间。

[GB/T 4475—1995]

4.4.2.2

峰值灵敏度波长　wavelength of peak sensitivity

光谱灵敏度最大时的波长。

4.4.2.3

截止频率　cut-off frequency

光敏元器件的响应度的模下降到低频值时的 $1/\sqrt{2}$ 时所对应的光辐射调制频率。

4.4.2.4

半峰[值]波长　half-peak wavelength

光谱响应下降为峰值响应的一半时所对应的波长。

4.4.2.5

量子效率　quantum efficiency

光敏器件接收光辐射后产生的电子(或空穴)数与入射的光子数之比。

4.4.2.6

绝对光谱响应　absolute spectral response

光敏器件对单色入射光辐射的响应度与波长间的关系。

4.4.2.7

相对光谱响应　relative spectral response

把峰值响应定为1,并使各波长的响应度对它归一化得到的光谱响应。

4.4.2.8

响应度　responsivity

光敏器件的输出信号与入射的光辐射功率或光子数之比。

4.4.2.9

延迟时间　delay time

光敏器件在理想矩形光辐射脉冲照射下,从开始照射到输出电信号上升为最大值的10%所需的时间。

4.4.2.10

存贮时间　storage time

光敏元器件在理想矩形光辐射脉冲照射下,从光脉冲由最大值变为零的时刻起到输出的电信号下降到最大值的90%所需的时间。

4.4.2.11

亮电流　light current

在规定的外加电压作用下,受到光照时流过光敏元器件的电流。

4.4.2.12

暗电流　dark current

在规定的外加电压作用下,照度为零勒克斯时流过光敏器件的电流。

4.4.2.13

光电流　photoelectric current

光敏元器件的亮电流与暗电流之差。

4.4.2.14

噪声　noise

在没有光辐射条件下，光敏元器件的方均根电压(或电流)输出。

4.4.2.15

噪声等效功率　noise equivalent power

光敏元器件产生与本身的噪声输出大小相等的信号所需要的入射光辐射功率。

4.4.2.16

探测率　detectivity

光敏元器件噪声等效功率的倒数。

4.4.2.17

最高工作电压　maximum operating voltage

在额定功耗下，在暗态(照度为零勒克斯)时，光敏电阻器所允许承受的最高电压。

[GB/T 4475—1995]

4.4.2.18

暗电阻　dark resistance

光敏电阻器在照度为零勒克斯时的电阻值。

[GB/T 4475—1995]

4.4.2.19

亮电阻　light resistance

光敏电阻器受到光照时的电阻值。

[GB/T 4475—1995]

4.4.2.20

阻值比　resistance ratio

光敏电阻器的暗电阻与亮电阻之比。

4.4.2.21

电阻灵敏度　resistance sensitivity

光敏电阻器的暗电阻同亮电阻之差与暗电阻之比。

[GB/T 4475—1995]

4.4.2.22

电流灵敏度　current sensitivity

光敏电阻器的光电流与照射到其上的光通量之比。

[GB/T 4475—1995]

4.4.2.23

光谱灵敏度　spectral sensitivity

用等能量的各种单色光照射光敏电阻器时得到相应的灵敏度系列。

[GB/T 4475—1995]

4.4.2.24

光阈值　photo threshold

光敏电阻器的亮电流与其噪声电流相等时的最小入射光通量。

[GB/T 4475—1995]

4.4.2.25

相对光谱灵敏度　relative spectral sensitivity

光敏电阻器某一波长的灵敏度与光谱灵敏度最大值之比。

[GB/T 4475—1995]

4.4.2.26

照度特性　illumination characteristic

外加电压一定时，光敏电阻器亮电流或亮电阻与光照强度的关系。

[GB/T 4475—1995]

4.4.2.27

照度指数　illumination exponent

又称γ值。

表征光敏电阻器照度特性非线性程度的指数，即照度特性在双对数坐标中近似线性部分的斜率，它与亮电流、光照强度的关系见式(7)：

$$I_L = KL^{\gamma} \quad \cdots\cdots(7)$$

式中：

I_L——亮电流；

K——比例系数；

L——光照强度；

γ——照度指数。

[GB/T 4475—1995]

4.4.2.28

额定功率　rated dissipation

在规定条件下，光敏电阻器长期连续正常工作所允许耗散的最大功率。

[GB/T 4475—1995]

4.4.2.29

电流传输比　current transter ratio; CTR

输出电压保持恒定时，直流(或交流)输出电流与直流(或交流)输入电流之比。

4.4.2.30

[正向]电流传输比静态值　static value of the forward current transfer ration

输出电压保持恒定时，直流输出电流与直流输入电流之比值。

4.4.2.31

小信号短路[正向]电流传输比　small-signal short-circuit forward current transfer ratio

在小信号条件下，输出端短路时，交流输出电流与产生该电流的正弦波输入电流之比值。

4.4.2.32

输入-输出电容　input-to-output capacitance

连在一起的所有输入端和连在一起的所有输出端之间的内部电容。

4.4.2.33

隔离电阻　isolation resistance

连在一起的所有输入端和连在一起的所有输出端之间的电阻。

4.4.2.34

隔离电压　isolation voltage

连在任一输入端与任一输出端之间的电压。

4.4.2.35

浪涌隔离电压 surge isolation voltage

具有短持续时间和规定波形的隔离电压脉冲的最大瞬时值。

4.5 **磁敏元件**

4.5.1 **磁敏元件分类术语**

4.5.1.1

磁敏元件 magneto sensing element

利用具有磁电特性的材料制成的敏感元件，主要有磁阻元件、霍尔元件和磁敏器件。

4.5.1.2

霍尔乘法器 Hall multiplier

利用霍尔元件的输出电压 V_H 与外加磁场强度 H 和控制电流 I 乘积成正比的关系而构成的乘法器。可用作信号调制器。

4.5.1.3

霍尔集成电路 Hall integrated circuit

将霍尔元件及调制电路制作在同一块半导体基片上的集成电路。

4.5.1.4

磁敏电阻器 magneto resistor

电阻值随磁感应强度而变化的磁敏元件。

4.5.1.5

磁敏电位器 magneto potentiometer

利用磁阻效应制成的无触点式电位器。

[GB/T 4475—1995]

4.5.1.6

磁敏二极管 magneto diode

用半导体材料制成的具有 PIN 或 PN 结结构，且伏安特性对磁场敏感的半导体二极管。

[GB/T 4475—1995]

4.5.1.7

磁敏晶体管 magneto transistor

用半导体材料制成的具有一个或两个集电极的 PNP 或 NPN 型晶体管结构，且集电极电流对磁场敏感的双极型晶体管。

[GB/T 4475—1995]。

4.5.1.8

光电磁敏元件 photoelectro magneto element

利用半导体的光电磁敏效应制成的检测热辐射的敏感元件。

4.5.1.9

磁致伸缩敏感元件 magnetostrictive sensing element

利用磁致伸缩效应制成的敏感元件。

4.5.2 **磁敏元件性能参数术语**

4.5.2.1

霍尔系数 Hall coefficient

指霍尔效应定量关系式中的比例系数 R 见式(8)：

$$\vec{E}_H = R(\vec{J} \times \vec{B}) \qquad (8)$$

式中：

$\vec{E}_H$——霍尔电场；

$\vec{J}$——控制电流密度；

$\vec{B}$——外加磁感应强度。

[GB/T 4475—1995]

4.5.2.2

霍尔角 Hall angle

霍尔效应存在时，产生的电场强度和电流密度矢量之间的夹角。

[GB/T 4475—1995]

4.5.2.3

霍尔电压 Hall voltage

在霍尔元件上与控制电流方向相垂直的两端由霍尔效应产生的电压或电势。

[GB/T 4475—1995]

4.5.2.4

控制电流 control current

流过霍尔元件控制电流端的电流，它与磁场相互作用产生霍尔电压。

4.5.2.5

[霍尔元件的]自激场 selffield [of a Hall element]

控制电流通过霍尔元件时在引出端和霍尔元件芯片上产生的磁场。

[GB/T 4475—1995]

4.5.2.6

控制电流环路的有效感应区 effective induction area of the control current loop

由控制电流端子和通过霍尔元件的有关传导路径所围成的环路中的有效面积。

[GB/T 4475—1995]

4.5.2.7

输出环路的有效感应区 effective induction area of the output loop

由接到霍尔端子的引线与霍尔元件的有关传导路径所围成的回路中的有效面积。

[GB/T 4475—1995]

4.5.2.8

热阻 thermal resistance

霍尔元件的平均温度和环境参考温度之差与霍尔元件中的功率耗散之比。

[GB/T 4475—1995]

4.5.2.9

控制电流灵敏度 control current sensitivity

在某一规定的磁感应强度下，霍尔电压与控制电流的比值。

4.5.2.10

最佳负载电阻 optimum load resistance

线性误差最小的负载电阻。

4.5.2.11

输出电压的平均温度系数 mean temperature coefficient of output voltage

在规定的控制电流、磁感应强度和规定温度范围内，温度每变化 1 ℃，输出电压变化百分率的算术平均值。

4.5.2.12

磁阻特性曲线　magnetoresistive characteristic curve

磁敏电阻器的电阻值与磁感应强度的关系曲线。

4.5.2.13

磁阻系数　magnetoresistive coefficient

在规定的磁感应强度下,磁敏电阻器的磁感应电阻值与该磁感应强度下电阻值之比。

4.5.2.14

磁阻比　magnetoresistive ratio

在规定的磁感应强度下,磁敏电阻器的电阻值对零磁感应强度下的电阻值之比。

[GB/T 4475—1995]

4.5.2.15

磁阻灵敏度　magnetoresistive sensitivity

在规定的磁感应强度下,磁敏电阻器的电阻值随磁感应强度的相对变化率。

[GB/T 4475—1995]

4.5.2.16

零磁场电阻　zero magnetic resistance

当磁感应强度为零时,磁敏电阻器在某一温度下的值。

[GB/T 4475—1995]

4.5.2.17

平方律误差　square law error

电阻-磁感应强度平方曲线上各点对最佳拟合直线的最大偏差。该最佳拟合直线使曲线上各点的正、负偏差之和等于零。

4.6　气敏元件

4.6.1　气敏元件分类术语

4.6.1.1

气敏元件　gas sensing element

特性参数随外界气体种类或浓度变化而明显变化的敏感元件。

4.6.1.2

气敏电阻器　gas-sensing resistor

电阻值随环境气体种类和浓度变化而变化的气敏元件。

[GB/T 4475—1995]

4.6.1.3

直热式气敏元件　directly heated gas sensing element

加热器在敏感本体的气敏元件。

[GB/T 4475—1995]

4.6.1.4

旁热式气敏元件　indirectly heated gas sensing element

加热器与敏感体分离的气敏元件。

[GB/T 4475—1995]

4.6.1.5

气敏场效应晶体管　gas sensing FET

具有场效应晶体管结构,其输出随外界气体组分和浓度而变化的敏感器件。

4.6.1.6

气敏二极管 gas sensing diode

具有二极管结构，其输出随外界气体组分和浓度而变化的敏感器件。

4.6.1.7

红外吸收式气敏元件 infrared absorption gas sensing element

利用检测气体吸收红外光谱区特定波长的特性制成的气敏元件。

4.6.1.8

光干涉式气敏元件 light interference gas sensing element

利用光波在气体介质中传播时气体折射率随检测气体种类和浓度改变而引起光相位变化的特性制成的气敏元件。

4.6.2 气敏元件性能参数术语

4.6.2.1

工作电压 operating voltage

在工作条件下气敏元件两极间的电压。

4.6.2.2

工作电流 operating current

在工作条件下通过气敏元件两极间的电流。

4.6.2.3

加热电压 heating voltage

施于加热器两端的电压。

4.6.2.4

加热电流 heating current

通过加热器的电流。

4.6.2.5

加热功率 heating power

加热电压与加热电流的乘积。

4.6.2.6

允许工作电压[电流]范围 allowable operating voltage [current] range

在保证基本电参数的条件下，气敏元件工作电压[电流]允许变化的范围。

4.6.2.7

[气敏电阻器]灵敏度特性 sensitivity characteristic

气敏电阻器在最佳工作条件下，接触同一浓度气体，其输出值随浓度变化的特性。

4.6.2.8

[气敏电阻器]温度特性 temperature characteristic

气敏电阻器在最佳工作条件下，其输出值随环境温度变化的特性。

4.6.2.9

[气敏电阻器]湿度特性 humidity characteristic

气敏电阻器在最佳工作条件下，其输出值随环境湿度变化的特性。

4.6.2.10

[气敏电阻器]响应时间 response time

在最佳工作条件下，气敏电阻器接触待测气体后，负载电阻的电压[电流]变化到规定值所需要的时间。

4.6.2.11

［气敏电阻器］恢复时间　recovery time

在最佳工作条件下，气敏电阻器脱离被测气体后，负载电阻上的电压［电流］恢复到规定值所需要的时间。

4.6.2.12

［气敏元件］选择性　selectivity

在最佳工作条件下，气敏元件对某一气体与其他气体有不同灵敏度的特性。

4.7　湿敏元件

4.7.1　湿敏元件分类术语

4.7.1.1

湿敏元件　humidity sensing element

特性参数随环境湿度变化而明显变化的敏感元件。

4.7.1.2

湿敏电阻器　humidity sensing resistor

电阻值随环境湿度变化而明显变化的湿敏元件。

4.7.1.3

湿敏电容器　humidity sensing capacitor

电容量随环境湿度变化而明显变化的湿敏元件。

4.7.2　湿敏元件性能参数术语

4.7.2.1

湿度系数　humidity coefficient

在恒温条件下，相对湿度变化1%时，湿敏元件特性参量变化值的相对变化率。

4.7.2.2

湿滞效应　humidity hysteresis effect

湿敏元件升湿和降湿时，在同一湿度下电特性参数的不一致现象。

4.7.2.3

响应时间(时间常数)　response time (time constant)

在一定温度下，当相对湿度发生跃变时，湿敏元件的电参量达到稳态变化量的63.2%所需的时间。

4.7.2.4

漂移率　drift rate

一定时间内电参量的最大绝对变化值。用其对应的相对湿度值表示。

4.7.2.5

分辨率　resolution

湿敏元件检测湿度最小变化的能力。

［GB/T 4475—1995］

4.7.2.6

温度系数　temperature coefficient

当环境湿度恒定时，温度每变化1℃，引起湿敏元件输出的变化量。

［GB/T 4475—1995］

4.7.2.7

耐热温度　resistance to temperature

湿敏元件在非工作状态能经受的最高温度。

［GB/T 4475—1995］

4.7.2.8

抗露能力　resistance to dew-fall

湿度特性不受敏感体表面结露影响的能力。

[GB/T 4475—1995]

4.7.2.9

风速效应　wind speed effect

环境风速对湿度特性的影响。

[GB/T 4475—1995]

4.7.2.10

气压效应　pressure effect

环境大气压对湿度特性的影响。

[GB/T 4475—1995]

4.8　压敏元件

4.8.1　压敏元件分类术语

4.8.1.1

压敏元件　voltage dependent element

利用物质对电压信息敏感的特性制成的敏感元件。

[GB/T 4475—1995]

4.8.1.2

压敏电容器　voltage dependent capacitor

在一定温度下,当电压超过某一临界值时,其电容随电压变化而急剧变化的敏感元件。

[GB/T 4475—1995]

4.8.1.3

压敏电阻器　varistor,voltage dependent resistors

在一定温度下,当电压超过某一临界值时,电导随电压升高而急剧增大的一种敏感元件。

4.8.1.4

结型压敏电阻器　junction type varistor

伏安特性的非线性主要由电阻体与金属电极间的非欧姆接触所形成的压敏电阻器。

[GB/T 4475—1995]

4.8.1.5

膜状压敏电阻器　film form varistor

电阻体为膜状的压敏电阻器。

[GB/T 4475—1995]

4.8.1.6

稳压压敏电阻器　stabilivolt varistor

主要用于稳定电压的压敏电阻器。

4.8.2　压敏元件性能参数术语

4.8.2.1

零功率电流　zero power current

在规定环境条件下,测量压敏电阻器时,所消耗的平均功率足够低,由发热引起的端压降峰值的变化可以忽略不计的峰值电流。

[GB/T 4475—1995]

4.8.2.2

零功率电压 zero power voltage

与零功率电流相对应的端压降峰值。

[GB/T 4475—1995]

4.8.2.3

伏安特性 voltage-current characteristic

压敏电阻器的电流与电压之间的关系。用式(9)或式(10)表示为:

$$U = CI^{\beta} \quad \cdots\cdots(9)$$

或

$$I = AU^{\gamma} \quad \cdots\cdots(10)$$

式中:

I——流过压敏电阻器的电流;

U——加在压敏电阻器上的电压;

β——电流指数;

γ——电压指数;

A、C——常数。

[GB/T 4475—1995]

4.8.2.4

最大交流电压 maximum AC voltage

在规定环境条件下,保证压敏电阻器正常工作所允许连续施加的最大交流电压有效值。

4.8.2.5

残压 residual voltage

当压敏电阻器通过某一脉冲电流时的端压降峰值。

4.8.2.6

残压比 residual voltage ratio

压敏电阻器的残压值与压敏电压的比值。

4.8.2.7

漏电流 leakage current

在规定温度和最大直流电压下,流过压敏电阻器的电流。

4.8.2.8

起始稳压电流 start current of stabilized voltage

在规定环境条件下,稳压[电]压敏电阻器开始起稳压作用的最小电流。

4.8.2.9

电压稳定度 voltage stability

对应于起始稳压电流和最大稳压电流下压敏电阻器端压降的相对变化率。

4.8.2.10

电压温度系数 voltage temperature coefficient

在规定的温度范围内,当压敏电阻器温度每变化1 ℃时,压敏电压的相对变化率。

[GB/T 4475—1995]

4.8.2.11

能量容量 energy capacity

保证压敏电阻器正常工作时,压敏电阻器所能承受的最大脉冲能量。

[GB/T 4475—1995]

4.8.2.12

固有电容　natural capacitance

压敏电阻器本身所固有的电容量。

[GB/T 4475—1995]

4.8.2.13

脉冲电流寿命　pulse current lifetime

在规定环境条件下，给压敏电阻器施加规定的连续等间隔的脉冲电流波，压敏电阻器仍能保持正常工作所能经受脉冲波的最大次数。

[GB/T 4475—1995]

4.9　离子敏元器件

4.9.1　离子敏元器件分类术语

4.9.1.1

离子敏元器件　ion sensing element and sensor

特性参数随气体或液体中离子种类和浓度变化而明显改变的敏感元器件。

4.9.1.2

离子选择电极　ion selection electrode

ISE

其电位与给定溶液中离子活度的对数呈线性关系的电极。

4.9.1.3

晶体电极　crystalline electrode

以晶体材料为敏感膜的离子选择电极。

4.9.1.4

均质膜电极　homogeneous electrode

以单一晶体化合物或几种晶体化合物的均匀混合物为敏感膜的晶体电极。

4.9.1.5

异质膜电极　heterogeneous membrane electrode

以混入惰性基体(如硅橡胶、聚氯乙烯等)或涂布在经疏水处理的石墨上的晶体化合物为敏感膜的晶体电极。

4.9.1.6

非晶体电极　non-cystalline electrode

用一种非晶体材料作为敏感膜的离子选择电极。

4.9.1.7

玻璃电极　glass electrode

以化学组成决定敏感膜选择性的刚性玻璃作为敏感膜基质的非晶体电极。包括氢离子选择电极、单价阳离子选择电极。

4.9.1.8

活动载体膜电极　mobile carrier membrane electrode

用大阳离子(或大阴离子)的盐，溶于适宜的有机溶剂，并由一惰性支持体(或微孔膜—聚氯乙烯膜)支撑作为敏感膜的非晶体电极。

4.9.1.9

中性载体膜电极　neutral carrier membrane electrode

用能与某些阳离子结合的中性分子，溶于适宜的有机溶剂，并由一惰性支持体支撑构成敏感膜的非晶体电极。

4.9.1.10

PVC 膜电极　PVC membrane electrode

以聚氯乙烯(PVC)作为敏感膜的惰性支持体制成的活动载体膜或电性载体膜电极。

4.9.1.11

气敏电极　gas-sensing electrode

由指示电极和参比电极组成的敏感电极,它采用一种气体可渗透性薄膜来分开。

4.9.1.12

酶电极　enzyme electrode

覆盖以含酶涂层的离子选择电极,这种酶涂层可与有机或无机物质反应而产生一种能被电极检测的成分。

4.9.1.13

离子敏场效应晶体管　ion-sensing FET

利用场效应晶体管栅极特性,感受溶液中给定的离子活度,测定离子浓度的场效应晶体管。

[GB/T 4475—1995]

4.9.2　离子敏元器件性能参数术语

4.9.2.1

电位选择性系数　potentiometric selectivity coefficient

用以表征离子选择电极对同一溶液中不同离子辨别能力的性能指标(以 k_{ij}^{pot} 表示)。它可根据在含有被测离子 i 和干扰离子 j 的混合溶液中的离子选择电极的 emf 响应来估算。在用修正的能斯特公式规定 k_{ij}^{pot} 定义时,必须说明确定 k_{ij}^{pot} 数值时被测离子 i 和干扰离子 j 的活度。k_{ij}^{pot} 数值越小,表示该电极对被测离子 i 选择性越强。

4.9.2.2

电导　conductance

在存在电位差的情况下,含离子液体传送电荷的能力。用导通电流与施加电压之比来表示;也可以用电阻的倒数表示,见式(11):

$$G = I/U \text{ 或 } G = 1/R \qquad \cdots\cdots (11)$$

式中:

G——电导,S;

I——导通电流,A;

U——施加电压,V;

R——电阻,Ω。

4.9.2.3

电导率　conductivity

边长为 1 cm 的立方体内所包含溶液的电导。电导池内两电极之间溶液的电导与溶液电导率之间的关系见式(12):

$$\gamma = G \cdot \frac{l}{A} \qquad \cdots\cdots (12)$$

式中:

γ——溶液电导率,S/cm;

l——两电极的间距,cm;

A——两电极间溶液的截面积,cm^2;

G——电导,S。

4.9.2.4

电池常数 cell constant

电池中两电极的间距 l(cm)与两电极间溶液的截面积 A(cm^2)之比。用式(13)表示：

$$K = l/A \quad \cdots\cdots(13)$$

通常用已知电导率 γ(S/cm)的溶液盛在电池内，测量其电导 G(s)，用式(14)求得电池常数 K(cm^{-1})：

$$K = \gamma/G \quad \cdots\cdots(14)$$

4.9.2.5

百分理论斜率 percentage of theore tical slope

特定电极对 pI 变化影响的量度；$pI = -\lg a_I$，a_I 为离子 I 的活度。理论斜率代表 pI 变化时，按能斯特公式计算求得的理论电位变化。百分理论斜率为给定电极的实际电位变化之比，见式(15)：

$$PTS = \frac{(E_{s1} - E_{s2})nF}{2.302\,6RT(pI_{s1} - pI_{s2})} \times 100\% \quad \cdots\cdots(15)$$

式中：

PTS——百分理论斜率；

E_{s1}，E_{s2}——给定电极与参比电极浸在第一种和第二种标准参比溶液中的电动势，V；

pI_{s1}，pI_{s2}——第一种和第二种标准参比溶液的 pI 值；

n——电极反应式中的电子转移数；

F——$96.485\,6 \times 10^3$ C·mol^{-1}；

R——8.314 41 J·K^{-1} mol^{-1}；

T——热力学温度，K。

4.9.2.6

当量电导 equivalent conductance

含有 1 g 当量溶质的溶液电导，等于溶液的电导率乘以含有 1 g 当量溶质的该溶液的容积。

见式(16)：

$$G_N = \gamma \cdot \frac{1\,000}{C} \quad \cdots\cdots(16)$$

式中：

G_N——溶液的当量电导(西门子·厘米^2·克当量$^{-1}$)；

γ——溶液的电导率(西门子/厘米)；

C——溶液的当量浓度(克当量·升$^{-1}$)。

4.9.2.7

极限当量电导 limiting equivalent conductance

又称无限稀释当量电导。

溶液趋于无限稀释时的当量电导。当量电导与溶液的浓度有关，随着浓度降低而当量电导变大，当溶液趋于无限稀释时，当量电导的数值便达到一定的极限值。

4.9.2.8

半波电位 half-wave potential

在极谱图上两相邻阶梯的中间位置处，相应于二分之一扩散电流的电位数值。符号为 E 1/2。

4.9.2.9

标准电极电位 standard electrode potential

半电池反应的所有参与物和生成物活度均为 1 的电极电位。

4.9.2.10

等电位点　isopotential point

在含有一只离子选择电极和一只参比电极的电池中，当有关离子活度为某一特定数值时，电池电势与温度无关，该活度值和相应的电势值即称为该电池的等电位点。在表述等电位点时，应说明参比电极的型式和测量电极填充溶液的成分。

4.9.2.11

不对称电势　asymmetry potential

玻璃电极和参比电极浸在与玻璃电极内缓冲溶液同样成分的缓冲溶液中测得的电位差。

4.9.2.12

碱误差　alkaline error

由于玻璃电极对碱离子的灵敏度而引起的 pH 响应电动势中的误差。

4.9.2.13

pH 值　pH(value)

又称酸度[值]。

表示水溶液中氢离子活度 aH^+ 的一种方式：

$pH=-\lg aH^+$

4.9.2.14

溶液离子浓度　ion cocentration of a solution

某溶液中的离子浓度可定义为[见式(17)]：

$$I=\frac{1}{2}\sum C_iZ_i^2 \quad\cdots\cdots(17)$$

式中：

I——离子浓度；

C_i——以克分子每升 i 离子数表示的浓度；

Z_i——离子 i 的电荷。

4.9.2.15

[pH]零点　[pH]zero point

在给定温度条件下，pH 测量元件(敏感元件)读数为 0V 时的 pH 值。如果不加其他说明时，则给定温度可理解为 25℃。

4.9.2.16

钠误差　sodium error

由 pH 电极对钠离子的敏感度而产生的电动势之误差。

4.9.2.17

输入补偿电压　input offset voltage

施加在输入端可获得输出电压为零的电压。

4.9.2.18

共模输入电压　common mode input voltage

在同一时间内，施加在两输入端的同一电压。

4.9.2.19

输入共模抑制比　input common mode rejection ratio

CMRR

输入电压范围与超过该范围的输入补偿电压最大变化之比。

4.10 射线敏感元件

4.10.1 射线敏感元件分类术语

4.10.1.1

射线敏感元件 radiation sensing element

其特性参数随外界放射线种类和剂量变化而明显变化的敏感元器件。

4.10.1.2

半导体射线敏感元件 semiconductor radiation sensing element

由半导体材料(Si、Ge等)制成的射线敏感元件。

4.10.1.3

离子注入型放射线敏感元件 ion implanted radiation sensing element

用注入磷和硼离子形成PN结制成的放射线敏感元件。

[GB/T 4475—1995]

4.10.1.4

单晶硅放射线敏感元件 silicon radiation sensing element

用硅单晶制成的放射线敏感元件。

[GB/T 4475—1995]

4.10.1.5

碘化亚汞放射线敏感元件 mercuric iodide radiation sensing element

用碘化亚汞制成的放射线敏感元件。

[GB/T 4475—1995]

4.10.1.6

锗放射线敏感元件 germanium radiation sensing element

用高纯锗制成的放射线敏感元件。

[GB/T 4475—1995]

4.10.1.7

扩散结型放射线敏感元件 diffused junction radiation sensing element

在P型硅单晶中浅扩散N型杂质,形成PN结制成的放射线敏感元件。

[GB/T 4475—1995]

4.10.1.8

化合物半导体放射线敏感元件 compound semiconductor radiation sensing element

用锑化镉,砷化镓,碳化硅等化合物半导体制成的放射线敏感元件。

[GB/T 4475—1995]

4.10.1.9

锂漂锗半导体放射线敏感元件 germanium lithium semicouductor radiation sensing element

在锗单晶中掺入锂形成有源层的γ线敏感元件。

[GB/T 4475—1995]

4.10.1.10

锂漂硅放射线敏感元件 lithium drifted silicon radiation sensing element

在硅单晶中掺入锂形成有源层的半导体放射线敏感元件,适于探测X射线及低能γ线等。

[GB/T 4475—1995]

4.10.1.11

自输出型放射线敏感元件 self-powered radiation sensing element

与放射线反应生成的p线、康普顿电子、光电子等在集电极被收集,以电信号输出的放射线敏感元件。

[GB/T 4475—1995]

4.10.1.12

半导体射线计数管　semiconductor radiation sensing element

利用半导体材料制成的放射线计数管。

[GB/T 4475—1995]

4.10.1.13

盖革计数管　Geiger Miiller counter

气体放大率很大的气体电离型放射线敏感元件。

[GB/T 4475—1995]

4.11　纤维光学敏感元件

4.11.1　纤维光学敏感元件分类术语

4.11.1.1

光纤敏感元件　optical fiber sensing element

利用光纤对温度、压力等参量敏感的特性制成的各种敏感元件。

[GB/T 4475—1995]

4.11.1.2

功能型光纤敏感元件　functional optical fiber sensing element

利用光纤本身的特性把光纤作为敏感元件，被测量对光纤内传输的光进行调制，使传输的光的强度、相位、频率或偏振态等特性发生变化，再通过对被调制过的信号进行解调，从而得出被测信号。

4.11.1.3

非功能型光纤敏感元件　non-functional optical fiber sensing element

利用其他敏感元件感受被测量的变化，光纤仅作为光波的传输介质，常用来传输来自远处或难以接近场所的光信号。

4.11.1.4

点式光纤敏感元件　optical fiber point sensing element

敏感元件尺寸较小，只局限于检测很小空间范围内被测参量值的光纤敏感元件。

4.11.1.5

积分式光纤敏感元件　optical fiber integrating sensing element

利用光纤技术和光学原理，可测量一定空间范围内被测参量平均值的光纤敏感元件。

4.11.1.6

分布式光纤敏感元件　optical fiber distributed sensing element

利用光纤技术和光学原理，可沿空间位置连续给出被测参量测量值的光纤敏感元件。

4.11.1.7

光纤光栅敏感元件　optical fiber grating sensing element

利用光纤光栅构成的光纤敏感元件。

4.11.1.8

光纤温度敏感元件　optic fiber temperature sensing element

利用光振幅随温度变化的原理制成的温度敏感元件。

[GB/T 4475—1995]

4.11.1.9

光纤压力敏感元件　optic fiber pressure sensing element

利用压力使光纤变形，从而改变光在光纤中传播特性的原理制成的压力敏感元件。

[GB/T 4475—1995]

4.11.1.10

光纤振动敏感元件　optic fiber vibration sensing element

利用振动使光纤变形从而导致光在光纤中传播特性变化的原理制成的敏感元件。

[GB/T 4475—1995]

4.11.1.11

光纤折射率敏感元件　optic fiber refrectivity sensing element

以光纤作探头，利用光纤折射率变化分析混合和非混合液体的光纤折射率敏感元件。

[GB/T 4475—1995]

4.11.1.12

光纤放射性敏感元件　optic fiber radiation sensing element

以特殊光纤作敏感体的敏感元件。

[GB/T 4475—1995]

4.11.1.13

光纤光电磁场敏感元件　optic fiber electro-magnetic field sensing element

检测光电磁场相位和强度系统中使用的敏感光纤。

[GB/T 4475—1995]

4.11.1.14

光纤电压敏感元件　optic fiber voltage sensing element

利用光纤的参数随电压变化的特性制成的光纤敏感元件。

[GB/T 4475—1995]

4.11.1.15

光纤电流敏感元件　optic fiber electric current sensing element

利用光纤的参数随电流变化的特性制成的光纤敏感元件。

[GB/T 4475—1995]

4.11.1.16

光纤磁敏元件　optic fiber magnetic sensing element

在光纤上涂覆磁性膜，利用磁致伸缩效应工作的敏感元件。

[GB/T 4475—1995]

4.11.2　光纤敏感元件性能参数术语

光纤敏感元件性能参数术语见 GB/T 7665—2005 中的 3.5.2。

4.12　生物敏感元件

4.12.1　生物敏感元件分类术语

生物敏感元件分类术语见 GB/T 4475—1995 中的 2.10.1。

4.12.2　生物敏感元件性能参数术语

生物敏感元件性能参数术语见 GB/T 4475—1995 中的 2.10.2 和 GB/T 7665—2005 中的 3.5.6。

5　机电元件、连接器、开关及熔断器

5.1　机电元件

5.1.1

机电元件　electromechanical components

利用机械的或者电的方式使电路接通、断开、换接和控制等的一类元器件。

5.2 连接器

5.2.1 连接器分类术语

5.2.1.1

连接器 connector

又称接插件。

与相应的插合元件进行连接和分离的元件。

[GB/T 4210—2001]

5.2.1.2

低频连接器 low-frequency connector

工作频率低于 3 MHz 的连接器。

5.2.1.3

高频连接器 high-frequency connector

又称射频连接器。

工作频率不低于 3 MHz 的连接器。

5.2.1.4

圆形连接器 circular connector

基本结构为圆柱形并具有圆形插合面的连接器。

[GB/T 4210—2001]

5.2.1.5

矩形连接器 rectangular connector

基本结构为矩形并具有矩形插合面的连接器。

[GB/T 4210—2001]

5.2.1.6

印制板连接器 printed board connector

便于与印制板连接的一种专用连接器。

[GB/T 4210—2001]

5.2.1.7

带状电缆连接器 flat-cable connector

配接带状[扁平]电缆的连接器，一般分为连接带状电缆与带状导线型、连接带状电缆与圆导线型以及连接带状电缆与扁平导线型等多种型式。

5.2.1.8

光缆连接器 optical cable connector

指装置在光缆末端使两根光缆实现光信号传输的连接器，它允许重复的插合和分离。其形式有单芯、多芯和综合式等。

5.2.1.9

通用连接器 general connector

仪器仪表及电子设备中一般用途的连接器。

5.2.1.10

大功率连接器 high-power connector

能传输数千瓦以上功率的连接器。可分为高频大功率连接器和低频大功率连接器。

5.2.1.11

高电压连接器 high-voltage connector

能传输数千伏以上高压的连接器。

5.2.1.12

光纤连接器 optical fiber connector

装置在光纤末端使两根光纤实现光信号传输的连接器。这种连接器允许重复的插合和分离。其主要形式有组合式、插入式、对接式等。

5.2.1.13

脉冲连接器 pulse connector

用于传输脉冲信号的连接器。

5.2.1.14

相调连接器 phase-adjustsble connector

在电路中用以调节负载相位的连接器。

5.2.1.15

精密同轴连接器 precision coaxial connector

反射系数极小,电参数稳定的高频同轴连接器。

5.2.1.16

混装式连接器 connector with mixed contacts

含有不同尺寸、不同形式、不同容量、不同频率(高频、低频)和不同用途(信号、电源)的接触件的连接器。壳体里的绝缘体大多为积木式,视设计需要可任意组合。

5.2.1.17

高低频混装式连接器 high and low frequency connector with mixed contacts

兼备低频和高频接触件的连接器。

5.2.1.18

气密封连接器 hermetic connector

具有气密封性能的连接器。

[GB/T 4210—2001]

5.2.1.19

抗辐射连接器 anti-radiation connector

可在辐射条件下正常工作的连接器。

5.2.1.20

高温连接器 high-temperature connector

可在高温条件下正常工作的连接器。需用特殊耐高温绝缘材料构成,并通过相应的结构和工艺保证耐高温性能。

5.2.1.21

低温连接器 cryogenic connector

可在温度 200 K 以下正常工作的连接器。

5.2.1.22

机柜连接器 rack-and-panel connector

使单元与其安装架之间达到连接的两个配对固定连接器中的一个。一般它具有保证正确插合的导向装置,通常不具有连接装置,而依靠单元对机架的移动达到插合(不适用于印制板)。

[GB/T 4210—2001]

5.2.1.23

面板式连接器 panel connector

安装在面板或隔板上并靠法兰或紧固件固定的连接器。

5.2.1.24

穿墙式连接器　bulkhead connector

插座固定在面板(即墙)上并穿过面板的连接器。一般由三部分组成,两端为插头,中间为一个插座。

5.2.1.25

直式连接器　straight connector

进线方向和插拔方向相一致的连接器。

5.2.1.26

弯式连接器　angle connector

进线方向和插拔方向成一定角度的连接器,一般成直角。

5.2.1.27

T形连接器　T-type connector

高频连接器的一种。三个同轴结构的端处,分成三个方向,外形成"T"形的连接器。与三个同轴连接器相配合,用以分输功率和信号。

5.2.1.28

旋转式连接器　coaxial rotating joint

又称旋转接头。

其插头和插座可绕公共轴转动,并能保证电路连接的连接器。

5.2.1.29

分离连接器　snatch-disconnect connector brea-kaway connector

在电缆上加一规定的力可使连接器分离的连接器。

5.2.1.30

自动脱落连接器　umbilical connector

用于电缆与飞行器之间连接的连接器。它在飞行器飞行初始阶段或飞行之前自动分离。

[GB/T 4210—2001]

5.2.1.31

扁平软线连接器　flat flaxible wire connector

配接于扁平软线或蚀刻电路与印制板之间的连接器。

5.2.1.32

零插拔力连接器　zero insertion force connector

在插合和分离时已消除插入力和拔出力的连接器。

[GB/T 4210—2001]

5.2.1.33

导电橡胶连接器　elastomer connector

由具有导电性能的橡胶材料制成的特殊连接器。

5.2.1.34

转接连接器　adaptor connector

两个或两个以上的连接器之间电的互连。当它们不能进行直接机械连接时,而需要过渡的一种固定连接器或自由端连接器。

5.2.1.35

直角连接器　right-angle connector

连接器的电缆引出端的轴线与插合面的轴线成直角的连接器。

5.2.1.36

对接连接器 butting connector

连接器中非插入式的对接接触件之间靠轴向压力达到和维持连接的连接器。

[GB/T 4210—2001]

5.2.1.37

旋接连接器 twist-on connector

借助于轴向力进行插合并靠锁定装置的旋转进行锁定的连接器。

[GB/T 4210—2001]

5.2.1.38

自由连接器 free connector

装接导线或电缆的自由连接器。

[GB/T 4210—2001]

5.2.1.39

固定连接器 fixed connector

安装在硬质板面上的连接器。

[GB/T 4210—2001]

5.2.1.40

自由配接连接器 free coupler connector

用于电缆与电缆之间与自由连接器插合的连接器。

[GB/T 4210—2001]

5.2.1.41

浮动安装连接器 float mounting connector

便于与配对连接器对准而具有活动安装件的固定连接器。

[GB/T 4210—2001]

5.2.1.42

板装连接器 board mounted connector

固定安装在印制板中的连接器。

5.2.1.43

快速分离连接器 quick disconnect connector

具有快速分离连接装置的连接器。

[GB/T 4210—2001]

5.2.1.44

推拉连接器 push-pull connector

具有推拉连接结构的连接器。

[GB/T 4210—2001]

5.2.1.45

拉开连接器 pull-off connector

具有拉开连接结构的连接器。

[GB/T 4210—2001]

5.2.1.46

自锁紧连接器 self-locking connector

具有自锁紧结构的连接器。

5.2.1.47

拉线分离连接器　lanyard disconnect connector

通过连接装置上的拉力机构加一规定的力使连接器分离的一种快速分离连接器，所加的力不能损坏连接器。

[GB/T 4210—2001]

5.2.1.48

边缘插座连接器　edge-socket connector

将印制板的边缘插入的连接器，使连接器的接触件与印制电路板的边缘接触件直接接触。

[GB/T 4210—2001]

5.2.1.49

无极性连接器　hermaphroditic connector

能与本身完全相同的连接器进行插合的连接器。

[GB/T 4210—2001]

5.2.1.50

防斜插连接器　scoop-proof connector

具有防止斜插结构特征的连接器，阳或阴接触件碰不到与其相配连接器前面的壳体。

5.2.1.51

接触件交错排列连接器　staggered-contact connector

接线端和/或接触件之间交错排列的连接器。

[GB/T 4210—2001]

5.2.1.52

耐环境连接器　environment resistant connector

具有防潮、耐温和防污染措施的连接器。

[GB/T 4210—2001]

5.2.1.53

潜水连接器　submersible connector

在规定的水深中能防水浸入的连接器。

[GB/T 4210—2001]

5.2.1.54

耐火连接器　fire proof connector

在规定的时间内能耐受规定温度火焰的连接器。

[GB/T 4210—2001]

5.2.1.55

屏蔽连接器　shielded connector

具有防止电磁辐射干扰进入或泄漏能力的连接器。

[GB/T 4210—2001]

5.2.1.56

接地连接器　earthing connector

在结构上与地成低电阻连接的连接器。

5.2.1.57

板间连接器　mother-daughter board connector

用于印制板间互连的板装连接器。

[GB/T 4210—2001]

5.2.1.58

兼容连接器　compatible connector

具有安装、配合互换性而且具有完全相同性能的两只连接器。

5.2.1.59

开关连接器　switching connector

在印制电路板中，起换接和短路作用的连接器。

5.2.1.60

端线板　terminal block

在绝缘壳体或绝缘板上有许多接线端以便于多根导线之间互连的组装件。

5.2.1.61

集成电路插座　integrated circuit socket

用于安装集成电路封装件的插座。

5.2.1.62

插座　socket

与插入式元器件(如电子管、继电器等)相配的连接器。

[GB/T 4210—2001]

5.2.1.63

插头　plug

与插座相配接的连接器。

5.2.1.64

插塞　telephone plug

在同一基体上有两个或两个以上接触件组成的自由连接器。

[GB/T 4210—2001]

5.2.1.65

插口　jack

与插塞相配接的连接器。

5.2.1.66

隔爆元件　explosion-containing component

能承受内部爆炸而不会在其周围一个特定爆炸性环境中引起爆炸的元件。

5.2.1.67

防爆元件　explosion-proof component

在特定的爆炸环境中，能正常工作而且在带电负荷插拔或通断时也不会引起爆炸的元件。

[GB/T 4210—2001]

5.2.1.68

接触件　contact

元件内的导电零件，它与对应的导电零件相配合，以提供电通路。

[GB/T 4210—2001]

5.2.1.69

开槽片状接触件　bifurcated contact

纵向开槽的片状接触件，接触压力以同一方向作用于两臂。

[GB/T 4210—2001]

5.2.1.70

刀形接触件　blade contact

具有矩形截面的实芯接触件,其插入端通常是倒角的。

[GB/T 4210—2001]

5.2.1.71

同心接触件　concentric contact

在一个机械组件中具有多个独立电路的一组同轴芯的接触件。

[GB/T 4210—2001]

5.2.1.72

压接接触件　crimp contact

具有压接用的导线筒结构的接触件。

[GB/T 4210—2001]

5.2.1.73

浸焊接触件　dip-solder contact

具有在焊槽内浸焊的接线端的接触件。

[GB/T 4210—2001]

5.2.1.74

阴接触件　female contact

与另一个接触件的外表面插合,在其内表面接通电路的接触件。

[GB/T 4210—2001]

5.2.1.75

阳接触件　male contact

与另一个接触件的内表面插合,在其外表面接通电路的接触件。

[GB/T 4210—2001]

5.2.1.76

滤波接触件　filter contact

带有滤波器,能鉴别一定频率的接触件。

[GB/T 4210—2001]

5.2.1.77

主接触件　main contact

开关中用于连接外部负载电路的特定接触件。

[GB/T 4210—2001]

5.2.1.78

弹性接触件　resilient contact

又称弹簧接触件(spring contact)。

具有弹性,对与其相配合的零件能产生接触压力的接触件。

[GB/T 4210—2001]

5.2.1.79

瞬接接触件　snap-on contact

利用接触面的一个变形部分使其定位,并保持在确切的轴向位置上的一种推动式接触件。

5.2.1.80

锡焊接触件　solder contact

用锡焊接上导线的接触件。

[GB/T 4210—2001]

5.2.1.81

音叉接触件　tuning fork contact

形状类似于音叉的弹性接触件，接触压力以相反方向作用于两臂。

[GB/T 4210—2001]

5.2.1.82

绕接接触件　wrap contact

用绕接法接上导线的接触件。

[GB/T 4210—2001]

5.2.1.83

接触面积　contact area

两个配合接触件、两个导体、或导体与接触件之间接触面积，用以提供电通路。

[GB/T 4210—2001]

5.2.1.84

接触件浮动　contact float

元件内的接触件在允许范围内的活动。

[GB/T 4210—2001]

5.2.1.85

绝缘隔障　insulation barrier

绝缘件上凸起或凹入的结构，以增大传导表面之间的爬电距离。

[GB/T 4210—2001]

5.2.1.86

绝缘紧套　insulation grip

接线端尾部紧固电缆绝缘层的部分。

[GB/T 4210—2001]

5.2.1.87

绝缘套管　insulation support

端接件上用来容纳但不紧固电缆绝缘层的部分。

5.2.1.88

键　key

是一个凸起部分，在元件插合时同键槽配合起导向作用。

[GB/T 4210—2001]

5.2.1.89

键槽　keyway

同键配合的槽或沟。

[GB/T 4210—2001]

5.2.1.90

安装法兰盘　mounting flange

元件上供安装用的凸缘部分。

[GB/T 4210—2001]

5.2.1.91

卡夹　clip

是一种弹性件，它在卡紧导线时产生挠曲变而形成连接。

[GB/T 4210—2001]

5.2.1.92

卡夹接线柱　clip post

适用于卡夹连接的接线端。

[GB/T 4210—2001]

5.2.1.93

接线端子　terminal

元件上为方便导线连接的零件，有两种类型：一种是供接线用，一种是两根导线拼接用。

5.2.1.94

端接件　terminal end

将导体与接线端连接起来的零件。

[GB/T 4210—2001]

5.2.1.95

预绝缘端接件　pre-insulated terminal end

具有绝缘层导线筒的端接件，用压接法形成连接。

[GB/T 4210—2001]

5.2.1.96

端接　termination

导线与电路、器件或传输线的输出端的连接，该连接包括可分离连接和永久连接。

5.2.1.97

接线点　termination point

接触件端子、接线端子或端接件上通常与导线相接的部分。

5.2.1.98

锁紧装置　locking device

在某些元件中使它们的配对部分维持机械锁紧状态的装置。

5.2.1.99

止退压接机构　full cycle crimping mechanism

压接工具的一个部件。该部件在完成压接操作之前，防止其返回到起始打开位置。

[GB/T 4210—2001]

5.2.1.100

返回机构　return mechanism

压接工具在完成压接操作之后，使其返回到起始打开位置的装置。

[GB/T 4210—2001]

5.2.1.101

定方位　orientation

为防止同一设备上的类似元件错误配合而提供的可供选择的定位机构。

5.2.1.102

护罩　shroud

对元件暴露在外面的接线端或接触件提供物理保护的零件或附件。

[GB/T 4210—2001]

5.2.1.103

绕接接线柱　wrap post

可进行绕接连接的通常具有尖锐棱角的矩形连接。

5.2.1.104
导线筒　conductor barrel
端接件或拼接件用来容纳导线的部分。
[GB/T 4210—2001]

5.2.1.105
面板开孔　panel cut-out
在面板或箱体上安装元件所开的一个孔或一组孔。
[GB/T 4210—2001]

5.2.1.106
互配连接器　intermateable connectors
两个连接器能形成电的和机械的连接，而不考虑它们的性能和安装互换性，则它们被称作互配连接器。

5.2.1.107
附件　accessory
元件的附属零件，而不是其基本部分。
[GB/T 4210—2001]

5.2.1.108
转接件　adaptor
为了接上特定附件、安装件或互连件等所需的过渡零件。
[GB/T 4210—2001]

5.2.1.109
护套　boot
套在元件的接线端作为防护用的附件，通常由柔软材料制成。
[GB/T 4210—2001]

5.2.1.110
防护盖　protective cover
对元件起机械、环境和/或电防护作用的附件，通常采用适当方法将其附在设备或电缆上。
[GB/T 4210—2001]

5.2.1.111
防尘盖　dust cover
元件在储存和运输中所用的盖子。
[GB/T 4210—2001]

5.2.1.112
压砧　crimp anvil
压接工具的一部分，在压接过程中它起支撑导线筒或套圈的作用。
[GB/T 4210—2001]

5.2.1.113
压齿　crimp indentor
压接工具的一部分，它将导线筒或套圈压成凹痕或压缩收紧。
[GB/T 4210—2001]

5.2.1.114
压接工具定位器　locator of a crimping tool
使端接件在压接工具中定位的装置。
[GB/T 4210—2001]

5.2.1.115

压接工具调节器　positioner of a crimping tool

能控制压接齿痕深度的定位器。

[GB/T 4210—2001]

5.2.1.116

灌封模套　potting mould

使灌注复合材料模制成型所用的附件。

[GB/T 4210—2001]

5.2.1.117

拼接件　splice

一种具有容纳导体的导线筒的连接装置,可以有或无容纳和固定绝缘层的附加装置。

[GB/T 4210—2001]

5.2.1.118

灌封　potting

元件装接导线处,用复合材料密封,以隔离污染物质。

[GB/T 4210—2001]

5.2.1.119

压接工具　crimping tool

进行压接连接所采用的机械装置。

[GB/T 4210—2001]

5.2.1.120

卸出工具　extraction tool

从元件中取出可拆卸接触件的工具。

[GB/T 4210—2001]

5.2.1.121

嵌入工具　insertion tool

将接触件嵌入元件中所使用的工具。

[GB/T 4210—2001]

5.2.1.122

稳定尺寸工具　sizing tool

模拟一种规定最大尺寸的阳接触件或最小尺寸的阴接触件的预插工具。

[GB/T 4210—2001]

5.2.1.123

退绕工具　unwrapping tool

用退绕方法拆去绕接连接所使用的工具。

[GB/T 4210—2001]

5.2.1.124

绕接工具　wrapping tool

进行绕接连接所采用的工具。

[GB/T 4210—2001]

5.2.1.125

前松接触件　front-release contact

从连接器插合面去松开的可拆卸接触件。

[GB/T 4210—2001]

5.2.1.126

后松接触件 rear-release contact

从连接器后面去松开的可拆卸接触件。

[GB/T 4210—2001]

5.2.1.127

无极性接触件 hermaphroditic contact

能与本身完全相同的接触件相配合的接触件。

[GB/T 4210—2001]

5.2.1.128

推入式接触件 push-on contact

借助于轴向力达到连接而摩擦力限制分离的接触件。

[GB/T 4210—2001]

5.2.1.129

桩柱接触件 stake contact

单独竖立安装在印制板上的接触件,通常用锡焊固定。

[GB/T 4210—2001]

5.2.1.130

热电偶接触件 thermocoupl contact

用热电偶材料制成并在热电偶应用的场合下所采用的接触件。

[GB/T 4210—2001]

5.2.1.131

压接检查孔 crimp inspection hole

又称接触件检查孔(contact inspection hole)。

压接导线筒上的一个孔,以便对导线位置进行外观检查。

[GB/T 4210—2001]

5.2.1.132

接触件规格 contact size

区别不同接触件的代码。

5.2.1.133

接触件导向口 contact lead-in

阴接触件或绝缘安装板上便于阳接触件插入的入口处的倒角或喇叭口部分。

[GB/T 4210—2001]

5.2.1.134

连接器体 connector body

没有装上接触件的连接器。

[GB/T 4210—2001]

5.2.1.135

连接器壳体 connector housing

装绝缘安装板及接触件的连接器零件。

[GB/T 4210—2001]

5.2.1.136

连接器绝缘安装板 connector insert

连接器壳体中对接触件起支撑和定位作用的绝缘件。

[GB/T 4210—2001]

5.2.1.137

连接器屏蔽套　connector shield

连接器的电缆引出端的特殊结构,用以端接电缆编织物并对电磁干扰起屏蔽作用。

[GB/T 4210—2001]

5.2.1.138

接触件配线范围　contact wire range

一个导线筒可配接的导线尺寸范围。

5.2.1.139

锁紧拉杆　pull-off coupling

在锁紧环上施加轴向拉力使其解锁的一种锁紧机构。

5.2.1.140

卡口锁紧机构　bayonet coupling

配对连接器中利用卡钉插入斜槽并经少许旋转即可接触和锁定的一种快速锁紧机构。

5.2.1.141

推拉锁紧机构　push-pull coupling

具有自锁和解锁特点的快速轴向锁紧机构。解锁是在锁紧环上施加轴向拉力完成的。

5.2.1.142

快速分离锁紧机构　quick-disconnect coupling

能快速解锁的一种锁紧机构。

5.2.1.143

螺纹锁紧机构　threaded coupling

借助于配对连接器的螺纹啮合的一种锁紧机构。

5.2.1.144

锁紧环　coupling ring

用来锁紧和解锁配对连接器的一种圆筒形零件。

5.2.1.145

套圈　ferrule

支撑电缆或端接电缆屏蔽套的短管形附件。

[GB/T 4210—2001]

5.2.1.146

封线体　grommet

在连接器的导线或电缆入口处用以支撑和保护导线或电缆所用的零件或附件,也能防止潮气或污染物的进入。

[GB/T 4210—2001]

5.2.1.147

封线体配线范围　grommet wire range

一个封线体可配用导线绝缘层外径的范围。

[GB/T 4210—2001]

5.2.1.148

封线体压圈　grommet follower;grommet ferrule

压紧封线体和/或减小传递给封线体的转矩所用的连接器零件或附件。

[GB/T 4210—2001]

5.2.1.149

封线体螺母　grommet nut

固定封线体或封线体压圈所用的连接器的零件或附件。

[GB/T 4210—2001]

5.2.1.150

导向销　guide pin

在连接器插合时起导向作用,以保证接触件正确地对准并超出插合面的销、杆或凸出部分。

[GB/T 4210—2001]

5.2.1.151

导向孔　guide hole

与导向销相配的起导向作用的孔。

5.2.1.152

填充塞　filler plug

又称密封塞。

连接器中填塞封线体的空眼所用的附件。

[GB/T 4210—2001]

5.2.1.153

压力套管　pressure-sleeve

管状弹性套管,它是带有压力套管的电缆夹的一部分。

[GB/T 4210—2001]

注:使用压力套管的目的有三点:

a) 将引出端螺母所传送的轴向力的一部分转换成向内的径向力,从而在电缆编织物与放在编织物下面的套圈之间形成电接触压力;

b) 对套圈的凸缘施加轴向推力,从而在套圈与连接器体之间形成电接触压力;

c) 通过向内和向外的径向压力的共同作用,使电缆与连接器体之间达到固定和密封。

5.2.1.154

[插座的]托架　saddle [of a socket]

在箱体上安装插座用的金属零件。

[GB/T 4210—2001]

5.2.1.155

[插座的]外壳　shell [of a socket]

插座整体结构的一部分,它使一定类型的插入式元器件相对于接触件能达到定位导向作用,也可作为夹紧插入式元器件用。

[GB/T 4210—2001]

5.2.1.156

[插座的]中心屏蔽件　centre shield [of a socket]

插座中心的金属屏蔽件,在相对的接触件之间起电屏蔽作用。

[GB/T 4210—2001]

5.2.1.157

[插座的]屏蔽罩锁销　shield latch [of a socket]

插座的安装架或短屏蔽罩上的凸出部分,以固定电子管屏蔽罩。

[GB/T 4210—2001]

5.2.1.158

环状架 skirt

又称下屏蔽罩[lower shield]。

插座中与电子管或屏蔽罩有电气和机械连接的金属零件。一般也起托架的作用，在某些情况下起散热作用。

[GB/T 4210—2001]

5.2.1.159

电缆支撑套管 cable support sleeve

连接器中夹电缆处的挠性附件或零件，使电缆在连接器入口处的弯曲度最小。

[GB/T 4210—2001]

5.2.1.160

插座体 socket body

插座的绝缘零件。

[GB/T 4210—2001]

5.2.1.161

定位塞 spigot

插入式元器件基座上超过阳接触件的凸起部分，它与插座中的孔或槽配合起来，以便绕轴线旋转有利于插入，定位塞可带有纵向键，保证插入式元器件在插座内有正确的方位，在某些情况下，定位塞也可以作为电气接触件。

5.2.1.162

平滑垫圈 skid-washer

在夹紧螺母和压力套管之间，有时配上一种垫圈，以减少传递到压力套管上的转矩。

[GB/T 4210—2001]

5.2.1.163

引出端螺母 outlet nut

把电缆引出线紧固在连接器体上的一个附件。

[GB/T 4210—2001]

5.2.1.164

接触件卡爪 contact retainer

安装在接触件上或连接器的绝缘安装板中的零件，它使接触件固定在绝缘安装板中。

[GB/T 4210—2001]

5.2.1.165

电缆密封件 cable seal

对带护套电缆至元件之间进行密封的一种装置。

[GB/T 4210—2001]

5.2.1.166

电缆转接件 cable adaptor；cable outlet

由刚性外壳构成的装在连接器体上的一种连接器零件或附件。它能接入电缆夹或端接屏蔽层密封件，以屏蔽电干扰。其外形为直式或弯式。

[GB/T 4210—2001]

5.2.1.167

导线管转接件 conduit adaptor

连接器与导线管之间固定用的附件。

[GB/T 4210—2001]

5.2.1.168

电缆夹　cable clamp

夹紧电缆或导线的连接器附件或零件，用以消除张力并缓冲机械应力，使其不传递给接线端。

[GB/T 4210—2001]

5.2.1.169

电缆屏蔽层夹　cable screen clamp; cable shielding clamp

端接电缆屏蔽层的电缆夹。

5.2.2　连接器性能参数术语

5.2.2.1

安装互换性　intermountable

两个元件的机械安装参数相同，而不考虑它们的互配性或互换性则称它们具有安装互换性。

5.2.2.2

单孔安装　single hole mounting

具有凸肩和止动件的元件通过面板上的一个孔进行安装的方法。

[GB/T 4210—2001]

5.2.2.3

浮动安装　float mounting

允许元件活动的安装方法，便于两个配对元件的对准。

[GB/T 4210—2001]

5.2.2.4

定位性　polarization

配对元件上防止错插的特性。

5.2.2.5

选择插件定位　alternative insert position

在圆形连接器中通过绝缘安装板的方法所达到的定位。

5.2.2.6

卡夹连接　clip connection

用卡夹形成的连接。

[GB/T 4210—2001]

5.2.2.7

背面安装　back-mounted

从元件插合面或前面看过去，元件的安装法兰盘在安装板后面。

[GB/T 4210—2001]

5.2.2.8

前面安装　front-mounted

从元件插合面或前面看过去，元件的安装法兰盘在安装板前面。

[GB/T 4210—2001]

5.2.2.9

互换性　interchangeable

配对元件在互换后能满足原来规定的性能，而且安装也是能够互换的。对连接器而言，互换性仅适用于配对连接器，对于独立的连接器则不适用。

[GB/T 4210—2001]

5.2.2.10

连接　connection

导线和/或接触件之间的物理界面，用以提供一个电通路。

[GB/T 4210—2001]

5.2.2.11

绑扎连接　bound connection

用单股实芯线(绑扎线)将导线与棱形接线柱绑在一起形成电气连接，其中导线与接线柱长度方向平行并紧贴于宽边一面，绑扎线应在接线柱上紧密缠绕数匝产生变形，而且每匝在棱柱上至少被两个棱角卡紧。

[GB/T 4210—2001]

5.2.2.12

压接连接　crimped connection

用压接方法形成的无焊连接。

[GB/T 4210—2001]

5.2.2.13

后绝缘连接　post-insulated connection

完成导线连接后再绝缘的连接。

[GB/T 4210—2001]

5.2.2.14

刺破连接　pre-insulated connection

用穿过绝缘层的压接方法，使有绝缘的端接件与有绝缘的电缆接头形成的连接。

5.2.2.15

无焊连接　solderless connection

用机械的方法形成的连接。

[GB/T 4210—2001]

5.2.2.16

锡焊连接　soldered connection

用锡焊法形成的连接。

5.2.2.17

双柱绑扎连接　bound twin-post connection

两个矩形棱柱的宽边接触，用单股实芯线将它们紧密地缠绕数匝以形成连接。

[GB/T 4210—2001]

5.2.2.18

熔焊连接　welded connection

用熔焊法形成的连接。

[GB/T 4210—2001]

5.2.2.19

绕接连接　wrapped connection

将一根实心导体用绕接法缠绕在棱柱上形成的无焊连接。

[GB/T 4210—2001]

5.2.2.20

接触电阻　contact resistance

在规定条件下一对插合的接触件的电阻。

[GB/T 4210—2001]

5.2.2.21

实际接触宽度　virtual contact width

接触表面随接触件位置变化的综合宽度。

[GB/T 4210—2001]

5.2.2.22

压接法　crimping

用压力变形或使包围导体的导线筒重新成型的方法，让一导体永久地压接在接线端上形成良好的电气和机械连接。

5.2.2.23

电接合长度　electrical engagement length

接触件在接合或分离过程中，在与其配对的接触件表面上的行程。

5.2.2.24

导线拉脱力　conductor tensile force; conductor pullout force

在外来轴向拉力下，从接线端尾部拉脱导线所需的力。

[GB/T 4210—2001]

5.2.2.25

接触件拔出力　contact extraction force

可拆卸的接触件从元件中拔出所需的轴向力。

5.2.2.26

气密封　hermetic seal

泄漏率比一般隔障密封小若干个数量级的密封。

[GB/T 4210—2001]

5.2.2.27

面板密封　panel seal

元件与面板的接合处所形成的密封。

[GB/T 4210—2001]

5.2.2.28

密封性　sealing

元件防止污染物进入的能力。

[GB/T 4210—2001]

5.2.2.29

连接器前面　connector front

连接器插合面的一侧。

[GB/T 4210—2001]

5.2.2.30

连接器后面　connector rear

连接器接线端的一侧。

[GB/T 4210—2001]

5.2.2.31

接触件排列　contact arrangement

连接器中接触件的数量、间距及分布的情况。

[GB/T 4210—2001]

5.2.2.32

啮合指示　engagement indicators

连接器达到完全插合时的各种指示标记。

[GB/T 4210—2001]

5.2.2.33

啮合力或分离力　engaging or separating force

一对配对元件完全啮合或分离(包括连接装置、锁紧装置或类似机构的作用)所需的力。

[GB/T 4210—2001]

5.2.2.34

插入力或拔出力　insertion or withdrawal force

一对配对元件完全插入或拔出(无连接装置、锁紧装置或类似机构的作用)所需的力。

[GB/T 4210—2001]

5.2.2.35

连接器界面　connector interface

配对连接器在插合时相对的两个表面。

[GB/T 4210—2001]

5.2.2.36

插拔螺杆装置　jack-screw system

连接和分离配对连接器所采用的连接螺杆和螺母组成的机构,也可以具有定位作用。

[GB/T 4210—2001]

5.2.2.37

限制口　restricted entry

在阴接触件或绝缘安装板中防止尺寸过大的阳接触件或试验探针插入的结构。

[GB/T 4210—2001]

5.2.2.38

隔障密封　barrier seal

阻止污染物经过壳体与绝缘安装板和绝缘安装板与接触件之间进入连接器内所采用的密封。

[GB/T 4210—2001]

5.2.2.39

界面密封　interfacial seal

防止从一对插合连接器的界面进入潮气或污染物所采用的密封。

[GB/T 4210—2001]

5.2.2.40

周边密封　peripheral seal

在绝缘安装板的外周边,防止沿此处进入潮气或污染物所采用的密封。

[GB/T 4210—2001]

5.2.2.41

壳体密封　housing seal

在壳体与壳体之间为了防止潮气或污染物进入插合的连接器内部所采用的密封。

[GB/T 4210—2001]

5.2.2.42

防探针损伤　test probe proof

在阴接触件和/或绝缘安装板中,防止试验探针插入造成损伤所采用的结构特征。

[GB/T 4210—2001]

5.2.2.43

锁紧力矩 coupling torque

在转动锁紧环或插拔螺杆使一套配对连接器完全啮合所需的力矩。

5.3 开关

5.3.1 开关分类术语

5.3.1.1

开关 switch

具有驱动机构和一个或多个触点使电路正常通断或换接的机电元件。

5.3.1.2

旋转式开关 rotary switch

由转换轴带动有动触点的绝缘基片旋转,使动触点与静触点接通、分断和换接的开关。

5.3.1.3

凸轮开关 cam-operated switch

旋转式开关的一种。换接用跳步机构控制,并用凸轮控制动静触点组进行接通和分断的开关。

5.3.1.4

刷形开关 laminated brush switch

旋转式开关的一种。以刷形簧片为动触点,通过转轴带动滑动臂上的刷形簧片同各静触点滑动接触实现电路换接的开关。

5.3.1.5

指轮开关 thumbwheel switch

依靠手指带动有动触点的轮盘实现电路换接的旋转开关。

5.3.1.6

钮子开关 toggle switch

具有一个杠杆[肘节]的开关,杠杆的运动能直接或间接地使开关接线端按规定的方式接通或断开。通过驱动机构的间接作用使接通和/或断开的速度与杠杆运动的速度无关。

[GB/T 4210—2001]

5.3.1.7

波动开关 seesaw switch

又称摇杆开关(rocker switch)。

以中间为支点的按钮,在每端施以一定压力即动作的开关。

5.3.1.8

按钮开关 push-button switch

利用按钮推动传动机构,使动触点与静触点接通或断开并实现电路换接的开关。按钮开关主要由按钮、传动机构、动触点和静触点组成。

5.3.1.9

照明指示按钮开关 lighted pushbutton switch

即有开关功能,又能以照明指示通断的按钮开关。

5.3.1.10

键式开关 key switch

由几档单键开关组成的形同琴键的开关组。常见的有直键开关和键盘开关。

5.3.1.11

直键开关 unidirection push-button switch

按钮动作方向与传动方向一致的键式开关。

5.3.1.12

键盘开关　keyboard switch

由带有各种字符的按键开关单元组合而成的键开关。

5.3.1.13

双列直插式开关　dual-in-line package switch

直接装在印制板上，通过拔动机构实现电路换接的开关。

5.3.1.14

微动开关　sensitive switch

又称灵敏开关。

一种具有微小间隙、快速动作以及在一个确定的力直接作用下通过一个确定行程的机构的开关。由于这种开关的接触动作是间接完成的，可使接触转换速度与驱动速度无关。

5.3.1.15

滑动开关　slide switch

又称拔动开关。

通过推动装有动触点的钮柄滑动，使动触片从一组静触片换接到另一组静触片上而实现电路换接的开关。

5.3.1.16

近控开关　proximity switch

一种用于工业自动化控制系统中以实现检测、控制并与输出环节全盘无触点化的开关元件。

5.3.1.17

多单元开关　multi-cell switch

两个或两个以上基本单元构成的组装件，每个基本单元可以有单独的机械结构。组装件可以横向或纵向叠装。其相互作用是机械式的和/或电磁式的。

[GB/T 4210—2001]

5.3.1.18

热时间延迟开关　thermal time delay switch

一种由触点控制负载电路并且按预定的时间间隔延迟触点动作的开关。其触点是靠电流通过加热器产生的热效应而动作的。

[GB/T 4210—2001]

5.3.1.19

温度补偿热时间延迟开关　temperature compensated thermal time delay switch

时间延迟基本上与环境温度变化无关的一种时间延迟开关。

[GB/T 4210—2001]

5.3.1.20

可变的热时间延迟开关　variable thermal time-delay switch

在预定的时间间隔内，时间延迟是可变的一种热时间延迟开关。

[GB/T 4210—2001]

5.3.1.21

恒温开关　thermostatic switch

用温度的变化控制转换的一种开关。当开关中敏感元件的环境温度或开关安装板表面温度达到预定值时，触点自动地接通或断开负载电路。

[GB/T 4210—2001]

5.3.1.22

可调恒温开关 adjustable thermostatic switch

可以由使用者调节驱动机构来改变动作温度的一种恒温开关。驱动机构的调节位置要易于识别。

[GB/T 4210—2001]

5.3.1.23

环境温度恒温开关 ambient thermostatic switch

依据敏感元件所插入或放置空间的温度变化产生响应的一种恒温开关。

[GB/T 4210—2001]

5.3.1.24

不可调恒温开关 non-adjustable thermostatic switch

由制造者调节成动作温度固定的一种恒温开关。

[GB/T 4210—2001]

5.3.1.25

光开关 optical switch

在光纤或波导光路中对光信号起通断作用的开关。

5.3.1.26

机械式光开关 mechanical type optical switch

通过改变棱镜、反射镜或光纤的相对位置的机械动作通断光路的光开关。

5.3.1.27

声光效应式光开关 acousto optic effect type optical switch

利用声光效应制成的光开关。

注：声光效应是指音波在透明弹性体中传播时，由于声波作用而使弹性体发生周期性变形从而引起折射率周期变化的现象。

5.3.1.28

电光效应式光开关 electric-light effect type optical switch

利用电光效应制成的光开关。

注：电光效应是指由外加电场而引起光学晶体折射率变化的现象。

5.3.1.29

旋码开关 rotary coded switch

固定在印制电路板上的带码制的旋转式开关。常见的有二进制和十进制。

5.3.1.30

键盘 key board

按有序排列组成的并带有功能电路的一组键体开关。

5.3.1.31

薄膜型键盘 membrane key-board

用印制电路膜片与带字符的聚脂薄膜组装而成的有序排列的键盘。

5.3.1.32

触点 contact

开关中用于实现电路接通或分断的接触点。

5.3.1.33

动触点 movable contact

开关中可移动的触点。

5.3.1.34

静触点　stationary contact

开关中固定不动的触点。

5.3.1.35

快动作触点　quick action contact

开关触点的相对移动总是快速的，它与驱动件的速度无关。

[GB/T 4210—2001]

5.3.1.36

慢动作触点　slow action contact

开关触点的相对移动直接与驱动件的速度有关。

5.3.1.37

动片触点　rotor contact

旋转开关动片携带的导电片，它与规定的定片上的接触件相接触。

[GB/T 4210—2001]

5.3.1.38

辅助触点　auxiliary contact

用于控制、报警或指示的开关触点。

[GB/T 4210—2001]

5.3.1.39

动断触点　break contact

又称常闭触点。

开关驱动件运动到按下即“接通”位置时，开关触点是断开的。

5.3.1.40

动合触　make contact

又称常开触点。

开关驱动件运动到按下即“接通”位置时，开关触点是闭合的。

5.3.1.41

先断后通触点　break before make contact

又称非短路触点（non-shorting contact）。

触点在换接过程中，接触下一个触点之前与上一个接触触点完全断开。

[GB/T 4210—2001]

5.3.1.42

先通后断触点　make before break contact

又称短路触点（shorting contact）。

触点在换接过程中，完全接触下一个触点之后才与上一个接触触点断开。

[GB/T 4210—2001]

5.3.1.43

驱动件　actuator

开关中承受外力的结构件。驱动件的运动，使开关处于动作或不动作状态。

[GB/T 4210—2001]

5.3.1.44

辅助驱动件　auxiliary actuator

安装在不宜直接驱动的开关上以便于操作的结构附件。

[GB/T 4210—2001]

5.3.1.45

[按钮开关的]基本单元　basic cell [of push-button switch]

按钮开关中由一个按钮、传动机构、触点装置以及可能附带的灯泡或发光件构成的组装件。

[GB/T 4210—2001]

5.3.1.46

[按钮开关的]按钮　button [of a push-button switch]

按钮开关的操作件，它在手控压力下通常沿轴向运动。

[GB/T 4210—2001]

5.3.1.47

照明指示按钮　illuminated button

按钮开关中装有一个或多个灯泡的按钮。它通过照明能给出直观的指示。灯泡电路即光源可与按钮的动作有关也可无关。

5.3.1.48

琴键按钮　piano key button

按钮开关中类似琴键的一种按钮。这种开关靠它绕远端长轴的转动进行驱动。

[GB/T 4210—2001]

5.3.1.49

摇杆按钮　rocker button

以中间为支点，在每端施以一定压力即可动作的按钮。

5.3.1.50

开关片　wafer

旋转开关的部件，由固定的圆片(定片)和旋转的圆片(动片)组成，能按预定的组合互连接线端。在单根轴上能安装若干个触片并同时动作。

[GB/T 4210—2001]

5.3.1.51

止端　end stop

开关中限制行程的装置。例如，防止旋转开关转轴的旋转超过固定位置的装置。

[GB/T 4210—2001]

5.3.1.52

跳步机构　indexing mechanism

旋转开关动片换位时，使动片定位并保持在每个位置上的机械装置。

[GB/T 4210—2001]

5.3.1.53

按钮开关的机构　mechanical system of a push-button switch

按钮开关中保证按钮运动能传递到携带动触点的零件上的装置。

[GB/T 4210—2001]

5.3.1.54

聚锁机构　accumulative latching mechanical system

按钮开关中的一种机构。在按动分立的解锁按钮之前它能使所有按钮都保持锁紧状态。

5.3.1.55

闭锁机构　blocked mechanical system

在按钮开关中防止一个以上按钮同时动作的机构。

[GB/T 4210—2001]

5.3.1.56

复位机构　cancelling release mechanical system

按钮开关中一种机构。当按动独立的解锁按钮或机电释放机构时，它能使原先被锁紧的基本单元恢复到正常位置。

5.3.1.57

双作用机构　double action mechanical system

按钮开关中的一种机构。按钮的移动使其基本单元上的触点在转换的同时或转换之前而释放预先工作的按扭。

[GB/T 4210—2001]

5.3.1.58

双按锁紧机构　double pressure locking mechanical system

按钮开关中的一种机构。该机构当第一次按下时，按钮达到某一位置，按力消除后按钮仍保持在该位置上；当第二次按下时，按钮被释放。

5.3.1.59

独立机构　independent mechanical system

按钮开关中采用的一种机构，当其一个基本单元的按钮在承受正常的手控动作时不影响其他的基本单元；同样，当驱动其他基本单元时也不影响它，独立机构包括锁定和非锁定两种类型。

[GB/T 4210—2001]

5.3.1.60

相互关联机构　inter-dependent mechanical system

具有两个或两个以上基本单元的按钮开关中的一种机构。当其中一个基本单元的按钮在按动时，就会释放其他全部按钮。

[GB/T 4210—2001]

5.3.1.61

锁定机构　locking mechanical system

按钮开关中在按下某一按钮时能使其他一定数量的处于按下位置或正常位置的按钮锁定的机构。

[GB/T 4210—2001]

5.3.1.62

单作用机构　single action mechanical system

按钮开关中的一种机构。某一按钮一开始按下在自身触点转换前就要释放预先锁住的按钮。

[GB/T 4210—2001]

5.3.1.63

单压力保持机构　single pressure maintained mechanical system

按钮开关中的一种机构，某一按钮在第一次按下达到某一位置，并去除这一压力后，按钮复位，内部的机构和触点仍处在工作状态。再按下此按钮时，才使内部的机构和触点回至初始位置。

[GB/T 4210—2001]

5.3.1.64

无锁机构　momentary mechanical system

按钮开关中的一种机构，某一按钮在按下达到一定位置，去除这一压力后，它又回复到原来位置。

[GB/T 4210—2001]

5.3.2　开关性能参数术语

5.3.2.1

驱动力　**actuating force**

使驱动件或辅助驱动件从无动作位置运动到动作位置所必须作用的力。

[GB/T 4210—2001]

5.3.2.2

释放力　**release force**

开关动作以后，驱动力降至能使其回到正常位置的值。

[GB/T 4210—2001]

5.3.2.3

复位力　**reset force**

使复位驱动件或复位辅助驱动件从无动作位置运动到复位位置所必须作用的力。

[GB/T 4210—2001]

5.3.2.4

差动力　**differential force**

驱动力与释放力之差。

5.3.2.5

全行程力　**total over-travel force**

使驱动件或辅助驱动件从无动作位置运动到全行程位置所必须施加的力。

[GB/T 4210—2001]

5.3.2.6

差动行程　**differential movement**

动作位置与释放位置之间的距离。

[GB/T 4210—2001]

5.3.2.7

超越行程　**over-travel**

动作位置至全行程位置之间的距离。

[GB/T 4210—2001]

5.3.2.8

预行程　**pre-travel**

无动作位置与动作位置之间的距离。

[GB/T 4210—2001]

5.3.2.9

释放行程　**release travel**

释放位置与无动作位置之间的距离。

[GB/T 4210—2001]

5.3.2.10

全行程　**total travel**

预行程和超越行程之和。

[GB/T 4210—2001]

5.3.2.11

[热时间延迟开关的]一次动作　**cycle of operation of a thermal time-delay switch**

从环境温度开始给加热器通电，直至开关触点动作断开加热电流，随后恢复到环境温度的这一过程。

[GB/T 4210—2001]

5.3.2.12

按钮开关动作　operation of a push-button switch

在按钮开关上首先给按钮旋施加规定的力，随后去除该力时，此按钮在允许行程范围内的运动。

[GB/T 4210—2001]

5.3.2.13

按钮开关位置　position of a push-button switch

按钮能停留的点(包括非锁定位置)。

[GB/T 4210—2001]

5.3.2.14

按下即"接通"位置　depressed or "on" position

在按钮开关的按钮上加一按动力，接通触点使按钮达到的位置。

[GB/T 4210—2001]

5.3.2.15

正常即"断开"位置　normal "off" position

按钮开关的按钮在没有受外力作用时的原始位置。

[GB/T 4210—2001]

5.3.2.16

旋转开关位置　position of a rotary switch

动片相对于定片达到一个特定的电路状态时，所停留的点。

[GB/T 4210—2001]

5.3.2.17

钮子开关位置　position of a toggle switch

钮子开关中达到一个特定电路状态时杠杆的位置。

[GB/T 4210—2001]

5.3.2.18

自由位置　free position

驱动件或辅助驱动件在没有外部机械力作用时的位置。

[GB/T 4210—2001]

5.3.2.19

动作位置　operation position

驱动件或辅助驱动件在所施加的力增加到恰好引起瞬动机构动作时的位置。

[GB/T 4210—2001]

5.3.2.20

[偏置开关的]释放位置　release position [of a biased switch]

减少所加的力允许瞬动机构回复到初始状态的那一瞬间，驱动件或辅助驱动件所处的位置。

[GB/T 4210—2001]

5.3.2.21

[非偏置开关的]复位位置　reset position [of a non-biased switch]

增加所加的力引起瞬动机构恢复到它的初始状态的那一瞬间，复位驱动件或辅助驱动件所处的位置。

[GB/T 4210—2001]

5.3.2.22

全行程位置　total-travel position

增加所加的力使驱动件或辅助驱动件运动所达到的实际行程的极限位置。

[GB/T 4210—2001]

5.3.2.23

[恒温开关的]响应时间　response time [of a thermostatic switch]

可使恒温开关达到可能产生动作的温度时与产生有效动作的温度之间的时间间隔。

[GB/T 4210—2001]

5.3.2.24

[恒温开关的]温差　differential temperature [of a thermostatic switch]

恒温开关的动作温度与其复原温度之差。

[GB/T 4210—2001]

5.3.2.25

[恒温开关的]偏移温度　offset temperature [of a thermostatic switch]

恒温开关的触点在闭合位置时，没有电流通过触点时的动作温度(或复原温度)与通过规定电流时的动作温度(或复原温度)的差。

[GB/T 4210—2001]

5.3.2.26

[恒温开关的]动作温度　operating temperature [of a thermostatic switch]

恒温开关在规定条件下接通或断开电路的温度。

[GB/T 4210—2001]

5.3.2.27

[恒温开关的]复原温度　restoring temperature [of a thermostatic switch]

恒温开关的触点在完成规定的动作以后，回复到它们的初始状态(正常断开或正常闭合)时的温度。

[GB/T 4210—2001]

5.3.2.28

[恒温开关的]调整公差　tolerance of setting [of a thermostatic switch]

能使恒温开关的动作温度调整到满足所要求的给定温度时公差值。以温度的度数表示。

[GB/T 4210—2001]

5.3.2.29

[恒温开关的]调节范围　adjustment range [of a thermostatic switch]

恒温开关动作温度的可调范围，在这个范围内恒温开关可保持其规定的特性。

[GB/T 4210—2001]

5.3.2.30

[两接线端开关的]转换时间　transit time [of a switch with two terminations per pole]

a) 瞬动机构动作瞬时与触点接通瞬时之间的时间间隔。多于一个刀的开关，转换时间应以最后接通为准进行计算。

b) 断开触点瞬时与触点运动到达止端瞬时之间的时间间隔。

[GB/T 4210—2001]

5.3.2.31

[多接线端开关的]转换时间　transit time [of a changeover switch with three or four terminations per pole]

运动触点离开一个固定触点时到达下一个固定触点的瞬时之间的时间间隔。多于一个刀的开关，转换时间应以第一个触点断开到最后一个触点接通时进行计算。

[GB/T 4210—2001]

5.3.2.32

［热时间延迟开关的］直接加热法　direct heating［of a thermal time-delay switch］

在热时间延迟开关中，电流通过动作件产生足够热量的加热方法。

［GB/T 4210—2001］

5.3.2.33

［热时间延迟开关的］独立加热法　independent heating［of a thermal time-delay switch］

在热时间延迟开关中，靠独立加热器使主触点动作的加热方法，而控制电路的作用与负载电路无关。

［GB/T 4210—2001］

5.3.2.34

［热时间延迟开关的］间接加热法　indirect heating［of a thermal time-delay switch］

在热时间延迟开关中，用极其接近动作件的线圈产生热量的加热方法。

［GB/T 4210—2001］

5.4　熔断器

5.4.1　熔断器分类术语

5.4.1.1

熔断器　fuse

当电流超过某一规定值的一定时间后，由于熔体熔化而分断的元件。

5.4.1.2

封闭熔断器　enclosed fuse

在低于额定分断电流下工作时，为防止电弧焰、气体或金属粒子逸出而将可熔体封于绝缘容器内的一种熔断器。

5.4.1.3

带接线片的熔断器　link-fuse

可熔体两端备有接线片，并用螺钉可使其紧固的一种非封闭熔断器。

5.4.1.4

管式熔断器　cartridge fuse

在内装可熔体的筒的两端备有筒状刀刃形成钳紧状接触以固定熔断体的熔断器。

5.4.1.5

微型管式熔断器　miniature cartridge fuse

管式熔断器的一种，主要用于保护电子仪器的小容量熔断器。

5.4.1.6

塞形熔断器　D-type fuse

可将熔断器载体扭进熔断器基座上，并使其端面与熔断体接触的熔断器。

5.4.1.7

螺旋式熔断器　screw fuse

内装可熔体并在熔断器的支架上备有拧紧熔断体螺纹的熔断器。

5.4.1.8

插入式熔断器　plug-in type fuse

熔断体靠导电件插入底座的熔断器。

5.4.1.9

限流熔断器　current-limiting fuse

通过提高电弧电压，控制短路电流而进行分断的熔断器。

5.4.1.10

冲出式熔断器 expulsion fuse

利用喷出动作时产生的绝缘性分解气体进行消弧的熔断器。

5.4.1.11

脱落熔断器 drop-out fuse

熔断器连续工作后,熔断体及载体可自动脱落到断路位置,使回路分断的熔断器。

5.4.1.12

再用式熔断体 renewable fuse-link

熔断器动作后,通过替换可熔体交换件可再使用的熔断体。

5.4.1.13

惯性熔断体 time-lag fuse-link

对于规定的过电流区,可使熔断时间明显延长的熔断体.

5.4.1.14

同系列熔断体 homogeneous series of fuse-links

除额定电流和额定最小分断电流外,额定值相等,除熔体外,结构尺寸也相同的一类熔断体。

5.4.1.15

功率熔断器 power fuse

可用于标称电压为 3.3 kV 以上的交流电路的大分断容量的熔断器。

5.4.1.16

高压熔断器 high-voltage fuse

在高于 600 V 低于 7 200 V 额定电压下工作的熔断器。通常和高压负荷开关组合使用。

5.4.1.17

熔断信号器 indication fuse

与主熔断并联安装的辅助性熔断器。它伴随主熔断器动作而动作,并能显示动作或报警的一种熔断器。

5.4.1.18

电机用熔断器 fuse for motor circuit application

为电机回路中使用而设计的一种特殊熔断器。

注:本熔断器具有能耐受电机起动电流的容许时间-电流特性。另外,在低电压使用时,还具有电机过载保护性能。

5.4.1.19

变压器用熔断器 fuse for transformer circuit application

为变压器电路中使用而设计的熔断器。

注:具有能耐受变压器励磁冲击电流的容许时间-电流特性。

5.4.1.20

电容器用熔断器 fuse for capacitor circuit application

为电容器电路中使用而设计的熔断器。

注:具有能耐受电容器冲击电流的容许时间-电流特性,同时也能耐高恢复电压。

5.4.1.21

无填料密闭管式熔断器 no powder-filled cartridge fuse

熔体被密闭在无充填料的熔管内的熔断器。

5.4.1.22

有填料封闭管熔断器 powder-filled cartridge fuse

熔体被封闭在充有颗粒、粉末等灭弧填料的熔管内的熔断器。

5.4.1.23

自复熔断器　self-mending fuse

当电流大于规定时间后，以其本身产生的热量使熔体汽化，内阻剧增，并在阻断电流后的极短时间内能自动回复原状并可重复使用一定次数的熔断器。

5.4.1.24

布线保护用熔断器　fuse for the protection of low voltage cable and line

为保护低压布线而设计的熔断器。

注：对广范围的过电流也具有保护低压布线的特性。

5.4.1.25

半导体电路保护用熔断器　fuse for the protection of semiconductor circuits

为保护半导体整流电路元件而设计的熔断器。

注：是一种快速型，承受低过电压的熔断器。

5.4.1.26

仪表变压器用熔断器　fuse for potential transformer circuit application

为仪表变压器电路中使用而设计的熔断器。

5.4.1.27

通用熔断器　fuse for general application

各种电路普遍适用的熔断器。

5.4.1.28

备用熔断器　fuse for back-up protection

主要为分断大电流区的事故而使用的熔断器。

注：大多与其他保护装置串联使用。

5.4.1.29

断路器　line breaker

接于电路中，当电流超过规定值时，实现电路分断的机电元件。

5.4.1.30

可熔体　fuse-element

过电流通过时，由于本身发热而能熔化的可熔部分。

5.4.1.31

熔断体　fuse-link

熔断器工作后可以更换的内含熔体的熔断器零件。

5.4.1.32

熔断器支架　fuse-holder

用于固定熔断体的熔断器零件。它具有与熔断体接触端和引至外部回路的接线端子。

5.4.1.33

熔断器载体　fuse-carrier

为固定熔断体而设计的可以从熔断器支架上卸下的零件。

5.4.1.34

熔断器基座　fuse-base

用以固定熔断器支架的部分。

注：没有熔断器载体时，亦称熔断器支架。

5.4.1.35

熔丝　wire-element

线状或加工成线状的熔体。

5.4.1.36

熔片 plate-element

薄板状或加工成薄板状的熔体。

5.4.1.37

熔带 ribbon-element

呈细长的板状熔体。

5.4.1.38

[熔断器的]灭弧剂 arc extinguishing meterial [of a fuse]

为便于熔断器灭弧而充填在熔丝周围的物质。

5.4.1.39

[熔断器的]灭弧砂 arc extinguishing sand [of a fuse]

灭弧剂的一种。充填在熔丝周围的粒状物质。

5.4.1.40

[熔断器的]熔断管 fuse-tube [of a fuse]

构成熔断体的最外侧的绝缘管。

5.4.1.41

[熔断器的]端帽 end cap [of a fuse]

包覆于熔丝管两端或一端,形成熔断体端子的金属部件。

5.4.1.42

[熔断器的]端子 terminal [of a fuse]

为使熔断器与外部回路实现电器连接而设置的导电部分。

5.4.1.43

熔断体接触 fuse-link contact

熔断体在熔断支架上用以实现电接触的部分。

5.4.1.44

[熔断器的]指示器 indicating device[of a fuse];indicator [of a fuse]

为指示熔断器工作状况而设计在熔断器上的装置。

5.4.1.45

熔断撞击器 striker

熔断器工作时,能按规定进行机械动作的熔断体的部件。

注:利用这种装置的动作可使其他仪表开路,闭路。

5.4.1.46

卡爪 claw;retainer

为使带有接线片的熔丝片牢固接触,而安装在熔丝本身延长部分或熔丝两侧的坚硬金属片。

5.4.1.47

[熔断器的]接线柱 clip [of a fuse]

在筒形熔断器的基座上用以与熔断体或熔断器载体的接触部位相接触的金属片。

5.4.1.48

[熔断器的]卡规 gauge-piece [of a fuse]

在螺旋式或塞形熔断器中,为防止安装超过某一规定额定电流的熔断体而安装在熔断器支架上的部件。

5.4.1.49

[熔断器的]替换单元　refill-unit [of a fuse]

构成再熔断体的部分。每当熔断器工作时，为使熔断体复原而可替换的一个或一组部件。

5.4.2　**熔断器性能参数术语**

5.4.2.1

熔断　fusion

当有过电流通过熔断器时，熔体因熔化而断开的现象。

5.4.2.2

[熔断器的]动作　operation [of a fuse]

指熔体因过电流而熔化，直至持续发生的电弧消失的功能。

5.4.2.3

预期电流　prospective current

当用阻抗极小(可忽略)的导体置换熔断器时所流过该回路的电流。

注：其值没有特殊规定，交流电流时，表示交流成分有效值；在直流电流场合，一般指达到稳定状态以后的值。

5.4.2.4

熔断电流　fusing current

指熔丝熔化的电流，用预期电流表示。

5.4.2.5

熔断时间　pre-acting time

从熔断电流开始通过的瞬时至熔丝熔化而发生电弧所经历的时间。

5.4.2.6

时间-电流特性　time-current characteristic

又称安秒特性。

表示预期电流与时间(如熔断时间、动作时间)关系的曲线。

5.4.2.7

熔断时间-电流特性　pre-acting time current characteristic

又称熔断特性。

表示预期电流与熔断时间关系的曲线。

5.4.2.8

最小熔断电流　minimum fusing current

在规定条件下，能使熔丝熔化的最小电流。

5.4.2.9

最大不熔断电流　maximum non-fusing current

在规定条件下，当熔断器各部位的温升处于饱和状态时，熔丝不熔化的最大预期电流。

5.4.2.10

熔断系数　fusing factor

熔断器的最小熔断电流与额定电流之比值。

5.4.2.11

基准时间　conventional time

熔断器通过一定的电流时，温升达到规定值所需时间的标称值。

5.4.2.12

基准熔断电流　conventional fusing current

在规定条件下，熔断器通电时，在基准时间内熔断器熔断的最小熔断电流的标称值。

5.4.2.13

基准不熔断电流　conventional non-fusing current

在规定条件下，在基准时间内熔断器可通过最大不熔断电流的标称值。

5.4.2.14

容许电流　permissible current

在规定条件下，通电至某一规定时间后熔丝不发生损坏的最大电流。通常用预期电流表示。

5.4.2.15

容许时间-电流特性　permissible time-current characteristic

表示容许电流与其通电时间关系的曲线。

5.4.2.16

[熔断体的]功耗　power dissipation [of a fuse-link]

在规定条件下，熔断体长时间通以额定电流之后，如果将此看作已达到饱和温度时，则此熔断体上产生的功耗即熔断体的功耗。

5.4.2.17

预期分断电流　prospective breaking current

相对于熔丝发弧的瞬时所产生的预期电流。

5.4.2.18

最小分断电流　minimum breaking current

在规定条件下，熔断器能断路的最小预期电流。

5.4.2.19

短路电流　short-circuit current

由于事故或接线的错误，通过被短路的电路中的电流。

5.4.2.20

分断能力　breaking capacity

在规定的使用条件及工作状态下，熔断器在某一规定的电压时能断路的预期电流值。

注：有时把短路电流和所规定的电压以及乘以某系数(三相为$\sqrt{3}$)的电流和电压，称为分断能力。

5.4.2.21

燃弧时间　arcing time

熔丝熔断时，从发生弧光的瞬时到弧光消失的过程。

5.4.2.22

时间-电流工作特性　operating time-current characteristic

又称工作特性。

表示预期电流与工作时间关系的曲线。

5.4.2.23

焦耳积分　joule-integral

通过熔断器电流的瞬时值二次方对某时间的积分。焦耳积分符号记作 I^2t。

5.4.2.24

弧前焦耳积分　pre-acting joule-integral

对熔断时间的焦耳积分。

5.4.2.25

熔断焦耳积分　operating joule integral

对工作时间的焦耳积分。

5.4.2.26

焦耳积分特性　joule-integral characteristic

在规定条件下焦耳积分值与预期电流值和外加电压之间的关系。

5.4.2.27

有效时间　virtual time

焦耳积分除以预期电流的平方所得到的时间。

5.4.2.28

实际时间　actual time

熔断器实际工作的时间。

5.4.2.29

外加电压　applied voltage

进行试验时,在通电流之前施加在熔断器两端之间的电压。

5.4.2.30

恢复电压　recovery voltage

在熔断器端子之间电流分断后出现的电压。

注:恢复电压为交流时,由过度恢复电压和工频恢复电压构成;恢复电压为直流时,则由过渡恢复电压和直流稳态恢复电压构成。

5.4.2.31

过渡恢复电压　transient recovery voltage

熔断器熔断时,在其端子间出现的瞬态恢复电压。

5.4.2.32

预期过渡恢复电压　prospective transient recovery voltage

在电路一点上,当其电路的正弦波交流电流是自然零值时,分断电流既不发生电弧对电路的过渡现象特性也不产生任何影响的过渡恢复电压。

5.4.2.33

工频恢复电压　power frequency recovery voltage

在恢复电压中持续出现的工业频率的恢复电压。

5.4.2.34

断开过电压　switching voltage

熔断器工作时,在其端子间出现的电压峰值。

注:在恢复电压产生过程中也会引起工作过电压。

5.4.2.35

电弧能　arc energy

电弧发生期间供给电弧的电能。

5.4.2.36

限流作用　current-limiting action

当电流通过熔断器时,利用电弧电压来抑制减小电流,使其不达到预期电流波峰值的作用。

5.4.2.37

截断电流　cut-off current

利用熔断器的限流作用所能抑制的最大电流值(瞬时值)。

5.4.2.38

截断电流特性　cut-off current characteristic

表示截断电流与预期电流关系的曲线。

5.4.2.39

限流范围　current-limiting zone

在熔断器中产生限流作用的预期电流的范围。

5.4.2.40

过电流选择性　overcurrent discrimination

指两个或几个过电流保护装置之间的动作特性配合。当在给定范围内出现过电流时，指定在这个范围动作的装置动作，而其他装置不动作。

5.4.2.41

隔离距离　isolating distance

拆掉熔断体或将其开路时，被隔离的导电部位之间的最短距离。

6　仪表电机

6.1　仪表电机分类术语

6.1.1

仪表电机　instrument motor

为仪器仪表及自动化装置配套用的特种微型电机。按其功能可分为以下两大类：

a)　控制微电机。主要用于检测、放大、执行、解算等控制用微型电机；

b)　驱动微电机。主要用于拖动机械负载的微型电机。

6.1.2

伺服电动机　servomotor

又称执行电动机

转子或动子的机械运动受输入电信号控制作快速反应的电动机。功能是将电信号转换成转轴的角位移或角速度。

6.1.3

直流伺服电动机　direct current servomotor

用直流电信号控制的伺服电动机。

6.1.4

动圈式直流伺服电动机　moving-coil direct current servomotor

又称空心杯电枢直流伺服电动机。

电枢绕组成动圈式的直流伺服电动机。

6.1.5

无槽电枢直流伺服电动机　slotless-armature direct current servomotor

电枢绕组安装在无槽铁芯上的直流伺服电动机。

6.1.6

宽调速直流伺服电动机　wide adjustable speed direct current servomotor

调速范围广的直流伺服电动机，在闭环系统中运行时调速比可达 1∶10 000 以上。

6.1.7

开关磁阻电动机　switched reluctance motor

由开关磁阻电机、功率转换器、控制器及检测器等组成的调速电动机。

6.1.8

印制绕组直流电动机　printed armature direct current motor

电枢采用印制或冲制绕组的直流电动机。

6.1.9

无刷直流电动机　brushless direct current motor

没有机械换向装置的直流电动机。

6.1.10

交流伺服电动机　alternating current servomotor

用交流电信号控制的伺服电动机。

6.1.11

两相伺服电动机　two-phase servomotor

定子有两相绕组的交流伺服电动机。

6.1.12

惯性阻尼伺服电动机　inertial damping servomotor

轴上装有惯性阻尼器，以抑制振荡的伺服电动机。

6.1.13

直线电动机　linear motor

作直线运动的电动机。

6.1.14

步进电动机　stepping motor

将电脉冲信号转换成相应的角位移或线位移的控制电机。

6.1.15

永磁式步进电动机　permanent magnet stepping motor

采用永磁磁极转子的步进电动机。

6.1.16

反应式步进电动机　variable reluctance stepping motor

又称磁阻式步进电动机。

只有控制绕组产生磁场，基于磁组变化而产生反应转矩的步进电动机。

6.1.17

混合式步进电动机　hybrid stepping motor

兼有永磁式和反应式特点的步进电动机。

6.1.18

小功率同步电动机　small-power synchronous motor

转子转速与电源频率保持恒定比例关系的交流小功率电动机。

6.1.19

永磁同步电动机　permanent magnet synchronous motor

采用永磁磁极转子的同步电动机。

6.1.20

永磁低速同步电动机　slow-synchronous motor; step-synchronous motor

混合式步进电动机运行在同步状态的低速电动机。

6.1.21

磁滞同步电动机　hysteresis synchronous motor

由磁滞材料转子与定子旋转磁场作用产生的磁滞转矩运行的同步电动机。

6.1.22

外转子式磁滞同步电动机　external rotor hysteresis synchronous motor

转子在定子外面的磁滞同步电动机。

6.1.23

内转子式磁滞同步电动机 internal rotor hysteresis synchronous motor

转子在定子里面的(即一般电机结构的)磁滞同步电动机。

6.1.24

双速[多速]磁滞同步电动机 two-speed [multi-speed] hysteresis synchronous motor

当电源频率不变时,具有两种或两种以上同步转速的磁滞同步电动机。

6.1.25

反应式同步电动机 variable reluctance synchronous motor

又称磁阻式同步电动机。

转子无激磁磁势,在定子旋转磁场作用下,由交直轴磁阻不等产生反应转矩的同步电动机。

6.1.26

力矩电动机 torque motor

无需齿轮减速就能直接驱动负载,可以连续工作在低速或堵转状态,以输出转矩为主要特征的伺服电动机。

6.1.27

直流力矩电动机 direct current torque motor

用直流电信号控制的力矩电动机。

6.1.28

交流力矩电动机 alternating current torque motor

用交流电信号控制的力矩电动机。

6.1.29

有限转角力矩电动机 limited angle torque motor

只在有限转角范围内使用的力矩电动机。

6.1.30

机组 set

由两大类以上微电机同轴组成一体的电机。

6.1.31

交流伺服测速机组 AC servomotor-tachometer-generator

由交流伺服电动机和交流测速发电机组成的机组。

6.1.32

直流伺服测速机组 DC servomotor-tachometer-generator

由直流伺服电动机和直流测速发电机组成的机组。

6.1.33

齿轮电动机 gear motor

带有齿轮减速组件的电动机。

6.1.34

自整角机 selsyn

利用自整步特性将转角变为交流电压或由转角变为转角的感应式电动机。

6.1.35

旋转变压器 resolver

又称解算器

输出电信号与转子转角成某种函数关系的电感式角度传感元件。

6.1.36

输出绕组　output winding

输出电信号的绕组。

6.1.37

控制绕组　control winding

接收电信号,控制电机运行的绕组。

6.1.38

激磁绕组　exciting winding

接入电源,产生激磁磁势的绕组。

6.1.39

外定子　external stator

空心杯转子电机中在转子外侧的定子。

6.1.40

内定子　internal stator

空心杯转子电机中在转子内侧的定子。

6.1.41

静子　stay

直线电机中静止的部分。

6.1.42

动子　mover

直线电机的可运动部分。

6.1.43

外转子　external rotor

安放在定子外侧的转子。

6.1.44

内转子　internal rotor

安放在定子内侧的转子(即一般旋转电机的结构)。

6.1.45

实心转子　solid rotor

由整块铁磁材料制成的没有绕组的转子。

6.1.46

空心杯转子　drag cup rotor

中空呈杯形内外两侧均可安放定子的转子。

6.1.47

非磁性杯形转子　non-magnetic drag cup rotor

用非磁性导电材料制成的杯形转子。

6.1.48

电子换向装置　electronic commutating device

在无刷直流电机中用以代替机械换向装置的电子线路和位置传感器。

6.1.49

齿轮头　gearhead;gearbox

能与微电机系列产品配套使用的齿轮减速器。

6.2 仪表电机性能参数术语

6.2.1

空载转速　no-load speed

电动机在一定输入条件下,空载时的稳定转速。

6.2.2

极限转速　limit speed

电机在保证电气绝缘强度和机械强度的条件下,允许的最高转速。

6.2.3

激磁电压　exciting voltage

加于激磁绕组的电压。

6.2.4

控制电压　control voltage

加于控制绕组的电压。

6.2.5

输出电压斜率　output voltage gradient

测速发电机在额定激磁条件下,单位转速产生的输出电压(以 1 000 r/min 的伏数来表示)。

6.2.6

不灵敏区　unsensitive interval

直流测速发电机由于换向器和电刷的接触电降而导致输出斜率显著下降的转速范围。

6.2.7

静摩擦力矩　static friction torque

无激磁时,使转子在任意位置开始转动,电机所具有的阻力矩。

6.2.8

激磁静摩擦力矩　exciting static friction torque

在一定激磁条件下,使转子在任意位置开始转动,电机所具有的阻力矩。

6.2.9

调节特性　speed-voltage characteristic

伺服电动机在一定的激磁和负载转矩条件下,转速与控制电压的关系。

6.2.10

机械特性　speed-torque characteristic

伺服电动机在一定输入条件下,转速与输出、转矩的关系。

6.2.11

堵转转矩　locked-rotor torque

电动机在额定频率、额定电压和转子堵住时产生的转矩。

6.2.12

理想机械特性　ideal speed-torque characteristic

伺服电动机通过空载转速点和堵转转矩点连成直线的机械特性。

6.2.13

[测速发电机]线性误差　linearity error

测速发电机在工作转速范围内,输出电压与理想输出电压之差对最大理想输出电压之比。

6.2.14

旋转正方向　direction of rotation

面对轴伸逆时针方向旋转为正方向,双轴伸时,应以无引线(或接线柱)一端的轴伸为准。

6.2.15

转子转角　angle of rotor

转子从基准电气零位起始的角位移。

6.2.16

堵转特性　locked-rotor characteristic

伺服电动机在一定激磁条件下,堵转转矩与控制电压的关系。

6.2.17

理想堵转特性　ideal locked-rotor characteristic

伺服电动机通过原点和额定控制电压堵转矩点连成直线的堵转特性。

6.2.18

堵转特性非线性度　non-linearity of locked-rotor characteristic

伺服电动机在一定激磁条件下,实际堵转特性与理想堵转特性间转矩之差对额定控制电压下堵转转矩之比的最大值。

6.2.19

机械特性非线性度　non-linearity of speed torque characteristic

伺服电动机在一定输入条件下,实际机械特性与理想机械特性之间转速之差对空载转速之比的最大值。

6.2.20

阻尼系数　damping coefficient

伺服电动机或伺服测速机组的机械特性曲线的斜率。

6.2.21

正反转速差　difference between cw and ccw speed

伺服电动机在额定供电状态下,空载时正反转速的偏差。

6.2.22

堵转激磁电流　locked-rotor exciting current

伺服电动机在一定输入条件下,转子堵转时激磁绕组的电流。

6.2.23

堵转控制电流　locked-rotor control current

伺服电动机在一定输入条件下,转子堵转时控制绕组的电流。

6.2.24

堵转激磁功率　locked-rotor exciting power

伺服电动机在一定输入条件下,转子堵转时输入的激磁功率。

6.2.25

堵转控制功率　locked-rotor control power

伺服电动机在一定输入条件下,转子堵转时输入的控制功率。

6.2.26

最大输出功率　maximum power output

在额定电压、频率条件下,两相运转或电容运转时伺服电动机产生的输出功率最大值。

6.2.27

空载始动电压　no-load breakaway voltage

伺服电动机在额定激磁和空载条件下,使转子在任意位置开始连续旋转所需的最小控制电压。

6.2.28

堵转激磁绕组阻抗　locked-rotor impedance of exciting winding

转子堵转时，激磁绕组的阻抗。

6.2.29

堵转控制绕组阻抗　locked-rotor impedance of control winding

转子堵转时，控制绕组的阻抗。

6.2.30

自制动时间　self-braking time

两相伺服电动机空载运行时从一相绕组短路或开路瞬间到停转的时间。

6.2.31

反转时间　reversing time

伺服电动机运行于空载转速时，当控制绕组电压反向后，电机到达反向空载转速的63.2%所需的时间。

6.2.32

机电时间常数　electromechanic time constant

伺服电动机在空载和额定激磁条件下，加以阶跃的额定控制电压，转速从零升到空载转速的63.2%所需的时间。

6.2.33

电磁时间常数　electromagnetic time constant

直流伺服电动机绕组两端加直流电压，堵转时电流从零上升到稳态值的63.2%所需的时间。

6.2.34

自转　spinning

两相伺服电动机在空载运行时，一相信号突然消失，转子仍旋转不止的现象。

6.2.35

开路自转　open circuit spinning

两相伺服电动机一相绕组开路时的自转。

6.2.36

短路自转　short-circuit spinning

两相伺服电动机一相绕组短路时的自转。

6.2.37

堵转理论加速度　theoretical acceleration at locked-rotor

堵转转矩与转子转动惯量之比。

6.2.38

电枢控制　armature control

仅改变电枢电压以控制直流伺服电动机运行的控制方式。

6.2.39

磁场控制　field control

仅改变激磁电压以控制直流伺服电动机运行的控制方式。

6.2.40

幅值控制　amplitude control

仅改变控制电压的幅值以控制两相伺服电动机运行的控制方式。

6.2.41

相位控制　phasecontrol

仅改变控制电压的相位以控制两相伺服电动机运行的控制方式。

6.2.42

幅相控制　complex control

又称电容控制。

同时改变控制电压的幅值和相位,以控制两相伺服电动机运行的控制方式。

6.2.43

电压控制　voltage control

不改变激磁电压,只改变控制电压的极性和大小,从而改变伺服电动机的旋转方向和速度的控制方式。

6.2.44

两相运行　two-phase operation

不用移相电容而以两相电源使之工作的运转方式。

6.2.45

失调角　angular displacement

步进电动机转子偏离空载稳定平衡点的电角度。

6.2.46

矩角特性　torque-angular displacement characteristic

步进电动机静转矩与失调角的关系。

6.2.47

起动矩频特性　starting torque-frequency characteristic

步进电动机在负载转动惯量及其他条件不变的情况下,起动频率与负载转矩的关系。

6.2.48

运行矩频特性　running torque-frequency characteristic

步进电动机在负载转动惯量及其他条件不变情况下,运行频率与最大输出转矩的关系。

6.2.49

起动惯频特性　starting inertial-frequency characteristic

步进电动机在负载转矩及其他条件不变的情况下,起动频率与负载转动惯量的关系。

6.2.50

运行惯频特性　running inertial-frequency characteristic

步进电动机在负载转矩及其他条件不变的情况下,运行频率与最大负载转动惯量的关系。

6.2.51

控制频率　control frequency

步进电动机的输入脉冲信号频率。

6.2.52

起动频率　starting frequency

又称响应频率。

步进电动机能无失步起动和停转的最高控制频率。

6.2.53

最高起动频率　no-load starting frequency

又称空载响应频率。

步进电动机空载起动和停转均无失步的最高控制频率。

6.2.54

运行频率　running frequency

在规定的激磁和负载条件下,步进电动机能无失步运行的最高控制频率。

6.2.55

最高运行频率　maximum running frequency

在规定的激磁和空载条件下,步进电动机能无失步运行的最高控制频率。

6.2.56

最高反转频率　maximum reversing frequency

在规定的激磁和空载条件下,使步进电动机能反转并无失步运行的最高控制频率。

6.2.57

分辨率　resolution

步进电动机转轴每转步数的倒数。

6.2.58

静转矩　static torque

步进电动机转子静止时控制绕组通以直流电,由于失调角存在而引起的转矩。

6.2.59

最大静转矩　maximum static torque

在额定激磁条件下,步进电动机矩角特性中静转矩的最大值。

6.2.60

起动转矩　starting torque

步进电动机在一定控制电源和负载惯量条件下,从静止状态突然起动并能无失步运行所输出的最大转矩。

6.2.61

定位转矩　detent torque

步进电动机无激磁时,可以施加在转轴上但不使电机产生连续旋转的最大静转矩。

6.2.62

静态步矩角误差　static stepping angle error

步进电动机空载静止时以单个脉冲输入,在转子的运动过程结束以后,实际步距角与理论步距角之差。

6.2.63

静态步距角积累误差　cumulative error at static stepping angle

步进电动机转子在一周内从任意位置开始运行一定步数停止后实际角位移与理论角位移之差。

6.2.64

步距　step pitch

输入一个电脉冲信号,直线步进电动机动子所作的相应位移。

6.2.65

步距角　step angle

输入一个电脉冲信号,步进电动机转子所作的相应角位移。

6.2.66

失步　failing out of synchronism

步进电动机运动的步数与输入电脉冲数不相对应,动态过程结束后也不能自行消除的现象。

6.2.67

稳定平衡位置　position of stable balance

步进电动机控制绕组按一定方式通直流电后转子的稳定位置。

6.2.68

拍数　number of beats

步进电动机绕组在一个通电循环内，控制绕组通电状态改变的次数。

6.2.69

分配方式　distributing manner

步进电动机控制绕组同时通电的相数及转换规律。

6.2.70

反应转矩　reluctance torque

又称磁阻转矩。

在旋转磁场作用下，由于交、直流磁阻不等而产生的转矩。

6.2.71

磁滞转矩　hysteresis torque

磁滞同步电动机转子在旋转磁场作用下，由于磁滞效应而产生的转矩。

6.2.72

牵入转矩　pull-in torque

同步电动机在额定频率、额定电压下激磁时，能将其负载牵入同步所承受的最大转矩。

6.2.73

最大同步转矩　maximum synchronous torque

同步电动机在额定频率、额定电压和额定激磁条件下，能保持同步的最大转矩。

7　仪器光源

7.1　仪器光源分类术语

7.1.1

仪器光源　light source for instrument

仪器仪表用的光源。

7.1.2

光谱灯　spectral lamp

能辐射出某种元素特征谱线的放电灯。

7.1.3

氢灯　hydrogen lamp

充有高纯氢气，能辐射出氢特征谱线的冷阴极辉光放电灯。

7.1.4

氦灯　helium lamp

充有高纯氦气，能辐射出氦特征谱线的冷阴极辉光放电灯。

7.1.5

氪灯　krypton lamp

充有高纯氪气，能辐射出氪特征谱线的冷阴极辉光放电灯。

7.1.6

钠灯　low-pressure sodium lamp

充有钠元素和惰性气体，能辐射出钠特征谱线的弧光放电灯。

7.1.7

钾灯　kalium lamp

充有钾元素和惰性气体，能辐射出钾特征谱线的弧光放电灯。

7.1.8

镉灯　cadmium lamp

充有镉元素和惰性气体，能辐射出镉特征谱线的弧光放电灯。

7.1.9

笔形光谱灯　pen-type spectral lamp

充有惰性气体(如 Kr、Ar、Ne 等)和其他物质(如 Hg、Zn、Cd 或其化合物等)的笔形冷阴极低气压放电灯。

7.1.10

汞齐灯　amalgam vapour lamp

以汞作基本元素，并充有适量其他金属(如 Cd、Zn 等)或其化合物的弧光放电灯。

7.1.11

氘灯　deuterium lamp

充有高纯氘气.能辐射出从紫外波段的 160 nm～400 nm 到可见光的 400 nm～800 nm 之间连续光谱的热阴极弧光放电灯。

7.1.12

空心阴极灯　hollow cathode lamp

利用空心阴极效应，能辐射出该元素特征谱线的辉光放电灯。

7.1.13

无极放电灯　electrodeless discharge lamp

以高频电场或高频磁场激发管内工作物质，从而辐射出该物质特征谱线的无电极气体放电灯。

7.1.14

低压汞灯　low-pressure mercury lamp

充有汞和惰性气体，工作时灯内汞蒸气处于低压状态的气体放电灯。

7.1.15

中压汞灯　middle pressure mercury lamp

充有汞和惰性气体，工作时灯内汞蒸气处于中压状态的气体放电灯。

7.1.16

高压汞灯　high-pressure mercury lamp

充有汞和惰性气体，工作时灯内汞蒸气处于高压状态的气体放电灯。

7.1.17

超高压汞灯　super-high pressure mercury lamp

充有汞和惰性气体，工作时灯内汞蒸气处于超高压状态的气体放电灯。

7.1.18

球形汞灯　spherical mercury lamp

充有汞和惰性气体的球形超高压汞灯。

7.1.19

毛细管汞灯　capillary mercury lamp

充有汞和惰性气体的毛细管形超高压汞灯。

7.1.20

白炽灯　incandescent lamp

电流流过发光体使之炽热发光的热辐射光源。

7.1.21

钨带灯　tungsten strip lamp

用钨带作发光体的白炽灯。

7.1.22

光通量标准灯　lumen standard lamp

用于保存和传递光通量标准的灯。

7.1.23

卤钨灯　tungsten halogen lamp

充有卤族元素或卤化物循环剂的钨丝白炽灯。

7.1.24

溴钨灯　tungsten bromine lamp

充有溴化物循环剂的一种卤钨灯。

7.1.25

氖指示灯　neon indicator

又称氖泡。

充有氖气,利用阴极辉光作信号指示的冷阴极放电灯。

7.1.26

球形氙灯　spherical xenon lamp

又称短弧氙灯(short-arc xenon lamp)。

充有氙气,工作时灯内处于超高气压的球形弧光放电灯。

7.1.27

脉冲氙灯　xenon flash lamp

又称氙闪光灯。

充有氙气,以脉冲放电方式输出脉冲光的气体放电灯。

7.1.28

频闪灯　strobe lamp

充有特定气体,按一定频率发光的气体放电灯。

7.1.29

远紫外汞氙灯　far ultra-violet mercury xenon lamp

充有汞和氙气,能辐射出较强远紫外(190 nm～250 nm)光谱的弧光放电灯。

7.1.30

发光二极管　light emitting diode;LED

在半导体 p-n 结或与其类似结构上通以正向电流时,能发射可见或非可见辐射的半导体发光器件。

7.1.31

可见发光二极管　visible LED

发光光谱在可见光范围的发光二极管。

7.1.32

双色发光二极管　dichromatic LED

能发出两种颜色光的发光二极管。

7.1.33

高亮度发光二极管　high-brightness LED

亮度高于一般发光二极管几十倍，乃至几百倍或上千倍的发光二极管。

7.1.34

平面发光二极管　light bar LED

发光面为条、带等平面的发光二极管。

7.1.35

异形发光二极管　heteromorphic LED

除圆球形以外的三角形、凹形、凸形等特殊形状的发光二极管。

7.1.36

连体发光二极管　connected type LED

大小、形状相同的发光二极管组合体。

7.1.37

冷阴极荧光灯　cold cathode fluorescent lamp

通过刺激玻璃罩内的磷粉以产生输出，将电能转换为光能。

7.1.38

电致荧光灯　electroluminescent fluorescent

由电致发光材料制作的荧光灯。

7.1.39

氦氖激光器　helium-neon laser

以氖为工作物质，氦为辅助气体的激光器。在可见区和红外有多种谱线的连续的振荡输出，其中主要的是 632.8 nm 的红光以及 1.15 μm 和 3.39 μm 的红外光。

7.1.40

红宝石激光器　ruby laser

以红宝石为激光工作物质的激光器。最常用的输出波长为 694.3 nm，也可得到 692.9 nm 的输出。一般只用于单脉冲或低重复率工作。

7.1.41

掺钕钇铝石榴石激光器　neodymium-doped yttrium aluminium garnet（Nd YAG）laser

以掺钕的钇铝石榴石为激光工作物质的激光器，一般输出 1 060 nm 的红外光，在特定条件下才有 1 370 nm 或 914 nm 的输出。适于脉冲方式工作，亦可实现连续或高重复率工作。

7.2　仪器光源性能参数术语

7.2.1

［发光二极管的］法向发光强度　normal luminous intensity［of LED］

在垂直于发光面的方向上，发光二极管的发光强度。

7.2.2

发光二极管寿命　lifetime of LED

发光二极管的效率降至起始值一半所经历的时间。

7.2.3

［发光二极管的］半强度角　half-intensity beam angle［of LED］

一个圆锥角，其内光辐射强度不低于最大强度的一半。

7.2.4

［发光二极管的］发光响应时间　emission response time［of LED］

从激发开始到发光强度达稳定值的 90％所经历的时间。

7.2.5

[发光二极管的]正向电流　forward current [of LED]

发光二极管的两端施加正向电压时通过发光二极管的电流。

7.2.6

[发光二极管的]正向压降　forward potential drop [of LED]

发光二极管通过的正向电流为规定值时，正负极之间所产生的电压降。

7.2.7

[发光二极管的]反向电流　reverse current [of LED]

在被测管两端加上规定的反向电压时，发光二极管中通过的电流。

7.2.8

[发光二极管的]反向压降　reverse potential drop [of LED]

发光二极管通过的反向电流为规定值时，正负极之间所产生的电压降。

7.2.9

法向光强　normal luminous intensity

对符合“点光源”条件的发光二极管，其法向光强指该器件在垂直于发光面上的单位立体角内所发射的光通量。

$$I_{\mathrm{V}}=\frac{\mathrm{d}\Phi}{\mathrm{d}\Omega}$$

式中：

$\mathrm{d}\Phi$——在 $\mathrm{d}\Omega$ 内发射的微小光通量；

$\mathrm{d}\Omega$——垂直于发光面方向的微小立体角。

7.2.10

发光强　luminous intensity

简称光强。以点光源为顶点，在规定方向上辐射的微小立体角的光束，除以该微小立体角所得的商。

7.2.11

发光峰值波长　peak luminous wavelength

发光光谱范围内，对应于发光强度最大值的波长。

7.2.12

光谱半宽度　spectral half width

发光光谱范围内，曲线上两个半光强度所对应的波长之差。

7.2.13

指向特性　directivity

发光强度的空间分布（相对值）。

7.2.14

[发光二极管的]结电容　junction capacitance [of LED]

在规定偏压下被测单元的电容值。

7.2.15

[发光二极管的]极限参数　absolute rating [of LED]

发光二极管不致破坏的允许的最高工作条件。

7.2.16

额定功率　rated power

灯管在额定电压、电流下工作时的电功率。

7.2.17

电源电压　supply voltage

灯管正常起动和工作所需外加的电压值。

7.2.18

起动电压　starting voltage

灯管起动所需的最低电压值。

7.2.19

工作电压　operating voltage

在额定的工作电流下，灯管正常工作时两端的电压值。

7.2.20

灯丝电压　filament voltage

灯丝达到工作温度时灯丝两端的电压值。

7.2.21

额定电流　rated current

为保证灯管正常工作所规定的电流值。

7.2.22

最大电流　maximum current

灯管工作时所允许流过的最大电流值。

7.2.23

最佳工作电流　optimum operating current

灯管工作时，能获得最佳性能（稳定性、光谱特性等）和一定寿命的电流值。

7.2.24

灯丝电流　filament current

在规定灯丝电压下流过灯丝的电流值。

7.2.25

预热时间　warm-up time

又称稳定时间。

在正常工作条件下，灯管的光电参数达到稳定状态所需的时间。

7.2.26

分析线　analysis line

光谱灯辐射光谱中可用于分析的共振谱线。

7.2.27

辐射能量　radiant energy

在单位时间内光源所辐射出的光能量。

7.2.28

辐射能量稳定性　stability of radiant energy

在规定时间内，光源辐射能量的漂移值与该辐射能量之比。通常用百分数表示。

7.2.29

辐射通量　radiant flux

在单位时间内光源辐射出总的光能量。

7.2.30

辐亮度　radiance

在发光面单位投影面积上单位立体角所辐射的能量。

7.2.31

辐照度　irradiance

在单位时间内,单位面积上所接受的辐射能量。

7.2.32

辐射效率　radiative efficiency

光源的辐射通量与该光源所消耗的电功率之比。

7.2.33

光谱特性[曲线]　spectral characteristics

单位波长间隔内,光源的辐射能量随波长的分布,通常用曲线表示。

7.2.34

光通量　luminous flux

单位时间内通过某一面积的总光量。在数值上等于通过该面积各波长的辐射能量与该波长光谱光效函数(即视觉函数)乘积的积分值。

7.2.35

发光效率　luminous efficiency

光源的光通量与该光源所消耗的电功率之比。

7.2.36

色温　colour temperature

光源发出的光色与黑体在某一温度下所发出的光色相同时的黑体温度。

7.2.37

相关色温　correlated colour temperature

气体放电光源的光色与黑体在某一温度时的光色最接近时的黑体温度。

7.2.38

发光中心高度　height of luminscent center

灯管安装端管基到发光中心的距离。

7.2.39

全寿命　all life

灯管从开始点燃到不能点亮时的累计时间。

7.2.40

有效寿命　effective life

灯管在额定工作条件下点燃,当辐射能量(或其他规定的参数)衰减到初始值的某　特定百分值时的累计时间。

7.2.41

平均寿命　mean life

全部被测灯有效寿命的算术平均值。

8　显示器件

8.1　显示器件分类术语

8.1.1

显示器件　display device

把信息转变成可视信息的电子器件。

8.1.2

电子束显示器件　electron beam display device cathode ray tube

CRT

又称阴极射线管。

利用强度可控的电子束在荧光屏上聚焦、扫描而产生图像或符号的显示器件。

8.1.3

显像管　picture tube,kinescope

用于再现图像的阴极射线管。

8.1.4

黑白显像管　black and white picture tube

仅再现亮度的显像管。

8.1.5

彩色显像管　colour picture tube

既再现亮度又再现色彩的显像管。

8.1.6

荫罩式彩色显像管　shadow mask colour picture tube

具有荫罩结构的彩色显像管。

8.1.7

单枪三束式彩色显像管　trinitron

三电子束共用一套聚焦系统的荫罩式彩色显像管。

8.1.8

存贮管　storage tube

在规定时刻引入信息,而在以后阅读或再现的阴极射线管。

8.1.9

直观存贮管　direct-viewing storage tube,display storage tube

又称存贮示波管。

能以电信号形式引进信息并在以后用图像的形式来再现的存贮管。

8.1.10

示波管　oscilloscope tube,oscillograph tube

用可见图形来表示电信号之间相互关系的阴极射线管。

8.1.11

显示管　display tube

又称监视管。

用于再现高分辨率图像的阴极射线管。

8.1.12

投影管　projection tube

配以光学系统来产生投影图像的阴极射线管。

8.1.13

扁平式阴极射线管　flat CRT

管长远小于屏面尺寸的阴极射线管。

8.1.14

光纤[面板]阴极射线管　fiber optic CRT

用光学纤维面板作荧光屏衬底的阴极射线管。

8.1.15

字符管　charactron;character tube

具有字符换板,能显示字符的阴极射线管。

8.1.16

电子束发光管　luminotron

用发射电子束使荧光屏产生单色光的一种阴极射线管。这种发光管主要用作大屏幕彩色电视显示牌的发光像元。

8.1.17

平面彩色发光管　plane colour luminotron;jumbotron

利用平面栅极对阴极发射电子进行静电控制的原理,使玻璃平面上作为阳极的三基色荧光屏获得调制色彩的一种扁平形空间电荷控制三极管。这种发光管主要用作大屏幕彩色电视显示牌的像素显示单元。

8.1.18

半导体[发光]数码管　semiconductor numeric LED

能显示数码和[或]符号的发光二极管组合体。

8.1.19

发光二极管矩阵　dot matrix LEDs

由许多发光二极管组成的可以灵活显示数字、符号和图形的点阵。

8.1.20

有机发光二极管显示器　organic light emitting diode

由阴极材料、电子注入层、激发层、空穴注入层和阳极组成的显示屏。

8.1.21

液晶显示屏　liquid crystal display panel

LCD

利用液晶的电光效应调制外界光线进行显示的器件。

8.1.22

静态驱动液晶显示屏　static driving LCD

在共用电极和选通电极之间加上一稳定信号进行驱动而显示的液晶显示屏。它采用分段单独控制的工作方式。

8.1.23

动态驱动液晶显示屏　dynamic driving LCD

在位电极上加扫描信号,同时在选通的段电极上也加信号,两者同时作用进行显示的液晶显示屏。

8.1.24

薄膜场效应晶体管驱动液晶显示屏　thin film field-effect transistor driver LCD

每一个液晶像素点都是由集成在其后的薄膜晶体管驱动的液晶显示器。

8.1.25

液晶微显示　LCD microdisplay

将在液晶显示屏上已经显示的精细图像,通过光学系统,分别放大并投影成实像或虚像的显示。

8.1.26

柔性液晶显示　flexible LCD

使用高分子材料代替玻璃制作的液晶显示器。

8.1.27

有源矩阵寻址液晶显示屏　active-matrix addressed LCD

利用薄膜晶体管进行矩阵寻址的液晶显示屏。

8.1.28

[真空]荧光显示器件　vacuum fluorescent display device [VFD]

利用某些荧光粉在低速电子激发下发光的原理制成的发光显示器件。工作时，电子束激发涂在阳极上的荧光粉发光，以显示数字、字母、符号或图形，是一种空间电荷控制器件。

8.1.29

荧光数码管　fluorescent display tube

利用荧光显示原理，(以分段式)显示数字和(或)符号的显示器件。

8.1.30

矩阵式荧光显示屏　matrix fluorescent display panel

利用荧光显示原理制成的点矩阵式的平板显示器件。

8.1.31

调谐指示管　tune indicator tube

利用电子束在管内荧光屏上所产生的发光区面积大小来指示直流或交流电压相对值的一种空间电荷控制管。

8.1.32

电致发光显示屏　electroluminescent display panel

ELD

利用电致发光材料制成的固体平板显示屏。

8.1.33

交流粉末电致发光屏　AC powder EL display panel

AC ELD

又称本征式电致发光。

利用交流电场激发的粉末电致发光材料制成的电致发光显示器件。

8.1.34

直流粉末电致发光显示屏　DC powder EL display panel

DC ELD

利用直流电场激发的粉末电致发光材料制成的电致发光显示器件。但这种器件也可在交流电场下工作。

8.1.35

薄膜电致发光显示屏　thin film EL display panel

TF ELD

利用在真空中制备的薄膜电致发光材料制成的电致发光显示器件。它有直流和交流两种激发方式。

8.1.36

电致发光大屏幕显示屏　large area EL display panel

使用电致发光材料制成的一整块或多块组合而成的大面积显示器件。

8.1.37

塑料电致发光屏　plastic EL panel

以透明塑料为基板的交流粉末电致发光屏。

8.1.38

等离子体显示屏 plasma display panel

又称气体放电显示屏(gas discharge display panel)。

利用气体放电发光,或利用气体放电紫外辐射激发荧光粉发光的显示器件。

8.1.39

直流等离子体显示屏 DC plasma display panel

用直流电压驱动的等离子体显示屏。它的电极与电离气体直接接触。这种显示屏一般无存贮特性。

8.1.40

交流等离子体显示屏 AC plasma display panel

用交流电压驱动的等离子体显示屏。它的电极被一层绝缘介质膜与电离气体隔开。这种显示屏有存贮型和非存贮型两种。

8.1.41

自扫描等离子体显示屏 self-scan plasma display panel

利用带电粒子扩散使相邻像素着火电压降低,并以多相电压驱动实现自扫描的气体放电显示屏。

8.1.42

正柱区气体放电显示屏 positive column discharge display panel

利用气体放电正柱区的紫外辐射激发光致发光材料而显示的气体放电显示屏。

8.1.43

白炽[灯]显示器件 incandescent display device

利用加热钨丝的白炽光辐射进行显示的器件。

8.1.44

灯丝显示器件 filament display device

用细钨丝构成“日”字形或“米”字形的显示器件。

8.1.45

电致变色显示器件 electrochromic display device

ECD

利用溶液中或固体薄膜上因电荷迁移而改变颜色的现象制成的显示器件。这种变色现象是可逆的。

8.1.46

电泳显示器件 electrophoretic image display device

EPID

将色素微粒混入适当液体制成悬浮液,置于两平行板电极(其中至少有一个为透明电极)之间,在电场作用下因微粒的泳动来实现显示。这种显示器件可显示数码和字符等。

8.1.47

转球显示器件 rotating ball display device

利用涂有不同颜色的磁性球和静电球产生旋转而显示的器件。

8.2 显示器件性能参数术语

8.2.1

显示屏的亮度 luminance(brightness)of display screen(panel)

显示屏发光面单位面积上沿法线方向单位立体角内的光通量。

8.2.2

[显示屏的]亮度均匀性　uniformity of luminance [of display screen]

当显示屏中心区域亮度为规定值时,屏上最亮部分的亮度值与最暗部分亮度值之差对最亮部分亮度值的比值。

8.2.3

对比度　contrast ratio

图像单元的总亮度与环境亮度或背景亮度的比值。

8.2.4

电致发光屏的对比度　contrast ratio of ELD

在一定照明条件下,选通像素亮度与未选通像素亮度的比值。

8.2.5

[液晶显示屏的]对比度　contrast ratio of LCD

在一定照明条件下,液晶显示屏显示部分的亮态亮度与暗态亮度的比值。

8.2.6

反差　contrast

显示屏的最高亮度与最低亮度之差相对于最低亮度的比值。

8.2.7

灰度级　gradation

表示图像单元亮度层次的一个参数。

8.2.8

光视效率[流明效率]　luminous efficiency

光源发射的总光通量与输入的总激发功率的比值。

8.2.9

[显示屏的]光谱特性[曲线]　spectral characterestic [of a display screen]

单位波长间隔内的辐射功率和波长之间的关系,通常用曲线来表示。常称作辐射光谱曲线。

8.2.10

峰值辐射波长　peak-emission wavelength

辐射光谱曲线上,辐射功率最大值所对应的波长。

8.2.11

光谱辐射带宽　bandwidth of emission spectrum

辐射光谱曲线中,辐射功率等于半峰值相应波长间的间隔。

8.2.12

色调　hue;colour tone

色彩彼此相互区分的特征。显示器件的色调决定于显示介质的发射、反射和散射的光谱组成对人眼所产生的感觉。

8.2.13

色度　chromaticity

由发光色的色品坐标所决定的、用来区分不同颜色的一个参量。

8.2.14

分辨率　resolution

单位长度上所能分辨的线条数,表示图像上能够分辨出明暗细节的能力。

8.2.15

极限分辨率　limiting resolution

图像水平和竖直方向上所分辨出的明暗交替线条的总数。

8.2.16

色纯位移　purity shift

当色纯磁场的强度从给出最佳配准值降至零时，在屏中心相对于一个三色荧光粉点组的配准偏移。

8.2.17

色度均匀性　uniformity of chromaticity

显示屏幕上色度差别最大的两个位置上发光色度的差异。

8.2.18

视角　viewing angle

观察方向与显示面法线方向之间的夹角。

8.2.19

有效显示屏面尺寸　useful display area size

可显示图像的屏面有效面积，阴极射线管常用屏面直径或对角线长度表示，矩阵显示屏常用高度乘以宽度来表示。

8.2.20

管长　tube length

在垂直荧光屏方向上，阴极射线管的总长度。

8.2.21

中心光点尺寸　centre spot size

刚好分开的相邻两个光点中心间的距离。

8.2.22

线宽　linewidth

光栅中相邻两条亮线中心间的距离。

8.2.23

半峰值线宽　half-maximum linewidth

跨在亮线中心线两边，亮度为中心处峰值50%的两点间的距离。

8.2.24

矩阵电极数　number of matrix electrodes

矩阵显示屏上，行电极与列电极的数目，通常用$m \times n$表示。

8.2.25

显示像素数目　number of pixels

整个显示屏所包含的图像显示单元的总数。

8.2.26

像素尺寸　pixel size

每个像素的有效显示面积。

8.2.27

像素间距　pixel space

显示像素之间不发光部分的间距。

8.2.28

余辉　persistence; after glow

激发停止后的持续发光。

8.2.29

余辉时间　persistence time,decay time

从激发停止时刻起到亮度下降至初始值的某一百分数的时刻所经历的时间。

8.2.30

余辉特性[曲线]　persistence characterestic

激发停止后,荧光屏亮度与时间的关系,通常用曲线表示。

8.2.31

功率效率　power efficiency

显示器件输出的光功率与输入的电功率的比值。

8.2.32

量子效率　quantum efficiency

发光管发射的光子数与通过有源区的载流子数的比值。

8.2.33

内量子效率　internal quantum efficiency

单位时间内,发光管有源区产生的光子数与注入到该区的电子数的比值。

8.2.34

外量子效率　external quantum efficiency

单位时间内,发光管输出到器件外的光子数与注入到有源区的电子数的比值。

8.2.35

光学效率　optical efficiency

发光管的外量子效率与内量子效率的比值。

8.2.36

功耗　power consumption

显示器件所消耗的总功率。

8.2.37

电致发光屏的功耗　power consumption of ELD

在规定条件下,发光屏单位面积所消耗的有功功率。

8.2.38

寿命　lifetime

显示器件正常显示的总时间。

8.2.39

有效工作寿命　useful operating lifetime

发光屏亮度降到某一特定值的总工作时间。

8.2.40

工作寿命　operating lifetime

显示器件有效工作时间的统计值。

8.2.41

半寿命　half-lifetime

发光屏亮度降到初始亮度(或最高亮度)的一半所经历的时间。

8.2.42

存贮寿命　storage lifetime

显示器件仍能正常工作的规定存贮时间。

8.2.43

工作温度范围　operating temperature range

显示器件可正常工作的温度范围。

8.2.44

存贮温度　storage temperature

可保存显示器件而不致使其变坏的温度范围。

8.2.45

驱动功率　driving power

驱动显示器件能正常工作所需要的功率。

8.2.46

驱动电压　driving voltage

为使显示器件具有正常显示功能所施加的电压。

8.2.47

驱动频率　driving frequency

为使显示器件具有正常显示功能所需驱动电压的频率。

8.2.48

阈值电压　threshold voltage

保证显示器件正常工作的最低工作电压。

8.2.49

截止电压　cut-off voltage

把因变量(如阳极电流)减小到规定值时的电极电压。

8.2.50

截止频率　cut-off frequency

显示器件在交流驱动时,器件不能正常工作的频率上[下]限。

8.2.51

电子束聚焦电压　beam focusing voltage

将扫描电子束聚焦到屏面上所需的聚焦极相对于阴极的电压。

8.2.52

偏转灵敏度　deflection sensitivity

在规定条件下,束点位移除以偏转电压或电流所得的商。

8.2.53

偏转因数　deflection factor

即偏转灵敏度的倒数。

8.2.54

偏转角　deflection angle

电子束扫描显示屏面所必须的最小偏转角度。

8.2.55

调制量　modulation voltage

在规定工作条件下,达到截止所需的阴极-调制极电压和获得规定亮度或束电流所需的阴极-调制极电压的差值。

8.2.56

调制极偏压　modulator bias voltage

在规定工作条件下,决定束电流数值的调制极电压。

8.2.57

电视限定法　television limiting

在阴极射线管屏面上，测量单位长度内黑白电视线数的方法。计算时黑线和白线都当作独立的一条线，而不是按线对计算。

8.2.58

调制传递函数　modulation transfer function

调制传递因数与空间频率之间的关系[曲线]。

8.2.59

空间频率法　spatial frequency method

利用调制传递函数测量阴极射线管分辨率的一种方法。

8.2.60

压缩光栅法　shrinking raster method

测量阴极射线管分辨率的一种主观方法。把特定行数的光栅显示在阴极射线管屏上，然后压缩行间距离，一直到观察者认为扫描光栅已分辨不出行数为止。分辨率等于特定光栅行数除以此时的光栅高度。

8.2.61

临界停闪频率　critical flicker frequency

察觉不出闪烁的最低刷新频率。临界停闪频率值与余辉时间、亮度和颜色有关。

8.2.62

棋盘格扫描　chequer board scan

在扫描的同时对电子束进行适当的调制，以得到正方形排列的点阵图案。

8.2.63

配准　register

三电子束组相对于对应的三色荧光粉点组或三色粉条组的相对位置。

8.2.64

最大阴极电流　maximum cathode current

在额定工作电压下，阴极与调制极短接时，阴极发射的电流。

8.2.65

白场电流比　current ratio for white field

产生选定白场所要求的红与绿、红与蓝与绿束的电流比值。

8.2.66

驱动特性[曲线]　drive characterestic curve

驱动电压(调制电极电压与截止电压之差的绝对值)与单色屏幕亮度(或单束电流)的函数关系曲线。

8.2.67

伽马值　gamma-value

在双对数坐标上，驱动特性曲线的斜率。

8.2.68

占空比　duty cycle

序列脉冲信号的保持时间与其周期之比。

8.2.69

气体系数　gas factor

离子电流和产生离子电流的电子流的比值。

8.2.70

存贮(记忆)　storage (memory)

写入信号停止后,器件继续保持此信号的功能。

8.2.71

记录速度　writing speed

在记录时,电子束在存贮表面上的直线扫描速度。

8.2.72

最大记录速度　maximum writing speed

使分辨率保持在需要值的条件下,束点在存贮表面上移动的最大速度。

8.2.73

最大有效记录速度　maximum usable writing speed

在规定条件下,能将信息记录到规定电平的最大速度。

8.2.74

动态记录范围　dynamic writing range

在任何规定的扫描条件下,能够记录的输入电平的范围。该范围是从饱和电平下记录的输入信息到在最小有效信号下记录的输入信息。

8.2.75

阅读时间　reading time

阅读存贮信息的时间。

8.2.76

阅读速度　reading speed

阅读时,电子束在存贮表面上的直线扫描速度。

8.2.77

最小有效阅读速度　minimum usable reading speed

在规定工作条件下,达到规定衰减度时的最小阅读速度。

8.2.78

观察时间　viewing time

存贮管提供与存贮信息相对应的可见输出信息的时间。

8.2.79

最长有效观察时间　maximum usable viewing time

在规定的条件和没有重新记录的情况下,达到规定衰减度以前能看到可见输出信息的最长时间。

8.2.80

阅读次数　read number

不用重新记录,阅读一个存贮单元、存贮行或存贮表面的次数。

8.2.81

最多有效阅读次数　maximum usable read number

在规定的条件和没有重新记录的情况下,达到规定的衰减度以前,能够阅读存贮单元、存贮行或存贮表面的最多次数。

8.2.82

擦除速度　erasing speed

擦除期间电子束在存贮表面上的直线扫描速度。

8.2.83

[存贮管的]分辨率　resolution [of storage tube]

可以记录进存贮管并在其后读出的信息量的一种量度。

8.2.84

衰减　decay

不是由于擦除或记录而引起的存贮信息的减弱。

8.2.85

衰减时间　decay time

存贮信息衰减到起始值的规定百分数所需的时间。

8.2.86

最长保留时间　maximum retention time

从信息进入存贮管的时刻起至尚能接受的输出电平为止，其间的最长持续时间。

8.2.87

[液晶显示屏的]上升时间　rise time [of LCD]

在一定照明条件下，显示屏的对比度由10%上升到90%所经历的时间。

8.2.88

[液晶显示屏的]下降时间　decay time [of LCD]

在一定照明条件下，显示屏的对比度由90%下降到10%所经历的时间。

8.2.89

[液晶显示屏的]延迟时间　delay time [of LCD]

从信号接通到对比度达稳定值的10%所经历的时间。

8.2.90

串扰电压　cross talk voltage

产生交叉串扰时的电压。

8.2.91

[荧光管的]亮度均匀性　uniformity of luminance [of VFD]

荧光管发光时段与段间以及位与位间发光亮度的差异。

8.2.92

[荧光管的]阴极直流电流　DC cathode current [of VFD]

荧光管加上规定的热丝、栅极和阳极电压时，流过栅极和阳极的电流之和。

8.2.93

阴极脉冲电流　pulse cathode current

荧光管加上规定的热丝电压和栅极、阳极脉冲电压时，流过栅极和阳极回路的电流之和。

8.2.94

栅极直流电流　DC grid current

荧光管加上规定的热丝、栅极和阳极电压时，流过栅极回路的电流。

8.2.95

栅极脉冲电流　pulse grid current

荧光管加上规定的热丝电压和栅极、阳极脉冲电压时，流过栅极回路的电流。

8.2.96

阳极直流电流　DC anode current

荧光管加上规定的热丝、栅极和阳极电压时，流过阳极回路的电流。

8.2.97

阳极脉冲电流　pulse anode current

荧光管加上规定的热丝电压和栅极、阳极脉冲电压时，流过阳极回路的电流。

8.2.98

栅极截止电压　cut-off grid voltage

荧光管在规定的热丝和阳极电压条件下，目测显示面发光刚刚消失时的栅极电压。

8.2.99

阳极截止电压　cut-off anode voltage

荧光管在规定的热丝和栅极电压条件下，目测显示面发光刚刚消失时的阳极电压。

8.2.100

［等离子体显示屏的］维持电压　sustaining voltage［of plasma display panel］

在去掉写入脉冲后，维持显示像素内气体继续放电而正常显示的电压。

8.2.101

书写电压　writing voltage

为把信号写入某个像素而施加的使该像素点亮的电压。

8.2.102

擦除电压　erasing voltage

为把信号从某个像素上擦除而施加的使该像素熄灭的电压。

8.2.103

着火电压；击穿电压　firing voltage，breakdown voltage

显示屏开始放电的电压。

8.2.104

着火电压零散　spread of firing voltage

整个显示屏上像素的最大着火电压与最小着火电压之差。

8.2.105

擦除电压零散　spread of erasing voltage

整个显示屏上像素的最大擦除电压与最小擦除电压之差。

8.2.106

零散和　sum of spreads

着火电压零散与擦除电压零散之和。

8.2.107

动态范围　dynamic range

正常工作时，维持电压的允许变化范围。

参 考 文 献

［1］ GB/T 307.3—2005 滚动轴承 通用技术规则

［2］ GB 2363—1990 小模数渐开线圆柱齿轮精度

［3］ GB/T 3374—1992 齿轮基本术语

［4］ GB/T 4210—2001 电工术语 电子设备用机电元件

［5］ GB/T 4475—1995 敏感元器件术语

［6］ GB/T 6931.1—1986 带传动基本术语

［7］ GB/T 7665—2005 传感通用术语

［8］ GB/T 10095.1—2001 渐开线圆柱齿轮 精度 第1部分:轮齿同侧齿面偏差的定义和允许值

［9］ GB/T 10095.2—2001 渐开线圆柱齿轮 精度 第2部分:径向综合偏差与径向跳动的定义和允许值

索　引

汉语拼音索引

D

G

K

L

T

W

X

Y

Z

英文对应词索引

A

B

C

D

E

F

H

I

M

O

P

Q

R

S

T

U

V

W

X

Z